PERFORM-3D 原理与实例

PERFORM-3D Theory and Tutorials

崔济东　沈雪龙　编著

中国建筑工业出版社

图书在版编目（CIP）数据

PERFORM-3D原理与实例/崔济东，沈雪龙编著. —北京：中国建筑工业出版社，2017.6（2023.8重印）
ISBN 978-7-112-20598-1

Ⅰ.①P… Ⅱ.①崔…②沈… Ⅲ.①三维-非线性结构分析-软件工具-应用-建筑结构-防震设计 Ⅳ.①TU352.1-39

中国版本图书馆CIP数据核字（2017）第060410号

PERFORM-3D软件致力于三维结构非线性分析和抗震性能评估，拥有丰富的单元模型、高效的非线性分析算法及完善的结构性能评估系统，是一款同时适用于科研和工程的结构非线性分析软件，目前已广泛应用于我国结构抗震研究领域及实际工程实践中。本书分为五个部分共22章，包括基础与入门、原理与实例、综合分析专题、结构动载试验模拟、常见错误与警告等内容。

本书主要面向PERFORM-3D软件的初级和中级用户，同时也为高级用户提供了有用的参考。适用的对象包括：结构工程、防灾减灾工程专业的本科生、研究生，从事建筑、桥梁结构抗震设计的工程师及相关设计人员，对结构弹塑性分析及基于性能的结构抗震设计感兴趣的研究人员。

责任编辑：刘瑞霞　李天虹
责任设计：李志立
责任校对：李美娜　张　颖

PERFORM-3D原理与实例
PERFORM-3D Theory and Tutorials
崔济东　沈雪龙　编著

*

中国建筑工业出版社出版、发行（北京海淀三里河路9号）
各地新华书店、建筑书店经销
北京科地亚盟排版公司制版
建工社（河北）印刷有限公司印刷

*

开本：787×1092毫米　1/16　印张：25½　字数：633千字
2017年5月第一版　2023年8月第二次印刷
定价：**75.00**元
ISBN 978-7-112-20598-1
（29919）

序　一

基于性能的结构抗震思想是结构抗震设计的发展方向，该思想的主要特点是将结构抗震设计从宏观定性的单一目标向具体量化的多重目标过渡，业主和设计人员可根据需要选择抗震性能目标，抗震设计则更强调实现性能目标的精细化分析和论证，通过论证（包括试验）可以采用现行规范和标准中尚未明确规定的新结构体系、新技术、新材料等，为复杂结构的抗震超限设计提供了一个方法。

罕遇地震作用下结构安全性论证是结构抗震设计最精彩之处，结构弹塑性分析就是此精彩的皇冠上的明珠，掌握弹塑性基本理论和计算手段对年轻工程师十分重要。PERFORM-3D是一款优秀的三维结构弹塑性分析和抗震性能评估软件，其拥有经试验校正过的单元模型、高效的非线性分析算法及完善的结构性能评估系统，能够为复杂结构的弹塑性分析及抗震性能评估提供有力的帮助，从而指导工程设计。本书较为系统地介绍了PERFORM-3D中常用的材料本构、单元模型及分析方法，并提供了丰富的计算实例，将理论学习、软件操作以及分析算例有机结合，对学习结构弹塑性理论和掌握PERFORM-3D软件大有裨益。

近20年来，华南理工大学高层建筑结构研究所在全体老师和研究生的共同努力下，建立了基于构件性能的结构抗震设计理论体系，并完成了30余项超限高层建筑结构抗震设计和咨询工作，积累了丰富的工程经验，正在编制广东省地方规程《基于性能的混凝土结构抗震设计》。崔济东博士研究生和沈雪龙硕士在学习、研究过程中将所学知识整理并出版发行，实现了知识共享，希望本书能为从事结构抗震设计与研究的工程师、研究人员及高校结构工程专业的研究生提供有价值的参考。

韩小雷　教授
华南理工大学高层建筑结构研究所　所长
英联邦结构工程师协会会员，特许注册结构工程师
香港工程师协会会员
广东省超限高层抗震审查专家委员会委员

序　三

CSI（Computers and Structures，Inc.）结构系列产品是结构工程与地震工程领域全球领先的软件系列产品，以强大稳定的计算分析技术而著称，其行业优势地位已得到全球公认，并在全球超过160个国家的成千上万的工程项目中得到了应用。PERFORM-3D作为CSI公司推出的一款致力于三维结构非线性分析与性能评估软件，秉承了CSI软件一贯的作风，包含丰富的单元模型、高效的非线性分析能力及完善的结构性能评估体系，为工程师深入、全面地对结构进行非线性分析与抗震性能评估提供了强大的数值工具。

PERFORM-3D进入中国市场已有接近10年的历史，国内工程界对这款软件经历了从认识、了解，到接受、认同的过程。起初，由于其极强的专业性和研究性，PERFORM-3D只局限于小范围的传播和应用。但很快，业内同仁们认识到这款软件的独特优势：强大的非线性分析能力、超前的性能评估体系、权威的理论支撑，以及美国性能设计相关标准规范的实施（比如ASCE 41）。于是，PERFORM-3D的使用范围迅速扩大，聪明的工程师们针对PERFORM-3D开发了大量工具软件，以便于其应用于更多工程实践。与此同时，鲍威尔教授（PERFORM-3D的开发者）关于结构非线性分析的研究成果和论著，也影响着越来越多的国内工程师。当前，PERFORM-3D作为权威的结构弹塑性分析和性能评估软件，已被国内工程界认同，广泛应用于全国各地的超限项目中。

我们很高兴看到崔济东博士这本《PERFORM-3D原理与实例》的出版。作者结合自身学习弹塑性分析、学习使用PERFORM-3D的经历，精心编写此书，较为系统地介绍了PERFORM-3D的基本原理与软件设计思想。本书的章节设置，兼顾了快速入门和深入理解的不同需求，并在不同章节或主题下，设置相应的算例，便于读者理解和掌握。全书近20个算例，覆盖了PERFORM-3D常用的材料本构、单元模型和分析方法。通过一个个翔实的算例（包括试验模拟）深入浅出地讲解了PERFORM-3D软件的操作及相关原理，并将算例结果与权威软件的计算结果或试验结果进行对比，体现了作者严谨认真的态度和精益求精的精神。此外，作者通过个人博客与微信公众号与读者们积极互动，为广大学习者答疑解惑，也体现出新一代工程人的活力。

北京筑信达工程咨询有限公司（www.cisec.cn）作为CSI在中国的独家合作伙伴，致力于将国际领先的软件技术与中国工程实践相结合，为行业科技进步提供助力。多年来，通过技术支持、二次开发、组织技术交流会议等综合服务方式，为复杂结构弹塑性分析及抗震性能化设计在我国的发展和普及做出了不懈努力。随着建筑结构日趋复杂，结构弹塑性分析方兴未艾，结构工程师更是任重而道远，相信本书能为从事结构抗震设计与研究的工程师、研究人员及高校结构工程专业的研究生提供有价值的参考与帮助。

李楚舒

工学博士　教授级高级工程师

北京筑信达工程咨询有限公司董事长

工程师评语

崔济东博士在攻读博士学位期间，对有限元理论及编程技术钻研程度较深，有较好的理解，而这本《PERFORM-3D原理与实例》是崔济东博士的代表作，是一本很好地系统介绍PERFORM-3D软件的书籍，包括程序原理及实际操作方面，本书基于编程者对程序的理解，因此对软件中的原理及软件操作有特别的介绍。本书还大量附加实际试验与模拟结构的对比分析，为研究生与工程师提供了一种实用高效的学习弹塑性分析理论与技术的方法。从全书的编制来看，笔者花了很大的精力去完善，已经超出了一本实例教程的要求，把更多的内容带给了读者。本人非常喜欢书上关于足尺试验分析的案例。该书显示了作者严谨认真的研究精神和工作态度，干货满满，相信读者们定能从中学到许多有用的东西，不仅能提高PERFORM-3D软件的应用水平，还能打开弹塑性分析理论与技术的学习窗口。我向所有学习弹塑性有限元的研究生与工程师推荐去购买并仔细阅读本书，必有收获，毕竟是目前写关于PERFORM-3D最好的一本教材。我为有这么一名出色的师弟感到骄傲。

陈学伟博士（Dr. Dino Chen）
WSP科进咨询有限公司　高级助理董事
个人博客：www. dinochen. com

本书以原理分析、软件操作、算例验证相结合的方法，详细地介绍了PERFORM-3D结构弹塑性分析与性能评估软件，丰富的算例涵盖了弹塑性分析中常用的单元类型和分析方法，特别是软件分析结果与试验结果的对比，显示了PERFORM-3D强大的分析功能和分析结果的可靠性。书中丰富的算例对普通钢筋混凝土结构、减隔震结构等结构的弹塑性分析与设计具有较好的参考价值，对提高工程师的弹塑性分析理论与技术水平也很有帮助。

郭远翔
华南理工大学建筑设计研究院　副总工程师

近20年来，国内超高层及复杂结构建筑数量的迅速增加，推动了结构非线性分析及抗震性能化设计理论的发展，种类繁多的结构分析软件也应运而生。PERFORM-3D作为一款科研型的软件，与其他大型通用软件的最大不同就是它的专业性较强，对分析人员有较高的专业知识要求，这或许成了该软件自诞生至今仍难以在国内得到广泛应用的直接原因之一。本书作者在详尽解释软件单元基础理论的同时，结合自己的心得对软件的主要功能、参数设置、常见问题进行了精准解答，不失为一本学术性和实践性紧密结合的佳作。

希望该书的面世，能为工程界解决复杂问题提供宝贵的科研价值，同时实现作者以书会友的热切初衷。

黄辉辉　高级工程师
广东省建筑设计研究院
广东工业大学硕士生导师

崔济东博士的这本《PERFORM-3D 原理与实例》较为系统地介绍了 PERFORM-3D 程序的主要模块、功能与分析实现方法。全书提供多种单元的模拟算例，涵盖一维构件（梁柱）、二维构件（剪力墙）及各种耗能装置。每个算例均深入浅出地讲解了软件的操作及相关原理。书中还给出多个 PERFORM-3D 的计算结果与试验结果的比较案例，这使读者在软件使用及应用技巧上有更深刻的理解。该书充分展现了作者严谨认真的研究精神和工作态度，相信用心阅读此书的工程师们会受益匪浅，不仅会加深对结构弹塑性分析基本原理的理解，而且能熟练掌握 PERFORM-3D 软件。当开展结构抗震性能化设计工作时，良好掌握 PERFORM-3D 应用技巧与分析原理，这将成为工程师的一大利器，如同工程师们的左膀右臂。

林超伟
柏涛国际工程设计顾问（深圳）有限公司　副总经理　技术副总监

《PERFORM-3D 原理与实例》一书是丰富工程应用实践经验和地震前沿研究成果的结晶，充分展现了 PERFORM-3D 在弹塑性分析方面的强大能力。文中在概述结构概念后，用详尽的实例演示了程序的实现细节及操作流程、参数的选取和结果的判读，内容紧密围绕“结构性能评估”这一目标，非常具有实际参考价值。PERFORM-3D 的特点是结构概念清晰，根据构件的受力形态制定其受力模式，结合性能目标制定相应的构造措施，通过调节参数实现对结构地震表现的控制，实现结构概念到实际工程措施的真正落实，本书可使读者加深对结构性能化设计的理解。

李重阳　博士
华南理工大学建筑设计研究院

该书是一本较为系统介绍 PERFORM-3D 的中文书籍，原理讲解透彻，算例分析实用，是工程应用与理论研究非常宝贵的参考著作。通过崔济东博士的书，工程设计与科研人员能够更容易更快速掌握 PERFORM-3D，提升非线性分析能力，在超限及超复杂工程中得到应用。

刘洪樟
深圳市沅力筑工程咨询有限公司　总经理

本书是初学者的入门佳作。它侧重于介绍 PERFORM-3D 基本操作及相关原理，同时与国内规范、试验数据、工程实践紧密结合，实现软件本土化使用。全书采用 Step by Step 撰写方式，讲解细致，且图文并茂，让读者在阅读过程中轻松掌握 PERFORM-3D 的精髓。书如其人，全书处处透露出崔济东博士严谨的科研作风及认真负责的态度，可谓作者的良心之作。

李建乐
华南理工大学　高层建筑结构研究所

我与崔济东博士相识于其个人博客，多年来崔济东博士编写了大量的结合 PERFORM-3D 的小程序供大家下载，一定程度上推广了 PERFORM-3D 程序的应用。近年来，由于建筑体型愈来愈复杂，超限项目越来越多，由于《高层建筑混凝土结构技术规程》对于结构抗震性能设计提出了具体的要求，使得 PERFORM-3D 这样一款优秀的抗震性能评估软件得以广泛应用。

随着社会经济的发展，目前在抗震结构设计中，基于隔震、减震技术的消能减震结构越来越凸显其经济性。令人欣喜的是，本书不仅包含基本操作，特别是用大量篇幅并结合实例详细介绍了黏滞阻尼器、屈曲约束支撑、摩擦摆隔震支座、橡胶隔震支座等的力学模型及构件模拟方式。本人曾经担任过多个消能减震项目的专业负责人，推荐读者将此书作为使用 PERFORM-3D 进行消能减震设计的教科书使用。

李文斌
深圳华森建筑与工程设计顾问有限公司

崔博和雪龙的新书为渴望掌握基于性能的抗震设计和结构弹塑性分析技术的学生、科研人员和工程师打开了一扇窗，通过一个个翔实的例子深入浅出地讲解了 PERFORM-3D 的操作及相关原理。相信精读此书的读者不仅能掌握 PERFORM-3D，更能感受到作者身上那份精益求精、永不妥协的工匠精神。

林　哲
华南理工大学　高层建筑结构研究所

PERFORM-3D 软件一直作为华阳国际动力弹塑性时程分析的主力软件，在很多工程中得到应用，如深业上城塔 1（388m），塔 2（299m），卓越 1 号（315m），万科云城（245m），华润大冲住宅群（200m），鸿荣源（240m），宏发（180m）等多个地产项目，今有幸读了崔济东博士《PERFORM-3D 原理与实例》一书，感觉不吐不快。

作为一个 PERFORM-3D 软件的忠实粉丝，我认为 PERFORM-3D 软件是一款经典的弹塑性分析软件，模型数据库完善、算法可靠，代表了抗震工程研究的先进技术。通过在整体结构、构件、材料等方面定义目标性能水准，以地震反应后抗震“能力”与地震目标性能“需求”的比较来判断结构是否满足预期的性能目标，很好地实现了基于性能的抗震设计思想。

但该软件操作相对复杂、涉及的理论较多，对分析人员有较高的专业知识要求，使很多初学者望而却步。本书作者结合自己的心得与研究对 PERFORM-3D 软件进行了较为系统的讲解，书中包含 20 余个算例，覆盖了 PERFORM-3D 软件常用的材料本构及单元模型，且各有侧重，具有很强的可操作性，且大多数算例立足试验，对工程应用有很好的参考价值。该书极大地缩短了 PERFORM-3D 软件的学习时间，相信通过阅读本书，读者能够得到结构概念、力学理论与软件应用水平等各方面的提高。

王飞超

华阳国际设计集团　结构部　主任工程师

基于性能的抗震设计的一个重要步骤是对结构进行罕遇地震作用下的动力弹塑性分析，以此了解结构的能力与需求，从而对结构的抗震性能进行评估。PERFORM-3D 作为一款国际上广泛使用的三维结构非线性分析与抗震性能评估软件，单元模型丰富、求解算法高效、收敛性好，开放的软件模块设计更是给用户模拟分析提供了极大的自由度，是一款同时适用于科研和工程的非线性分析软件。

《PERFORM-3D 原理与实例》一书是作者学习弹塑性分析与 PERFORM-3D 软件心得和经验的总结。全书分五个专题，包括“基础与入门”、“原理与实例”、“综合分析专题”、“结构动载试验模拟”及“常见错误与警告”，对 PERFORM-3D 软件作了详细的讲解。书中每个章节的最后均给出了翔实的参考文献，以便读者深入学习其中的原理与背景知识。

该书是目前最为系统讲解 PERFORM-3D 软件操作与基本原理的著作，全书采用由浅入深、原理与算例相结合的讲解方式，配合精美的插图、详细的建模操作和丰富的结果呈现，给读者提供了一种快乐、高效、实用的软件学习方法。本书对采用 PERFORM-3D 进行学术研究的科研人员和工程应用的一线工程师均有很大的参考意义，相信该书必将成为一部介绍 PERFORM-3D 软件的经典著作。

卫杰彬

广东博意建筑设计院有限公司　海外设计院

作为第一本 PERFORM-3D 中文教程的作者，不得不说崔济东博士和沈工的书超过了我的书。他们的书将理论与实例完美结合，为学习者理解理论和掌握操作准备了较多实例，特别适合初学者，也很适合会操作而想进一步学习理论的朋友。在此，我以一名从事三年多实际工程弹塑性分析实践的工程师身份，向广大工程师和科研工作者强烈推荐此书。相信这本书可以真正地帮助你们更好地学习和掌握 PERFORM-3D 弹塑性分析技术。

曾　明

国内第一本 PERFORM-3D 中文教程《PERFORM-3D 基本操作》作者

本书作者具有扎实的弹塑性分析理论基础以及丰富的工程应用经验。作者所在团队长期从事建筑结构弹塑性相关方面的研究，同时将成果应用于实际工程当中。本书通过多个算例（含与试验对比算例），展开介绍了弹塑性分析的钢筋与混凝土非线性本构、纤维梁柱单元、集中塑性铰梁柱单元、黏滞阻尼器、屈曲约束支撑、隔震支座等相关理论知识，同时以图文并茂的形式详细介绍了如何在 PERFORM-3D 软件中实现结构弹塑性分析，具体包括几何模型的建立、非线性单元属性的定义、分析工况的定义及后处理阶段分析结果的查看等。本书对 PERFORM-3D 初级用户具有快速入门和提升作用，对 PERFORM-3D 高级用户进一步理解弹塑性分析的有关知识和从事相关研究具有较好的参考意义。

周斌　高级结构工程师

深圳市建筑设计研究总院研究中心　高级研发工程师

PERFORM-3D 作为弹塑性分析和性能化设计中的一个经典传奇，可以用下面这句话来形容："一直被模仿，从未被超越"。要想成为软件的主人，而不是被软件奴役，就不单单要求会软件的基本操作，而是需要精通软件的各种基本假定。要想明白软件基本假定最好的方法就是与经典算例或实验进行对比分析，找到差异所在。崔济东博士这本书里具有很多这样的实例，非常具有学习价值，通过这些例子的学习，不仅能熟悉软件的基础操作，更能够加深对结构弹塑性分析基本假定的理解，从而真正驾驭软件。

张小勇

上海弘构土木工程咨询有限公司

前言

随着我国经济与技术的快速发展，近年来国内各地陆续出现各种高层、超高层及复杂结构体系，很多建筑超出了现有规范的适用范围，对于这类超限工程结构，采用传统的抗震设计方法已无法确保其安全性，目前工程中主要的做法是采用基于性能的抗震设计方法进行结构设计。基于性能的抗震设计方法与传统抗震设计方法的一个重要的不同之处在于必须通过非线性分析获得结构在罕遇地震作用下的力与变形需求，并依此进行抗震性能评估。为此，工程师必须系统、熟练地掌握一套可靠高效的结构非线性分析软件并能够对软件的非线性分析结果做出合理解读，这样才有可能完成复杂结构的非线性分析与抗震性能评估工作。

PERFORM-3D（Nonlinear Analysis and Peformance Assessment for 3D Structures）由美国加州大学伯克利分校的鲍威尔教授（Prof. Granham H. Powell）开发，由美国著名的结构分析软件公司 CSI（Computers & Structures Inc.）负责发行和维护，是一款致力于三维结构非线性分析和抗震性能评估的软件。PERFORM-3D 拥有丰富的单元模型、高效的非线性分析算法及完善的结构性能评估系统，是一款同时适用于科研和工程的结构非线性分析软件，目前已广泛应用于我国结构抗震研究领域及实际工程实践中，是工程界和科研界认可度与接受度均较高的结构非线性分析及抗震性能评估软件。

由于 PERFORM-3D 为英文软件，软件自带的英文帮助文档又涉及较多的力学知识与结构概念，导致初学者很难在短时间里掌握软件的使用方法及理解软件的精髓。目前市面上关于 PERFORM-3D 的书籍较少，且各有侧重，对于 PERFORM-3D 软件的学习来说仍显匮乏。为此，作者决心将自己学习弹塑性分析与 PERFORM-3D 的心得整理成书，以书会友，希望能帮助到有需要的朋友。

众所周知，要想掌握一款结构分析软件，必须对软件的设计思路及涉及的理论知识有较好的把握，而理论知识是十分枯燥的，兴趣是学习理论知识的最好老师，而培养兴趣的最好方法是将理论和实践相结合。为此，本书将 PERFORM-3D 涉及的常用材料模型、单元模型及分析方法分成多个相互独立的章节进行讲解，每一个章节主要涉及一个独立的主题，如某种材料、单元或者分析方法，并针对该章内容设计一个本章特有的算例进行 step by step 的讲解，且在讲解算例前先对该章用到的理论知识及结构概念进行梳理，将软件的基本原理、基本操作、参数定义方法及使用技巧通过算例讲解有机地结合起来，使读者能够快速把握相关主题的关键点，并通过实例做到举一反三。

读者对象

本书主要面向 PERFORM-3D 软件的初级和中级用户，同时也为高级用户提供了有用的参考。适用的对象包括：结构工程、防灾减灾工程专业的本科生、研究生，从事建筑、桥梁结构抗震设计的工程师及相关设计人员，对结构弹塑性分析及基于性能的结构抗震设计感兴趣的研究人员。

本书特色

本书具有以下主要特点：

（1）内容完整。对 PERFORM-3D 实际应用中常用的模块、功能、材料、单元及分析方法均作了详细的介绍。力求使读者看完本书后能较为全面地掌握 PERFORM-3D 的功能，把握 PERFORM-3D 软件的精髓，轻松建立结构模型并进行弹塑性分析与抗震性能评估。

（2）软件讲解详尽。针对不同的材料、单元及分析方法均设计了具体配套学习的算例，每一个算例均给出了 step by step 的操作过程并有针对性地讲解软件的使用技巧。

（3）立足于基本原理。书中涉及的每一种单元模型或分析方法，在对其基本理论进行介绍之后，都会有相应的具体算例，并在算例讲解的过程中着重讨论模型参数的选取方法，帮助读者加深对理论的理解。

（4）算例丰富。本书并不是一味地进行枯燥的理论讲解，本书共提供了近 20 个算例，且这些算例不是凭空设计的，绝大多数算例均来源于真实试验（低周往复试验、振动台试验）及其他权威结构分析软件（如 SAP2000、SeismoStruct 等）的经典验证实例。对于每一个具体算例的分析结果，都有相应的试验结果或其他权威软件的分析结果进行对比，以保证理论讲解的正确性、参数选取的合理性、分析结果的准确性。通过精心设计的算例，使得初学者在对某一专题的学习过程中可以有模板可依，达到立竿见影的效果，并且能举一反三。

（5）章节内容独立。每一章涉及一个主要的内容，各章内容之间是相互独立的。另外每一章的算例也是专门针对该章节进行设计的，各章算例之间相互独立。方便读者有针对性地进行所需内容的学习，同时也可以减轻初学者的学习压力。

主要内容

本书分为五个部分，共 22 章：

第一部分为“基础与入门”，包括第 1、2 章。第 1 章对 PERFORM-3D 软件的特点进行概述，并对软件的设计思路、界面组成及软件的建模及分析功能进行介绍。第 2 章通过入门算例，介绍 PERFORM-3D 软件建模与分析的基本流程，力求使读者从整体上把握 PERFORM-3D 软件的建模与分析思路。

第二部分为“原理与实例”，是本书的主体部分，包括第 3 章～第 13 章，每一章涉及一个专题内容，共 11 个专题内容。通过理论与算例讲解相结合的方式深入介绍 PERFORM-3D 软件的材料本构、单元模型、分析方法、结果后处理等方面的内容，具体涉及的材料模型包括混凝土、钢材及砌体等，具体涉及的单元类型包括非线性纤维梁柱单元、集中塑性铰梁柱单元、剪力墙单元、填充墙压杆模型、屈曲约束支撑单元、支座弹簧单元、黏滞阻尼器单元、摩擦摆隔震支座单元、橡胶隔震支座单元、缝-钩单元及变形监测单元等。通过这部分章节的学习，读者可以对 PERFORM-3D 中常用的材料及单元的基本原理有较深刻的理解，做到知其然且知其所以然，并能通过一个个具体算例的学习掌握不同类型单元及结构的具体建模和分析方法。

第三部分为“综合分析专题”，介绍几个 PERFORM-3D 的综合应用专题，包括第 14 章～第 17 章，具体包括：第 14 章介绍 PERFORM-3D 中往复位移加载的实现方法；第 15 章介绍 PERFORM-3D 中多点激励地震分析的实现方法；第 16 章介绍 Pushover 分析方法的基本原理及 PERFORM-3D 中 Pushover 分析方法的实现；第 17 章介绍整体结构弹塑性分析及结构性能评估在 PERFORM-3D 中的实现。读者可以通过第三部分内容的学习得到综合应用上的提高。

第四部分为“结构动载试验模拟”，包括 18 章～第 20 章，共 3 个动载试验的模拟实例，具体包括 2 个振动台试验及 1 个足尺框架伪动力试验的 PERFORM-3D 模拟实例。通过对实际的动载试验进行数值模拟，让读者进一步感受 PERFORM-3D 的数值模拟能够达到的精度，反过来体会采用 PERFORM-3D 进行数值模拟时应该把握的一些关键问题，以及将 PERFORM-3D 运用到实际工程中时哪些问题可以简化、哪些问题不能简化。

第五部分为“常见错误与警告”，总结了 PERFORM-3D 软件使用过程中部分常见的错误和警告，并给出相应的解决方法。

交流反馈

为方便读者阅读本书，在作者的博客网站（Http://www.jdcui.com）上专门为本书开设了页面（Http://www.jdcui.com/?page_id=3757）。欢迎读者在学习本书或者 PERFORM-3D 软件的过程中可以到该网页上提问题、下载本书模型文件及相关学习资料、分享学习心得，本书的勘误和相关更新也会及时上传到该网站上，对于网友特别有疑问的问题，作者也可以专门进行处理然后上传到该网站上。希望通过该网站，能将各种学习资源进行汇总整理并共享，让更多人能少走弯路，让更多人受益。

致谢

感谢导师韩小雷教授、季静教授对本书写作的支持，特别感谢韩老师为本书写序，这是对我们写这本书的努力的肯定，我们会继续努力。

感谢家人、朋友对我的默默支持，你们的支持和照顾是我写作的动力和创作的灵感。感谢与我一同为出书努力的伙伴沈雪龙（华南理工大学建筑设计研究院 设计三所），没有你的辛勤付出，该书无法顺利完成，感谢你对我的信任和认可，愿我们继续一同前行、实现抱负。感谢 www.jdcui.com 支持者的支持，希望读者与我联系，如果出版下一版会增加更多实例，面向 PERFORM-3D 更多功能。

韩小雷教授和李楚舒博士（北京筑信达工程咨询有限公司）详细阅读了本书的初稿并为本书撰写了序言，还给我们提了许多宝贵的意见和建议，在此表示真挚感谢！

感谢以下几位专家和工程师（排名不分先后）：陈学伟、郭远翔、黄辉辉、林超伟、李重阳、刘洪樟、李建乐、李文斌、林哲、王飞超、卫杰彬、曾明、周斌及张小勇，衷心感谢你们百忙之中抽时间阅读本书的初稿并给书写了评语。本书成稿后，中国建筑工业出版社编辑刘瑞霞、李天虹等同志以高效的工作为本书正式版做了细致的审校工作，在此一并表示感谢。

批评指正

此书是作者用心编写，一则与大家分享自己的学习心得，二则衷心希望此书能对读者学习 PERFORM-3D 软件和结构弹塑性分析有所帮助。倘若读者能从中收获一二，对于作者来说便是莫大的快乐。然而，PERFORM-3D 软件功能强大，结构弹塑性分析更是博大精深，加上作者水平有限，文笔欠佳，书中难免存在不足、疏漏甚至错误之处，恳请广大读者批评指正！欢迎通过电子邮件（jidong_cui@163.com）进行交流讨论。

崔济东

于华南理工大学

目　录

第一部分　基础与入门

本部分包括以下章节：

1　PERFORM-3D 软件介绍

2　入门实例：平面钢框架弹性分析

1　PERFORM-3D 软件介绍

1.1　概述

PERFORM-3D（Nonlinear Analysis and Peformance Assessment for 3D Structures）由美国加州大学伯克利分校的鲍威尔教授（Prof. Granham H. Powell）开发，由美国著名的结构分析软件公司 CSI（Computers and Structures，Inc.）负责发行和维护，是一款致力于三维结构非线性分析和抗震性能评估的软件。

作为一款结构非线性分析软件，PERFORM-3D 具有丰富的单元模型及强大的非线性求解器。软件支持的单元类型包括：线性和非线性纤维梁柱单元、各类梁柱塑性铰单元、纤维剪力墙单元、弹性板壳单元、黏滞阻尼器单元、屈曲约束支撑单元、橡胶隔震支座单元、摩擦摆隔震支座单元、支座弹簧单元、节点核心区、砌体填充墙等，可以用于抗震结构和减隔震结构的分析模拟。

PERFORM-3D 软件提供了丰富的分析工况，具体包括：重力工况（Gravity Load Case）、静力 Pushover 工况（Static Push-Over Load Case）、动力地震时程工况（Dynamic Earthquake Load Case）、反应谱工况（Response Spectrum Load Case）、卸载 Pushover 工况（Unload Push-Over Load Case）、动力荷载工况（Dynamic Force Load Case），且各类工况之间的分析顺序可以自由衔接，能够满足大多数结构的弹塑性分析要求。PERFORM-3D 软件采用了“事件到事件”（Event to Event）的非线性求解策略，在实际应用中发现，PERFORM-3D 的非线性求解器具有较高的求解效率及良好的收敛性。

另外，作为一款结构抗震性能评估软件，PERFORM-3D 拥有一套完善的结构性能评估系统，能够实现基于材料、构件及结构三个层次的抗震性能评估。

PERFORM-3D 软件目前已广泛应用于我国的结构抗震研究领域及工程实践中，是工程界和科研界认可度与接受度较高的结构非线性分析及抗震性能评估软件。

1.2　软件界面

图 1-1 所示为 PERFORM-3D 软件的典型面板式界面。图中①为软件的菜单栏，②为软件的工具栏，①中包含了②中所有的命令，二者相互对应；③为模型的参数输入面板，所选的模块不同，相应提供的选项卡也不同；④为模型显示窗口；⑤为视图控制工具，主要控制模型的显示视角。

PERFORM-3D 的软件界面非常简洁，分为建模阶段（Modeling Phase，▣）和分析阶段（Analysis Phase，▣）两大模块，每个大模块下又包含许多小模块，分别实现不同的功能，并用不同的图标显示于工具栏中，如图 1-2 所示。其中建模阶段的工具栏图标显示为红色，分析阶段的工具栏图标显示为蓝色；文件操作部分则为建模阶段、分析阶段所共有。工具栏中所有模块在菜单栏中都有相对应的选项。

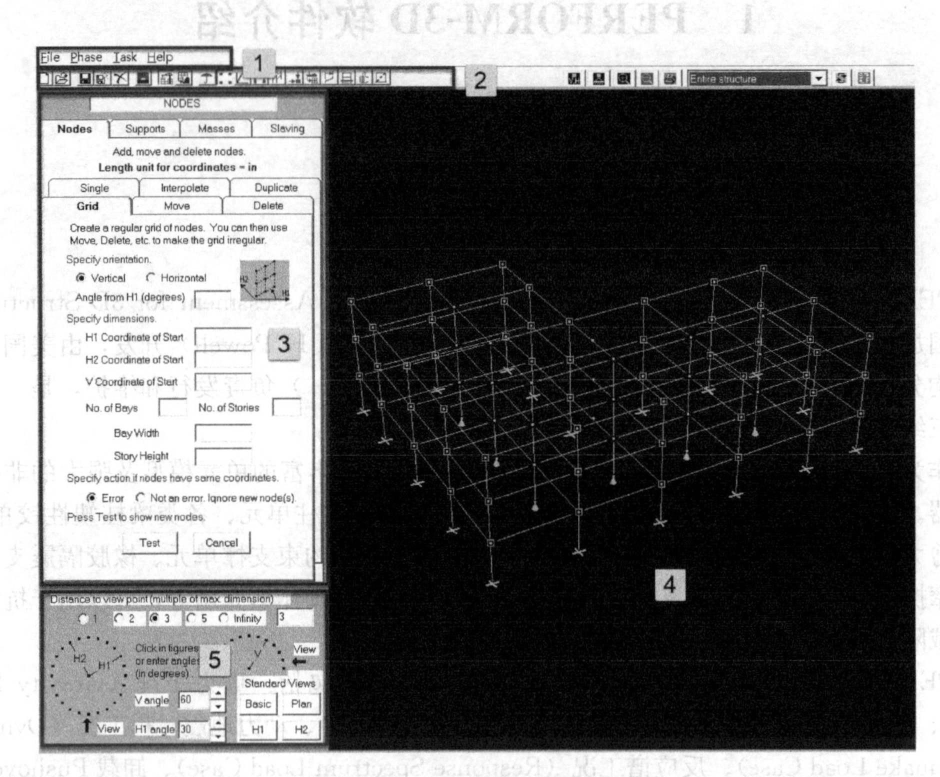

图 1-1 PERFORM-3D 典型界面

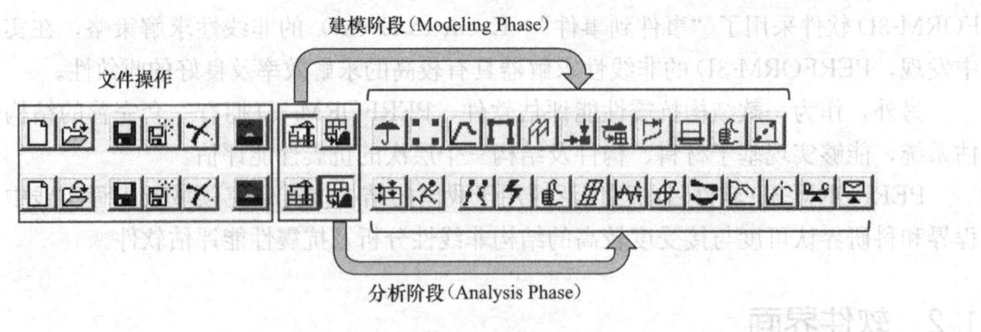

图 1-2 PERFORM-3D 工具栏

1.3 建模阶段

建模阶段（Modeling Phase）主要用于结构弹塑性分析模型的建立，包含的模块如图 1-3 所示。各模块之间既有其独立性，又密切相关。接下来对 PERFORM-3D 建模阶段各个模块的主要功能及界面进行介绍，读者可从中体会 PERFORM-3D 软件的建模思路。

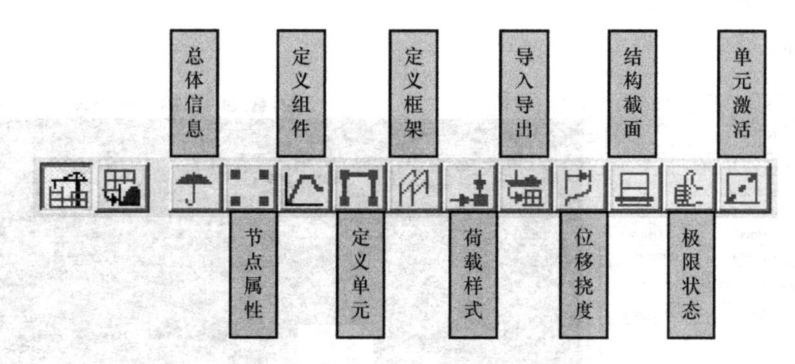

图 1-3 PERFORM-3D 建模阶段

1.3.1 结构总体信息【Overall information for structure】

该模块用于设置模型的总体信息，包括模型名称、单位系统、保存路径及节点容差等，界面如图 1-4 所示。

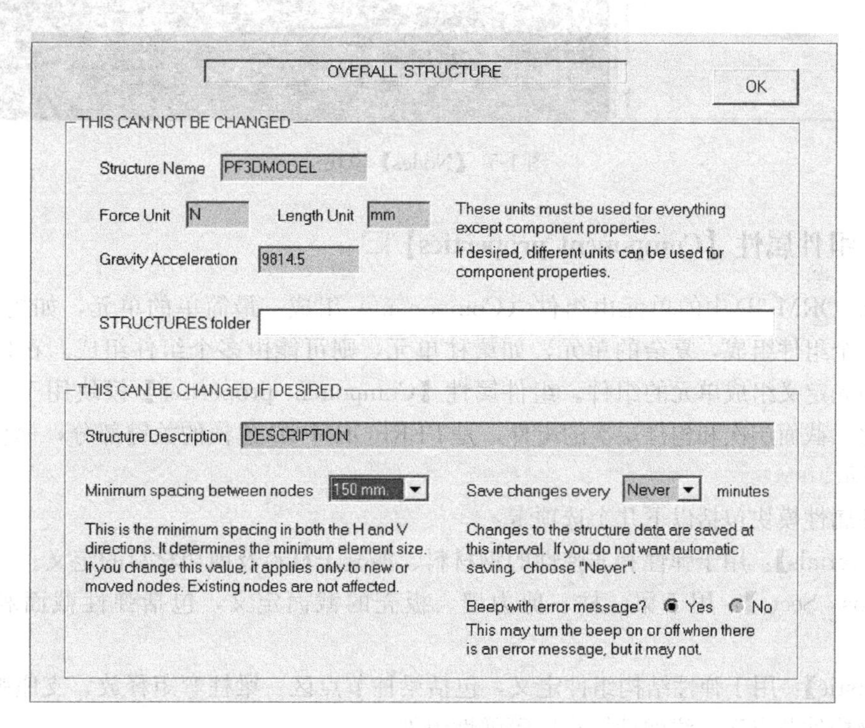

图 1-4 总体信息

1.3.2 节点【Nodes】

节点模块用于创建节点及定义节点属性，界面如图 1-5 所示，具体包括以下 4 个选项卡。

【Nodes】：采用多种方法创建节点；

【Supports】：节点约束，指定节点 6 个自由度的约束情况；

【Masses】：节点质量，指定节点 6 个自由度的质量；

【Slaving】：节点束缚，指定多个节点的自由度之间的束缚关系，包括刚性隔板束缚、等位移束缚等。

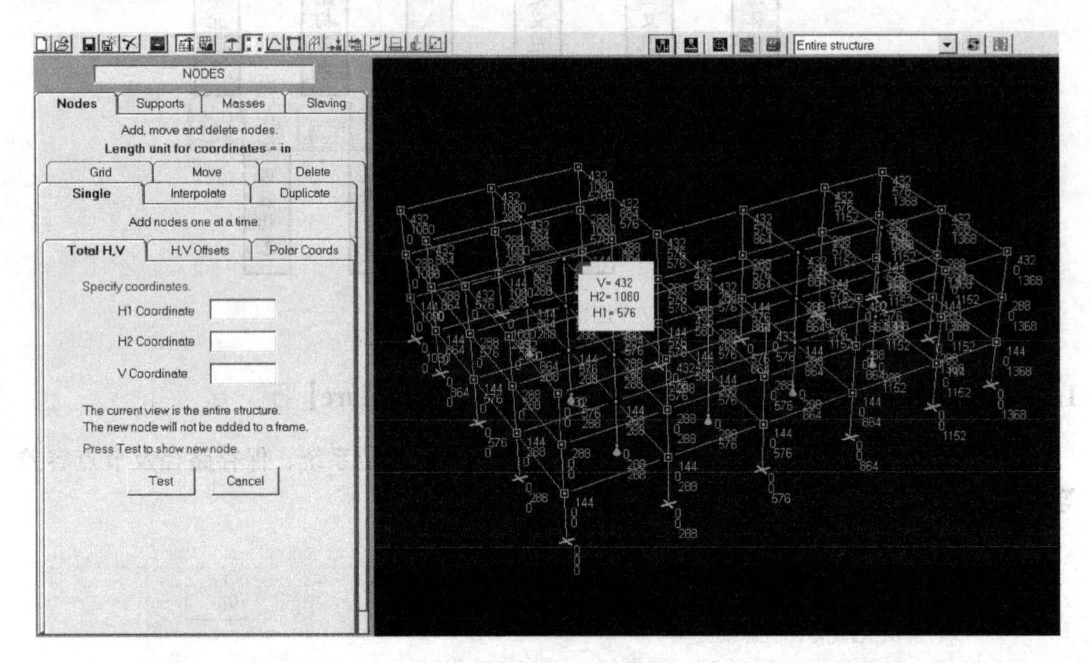

图 1-5 【Nodes】模块

1.3.3 组件属性【Component properties】

PERFORM-3D 中的单元由组件（Component）组成。最简单的单元，如桁架单元，可以由一个组件组成，复杂的单元，如梁柱单元，则可能由多个组件组成。在创建单元前，必须先定义组成单元的组件。组件属性【Component properties】模块用于定义所有材料层次、截面层次和构件层次的组件，是 PERFORM-3D 建模的关键部分，模块界面如图 1-6 所示。

组件属性模块包括以下几个选项卡：

【Materials】：用于弹性和非弹性的钢材料、混凝土材料及剪切材料的定义。

【Cross Sects】：用于梁、柱、剪力墙、板壳的截面定义，包括弹性截面和非弹性截面。

【Elastic】：用于弹性结构组件定义，包括梁柱节点区、梁柱弯矩释放、支座弹簧、钩与缝、钢构件节点区、线弹性填充墙等弹性组件。

【Inelastic】：用于非弹性组件定义，与【Elastic】选项相对应，该选项下定义的都是非弹性的组件，主要包括塑性铰、剪切铰、填充墙、节点域、各类减震隔震组件等。

【Strength Sects】：用于强度截面定义。强度截面主要用于监测单元内部指定位置处截面的强度需求，并用于后期计算强度需求-能力比，是一类用于结构性能评估的组件。

【Compound】：用于复合组件定义。在上述几个选项下定义的组件可以称为“基本组件”。PERFORM-3D 中部分简单的单元由单个基本组件组成（如支座弹簧单元由一个支座弹簧基本组件组成），另一部分单元由复合组件组成（如，梁柱单元由框架复合组件组成，剪力墙单元由剪力墙复合组件组成等）。复合组件由若干个基本组件组成，复合组件给单

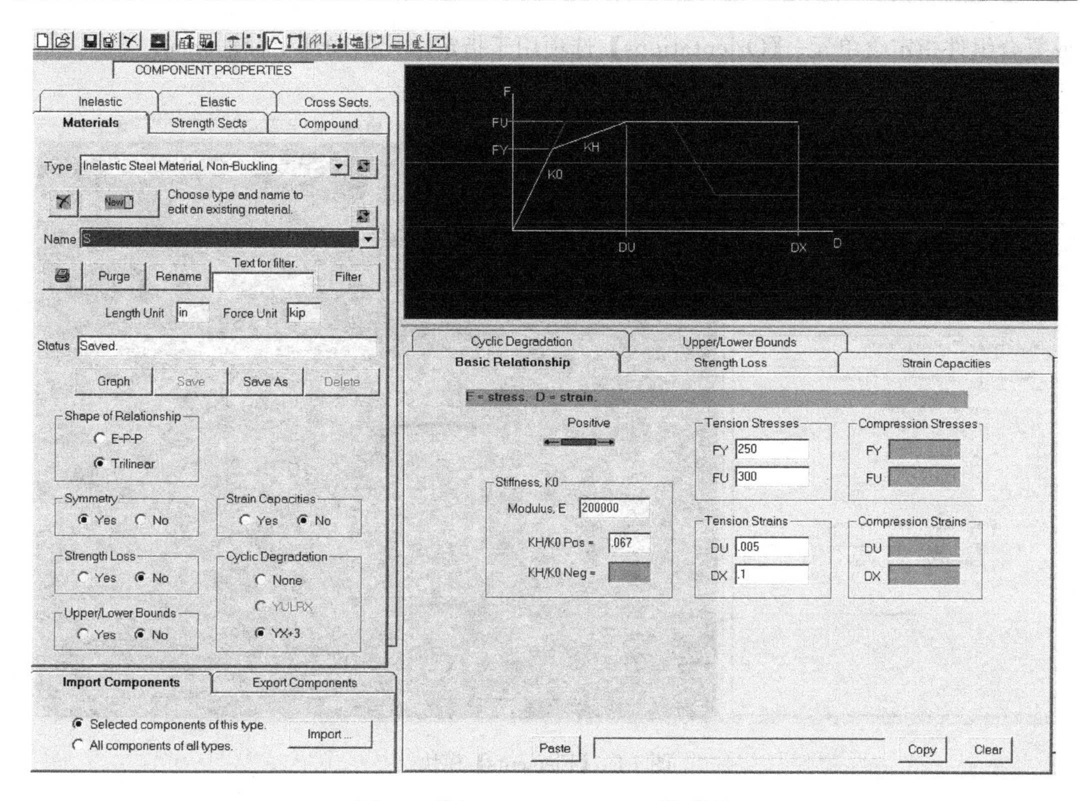

图 1-6 【Component properties】模块

元的定义提供了极大的灵活性，用户可以根据构件的受力特点及分析的精度要求，自主将不同数量和类型的基本组件组装成复合组件。如一个梁柱单元的属性，PERFORM-3D 通过框架复合组件（Frame Member Compound Component）来定义，而这个复合组件可以由多种基本组件进行组合，图 1-7 为几种常见的框架复合组件的定义方式。PERFORM-3D 关于复合组件的设计给用户的数值模拟提供了极大的灵活性。

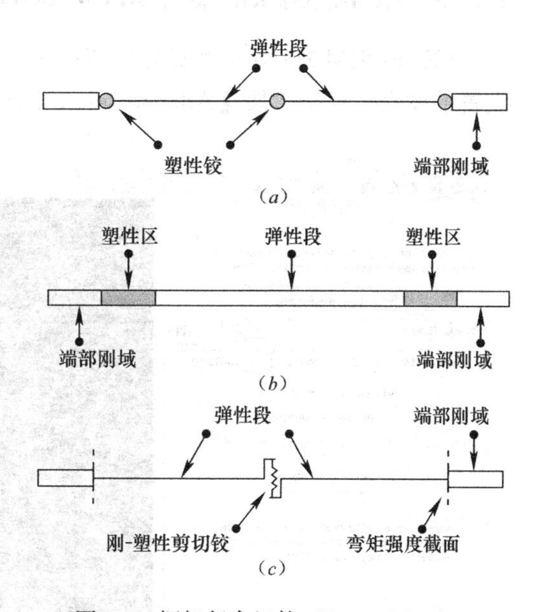

图 1-7 框架复合组件（Frame Member Compound Component）实例

(a) 带集中塑性铰；(b) 带塑性区；(c) 带剪切铰

1.3.4 单元【Elements】

该模块用于创建单元组，为不同的单元组添加单元，指定单元的组件属性及局部坐标轴方向等，界面如图 1-8 所示。其中：【Group Data】选项用于显示和修改单元组的信息；【Add Elements】和【Delete Elems】选项分别用于单元组内单元的添加和删除；【Change Group】选项用于改变单元所属的单元组；【Properties】选项用于指定单元的组件属性，将【Component properties】下定义的组件或复合组件指定给单元；【Orientations】选项用于指定单元的局部坐标轴方向。

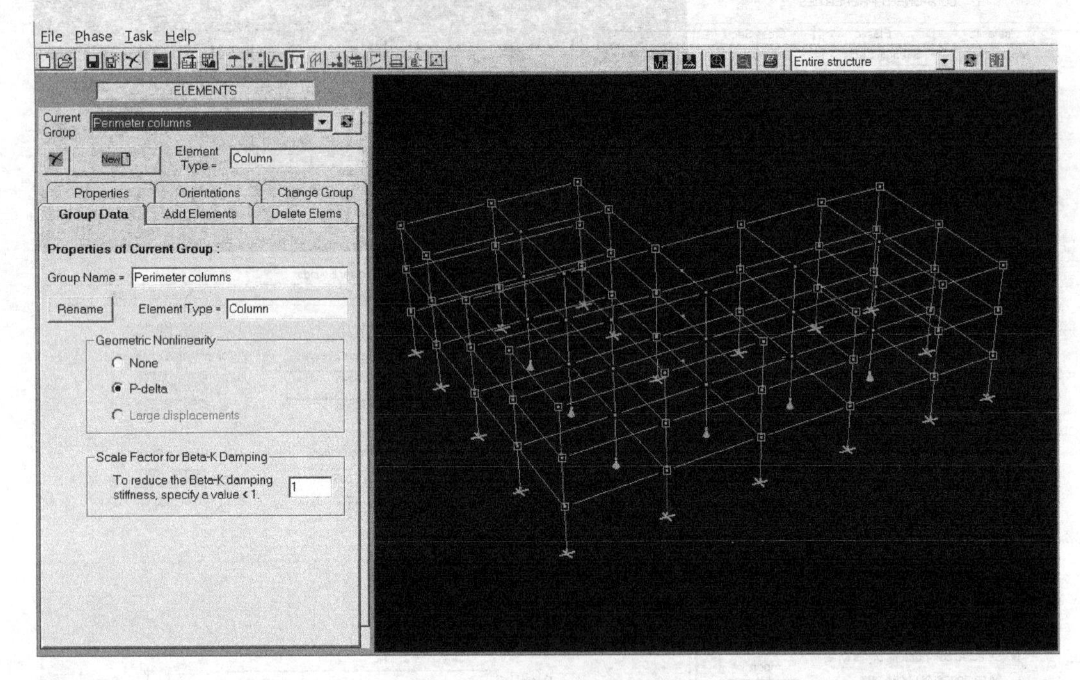

图 1-8 【Elements】模块

1.3.5 增加或删除框架【Add or delete frames】

PERFORM-3D 中的“框架”（Frame）可以理解为单元分组，是为了方便模型操作而设置的概念。框架模块【Add or delete frames】用于增加或删除框架，模块界面如图 1-9

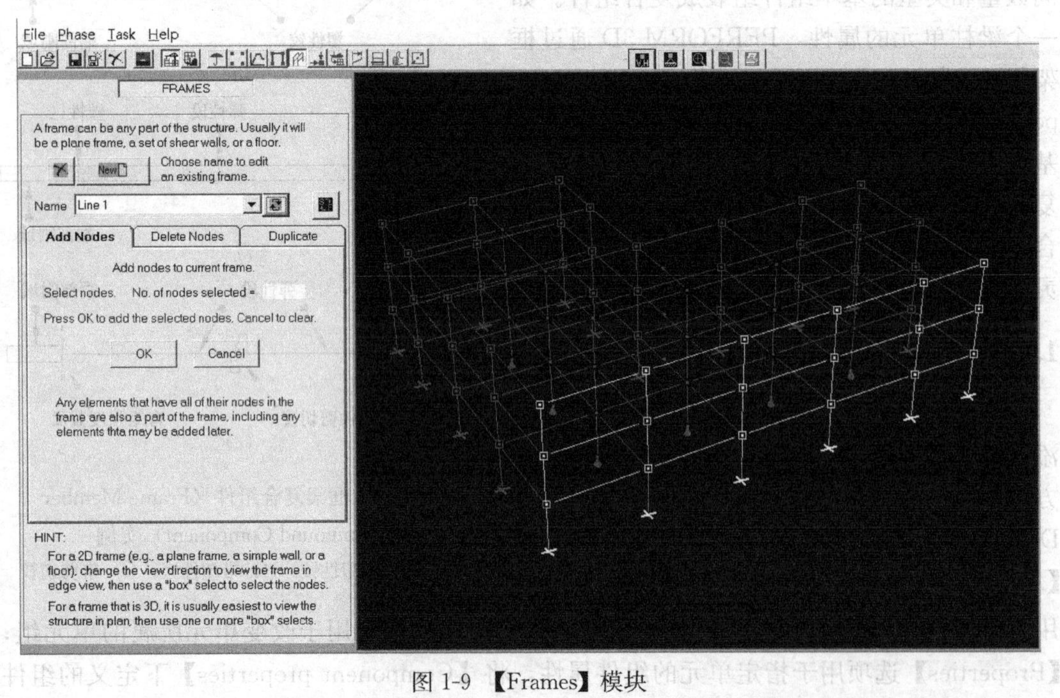

图 1-9 【Frames】模块

所示。用户可以在该模块下选择模型中的部分单元定义为一个框架，PERFORM-3D 可以将某个框架单独显示出来，从而方便建模及查看分析结果。框架可以定义为一个水平楼层、一个剖面或结构的任意一部分。

1.3.6 荷载样式【Load patterns】

荷载样式模块界面如图 1-10 所示，该模块用于节点荷载、单元荷载和结构自重荷载样式的定义。通过将不同的荷载样式以指定的系数进行叠加，可以得到适用于不同分析目的的荷载组合模式。

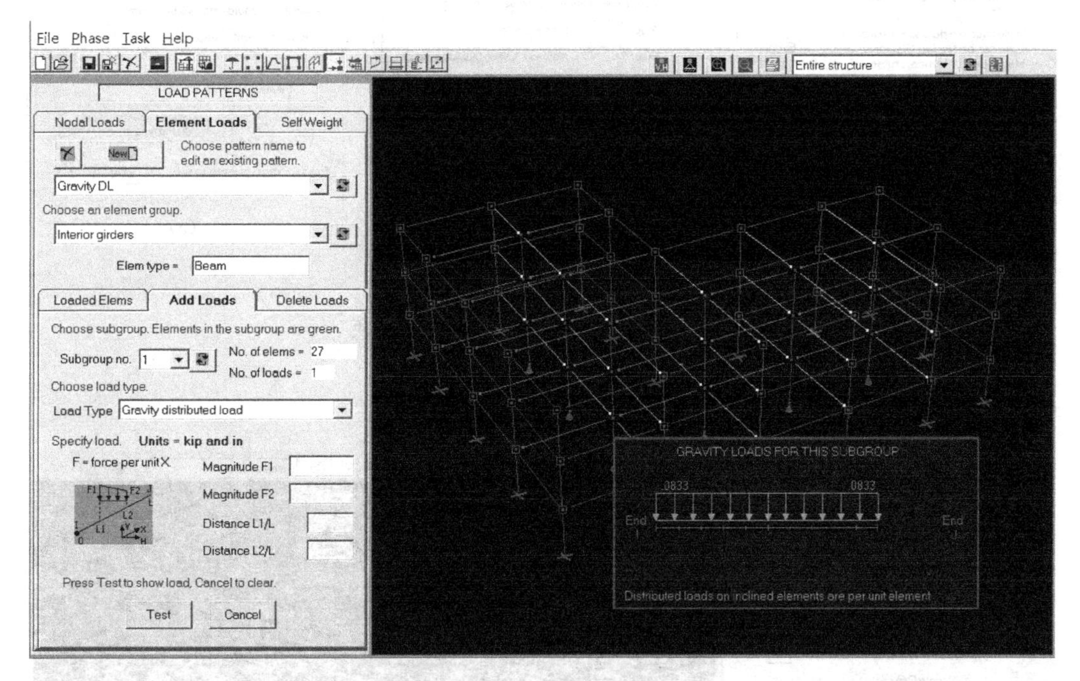

图 1-10 【Load patterns】模块

1.3.7 导入导出结构数据【Import/export structure data】

该模块提供了以文本文件形式导入或导出模型数据的功能，支持的模型数据包括节点坐标信息、节点荷载信息、节点质量信息、单元几何信息等，界面如图 1-11 所示。

1.3.8 位移比与挠度【Drifts and deflections】

该模块包括【Drifts】和【Deflections】两个选项卡，界面如图 1-12 所示。

【Drifts】：该选项用于定义两节点之间的水平相对位移比，其中最广泛的应用是定义层间位移角。

【Deflections】：该选项用来定义两节点之间的相对竖向变形。

1.3.9 结构截面【Structure sections】

结构截面【Structure sections】模块的界面如图 1-13 所示。PERFORM-3D 中的结构

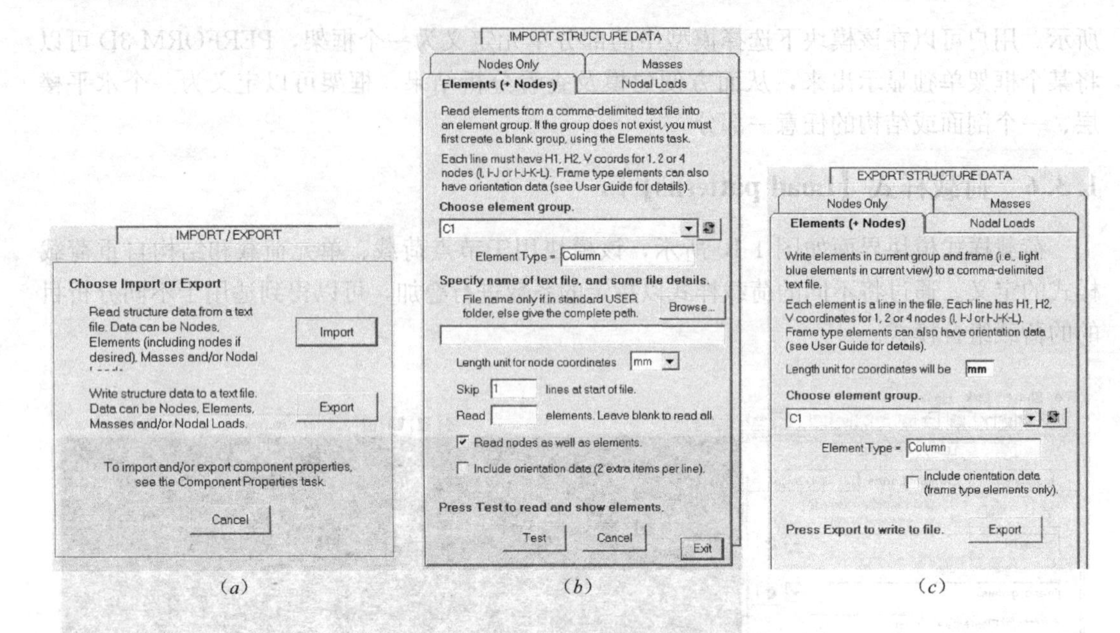

图 1-11　导入/导出模型信息

(*a*) 总界面；(*b*) 导入模块；(*c*) 导出模块

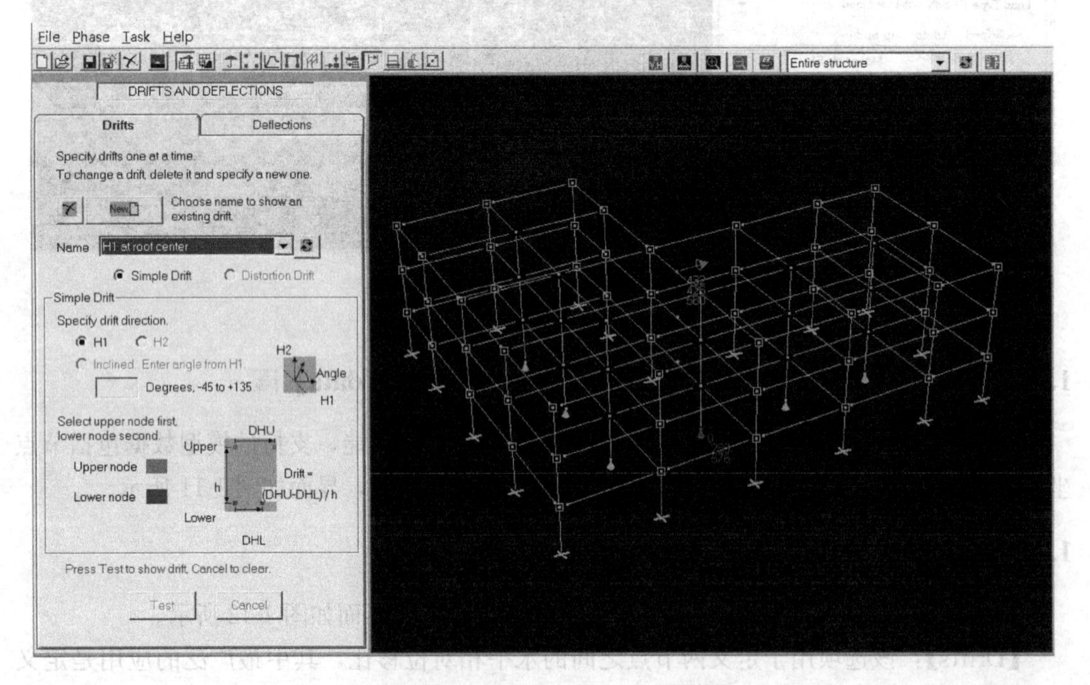

图 1-12　【Drifts and deflections】模块

截面（Structure section）与 SAP2000 中截面切割的概念类似。在该模块下，用户可切割结构中的某些构件定义结构截面，通过结构截面可以方便地查看切割截面处构件的合力。工程中常利用结构截面提取层间剪力、倾覆弯矩等分析结果。

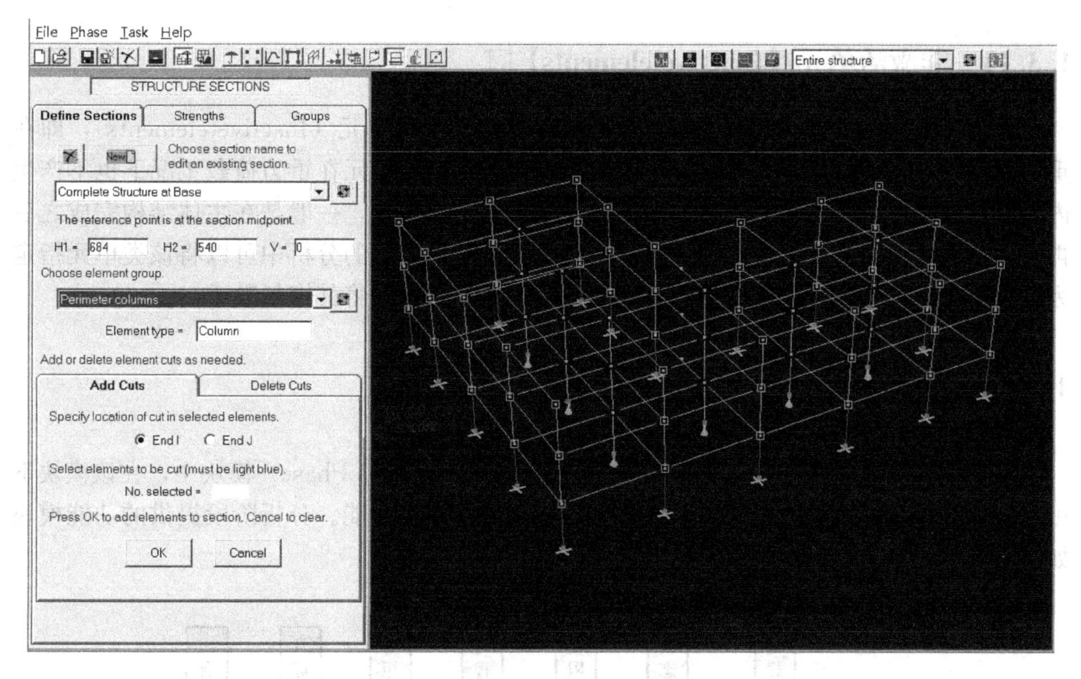

图 1-13 【Structure sections】模块

1.3.10 极限状态【Limit states】

极限状态模块的界面如图 1-14 所示，用户在该模块下可以定义一系列内力、变形的极限状态，通过分析结果与极限状态的对比，得到各指标的使用率（Usage Ratio），也就是所谓的需求-能力比（Demand/Capacity Ratio），为结构的性能评估提供参考。是否定义极限状态不影响结构的弹塑性分析计算，但是合理利用该模块能够方便工程师对结构的性能状态作出评价。

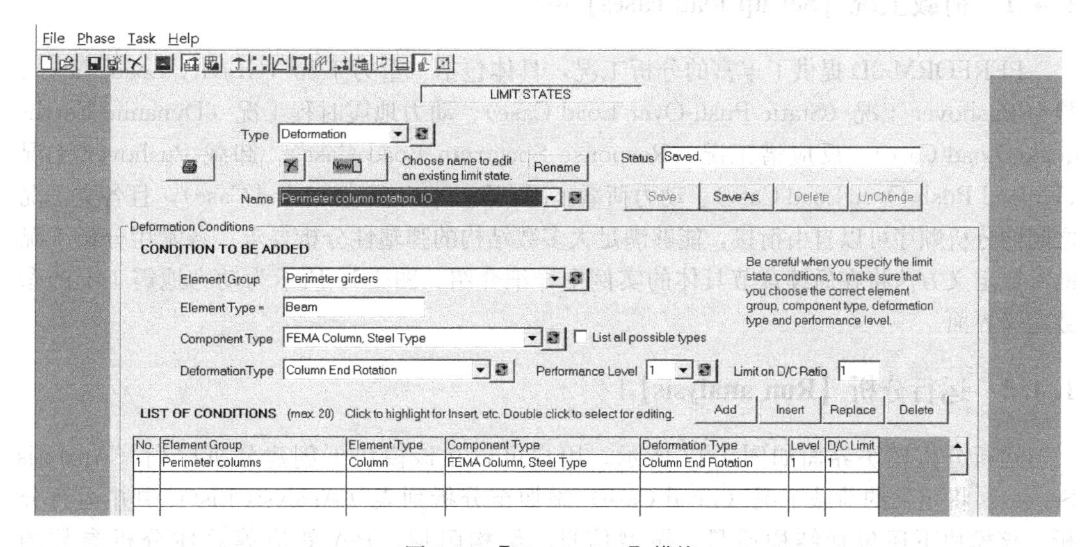

图 1-14 【Limit states】模块

1.3.11 非激活单元【Inactive elements】

该模块下，可以指定某些单元为重力工况下的非激活单元（Inactive elements），即在重力荷载工况下，忽略该类单元对结构的刚度贡献，该类单元在重力荷载工况下也不产生内力。比如对于一些带减震阻尼器支撑结构中的阻尼器斜撑，一般是在主体结构完成之后再集中安装的，因此在结构自重下不产生内力，在重力工况的分析中可以将该类单元指定为非激活单元，使其暂时失效，然后在后续地震时程工况中将其恢复激活。

1.4 分析阶段

PERFORM-3D的后处理功能集中在分析阶段（Analysis Phase）模块中，在该模块下可查看的分析结果丰富，用户可以从多个方面考查结构的性能。分析阶段提供的功能模块如图 1-15 所示。

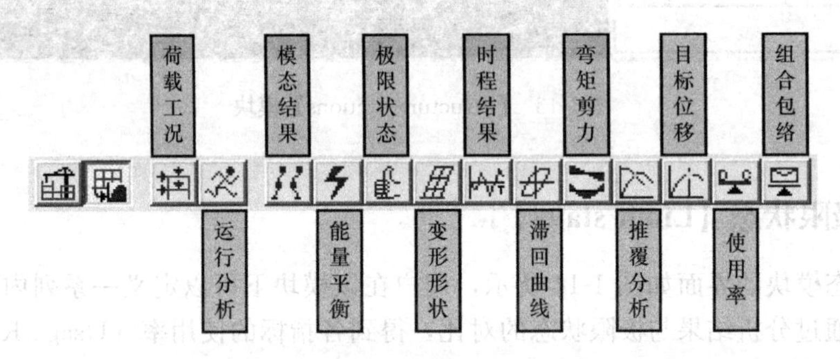

图 1-15 PEROFMR-3D 分析阶段

1.4.1 荷载工况【Set up load cases】

PERFORM-3D 提供了丰富的分析工况，具体包括：重力工况（Gravity Load Case）、静力 Pushover 工况（Static Push-Over Load Case）、动力地震时程工况（Dynamic Earthquake Load Case）、反应谱工况（Response Spectrum Load Case）、卸载 Pushover 工况（Unload Push-Over Load Case）、动力荷载工况（Dynamic Force Load Case），且各类工况之间的分析顺序可以自由衔接，能够满足大多数结构的弹塑性分析要求。各常用分析工况的参数定义方法将在后续章节具体的实例中详细介绍。图 1-16 所示为动力地震工况的参数定义界面。

1.4.2 运行分析【Run analysis】

运行分析模块界面如图 1-17 所示。用户可以在该模块下创建分析序列（Analysis Series），将定义的荷载工况（Load Case）添加至分析列表（Analysis List）中并运行分析。该模块下还包括结构质量、振型信息、结构阻尼、P-Δ 效应等总体分析参数的定义。

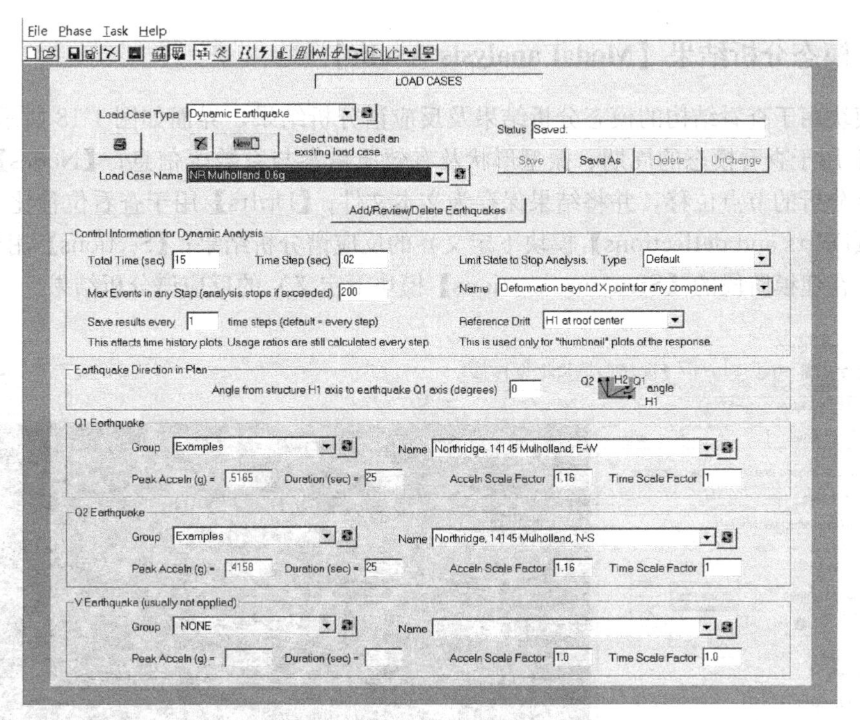

图 1-16 工况定义

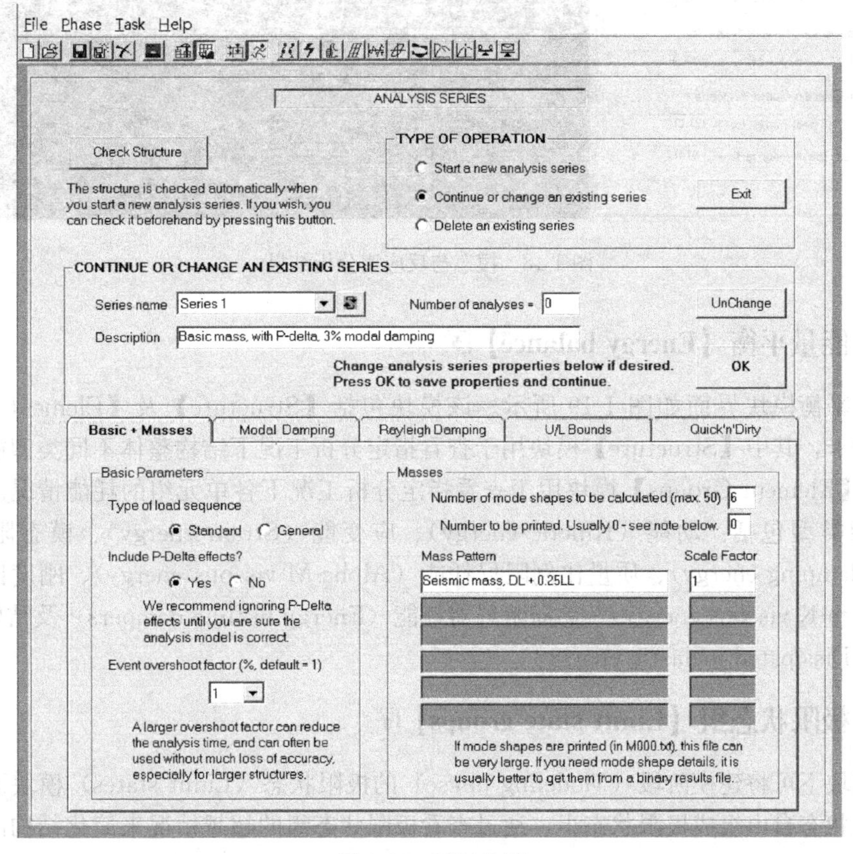

图 1-17 运行分析

1.4.3 模态分析结果【Modal analysis results】

该模块用于查看结构的模态分析结果及反应谱分析结果，界面如图 1-18 所示。其中：【Modes】用于查看模态的周期、振型形状及有效质量参与系数等信息；【Nodes】用于查看反应谱分析的节点位移，并将结果保存为文本文件；【Drifts】用于查看位移比（在建模阶段的【Drifts and deflections】模块下定义）的反应谱分析结果；【Sections】用于查看结构截面（在建模阶段的【Structure sections】模块下定义）的反应谱分析结果。

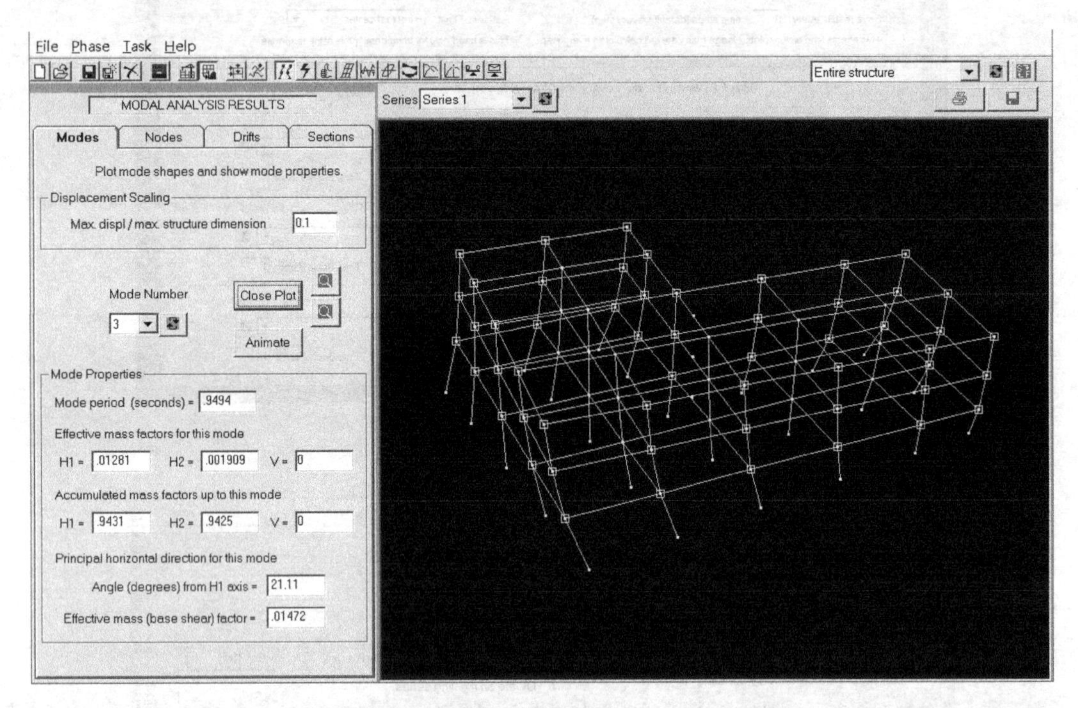

图 1-18 模态与反应谱分析结果

1.4.4 能量平衡【Energy balance】

能量平衡模块界面如图 1-19 所示。该模块包括【Structure】及【Element Groups】两个选项卡，其中【Structure】模块用于查看指定分析工况下结构整体不同类型能量的耗散情况，【Element Groups】模块用于查看指定分析工况下各单元组的耗能情况。软件统计的耗能类型包括：动能（Kinetic energy）、应变能（Strain energy）、模态阻尼耗能（Modal damping energy）、质量比例阻尼耗能（Alpha-M viscous energy）、刚度比例阻尼耗能（Beta-K viscous energy）、黏滞阻尼器耗能（Energy in fluid dampers）及结构的非线性耗能（Dissipated inelastic energy）。

1.4.5 极限状态组【Limit state groups】

该模块下可将建模阶段（Modeling phase）的极限状态（Limit states）模块下定义的各种极限状态自由组成极限状态组，通过查看极限状态组的超越情况来简化结构的性能评估过程。

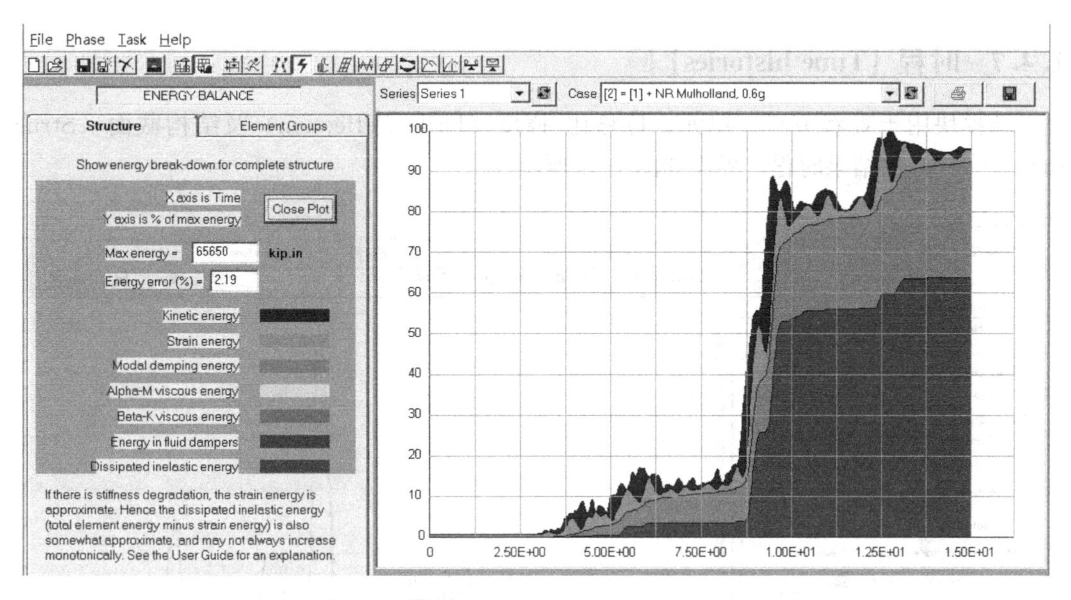

图 1-19 结构耗能

1.4.6 变形形状【Deflected shapes】

该模块包括【Plot Scale and Type】及【Limit States】两个选项卡，界面如图 1-20 所示。其中【Plot Scale and Type】选项用于静态和动态显示结构在某一荷载工况下的变形形状，时程荷载工况下则可以显示结构的变形时程动画；【Limit States】选项用于查看极限状态或极限状态组的使用率情况，将不同使用率的构件标记为不同的颜色，方便工程师对构件的性能状态作出判断。

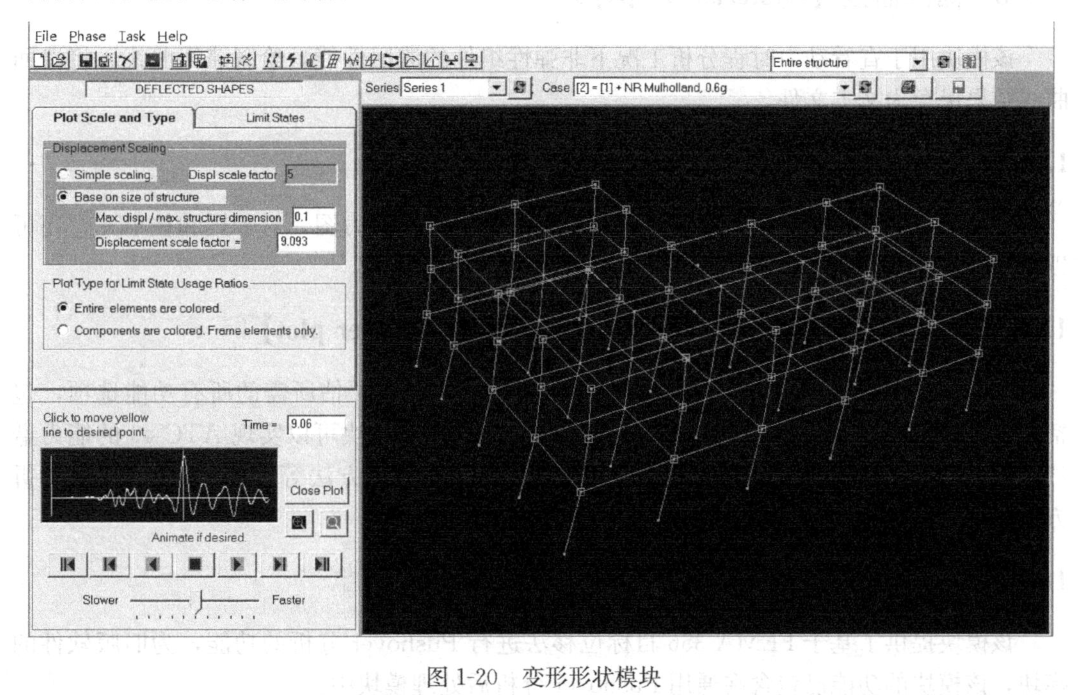

图 1-20 变形形状模块

1.4.7 时程【Time histories】

该模块用于查看节点、单元、位移比/挠度（Drift/Deflection）及结构截面（Structure section）的结果时程，界面如图 1-21 所示。

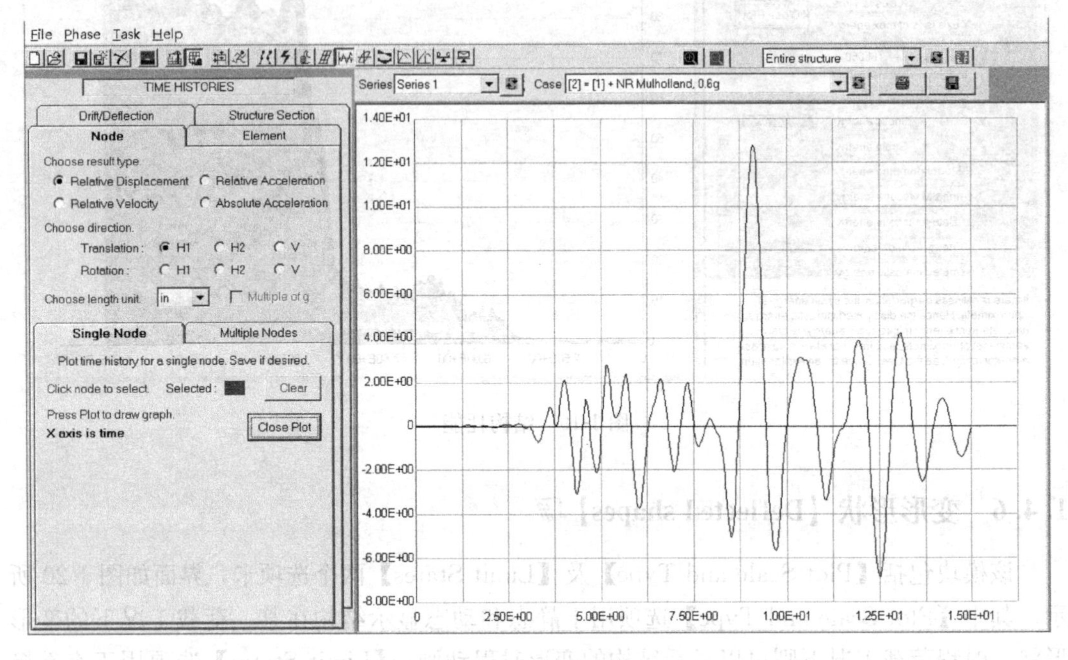

图 1-21　时程模块

1.4.8 滞回曲线【Hysterisis loops】

该模块用于查看动力时程分析工况下非弹性组件的滞回性能，绘制滞回曲线，将滞回曲线结果保存为文本文件。

1.4.9 弯矩剪力图【Moment and shear diagrams】

用户可以在该模块下绘制梁、柱、墙单元的弯矩图和剪力图，对于梁和柱单元，还可以显示其详细的变形形状。

1.4.10 通用 Pushover 分析后处理【General push-over plot】

该模块提供了实现基于 Pushover 分析的结构抗震性能评估所需的所有功能选项，包括能力曲线绘制、需求曲线绘制及性能点求取等。利用该模块可以实现 ATC 40 的能力谱法、FEMA 356 的目标位移法和 FEMA 440 的等效线性化方法等常用的 Pushover 分析方法。

1.4.11 目标位移法【Target displacement method】

该模块提供了基于 FEMA 356 目标位移法进行 Pushover 分析的功能，为旧版软件的模块，该模块的功能已包含在通用 Pushover 分析后处理模块中。

1.4.12 使用率曲线【Usage ratio graphs】

用户可以在该模块下绘制指定荷载工况下各极限状态及极限状态组的使用率随时间、荷载等参数的变化曲线。

1.4.13 组合与包络【Combinaitons and envelopes】

用户可以在该模块下将多个分析工况的计算结果按不同方式进行组合，基于组合后的包络值或平均值计算极限状态的使用率。

1.5 本章小结

本章对 PERFORM-3D 软件的建模阶段及分析阶段包含的各个模块的功能及界面布局作了简要的介绍，并没有讲解软件的具体操作，本章旨在使读者对 PERFORM-3D 建模阶段和分析阶段中各个模块的功能及各个模块之间的联系有一个初步把握，至于具体的操作细节，将在本书后续章节的具体实例中讲解。

1.6 参考文献

[1] Computers and Structures, Inc. Nonlinear Analysis and Performance Assessment for 3D Structures User Guide [M]. Berkeley, California, USA: Computers and Structures, Inc., 2006.

[2] Computers and Structures, Inc. Components and Elements for PERFORM-3D and PERFORM-Collapse [M]. Berkeley, California, USA: Computers and Structures, Inc., 2006.

2 入门实例：平面钢框架弹性分析

上一章对 PERFORM-3D 软件的设计思路和界面作了简要介绍，本章将通过一个平面钢框架的弹性分析算例，详细介绍 PERFORM-3D 中常规结构的建模、分析及结果查看的基本操作流程，以便初学者快速入门。

2.1 算例介绍

图 2-1 所示为本章算例所采用的结构，为一榀、两跨、七层的钢结构框架，模型选自 SAP2000 自带的软件验证报告[1]，构件属性如表 2-1 所示。本章将采用 PERFORM-3D[2,3]

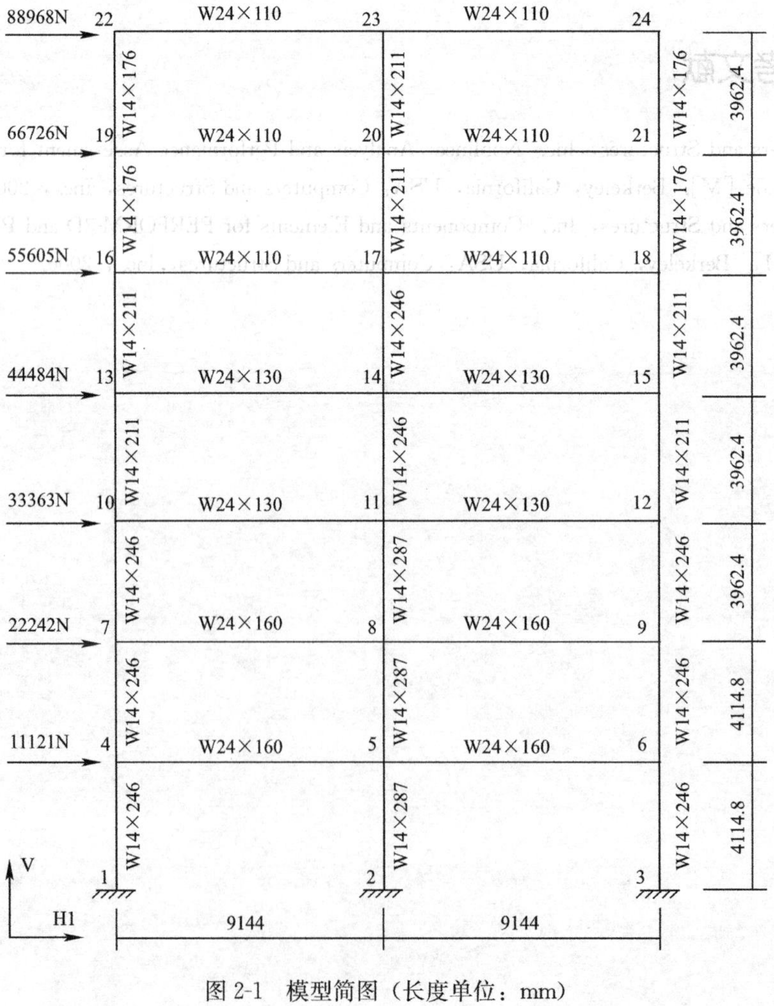

图 2-1 模型简图（长度单位：mm）

对该结构进行模态分析、弹性静力分析、动力弹性时程分析及反应谱分析，并将 PERFORM-3D 的分析结果与 SAP2000 的分析结果进行对比，验证分析结果的正确性。本章将对算例的建模、分析及后处理操作方法做一次较为详细的讲解。读者在阅读本章实例的过程中，可结合上一章对软件的整体介绍，体会并逐渐掌握 PERFORM-3D 前、后处理的基本操作方法。

构件截面属性 **表 2-1**

属性 截面	E (N/mm²)	A (mm²)	I (mm⁴)
W14×176	203403	33355	8.949229E+08
W14×211	203403	40064	1.111341E+09
W14×246	203403	46645	1.344425E+09
W14×287	203403	54453	1.627557E+09
W24×110	203403	20968	1.386066E+09
W24×130	203403	24710	1.673279E+09
W24×160	203403	30387	2.131100E+09

2.2 建立模型

2.2.1 启动 PERFORM-3D 软件

首先，双击软件的桌面图标或从开始菜单中点击软件启动 PERFORM-3D，启动之后出现图 2-2 所示界面，点击按钮【Start a new structure】新建模型。

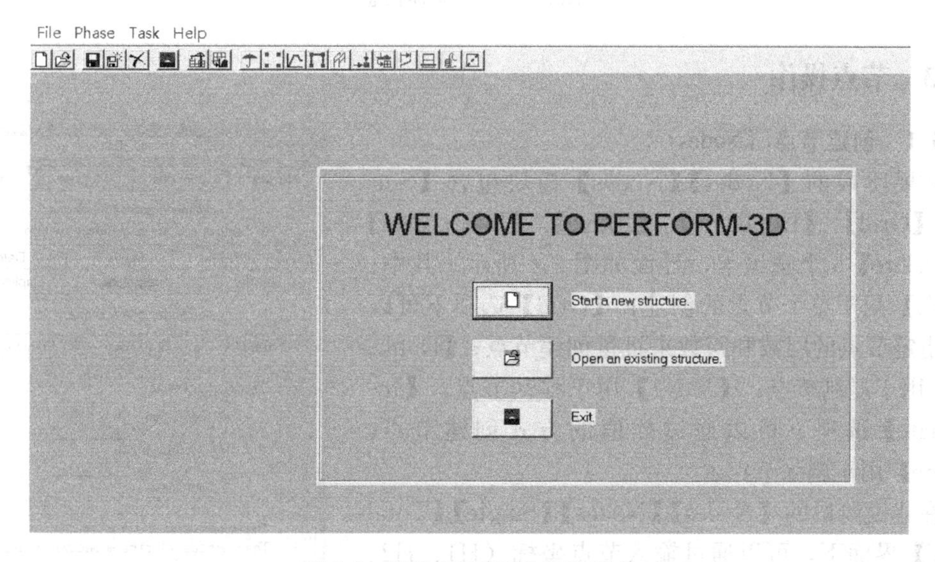

图 2-2 启动 PERFORM-3D 软件

2.2.2 总体信息

在 PERFORM-3D 中新建模型之前，需设置模型的总体信息，如图 2-3 所示。其中结构名称（Structure Name）、力单位（Force Unit）和长度单位（Length Unit）、模型保存路径（Location of Structures folder）一旦设定则不可修改，其余参数在建模过程中可以自由修改。设置好总体参数后点击【OK】按钮新建模型。

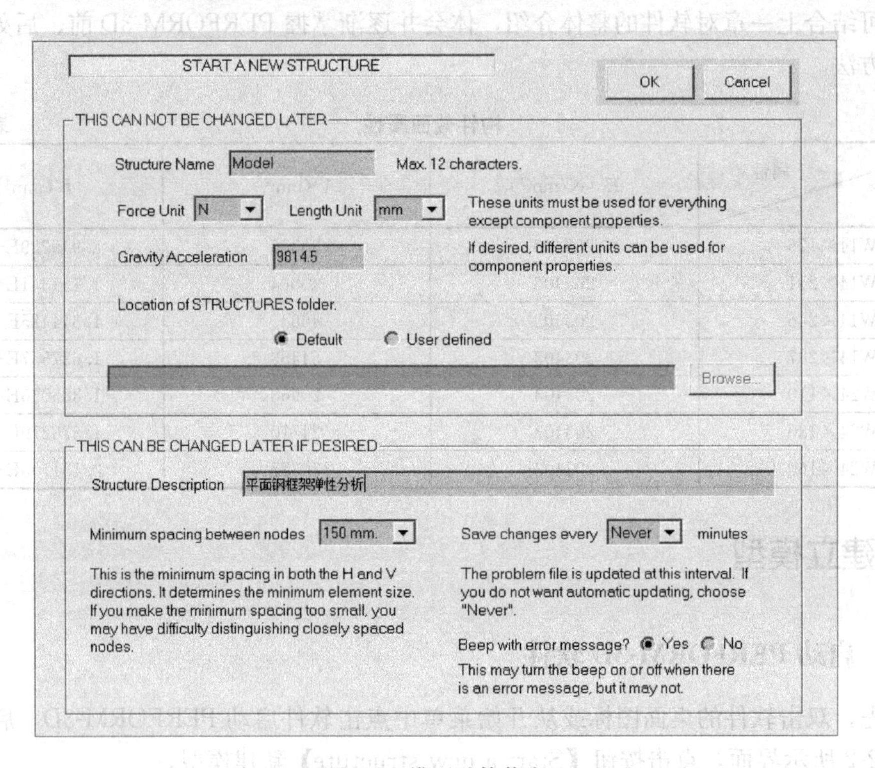

图 2-3　模型总体信息

2.2.3　节点操作

2.2.3.1　创建节点（Nodes）

建模阶段的【Nodes】-【Nodes】模块包含【Single】、【Grid】、【Duplicate】、【Move】、【Interpolate】及【Delete】6 个选项卡，界面如图 2-4 所示。其中：【Single】用于单个节点的创建；【Grid】选项下可以通过指定节点的层数和跨数来批量创建节点；【Duplicate】用于复制节点；【Move】用于移动节点；【Interpolate】选项下可以通过插值的方式创建节点；【Delete】用于删除节点。

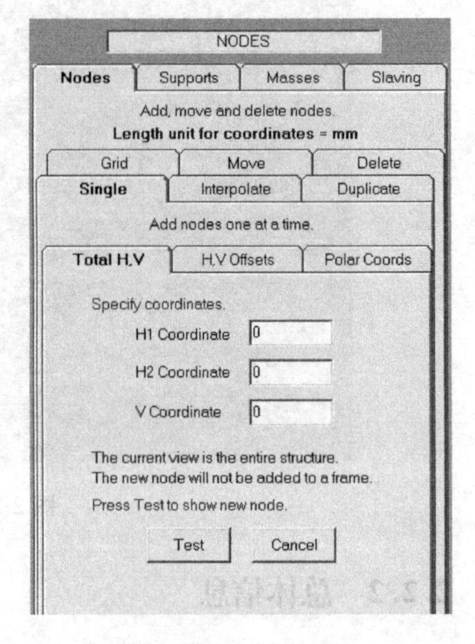

图 2-4　【Nodes】模块

在建模阶段的【Nodes】-【Nodes】-【Single】-【Total H，V】界面下，可以通过输入节点坐标（H1、H2、V）的方法逐个创建节点，如图 2-5 所示。其中 H1、H2、V 坐标对应于一般三维坐标的 X、Y、Z 坐标。根据图 2-1 所示的模型几何信息，依次输入各个节点的坐标并点击【Test】-【OK】，完成 24 个节点的创建。

节点创建后模型如图 2-5 所示。

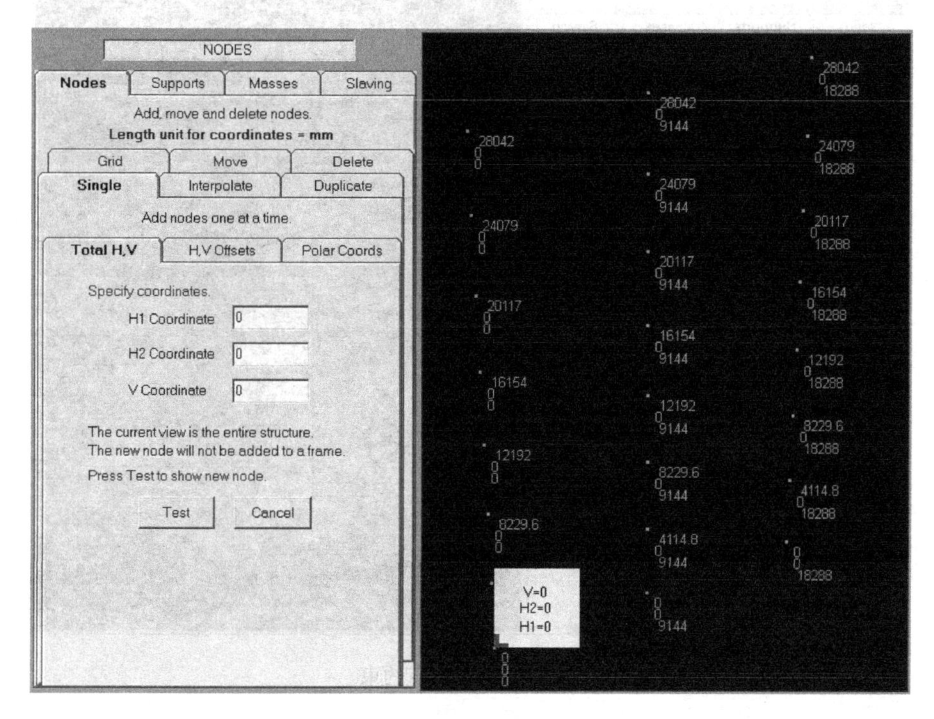

图 2-5 添加节点

2.2.3.2 指定节点约束（Supports）

节点约束在建模阶段的【Nodes】-【Nodes】-【Supports】模块下指定。对于本算例，需将底层柱脚约束设置为嵌固，从模型显示窗口选择底层柱脚节点，指定节点的 6 个自由度约束类型均为 Fixed，对于其他节点，则将其 H2 平动、绕 H1 的转动、绕 V 的转动共三个自由度进行约束，从而达到 H1-V 平面内分析的目的。最终节点约束的指定如图 2-6 所示。

2.2.3.3 指定节点束缚（Slaving）

节点束缚【Slaving】与节点约束【Support】不同，节点束缚指的是多个节点的自由度之间的相互约束关系。较为典型的应用是通过节点束缚实现刚性楼板假定。

为节点指定节点束缚之前，需在【Slaving】下新建一个束缚集合（Constraint Set），接着选中需要指定节点束缚的节点，并指定束缚类型。对于本算例，每一层定义一个刚性隔板束缚，共建立了 7 个节点束缚集合（D1～D7），以首层节点束缚 D1 为例，操作如下：(1) 在【Slaving】下点击【New】按钮新建节点束缚集合 D1；(2) 在模型显示窗口中选取节点 4、5 及 6；(3) 在参数输入面板中指定束缚类型（Constraint type）为等位移约束（Simple equal displacements），勾选约束的节点自由度为 H1；(4) 点击按钮【OK】完成定义。束缚集合 D1 如图 2-7 所示。

2.2.3.4 指定节点质量（Masses）

进行模态分析及动力时程分析需指定结构的质量。PERFORM-3D 中只能定义节点质量，因此需将来自结构的质量和来自荷载的质量集中到相应的节点上。进行实际工程结构分析时，可根据结构的质量、刚度分布，选择采用楼层集中质量或节点集中质量，本算例

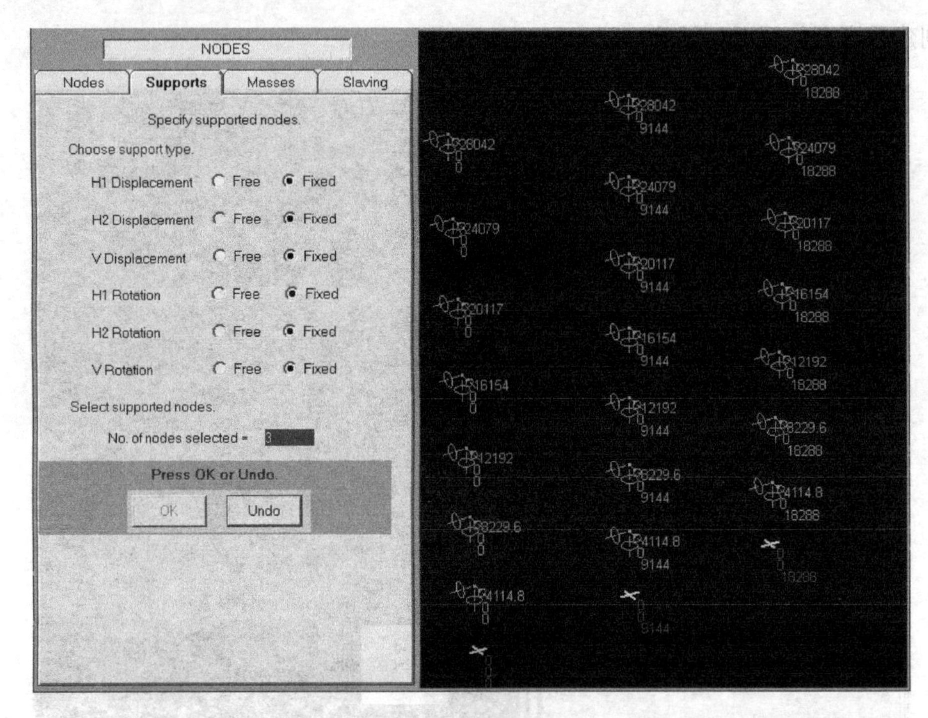

图 2-6　指定节点约束

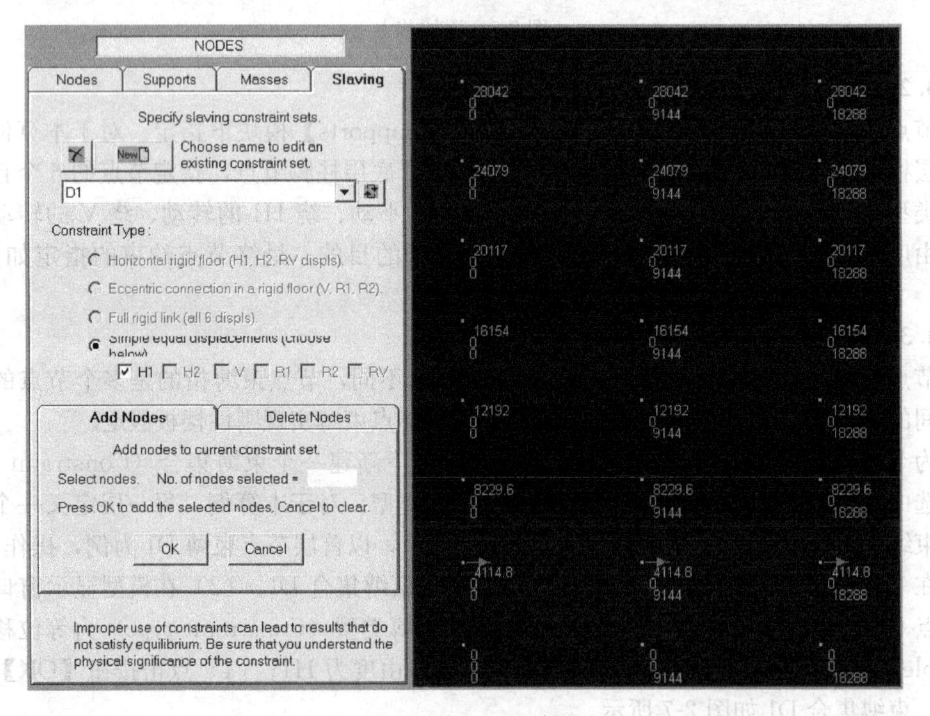

图 2-7　指定节点束缚

进行了简化处理，采用楼层集中质量，将各楼层总质量集中于楼层质心处。

PERFORM-3D 中节点质量通过质量样式进行管理。PERFORM-3D 最多允许设置 5 个质量样式（Mass patterns），方便用户根据不同的分析目的选用不同的结构质量样式。

对于每个质量样式，可以为节点指定 3 个平动质量和 3 个转动惯量，节点质量可以以质量（Mass）的形式指定，或者以重力（Weight）的形式指定。本算例比较简单，仅添加一种质量样式，每个楼层的平动质量为 85.815t，集中于楼层的中间节点，不考虑转动惯量。节点质量的添加操作如下：（1）在建模阶段的【Nodes】-【Masses】下点击【New】按钮新建节点质量样式 MXY；（2）在屏幕中选取节点 5、8、11、14、17、20 及 23；（3）选择 Mass Units，输入 H1 平动质量 85.815t；（4）点击按钮【Test】-【OK】完成定义。质量样式 MXY 的定义如图 2-8 所示。

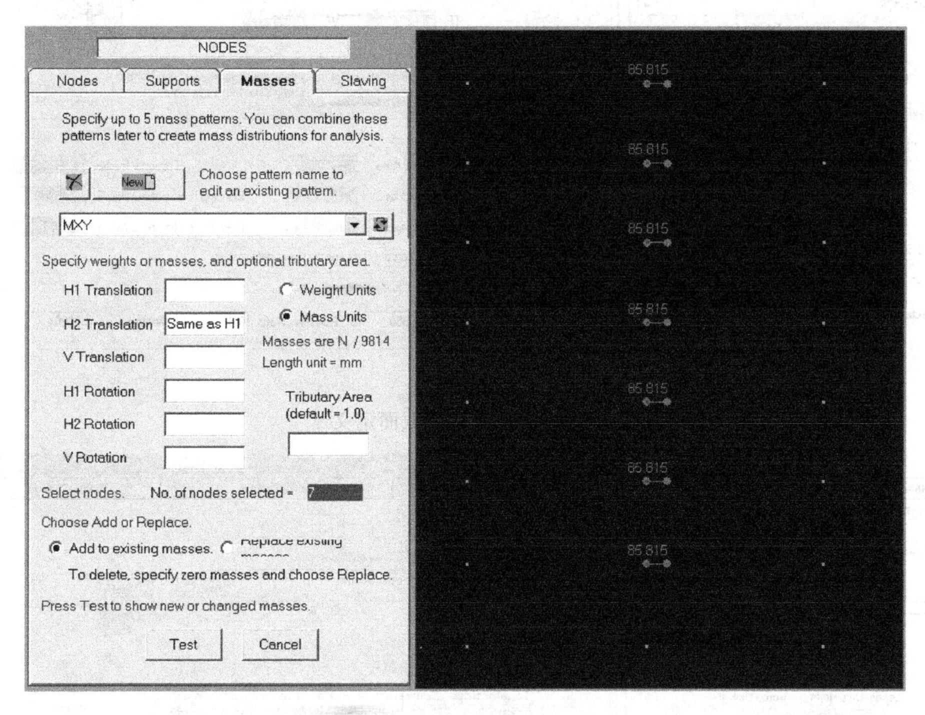

图 2-8　定义质量样式

2.2.4　定义组件属性

2.2.4.1　定义截面组件（Cross Sects）

本算例中的构件选用的是美国钢结构设计协会（AISC）型钢库的截面。新建截面时，可以在建模阶段的【Component Properties】-【Cross Sects】下选择 Beam Standard Steel Section 类型（梁标准钢截面）和 Column Standard Steel Section（柱标准钢截面）的截面，并在下面的标准截面（Standard Section）面板下选择截面类型（Section Type）为 AISC W，M，S or HP，然后从 Section ID 下拉菜单选择所需的截面型号，如图 2-9 所示。PERFORM-3D 还提供了另外两种标准的钢截面类型（Section Type），包括 EUROPEAN W，H，IP（欧洲规范截面库）和 BRITISH UB，UC（英国规范截面库），此处不作介绍。

由于本算例所采用的构件截面是旧版的 AISC H 型钢截面，而 PERFORM-3D 软件自带的型钢截面库版本较新，导致构件型号多有不同，因此本算例在 PERFORM-3D 中建模时实际采用的截面类型为非标准梁柱钢截面（在建模阶段的【Component Properties】-【Cross Sects】下选择【Beam/Column Steel Type Nonstandard Section】类型的截面），依据表 2-1 输入截面的各项属性。如图 2-1 所示，本算例需定义 3 种梁截面和 4 种柱截面，以梁截面 W24×110 为例，截面属性定义如图 2-10 所示。

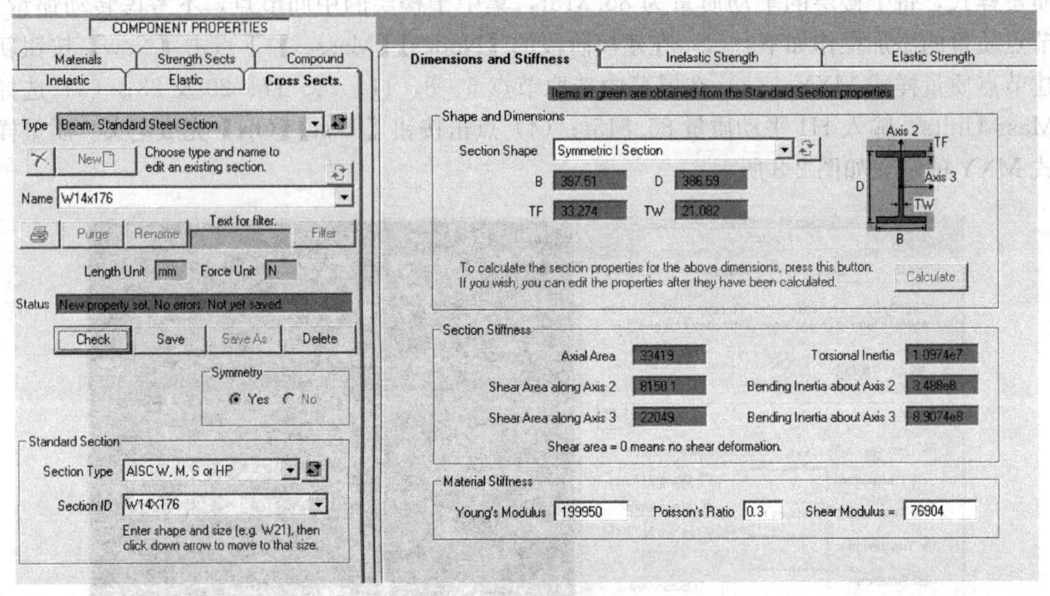

图 2-9 标准型钢截面定义

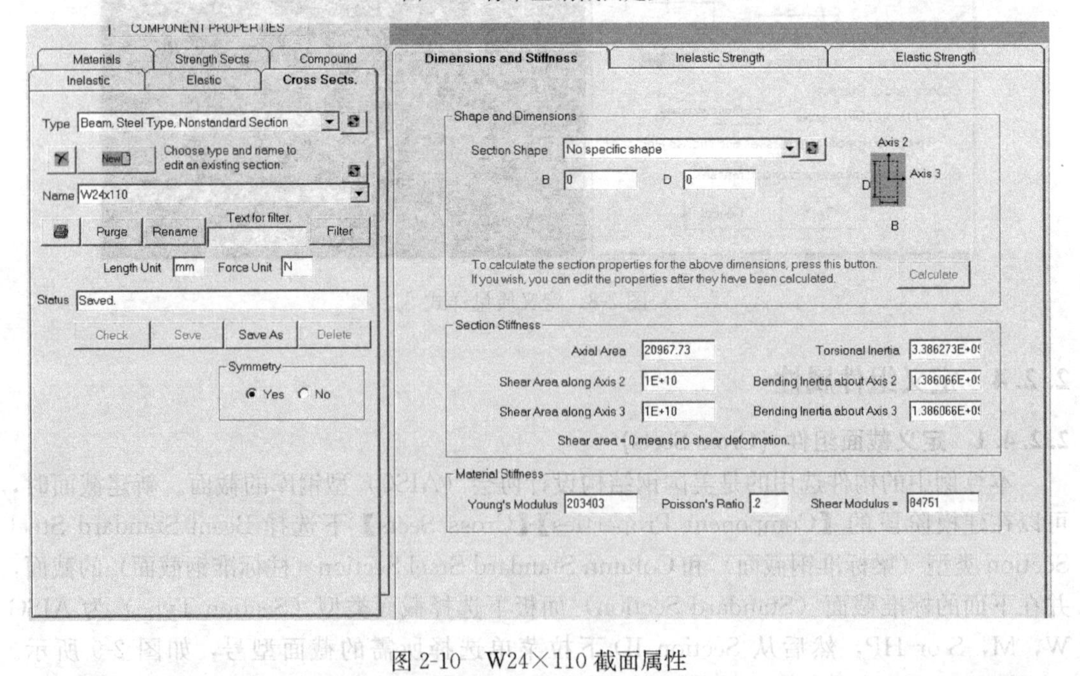

图 2-10 W24×110 截面属性

2.2.4.2 定义复合组件（Compound component）

本算例只进行弹性分析，模型中所有的梁柱单元均为弹性单元，为每一种弹性梁柱单元定义一个框架复合组件（Frame Member Compound Component）。本算例一共有 3 种弹性梁截面，4 种弹性柱截面，一共需定义 7 个框架复合组件，每一种框架复合组件由对应的弹性截面组件组装而成。

以顶层梁单元的复合组件定义为例，操作如下：（1）在建模阶段的【Component properties】-【Compound】-【Frame Member Compound Component】下点击【New】按钮新建框架复合组件，命名为 CmpW24×110；（2）组件类型（Component Type）选为【Beam/Column Steel Type Nonstandard Section】；（3）组件名称（Component Name）选 W24×110；（4）长度类型（Length Type）选择比例长度【Proportion of unassigned length】，长度值（Length Value）填 1；（5）点击【Add】添加组件，点击【Check】-【Save】完成复合组件的定义。操作界面如图 2-11 所示。

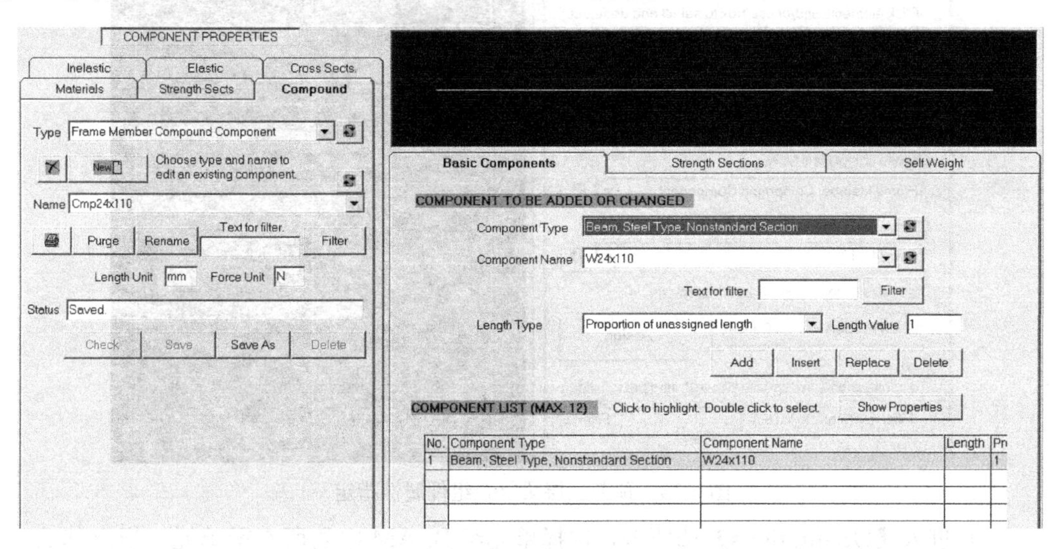

图 2-11　框架复合组件定义

2.2.5　建立单元

PERFORM-3D 中单元通过单元组进行管理，同一单元组中的单元类型必须相同，单元类型相同的单元可以分属于不同的单元组。本算例定义一个梁单元组 BEAM 和一个柱单元组 COLUMN，梁单元组 BEAM 包含所有的梁单元，柱单元组 COLUMN 包含所有的柱单元。以梁单元组 BEAM 的建立为例，具体操作步骤为：

（1）在建模阶段的【Elements】模块下点击【New】新建单元组，单元类型（Element Type）选为 Beam，单元组名称取为 BEAM，不考虑 P-delta 几何非线性，点击【OK】完成单元组建立，如图 2-12 所示。

（2）进入【Add Elements】选项卡，根据图 2-1 所示几何模型及节点，在模型显示窗口中通过鼠标点击单元端点、连点成线的方式为单元组添加梁单元。

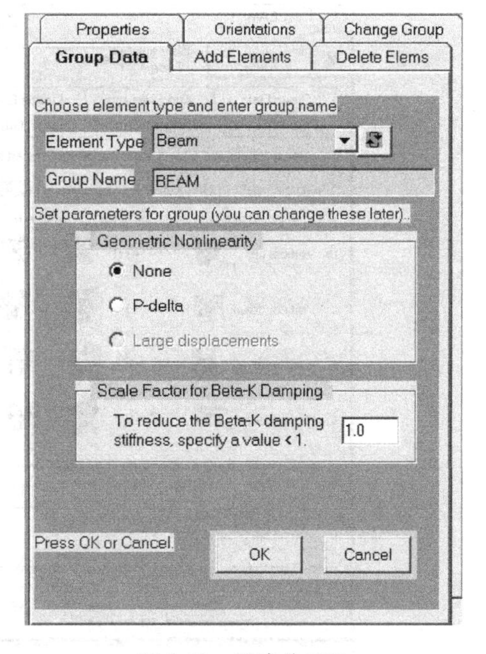

图 2-12　新建单元组

（3）进入【Properties】选项卡，根据梁单元与框架复合组件的对应关系，指定梁单元的复合组件属性。如图 2-13 所示，指定顶部三层梁单元的复合组件属性为 Cmp24×110。

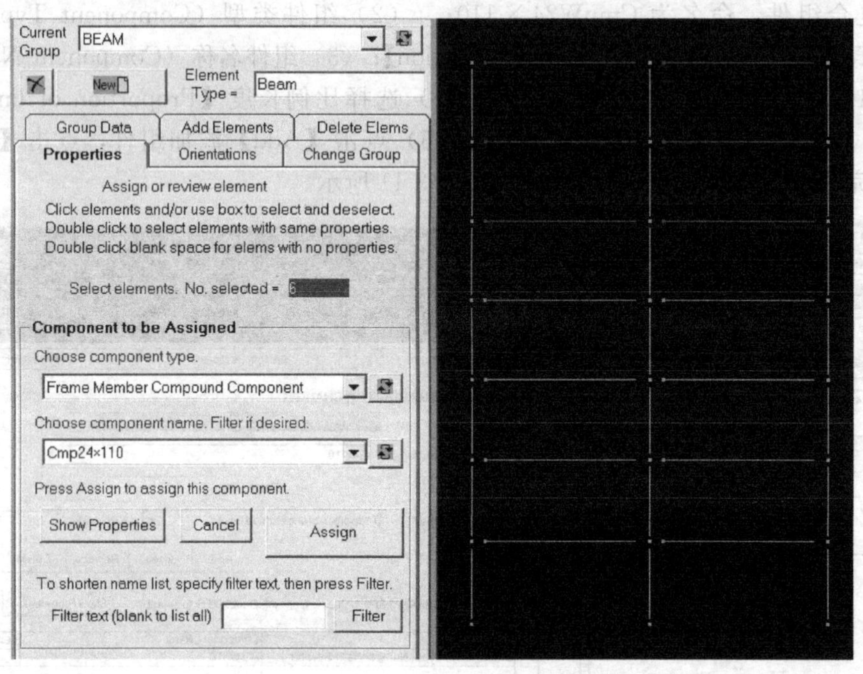

图 2-13　顶部三层梁复合组件属性指定

（4）进入【Orientations】选项卡，选择单元组 BEAM 中的所有梁单元，指定其 Axis 2 方向为 Vertical up，即竖直向上，如图 2-14 所示。

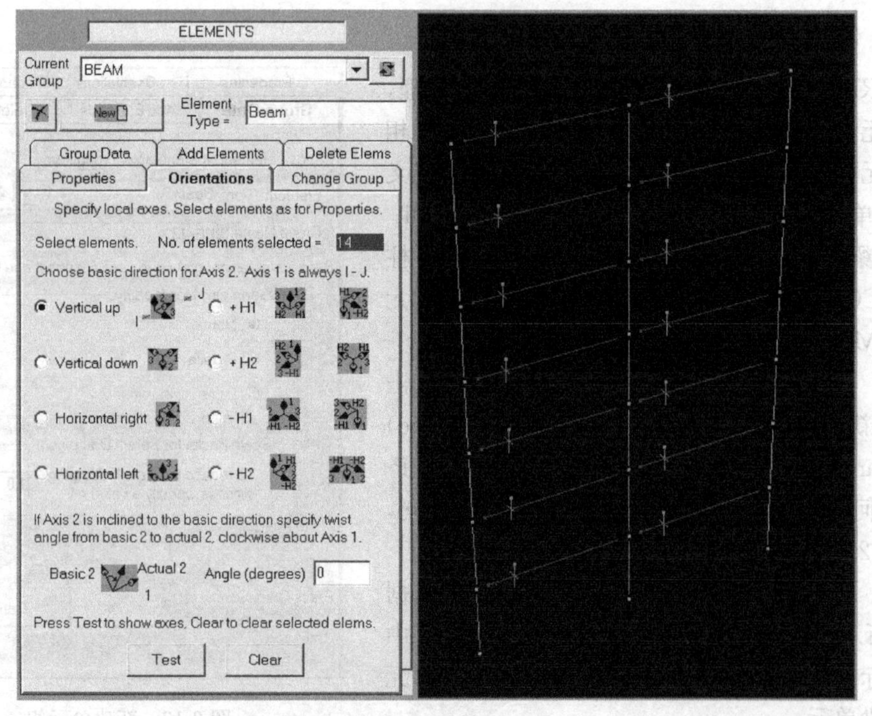

图 2-14　梁单元的局部坐标轴

PERFORM-3D 中梁、柱单元的局部坐标轴 Axis 1、Axis 2、Axis 3 满足右手坐标系。梁柱单元的局部坐标轴 Axis 1 的方向沿单元轴线方向，从单元的起点指向单元的末端点，其中单元的起点在模型视图中用圆点标示；梁柱单元的局部坐标轴 Axis 2 的方向在【Orientations】选项卡下指定，本例指定梁单元的局部 Axis 2 轴沿 V 轴正向；梁柱单元的局部 Axis 3 轴则通过右手法则确定，对于本例，梁单元的局部 Axis 3 轴方向沿 H2 正向。必须注意的是，梁单元局部坐标方向的指定需要和截面局部坐标轴的方向（如图 2-10 所示）相匹配，单元的局部坐标轴方向实际上定义的是组成单元的截面组件的局部坐标轴方向。

柱单元组的定义与梁单元组类似，其中柱单元组一般需要考虑 P-delta 几何非线性，本例所有的柱单元均集中于 COLUMN 单元组。图 2-15 为底层边柱单元的复合组件属性指定，图 2-16 为柱单元的局部坐标轴方向。

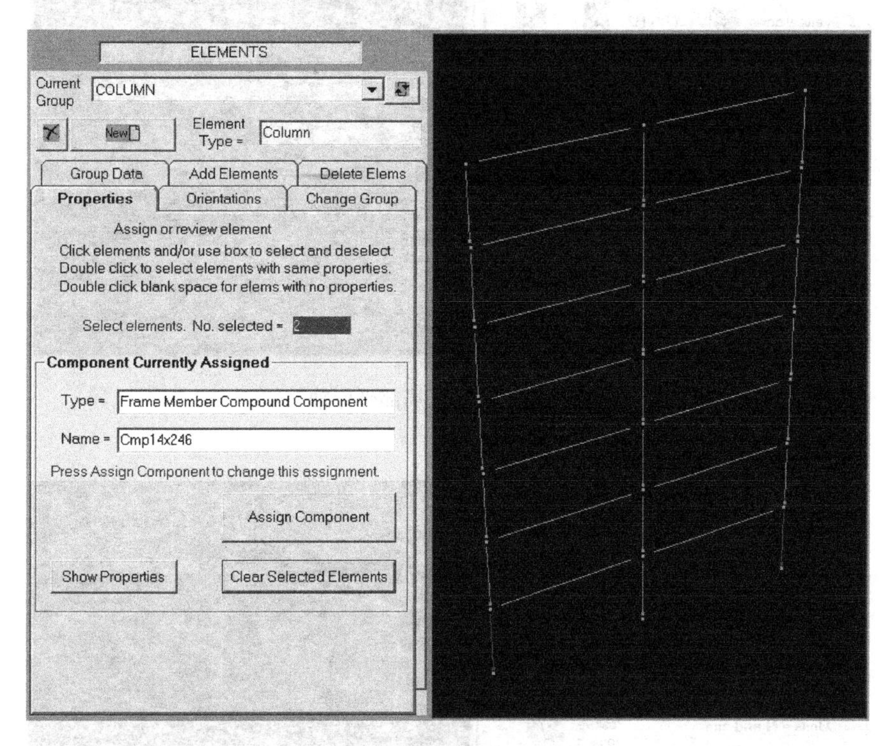

图 2-15 柱单元复合组件属性

2.2.6 定义荷载样式

PERFORM-3D 中荷载在建模阶段的【Load Patterns】模块定义。PERFORM-3D 提供了三种荷载样式，包括：节点荷载【Nodal Loads】、单元荷载【Element Loads】及自重【Self Weight】。本算例只为结构添加节点荷载，在建模阶段的【Load Patterns】-【Nodal Loads】下点击【New】新建节点荷载样式，命名为 NL1，根据图 2-1 为节点指定节点荷载。以图 2-1 中节点 22 的荷载定义为例，操作如下：（1）在模型显示窗口中，用鼠标选择节点 22；（2）在参数输入面板上指定 H1 Force 的值为 88968，选择加载方式为“添加到现有荷载”（Add to existing loads）；（3）点击按钮【Test】-【OK】完成节点 22 的荷载定义，如图 2-17 所示。重复以上步骤指定其余节点的荷载，节点荷载指定完成后的模型如图 2-18 所示。

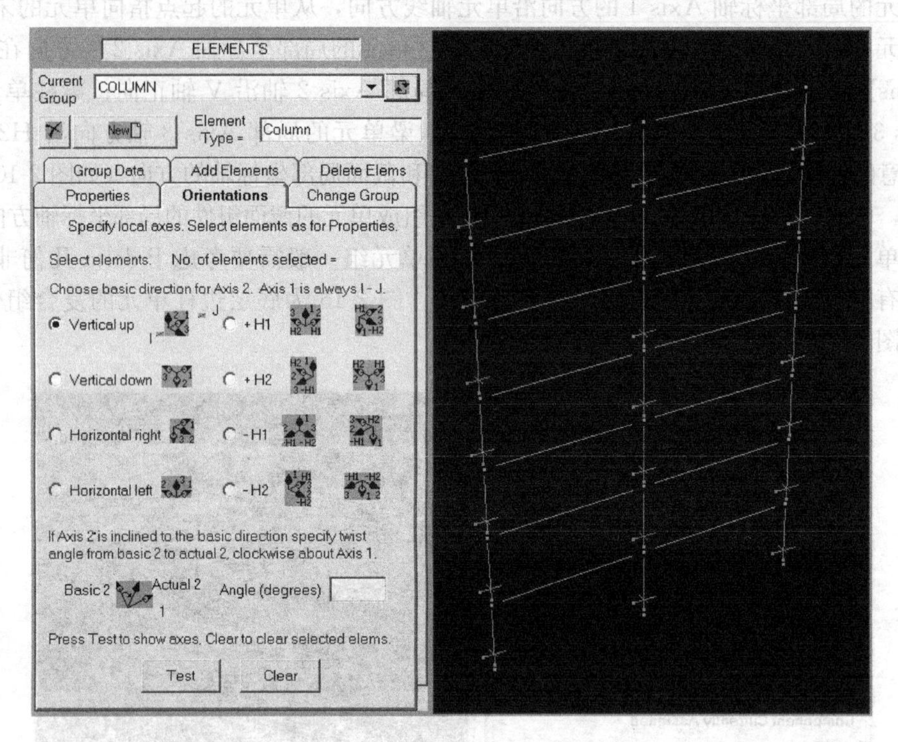

图 2-16　柱单元局部坐标轴

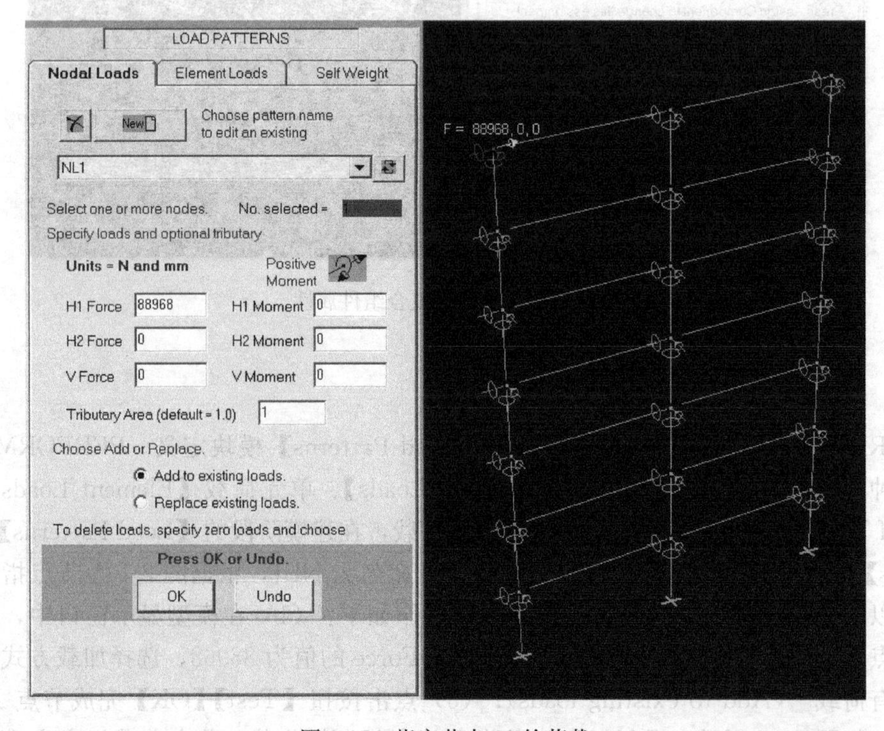

图 2-17　指定节点 22 的荷载

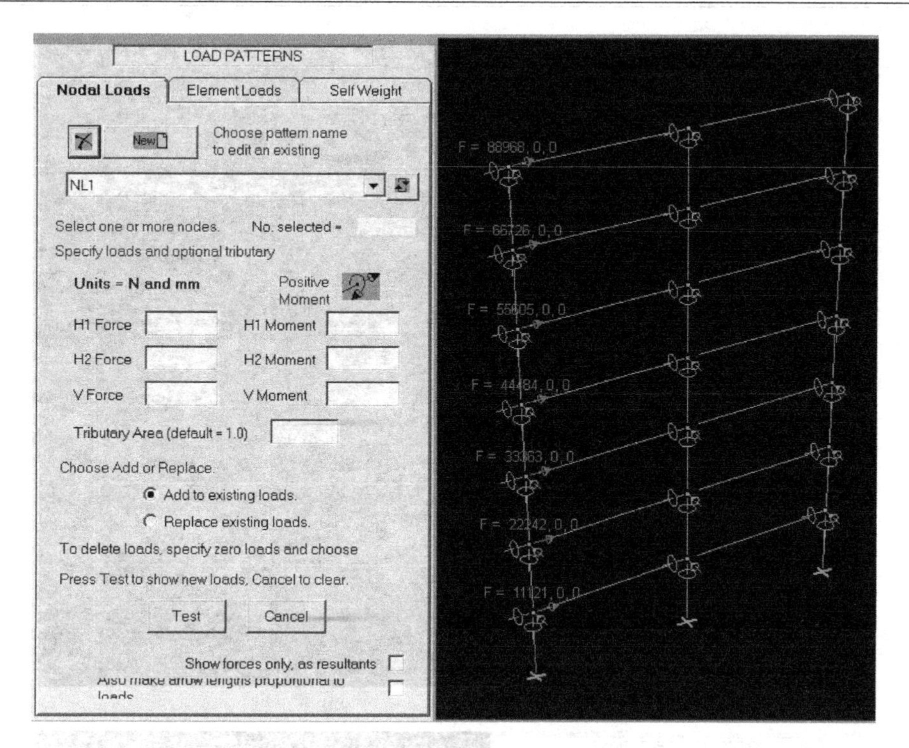

图 2-18 节点荷载样式 NL1

2.2.7 定义层间位移角

PERFORM-3D 本身不具有层的概念，因此诸如层间位移角和层间内力这样的宏观参数，分析结果中不能直接输出，需在建模阶段中人工定义相关指标进行输出，本节介绍层间位移角的定义。

位移角在建模阶段的【Drifts and deflections】-【Drifts】下定义。本例结构一共 7 层，每层定义一个 H1 方向的层间位移角（D1～D7），另外以框架顶层中柱的顶节点与底层中柱的底节点定义表征结构总变形的位移角 D，用作后期分析工况的参考位移角。以位移角 D1 的定义为例，操作如下：(1) 进入【Drifts】选项卡，点击【New】新建层间位移角，命名为 D1，属性选 Simple Drift，方向选 H1；(2) 在模型显示窗口，用鼠标依次选择上节点（Upper node）节点 5 和下节点（Lower node）节点 2；(3) 点击【Test】-【OK】完成层间位移角的定义，如图 2-19 (*a*) 所示。其余楼层层间位移角的定义与此类似，总位移角 D 的定义如图 2-19 (*b*) 所示。

2.2.8 定义结构截面

PERFORM-3D 中的结构截面（Structural sections）与 SAP2000 中截面切割（Section Cut）的概念类似，主要用于提取结构截面处构件的内力合力结果。本算例中，为每个楼层定义一个结构截面（S1～S7），用于提取各层的剪力。以首层结构截面 S1 的定义为例，操作如下：(1) 在建模阶段的【Structural sections】-【Define Sections】界面下新建结构

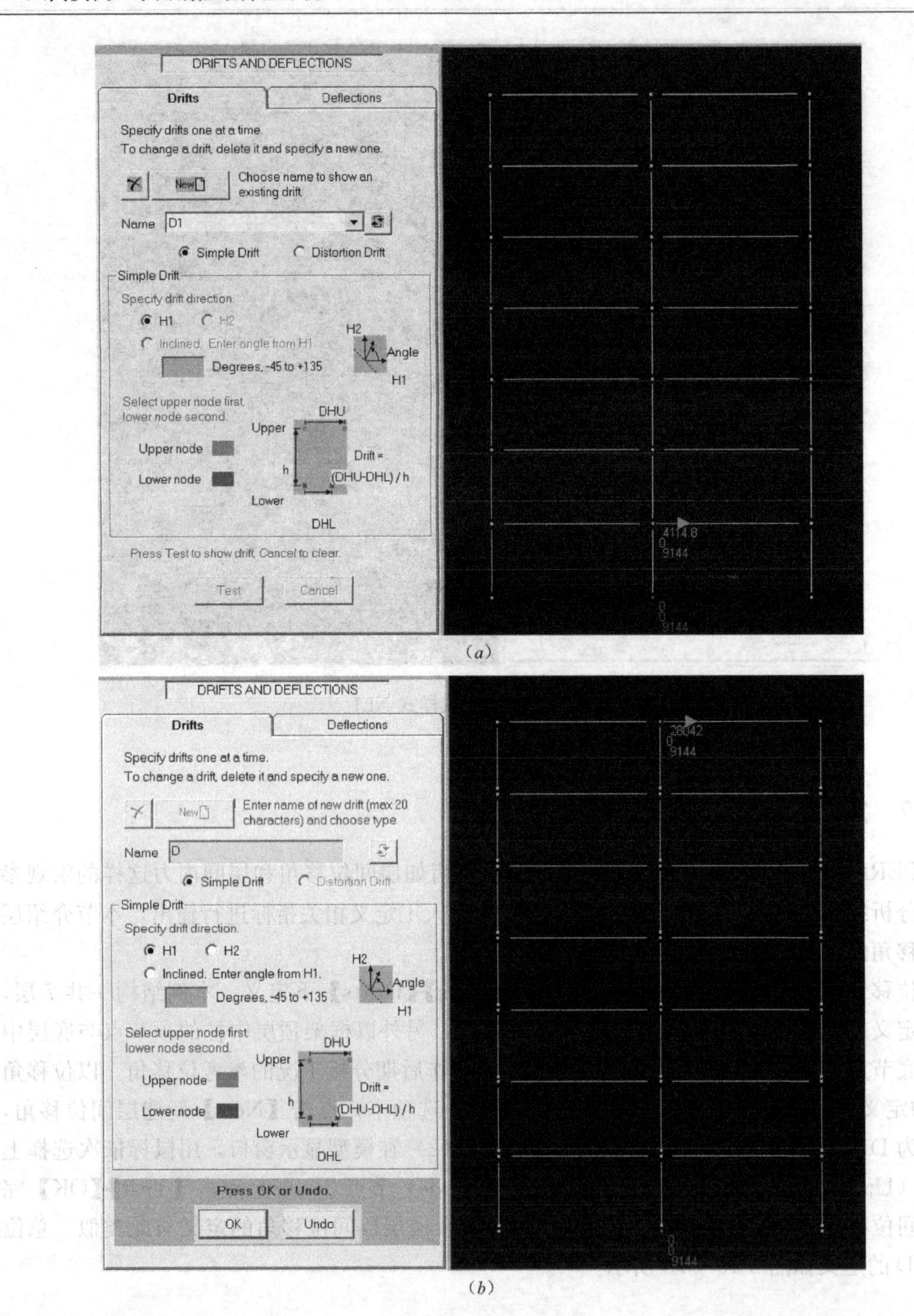

图 2-19　定义 Drift

(*a*) D1 定义；(*b*) D 定义

截面，命名为 S1；（2）单元组选择 COLUMN，在模型显示窗口中用鼠标选择底层柱，并指定结构截面的切割位置为单元的 I 端（End I）；（3）点击【OK】完成结构截面 S1 的定义，如图 2-20 所示，其余楼层结构截面的定义与此类似。

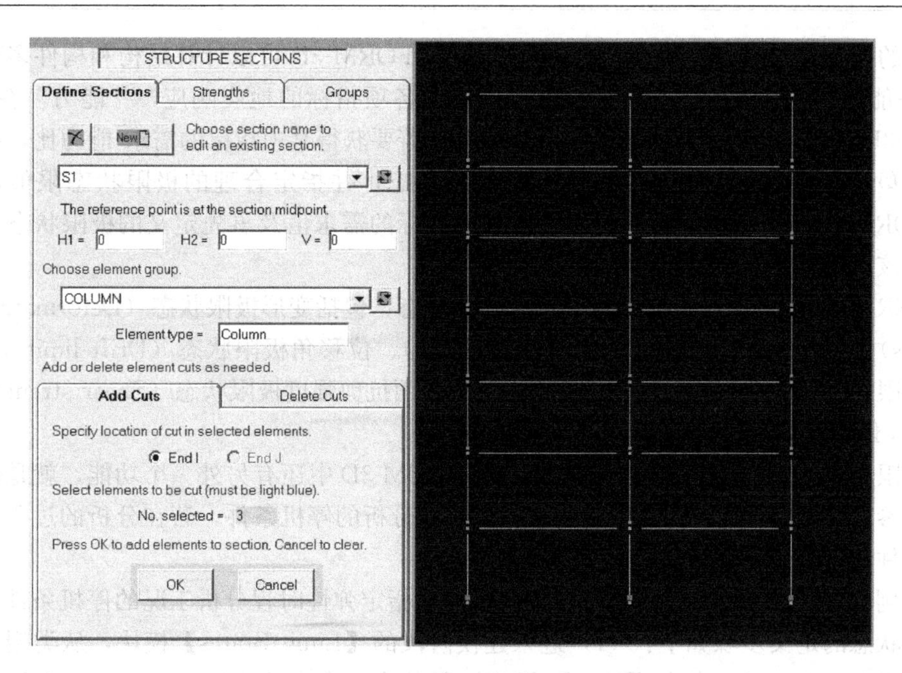

图 2-20　定义结构截面

另外，切割底层边柱柱底截面定义结构截面 SBottomColumn，用于提取该柱的反应谱内力结果。SBottomColumn 的定义如图 2-21 所示。

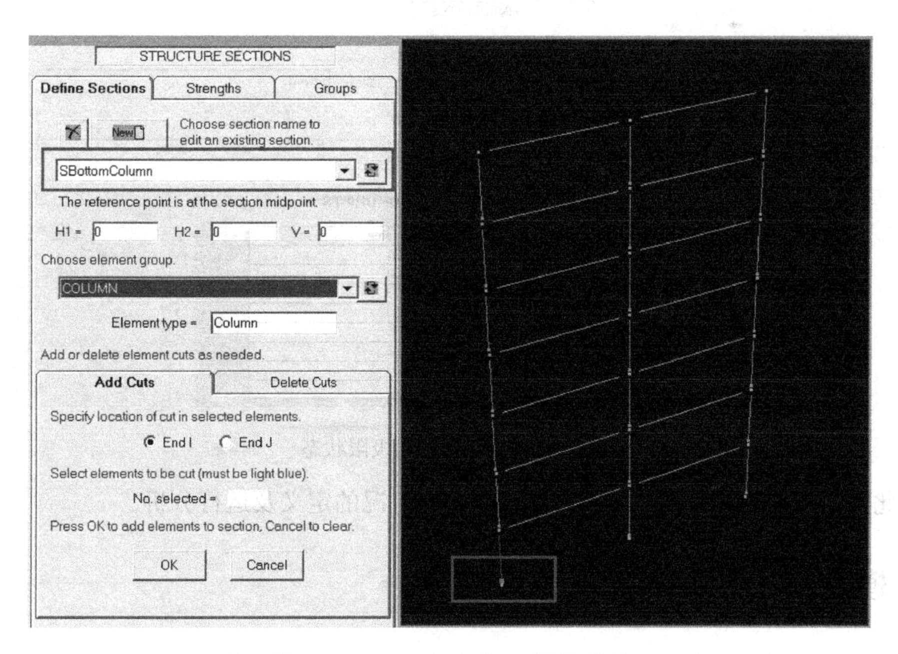

图 2-21　SBottomColumn 结构截面

2.2.9　定义极限状态

需求-能力比（Demand/Capacity Ratio）是基于性能的抗震设计方法中的重要概念，

在结构的抗震性能评估中具有重要的作用。PERFORM-3D 可以计算结构和构件多种指标的需求-能力比，其中“需求”是指结构或构件各项指标的地震响应，“能力”在 PERFORM-3D 中体现为各项指标的极限状态限值。若要获得某项指标的需求-能力比，必须在进行弹塑性分析之前，为该项指标定义极限状态，并指定合理的极限状态限值，这样 PERFORM-3D 在分析的过程中才能根据该项指标的需求值及事先定义的极限状态限值自动计算该指标的需求-能力比。

PERFORM-3D 可以定义多种类型的极限状态，包括变形极限状态（Deformation limit states）、强度极限状态（Strength limit states）、位移角极限状态（Drift limit states）、挠度极限状态（Deflection limit states）、结构截面抗剪强度极限状态（Shear strength limit states for structure sections）。

极限状态除了用于性能评估外，在 PERFROM-3D 中还有另外一个功能，就是作为分析控制参数。用户可选择某个极限状态作为结构分析的停机条件，若在分析的过程中，结构或构件达到该极限状态，则分析停止。

本例只定义一个位移角极限状态 DL1，用于指定弹性时程分析工况的停机条件。位移角极限状态的定义步骤如下：（1）进入建模阶段的【Limit States】模块，从类型下拉菜单中选择 Drift；（2）点击【New】新建极限状态，命名为 DL1；（3）在位移角条件（Drift Conditions）面板下选择 All drifts，指定正负位移角的限值为 0.05，如图 2-22 所示。

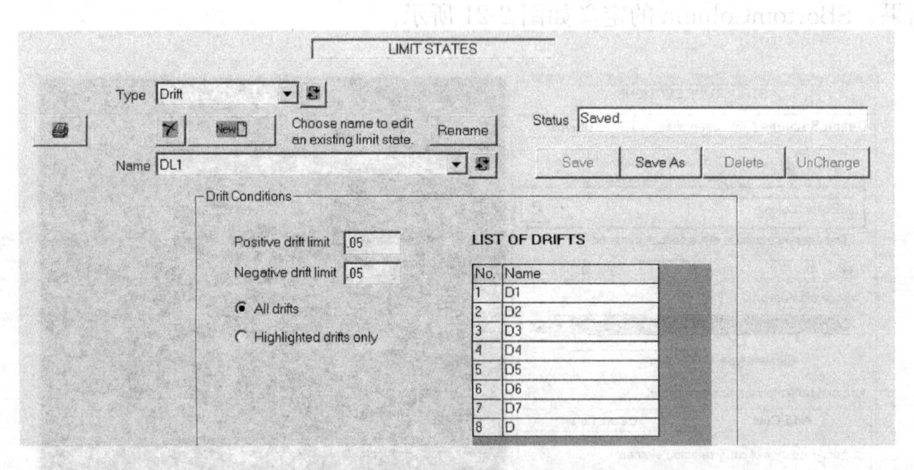

图 2-22　定义位移角极限状态

至此，前处理建模完毕，接下来将进行分析工况的定义及运行分析。

2.3 模态分析

模态是结构刚度和质量的综合体现，是结构的固有属性，模态分析结果的合理性也是检验分析模型正确性的重要参考标准。PERFORM-3D 无法手动定义模态分析工况，只要分析序列中指定了质量样式和分析的模态数量，软件便可自动创建模态分析工况并将模态分析工况自动添加到分析列表中。

在分析阶段的【Run analysis】模块下，选择【Start a new analysis series】新建分析

序列，序列名（Series name）为 S_modal，指定分析的模态数量（Number of mode shapes to be calculated）为 7，质量样式 MXY 的缩放系数（Scale Factor）为 1，如图 2-23 所示。

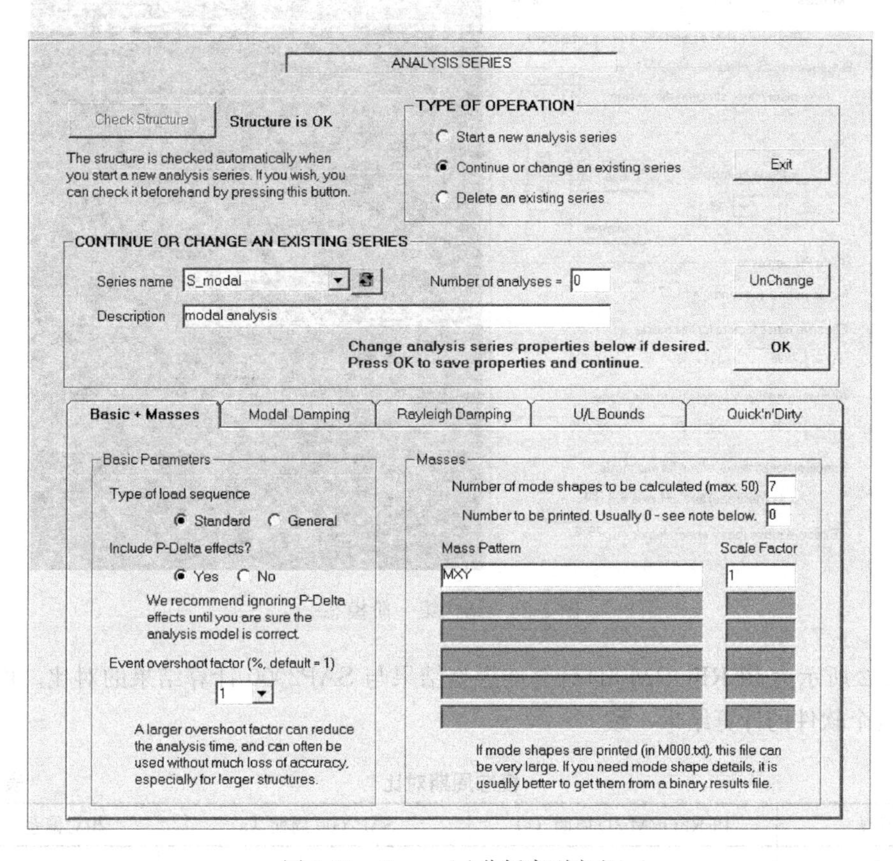

图 2-23 S_modal 分析序列定义

参数设置完后，点击【OK】进入分析列表（Analaysis List）定义界面，如图 2-24 所示，此时模态分析工况已经自动添加到分析列表，点击【GO】按钮进行分析。

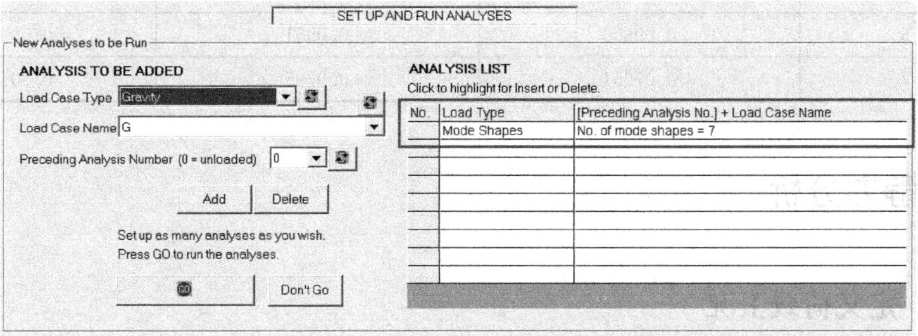

图 2-24 S_modal 分析列表定义

模态分析完成后，进入分析阶段的【Modal analysis results】-【Modes】界面，查看模态分析结果，包括振型周期、振型质量参与系数等，同时可在窗口中静态或动态显示相应的振型图。图 2-25 所示为本例结构第一阶模态的振型图。

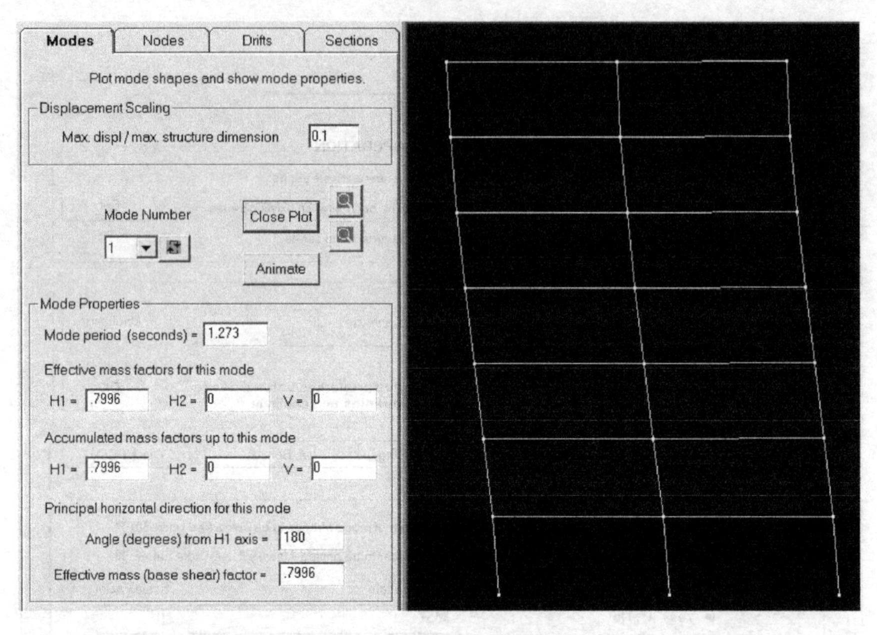

图 2-25　结构第一阶模态

表 2-2 所示为 PERFORM-3D 计算的振型结果与 SAP2000 计算结果的对比。由表 2-2 可知，两个软件的计算结果一致。

模态周期对比　　　　**表 2-2**

振型	PERFORM-3D 周期（s）	SAP2000 周期（s）	相对偏差（%）
1	1.273	1.2732	0.00
2	0.4313	0.4313	0.00
3	0.242	0.242	0.00
4	0.1602	0.1602	0.00
5	0.119	0.119	0.00
6	0.09506	0.0951	0.00
7	0.07951	0.0795	0.00

2.4 静力分析

2.4.1 定义荷载工况

本例需进行各楼层侧向荷载作用下的静力分析。具体步骤：（1）进入分析阶段中的【Set up load cases】模块，荷载工况类型（Load Case Type）选为 Gravity，点击【New】新建工况，命名为 G；（2）指定分析方法为 Linear；将节点荷载 DL1 添加到荷载样式列表

（Load pattern list），缩放系数（Scale Factor）取 1。重力荷载工况 G 的参数定义如图 2-26 所示。

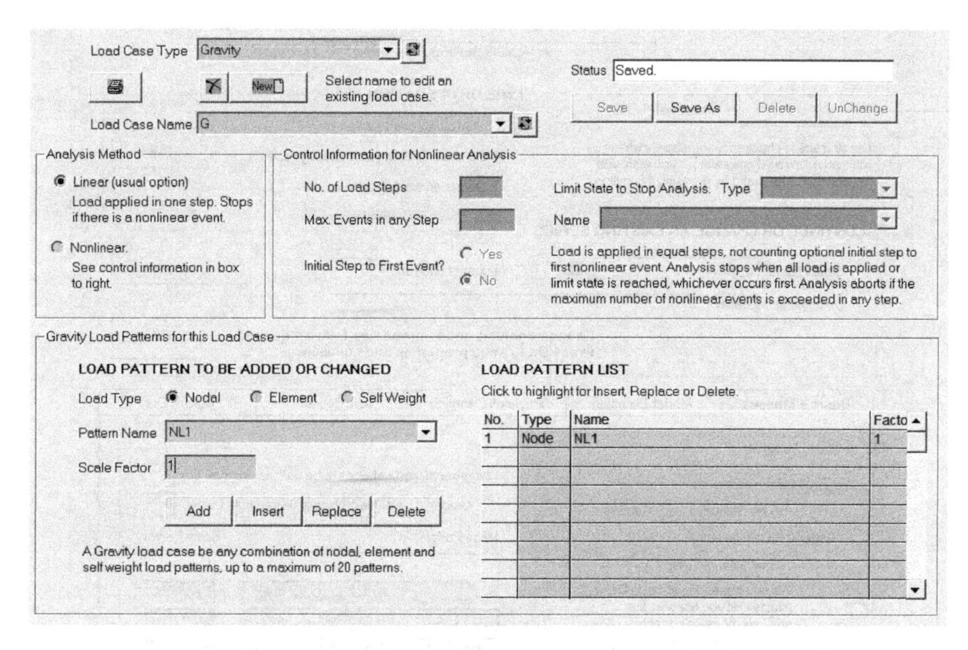

图 2-26 定义 Gravity 荷载工况 G

参数定义完后，点击【Save】按钮保存工况。由于荷载工况 G 的节点荷载样式只有水平方向的荷载，不存在竖向（V 方向）荷载，软件弹出图 2-27 所示的窗口，提示重力工况不包含竖向荷载，是否继续采用该荷载样式。本算例荷载施加并无问题，可以忽略此警告。

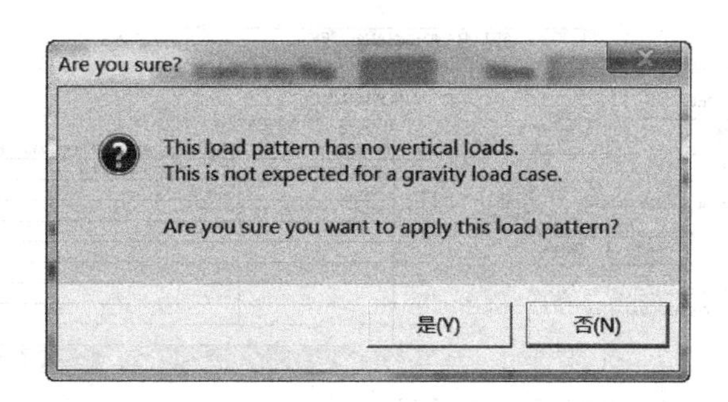

图 2-27 软件提示

2.4.2 建立分析序列

在分析阶段的【Run analysis】模块下，选择【Start a new analysis series】新建分析序列，序列名（Series name）为 S_gravity，指定分析的模态数量（Number of mode shapes to be calculated）为 7，质量样式 MXY 的缩放系数（Scale Factor）为 1，如图 2-28 所示。

参数设置完后，点击【OK】进入分析列表（Analaysis List）定义界面，将工况 G 添加到分析列表中，如图 2-29 所示。分析序列定义完后，点击【GO】运行分析。

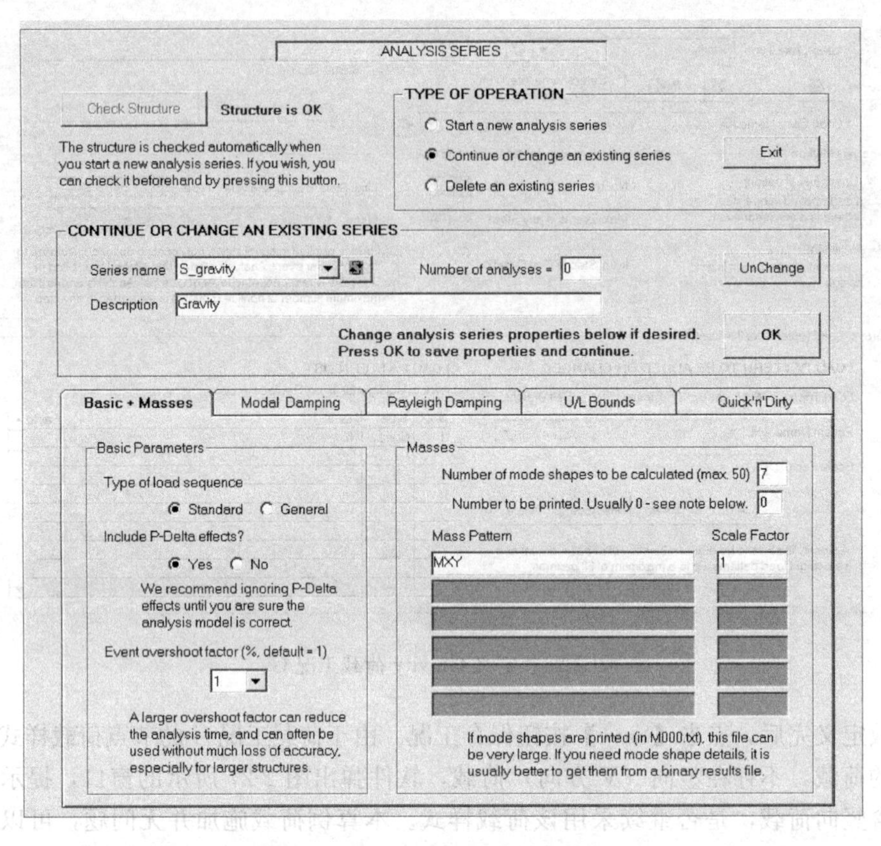

图 2-28　S _ gravity 分析序列定义

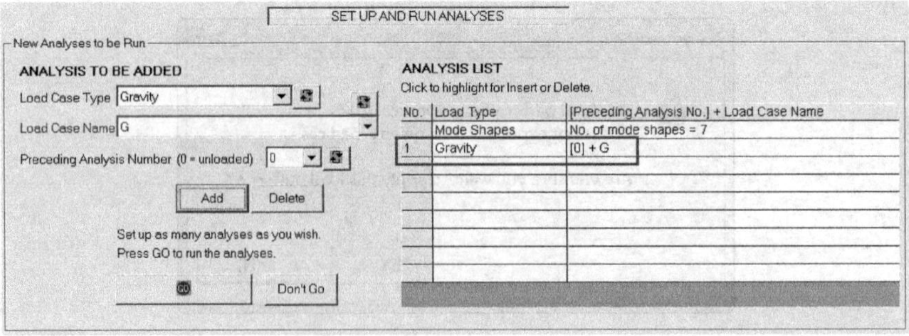

图 2-29　S _ gravity 分析列表定义

2.4.3　查看分析结果

分析完成后，可进入分析阶段的【Time histories】模块查看节点（Nodes）、单元（Element）、位移角（Drift/Deflection）及结构截面（Structure Section）的分析结果。

(1) 节点响应

以模型中节点 22 位移结果的查看为例。进入【Time histories】-【Nodes】界面，从模型显示窗口中点击节点 22，选择位移方向为 H1 平动，点击【Plot】绘制节点位移时程，如图 2-30 所示。对于静力分析工况，时程曲线图的横坐标为荷载系数。

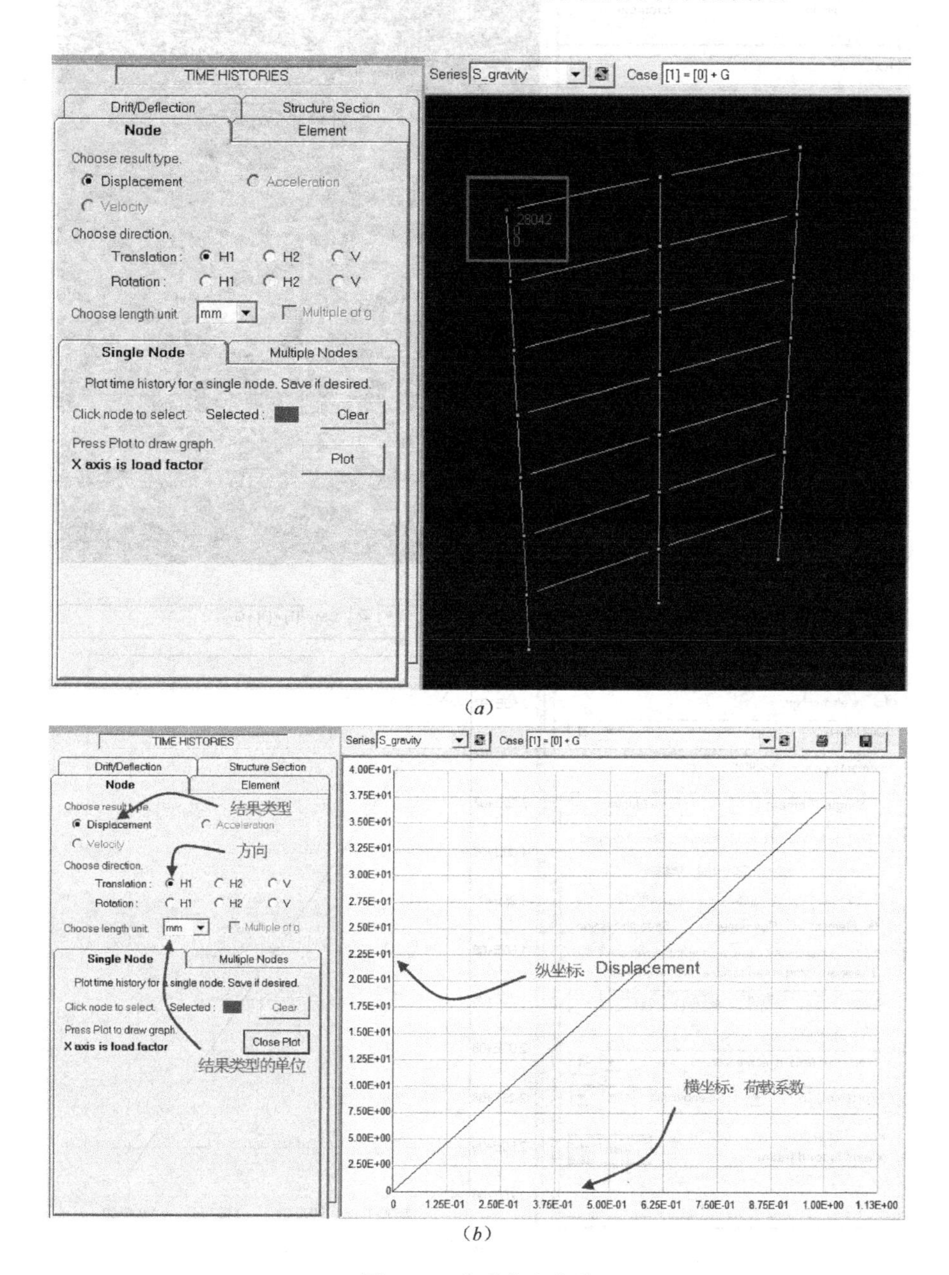

图 2-30 查看节点位移

(*a*) 点选节点；(*b*) Plot 绘制时程

(2) 单元响应

以底层边柱单元的内力查看为例。进入【Time histories】-【Element】界面，选择单元组 COLUMN，在模型显示窗口中选择底层边柱，勾选显示类型为 Element，选择显示内容为单元 i 端弯矩 3-3，点击【Plot】绘制弯矩时程，如图 2-31 所示。

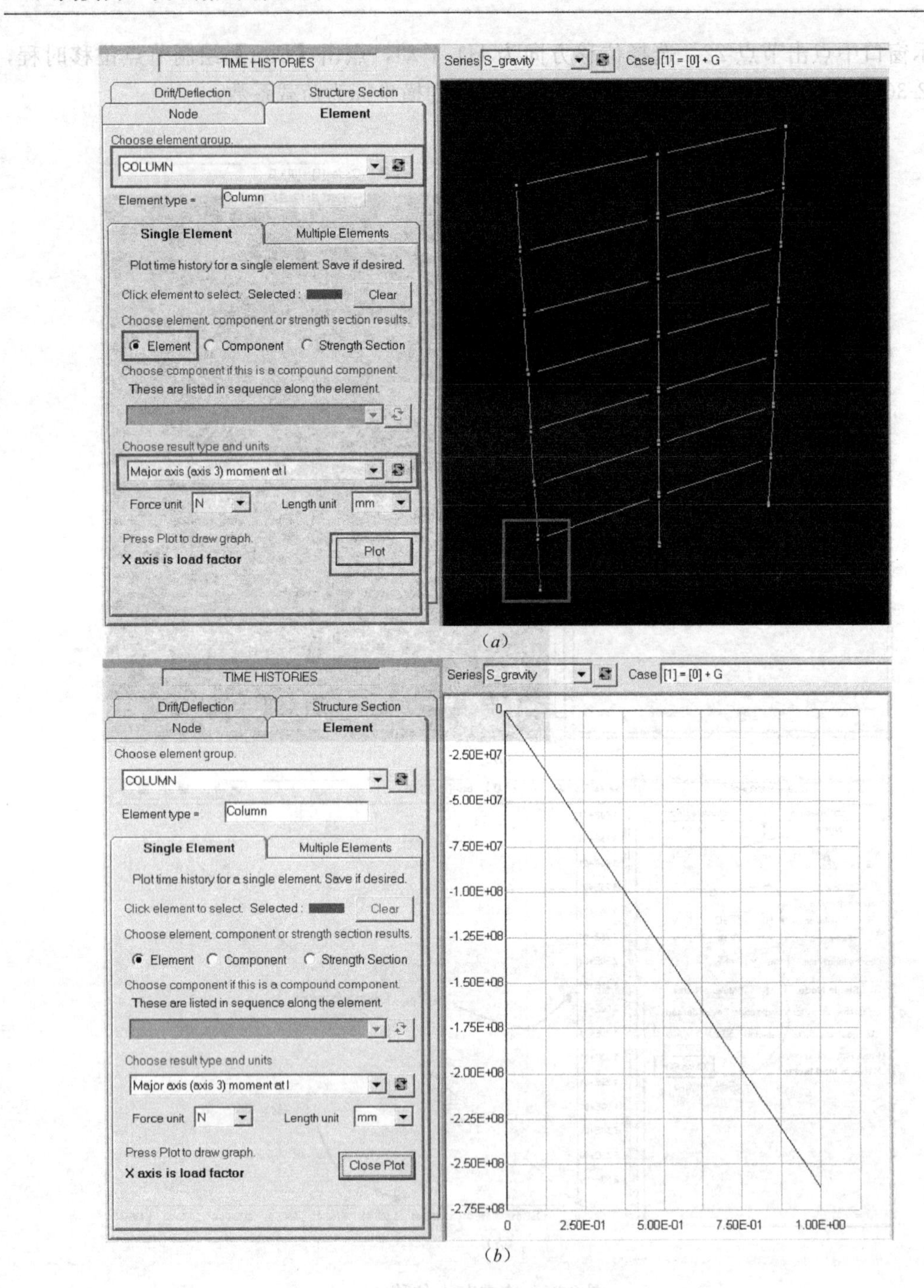

图 2-31　查看单元响应

（a）点选单元；（b）Plot 绘制时程

（3）位移角响应

以首层层间位移角 D1 的结果查看为例。进入【Time histories】-【Drift/Deflection】模块，从位移角下拉菜单中选择层间位移角 D1，点击【Plot】绘制位移角时程如图 2-32 所示。

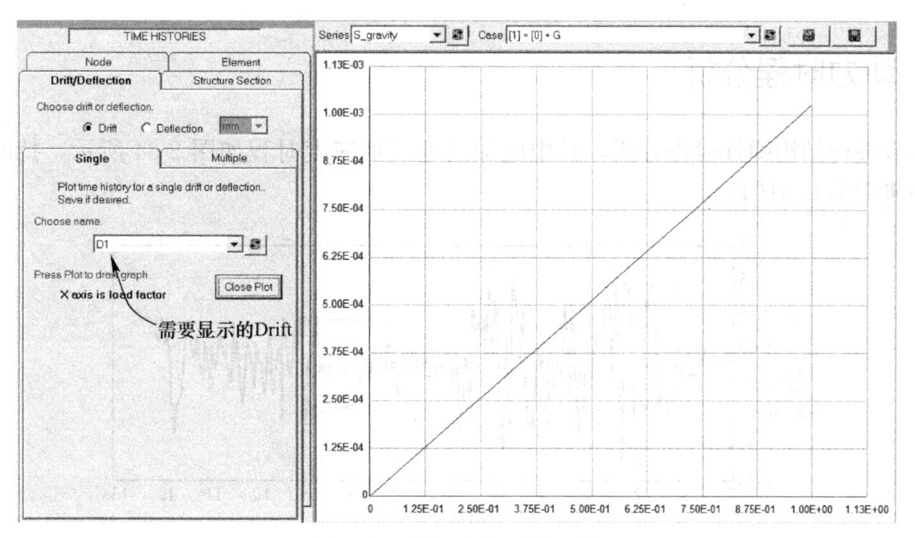

图 2-32 显示 Drift 结果时程

（4）结构截面内力

以结构截面 S1 的内力结果查看为例。进入【Time histories】-【Structure Section】模块，从结构截面下拉菜单中选择结构截面 S1，查看的结果类型为 H1 方向内力，点击【Plot】绘制首层剪力时程如图 2-33 所示。

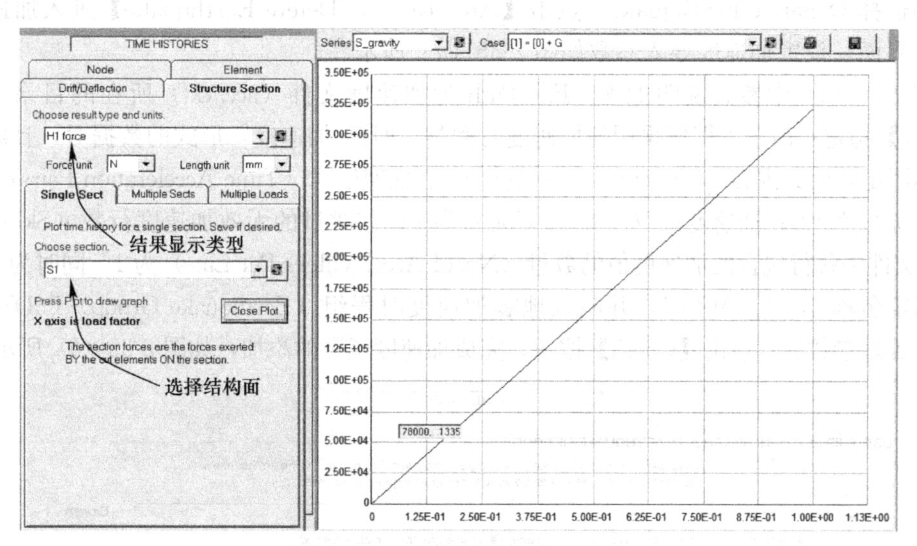

图 2-33 显示结构截面内力结果

表 2-3 为静力荷载作用下，PERFORM-3D 与 SAP2000 计算的节点 22 H1 方向位移 $U_{H1,22}$、底层边柱柱底轴力 N_V 及弯矩 M_{H3} 的对比。由表 2-3 表可知，两个软件的计算结果吻合。

弹性静力分析结果对比 **表 2-3**

结果	PERFORM-3D	SAP2000	相对偏差（%）
$U_{H1,22}$（mm）	36.85	36.85	0.000
N_V（N）	311328.8	311431.8	−0.003
M_{H3}（N·mm）	2.630E+08	2.627E+08	−0.114

2.5 动力时程分析

本节进行结构弹性时程分析，其中施加的地震加速度时程如图 2-34 所示，持时 12s，峰值加速度为 0.3194g。

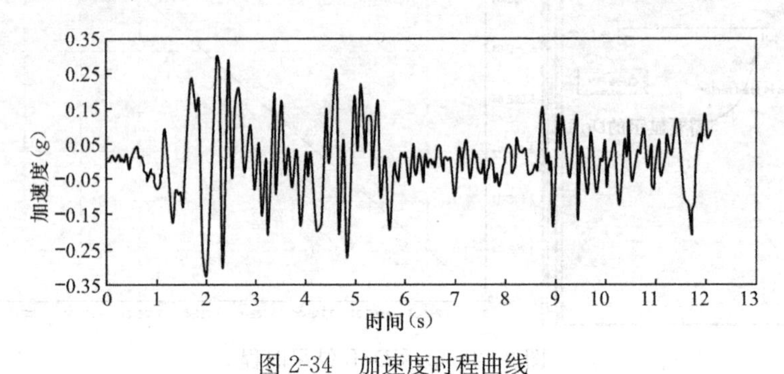

图 2-34 加速度时程曲线

2.5.1 定义荷载工况

2.5.1.1 添加加速度时程

进入分析阶段的【Set up load cases】模块，从荷载工况类型（Load case type）下拉菜单中选择 Dynamic Earthquake，点击【Add/Review/Delete Earthquake】进入加速度时程导入界面，设置加速度导入参数如图 2-35（*a*）所示。

图 2-35（*a*）中参数说明如下：File Path 为加速度文件（acc. txt）所在的目录，点击【Browse】指定；由于本算例采用的加速度时程是“时间-加速度”形式的数据对，且时间间隔并不固定，因此内容（Contents）一项选择时程-加速度对（Time-Acceleration Pairs）；持时（Duration）为 12s；加速度单位（Accel Unit）为 g；需跳过的无效加速度行数（Skip First）为 1；文件中每行包含的加速度值的数量（No. of Accel Values Per Line）为 1。同时为加速度时程指定名称 Ch02 _ ACC01，并归入地震加速度时程组（Earthquake Group）P3DTutorial 中。设置好参数后，点击【Check】按钮，完成加速度函数的添加，如图 2-35（*b*）所示。

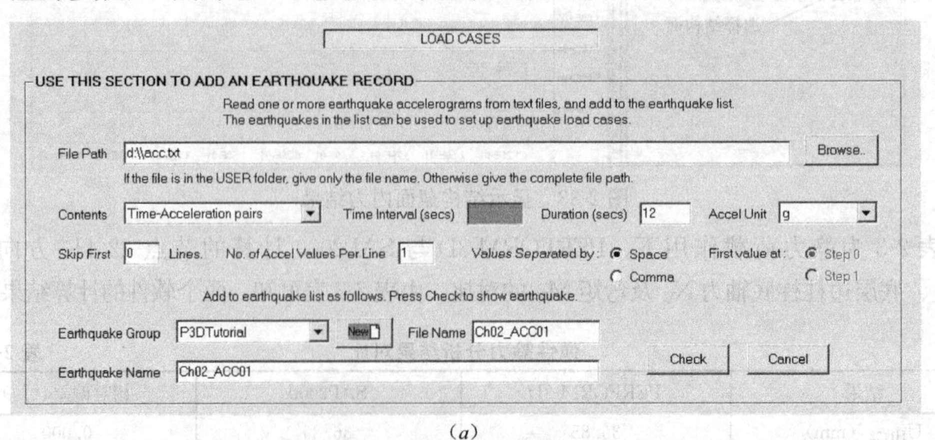

(*a*)

图 2-35 添加加速度时程函数（一）

(*a*) 加速度导入参数

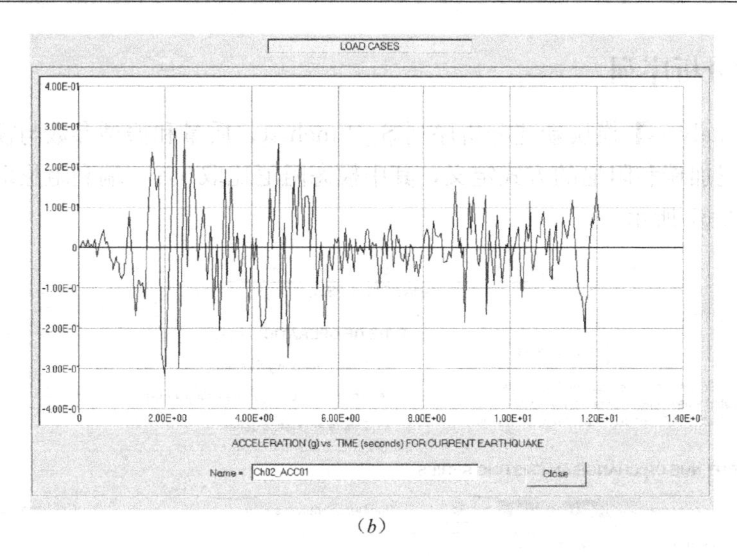

(*b*)

图 2-35 添加加速度时程函数（二）

(*b*) 加速度时程显示

2.5.1.2 定义地震工况

定义地震工况 DE1，基本步骤如下：(1) 在【Set up load cases】模块下点击【New】按钮添加 Dynamic Earthquake 类型的荷载工况，命名为 DE1；(2) 指定分析总时间（Total Time）为 12s，时间步（Time Step）为 0.01s；选择停止分析的极限状态类型（Limit State to Stop Analaysis）为 Drift，名称为 DL1；选择参考位移角（Reference Drift）为结构的总位移角 D；(3) 将 Q1 方向的地震时程指定为上节定义的加速度时程 Ch02_ACC01，完成其余参数设置，点击【Save】保存工况。DE1 参数设置如图 2-36 所示。

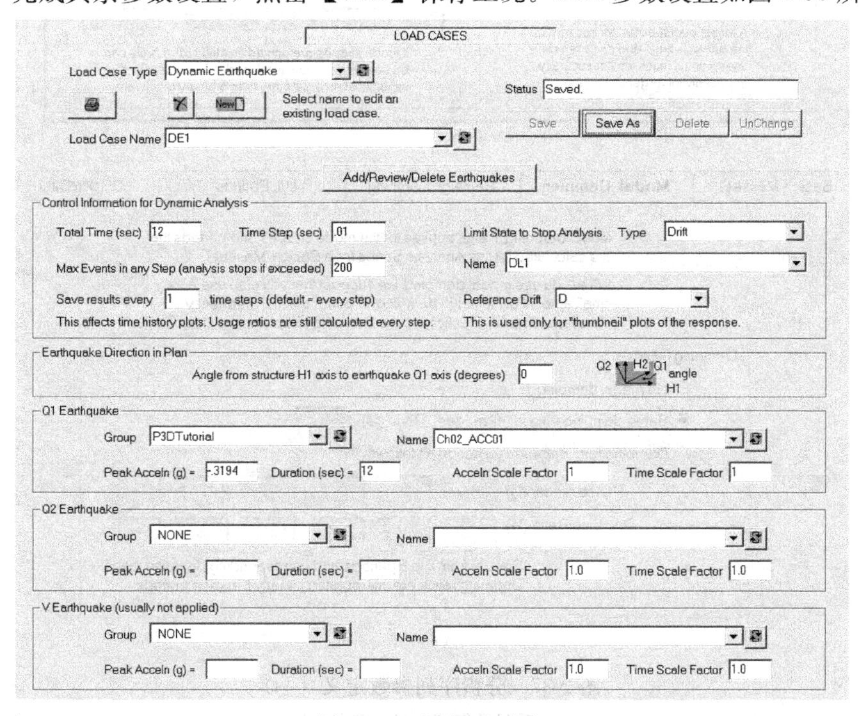

图 2-36 地震工况定义

2.5.2 建立分析序列

在【Run analysis】模块新建分析序列 S_timehist，质量和振型参数与模态分析一致，阻尼取模态阻尼加瑞利阻尼的方式定义，其中模态阻尼比取 5%，瑞利阻尼取一个较小值，参数设置如图 2-37 所示。

ANALYSIS SERIES

Check Structure　Structure is OK

The structure is checked automatically when you start a new analysis series. If you wish, you can check it beforehand by pressing this button.

TYPE OF OPERATION
Start a new analysis series
Continue or change an existing series
Delete an existing series
Exit

CONTINUE OR CHANGE AN EXISTING SERIES
Series name S_timehist　Number of analyses = 0　UnChange
Description time history analysis
Change analysis series properties below if desired.
Press OK to save properties and continue.　OK

Basic + Masses | Modal Damping | Rayleigh Damping | U/L Bounds | Quick'n'Dirty

Basic Parameters
Type of load sequence
Standard　General
Include P-Delta effects?
Yes　No
We recommend ignoring P-Delta effects until you are sure the analysis model is correct.
Event overshoot factor (%, default = 1)
1
A larger overshoot factor can reduce the analysis time, and can often be used without much loss of accuracy, especially for larger structures.

Masses
Number of mode shapes to be calculated (max 50) 7
Number to be printed. Usually 0 - see note below. 0
Mass Pattern　Scale Factor
MXY　1
If mode shapes are printed (in M000.txt), this file can be very large. If you need mode shape details, it is usually better to get them from a binary results file.

(*a*)

Basic + Masses | Modal Damping | Rayleigh Damping | U/L Bounds | Quick'n'Dirty

Modal damping, if any, applies for the mode shapes and periods that are calculated for this Analysis Series (see Basic + Masses).

When you use modal damping, we suggest that you also use a very small amount of Rayleigh damping, to damp out high frequency vibrations. See the Elastic Viscous Damping chapter in the User Guide.

Damping Ratios
No modal damping.
Same damping ratio for all modes.　Ratio (%) 5
Damping ratio depends on period as follows.
Period (seconds)
Damping Ratio (%)
Specify from 2 to 6 periods and corresponding damping ratios.
Damping ratios are interpolated linearly between periods

(*b*)

图 2-37 分析序列参数定义（一）

(*a*) 质量及振型；(*b*) 模态阻尼

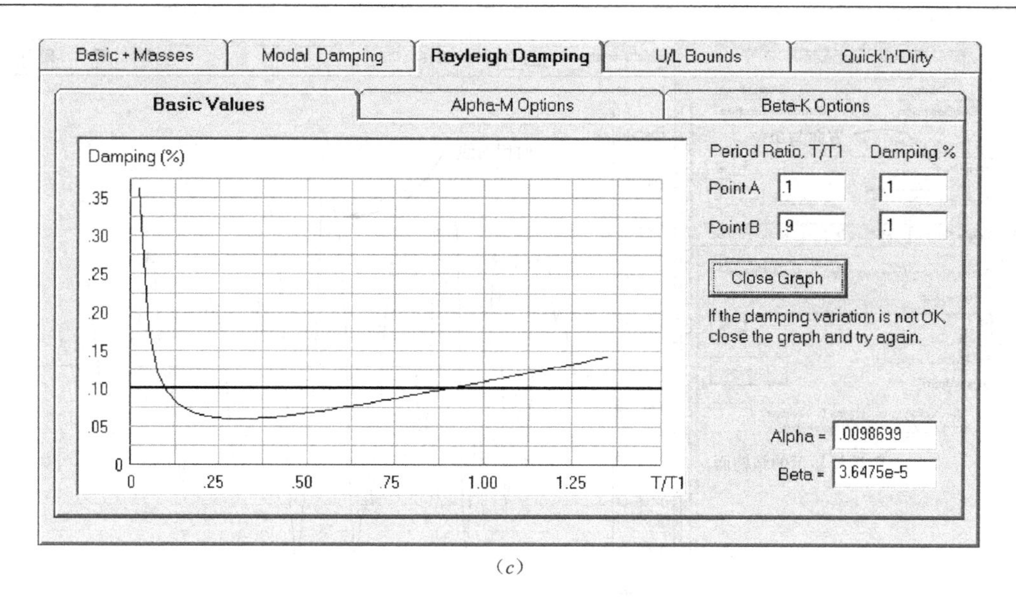

(c)

图 2-37　分析序列参数定义（二）

（c）瑞利阻尼

参数设置完后，点击【OK】进入分析列表（Analysis List）定义界面，将地震作用工况添加到分析列表中，如图 2-38 所示。完成分析序列定义后，点击【GO】运行分析。

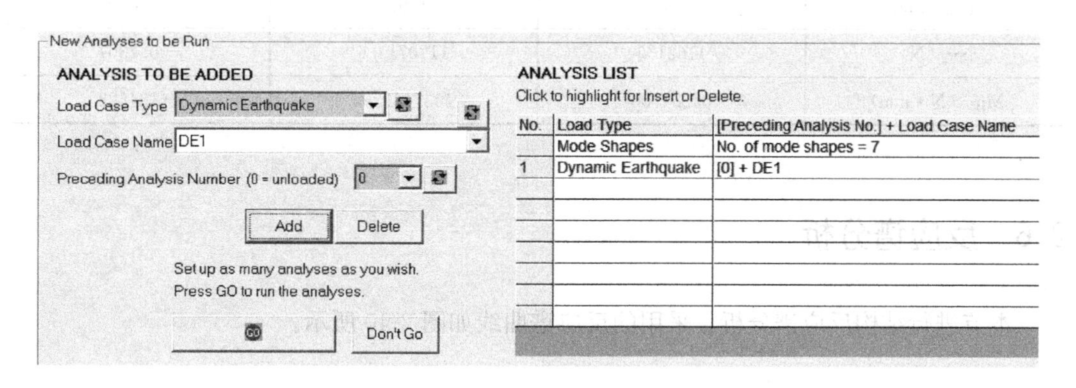

图 2-38　为分析序列添加分析列表

2.5.3　查看分析结果

时程分析结果可在【Time histories】模块下查看，操作方法与上述静力分析结果查看方法类似，以首层剪力时程为例，其操作方法及显示结果如图 2-39 所示。

表 2-4 所示为动力时程工况下，PERFORM-3D 与 SAP2000 计算的节点 22H1 方向位移 $U_{H1,22}$、底层边柱柱底截面的轴力 N_V 及弯矩 M_{H3} 的对比。由表 2-4 可知两个软件的计算结果吻合。

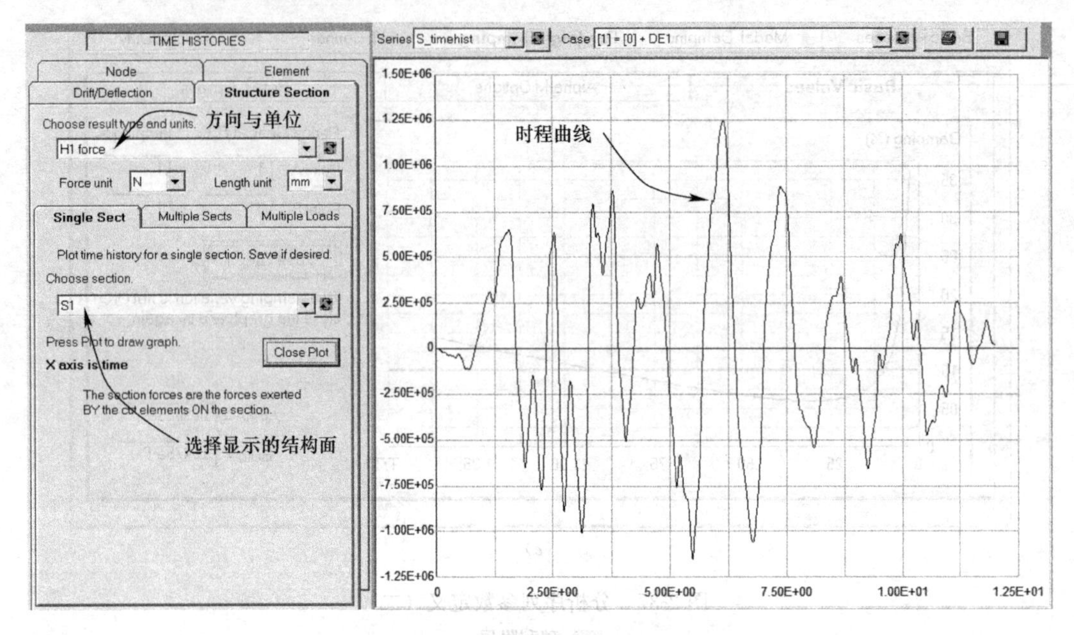

图 2-39　梁端弯矩时程曲线显示

弹性动力时程分析结果对比　　表 2-4

输出参数	PERFORM-3D	SAP2000	相对偏差（%）
$U_{H1,22}$（mm）	138.4	139.3	−0.6409
N_V（N）	1162159	1170713.6	−0.7307
M_{H3}（N・mm）	1022317000	1037487994	−1.4622

2.6　反应谱分析

本节进行结构反应谱分析，采用的反应谱曲线如图 2-40 所示。

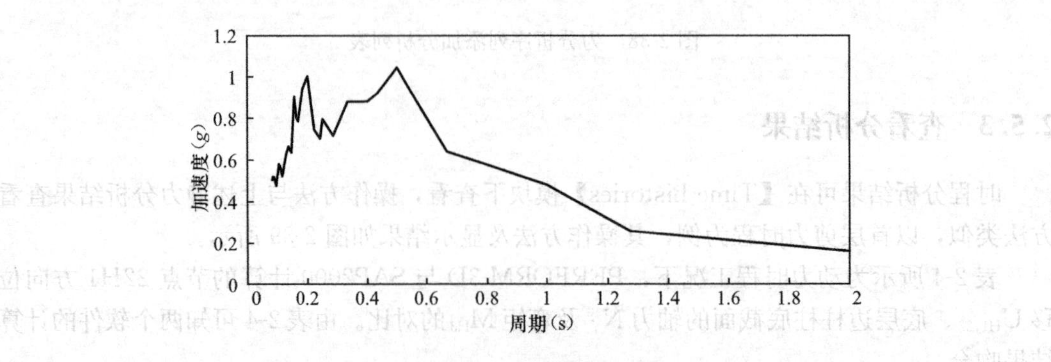

图 2-40　反应谱曲线

2.6.1 定义荷载工况

2.6.1.1 添加反应谱函数

定义反应谱工况前首先要添加反应谱函数。PERFORM-3D 中，反应谱是以 S_a-T 函数的形式添加的，操作过程与地震加速度时程函数的添加类似。

进入分析阶段的【Set up load cases】模块，从荷载工况类型（Load case type）下拉菜单中选择 Response Spectrum，点击【Add/Review/Delete Spectra】进入反应谱导入界面，设置反应谱导入参数如图 2-41（*a*）所示，将图 2-40 所示的反应谱（rs. txt）导

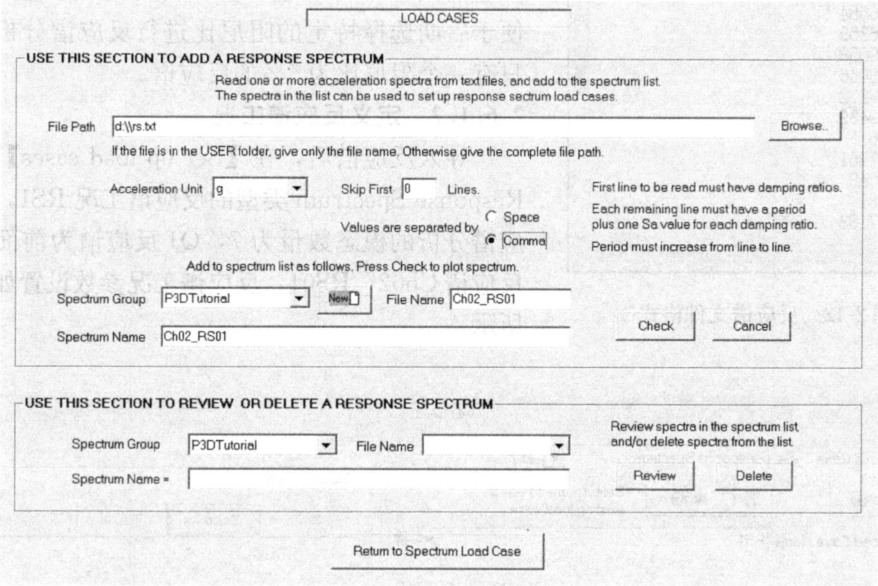

（*a*）

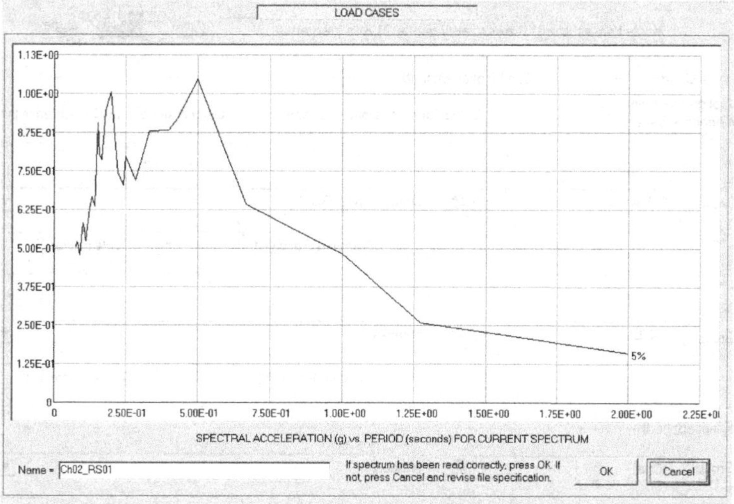

（*b*）

图 2-41 添加反应谱函数

（*a*）反应谱导入参数；（*b*）反应谱函数显示

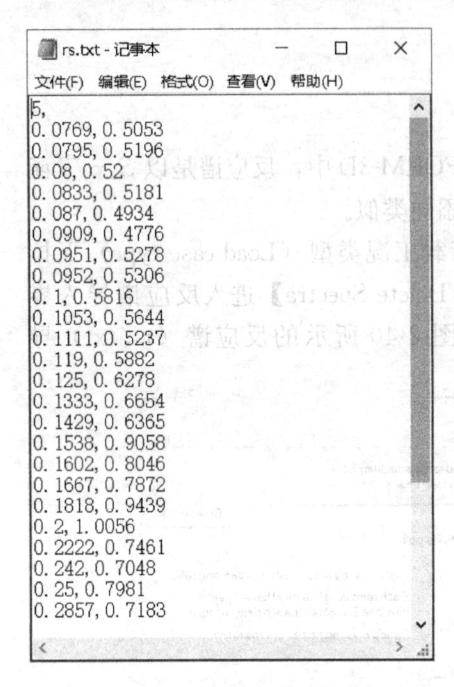

图 2-42 反应谱文件格式

入，命名为 Ch02 _ RS01。设置好参数后，点击【Check】按钮，完成反应谱的添加，如图 2-41（*b*）所示。

PERFORM-3D 软件对反应谱函数文件有一定的格式要求，具体可参考 PERFORM-3D User Guide 第 22.1.1 节。本例反应谱文件格式如图 2-42 所示。另外必须指出的是，这里定义的反应谱应理解为包含不同阻尼比的一族反应谱曲线。PERFORM-3D 的反应谱文件中可以包含多个阻尼比的反应谱曲线，便于后期选择特定的阻尼比进行反应谱分析。本例只有一个阻尼比为 5%的反应谱。

2.6.1.2 定义反应谱工况

导入反应谱后，在【Set up load cases】下添加 Response Spectrum 类型的反应谱工况 RS1，设置反应谱分析的模态数量为 7，Q1 反应谱为前面定义的反应谱 Ch02 _ RS01，反应谱工况参数设置如图 2-43 所示。

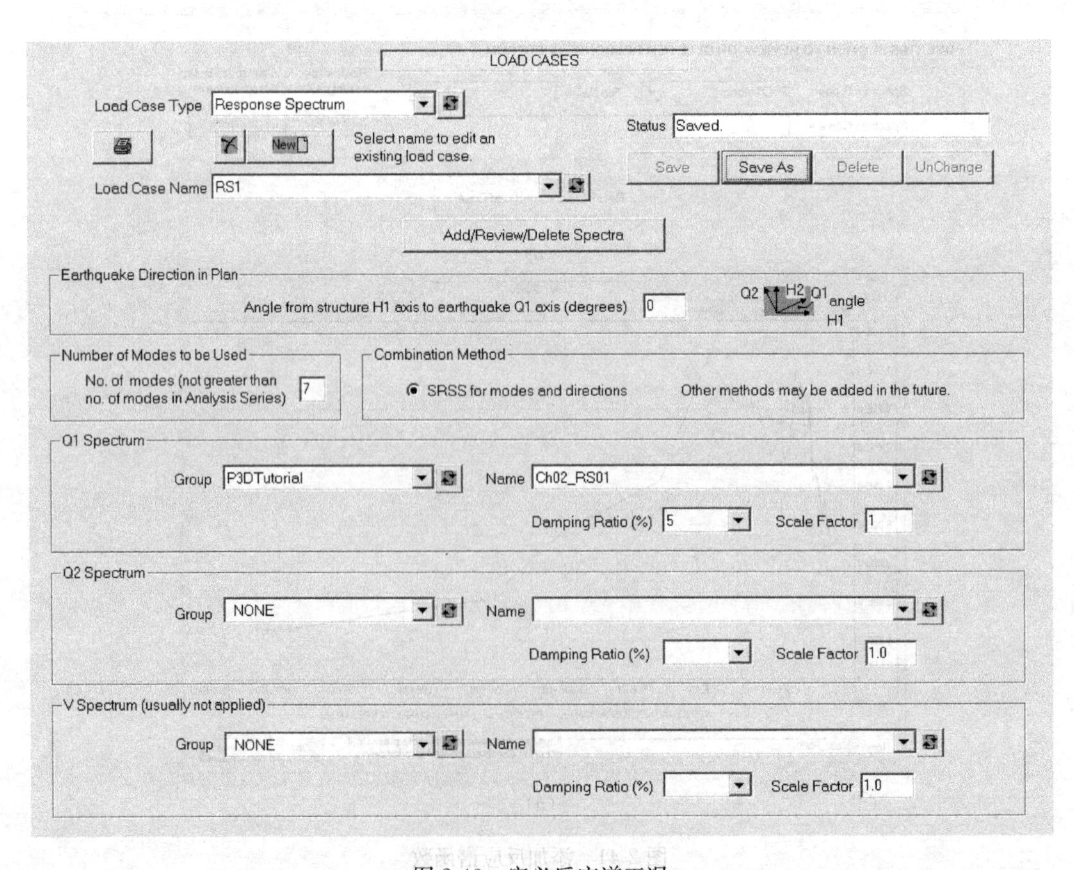

图 2-43 定义反应谱工况

2.6.2 建立分析序列

新建分析序列 S-rsa，结构质量和振型参数的指定与时程分析类似，建立分析列表如图 2-44 所示。分析序列定义完成后，点击【GO】运行分析。

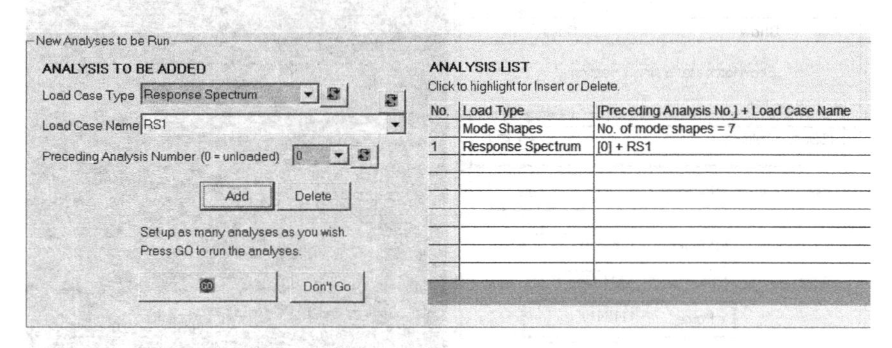

图 2-44 反应谱分析序列的分析列表

2.6.3 查看分析结果

反应谱分析的结果可在分析阶段的【Modal analysis results】模块下查看，该模块下的【Nodes】、【Drifts】及【Sections】选项分别用于查看反应谱分析的节点位移结果、位移角结果及结构截面的内力结果。图 2-45 所示为节点 22 的反应谱分析位移结果，图 2-46 所示为底层边柱结构截面 SBottomColumn 的反应谱分析内力结果。

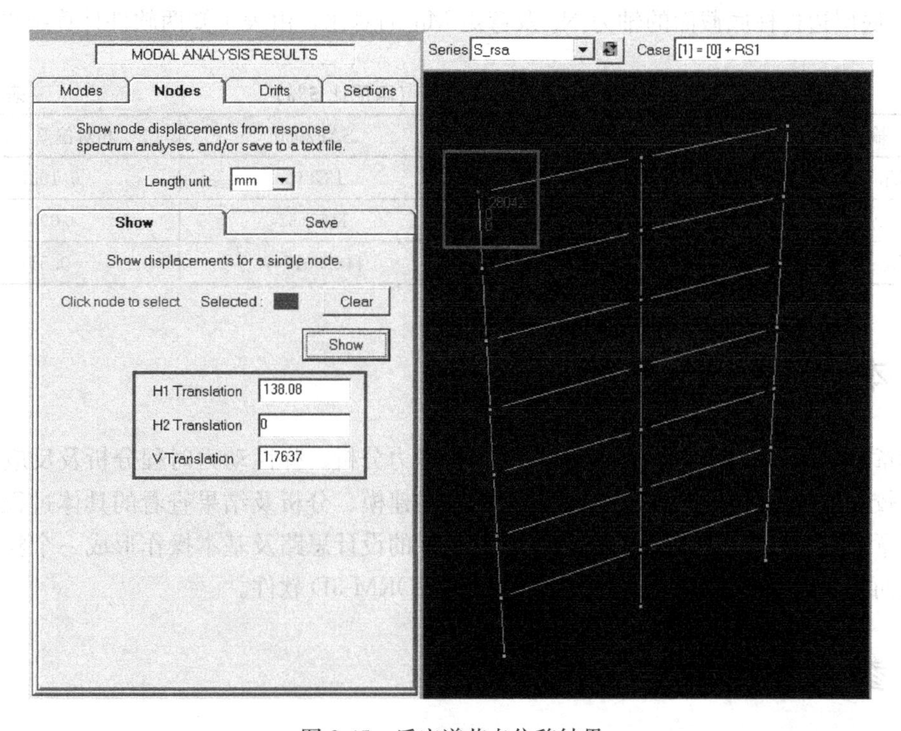

图 2-45 反应谱节点位移结果

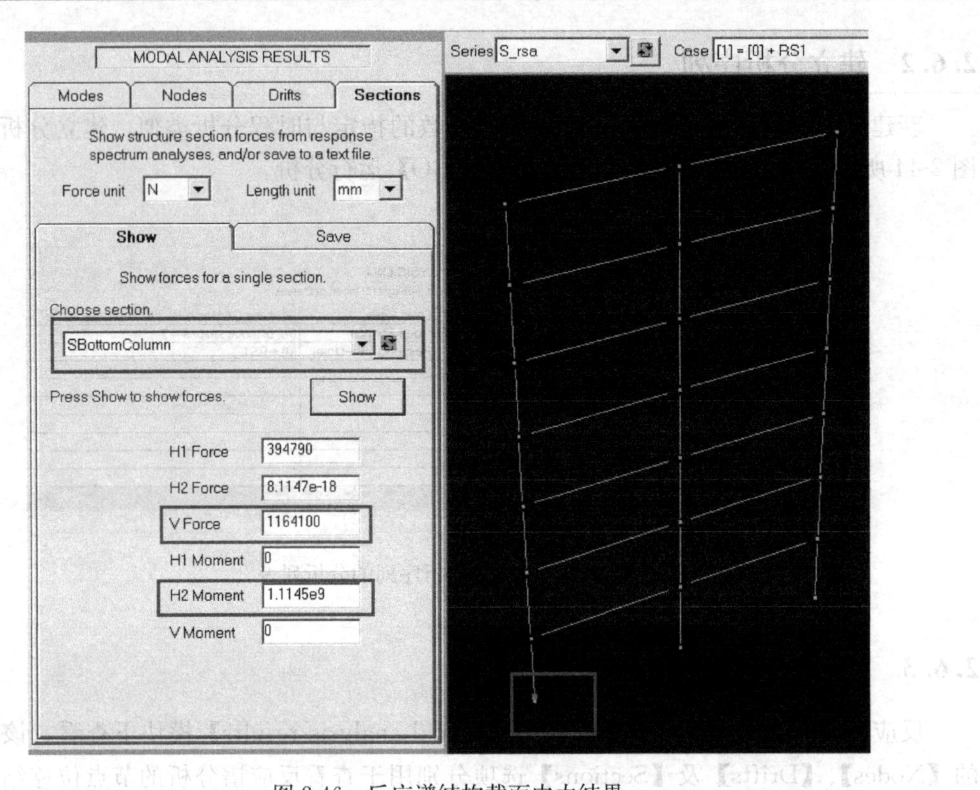

图 2-46　反应谱结构截面内力结果

表 2-5 所示为反应谱工况下，PERFORM-3D 与 SAP2000 计算的节点 22 H1 方向位移 $U_{H1,22}$、底层边柱柱底截面的轴力 N_V 及弯矩 M_{H3}的对比，由表可知两软件计算结果吻合。

反应谱分析结果对比（阻尼比 5%）　　表 2-5

输出参数	PERFORM-3D	SAP2000	相对偏差（%）
$U_{H1,22}$（mm）	138.08	137.95	0.1037
N_V（N）	1164200	1163152	0.0901
M_{H3}（N·mm）	1114500000	1120301747	−0.5179

2.7　本章小结

本章以一个平面钢框架的模态分析、弹性静力分析、弹性动力时程分析及反应谱分析为例，较为详细地介绍了 PERFORM-3D 软件的建模、分析及结果查看的具体过程。希望经过本章的学习，读者能对 PERFORM-3D 软件的设计思路及基本操作形成一个整体的概念，进而在接下来章节的学习中逐步掌握 PERFORM-3D 软件。

2.8　参考文献

[1]　Computers and Structures, Inc. SAP2000 Software Verification Report [R]. Berkeley, California,

USA：Computers and Structures，Inc.，2010.

[2] Computers and Structures，Inc. Nonlinear Analysis and Performance Assessment for 3D Structures User Guide [M]. Berkeley，California，USA：Computers and Structures，Inc.，2006.

[3] Computers and Structures，Inc. Components and Elements for PERFORM-3D and PERFORM-Collapse [M]. Berkeley，California，USA：Computers and Structures，Inc.，2006.

第二部分　原理与实例

本部分包括以下章节：

3 钢筋与混凝土材料的单轴本构关系

3.1 引言

材料非线性问题是建筑结构非线性分析中经常涉及的问题，计算中采用的材料本构模型是否合理，直接影响弹塑性分析结果的精度，进而影响建筑结构的抗震性能评估结果。本章首先对几种典型的钢筋与混凝土材料的单轴本构进行介绍，在此基础上对 PERFORM-3D[1,2] 中单轴本构的处理进行介绍，并结合 PERFORM-3D 的规则给出常用钢筋与混凝土材料的单轴本构定义方法。

3.2 钢筋的单轴本构

双线性弹塑性模型和 Mengegotto & Pinto 模型[3] 是两种常用的钢筋单轴本构模型，以下对这两种模型进行介绍。

3.2.1 双线性弹塑性模型

图 3-1 所示为考虑随动强化的双线性弹塑性本构模型。材料的基本参数包括钢筋的屈服强度 f_y，初始弹性模量 E_0 和屈服后刚度系数 b。

对于一般钢材，弹性模量 E_0 可取 200GPa，屈服后刚度系数 b 一般在 0.005～0.015 之间。由于该模型比较简单，计算效率较高，能够用于模拟滞回曲线比较饱满的钢构件，因此一般的宏观单元程序都会包含此模型。

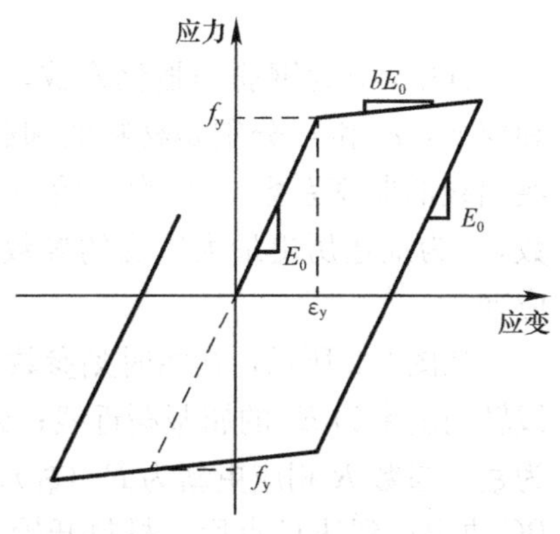

图 3-1 双线性弹塑性钢筋本构示意图

3.2.2 Mengegotto & Pinto 模型

图 3-2 为 Mengegotto-Pinto 钢筋本构模型的示意图，该模型由 Menegotto 和 Pinto[3] 提出，模型的计算公式如式（3.2-1）～式（3.2-6）所示。

$$\sigma^* = b\varepsilon^* + \frac{(1-b)\varepsilon^*}{(1+\varepsilon^{*R})^{1/R}} \tag{3.2-1}$$

$$\sigma^* = \frac{\sigma - \sigma_r}{\sigma_0 - \sigma_r} \tag{3.2-2}$$

$$\varepsilon^* = \frac{\varepsilon - \varepsilon_r}{\varepsilon_0 - \varepsilon_r} \tag{3.2-3}$$

$$R = R_0 - \frac{a_1 \xi}{a_2 + \xi} \tag{3.2-4}$$

$$\xi = \left| \frac{\varepsilon_m - \varepsilon_0}{\varepsilon_y} \right| \tag{3.2-5}$$

$$E_1 = bE_0 \tag{3.2-6}$$

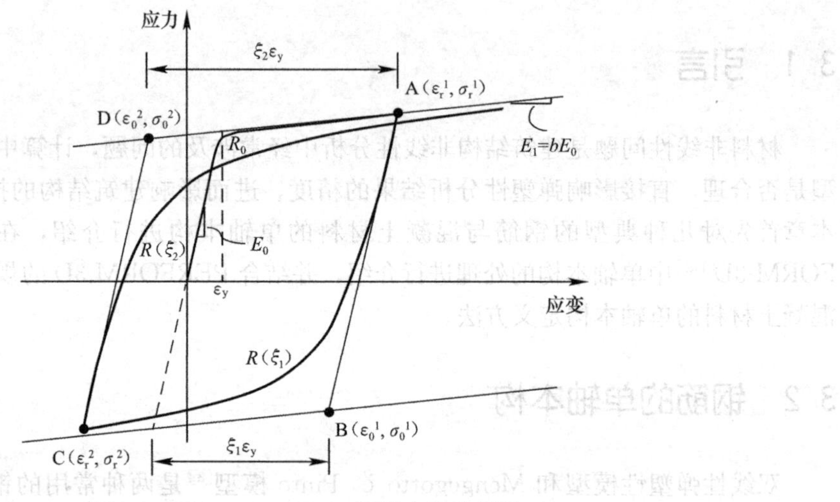

图 3-2　Mengegotto-Pinto 钢筋本构示意图

其中，b 为钢筋的强化系数，σ_0 和 ε_0 分别是两条渐近线交点（点 B 或 D）处的应力和应变，σ_r 和 ε_r 分别是材料的卸载点和再加载点（点 C 或 A）处的应力和应变，R 为过渡曲线的曲率系数，R_0 为初始加载时的曲率系数，a_1 和 a_2 为往复加载时曲率的退化系数，ξ 为描述历史最大应变的参数，ε_m 为历史最大或最小的卸载应变，ε_y 为钢筋的屈服应变。

如图 3-2 所示，初始时刻参数 R 的取值为 R_0，应力-应变曲线由斜率为 E_0 的初始渐近线转向斜率为 E_1 的屈服渐近线；到达 A 点后，材料开始卸载，此时最大应变参数 ξ 更新为 ξ_1，参数 R 相应更新为 R（ξ_1），应力-应变关系式（3.2-1）由新的两条渐近线 AB 和 BC 决定；到达 C 点后，材料开始反向加载，此时最大应变参数 ξ 从 ξ_1 更新为 ξ_2，相应的参数 R 从 R（ξ_1）更新为 R（ξ_2），应力-应变关系式（3.2-1）由新的两条渐近线 CD 和 DA 决定。如此反复，在任意应变历史下，应力-应变关系表达式的确定仅取决于当前应力状态下的反向加载点（ε_r，σ_r）和参数 R。

从式（3.2-1）可看出，曲线的转动半径随着参数 R 减小而增大，通过此参数可以调整钢筋的包辛格效应（Bauschinger Effect）。参数 R_0、a_1 和 a_2 的取值须通过材料试验测得，Menegotto 和 Pinto 通过材料试验给出 R_0、a_1 和 a_2 的建议取值分别为 20、18.5、0.15。

Mengegotto & Pinto 模型由于计算效率较高且能够和钢筋的往复试验结果吻合较好，被广泛应用于宏观单元程序中，如 OpenSees[4] 中的钢筋材料 Steel02，SeismoStruct[5] 中的 Mengegotto-Pinto 钢筋材料模型（Menegotto-Pinto steel model-stl _ mp）。

3.3 混凝土的单轴本构

本节首先对几种能够考虑箍筋约束和非约束的混凝土应力-应变关系以及我国《混凝土结构设计规范》GB 50010—2010[6]（以下简称 2010《混规》）附录 C 给出的混凝土应力-应变关系进行介绍，在此基础上对两个典型往复荷载作用下的混凝土本构模型进行介绍。

3.3.1 单轴应力-应变关系

3.3.1.1 修正 Kent-Park 模型

Kent-Park 混凝土应力-应变模型由 Kent 和 Park[7] 于 1971 年提出，该模型既可以考虑约束混凝土又可以考虑非约束混凝土，但对于约束混凝土，该模型仅考虑箍筋对混凝土延性的提高作用，并不考虑箍筋对混凝土强度的提高作用。Scott、Park 和 Priestley[8] 于 1982 发表的文章中又对该模型进行了修正，通过引入强化系数 K，同时考虑了箍筋对混凝土延性和强度的提高，这一模型被称为修正的 Kent-Park 模型。图 3-3 为修正的 Kent-Park 模型的示意图，公式（3.3-1）～公式（3.3-7）为该模型的主要计算公式。

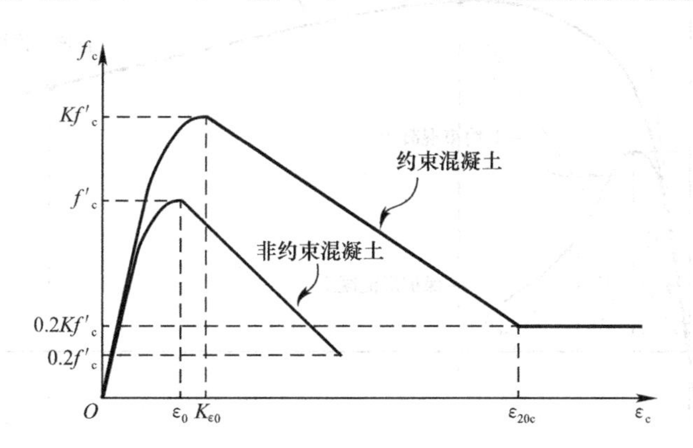

图 3-3 修正 Kent-Park 模型受压应力-应变关系

上升部分（$\varepsilon_c \leqslant K\varepsilon_0$）：

$$f_c = Kf'_c\left[\frac{2\varepsilon_c}{K\varepsilon_0} - \left(\frac{\varepsilon_c}{K\varepsilon_0}\right)^2\right] \tag{3.3-1}$$

下降部分（$\varepsilon_c > K\varepsilon_0$）：

$$f_c = Kf'_c[1 - Z_m(\varepsilon_c - K\varepsilon_0)] \geqslant 0.2Kf'_c \tag{3.3-2}$$

$$K = 1 + \frac{\rho_s f_{yh}}{f'_c} \tag{3.3-3}$$

$$Z_m = \frac{0.5}{\varepsilon_{50u} + \varepsilon_{50h} - K\varepsilon_0} \tag{3.3-4}$$

$$\varepsilon_{50u} = \frac{3 + 0.29f'_c}{145f'_c - 1000} \tag{3.3-5}$$

$$\varepsilon_{50h} = \frac{3}{4}\rho_s\sqrt{\frac{b''}{s_h}} \tag{3.3-6}$$

其中，f_c 为混凝土的压应力（MPa），ε_c 为混凝土的压应变，f'_c为非约束混凝土的圆柱体抗压强度（MPa），ε_0 为非约束混凝土峰值应力对应的应变，可取为 0.002，K 为强度提高系数，Z_m 为应力-应变曲线下降段的斜率（MPa），ρ_s 为箍筋的体积配箍率，取箍筋体积与混凝土核心区域（测量到箍筋外边缘）体积的比值，f_{yh} 为箍筋的屈服强度（MPa），b''为按箍筋外围测量的混凝土核心区宽度（mm），s_h 为箍筋的中对中间距（mm）。

对于非约束混凝土，不考虑箍筋的约束作用，此时有：

$$\rho_s = 0 \Rightarrow K = 1, \rho_s = 0 \Rightarrow \varepsilon_{50h} = 0 \Rightarrow Z_m = \frac{0.5}{\varepsilon_{50u} - K\varepsilon_0} \tag{3.3-7}$$

3.3.1.2 Mander 模型

Mander 混凝土本构模型是较为常用的约束混凝土模型之一，该模型由 Mander、Priestley 和 Park[7] 于 1988 年提出。图 3-4 为 Mander 本构模型的示意图。Mander 模型通过计算箍筋的有效约束应力并利用极限强度准则计算约束混凝土的峰值强度，模型的骨架曲线通过三个参数（f'_{cc}、ε_{cc} 和 E_c）确定，该模型适用于矩形和圆形混凝土截面。

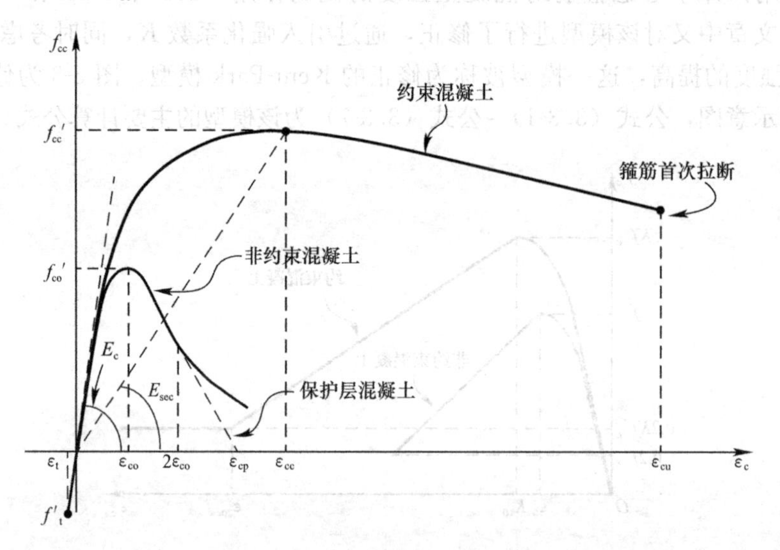

图 3-4 Mander 模型应力-应变关系

（1）受压应力-应变曲线（Stress-Strain Equation for Monotonic Compression Loading）

$$f_c = \frac{f'_{cc} x r}{r - 1 + x^r} \tag{3.3-8}$$

$$x = \frac{\varepsilon_c}{\varepsilon_{cc}} \tag{3.3-9}$$

$$\varepsilon_{cc} = \varepsilon_{co}\left[1 + 5\left(\frac{f'_{cc}}{f'_{co}} - 1\right)\right] \tag{3.3-10}$$

$$r = \frac{E_c}{E_c - E_{sec}} > 0 \tag{3.3-11}$$

$$E_c = 5000\sqrt{f'_{co}} \tag{3.3-12}$$

$$E_{sec} = \frac{f'_{cc}}{\varepsilon_{cc}} \tag{3.3-13}$$

其中，f_c 为混凝土的压应力（MPa），ε_c 为混凝土的压应变，f'_{cc}为约束混凝土的峰值抗压强度（MPa），ε_{cc}为约束混凝土峰值抗压强度对应的应变，从式（3.3-10）可知，Mander模型假定约束混凝土应变提高倍数是强度提高倍数的5倍，f'_{co}为非约束混凝土的圆柱体抗压强度（MPa），ε_{co}为非约束混凝土峰值应力对应的应变，一般可取为0.002。

对于非约束混凝土，$f'_{cc}=f'_{co}$，$\varepsilon_{cc}=\varepsilon_{co}$；

对于保护层混凝土，当应变在0～$2\varepsilon_{co}$时，应力-应变关系与非约束混凝土一致；当应变大于$2\varepsilon_{co}$时，应力沿着直线下降，当应力下降至0时，混凝土的应变达到剥落应变ε_{cp}。

（2）受拉应力-应变曲线（Stress-Strain Equation for Tensile Loading）

假定应力与应变成线性关系，当$f_t<f'_t$时，$f_t=E_c\varepsilon_t$，其余情况拉应力f_t为0，其中f_t为混凝土拉应力（MPa），ε_t为混凝土的拉应变，f'_t为混凝土的抗拉强度（MPa）。

（3）有效侧向约束应力与约束有效系数

约束混凝土的峰值强度f'_{cc}是Mander模型中的一个重要参数。Mander模型基于应力强度面，即空间的应力面来计算约束混凝土的峰值强度f'_{cc}。由塑性力学的知识可知：一点的应力状态可以在主应力空间中表示，即以三个主应力（σ_1、σ_2及σ_3）为坐标轴，将应力状态表示到三维空间中，这种空间也称为赫艾-韦斯特加德应力空间（Haigh-Westergaard Stress Space）。因此，为了计算受压强度$f'_{cc}(\sigma_3)$，需要知道另外两个主应力，亦即两个侧方向的压应力。

Madner模型主要有以下两个假定：①当约束箍筋达到屈服时，核心混凝土承受的侧向压力达到最大值，此时核心混凝土也达到峰值强度；②箍筋的约束作用并不是均匀地施加到核心混凝土上，而是产生一个拱的作用（arching action），使得核心混凝土的部分区域受到的约束作用相对较小，有效约束的区域会比均匀施加约束的情况少。假定①使得我们可以用简单的隔离体来计算核心混凝土受到的侧向约束应力（Lateral Confining Pressure），对于假定②，Mander模型通过引入约束有效系数k_e（Confinement Effectiveness Coefficient）对侧向约束应力进行折减来考虑。

有效约束应力的基本公式如下：

$$f'_l=f_lk_e \tag{3.3-14}$$

$$k_e=\frac{A_e}{A_{cc}} \tag{3.3-15}$$

$$A_{cc}=A_c(1-\rho_{cc}) \tag{3.3-16}$$

$$\rho_{cc}=\frac{A_s}{A_{cc}} \tag{3.3-17}$$

其中，f_l为来自约束箍筋并假定均匀分布的侧向约束应力（MPa），f'_l为有效侧向约束应力（MPa），k_e为约束有效系数，A_e为有效约束的混凝土核心面积（mm^2），A_c为由外围箍筋中心线包围的核心混凝土截面面积（mm^2），ρ_{cc}为纵筋配筋率，A_s为纵筋总面积（mm^2）。

（4）螺旋箍筋或圆形箍筋截面有效侧向约束应力的计算

图3-5为螺旋箍筋或圆形箍筋截面有效侧向约束应力的计算简图。

螺旋箍筋：

$$k_e=\frac{\left(1-\dfrac{s'}{2d_s}\right)}{1-\rho_{cc}}\geqslant 0 \tag{3.3-18}$$

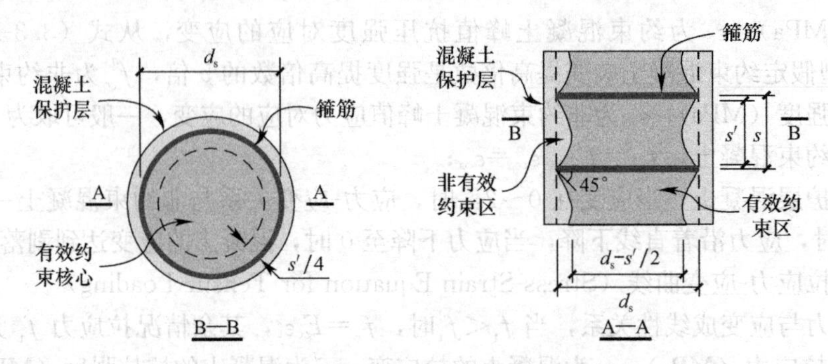

图 3-5　圆形箍筋截面有效侧向约束应力

圆形箍筋：

$$k_e=\frac{\left(1-\dfrac{s'}{2d_s}\right)^2}{1-\rho_{cc}}\geqslant 0 \tag{3.3-19}$$

有效侧向约束应力：

$$f_l'=\frac{1}{2}k_e\rho_s f_{yh} \tag{3.3-20}$$

$$\rho_s=\frac{A_{sp}\pi d_s}{\dfrac{\pi}{4}d_s^2 s}=\frac{4A_{sp}}{d_s s} \tag{3.3-21}$$

其中，k_e 为约束有效系数，s'为箍筋之间的净间距（mm），d_s 为螺旋箍筋或圆形箍筋的直径（mm），ρ_{cc} 为纵筋配筋率，ρ_s 为混凝土核心区的箍筋体积配箍率，s 为螺旋箍筋的中对中螺距或圆形箍筋的中对中间距（mm），f_l'为有效侧向约束应力（MPa），A_{sp} 为箍筋的面积（mm^2），f_{yh}为箍筋的屈服强度（MPa）。

（5）矩形箍筋截面有效侧向约束应力的计算

图 3-6 为矩形箍筋截面有效侧向约束应力的计算简图。

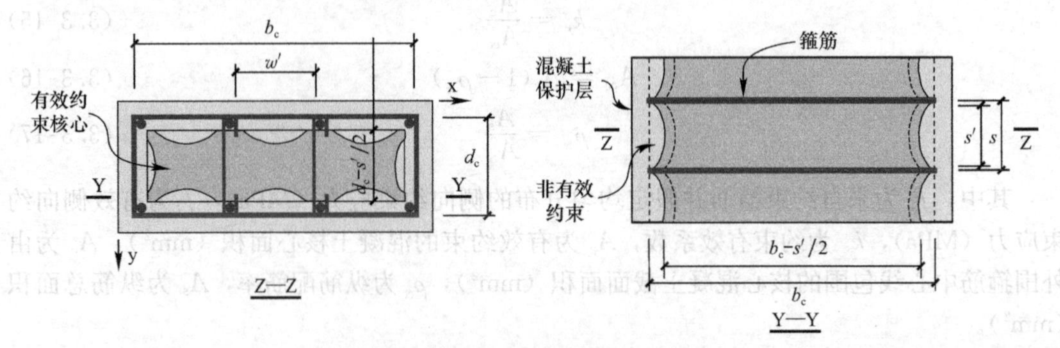

图 3-6　矩形箍筋截面有效侧向约束应力

沿着截面宽度方向、长度方向及高度方向均考虑起拱作用（arching actions），约束有效系数为：

$$k_e=\frac{\left(1-\sum\limits_{i=1}^{n}\dfrac{(w_i')^2}{6b_c d_c}\right)\left(1-\dfrac{s'}{2b_c}\right)\left(1-\dfrac{s'}{2d_c}\right)}{1-\rho_{cc}}\geqslant 0 \tag{3.3-22}$$

$$\rho_x = \frac{A_{sx}}{sd_c}, \rho_y = \frac{A_{sy}}{sd_c} \tag{3.3-23}$$

$$f_{lx} = \frac{A_{sx}}{sd_c} f_{yh} = \rho_x f_{yh}, f_{ly} = \frac{A_{sy}}{sd_c} f_{yh} = \rho_y f_{yh} \tag{3.3-24}$$

$$f'_{lx} = k_e \rho_x f_{yh}, f'_{ly} = k_e \rho_x f_{yh} \tag{3.3-25}$$

其中，k_e 为约束有效系数，b_c 和 d_c 为沿着外围箍筋中心测量的混凝土矩形截面核心两个方向的尺寸（mm），s'为箍筋之间的净间距（mm），n 为纵筋的数量，w_i 为第 i 个纵筋与纵筋之间的净距（mm），ρ_{cc}为纵筋配筋率，f_{yh}为箍筋的屈服强度（MPa），ρ_x 和 ρ_y 分别为 x 方向和 y 方向箍筋面积配筋率，A_{sx} 和 A_{sy} 分别为 x 方向和 y 方向箍筋的总面积（mm²），f_{lx}和 f_{ly}分别为 x 方向和 y 方向的均匀约束应力（MPa），f'_{lx}和 f'_{ly}分别为 x 方向和 y 方向的有效约束应力（MPa）。

（6）约束混凝土抗压强度的计算

获得有效侧向约束应力后，可利用极限强度面（ultimate strength surface）计算约束混凝土的抗压强度 f'_{cc}。其中 Mander 模型采用的极限强度面模型为著名的 William-Warnke 五参数模型[10]，模型的参数基于 Schickert 和 Winkler[11]的试验数据进行了拟合。

对于等围压的情况，（如配置螺旋箍筋或者圆形箍筋的圆形截面），极限强度由以下公式给出：

$$f'_{cc} = f'_{co}\left(-1.254 + 2.254\sqrt{1 + \frac{7.94 f'_l}{f'_{co}}} - 2\frac{f'_l}{f'_{co}}\right) \tag{3.3-26}$$

对于非等围压的情况，原文给出图 3-7，通过读图的方式求得约束强度提高系数，将约束强度提高系数乘以 f'_{co}获得约束混凝土的抗压强度。

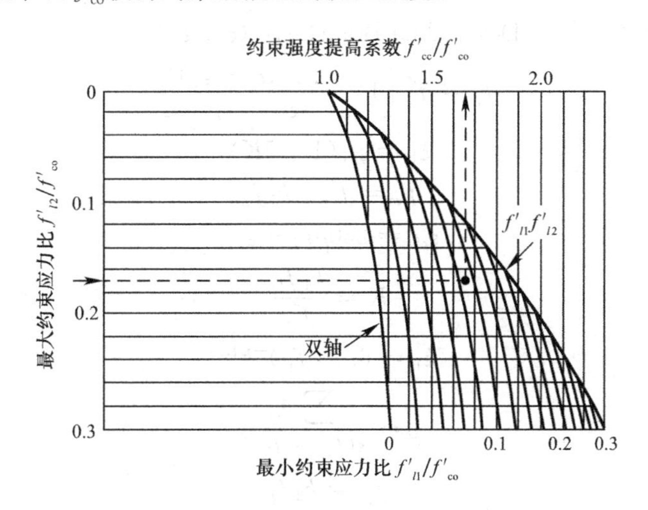

图 3-7 约束强度提高系数计算（Mander、Priestley 和 Park[7]，1988）

3.3.1.3 Saatcioglu-Razvi 混凝土模型

该模型由 Murat Saatcioglu 和 Salim R. Razvi[12]于 1992 年提出。Saatcioglu-Razvi 混凝土本构模型和 Mander[9]混凝土本构模型的思路基本一致，都是通过将箍筋的约束作用等效为侧向约束应力，进而确定约束混凝土本构的峰值强度和峰值强度对应的应变。两者不同的是，Mander 模型直接利用两个方向的等效侧向约束应力，因此当两个方向侧向约束应力不相同的时候，峰值强度的计算就比较麻烦，不能直接用公式获得，而 Saatcioglu-Razvi 混凝土本构模型则采用等效均匀侧向约束应力，即对于两个方向侧向约束不相等的情况，将侧向约束应力等效为各向均匀分布侧向约束应力进行计算，因此，相对 Mander 模型，Saatcioglu-Razvi 模型的约束混凝土峰值强度计算较方便。Saatcioglu-Razvi 混凝土本构模型可以考虑圆形截面、矩形截面、长方形截面，可考虑多种配箍形式，并可通过等效侧向应力叠加的方式考虑截面中存在多种配箍形式的情况。图 3-8 为 Saatcioglu-Razvi 模型应力-应变关系示意图。

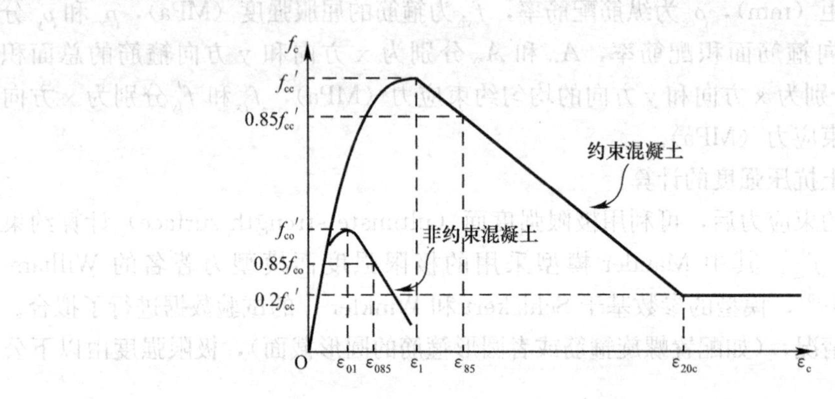

图 3-8 Saatcioglu & Razvi 模型受压应力-应变关系

（1）上升部分（二次抛物线）(Ascending Branches)（$\varepsilon_c \leqslant \varepsilon_1$）：

$$f_c = f'_{cc}\left[\frac{2\varepsilon_c}{\varepsilon_1} - \left(\frac{\varepsilon_c}{\varepsilon_1}\right)^2\right]^{\frac{1}{1+2K}} \tag{3.3-27}$$

（2）下降部分（直线）(Descending Branches)（$\varepsilon_c > \varepsilon_1$）：

$$f_c = f'_{cc}\left[1 - \frac{0.15(\varepsilon_c - \varepsilon_1)}{\varepsilon_{85} - \varepsilon_1}\right] \tag{3.3-28}$$

$$\varepsilon_1 = \varepsilon_{01}(1 + 5K) \tag{3.3-29}$$

$$f'_{cc} = f'_{co} + k_1 f_{le} \tag{3.3-30}$$

$$\varepsilon_{85} = 260\rho\varepsilon_1 + \varepsilon_{085} \tag{3.3-31}$$

$$K = \frac{k_1 f_{le}}{f'_{co}} \tag{3.3-32}$$

$$k_1 = 6.7\,(f_{le})^{-0.17} \tag{3.3-33}$$

$$\rho = \frac{\sum A_s}{s(b_{cx} + b_{cy})} \tag{3.3-34}$$

$$f_{le} = k_2 f_l \tag{3.3-35}$$

其中，f_c 为混凝土压应力（MPa），ε_c 为混凝土压应变，f'_{co} 为非约束混凝土的圆柱体抗压强度（MPa），ε_{01} 可取为 0.002，ε_{085} 为非约束混凝土下降段应力为 $0.85f'_{co}$ 处的应变，无试验数据时原文建议可取 0.0038，f'_{cc} 为约束混凝土强度（MPa），ε_1 为约束混凝土峰值应力对应的应变，ε_{85} 为约束混凝土下降段应力为 $0.85f'_{cc}$ 处的应变，f_{le} 为等效侧向约束应力（MPa），ρ 为两个方向的总配箍率，$\sum A_s$ 为两个方向的箍筋面积之和（mm^2），如果存在斜向箍筋，应该将斜向钢筋面积沿着两个方向投影之后求和，b_{cx} 为核心区混凝土 x 向长度，取箍筋中对中距离（mm），b_{cy}为核心区混凝土 y 向长度，取箍筋中对中距离（mm），s 为箍筋中对中的间距（mm），k_2 为有效约束应力折减系数，对于螺旋箍筋和箍筋间距比较小的方向箍筋可取 $k_2=1.0$，f_l 为作用于混凝土侧向的平均约束应力（MPa）。

对于非约束混凝土（Unconfined Concrete），不考虑箍筋作用：

$\sum A_s=0 \Rightarrow f_{le}=0 \Rightarrow K=0 \Rightarrow f'_{cc}=f'_{co}$，$\varepsilon_1=\varepsilon_{01}$，$\varepsilon_{85}=\varepsilon_{085}$。该模型退化为 Hognestad 无约束混凝土模型。

（3）对于圆形螺旋配箍截面，等效约束应力按以下公式计算，

$$k_2=1.0, f_{le}=2A_s f_{yt}/s b_c \tag{3.3-36}$$

其中，f_{yt}为箍筋的屈服强度（MPa），A_s 为单根螺旋箍筋面积（mm^2），b_c 为核心区混凝土长度，取箍筋中对中距离（mm）。

（4）对于矩形截面，有效约束应力按以下公式计算，

$$f_{le}=k_2 f_l \tag{3.3-37}$$

$$f_l=\frac{\sum A_s f_{yt}\sin\alpha}{s b_c} \tag{3.3-38}$$

$$k_2=0.26\sqrt{\left(\frac{b_c}{s}\right)\left(\frac{b_c}{s_l}\right)\left(\frac{1}{f_l}\right)} \leqslant 1.0 \tag{3.3-39}$$

其中，α 为水平钢筋与截面边的夹角，s 为箍筋中对中的间距（mm），f_{yt}为箍筋的屈服强度（MPa），s_l 为纵向钢筋的中对中距离（mm），b_c 为核心区混凝土长度，取箍筋中对中距离（mm）。

3.3.1.4 钱稼茹建议的应力-应变模型

钱稼茹等[13]通过配置普通箍、拉筋复合箍和井字复合箍 RC 柱的轴心受压试验，基于配箍特征值 λ_v 给出了约束混凝土的应力-应变关系，如图 3-9 所示。该模型既可以考虑箍筋约束混凝土又可以考虑非箍筋约束混凝土，当配箍特征值 λ_v 为 0 时，退化为非约束混凝土模型。模型适用于配箍特征值 λ_v 不大于 0.24 的混凝土构件。

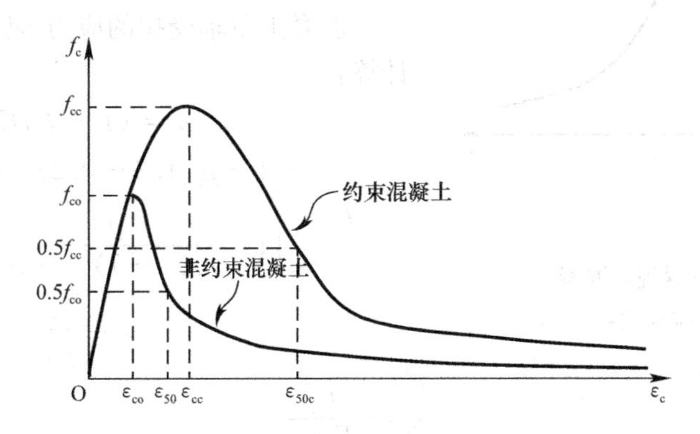

图 3-9 钱稼茹混凝土受压应力-应变关系

上升部分（$\varepsilon_c \leqslant \varepsilon_{cc}$）：

$$f_c=f_{cc}\left[a\frac{\varepsilon_c}{\varepsilon_{cc}}+(3-2a)\left(\frac{\varepsilon_c}{\varepsilon_{cc}}\right)^2+(a-2)\left(\frac{\varepsilon_c}{\varepsilon_{cc}}\right)^3\right] \tag{3.3-40}$$

下降部分（$\varepsilon_c > \varepsilon_{cc}$）：

$$f_c = f_{cc}\frac{\dfrac{\varepsilon_c}{\varepsilon_{cc}}}{(1-0.87\lambda_v^{0.2})T\left(\dfrac{\varepsilon_c}{\varepsilon_{cc}}-1\right)^2+\dfrac{\varepsilon_c}{\varepsilon_{cc}}} \tag{3.3-41}$$

$$a = 2.4 - 0.01f_{cu} \tag{3.3-42}$$

$$T = 0.132f_{cu}^{0.785} - 0.905 \tag{3.3-43}$$

$$f_{co} = 0.76f_{cu} \tag{3.3-44}$$

$$\lambda_v = \rho_s\frac{f_{yh}}{f_{co}} \tag{3.3-45}$$

$$f_{cc} = (1+1.79\lambda_v)f_{co} \tag{3.3-46}$$

$$\varepsilon_{cc} = (1+3.5\lambda_v)\varepsilon_{co} \tag{3.3-47}$$

$$\varepsilon_{50c} = (2.34+2.49\lambda_v^{0.73})\varepsilon_{cc} \tag{3.3-48}$$

其中，f_c 为混凝土压应力（MPa），ε_c 为混凝土压应变，f_{co}为非约束混凝土的轴心抗压强度（MPa），ε_{co}为非约束混凝土峰值应力对应的应变，原文［9］建议取 0.0018，f_{cc}为约束混凝土的轴心抗压强度（MPa），ε_{cc}为约束混凝土峰值应力对应的应变，f_{cu}为实测的混凝土立方体抗压强度（MPa），f_{yh}为箍筋的屈服强度（MPa），a 为上升段参数，T 为下降段参数，λ_v 为配箍特征值，ρ_s 为箍筋的体积配箍率，为箍筋体积与混凝土核心区域（测量到箍筋内边缘）体积的比值，ε_{50} 为非约束混凝土应力下降至 $0.5f_{co}$ 时的应变，ε_{50c} 为约束混凝土应力下降至 $0.5f_{cc}$ 时的应变。

当 $\rho_s=0\Rightarrow\lambda_v=0$ 时，退化为非约束混凝土模型。

3.3.1.5 2010《混规》建议的混凝土应力-应变模型

2010《混规》[6]附录C给出的混凝土应力-应变关系如图 3-10 所示，受压和受拉骨架曲线分别由单轴受压和受拉的损伤演化参数控制，上升段和下降段都为曲线，通过下降段参数可调整下降段的下降幅度。

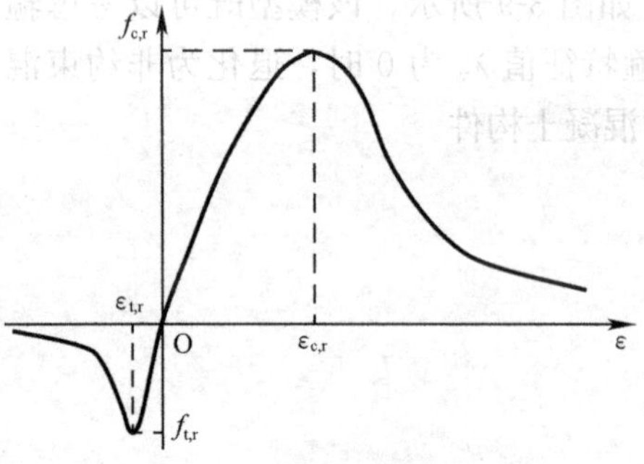

图 3-10 2010《混规》混凝土单轴应力-应变关系

混凝土单轴受拉的应力-应变关系按以下公式计算：

$$\sigma = (1-d_t)E_c\varepsilon \tag{3.3-49}$$

$$d_t = \begin{cases} 1-\rho_t[1.2-0.2x^5], & x\leqslant 1 \\ 1-\dfrac{\rho_t}{\alpha_t(x-1)^{1.7}+x}, & x>1 \end{cases} \tag{3.3-50}$$

$$x = \frac{\varepsilon}{\varepsilon_{t,r}} \tag{3.3-51}$$

$$\rho_t = \frac{f_{t,r}}{E_c\varepsilon_{t,r}} \tag{3.3-52}$$

其中，α_t 为混凝土单轴受拉应力-应变曲线下降段参数，$f_{t,r}$为混凝土单轴抗拉强度代表值，其值可根据实际情况取设计值、标准值或平均值，$\varepsilon_{t,r}$为与 $f_{t,r}$对应的峰值抗拉强度应变值，d_t 为混凝土单轴受拉损伤演化参数。

混凝土单轴受压的应力-应变关系按以下公式计算：

$$\sigma = (1-d_c)E_c\varepsilon \tag{3.3-53}$$

$$d_c = \begin{cases} 1-\dfrac{\rho_c n}{n-1+x^n}, x \leqslant 1 \\ 1-\dfrac{\rho_c}{\alpha_c(x-1)^2+x}, x>1 \end{cases} \tag{3.3-54}$$

$$\rho_c = \frac{f_{c,r}}{E_c \varepsilon_{c,r}} \tag{3.3-55}$$

$$n = \frac{E_c \varepsilon_{c,r}}{E_c \varepsilon_{c,r} - f_{c,r}} \tag{3.3-56}$$

$$x = \frac{\varepsilon}{\varepsilon_{c,r}} \tag{3.3-57}$$

其中，α_c 为混凝土单轴受压-应力应变曲线下降段参数，$f_{c,r}$ 为混凝土单轴抗压强度代表值，其值可根据实际情况取设计值、标准值或平均值，$\varepsilon_{c,r}$ 为与 $f_{c,r}$ 对应的峰值抗压强度应变值，d_c 为混凝土单轴受压损伤演化参数。

3.3.2 往复荷载作用下混凝土的单轴本构

下面选取两个具有代表性的往复荷载作用下的混凝土单轴本构模型进行介绍，通过这些模型，了解混凝土滞回模型的基本特性，目前这些模型均已在美国太平洋地震工程研究中心（PEER）主导研发的结构非线性分析软件 OpenSees[4] 中实现。

3.3.2.1 Concrete01 模型

OpenSees 中的 Concrete01 模型的受压骨架曲线采用修正 Kent-Park[8] 模型，具体公式见本章 3.3.1.1 节，加卸载准则采用 Karsan 和 Jirsa[14] 根据 Sinha[15] 的混凝土材料滞回性能试验提出的直线形加卸载法则，模型不考虑混凝土受拉。Concrete01 模型的滞回法则如图 3-11 所示。

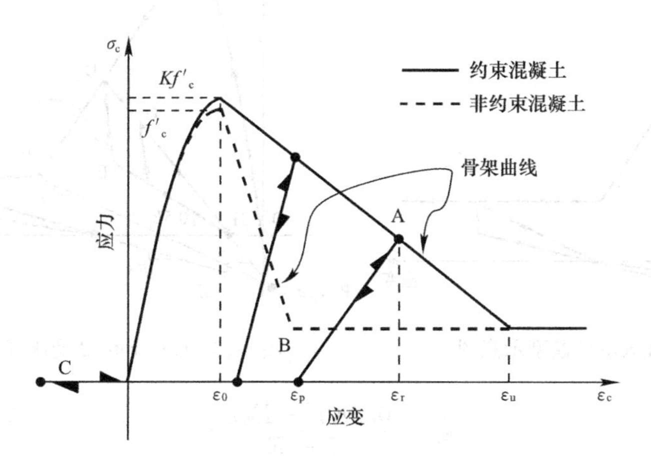

图 3-11 Concrete01 加卸载法则

如图 3-11 所示，以从点 A→B→C→B→A 的一个应变历程对 Concrete01 模型的加卸载法则进行介绍。过程 A→B，材料从应变 ε_r 沿直线卸载至 B 点，B 点应变为 ε_p，此时混凝土裂缝开始张开；当继续往受拉方向加载，过程 B→C，应变小于 ε_p，此时混凝土处于开裂状态，模型不考虑混凝土的拉伸刚化作用，拉应力为 0；过程 C→B，从 C 点沿原路返回，混凝土的应力保持为 0，直至到达点 B。到达 B 点后，混凝土裂缝再次闭合，过程

B→A，混凝土开始继续受压，反向加载路径继续沿直线 BA 原路返回，不考虑单向卸载和再加载曲线形成的滞回环耗能作用。

卸载点的塑性应变 ε_p 根据以下公式确定：

$$\frac{\varepsilon_p}{\varepsilon_0}=0.145\left(\frac{\varepsilon_r}{\varepsilon_0}\right)^2+0.13\left(\frac{\varepsilon_r}{\varepsilon_0}\right),\left(\frac{\varepsilon_r}{\varepsilon_0}\right)<2 \tag{3.3-58}$$

$$\frac{\varepsilon_p}{\varepsilon_0}=0.707\left(\frac{\varepsilon_r}{\varepsilon_0}-2\right)+0.834,\left(\frac{\varepsilon_r}{\varepsilon_0}\right)\geqslant 2 \tag{3.3-59}$$

其中，ε_0 为混凝土峰值应力点对应的应变，ε_r 为卸载点的应变，ε_p 为卸载点的塑性应变。

3.3.2.2 Concrete02 模型

图 3-12 为 OpenSees 中 Concrete02 模型的示意图，模型由 Yassin[16] 提出，受压骨架曲线采用修正 Kent-Park[6] 模型，混凝土的受拉作用则采用线性上升段和线性下降段骨架曲线进行描述，模型的加卸载行为通过一系列的直线进行描述，加卸载法则由 Yassin[16] 提出，以下分别对受压部分及受拉部分的加卸载法则进行介绍。

(1) 受压加卸载法则

图 3-13 为 Concrete02 模型受压部分加卸载法则示意图。随着压应变的逐步增大，混凝土的卸载及再加载刚度也随之连续退化，这一连续的刚度退化通过规定所有的再加载曲线都相交于同一公共点 $R(\varepsilon_r,\sigma_r)$ 来实现。公共点 $R(\varepsilon_r,\sigma_r)$ 定为骨架曲线原点的切线与残余水平段起点 B 的再加载曲线的交点，其应变 ε_r 和应力 σ_r 通过以下公式进行计算：

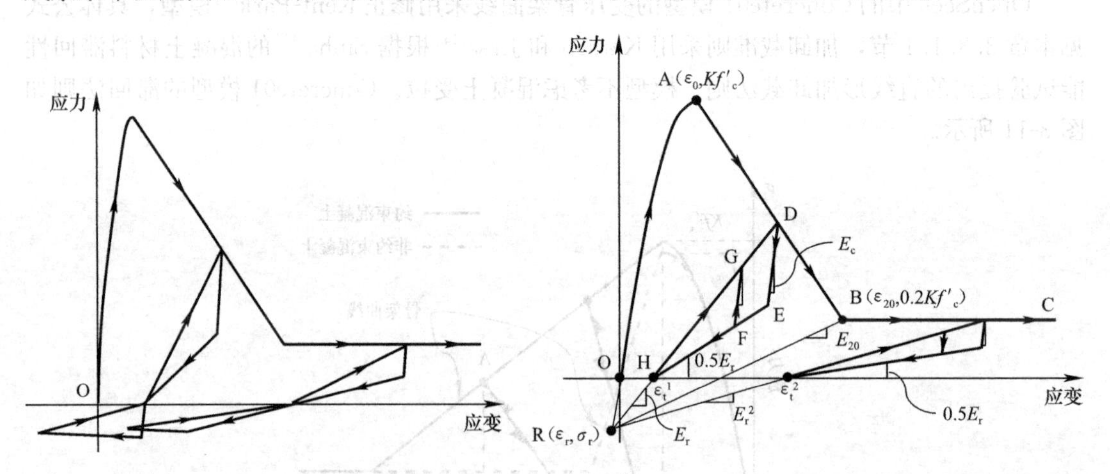

图 3-12 Concrete02 模型示意图　　图 3-13 Concrete02 受压部分加卸载法则

$$\varepsilon_r=\frac{0.2Kf'_c-E_{20}\varepsilon_{20}}{E_c-E_{20}} \tag{3.3-60}$$

$$\sigma_r=E_c\varepsilon_r \tag{3.3-61}$$

其中，E_c 为原点切线刚度，E_{20} 为水平段起点 B 对应的再加载刚度。

材料的再加载曲线通过公共点 $R(\varepsilon_r,\sigma_r)$ 及当前卸载点 (ε_m,σ_m) 确定，如图 3-13 中的线段 HD。卸载曲线由斜率为 E_c 及斜率为 $0.5E_r$ 的两段直线组成，分别见图 3-13 中的 DE 段和 EH 段，两段的应力分别按公式 (3.3-62) 及公式 (3.3-63) 进行计算。

$$f_c=E_c(\varepsilon_c-\varepsilon_m)+\sigma_m \tag{3.3-62}$$

$$f_c = 0.5E_r(\varepsilon_c - \varepsilon_t) \tag{3.3-63}$$

$$E_r = \frac{\sigma_m - \sigma_r}{\varepsilon_m - \varepsilon_r} \tag{3.3-64}$$

$$\varepsilon_t = \varepsilon_m - \frac{\sigma_m}{E_r} \tag{3.3-65}$$

式中 E_r 为再加载刚度，ε_t 为混凝土塑性应变。

与 Concrete01 模型相比，Concrete02 模型的卸载曲线与再加载曲线不重合，形成滞回环，能考虑单向卸载与再加载过程中材料的耗能。

(2) 受拉加卸载法则

混凝土的受拉作用则采用线性上升段和线性下降段组成的双折线模型进行描述。受拉加卸载法则由 Yassin[13] 提出，如图 3-14 所示。受拉卸载指向上一次受压残余应变点（如图 3-14 中的点 J 和点 J′）。受拉再加载时，按前一次受拉卸载的刚度进行再加载，直至达到前一次受拉卸载时候的应力值，之后按受拉骨架曲线加载，当混凝土受拉应力降为 0 以后（图 3-14 中的点 M 和点 M′），则混凝土的受拉应力一直为 0。

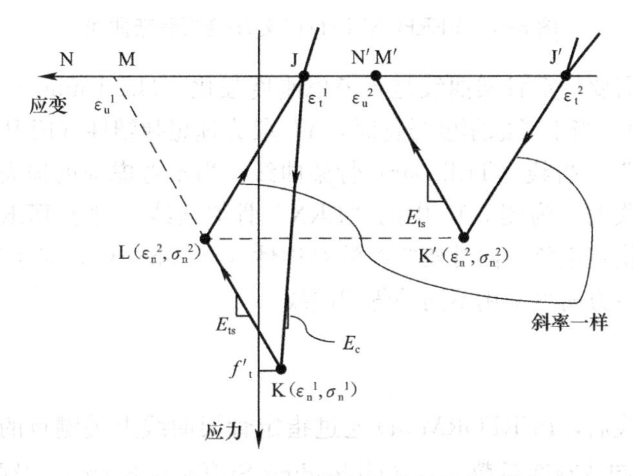

图 3-14 Concrete02 受拉部分加卸载法则

3.4 PERFORM-3D 中的骨架曲线及滞回环

从前面几个典型的钢筋与混凝土材料的单轴本构介绍可见，一般的单轴材料本构由两部分组成：骨架曲线和加卸载法则（即滞回法则）。PERFORM-3D 并没有针对某一特定单轴材料本构开发相应的模块，而是将所有的单轴本构（包括单轴材料本构、一维塑性铰及弹簧本构）统一为骨架曲线及滞回法则的组合，并分别对骨架曲线和滞回法则的概念进行简化，抽象为统一的骨架曲线及滞回环定义方法，通过分别定义骨架曲线及滞回环的特性完成材料本构的定义。

3.4.1 骨架曲线

PERFORM-3D 中大部分的非线性组件均采用图 3-15 所示的“YULRX”五折线型骨架曲线。骨架曲线包含 5 个关键点（“Y”、“U”、“L”、“R” 及 “X”），5 个关键点将骨架曲线分为5个主要区段，其中，OY段表示弹性段，Y点表示屈服点，非线性起始点；YU段表示强化段，U点为峰值广义力开始点；UL表示塑性平台段，L点表示塑性平台段的结束，广义力开始出现显著退化；LR段表示广义力显著退化段，R点为残余承载力起点；X点表示退出工作点。

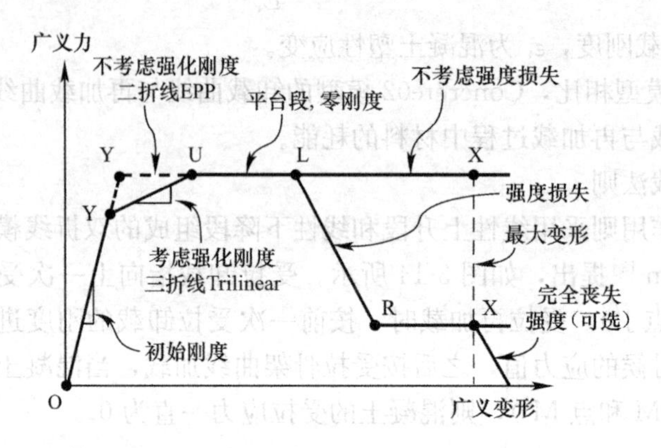

图3-15 PERFORM-3D广义力-变形骨架曲线

用户可以根据需要指定骨架曲线是否考虑刚度强化（Hardening Stiffness）和强度损失（Strength Loss）。当不考虑刚度强化时，YL段为理想弹塑性（EPP）骨架曲线，当考虑强化时为“YUL”三折线（Trilinear）骨架曲线；当不考虑强度损失时，LX段为平直线，当考虑强度损失时，为图3-15中的“LRX”骨架曲线。对于PERFORM-3D中的大部分组件，还可以指定正负方向骨架曲线的对称性（Symmetry），对于指定骨架曲线为非对称性的组件，正负方向可采用不同的骨架曲线。

3.4.2 滞回环

定义好骨架曲线后，PERFORM-3D通过指定骨架曲线上关键点的能量退化系数α_{EF}（Energy Factor）、卸载刚度系数α_{USF}（Unloading Stiffness Factor）及强度退化相互作用系数α_{SLIF}（Strength Loss Interaction Factor）对滞回环的形状进行控制。

能量退化系数α_{EF}表示的是刚度退化后滞回环的面积与无刚度退化滞回环面积的比值，取值在（0～1.0］之间，$\alpha_{EF}=1.0$表示滞回环无刚度退化，滞回环面积最大，耗能最大，α_{EF}越小表示滞回环的面积相对于无退化滞回环的面积越小，耗能越差。图3-16和图3-17给出了无刚度退化下EPP型和Trilinear型单轴本构的滞回法则。图3-18给出了能量退化系数α_{EF}对EPP型单轴本构滞回环的控制。

卸载刚度系数α_{USF}用于控制采用Trilinear骨架曲线的单轴本构卸载刚度的大小，在能量退化系数α_{EF}一定的情况下，通过调整卸载刚度系数α_{USF}可进一步调整滞回环的形状。系数α_{USF}的取值范围为［−1～1］，−1和1表示两个极端，$\alpha_{USF}=-1$表示卸载刚度最小，弹性范围最大，$\alpha_{USF}=+1$表示卸载刚度按无退化刚度，刚度最大，弹性范围最小。图3-19给出了当正负两个方向变形均小于U点，α_{USF}取值分别为+1.0，−1.0及0.0时，采用Trilinear骨架曲线的单轴本构的滞回环形状。图3-20给出了当正负两个方向变形大于U点，α_{USF}取值分别为+1.0、−1.0及0.0时，采用Trilinear骨架曲线的单轴本构的滞回环形状。

强度退化相互作用系数 α_{SLIF} 用于控制正（负）方向强度退化对负（正）方向强度的影响。系数 α_{SLIF} 的取值范围为［0～1］，$\alpha_{SLIF}=0$ 表示不存在相互影响，即在一个方向发生强度退化不会影响另一个方向，$\alpha_{SLIF}=1$ 表示一个方向的强度退化会在另一个方向造成相同的强度退化。强度退化相互作用系数 α_{SLIF} 对滞回环的控制如图 3-21 所示。

能量退化系数 α_{EF}、卸载刚度系数 α_{USF} 及强度退化相互作用系数 α_{SLIF} 对滞回环的控制可以很容易通过图 3-16～图 3-21 来理解。

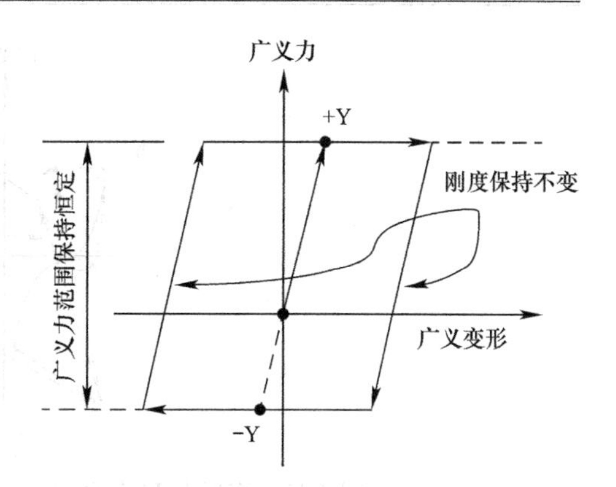

图 3-16　EPP 骨架曲线无刚度退化滞回环（$\alpha_{EF}=1.0$）

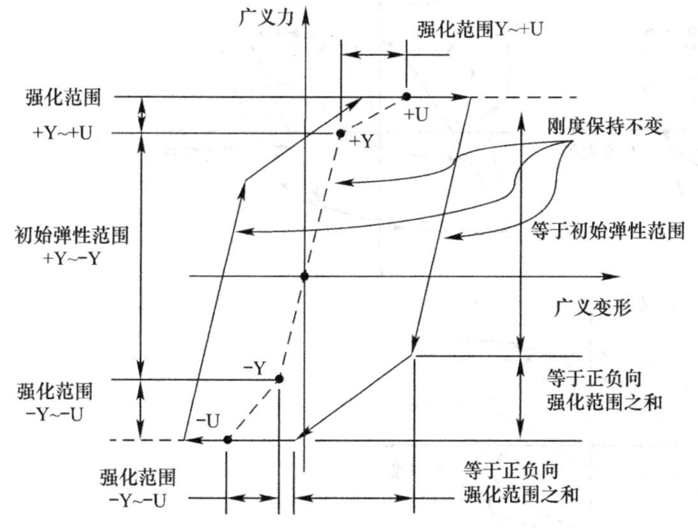

图 3-17　Trilinear 骨架曲线无刚度退化滞回环（$\alpha_{EF}=1.0$）

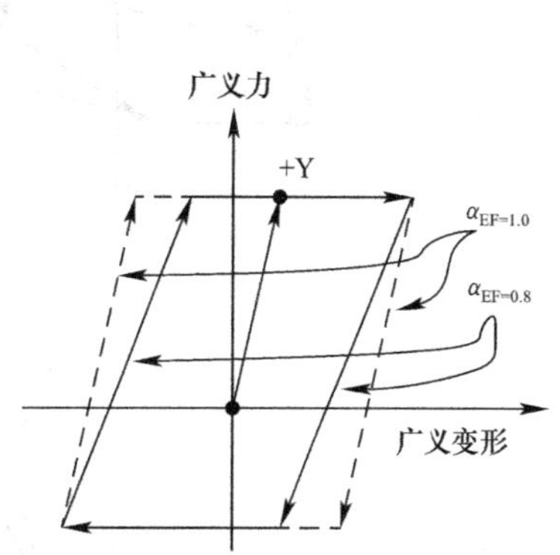

图 3-18　EPP 骨架曲线带刚度退化的滞回环

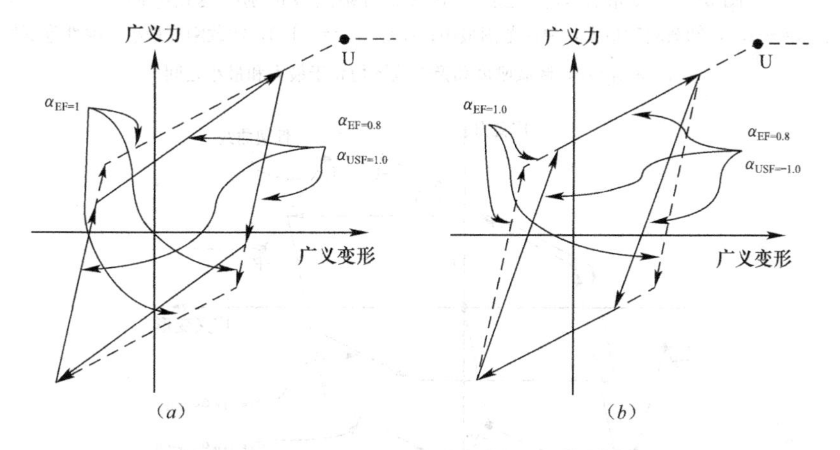

图 3-19　变形在 U 点之前 Trilinear 骨架曲线带刚度退化滞回环（一）

(*a*) $\alpha_{USF}=+1.0$，卸载刚度最大，弹性范围最小；(*b*) $\alpha_{USF}=-1.0$，卸载刚度最小，弹性范围最大

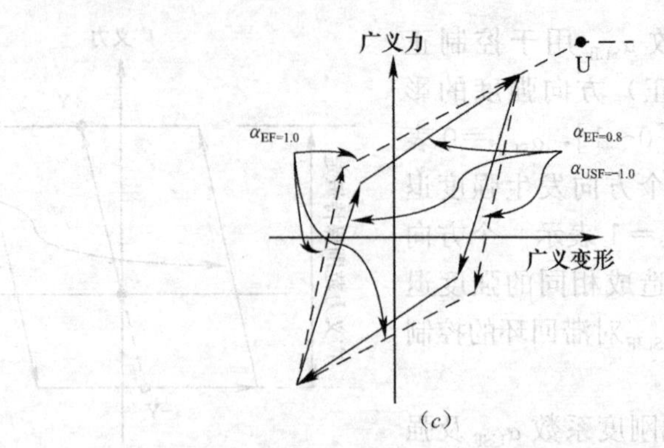

(c)

图 3-19　变形在 U 点之前 Trilinear 骨架曲线带刚度退化滞回环（二）

(c) $\alpha_{USF}=0$，卸载刚度和弹性范围均介于最大和最小之间

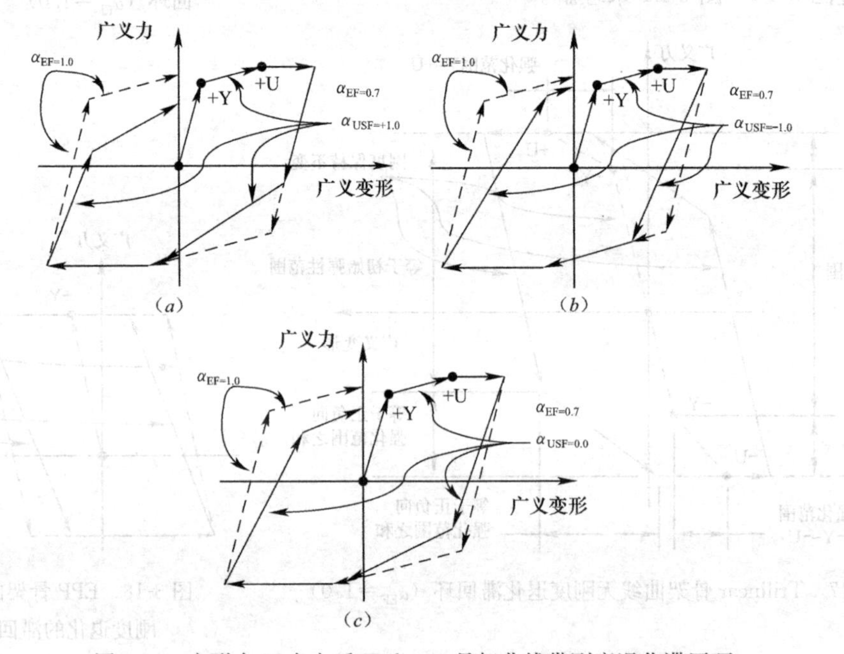

(c)

图 3-20　变形在 U 点之后 Trilinear 骨架曲线带刚度退化滞回环

(a) $\alpha_{USF}=+1.0$，卸载刚度最大，弹性范围最小；(b) $\alpha_{USF}=-1.0$，卸载刚度最小，弹性范围最大；

(c) $\alpha_{USF}=0$，卸载刚度和弹性范围均介于最大和最小之间

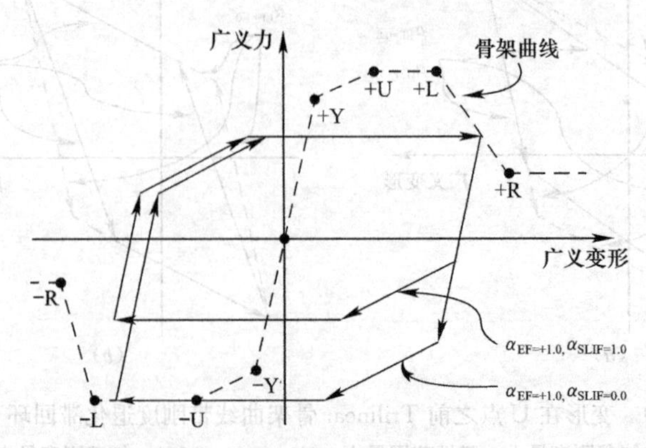

图 3-21　强度退化后（L 点之后）Trilinear 骨架曲线退化滞回环

3.5 PERFORM-3D中钢筋与混凝土材料的单轴本构

3.5.1 PERFORM-3D中的钢筋材料

PERFORM-3D提供了三种非线性钢筋本构，包括：(1) 非屈曲型钢筋材料（Inelastic Steel Material, Non-Buckling)；(2) 仅受拉的钢筋材料（Inelastic Steel Material, Tension-Only)；(3) 屈曲型钢筋材料（Inelastic Steel Material, Buckling)。工程分析中，一般情况可选用非屈曲型钢筋材料，骨架曲线可以采用三折线（Trilinear）形式，可根据实际情况考虑循环过程中的刚度退化（Cyclic Degradation)。表3-1给出了2010《混规》中常用的钢筋材料的本构定义参数，表中各参数的意义如图3-22所示。其中，钢筋材料的屈服强度及极限强度根据2010《混规》第4.2节取标准值，屈服后的刚度强化系数取0.01。

PERFORM-3D钢筋本构参数　　表3-1

材料	E	KH/K0	FY	FU	DU	DX
HPB300	210000	0.01	300	420	0.0586	0.1
HRB335	200000	0.01	335	455	0.0617	0.1
HRB400	200000	0.01	400	540	0.0720	0.1
HRB500	200000	0.01	500	630	0.0675	0.1

以HRB400为例，图3-23给出了PERFORM-3D中定义的钢筋本构的滞回曲线与二折线随动强化钢筋本构及Mengegotto-Pinto钢筋本构的滞回曲线对比。由图3-23可见，本章在PERFORM-3D中定义的钢筋本构的加卸载法则与二折线随动线性钢筋本构及Mengegotto-Pinto钢筋本构基本吻合。

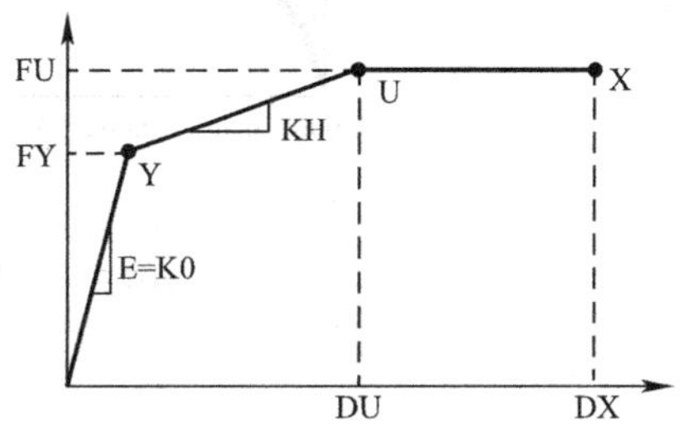

图3-22　钢筋骨架曲线参数

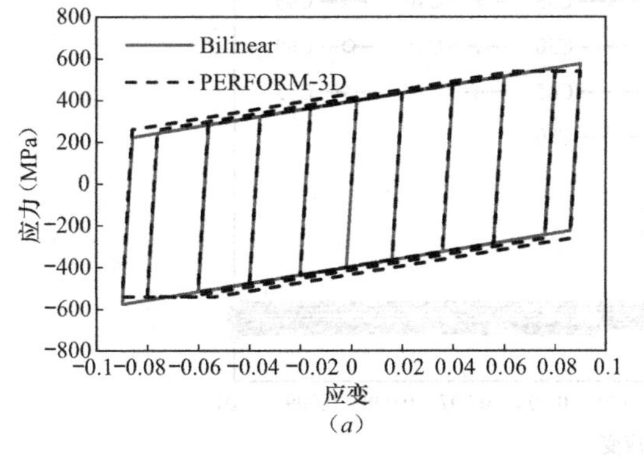

(a)

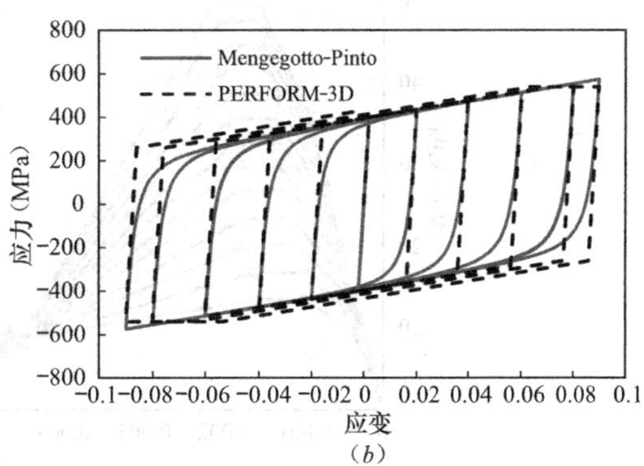

(b)

图3-23　钢筋本构对比
(a) 二折线随动强化；(b) Mengegotto-Pinto

3.5.2 PERFORM-3D 中的混凝土材料

前面对 PERFORM-3D 中骨架曲线、滞回环及 PEERFORM-3D 中混凝土材料进行了介绍，以下给出我国 2010《混规》常用的混凝土材料本构在 PERFORM-3D 中的定义。其中，混凝土材料本构的骨架曲线采用 2010《混规》附录 C 规定的混凝土单轴本构关系曲线（图 3-24），并采用“YULRX”五折线骨架曲线进行简化（图 3-25），滞回法则参考 OpenSees 中的 Concrete01 及 Concrete02 的加卸载法则，通过指定骨架曲线 5 个关键点“YULRX”的能量退化系数进行设置。混凝土材料峰值强度采用材料标准值，不考虑混凝土的受拉作用。PEERFORM-3D 中混凝土骨架曲线的参数如表 3-2 所示，表中各参数的意义及各关键点的能量退化系数取值如图 3-26 所示。

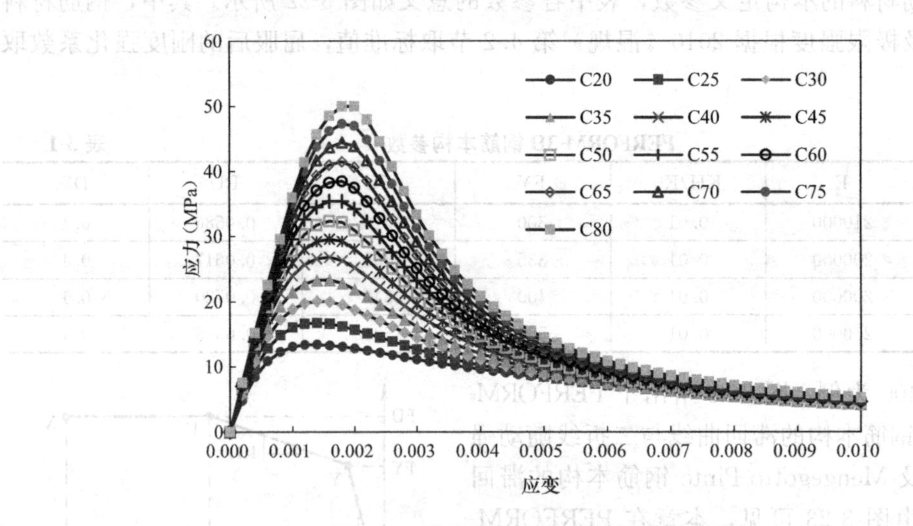

图 3-24 规范混凝土受压应力-应变曲线

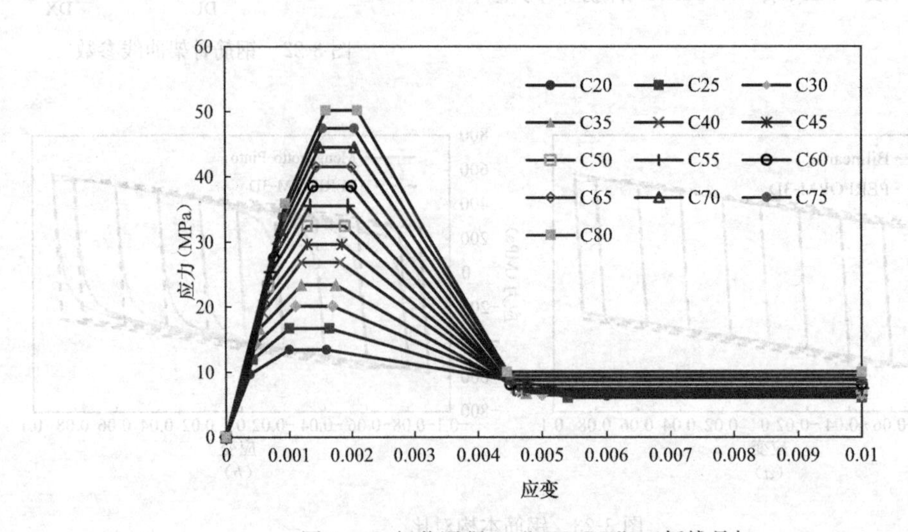

图 3-25 规范混凝土“YULRX”五折线骨架

PERFORM-3D 混凝土本构参数 表 3-2

材料	E	FY	FU	DU	DX	DL	DR	FR/FU
C20	25500	9.6	13.4	0.001	0.01	0.00160	0.0060	0.47
C25	28000	11.9	16.7	0.001	0.01	0.00165	0.0054	0.36
C30	30000	14.3	20.1	0.0011	0.01	0.00170	0.0050	0.32
C35	31500	16.7	23.4	0.0012	0.01	0.00175	0.00475	0.29
C40	32500	19.1	26.8	0.0012	0.01	0.00182	0.0047	0.26
C45	33500	21.1	29.6	0.0013	0.01	0.00185	0.00465	0.24
C50	34500	23.1	32.4	0.0013	0.01	0.00190	0.0046	0.23
C55	35500	25.3	35.5	0.00135	0.01	0.00195	0.00455	0.21
C60	36000	27.5	38.5	0.0014	0.01	0.002	0.0045	0.21
C65	36500	29.7	41.5	0.00145	0.01	0.002	0.0045	0.21
C70	37000	31.8	44.5	0.0015	0.01	0.00205	0.0045	0.20
C75	37500	33.8	47.4	0.00155	0.01	0.00205	0.0045	0.20
C80	38000	35.9	50.2	0.0016	0.01	0.0021	0.00445	0.20

图 3-26 混凝土骨架曲线参数及关键点能量退化系数取值

以 C35 混凝土为例，图 3-27 给出了 PERFORM-3D 中定义的材料本构的滞回曲线与 OpenSees 中混凝土材料 Concrete01 及 Concrete02 的滞回曲线对比。由图 3-27 可见，本章建议的混凝土材料的加卸载法则与 Concrete01 及 Concrete02 基本吻合。

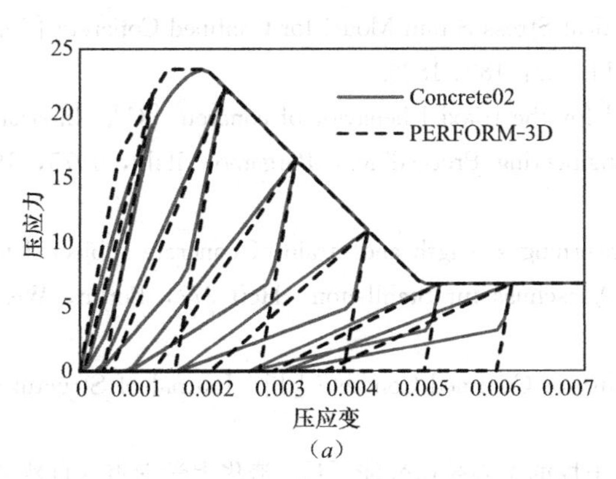

(*a*)

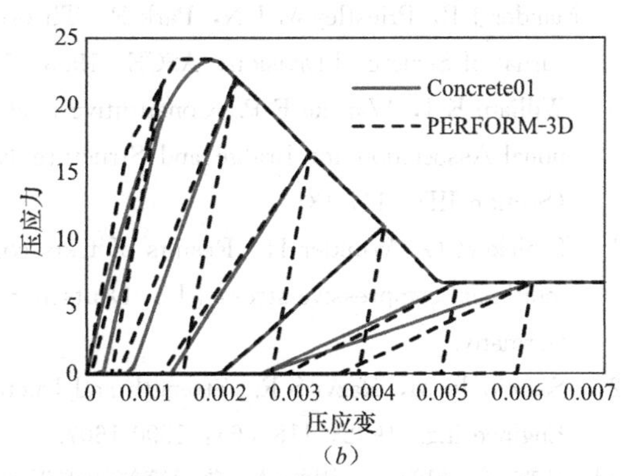

(*b*)

图 3-27 混凝土本构对比

(*a*) Concrete01；(*b*) Concrete02

3.6 本章小结

本章首先对两种钢筋的单轴本构模型（双线性弹塑性模型及 Mengegotto-Pinto 模型）、四种常用的混凝土应力-应力关系及两种往复荷载作用下的混凝土单轴本构模型（Concrete01 及 Concrete02）进行了介绍，在此基础上对 PERFORM-3D 中单轴本构的两个组成要素（骨架曲线和滞回环）的基本概念进行讲解，最后介绍了 PERFORM-3D 中混凝土与钢材的本构关系，并结合 PERFORM-3D 的规则给出了常用钢筋与混凝土材料的单轴本构定义。

3.7 参考文献

[1] Computers and Structures，Inc. Nonlinear Analysis and Performance Assessment for 3D Structures User Guide [M]. Berkeley，California，USA：Computers and Structures，Inc.，2006.

[2] Computers and Structures，Inc. Components and Elements for PERFORM-3D and PERFORM-Collapse [M]. Berkeley，California，USA：Computers and Structures，Inc.，2006.

[3] Menegotto M，Pinto P E. Method of Analysis for Cyclically Loaded Reinforced Concrete Plane Frames Including Changes in Geometry and Non-Elastic Behavior of Elements under Combined Normal Force and Bending [Z]. 1973，15-22.

[4] Mckenna F，Fenves G L. The OpenSees Command Language Primer [R]. Berkeley，California，USA：PEER，University of California at Berkeley，2000.

[5] SeismoSoft，SeismoStruct-A Computer Program for Static and Dynamic nonlinear analysis of framed structures，http://www.seismosoft.com,2016.

[6] GB 50010—2010 混凝土结构设计规范 [S]. 北京：中国建筑工业出版社，2010.

[7] Kent D C，Park R. Flexural Members with Confined Concrete [J]. Journal of the Structural Division. 1971，97 (ST7)：1969-1990.

[8] Scott H D，Park R，Priestly M J N. Stress-Strain Behavior of Concrete Confined by Overlapping Hoops at Low and High Strain Rates [J]. Journal of the American Concrete Institute. 1982，79 (1)：13-27.

[9] Mander J B，Priestley M J N，Park R. Theoretical Stress-Strain Model for Confined Concrete [J]. Journal of Structural Division，ASCE. 1988，114 (8)：1804-1826.

[10] William K J，Warnke E P. Constitutive model for the triaxial behavior of concrete [C]. International Association for Bridge and Structure Engineering Proceedings，Bergamo，Italy，1975，19 (Section III)：117-131.

[11] Schickert G，Winkler H. Results of tests concerning strength and strain of concrete subjected to multiaxial compressive stress [J]. Deutscher Ausschuss fur Stahlbeton，Heft 277，Berlin，West Germany.

[12] Saatcioglu M，Razvi S R. Strength and Ductility of Confined Concrete [J]. Journal of Structural Engineering. 1992，118 (6)：1590-1607.

[13] 钱稼茹，程丽荣，周栋梁. 普通箍筋约束混凝土柱的中心受压性能 [J]. 清华大学学报（自然科学版）. 2002，42 (10)：1369-1373.

[14] Karsan I D，Jirsa J O. Behavior of Concrete under Compressive Loadings [J]. ASCE Journal of the

Structural Division. 1969，95 (12)：2543-2563.

[15] Sinha B P，Gerstle K H，Tulin L G. Stress-Strain Relations for Concrete under Cyclic Loading [J]. ACI Journal. 1964，2 (61)：195-211.

[16] Yassin M H M. Nonlinear Analysis of Prestressed Concrete Structures under Monotonic and Cyclic Loads [D]. University of California at Berkeley，1994.

4 塑性铰模型

4.1 梁柱塑性铰模型

集中塑性铰模型是梁、柱等杆系构件模拟中常用的一种模型。PERFORM-3D[1,2]中，塑性铰是一个截面组件（Component），通过将其与其他组件进行组装得到框架复合组件，用于模拟模拟梁、柱构件的非线性行为，如图 4-1 所示。

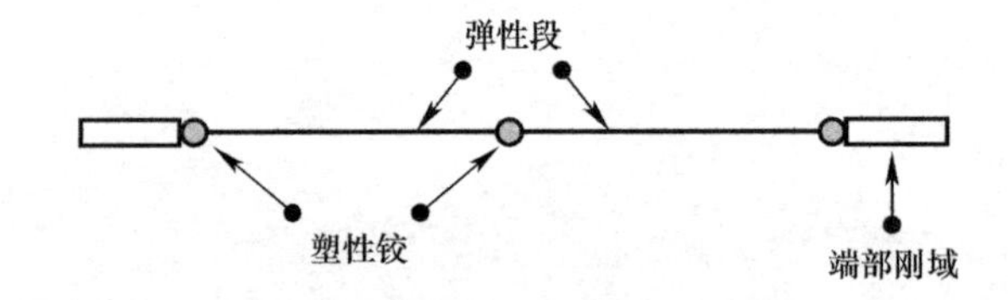

图 4-1　带集中塑性铰的框架复合组件

PERFORM-3D 包含两类塑性铰组件：弯矩型塑性铰（M 铰）和弯矩-轴力相关型塑性铰（P-M-M 铰），前者一般用来模拟截面轴向非线性可以忽略的情况，比如梁端非线性行为，后者用来模拟截面轴力-弯矩相互作用的情况，比如柱端非线性行为。根据变形指标的不同，上述每种塑性铰又可以进一步分为转角型塑性铰（Rotation Type）和曲率型塑性铰（Curvature Type），前者用转角作为塑性铰变形的度量，后者用曲率作为塑性铰变形的度量。

4.2 弯矩塑性铰（M 铰）

PERFORM-3D 中有两类弯矩塑性铰截面组件，一种是转角型塑性铰，即【Moment Hinge，Rotation Type】，另一种是曲率型塑性铰，即【Moment Hinge，Curvature Type】，两者均在建模阶段【Component properties】-【Inelastic】模块下定义。

4.2.1 转角型塑性铰

在介绍转角型塑性铰之前，首先介绍一下刚-塑性铰的概念。所谓刚-塑性铰，是指塑性铰的初始状态为刚性，当作用在铰上的弯矩小于铰的屈服弯矩时，铰的转角为零，当作用弯矩超过铰的屈服弯矩后，铰开始发生塑性转动。刚塑性铰可以想象为一个生锈的合页，只有当施加的弯矩大于销栓间的摩擦力时才会发生转动。

PERFORM-3D 中的转角型塑性铰（Moment Hinge，Rotation Type）为刚-塑性铰，其基本概念如图 4-2 所示。转角型塑性铰的附属长度为零，塑性变形集中于一点，当该点弯矩小于塑性铰的屈服弯矩时，塑性铰的转角为零，当作用的弯矩超过塑性铰的屈服弯矩后，塑性铰产生塑性转角变形。转角型塑性铰需要指定铰的塑性转角与弯矩之间的关系。

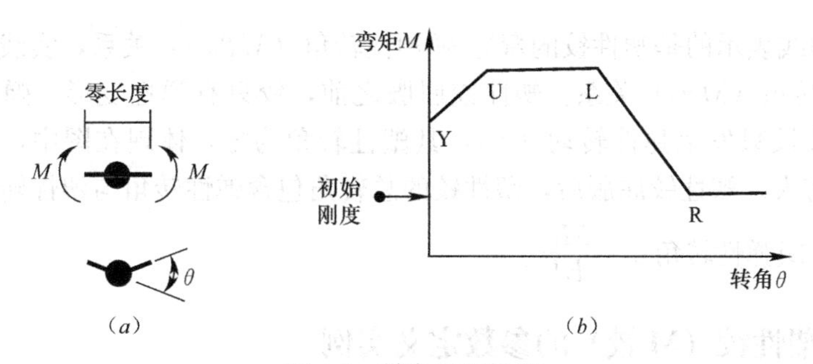

图 4-2　转角型塑性铰

(a) 力与变形；(b) 力-变形关系

4.2.2　曲率型塑性铰

曲率型塑性铰的概念与转角型塑性铰略有不同。如图 4-3 (a) 所示，曲率型塑性铰的变形参数是铰在附属长度 L 上的平均曲率 Ψ，铰的弹塑性转角则由 $\Psi \times L$ 得到。曲率型塑性铰是一个弹-塑性铰，其转角变形包括弹性转角和塑性转角。曲率型塑性铰可以理解为弹性梁段和刚-塑性铰的串联组合，如图 4-3 (b) 所示。曲率型塑性铰需要指定铰的曲率与弯矩之间的关系。

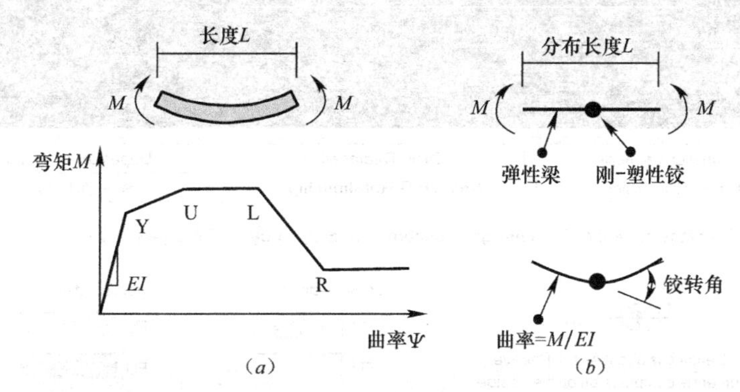

图 4-3　曲率型塑性铰

(a) 实际梁；(b) 塑性铰等效

4.2.3　刚-塑性铰属性的确定

根据前面的介绍，对于刚塑性铰，需要指定其塑性转角与弯矩的关系。因此在得到截面总的转角与弯矩的关系后，需要扣除弹性部分。刚-塑性铰的属性确定思路如图 4-4 所示。

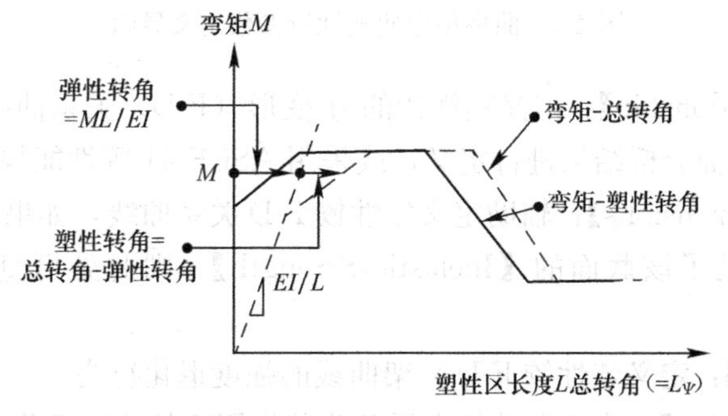

图 4-4　刚-塑性铰的属性

图 4-4 中虚线表示的是塑性铰的弯矩-弹塑性转角（M-θ_{total}）关系，实线表示的是塑性铰的弯矩-塑性转角（M-θ_p）关系。塑性铰屈服之前，铰只有弹性变形，弹性变形即总变形，表示此阶段铰只发生弹性转动（θ_e），其塑性转角为零，体现在图中，就是此阶段实线的斜率为无穷大。塑性铰屈服后，塑性铰的总转角包含弹性转角与塑性转角，塑性铰 θ_p 等于总转角 θ_{total} 减弹性转角 $\theta_e=\frac{ML}{EI}$。

4.2.4 弯曲塑性铰（M 铰）的参数定义实例

图 4-5 为 PERFORM-3D 中曲率型弯矩塑性铰（Moment Hinge，Curvature Type）的参数定义界面，对其中各选项说明如下：

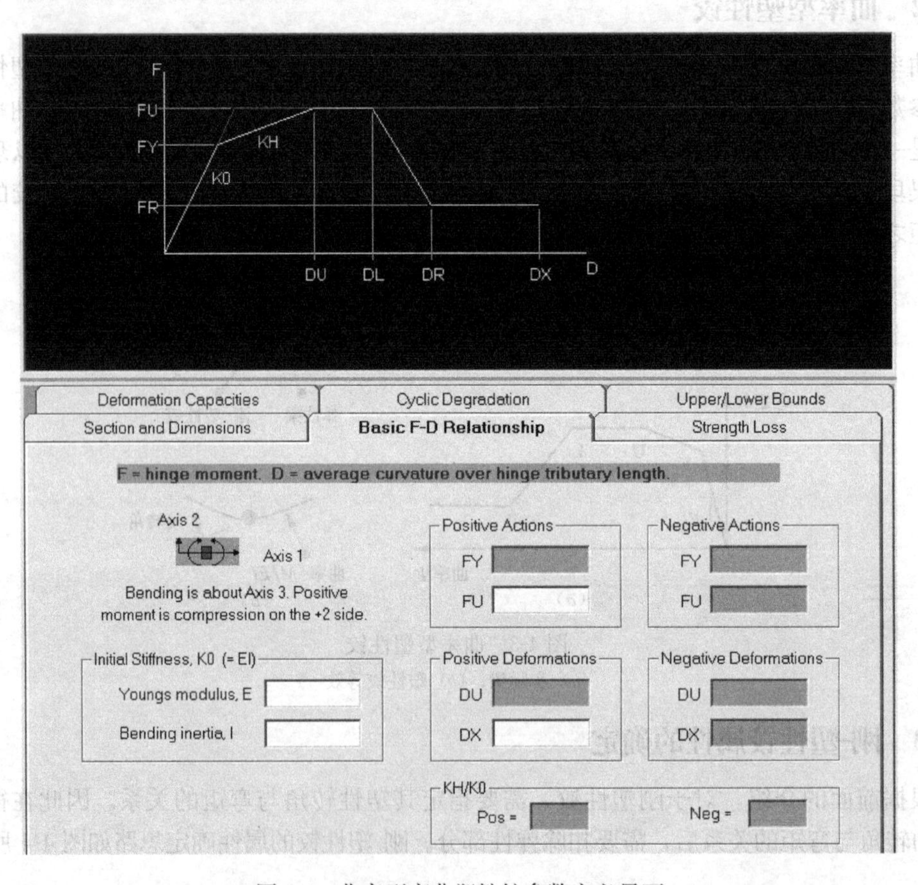

图 4-5 曲率型弯曲塑性铰参数定义界面

【Basic F-D Relationship】：定义塑性铰的力-变形（F-D）关系曲线，是必须输入的参数，通常可以根据截面分析结果进行定义，或采用 ASCE 41 等性能规范中的建议值。

【Section and Dimensions】：辅助定义塑性铰 F-D 关系曲线，如果在【Cross Sects】中定义截面时同时定义了该截面的【Inelastic Strength】，则此处可直接采用已定义的强度值。

【Strength Loss】：定义塑性铰 F-D 骨架曲线的强度退化行为。

【Cyclic Degradation】：定义塑性铰在循环荷载作用下的滞回退化特性，在这里可通过指定能量退化系数和卸载刚度系数来拟合特定的滞回法则。

【Deformation Capacities】：定义塑性铰变形能力，用于构件性能评估。

转角型弯矩塑性铰（Moment Hinge，Rotation Type）需要定义的参数与曲率型弯矩塑性铰（Moment Hinge，Curvature Type）类似，这里不再一一列举，以下通过一个具体例子，介绍 PERFORM-3D 中弯矩型塑性铰的参数定义过程。

4.2.4.1 截面属性

图 4-6 所示为一矩形钢筋混凝土梁截面，截面混凝土的弹性模量为 21400MPa，轴心抗压强度为 27.7MPa；纵向钢筋的直径为 12mm，屈服强度为 345MPa，极限强度 475MPa，弹性模量 210000MPa；箍筋的直径为 6mm，屈服强度为 345MPa，极限强度为 465MPa，弹性模量为 210000MPa。以下结合截面分析，在 PERFORM-3D 中定义该梁截面的曲率型塑性铰和转角型塑性铰参数。

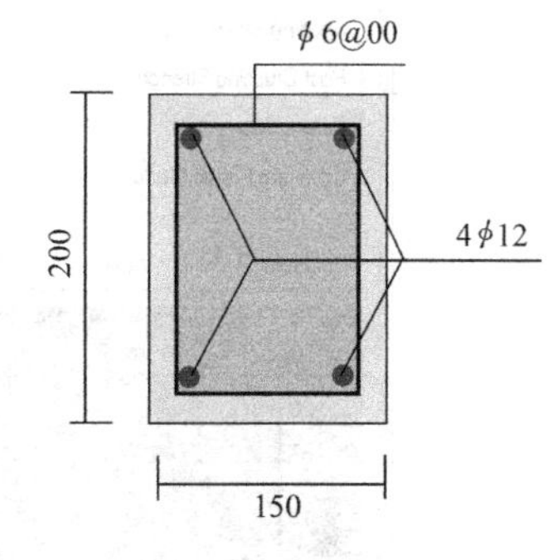

图 4-6 梁截面属性

4.2.4.2 截面分析

截面塑性铰的弯矩-曲率关系可以通过截面分析得到，截面分析可采用 XTRACT[3]、Response-2000[4] 等软件。这里采用 XTRACT 对梁截面进行弯矩曲率分析，XTRACT 界面如图 4-7 所示，以下对截面分析过程进行讲解。

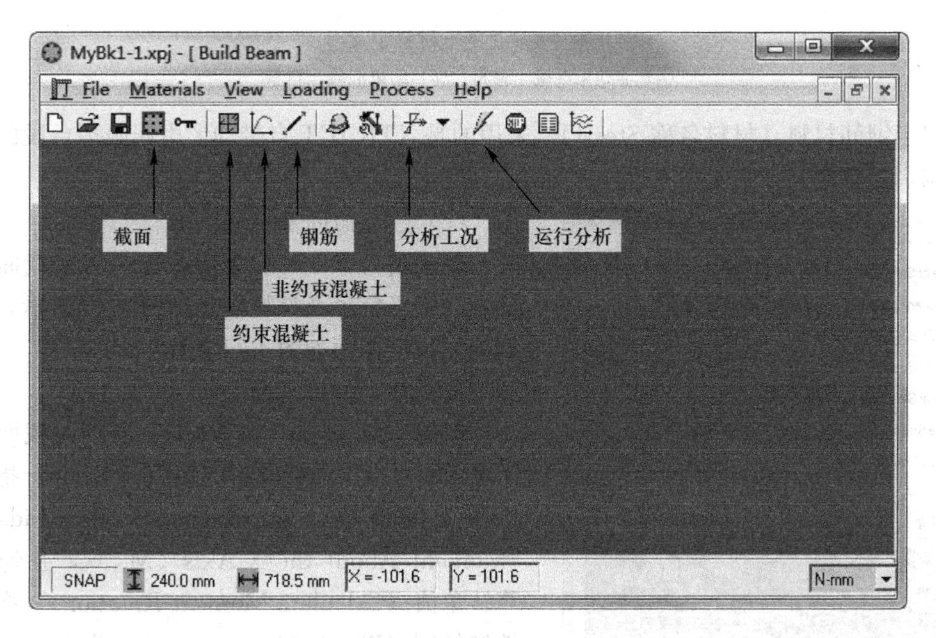

图 4-7 XTRACT 界面

（1）材料定义

对于混凝土材料，XTRACT 中采用的是 Mander 模型，可以定义约束混凝土本构和非约束混凝土本构，本算例截面保护层采用非约束混凝土材料（材料名称 Unconfined1），核心区混凝土采用约束混凝土材料（材料名称 Confined1），约束混凝土本构采用软件默认的计算方法（即本书第 3 章提到的方法）。混凝土材料定义如图 4-8 所示。

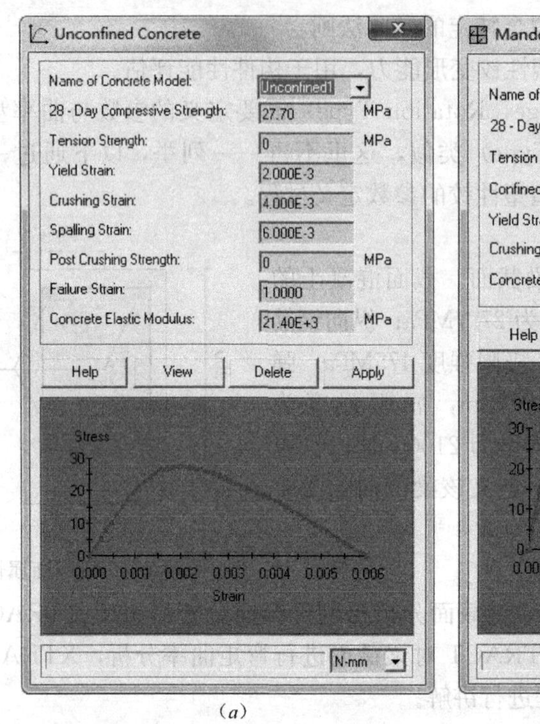

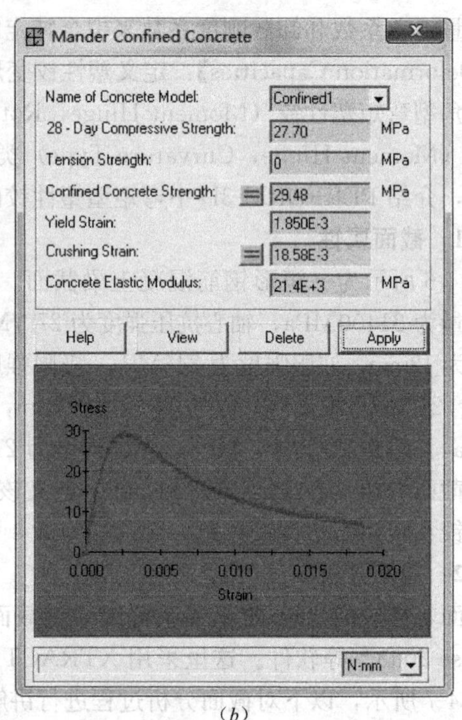

(*a*) (*b*)

图 4-8 混凝土材料定义

(*a*) 非约束混凝土材料；(*b*) 约束混凝土材料

对于钢筋材料（材料名称 Steel1），采用的是 XTRACT 自带的考虑屈服平台段的三折线本构，参数定义如图 4-9 所示。

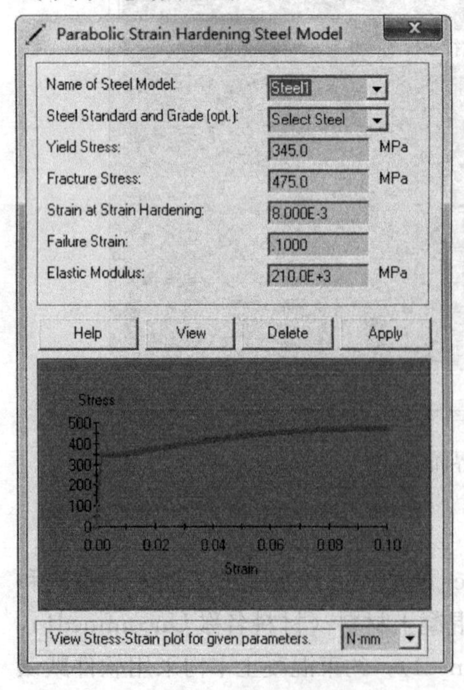

图 4-9 钢筋材料定义

（2）建立截面及划分网格

新建名为 Beam 的矩形截面，指定截面几何信息、配筋信息及材料信息如图 4-10 所示，网格划分完成后截面如图 4-11 所示。

（3）建立分析工况

新建“Moment Curvature”类型的截面分析工况 MC，指定需要分析的截面为 Beam，指定分析所用的增量荷载（Incrementing Loads）为“Moment About the X-Axis（M_{xx}）”，并勾选计算转角值（Calculate Moment Rotation），指定塑性铰长度（Plastic Hinge Length）为 100mm（本例取截面高度的一半），如图 4-12 所示。

定义完工况后，点击【Apply】更新参数，然后运行分析。

（4）分析结果

分析结果可在“Project Manager”窗口的树形菜单中查看，如图 4-13 所示，树形菜单中包括

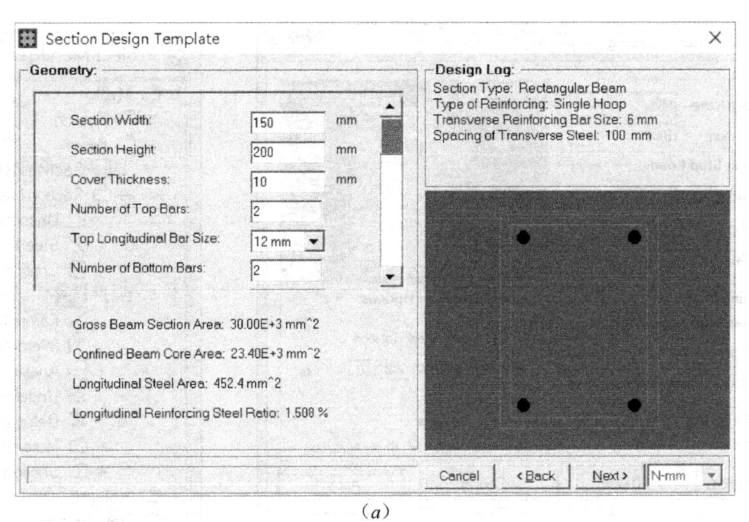

(*a*)

(*b*)

图 4-10 截面几何及配筋信息

（*a*）截面几何信息及配筋信息；（*b*）材料信息

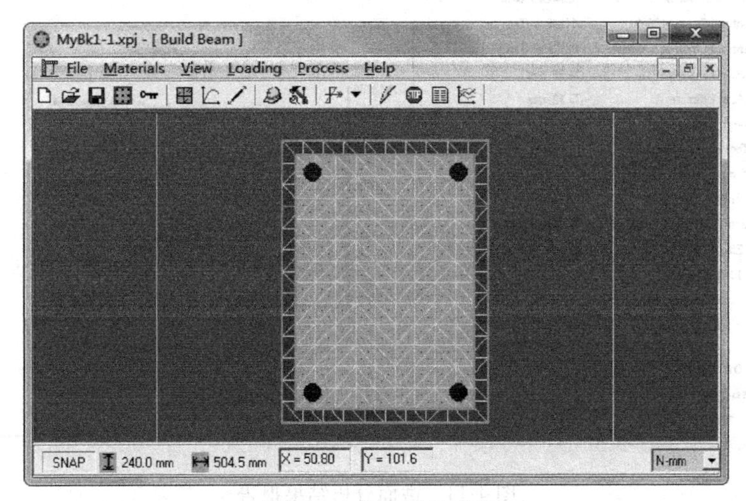

图 4-11 截面网格划分

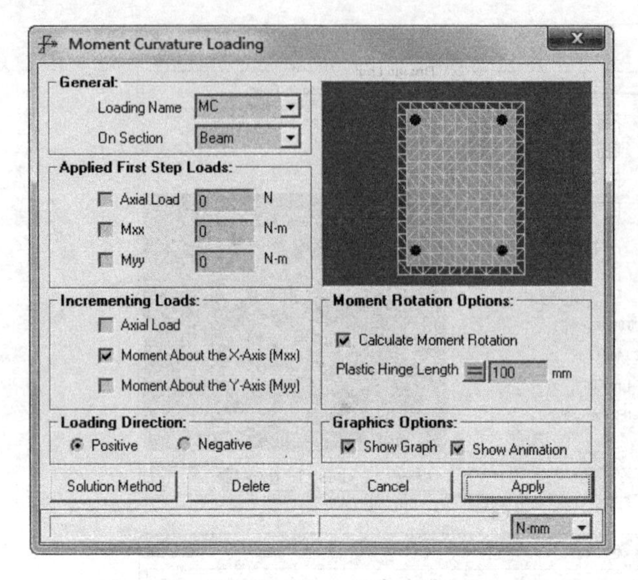

图 4-12 截面弯矩-曲率分析工况

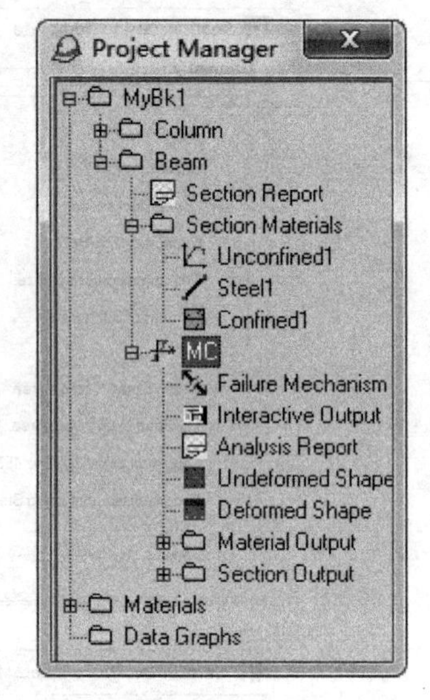

图 4-13 树形菜单

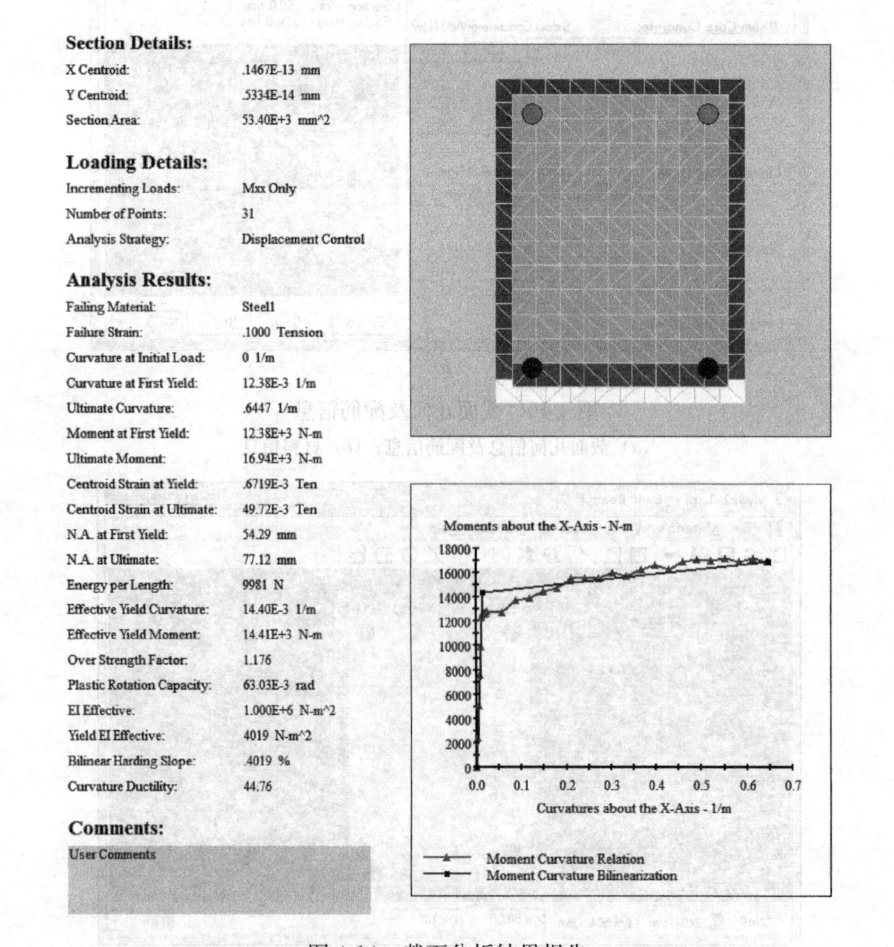

Section Details:

X Centroid:	.1467E-13 mm
Y Centroid:	.5334E-14 mm
Section Area:	53.40E+3 mm^2

Loading Details:

Incrementing Loads:	Mxx Only
Number of Points:	31
Analysis Strategy:	Displacement Control

Analysis Results:

Failing Material:	Steel1
Failure Strain:	.1000 Tension
Curvature at Initial Load:	0 1/m
Curvature at First Yield:	12.38E-3 1/m
Ultimate Curvature:	.6447 1/m
Moment at First Yield:	12.38E+3 N-m
Ultimate Moment:	16.94E+3 N-m
Centroid Strain at Yield:	.6719E-3 Ten
Centroid Strain at Ultimate:	49.72E-3 Ten
N.A. at First Yield:	54.29 mm
N.A. at Ultimate:	77.12 mm
Energy per Length:	9981 N
Effective Yield Curvature:	14.40E-3 1/m
Effective Yield Moment:	14.41E+3 N-m
Over Strength Factor:	1.176
Plastic Rotation Capacity:	63.03E-3 rad
EI Effective:	1.000E+6 N-m^2
Yield EI Effective:	4019 N-m^2
Bilinear Harding Slope:	.4019 %
Curvature Ductility:	44.76

Comments:

User Comments

图 4-14 截面分析结果报告

了前面定义的材料、截面、分析工况及分析结果等信息。截面主要特性与分析的详细结果可在分析报告（Analysis Report）中查看，如图 4-14 所示。

4.2.4.3 曲率型弯矩塑性铰定义

（1）骨架曲线

根据截面分析结果报告，得到截面的有效屈服弯矩（Effective Yield Moment）约为 14400N·m，有效屈服曲率（Effective Yield Curvature）为 $14.40\times10^{-3}m^{-1}$，极限弯矩（Ultimate Curvature）约为 16940N·m，截面极限曲率（Ultimate Curvature）为 $0.00064mm^{-1}$。对比图 4-15 所示的曲率型弯矩铰骨架曲线示意图，可取 FY=14400000N·mm，FU=16900000N·mm，DU=$0.00064mm^{-1}$，本例中的塑性铰不考虑强度退化，极限曲率 DX 取略大于峰值曲率 DU，取为 $0.0007mm^{-1}$，初始抗弯刚度（Initial Stiffness K0）取有效抗弯刚度（EI Effective），弹性模量 E 可取混凝土的弹性模量 21400MPa，截面的惯性矩 I 按以下公式换算得到，使得有效屈服曲率等于有效屈服弯矩除以有效抗弯刚度 EI。最终参数定义如图 4-15 所示，参数定义完后，点击【Graph】按钮绘制骨架曲线如图 4-16 所示。

$$I=\frac{M_{y,eff}}{E\varphi_{y,eff}}=\frac{14400000}{21400\times\dfrac{14.4}{1000000}}=46728971.96mm^4$$

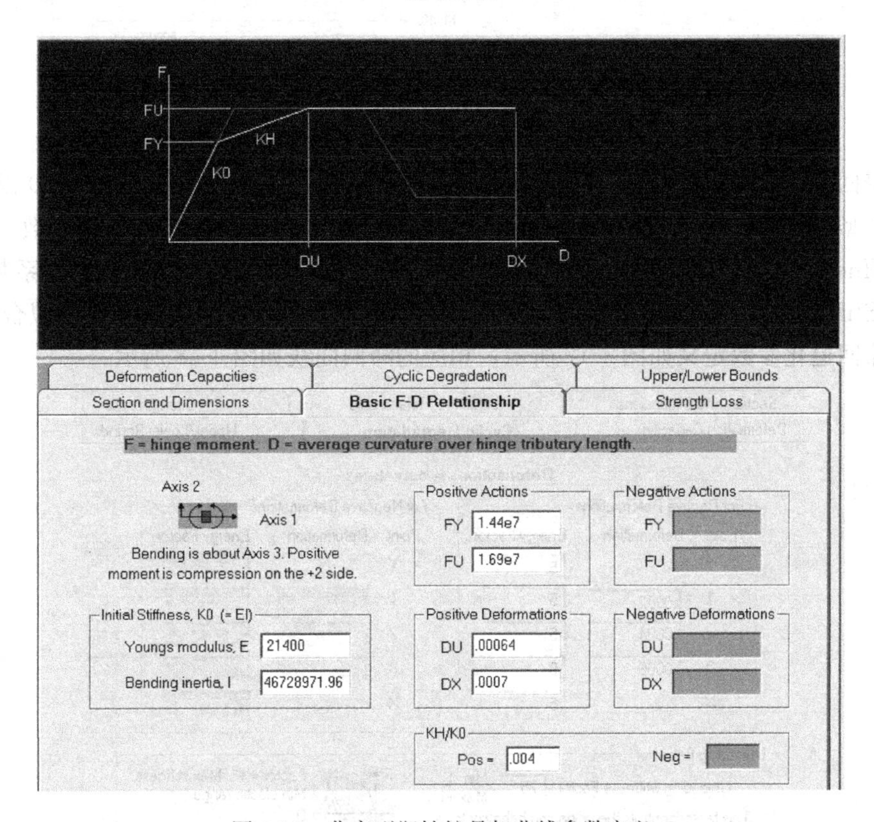

图 4-15 曲率型塑性铰骨架曲线参数定义

（2）滞回法则

塑性铰模型定义中另一个重要的参数是塑性铰的滞回法则。对于钢筋混凝土塑性铰，

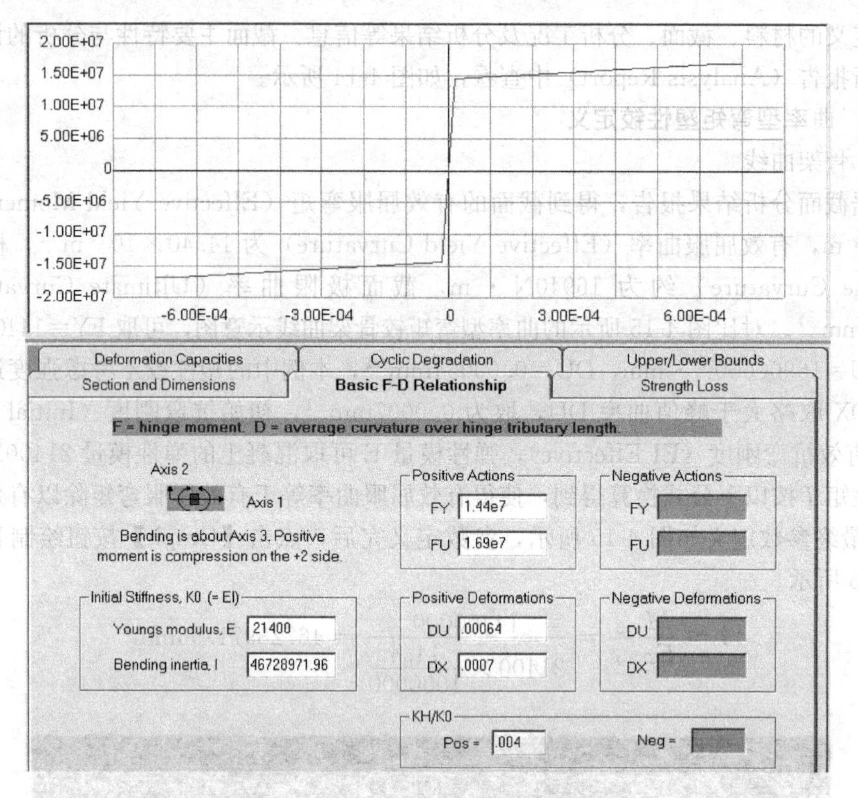

图 4-16　曲率型塑性铰骨架曲线定义结果

常用的滞回模型有 Clough 滞回模型[5]、Takeda 滞回模型[6]等。PERFORM-3D 没有既定的滞回模型供选择，而是通过设置能量系数（Energy Factor）和卸载刚度系数（Unloading Stiffness Factor）对塑性铰的滞回法则进行控制。对于本例，当卸载刚度系数（Unloading Stiffness Factor）取 0.75，能量退化系数取值接近 0.5 时，可以近似拟合 Clough 模型。滞回退化参数定义如图 4-17 所示，相应的滞回曲线如图 4-18 所示。

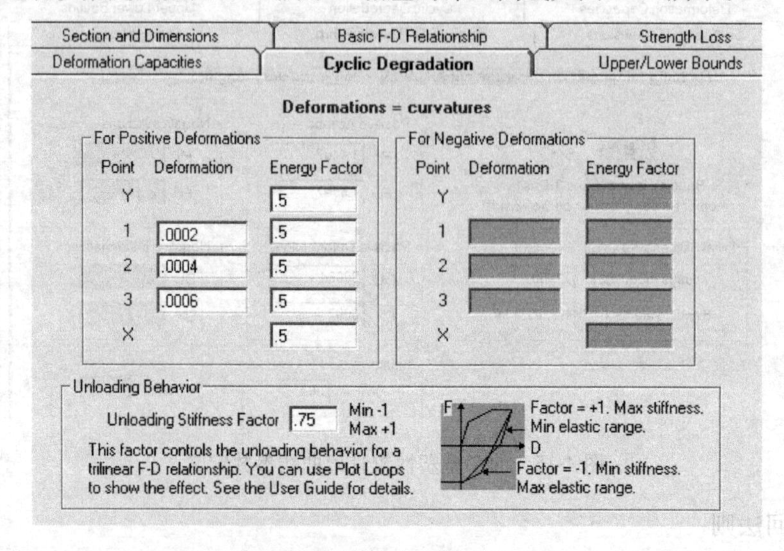

图 4-17　曲率型塑性铰滞回退化参数定义

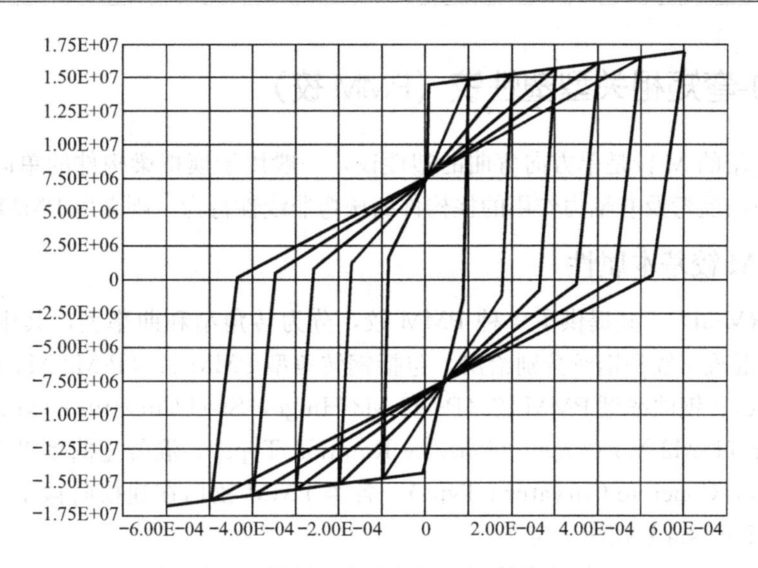

图 4-18　滞回曲线结果

4.2.4.4　转角型弯矩塑性铰定义

转角型塑性铰的参数定义思路与曲率型塑性铰基本相同，不同的是转角型塑性铰的变形参数取的是塑性铰的转角而非曲率。截面分析得到的是弯矩-曲率关系，曲率乘以塑性区长度即可得到塑性区的总转角。本例中塑性区长度取 0.5 倍截面高度，即 100mm，根据截面分析结果可得到极限转角为 $0.00064\text{mm}^{-1}\times100\text{mm}=0.064\text{rad}$。本例转角型塑性铰的参数定义如图 4-19 所示。转角型塑性铰滞回法则的定义方法与前述曲率型塑性铰类似，此处不再赘述。

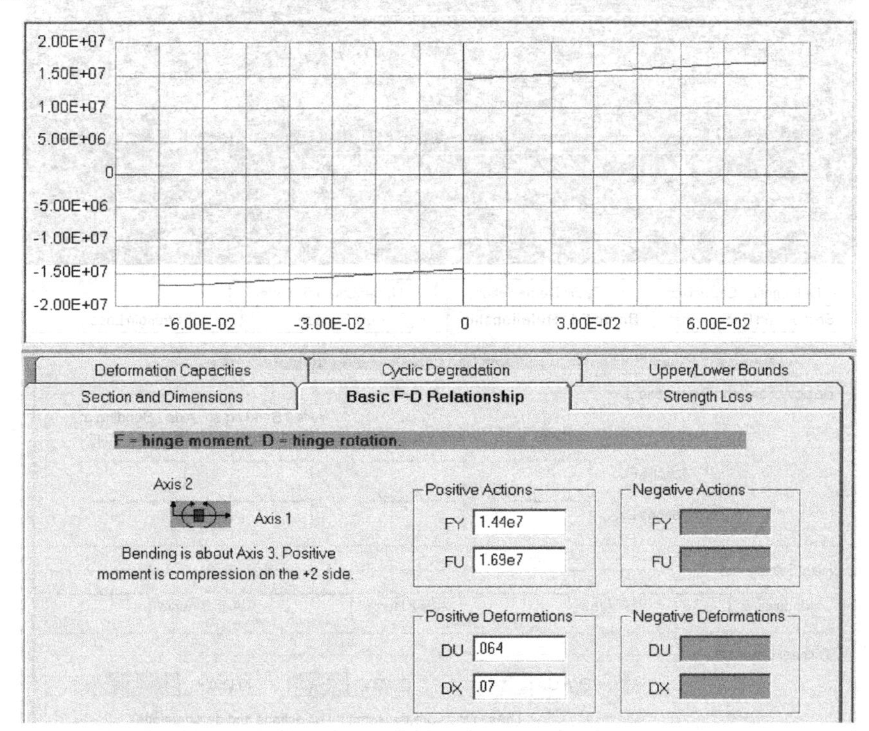

图 4-19　转角型塑性铰骨架曲线定义

4.3 轴力-弯矩相关型塑性铰（PMM 铰）

上节中介绍的 M 铰是单方向弯曲的塑性铰，一般用于模拟梁构件的单向受弯非线性行为，对于双向受弯及有轴力作用的柱构件的压弯非线性行为，则需用 PMM 铰来模拟。

4.3.1 PMM 铰基本属性

PERFORM-3D[1,2]共提供了 4 种 PMM 铰，分为转角型和曲率型，其中每种类型的 PMM 铰又按混凝土铰和钢铰分别给出，包括钢转角型 PMM 铰（P-M2-M3 Hinge，Steel Rotation Type）、钢曲率型 PMM 铰（P-M2-M3 Hinge，Steel Curvature Type），混凝土转角型 PMM 铰（P-M2-M3 Hinge，Concrete Rotation Type）、混凝土曲率型 PMM 铰（P-M2-M3 Hinge，Concrete Curvature Type）。各类 PMM 铰均在建模阶段的【Component Properties】-【Inelastic】模块下定义。

PERFPRM-3D 中 PMM 铰的参数定义思路与 M 铰相似，不同的是由于 PMM 铰需考虑轴力和双向弯矩之间的相互作用，参数的定义更加复杂，除 Basic F-D Relationship 和 Cyclic Degradation 外，还需要定义屈服面（Yield Surface）。图 4-20 所示为混凝土曲率型 PMM 铰的参数定义界面，可以看出 PMM 铰的定义界面比弯矩铰多了一个用于定义屈服面的【Yield Surface】选项卡。

接下来以一个钢筋混凝土柱截面 PMM 铰的定义为例，介绍 PERFORM-3D 中 PMM 铰的参数定义方法。

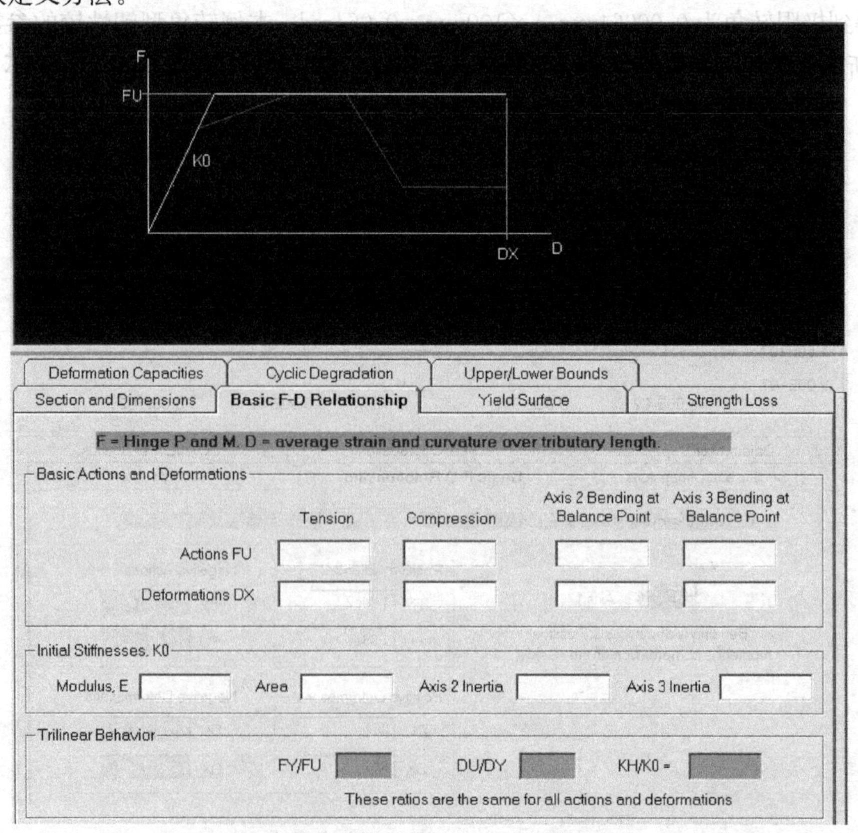

图 4-20 混凝土曲率型 PMM 铰参数定义界面

4.3.2 PMM铰参数定义实例

4.3.2.1 截面属性

算例截面属性如图4-21所示，材料属性与4.2.4节梁截面的属性相同。

4.3.2.2 截面分析

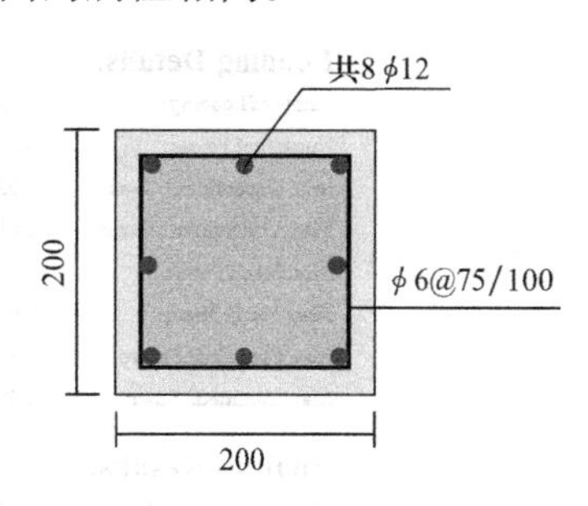

图4-21 柱截面属性

采用XTRACT对该柱截面进行截面分析，其中截面和材料的创建可参考4.2.4节梁截面定义，以下主要介绍分析工况的设定及分析结果的查看。定义PMM铰需要对截面进行多次截面分析：

（1）首先在XTRACT中新建“PM Interaction”类型的工况PM，用以计算截面的轴力-弯矩相关曲线（PM曲线），工况参数设置如图4-22所示，轴力-弯矩相关分析结果如图4-23所示。

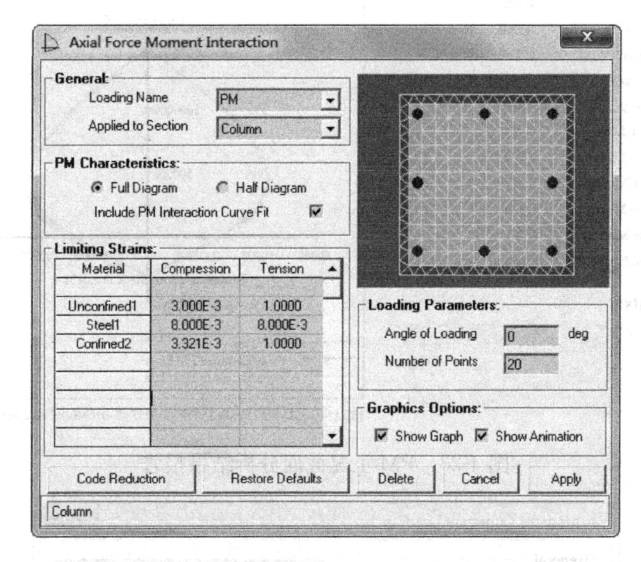

图4-22 截面轴力-弯矩相关分析工况PM

（2）根据图4-23中的分析结果可知，平衡点（Balance Point，PM屈服线弯矩最大值点）处的弯矩对应的轴力为$P_{m,max}$=472500N，据此在XTRACT中新建“Moment Curvature”类型的工况MC-p，指定初始轴向荷载Axial Load为472500N，指定分析所用的增量荷载（Incrementing Loads）为“Moment About the X-Axis（M_{xx}）”，并勾选计算转角值（Calculate Moment Rotation），指定塑性铰长度（Plastic Hinge Length）为截面高度的一半，即100mm，工况定义如图4-24所示，分析结果如图4-25所示。

（3）新建“Moment Curvature”类型的工况PL，指定分析所用的增量荷载（Incrementing Loads）为“Axial Load”，选择加载方向（Loading Direction）为Negative，对截面进行拉伸分析，工况定义如图4-26所示，分析结果报告如图4-27所示。

（4）新建一个“Moment Curvature”类型的分析工况PY，指定分析所用的增量荷载（Incrementing Loads）为“Axial Load”，选择加载方向（Loading Direction）为Positive，

对截面进行压缩分析，工况定义如图 4-28 所示，分析结果报告如图 4-29 所示。

Section Details:

X Centroid:	.5004E-14 mm
Y Centroid:	.8407E-14 mm
Section Area:	40.00E+3 mm^2

Loading Details:

Angle of Loading:	0 deg
Number of Points:	40
Min. Unconfined1 Strain:	3.000E-3 Comp
Max. Unconfined1 Strain:	1.0000 Ten
Min. Steel1 Strain:	8.000E-3 Comp
Max. Steel1 Strain:	8.000E-3 Ten
Min. Confined2 Strain:	3.321E-3 Comp
Max. Confined2 Strain:	1.0000 Ten

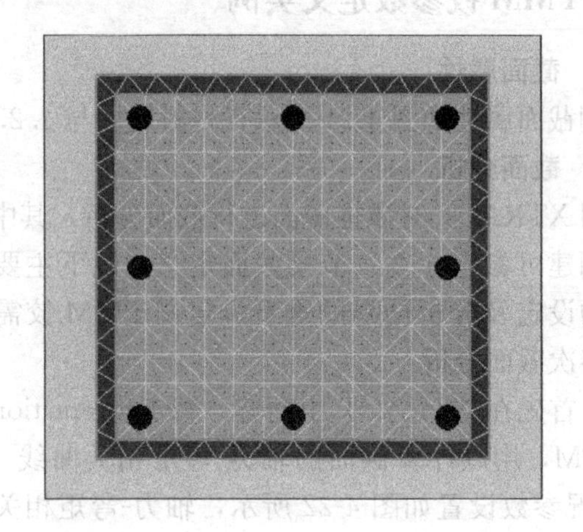

Analysis Results:

Max. Compression Load:	1.475E+6 N
Max. Tension Load:	-312.2E+3 N
Maximum Moment:	43.48E+3 N-m
P at Max. Moment:	457.6E+3 N
Minimum Moment:	-43.48E+3 N-m
P at Min. Moment:	457.6E+3 N
Moment (Mxx) at P=0:	25.33E+3 N-m
Max. Code Comp. Load:	0 N
Max. Code Ten. Load:	0 N
Maximum Code Moment:	0 N-m
P at Max. Code Moment:	0 N
Minimum Code Moment:	0 N-m
P at Min. Code Moment:	0 N
PM Interaction Equation:	Units in N-m

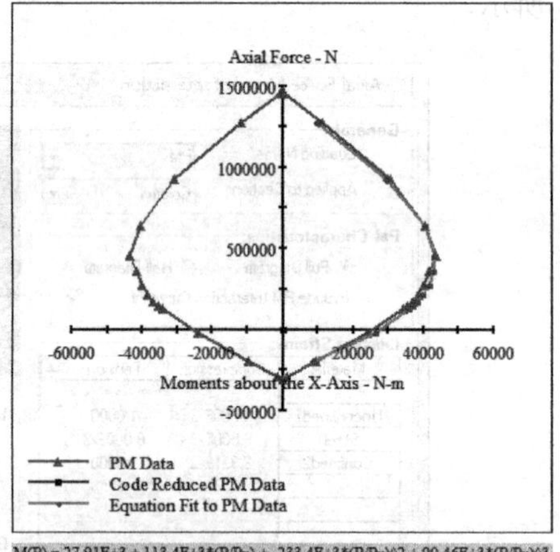

Comments:

M(P) = 27.91E+3 + 113.4E+3*(P/Pu) + -233.4E+3*(P/Pu)^2 + 90.46E+3*(P/Pu)^3

图 4-23　PM 工况截面分析结果报告

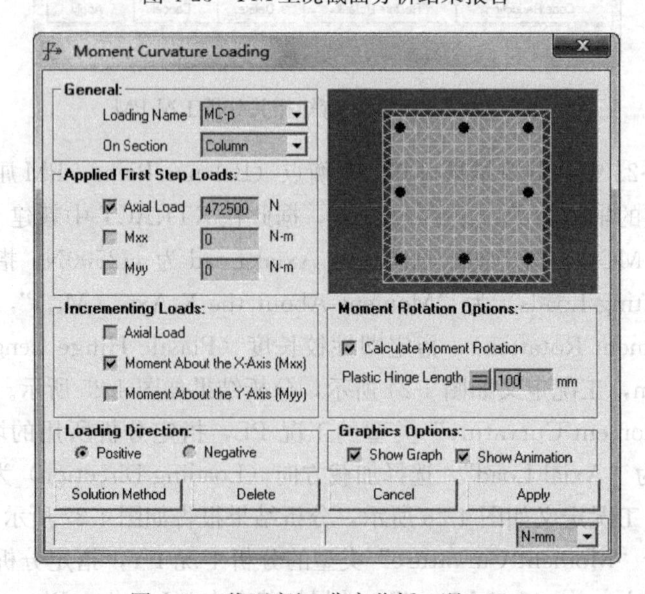

图 4-24　截面弯矩-曲率分析工况 MC-p

Section Details:

X Centroid:	.5004E-14 mm
Y Centroid:	.8407E-14 mm
Section Area:	40.00E+3 mm^2

Loading Details:

Constant Load - P:	472.5E+3 N
Incrementing Loads:	Mxx Only
Number of Points:	31
Analysis Strategy:	Displacement Control

Analysis Results:

Failing Material:	Confined2
Failure Strain:	23.36E-3 Compression
Curvature at Initial Load:	-.4838E-19 1/m
Curvature at First Yield:	17.19E-3 1/m
Ultimate Curvature:	.2181 1/m
Moment at First Yield:	38.25E+3 N-m
Ultimate Moment:	29.16E+3 N-m
Centroid Strain at Yield:	.3017E-3 Comp
Centroid Strain at Ultimate:	4.823E-3 Comp
N.A. at First Yield:	-17.55 mm
N.A. at Ultimate:	-22.12 mm
Energy per Length:	7692 N
Effective Yield Curvature:	19.79E-3 1/m
Effective Yield Moment:	44.03E+3 N-m
Over Strength Factor:	.6624
Plastic Rotation Capacity:	19.83E-3 rad
EI Effective:	2.225E+6 N-m^2
Yield EI Effective:	-74.96E+3 N-m^2
Bilinear Harding Slope:	-3.370 %
Curvature Ductility:	11.02

Comments:

User Comments

foments about the X-Axis - N-m
50000
40000
30000
20000
10000
-0.05 0.00 0.05 0.10 0.15 0.20 0.25
Curvatures about the X-Axis - 1/m
Moment Curvature Relation
Moment Curvature Bilinearization

图 4-25 MC-p 工况截面分析结果报告

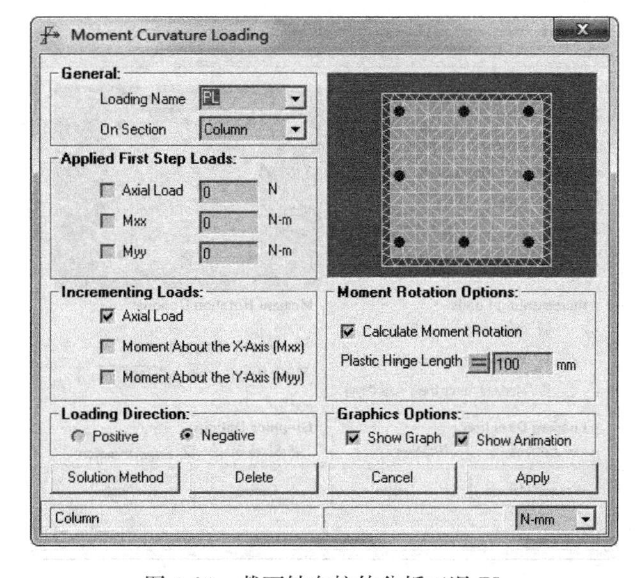

图 4-26 截面轴向拉伸分析工况 PL

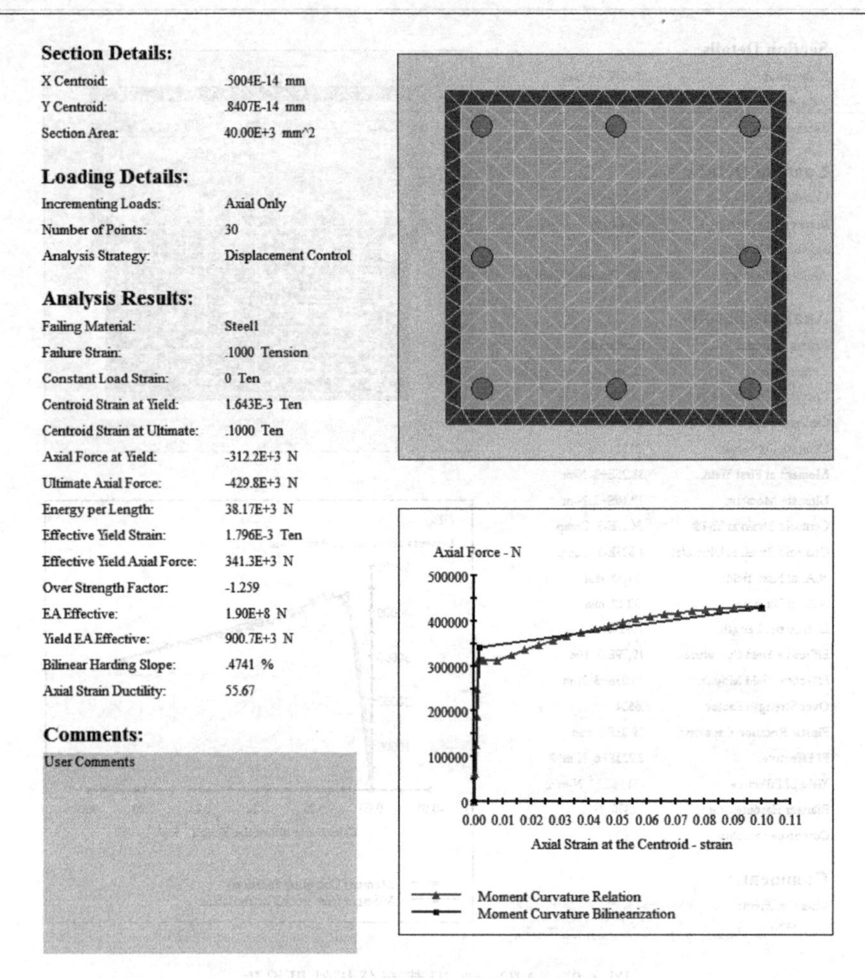

图 4-27 PL 工况截面分析结果报告

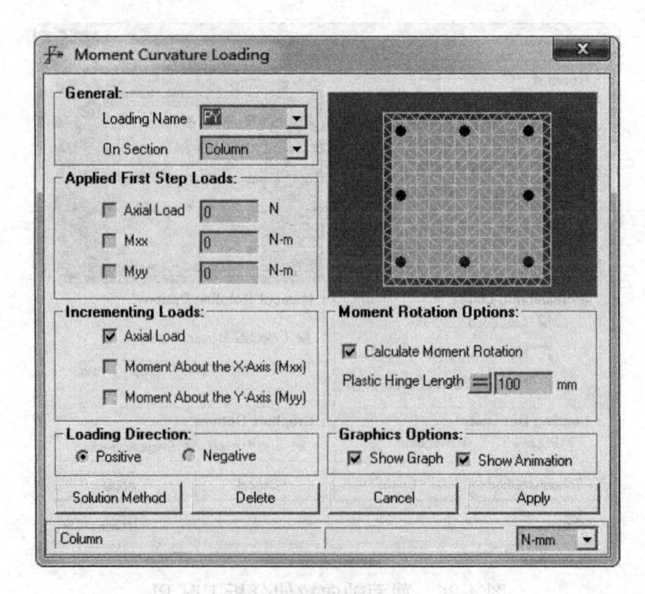

图 4-28 截面轴向压缩分析工况 PY

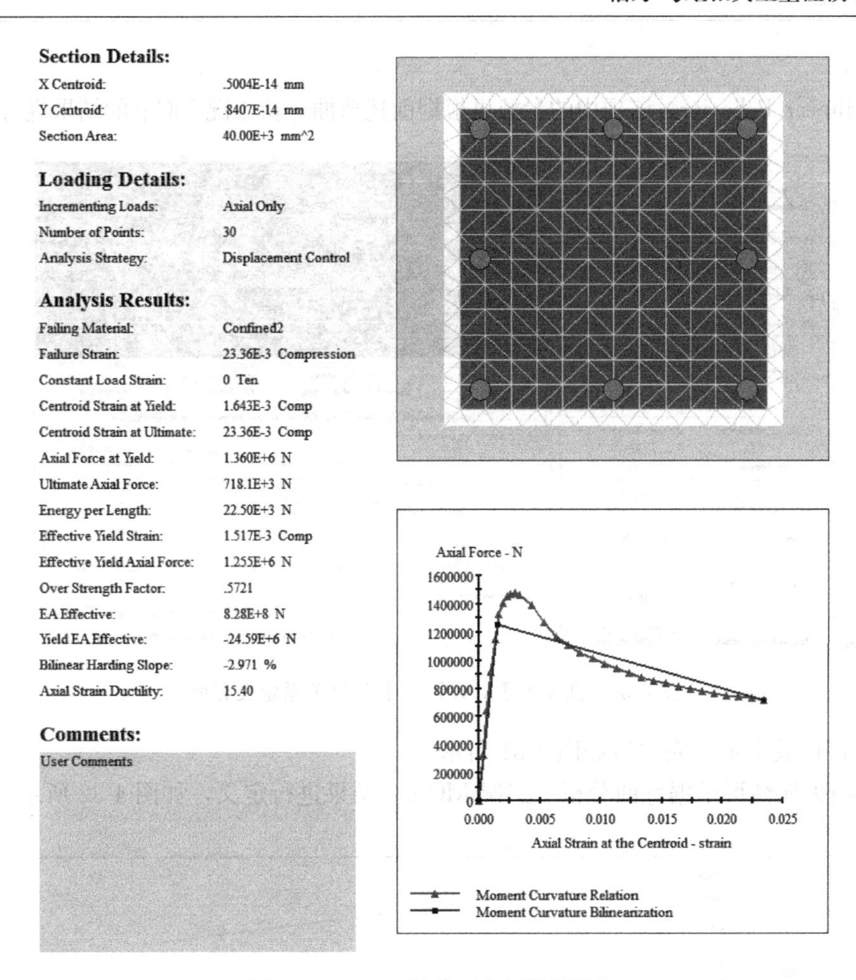

图 4-29　PY 工况截面分析结果报告

4.3.2.3　曲率型 PMM 铰定义

（1）骨架曲线

由于上述弯矩-曲率分析存在下降段，因此采用三折线型（Trilinear）骨架线，考虑强度损失（Strength Loss），骨架曲线定义则包括基本 F-D 关系（Basic F-D Relationshi）和强度损失（Strength Loss）。对于基本 F-D 关系定义，PERFORM-3D 界面如图 4-30 所示。由图 4-30 可知，PMM 铰基本 F-D 关系定义主要包括三块内容：

a. Basic Actions and Deformations：该项中包含 4 组力（FU）-变形（DX）关系：其中“Axis 2 Bending at Balance Point”一列的参数可根据平衡点的截面弯矩-曲率分析结果查得，根据图 4-25 中的“MC-p”工况分析结果，PERFORM-3D 中的 FU 对应于截面分析结果中的“Effective Yield Moment”值（44.03E+3N−m），PERFORM-3D 中的 DX 对应于截面分析结果中的“Ultimate Curvature”值（$0.2181\mathrm{m}^{-1}$）；由于本算例截面为双轴对称，因此“Axis 3 Bending at Balance Point”一列的参数与“Axis 2 Bending at Balance Point”一列的参数完全相同；“Tension”和“Compression”一列的参数定义分别根据截面轴向拉伸、压缩分析结果查得。

b. Initial Stiffnesses，K0：该项定义截面的初始刚度，可根据算例截面信息和材料属性得到。

c. Trilinear Behavior：该项中的参数可根据前述弯曲分析工况 MC-p 的结果进行定义。

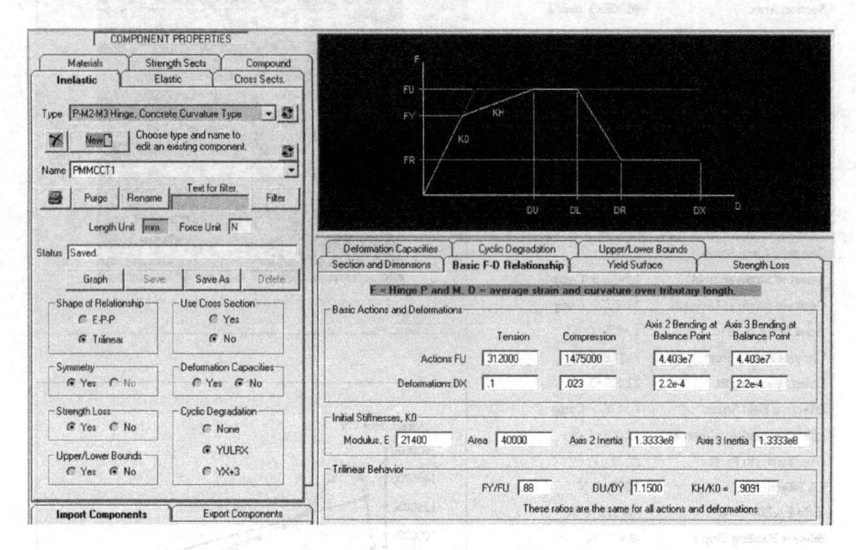

图 4-30　曲率型 PMM 铰基本 F-D 关系定义界面

基本 F-D 关系定义完成后如图 4-31 所示。

强度损失属性可根据弯曲分析（工况 MC-p）结果进行定义，如图 4-32 所示。

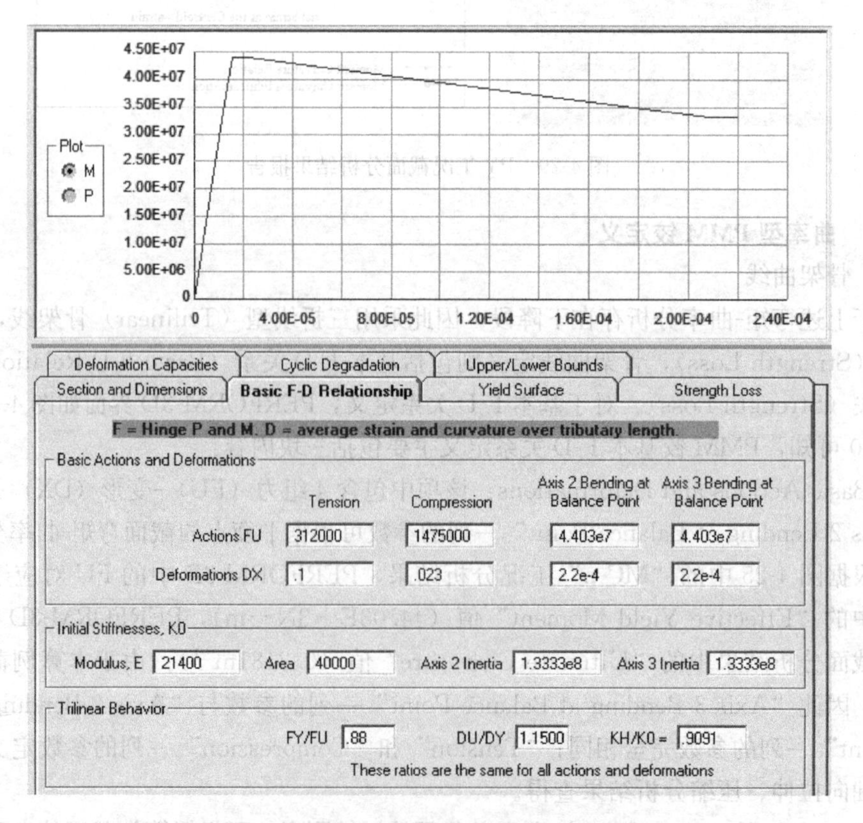

图 4-31　定义曲率型 PMM 铰基本 F-D 关系

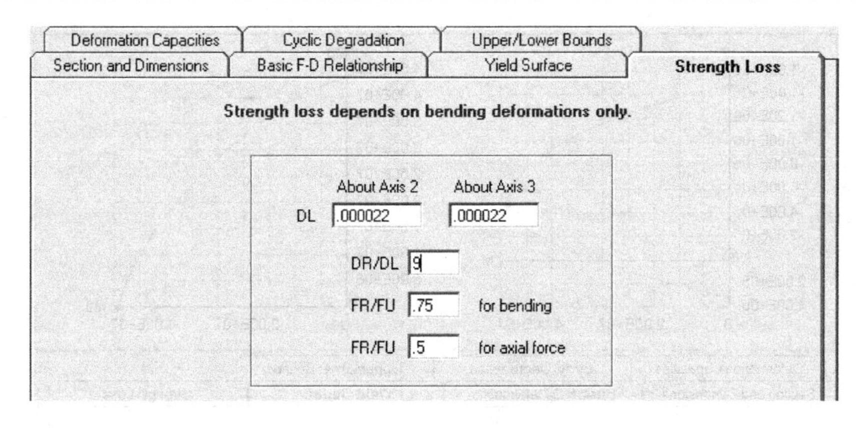

图 4-32 定义强度损失

（2）屈服面

根据柱子截面轴力-弯矩相关曲线（工况 PM Interaction）结果，可以定义 PMM 铰的屈服面。依据图 4-23 中的 P-M 相关分析结果报告，初步定义屈服面的参数，并点击按钮【Graph】绘制屈服面如图 4-33（*a*）所示。其中参数【PB/PC】=(457.6E+3)/(1.475E+6)≈0.31，参数【M0/MB，Axis 2】=【M0/MB，Axis 3】=(25.33E+3)/(43.48E+3)=0.583，其余参数按默认值。由图 4-33（*a*）可见，按默认参数，轴力为 0 的抗弯承载能力点并没有落在屈服面上。可以对相关参数进行微调，使轴力为 0 的抗弯承载能力点落在屈服面上，如图 4-33（*b*）所示。

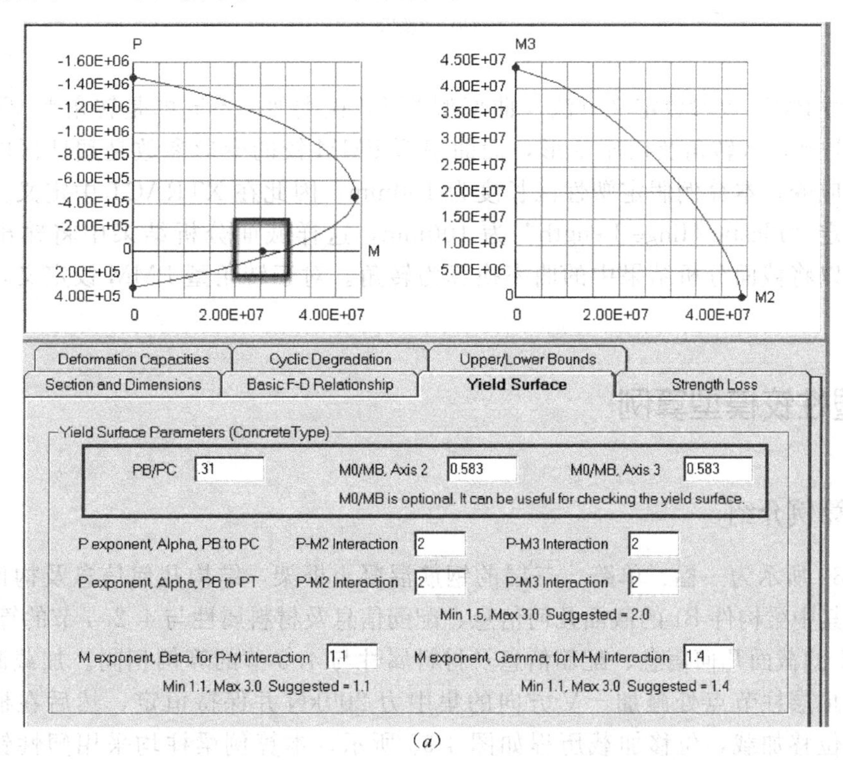

（*a*）

图 4-33 定义屈服面（一）

（*a*）调整前

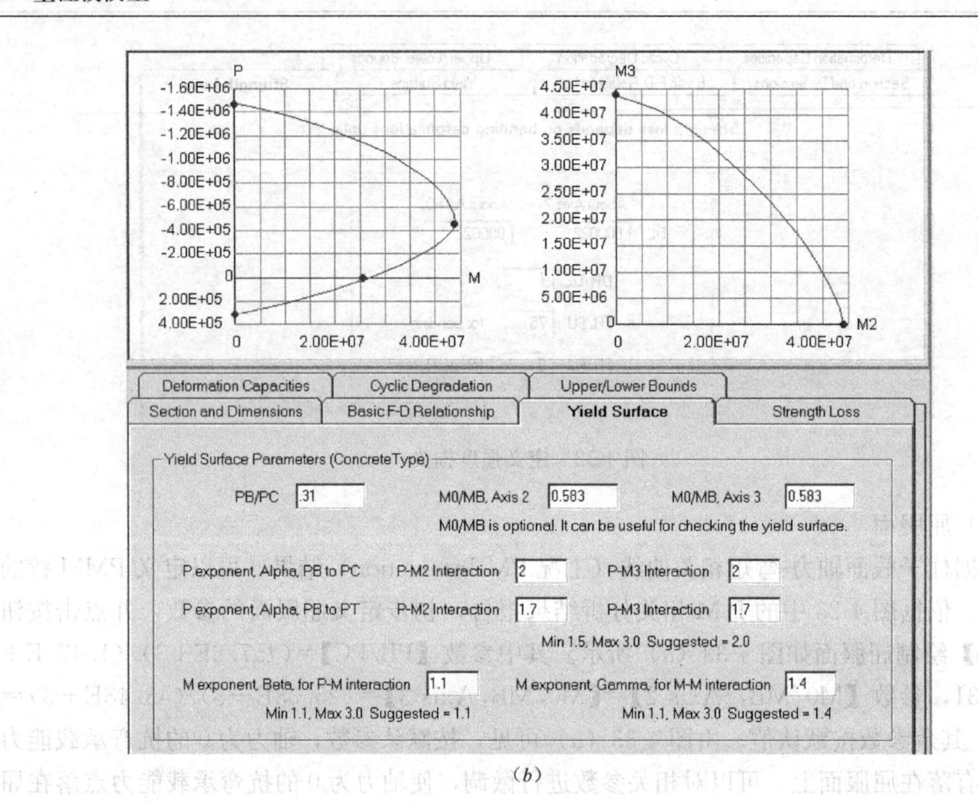

(*b*)

图 4-33 定义屈服面（二）

(*b*) 调整后

转角型 PMM 铰参数定义方法与曲率型 PMM 铰类似，不同的是转角型 PMM 铰的变形参数是塑性区转角及拉压变形，而曲率型 PMM 铰的变形参数是塑性区的平均曲率及拉压应变，本算例假定塑性区长度为 100mm，因此在 XTRACT 中定义分析工况时，可指定"Plastic Hinge Length"为 100mm，这样截面分析结果中将输出转角结果，也可以将截面分析结果中的曲率换算为转角。对于转角型 PMM 铰定义，这里不再赘述。

4.4 塑性铰模型算例

4.4.1 算例介绍

图 4-34 所示为一榀、单跨、三层的钢筋混凝土框架，结构几何信息及构件编号如图所示，其中梁构件 B1 的截面几何信息、配筋信息及材料属性与 4.2.4 节的算例相同，柱构件 C1 的截面几何信息、配筋信息及材料属性与 4.3 节的算例相同。加载制度为首先在 2 个顶层柱节点处施加－V 方向的集中力 200kN 并保持恒定，然后在框架顶部施加往复位移加载，位移加载历程如图 4-35 所示。本算例梁柱均采用塑性铰模型进行模拟。

4.4.2 建模阶段

4.4.2.1 节点操作

根据图 4-34 中的模型信息，在【Nodes】-【Nodes】界面下添加节点；在【Supports】界面下指定节点约束，其中 1、2 节点为固接，约束其余节点的 H2 平动、H1 转动、V 转动自由度，实现 H1-V 平面分析，如图 4-36 所示。

4.4.2.2 定义塑性铰组件

在【Component properties】-【Inelastic】模块下添加【Moment Hinge，Curvature Type】类型的梁塑性铰 MHCT1，铰的参数定义与 4.2 节的算例相同。添加【P-M2-M3 Hinge，Concrete Curvature Type】类型的柱 PMM 铰 PMMCCT1，铰的参数定义与 4.3 节的算例相同。

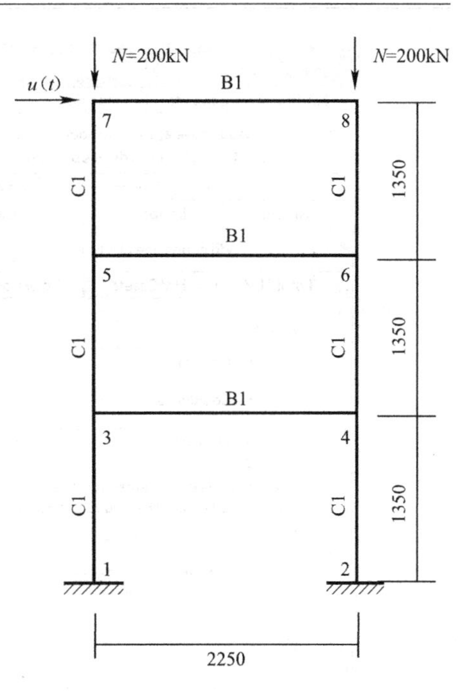

图 4-34 算例模型示意图
（长度单位：mm）

4.4.2.3 定义弹性梁柱截面

在【Component properties】-【Cross Sects】截面下添加【Beam Reinforced Concrete Section】类型的弹性梁截面组件 BRCS1，用于框架梁的弹性段组装；添加【Column Reinforced Concrete Section】类型的弹性柱截面 CRCS1，用于框架柱的弹性段组装。以 CRCS1 为例，定义如图 4-37 所示。

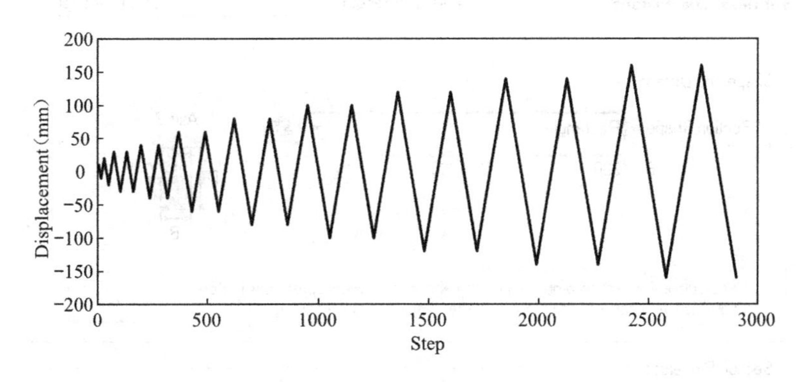

图 4-35 位移历程

4.4.2.4 定义框架复合组件

在【Component properties】-【Compound】下新建框架复合组件 FMCC _ B1，用于模拟梁构件，复合组件由两端的曲率型塑性铰组件 MHCT1 和中间的弹性梁截面组件 BRCS1 组装而成；新建柱复合组件 FMCC _ C1，复合组件由两端的曲率型 PMM 铰组件 PMMCCT1 和中间的弹性柱截面组件 CRCS1 组装而成。由于采用的是曲率型塑性铰，因此进行构件组装时，需指定曲率型塑性铰的附属长度，本算例中梁弯矩铰和柱 PMM 铰的从属长度均为 100mm。框架复合组件的定义如图 4-38 所示。

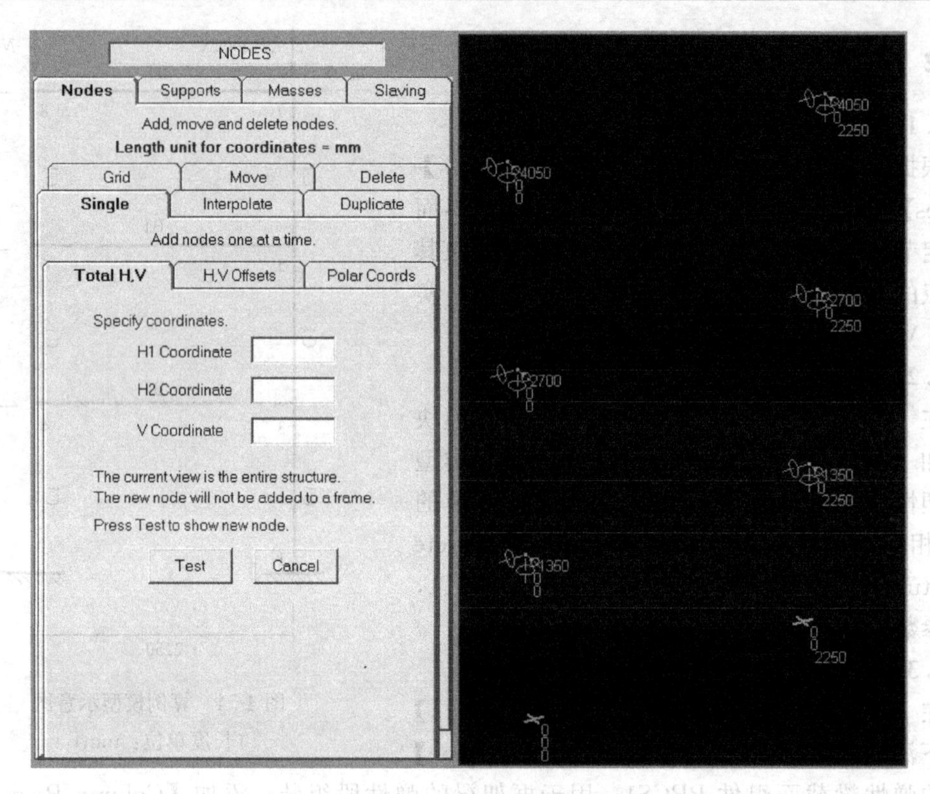

图 4-36 指定节点约束

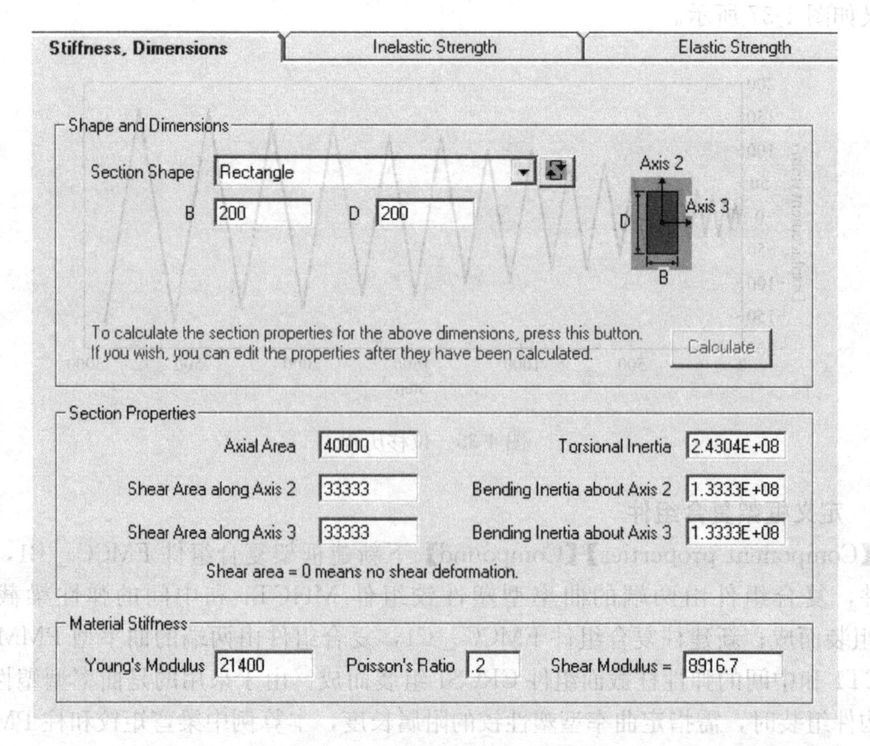

图 4-37 定义弹性截面 CRCS1

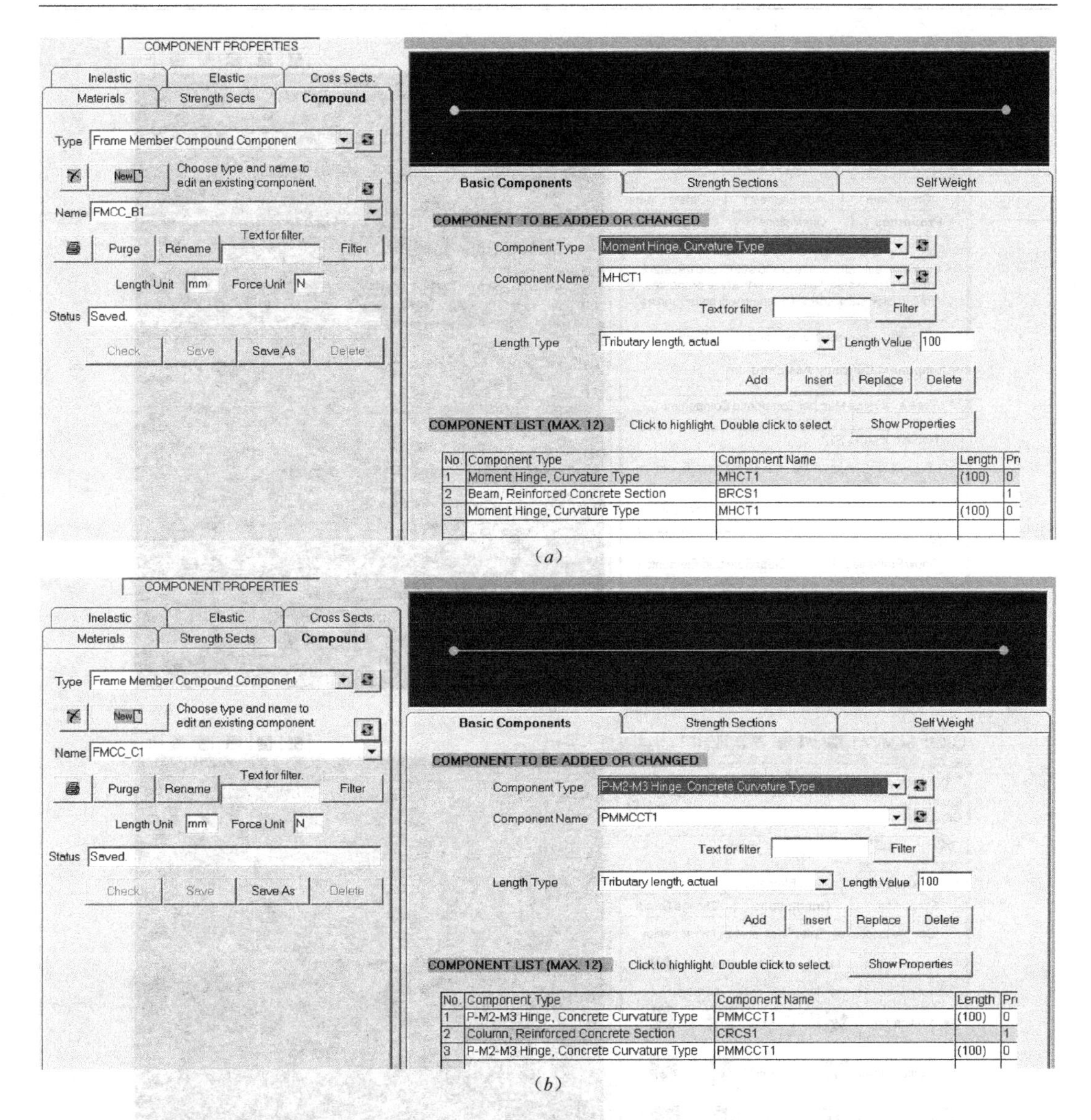

图 4-38 框架复合组件

(*a*) 梁复合组件 FMCC _ B 1；(*b*) 柱复合组件 FMCC _ C 1

4.4.2.5 定义大刚度弹簧

本例采用动力工况与大刚度弹簧结合的方法（详见第 14 章）进行往复位移加载的模拟。在【Component properties】-【Elastic】下添加【Support Spring】类型的支座弹簧组件 SS1，激活 Axis1 轴的自由度，指定刚度为 1E20N/mm，用于施加位移荷载。

4.4.2.6 建立单元

在【Elements】模块下新建【Beam】类型的单元组 B，为其添加梁单元；新建【Column】类型的单元组 C，为其添加柱单元；新建【Support Spring】类型的单元组 SS，在节点 7 处添加支座弹簧单元。为各单元组中的单元指定组件属性和必要的局部坐标轴方向。图 4-39 所示为梁单元的组件属性及局部坐标轴方向的指定。

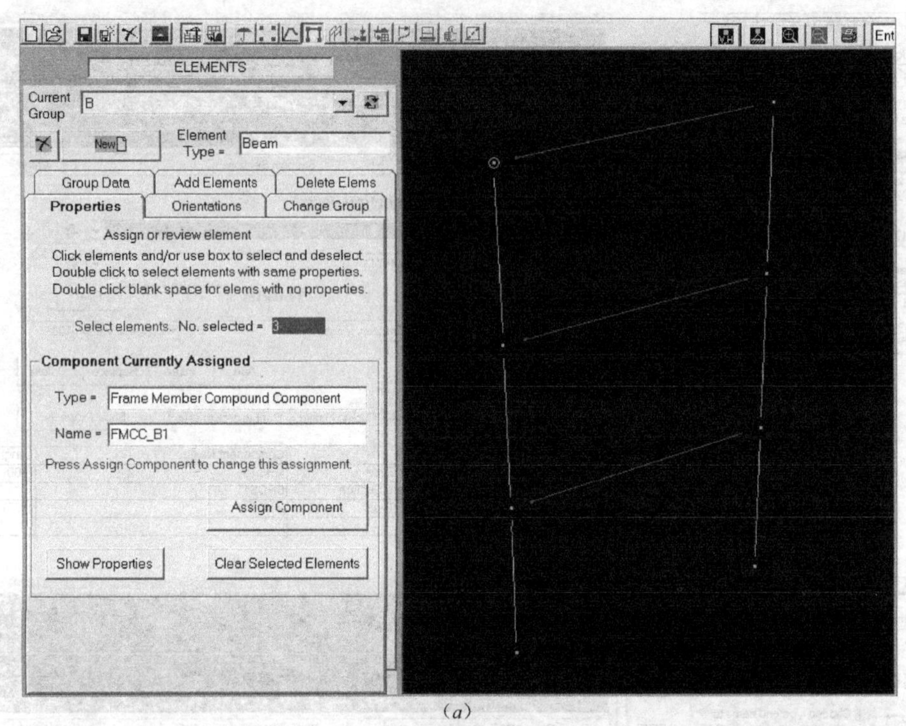

(*a*)

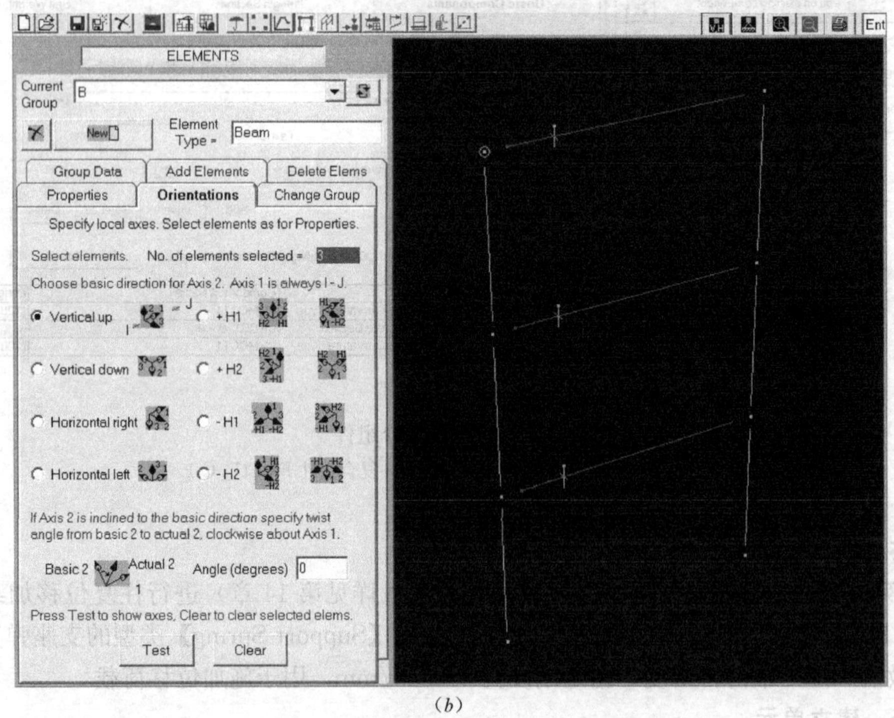

(*b*)

图 4-39 指定单元属性及局部坐标

(*a*) 梁单元属性；(*b*) 梁单元局部坐标轴

4.4.2.7 定义荷载样式

本算例有两种荷载，一种是竖向集中力，一种是水平向的位移循环荷载。在【Load

patterns】-【Nodal Loads】下添加节点荷载样式 G1，分别为节点 7 和节点 8 指定 V 方向竖向集中力－200000N；添加节点荷载样式 P1，为节点 7 指定水平单位力，用于施加往复位移。节点荷载样式定义如图 4-40 所示。

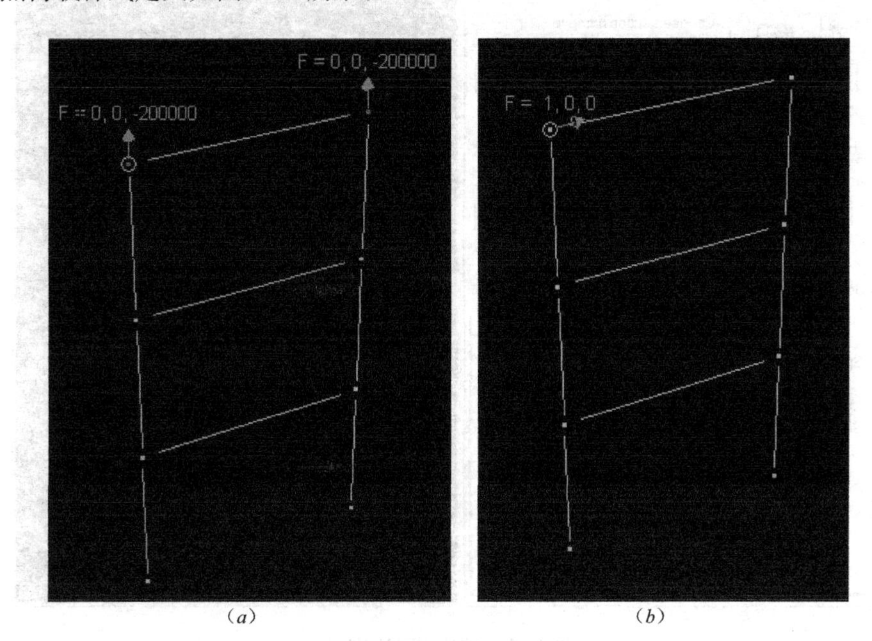

(*a*)　　(*b*)

图 4-40　节点荷载样式

(*a*) G1；(*b*) P1

4.4.2.8　定义位移角

在【Drift and deflection】-【Drifts】下添加层间位移角 D1～D3，其中 D1 定义节点 3 与节点 1 之间 H1 方向的位移比，D2 定义为节点 5 与节点 3 之间 H1 方向的位移比，D3 定义为节点 7 与节点 5 之间 H1 方向的位移比。

另外新建结构的整体位移角 D，定义为节点 7 和节点 1 之间 H1 方向的位移比，用作动力时程分析工况的参考位移角。

4.4.2.9　定义结构截面

在【Structure sections】下定义结构截面 SEC1～SEC3，分别用于提取 1～3 层的层间内力，图 4-41 为 SEC1 的定义。

4.4.3　分析阶段

4.4.3.1　定义重力荷载工况

在分析阶段中的【Set up load cases】模块新建【Gravity】类型的荷载工况 G，将荷载样式 G1 添加到工况的荷载样式列表中。

4.4.3.2　定义动力荷载工况

在分析阶段中的【Set up load cases】新建【Dynamic Force】类型的荷载工况 DF，点击【Add/Review/Delete Force Records】将图 4-35 所示的位移历程作为动力时程导入，命名为 Ch04 _ DF01，如图 4-42 所示。完成动力时程的定义后，返回工况定义界面，指定

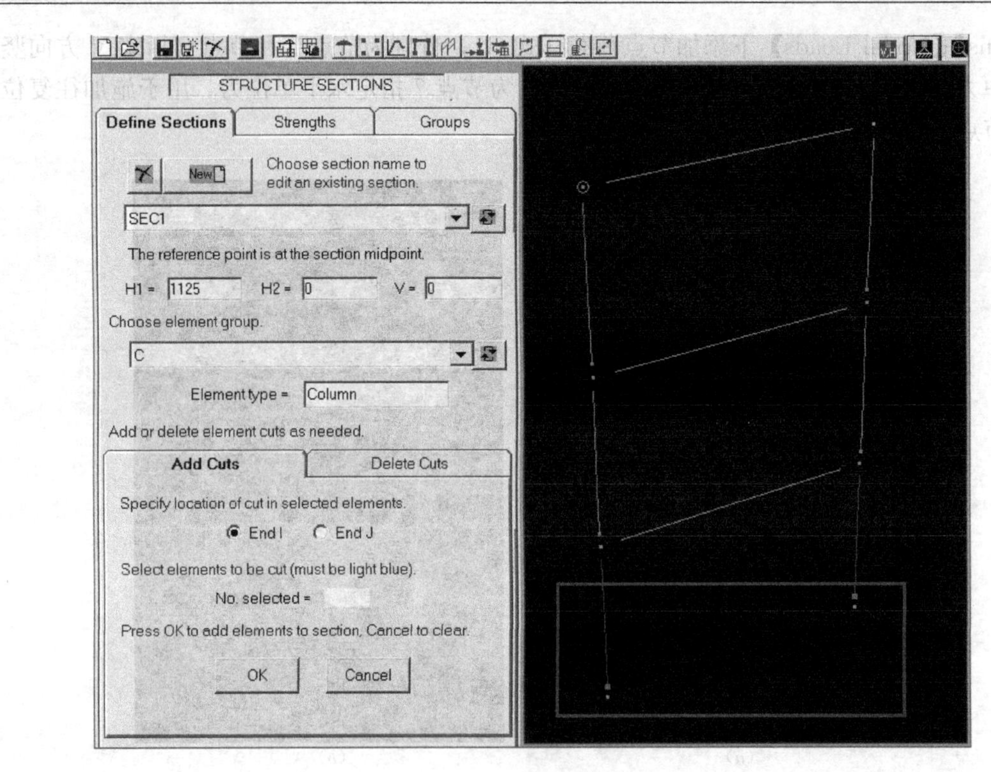

图 4-41　结构 SEC1 定义

LOAD CASES

USE THIS SECTION TO ADD A DYNAMIC FORCE RECORD

Read one or more dynamic force records from text files, and create files in the "RecordsF" folder. The records can then be used to set up dynamic force load cases.

File Path　d:\\df.csv　Browse..

If the file is in the USER folder, give only the file name. Otherwise give the complete file path.

Contents　Load Factors only　Time Interval (secs)　0.1　Duration (secs)　289

Skip First　0　Lines.　No. of Load Factors Per Line　1　Values Separated by:　Space　Comma

Add to "RecordsF" folder list as follows. Press Check to plot the record.

Force Record Group　P3DTutorial　New　File Name　Ch04_DF01

Force Record Name　Ch04_DF01　Check　Cancel

USE THIS SECTION TO REVIEW OR DELETE A DYNAMIC FORCE RECORD

Force Record Group　P3DTutorial　File Name　Ch04_DF01

Force Record Name　Ch04_DF01

Review records in the record list, and/or delete records from the list.

Review　Delete

Return to Dynamic Force Load Case

(*a*)

图 4-42　添加动力时程（一）

(*a*) 导入参数设置

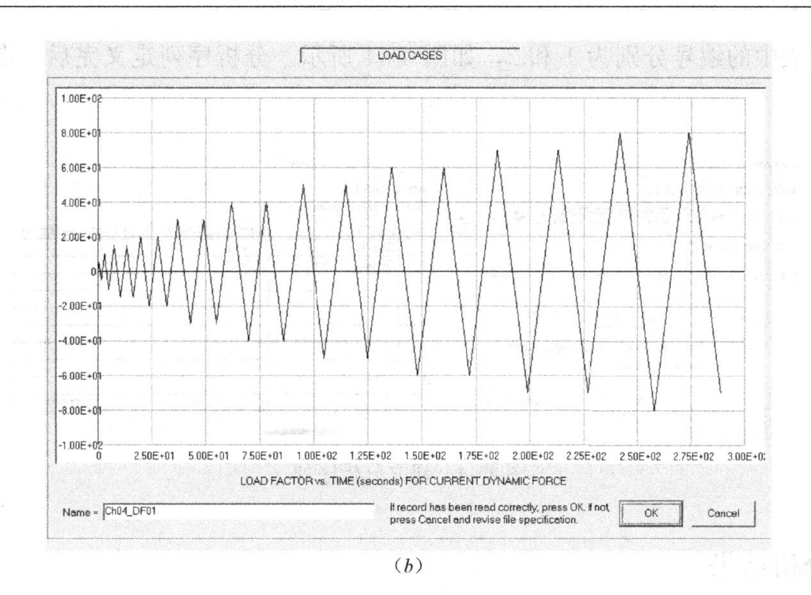

(*b*)

图 4-42 添加动力时程（二）

(*b*) 动力时程

动力荷载工况的参数如图 4-43 所示。

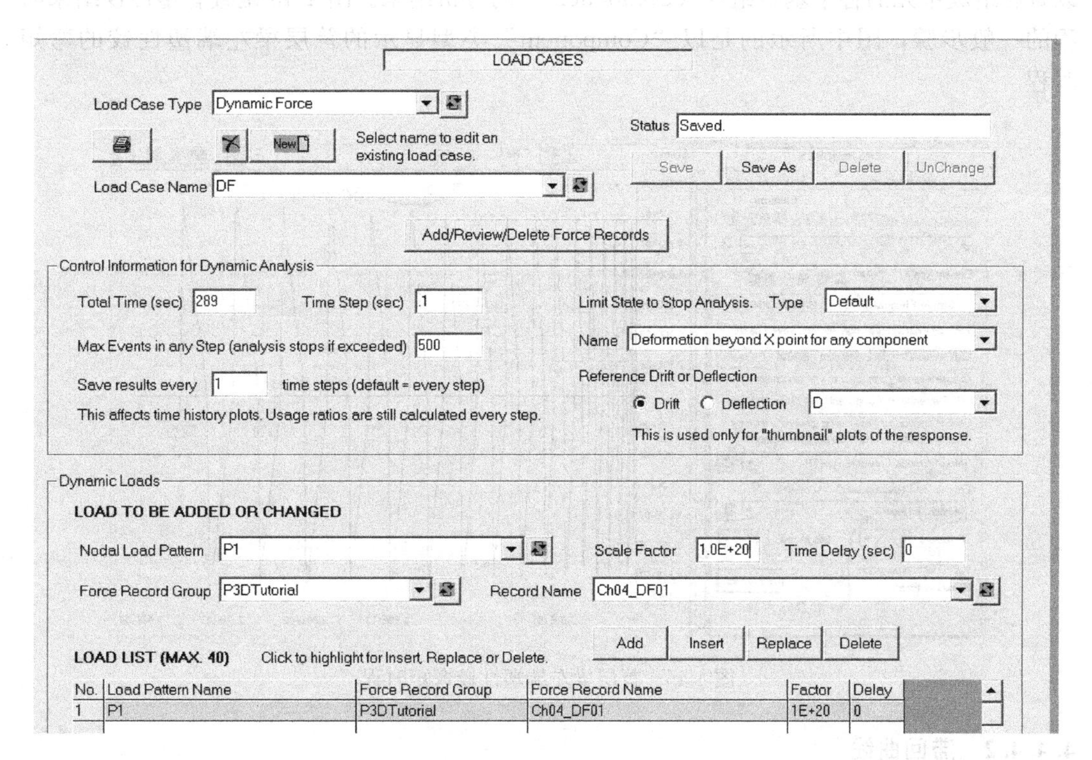

图 4-43 指定 DF 工况参数

4.4.3.3 建立分析序列

在【Run analyses】下定义分析序列 S，将荷载工况 G 和 DF 依次添加到分析列表中，其在分析列表中的编号分别为 1 和 2，如图 4-44 所示。分析序列定义完后，点击【GO】运行分析。

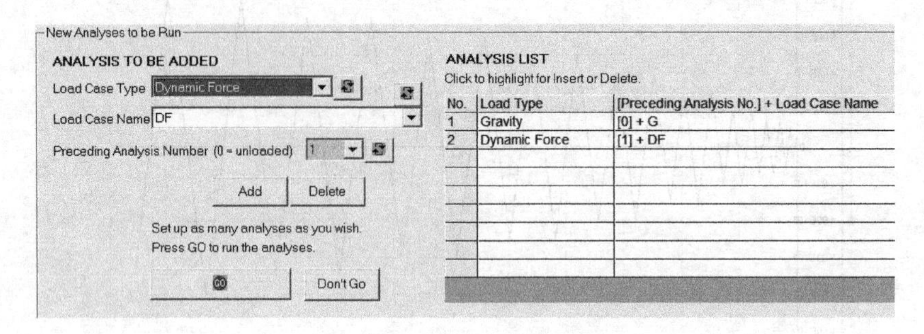

图 4-44 建立分析序列

4.4.4 分析结果

4.4.4.1 时程结果

在【Time histories】-【Element】下可以查看单元的分析结果时程，当选择显示类型为“Element”时，可以查看整个单元的分析结果，当选择显示类型为“Component”时，可以查看组成单元的各个基本组件（Component）的分析结果。图 4-45 是查看塑性铰结果时程的一般步骤，图中所示的是以“Component”类型显示的首层梁左端塑性铰的弯矩时程。

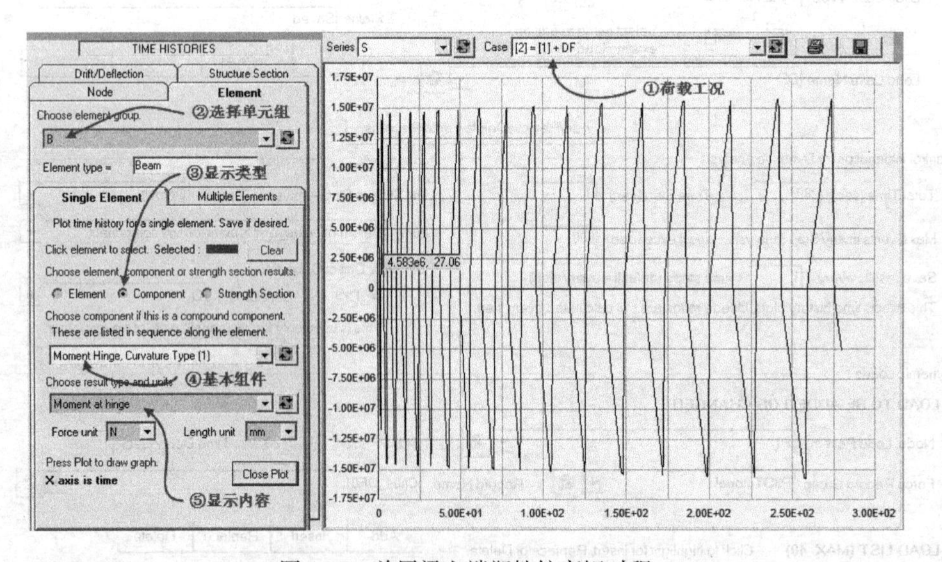

图 4-45 首层梁左端塑性铰弯矩时程

4.4.4.2 滞回曲线

对于非弹性组件，可以在分析阶段的【Hysteresis loops】下查看组件的滞回性能，图 4-46 给出了查看非弹性组件滞回曲线的一般步骤，图中所示的是首层梁左端塑性铰的弯矩-曲率滞回曲线。

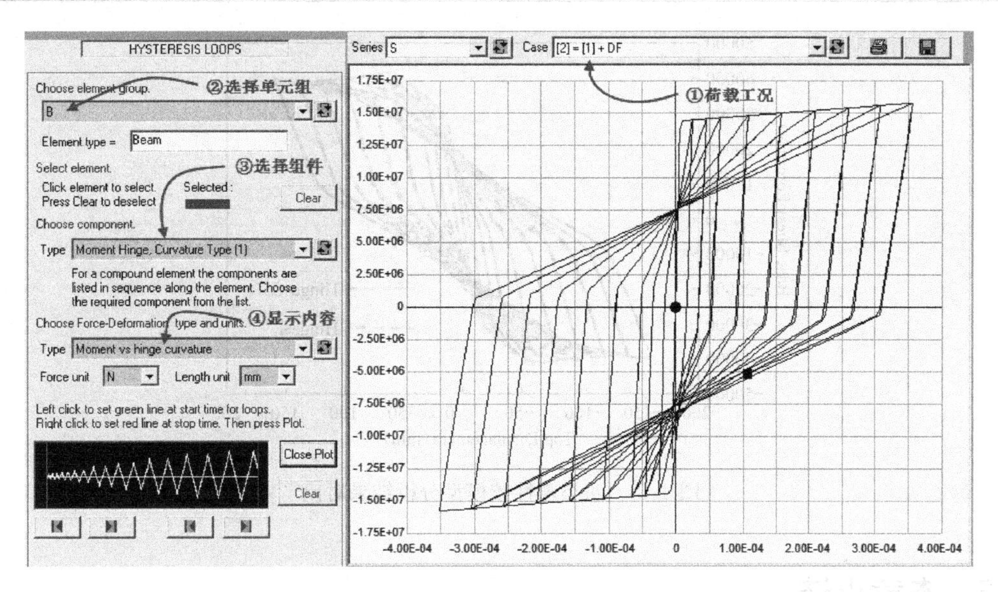

图 4-46 梁端塑性铰弯矩-曲率时程

4.4.4.3 结构整体分析结果

进入【Time histories】-【Node】下，选择显示节点 7 的位移时程，点击【Plot】绘制时程曲线并导出结果数据；进入【Time histories】-【Structure Section】下，选择显示结构截面 SEC1 的 H1 方向剪力，点击【Plot】绘制时程曲线并导出结果数据。将上述两组结果时程数据组合得到结构的基底剪力-顶点位移滞回曲线，如图 4-47 所示。

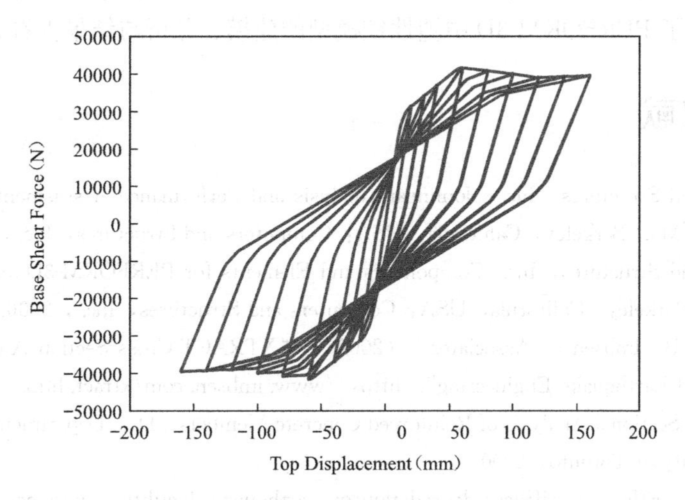

图 4-47 结构基底剪力-顶点位移滞回曲线

4.4.4.4 曲率型与转角型塑性铰分析结果对比

上述是采用曲率型塑性铰模型的分析结果，本算例同时也采用转角型塑性铰进行了建模分析，转角型塑性铰的参数定义详见前面小节中的介绍。图 4-48 是曲率型塑性铰模型与转角型塑性铰模型分析结果的对比，可见两者结果一致。

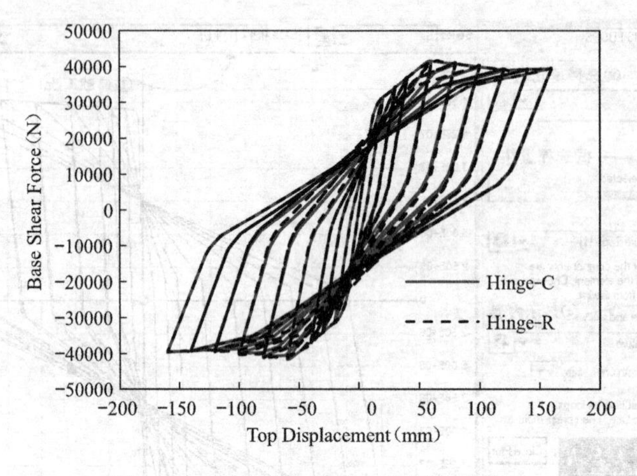

图 4-48 两类塑性铰模型分析结果对比

4.5 本章小结

本章主要包括以下内容：

(1) 介绍了 PEROFRM-3D 中弯矩型塑性铰（M 铰）和轴力-弯矩相关型塑性铰（P-M-M 铰）的基本概念、转角型塑性铰和曲率型塑性铰的区别和联系。

(2) 结合 XTRACT 截面分析，给出了 PERFORM-3D 中弯矩型塑性铰（M 铰）和轴力-弯矩相关型塑性铰（P-M-M 铰）的参数定义方法。

(3) 采用 PERFORM-3D 中的塑性铰梁柱单元对一榀 RC 框架结构进行低周往复位移加载分析，讲解了 PERFORM-3D 中塑性铰模型的建模、分析与结果查看方法。

4.6 参考文献

[1] Computers and Structures, Inc. Nonlinear Analysis and Performance Assessment for 3D Structures User Guide [M]. Berkeley, California, USA: Computers and Structures, Inc., 2006.

[2] Computers and Structures, Inc. Components and Elements for PERFORM-3D and PERFORM-Collapse [M]. Berkeley, California, USA: Computers and Structures, Inc., 2006.

[3] Chadwell, C B, Imbsen & Associates, (2002), "XTRACT-Cross Section Analysis Software for Structural and Earthquake Engineering". http://www.imbsen.com/xtract.htm.

[4] Bentz, E C. Sectional Analysis of Reinforced Concrete Members [D]. Department of Civil Engineering, University of Toronto, 2000.

[5] Clough R W, Effect of stiffness degradation on earthquake ductility requirements [R]. Berkeley, California, USA: University of California, 1966.

[6] Takeda T, Sozen MA. Neilsen N N. Reinforced concrete response to simulated earthquakes [J]. Journal of Structural Engineering Division-ASCE. 1970, 96 (12): 2557-2573.

5　纤维截面模型

5.1　梁柱纤维截面模型

梁柱纤维截面模型的具体思路是将单元内部积分点处的截面离散为若干纤维，并假定截面满足平截面假定，由截面的曲率和中性轴的位置获得纤维应变，由纤维应变结合所采用的材料滞回本构关系获得纤维的应力，将纤维的应力沿截面积分可以获得截面的轴力和弯矩。纤维截面的压弯刚度矩阵如下：

$$
[k(x)]^s = \begin{bmatrix} \sum_{i=1}^{n} E_i \cdot A_i & \sum_{i=1}^{n} E_i \cdot A_i \cdot z_i & -\sum_{i=1}^{n} E_i \cdot A_i \cdot y_i \\ sym & \sum_{i=1}^{n} E_i \cdot A_i \cdot z_i^2 & -\sum_{i=1}^{n} E_i \cdot A_i \cdot y_i \cdot z_i \\ sym & sym & \sum_{i=1}^{n} E_i \cdot A_i \cdot y_i^2 \end{bmatrix} \tag{5.1-1}
$$

式中 n 为截面划分的纤维数量，y_i、z_i 为第 i 条纤维的几何中心坐标，E_i 为第 i 条纤维的材料刚度。

纤维截面模型通过材料积分获得截面的内力-变形关系，与塑性铰模型直接给出截面内力-变形关系相比，在描述截面压弯耦合非线性行为方面有着更大的优势。

本章将对 PERFORM-3D[1,2] 中的梁、柱纤维截面模型进行介绍。

5.2　PERFORM-3D 中的梁柱纤维截面模型

5.2.1　纤维截面组件

PERFORM-3D 中提供了两种非线性纤维截面组件：梁非线性纤维截面（Beam Inelastic Fiber Section）和柱非线性纤维截面（Column Inelastic Fiber Section），两种截面组件的纤维划分方法如图 5-1 所示。梁非线性纤维截面只考虑截面一个方向的纤维划分，因

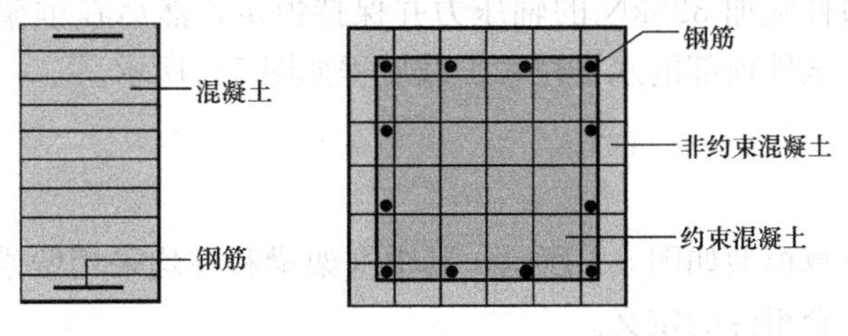

图 5-1　纤维截面示意

此只能考虑单向的压弯耦合（P-M）作用，截面剪切、扭转及平面外弯曲假定为弹性，主要用于模拟梁截面的单向非线性弯曲。柱非线性纤维截面可以考虑两个方向的纤维划分，因此可以考虑双向的压弯耦合（P-M-M）作用，截面剪切及扭转假定为弹性，主要用于模拟柱截面的双向压弯特性。

5.2.2 框架复合组件

PERFORM-3D中，梁柱单元由一个框架复合组件（Frame Member Compound Component）组成，一个框架复合组件则可由多个基本组件组成（如塑性铰、弹性截面、节点刚域、强度截面等）。为采用纤维模型，可将纤维截面组装到框架复合组件中，对于一般梁柱构件，在地震作用下，塑性变形主要集中在端部，因此一般可以按“纤维截面段”＋“弹性段”＋“纤维截面段”的形式组装成图5-2所示的塑性区模型，其中非线性纤维截面段用于模拟构件端部可能发生的非线性行为。

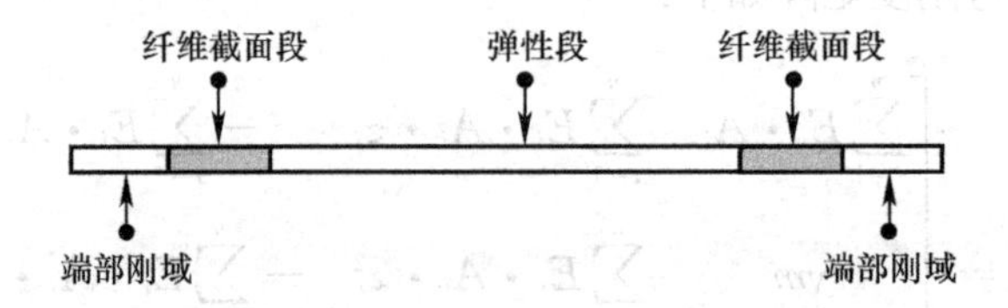

图5-2 框架复合组件（Frame Member Compound Component）

梁柱纤维截面组件只能考虑截面的压弯非线性，对于梁柱构件剪切效应的考虑，用户通常可以采用两种方法：（1）数值模拟时构件的剪切效应按弹性考虑，在复合组件的特定位置添加强度截面（Strength Section）组件，对该位置的截面抗剪承载力进行校核；（2）在复合组件的特定位置添加非线性剪切铰（Shear Hinge）组件，直接在数值模拟过程中考虑梁柱构件的剪切非线性行为，通过剪切变形对截面的抗剪性能进行控制。

5.3 梁柱纤维截面模型算例

5.3.1 算例介绍

本节采用PERFORM-3D中的梁柱纤维截面模型对一榀RC框架试件的低周往复荷载试验进行模拟，试件选自文献［3］的空框架试件，为一榀单层单跨的钢筋混凝土框架结构，如图5-3所示。试件的混凝土材料弹性模量为31500N/mm^2，实测的立方体抗压强度平均值为34.5MPa；试验实测的钢筋材料属性如表5-1所示。试验的加载制度为先进行竖向荷载的施加，各边柱施加328kN的轴压力并保持恒定，然后在框架顶部施加侧向推力进行低周往复加载。试件顶部的水平位移加载历程如图5-4所示。

5.3.2 建模阶段

结构的弹塑性计算模型如图5-5所示，其中框架梁和柱均采用两端纤维截面、中间弹性截面的方式进行复合组件的定义。

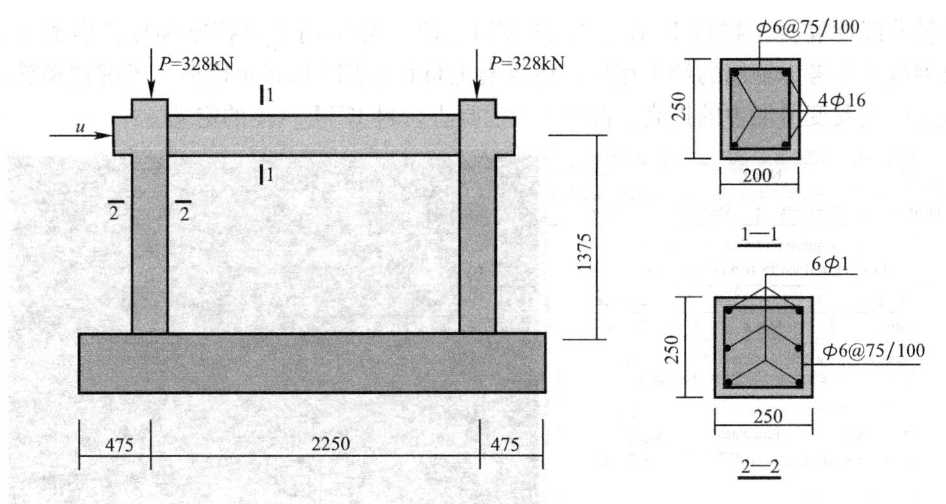

图 5-3 试件示意图（单位：mm）

钢筋属性　　表 5-1

钢筋直径（mm）	f_y（MPa）	f_u（MPa）	E_s（MPa）
6	338	543	1.97×10^5
12	348	467	2.01×10^5
16	346	529	2.06×10^5

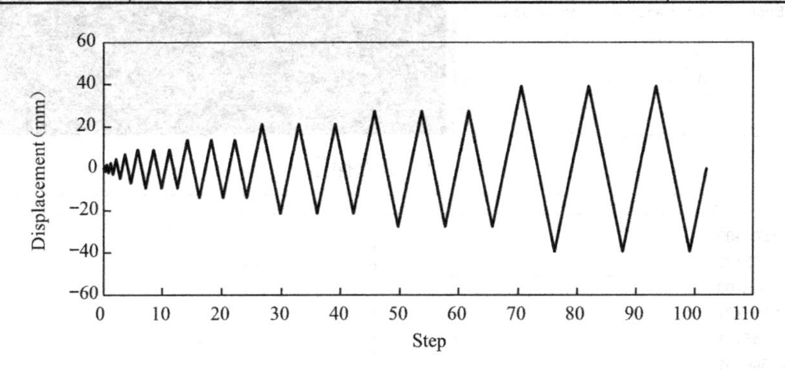

图 5-4 位移加载历程

5.3.2.1 节点操作

参考图 5-5，在建模阶段的【Nodes】模块下进行节点操作。其中，在【Nodes】选项下添加节点，在【Supports】选项下指定节点约束，1、2 节点为固支，为实现 H1-V 平面分析，约束 3、4 节点的 H2 平动、绕 H1 的转动、绕 V 的转动自由度。定义好节点属性后模型如图 5-6 所示。

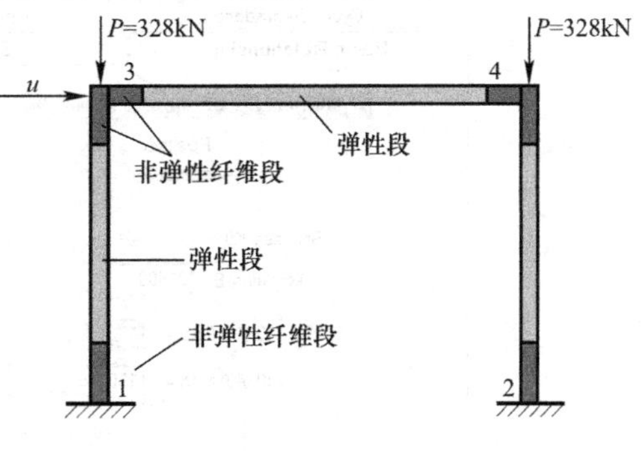

图 5-5 分析模型

5.3.2.2 定义材料

（1）混凝土材料

在【Component properties】-【Materials】下添加【Inelastic 1D Concrete Material】类

型的单轴非线性混凝土材料 ICM _ C1 和 ICM _ C2，分别用于模拟梁和柱的混凝土。其中，梁混凝土不考虑箍筋的约束作用，柱混凝土材料采用 Mander 模型，考虑柱箍筋约束对混凝土强度及变形能力的提高。图 5-7 为混凝土材料 ICM _ C1 的定义。

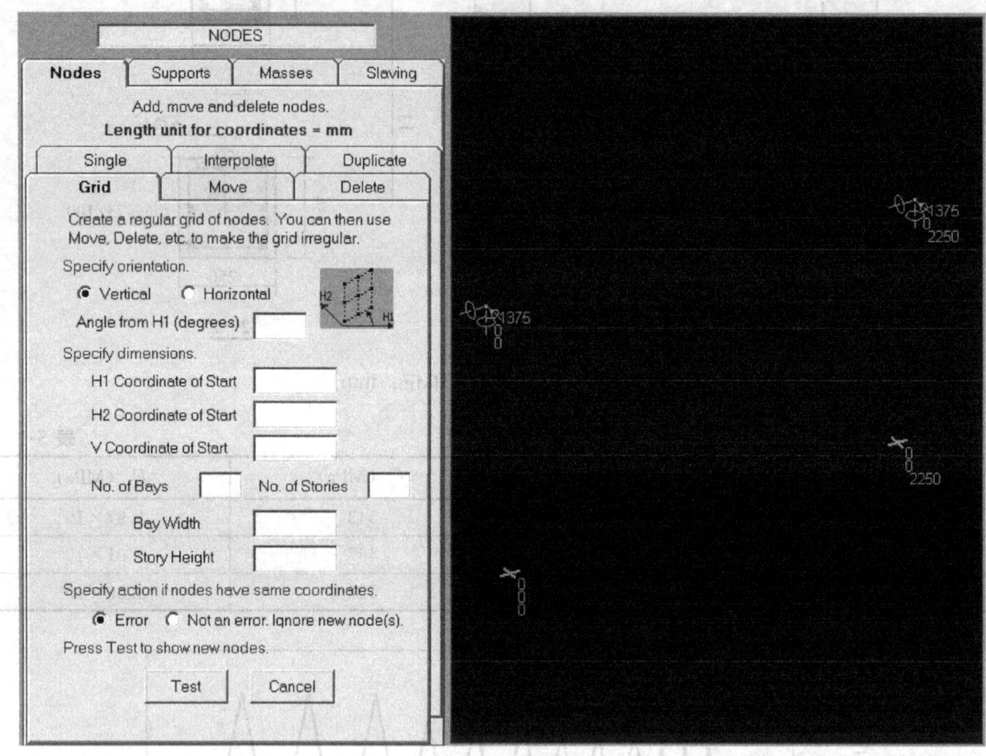

图 5-6　节点操作

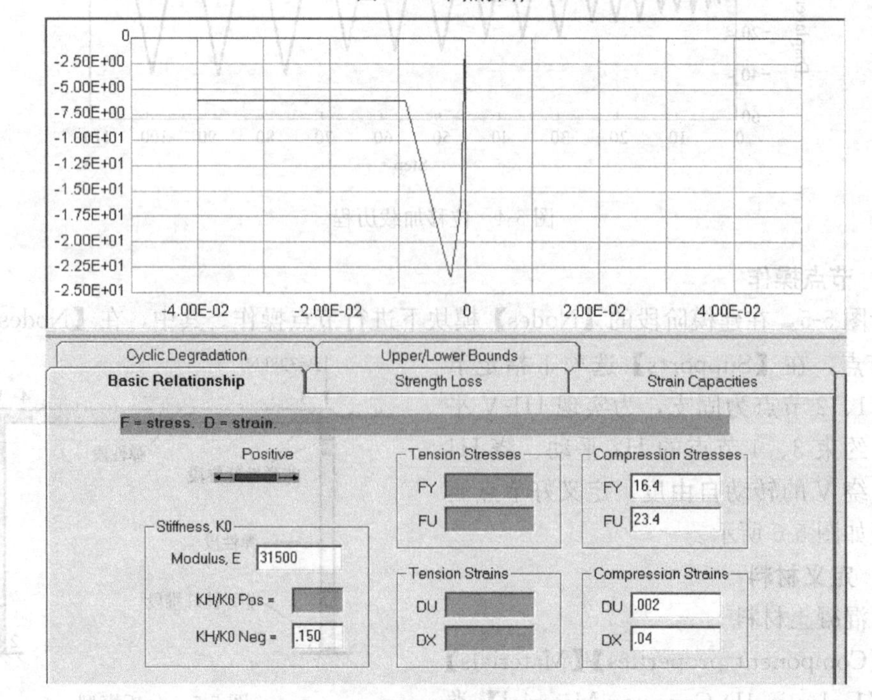

图 5-7　混凝土材料 ICM _ C1 定义

(2) 钢筋材料

在【Component properties】-【Materials】下添加类型为【Inelastic Steel Material Non-Buckling】的钢筋材料 ISMNB1 及 ISMNB2，分别用于模拟直径为 16 及 12 的纵筋。图 5-8 为钢筋 ISMNB1 的定义。

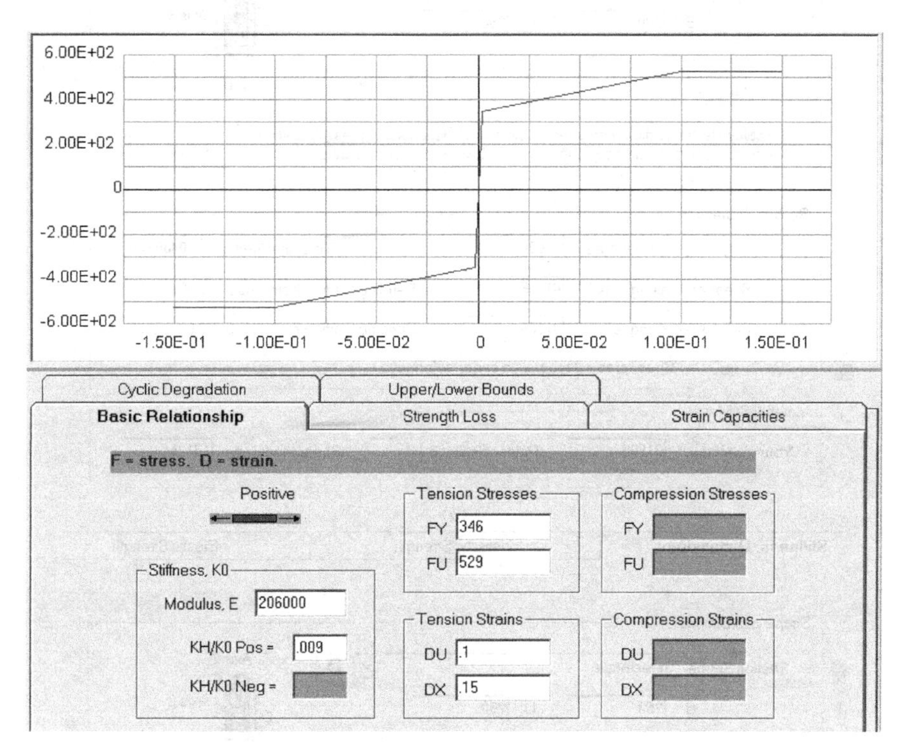

图 5-8 钢筋应力-应变关系定义

5.3.2.3 定义截面组件

(1) 弹性截面组件

在【Component properties】-【Cross Sects】下定义【Beam，Reinforced Concrete Section】类型的截面组件 BRCS1 和【Column，Reinforced Concrete Section】类型的截面组件 CRCS1，分别用来模拟框架梁、柱的弹性区段，如图 5-9 所示。

(2) 纤维截面组件

在【Component properties】-【Cross Sects】下新建【Beam，Inelastic Fiber Section】类型的纤维截面组件 BIFS1，用于模拟框架梁的非线性区段，在【Component properties】-【Cross Sects】下新建【Column，Inelastic Fiber Section】类型的纤维截面组件 CIFS1，用于模拟框架柱的非线性区段。

纤维截面的定义需要输入纤维的坐标及关联材料，手工定义比较繁琐，可以采用作者开发的纤维截面划分程序（http://www.jdcui.com）完成截面建模，程序界面如图 5-10 和图 5-11 所示。通过纤维截面划分程序设置好参数，导出 PERFORM-3D 格式的纤维截面文件，然后在【Cross Sects】模块下点击【Import】按钮导入文件，快速完成纤维截面的定义。

5.3.2.4 定义大刚度弹簧

本例采用动力工况与大刚度弹簧结合的方法（关于该方法的讨论详见第 14 章）对试件

Dimensions and Stiffness | Inelastic Strength | Elastic Strength

Shape and Dimensions

Section Shape Rectangle

B 200 D 250

Axis 2

Axis 3

D

B

To calculate the section properties for the above dimensions, press this button.
If you wish, you can edit the properties after they have been calculated.

Calculate

Section Stiffness

Axial Area	50000	Torsional Inertia	3.7048E+08
Shear Area along Axis 2	41665	Bending Inertia about Axis 2	1.6667E+08
Shear Area along Axis 3	41665	Bending Inertia about Axis 3	2.6042E+08

Shear area = 0 means no shear deformation.

Material Stiffness

Young's Modulus 31500 Poisson's Ratio .2 Shear Modulus = 13125

(*a*)

Stiffness, Dimensions | Inelastic Strength | Elastic Strength

Shape and Dimensions

Section Shape Rectangle

B 250 D 250

Axis 2

Axis 3

D

B

To calculate the section properties for the above dimensions, press this button.
If you wish, you can edit the properties after they have been calculated.

Calculate

Section Properties

Axial Area	62500	Torsional Inertia	5.9335E+08
Shear Area along Axis 2	52083	Bending Inertia about Axis 2	3.2552E+08
Shear Area along Axis 3	52083	Bending Inertia about Axis 3	3.2552E+08

Shear area = 0 means no shear deformation.

Material Stiffness

Young's Modulus 31500 Poisson's Ratio .2 Shear Modulus = 13125

(*b*)

图 5-9 弹性截面组件定义

(*a*) 弹性截面 BRCS1；(*b*) 弹性截面 CRCS1

进行往复位移加载。大刚度弹簧用支座弹簧组件定义。在【Component properties】-【Elastic】-【Support Spring】选项卡上添加支座弹簧组件，命名为 SS，并激活 Axis1 轴平动自由度，指定刚度为 1E+20N/mm，如图 5-12 所示。

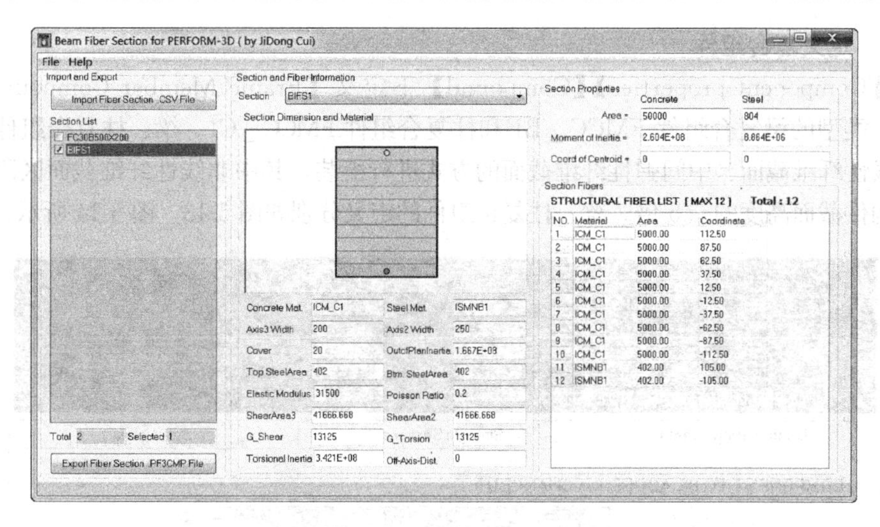

图 5-10 梁截面纤维生成程序

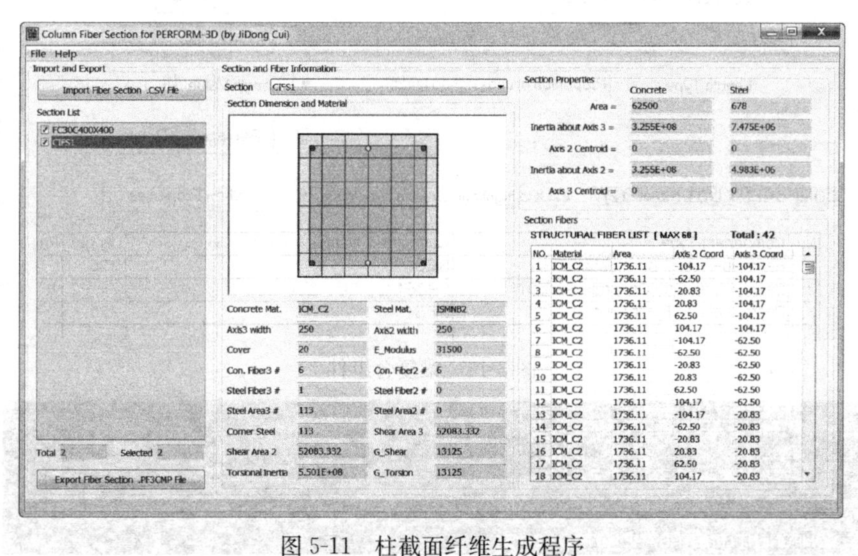

图 5-11 柱截面纤维生成程序

Stiffness | Capacities

F = forces and moments, D = spring deformations and rotations

Axis 3 (usually V)
Axis 2 (usually H2) Axis 1 (usually H1)
Axes can be rotated if desired
(see Elements/Orientations)

Support Directions
Axiis 1 translation ☑
Axis 2 translation ☐
Axis 3 translation ☐
Axis 1 rotation ☐
Axis 2 rotation ☐
Axis 3 rotation ☐

Support Stiffness
1E+20
Stiffness matrix is symmetrical.
Diagonal stiffnesses must be >0.
Off-diagonal stiffnesses are optional (default = 0).
Please be careful with off-diagonal stiffnesses.
Perform does not check them for consistency.

图 5-12 弹簧属性定义

5.3.2.5 定义复合组件

在【Component properties】-【Compound】下定义【Frame Member Compound Component】类型的梁复合组件 FMCC _ B1 和柱复合组件 FMCC _ C1。梁、柱复合组件均采用两端非线性纤维截面、中间弹性纤维截面的方式进行组装，其中非线性纤维截面区段的长度取相应构件截面高度的 0.5 倍，梁、柱复合组件的定义分别如图 5-13、图 5-14 所示。

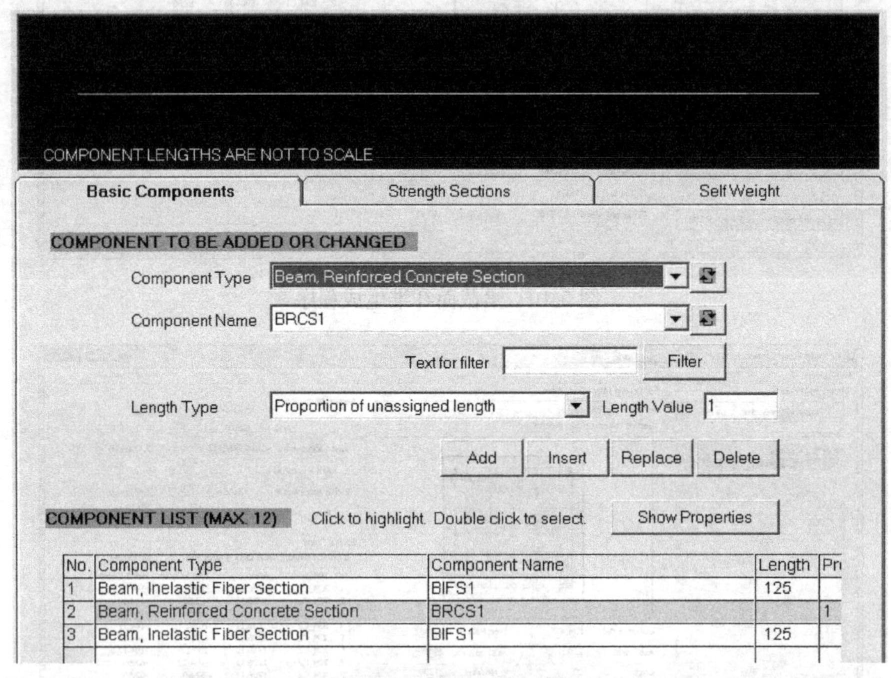

图 5-13 梁复合组件

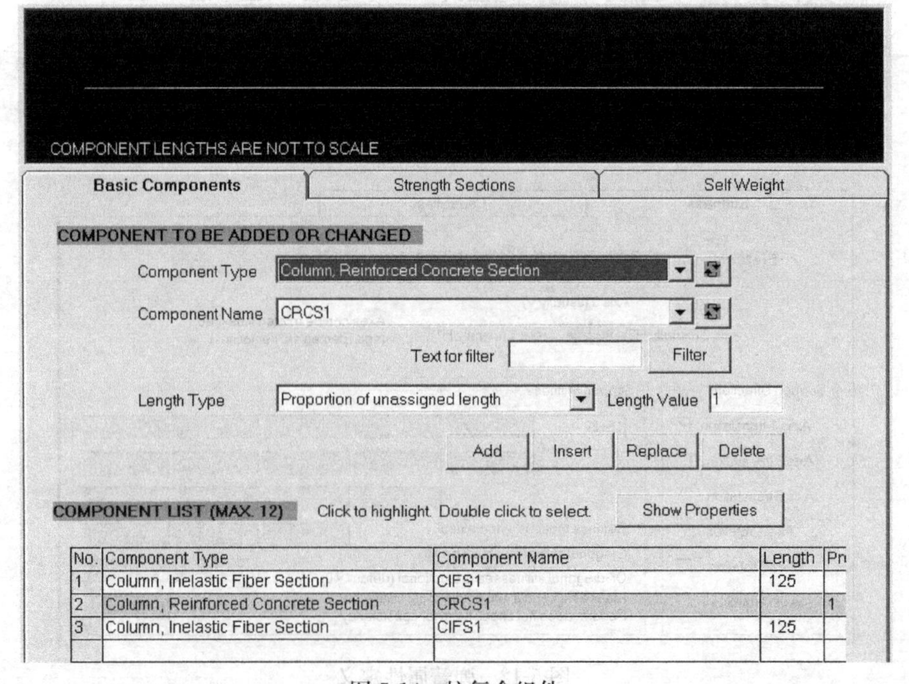

图 5-14 柱复合组件

图 5-13 和图 5-14 的复合组件定义中，编号为 No.1 的组件处于梁柱单元的 i 端，其余组件依次串联，直至 No.3 的组件处于梁柱单元的 j 端。

5.3.2.6 建立单元

在【Elements】下添加单元类型为 Beam 的梁单元组 B1、单元类型为 Column 的柱单元组 C1 和单元类型为 Support Spring 的弹簧支座单元组 SS1，分别为各单元组添加相应的单元，并在【Properties】选项下分别给梁、柱单元指定前面定义的复合组件属性，给支座弹簧单元指定前面定义的支座弹簧组件 SS，在【Orientations】选项下指定单元必要的局部坐标轴方向。完成单元定义后模型如图 5-15 所示。

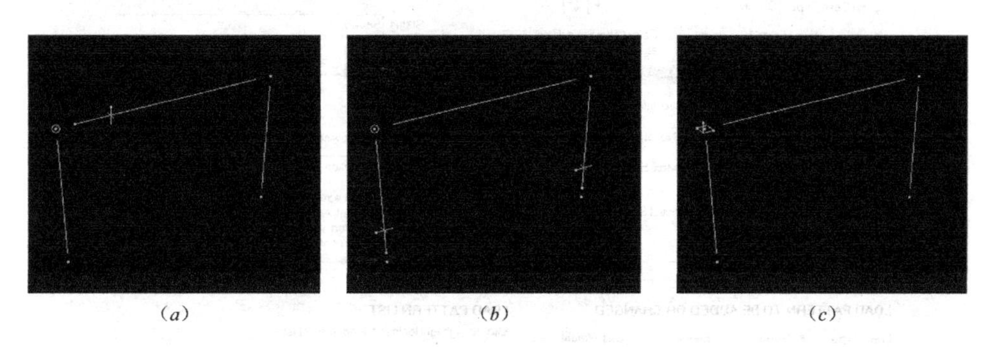

(a) (b) (c)

图 5-15 单元局部坐标方向

(a) 梁；(b) 柱；(c) 支座弹簧

5.3.2.7 定义荷载样式

在【Load patterns】-【Nodal Loads】下新建节点荷载样式 NL1，为节点 3、4 施加 V1 方向的荷载－328000N；新建节点荷载样式 NL2，为节点 3 施加 H1 方向的单位力，用于施加水平方向的往复位移，如图 5-16 所示。

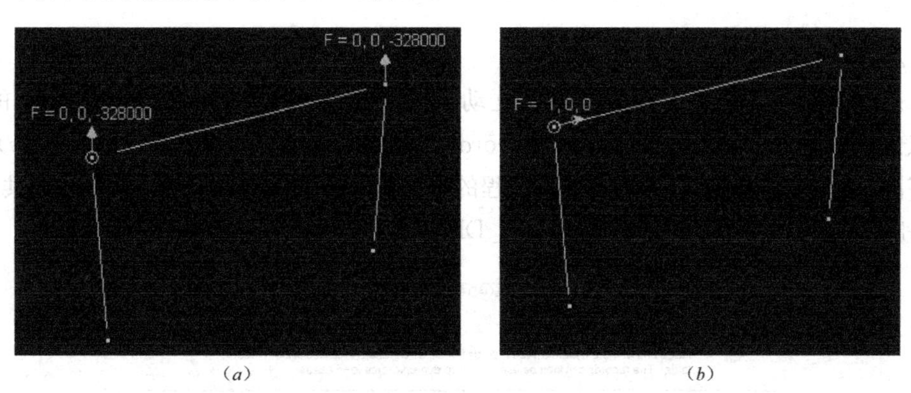

(a) (b)

图 5-16 节点荷载样式

(a) NL1；(b) NL2

5.3.2.8 定义位移角

在【Drifts and deformations】-【Drifts】下添加 H1 方向层间位移角 D1，定义为节点 1 和节点 3 之间的 H1 方向位移比。

5.3.2.9 定义结构截面

在【Structure sections】-【Define Sections】下添加结构截面 SEC1，该结构截面对所有

柱构件进行切割，切割位置于柱单元的底部节点位置，用以提取基底内力数据。

5.3.3 分析阶段

5.3.3.1 定义重力工况

在【Set up load cases】下新建 Gravity 类型的荷载工况 G，将上述定义的节点荷载样式 NL1 添加到工况的荷载样式列表（Load pattern list）中，如图 5-17 所示。

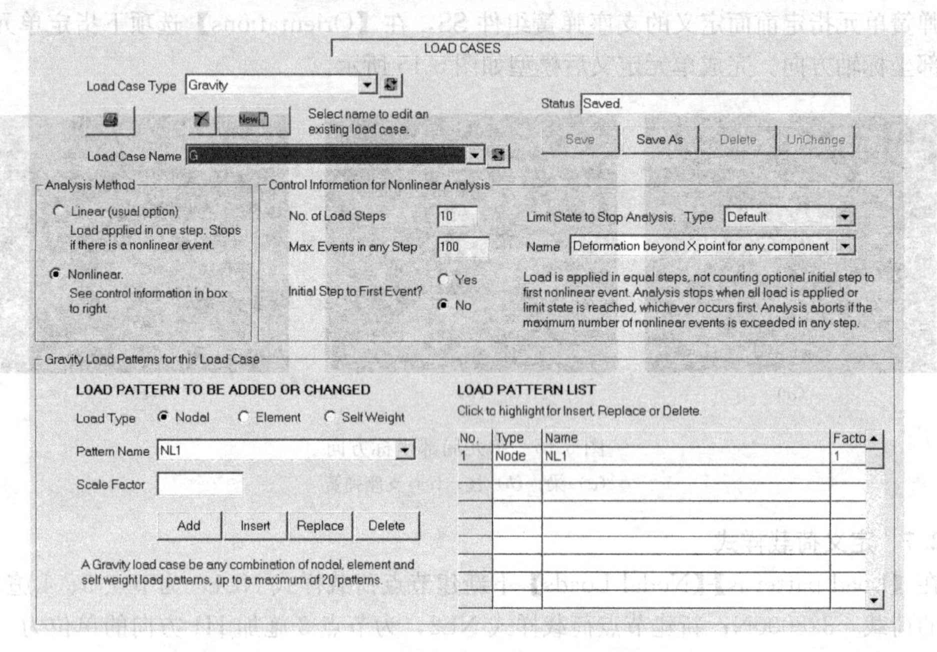

图 5-17 定义 Gravity 荷载工况

5.3.3.2 定义动力荷载工况

（1）建立动力荷载工况前需要先建立动力时程记录。在 Dynamic Force 类型的工况下，点击【Add/Review/Delete Force Records】-【Browse】指定力时程文件（df. csv）的路径，将图 5-4 所示的位移荷载时程按力时程的形式导入，其中荷载步长为 0.01s，共 10200 步，持时 102s，动力时程的名称为 Ch05 _ DF01，导入参数设置如图 5-18 所示。

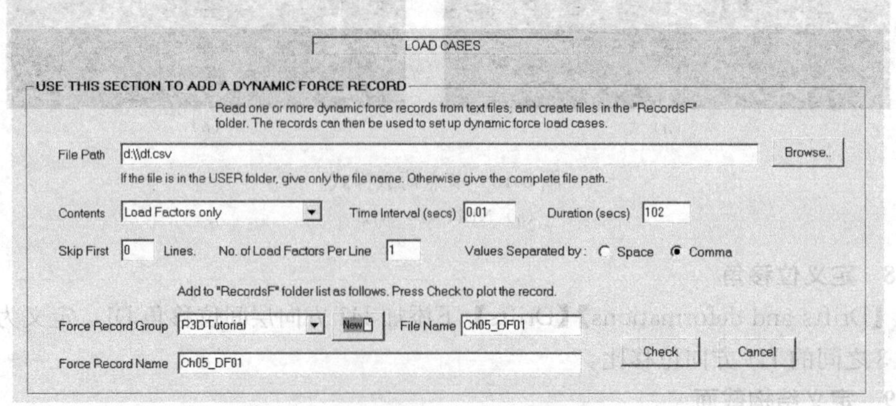

图 5-18 添加位移荷载时程

（2）添加完动力时程记录后，返回动力荷载工况定义界面，新建 Dynamic Force 类型的荷载工况 DF1，指定分析参数如图 5-19 所示。

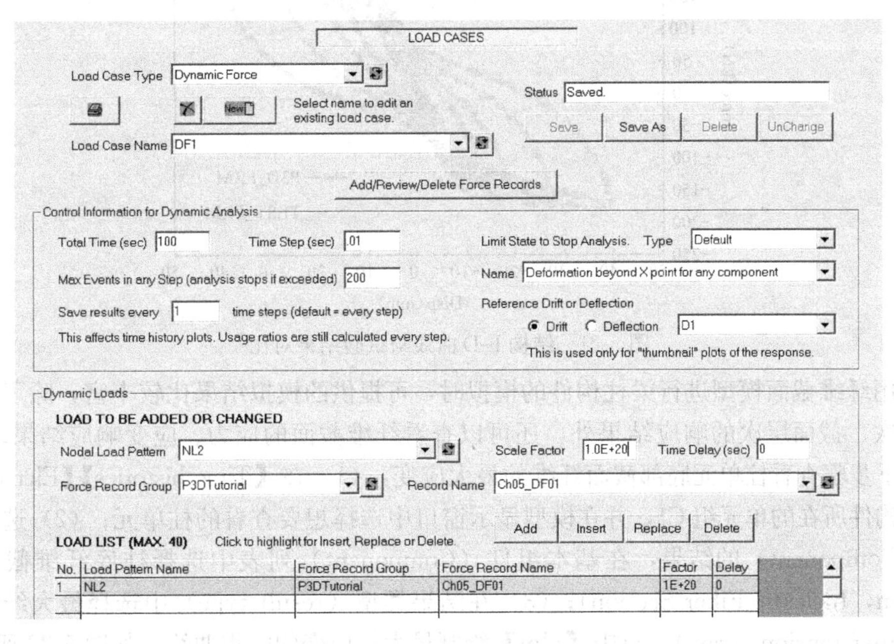

图 5-19　设置荷载工况分析参数

5.3.3.3　建立分析序列

在【Run analyses】下新建分析序列 S，将上述定义的重力荷载工况 G 和动力荷载工况 DF1 依次添加到分析序列的分析列表中，如图 5-20 所示。

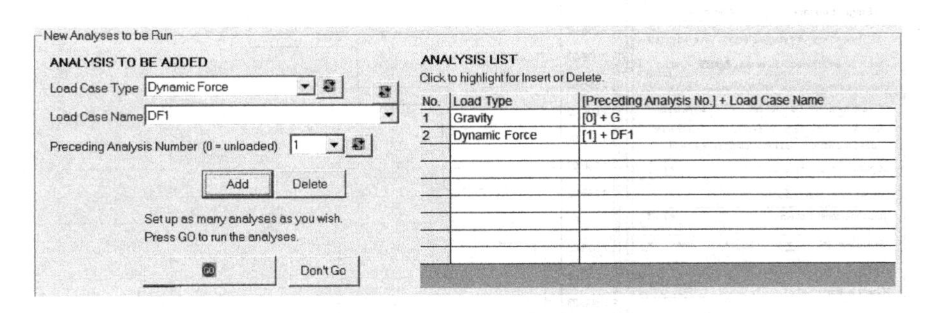

图 5-20　为分析序列添加分析列表

分析序列定义完成后，点击按钮【GO】运行分析。

5.3.4　分析结果

分析完成后，在分析阶段的【Time Histories】模块下分别提取柱顶点 H1 方向的位移时程（在【Time Histories】-【Node】下提取）和结构截面 H1 方向的剪力时程（在【Time Histories】-【Node】下提取），组合后可以获得结构基底剪力-水平位移滞回曲线。图 5-21 为基底剪力-水平位移滞回曲线的分析结果与试验结果对比，可见分析结果与试验结果基本吻合。

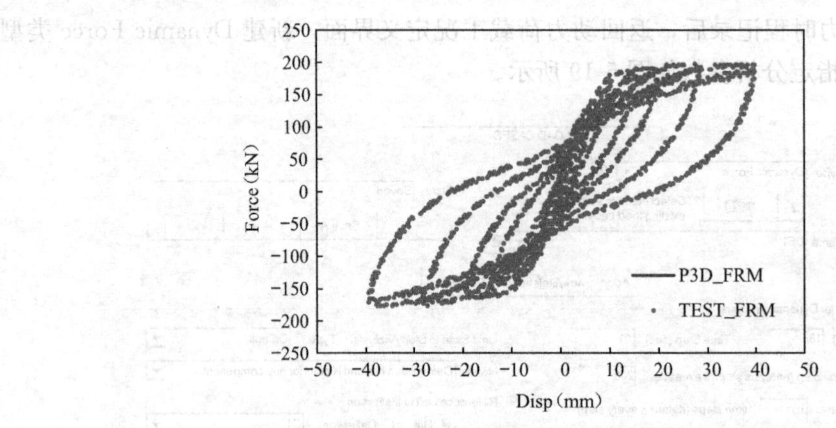

图 5-21 结构 F-D 曲线与试验结果对比

采用纤维截面模型进行梁柱构件的模拟时，可提供的模拟结果比较丰富，除了能获得构件层次、截面层次的响应结果外，还可以查看纤维截面的应力、应变响应结果。比如，可按以下步骤查看柱单元底部截面纤维的最大应变：(1) 在【Time histories】-【Element】下选择柱构件所在的单元组 C1，并在模型显示窗口中选择想要查看的柱单元；(2) 选择查看组件 (Component) 的结果，在基本组件 (Component) 列表中选择柱底纤维截面组件 (Column，Inelastic Fiber Section)；(3) 在结果类型 (result type) 中选择最大纤维应变 (Max fiber tension strain)，点击【plot】绘制最大拉应变的时程曲线，如图 5-22 所示。

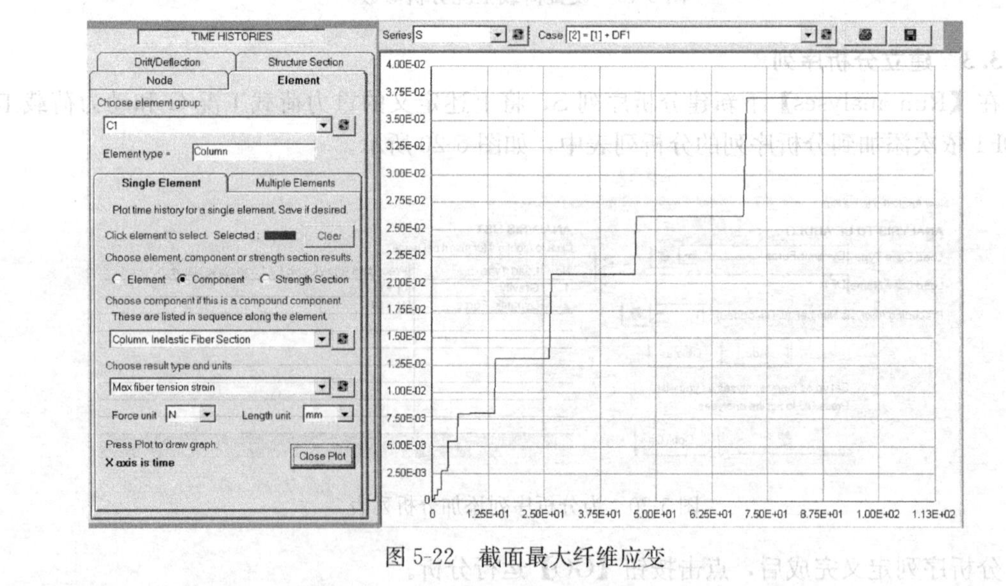

图 5-22 截面最大纤维应变

5.4 剪切强度截面

5.4.1 概念介绍

如前所述，纤维截面组件只能模拟截面的压弯非线性，对于截面抗剪，则假定为弹性，在纤维截面组件定义时，剪切特性的定义只需要输入截面的有效剪切面积和剪切模量，如图 5-23 所示。

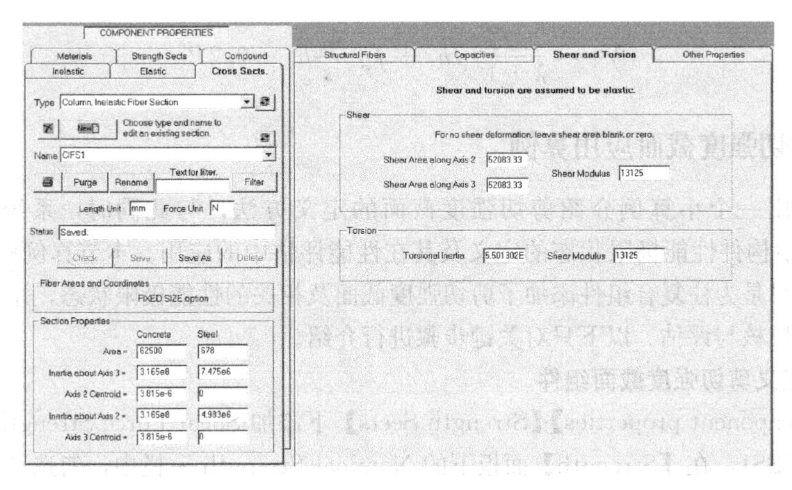

图 5-23　纤维截面的剪切属性

由于剪切破坏构件的延性较差，循环荷载作用下构件的耗能能力较弱、抗剪承载能力退化较快，于结构抗震不利，因此对于一般的框架梁柱构件，实际工程中常采取措施避免构件发生剪切破坏，抗剪通过承载能力进行控制。为此，对于一般梁柱构件，模拟时可以假定剪切为弹性，在分析后对构件的抗剪承载力进行校核，这一步在 PERFORM-3D 中可通过指定剪切强度截面（Shear Force Strength Section）实现。

剪切强度截面是 PERFORM-3D 中用来校核截面抗剪承载力的组件，在路径【Component properties】-【Strength Sects】-【Shear Force Strength Section】下定义，其基本参数定义界面如图 5-24 所示。

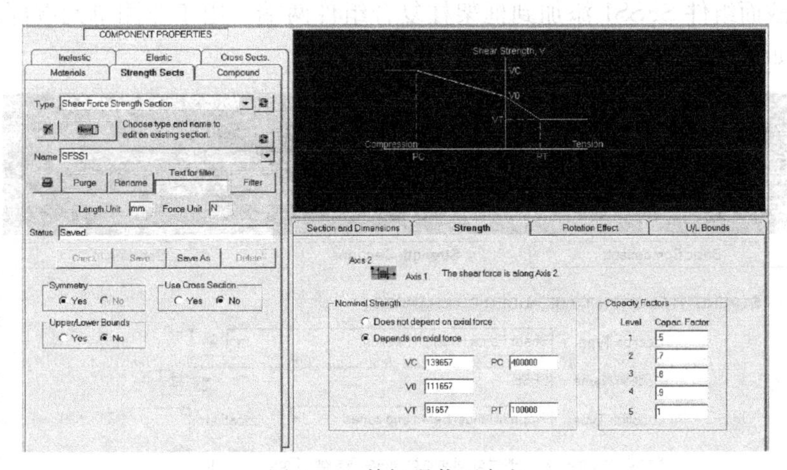

图 5-24　剪切强截面定义

软件可以考虑剪切强度截面的抗剪承载力与轴力的相关性，应用时可以参考《混凝土结构设计规范》GB 50010—2010[5] 中的抗剪承载力计算公式进行相关参数的填写，其中 V0 按公式（5.4-1）进行计算，VC 和 VT 分别按公式（5.4-2）和公式（5.4-3）进行计算。

$$V_0 = \frac{1.75}{\lambda+1} f_t b h_0 + f_{yv} \frac{A_{sv}}{s} h_0 \tag{5.4-1}$$

$$V_C = \frac{1.75}{\lambda+1} f_t b h_0 + f_{yv} \frac{A_{sv}}{s} h_0 + 0.07 P_C \tag{5.4-2}$$

$$V_{\mathrm{T}}=\frac{1.75}{\lambda+1}f_{\mathrm{t}}bh_{0}+f_{\mathrm{yv}}\frac{A_{\mathrm{sv}}}{s}h_{0}-0.2P_{\mathrm{T}} \tag{5.4-3}$$

5.4.2 剪切强度截面应用算例

本节利用一个小算例介绍剪切强度截面的定义方法，与此同时，系统介绍 PERFORM-3D 中构件性能极限状态的定义及其在性能评估中的应用。本节算例模型与图 5-3 完全一致，只是为柱复合组件添加了剪切强度截面及相关的性能极限状态，用于柱构件抗剪承载力的校核与评估。以下只对关键步骤进行介绍。

5.4.2.1 定义剪切强度截面组件

在【Component properties】-【Strength Sects】下添加 Shear Force Strength Section 类型的组件 SFSS1，在【Strength】面板下的 Nominal Strength 一栏中，勾选“Depends on axial force”（考虑抗剪承载能力与轴力的相关性），依据公式（5.4-1）～公式（5.4-3）定义轴力作用下的截面抗剪承载力值，如图 5-24 所示。在 Capacity Factors 一栏中，对应五个性能水准 Level1～Level5，截面抗剪承载能力系数填为为 0.5、0.7、0.8、0.9、1.0。能力系数 Capacity Factor 的意义：以 Level1 的 0.5 为例，表明若截面剪力不超过抗剪承载力 V_0 的 0.5 倍，则构件处于性能 Level1，以此类推。这里定义的能力系数只为进行算例说明，具体数值应根据实际的性能目标进行指定。本例剪切强度截面的参数定义如图 5-24 所示。

5.4.2.2 为复合组件添加剪切强度截面

在【Component properties】-【Compound】-【Frame Member Compound Component】下选择已经定义好的柱框架复合组件 FMCC _ C1，进入【Strength Sections】强度截面面板，将剪切强度截面组件 SFSS1 添加到框架柱复合组件两端，用于监测单元端部截面的抗剪承载能力，如图 5-25 所示。

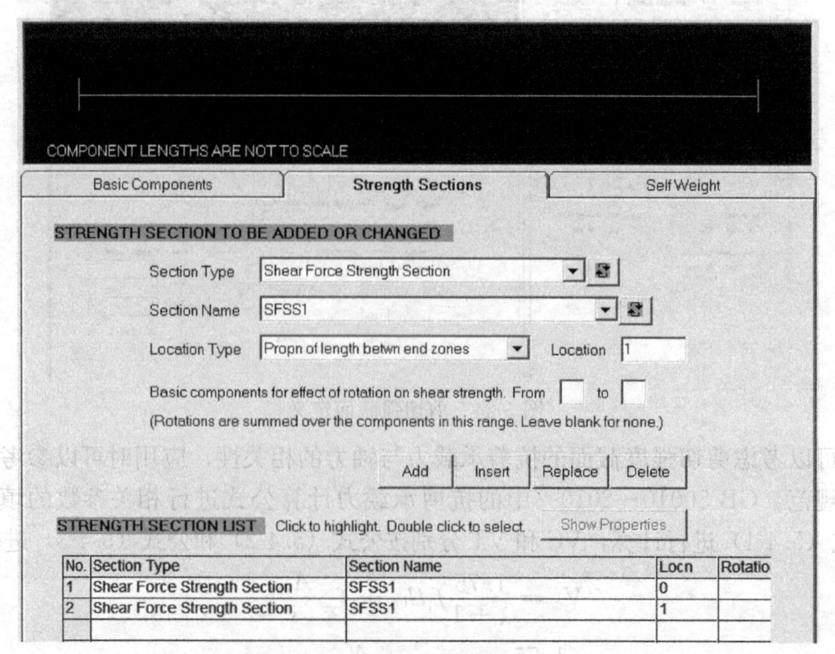

No.	Section Type	Section Name	Locn	Rotatio
1	Shear Force Strength Section	SFSS1	0	
2	Shear Force Strength Section	SFSS1	1	

图 5-25　为复合组件添加强度截面

5.4.2.3 定义极限状态

在【Limit States】下，添加 5 个 Strength 类型的极限状态 SLimit1～SLimit5，分别对应柱 C1 的 5 个抗剪承载力水平，表明若剪切强度截面达到了某一个承载力水平，则构件就达到了相应的极限状态。图 5-26 所示为 SLimit1～SLimit2 极限状态的定义。

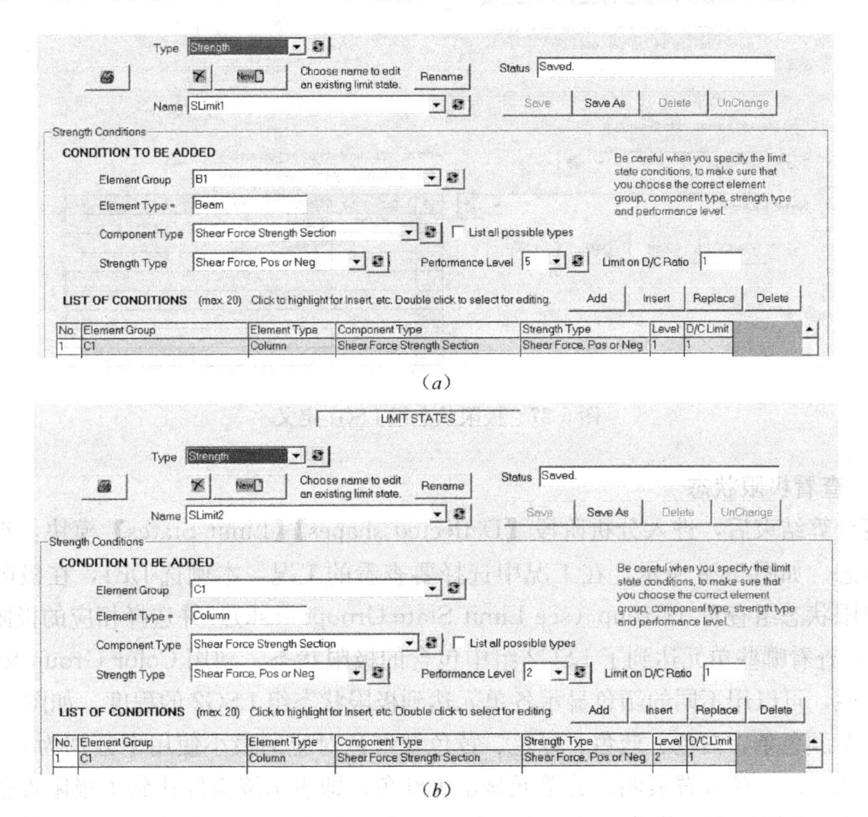

图 5-26 极限状态定义

(*a*) SLimit1；(*b*) SLimit2

5.4.2.4 定义极限状态组

分析完成后，可在 PERFORM-3D 的分析阶段中的【Limit state groups】模块定义极限状态组（Limit states groups），每个极限状态组可包含建模阶段【Limit states】中定义的一个或多个极限状态。若同一组内的任一极限状态达到了，则认为整个极限状态组所代表的性能状态达到了，因此同一组中的各极限状态应该对结构性能水准有着相同或相近的描述。

通过极限状态组的定义，可以将大量的极限状态进行分类管理，便于从整体上对结构性能进行评估。本算例定义了 5 个极限状态组 LSG1～LSG5，分别反映整体结构的 5 个性能水准，每个极限状态组只包含一个柱的抗剪强度极限状态，与柱的抗剪强度性能水准相对应，其表达的意义为：只要柱构件达到了某一抗剪强度极限状态，即认为结构整体亦达到了该性能状态。以极限状态组 LSG1 为例，定义界面如图 5-27 所示。

另外，分析阶段中的极限状态组（Limit state groups）可以在计算分析结束后定义，这点和建模阶段中的极限状态（Limit states）不一样，建模阶段中的极限状态必须在分析之前定义。

Choose name to edit an existing group.
Name LSG1 Status Saved.
Limit state groups are available to all analysis series, not just the current series.
Save Delete

Limit State to be added to this group.
Type Strength
Name SLimit1
Add Insert Delete Clear
Add as many limit states as you wish.
Click row to highlight for Insert or Delete.

No.	Type	Name
1	Strength	SLimit1

图 5-27 极限状态组 LSG1 定义

5.4.2.5 查看极限状态

分析计算结束后，进入分析阶段【Deflected shapes】-【Limit States】模块，查看结构的性能状态。如图 5-28 所示，在工况中选择要查看的工况，本例选 DF1，在极限状态中选择按极限状态组查看（Group（see Limit State Groups task））并选择相应的极限状态组为 LSG2，查看哪些单元达到了 LSG2 组中包含的极限状态。利用 Color Group for Usage Ratios 一栏，可以用不同的颜色显示各单元达到极限状态组 LSG2 的程度。如图 5-28 中所示，有 5 个颜色条，白色、蓝色、绿色、黄色及红色对应的最小使用率分别为 0.0、0.7、0.8、0.9 及 1.0。该设置表明，若单元显示为红色，即表示该构件达到了极限性能状态组 LSG2 代表的性能状态，若单元显示为绿色，即表示该单元的响应需求达到了极限性能状态组 LSG2 代表的性能状态限值的 80%，其余情况以此类推。

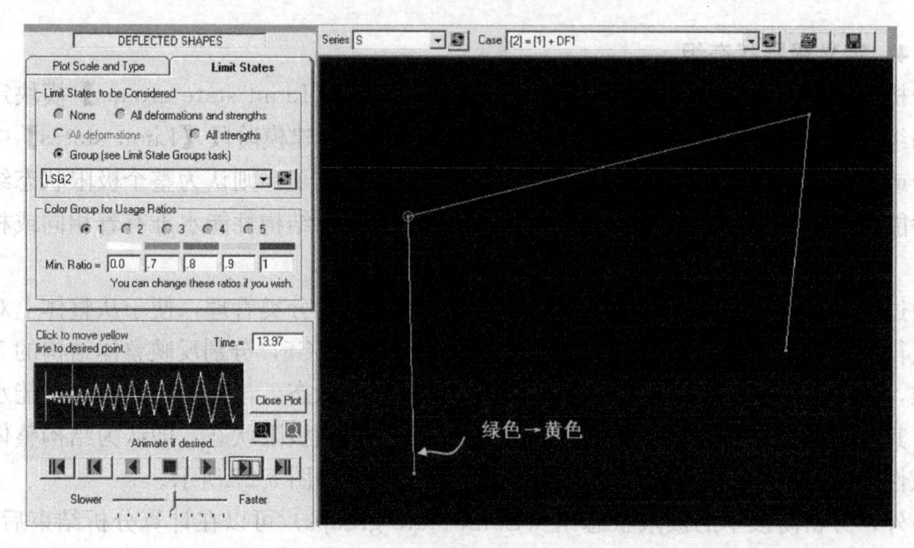

图 5-28 极限状态显示界面

本例结果显示，在 Time=13.96～13.97s 时，柱单元由绿色变为黄色，表明此时柱单元的响应需求达到了极限性能状态组 LSG2 代表的性能状态限值的 90%。验证如下：(1) 通过查看柱子的轴力时程，得知在 13.96～13.97s 时，柱子轴力为 278132.7～277968.7N，由公式（5.4-2）求得此时柱子的抗剪承载能力为 131126.3～131114.8N；(2) 极限状态组 LSG2 的定义中只包含柱单元的抗剪强度承载能力极限状态 SLimit2，极限状态 SLimit2 对应柱截面抗剪强度性能水准 Level2，其能力系数为 0.7，因此 LSG2 性能状态组对应的抗剪承载力限值为 0.7×(131126.3～131114.8N)=91788.4～91780.4N，其 0.9 倍为 82609.6～82602.3N；(3) 通过查看柱子的剪力时程，得知在 13.96～13.97s 时，柱子的剪力为 82484.4～82606.2N；(4) 可以看出，13.96s 时，柱子的剪力小于柱子的抗剪承载力限值（82484.4N<82609.6N），13.97s 时，柱子的剪力则刚好大于柱子的抗剪承载力限值（82606.2N>82602.3N），因此在 Time=13.97s 时，柱单元由绿色变为黄色。

极限状态【Limit State】模块的设计是 PERFORM-3D 的特色，可以帮助工程师更加直观地查看结构的性能状态。

5.5 纤维梁柱单元的轴向伸长效应

在应用纤维截面模型时，另一个值得讨论的概念是梁柱单元的轴向伸长效应。图 5-29 所示为一根受弯的钢筋混凝土梁构件，当梁构件发生弯曲导致受拉一侧的混凝土开裂时，梁截面的中性轴将向受向压一侧偏移，如果梁两端没有轴向约束，则梁将会有一定的轴向伸长。另外，在往复荷载作用下，由于钢筋的往复拉压，塑性变形不断加剧，梁的伸长效应会进一步加大。如果梁两端存在轴向约束（如楼板对梁的约束），则由于梁的伸长受到约束，其抗弯承载能力将得到显著提高。

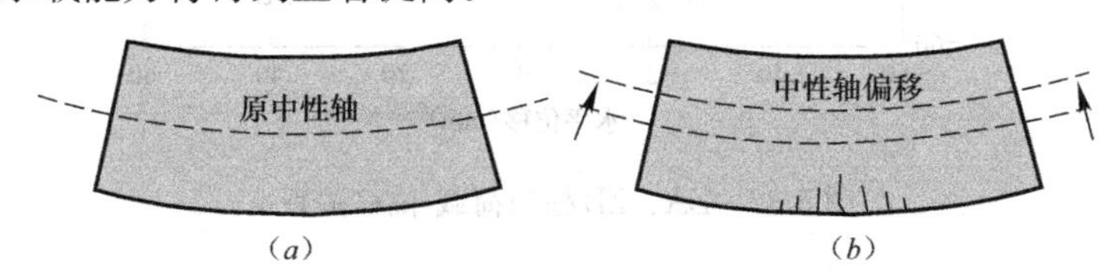

图 5-29 梁柱单元的轴向伸长

(a) 开裂前中性轴位置；(b) 开裂后中性轴偏移

梁的轴向伸长效应是实际存在的，纤维模型可以在一定程度上考虑这种伸长效应，以下通过算例对此进行说明，并结合算例说明这一伸长作用受到约束时构件的抗震性能发生的变化，由此引出采用纤维模型对梁柱构件进行模拟时应注意的事项。算例以图 5-30 中的结构为基础，去除横梁，仅留下两根柱子 ZA 和 ZB，ZB 无约束，等同于悬臂梁，ZA 对轴向变形进行约束，如图 5-30 所示。对两根柱子施加相同的低周往复位移，并对分析结果进行对比。

图 5-31 (*a*) 所示为 ZB 节点 2 的轴向位移变形历程，图 5-31 (*b*) 所示为 ZB 节点 2 的轴向位移随水平位移的变化历程，可见，在低周往复荷载作用下，柱子逐渐伸长，最终伸长量达 3mm。

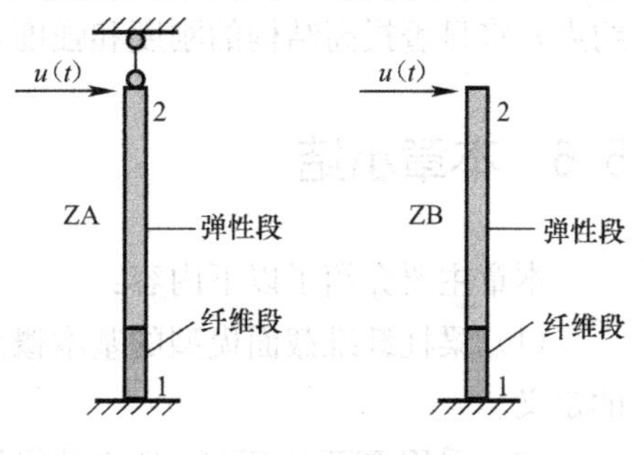

图 5-30 计算模型

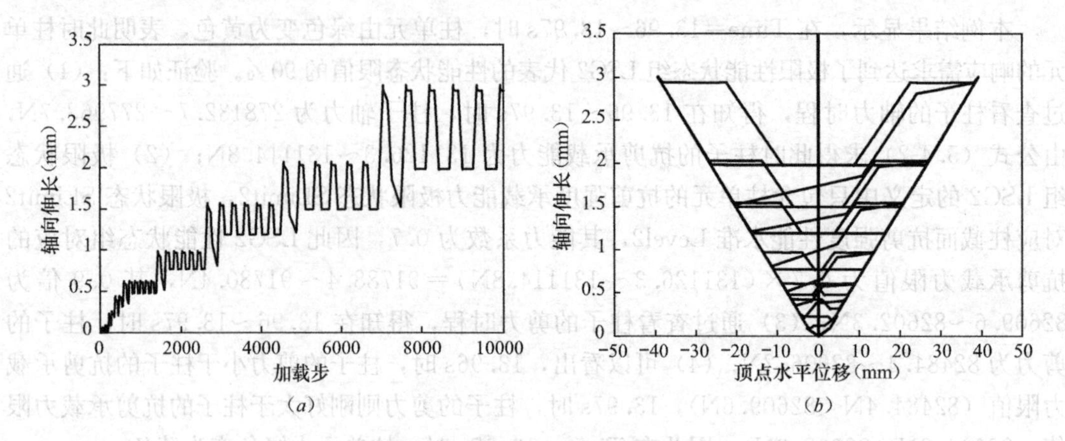

图 5-31 悬臂柱自由端轴向位移时程

(a) 轴向伸长随加载步变化；(b) 轴向伸长与顶点水平位移关系曲线

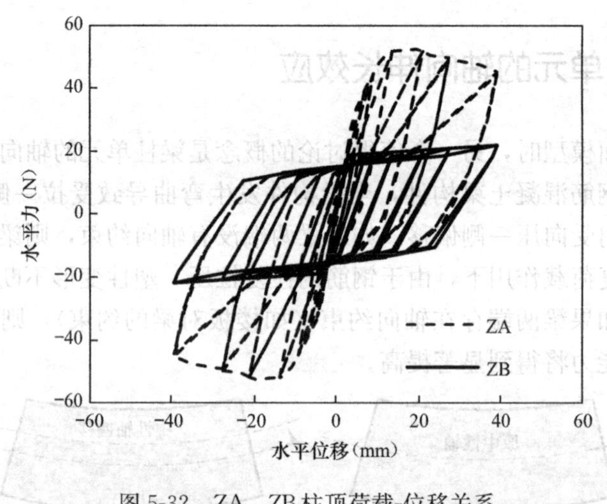

图 5-32 ZA、ZB 柱顶荷载-位移关系

图 5-32 为 ZA 和 ZB 的荷载-位移滞回曲线对比，可以看出，是否限制柱的轴向变形对分析结果影响很大，当构件的轴向变形受到约束时，其抗弯承载能力将显著提高。

因此，当使用纤维梁单元模拟梁构件时，应谨慎使用刚性隔板约束。当采用刚性隔板约束时，梁端节点之间不存在相对轴向变形，当梁进入塑性后，梁的轴向伸长将受到无穷大的不真实的约束，这一不真实的约束（不真实是因为这一约束远远大于真实楼板对梁的约束）将显著提高结构的刚度和强度，同时也会产生梁中轴力为无穷大这一失真现象。

5.6 本章小结

本章主要介绍了以下内容：

（1）梁柱纤维截面模型的基本概念及 PERFROM-3D 中梁柱纤维截面组件及复合组件的定义。

（2）采用 PERFORM-3D 中的梁柱纤维截面模型对一榀 RC 框架的低周往复荷载试验

进行模拟，详细讲解 PERFORM-3D 中梁柱纤维截面模型的建模、分析及结果查看的具体方法。

(3) 对剪切强度截面的概念及定义方法进行了讲解，并结合极限状态及极限状态组，通过具体实例阐述了 PERFORM-3D 中利用抗剪强度截面求取抗剪强度需求-能力比的具体计算过程。

(4) 对纤维梁柱单元的轴向伸长现象进行了讨论，并通过具体算例对文中的观点进行了验证。

5.7 参考文献

[1] Computers and Structures, Inc. Nonlinear Analysis and Performance Assessment for 3D Structures User Guide [M]. Berkeley, California, USA: Computers and Structures, Inc., 2006.

[2] Computers and Structures, Inc. Components and Elements for PERFORM-3D and PERFORM-Collapse [M]. Berkeley, California, USA: Computers and Structures, Inc., 2006.

[3] 黄群贤. 新型砌体填充墙框架结构抗震性能与弹塑性地震反应分析方法研究 [D]. 华侨大学, 2011.

[4] Paulay T, Priestley M J N. Seismic Design of Reinforced Concrete and Masonry Buildings [M]. Wiley, 1992: 49-56.

[5] GB 50010—2010 混凝土结构设计规范 [S]. 北京: 中国建筑工业出版社, 2010.

6 剪力墙模拟

6.1 引言

剪力墙的非线性分析模型可根据其基本假定的差异及单元自由度数量的多少划分为微观模型和宏观模型[1]。微观模型用实体或者板壳单元直接模拟剪力墙，原理清晰，但计算量大，收敛难以保证，宏观模型将剪力墙用多组非线性弹簧进行模拟，计算量小，试验分析校正相对简单，适用于结构整体弹塑性分析。PERFORM-3D[2,3]中提供了两种剪力墙宏观模型，包括能考虑单向压弯非线性的 Shear Wall Element（剪力墙单元）及在此基础上进一步考虑复杂应力状态而开发的 General Shear Wall Element（通用剪力墙单元）。其中 Shear Wall 单元采用的是多竖向弹簧单元模型（MVLEM）理论，为此，本章首先对 MVLEM 的研究背景及原理进行介绍，在此基础上介绍 PERFORM-3D 中提供的剪力墙组件及单元，最后采用 PERFORM-3D 中的 Shear Wall 单元对一悬臂剪力墙试件的拟静力试验进行模拟，详细讲解 Shear Wall 单元的基本建模过程和参数定义方法，并对模拟结果进行讨论。

6.2 多竖向弹簧单元模型（MVLEM）理论

6.2.1 MVLEM 的研究背景

Kabeyasawa 等[4]在对一足尺 7 层框架-剪力墙结构的振动台试验进行分析的过程中提出了三竖向弹簧单元模型（Three-vertical-line-element-model，TVLEM），该模型由两端暗柱的竖向弹簧（刚度 K_1 与 K_2）与腹板剪力墙的竖向弹簧（刚度 K_V）考虑轴向变形，中部弯曲弹簧（刚度 K_Φ）考虑弯曲变形，水平弹簧（刚度 K_H）考虑剪力墙的水平剪切变形，竖向弹簧通过代表上、下楼板的刚性梁进行相连，如图 6-1 所示。

TVLEM 模型可以模拟剪力墙进入非线性后中性轴的偏移，但模型参数确定困难，且由于该模型的弯曲弹簧刚度 K_Φ 仅由边缘约束构件之间的剪力墙（即腹板剪力墙）的刚度确定，使得腹板剪力墙（弯曲弹簧）与边缘构件（两边竖向弹簧）之间的变形无法协调。

为解决 TVLEM 单元的这些问题，Vulcano 等[5]提出了多竖向弹簧单元模型（Multiple-vertical-line-element-model，MVLEM），如图 6-2 所示。MVLEM 模型通过沿剪力墙长度方向布置多条竖向弹簧来考虑剪力墙的压弯效应，避免了 TVLEM 模型直接确定弯曲弹簧的力-变形恢复力关系的困难，同时 MVLEM 还可自动考虑剪力墙进入塑性后截面中性轴的偏移。

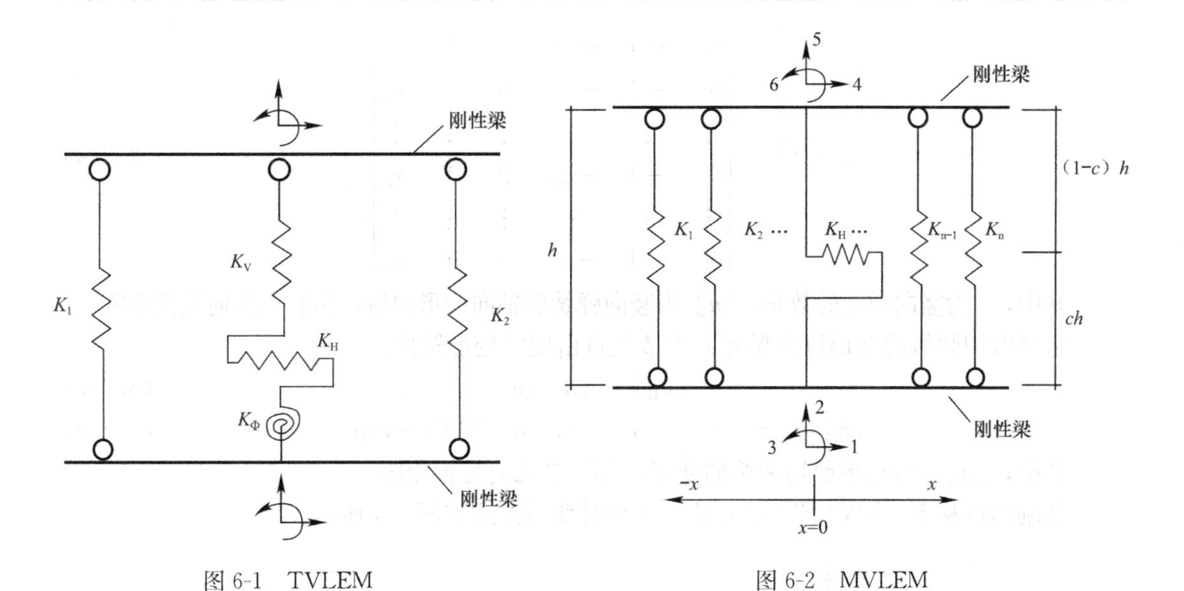

图 6-1　TVLEM　　　　图 6-2　MVLEM

MVLEM 单元中，压弯效应由多条连着上、下刚性梁的竖向弹簧进行模拟，剪切效应由放置在 ch 高度上的水平剪切弹簧来模拟，剪力墙单元的轴向刚度和弯曲刚度由竖向弹簧的刚度得到，单元的剪切刚度由剪切弹簧提供，剪切变形与压弯变形不耦合，剪力墙的转动中心布置在距离底部刚性梁高 ch 的位置。

随后，Kutay Orakcal、Lenonardo M. Massone 和 John W Wallance[6] 对 MVLEM 进行了进一步研究，采用钢筋与混凝土的材料本构代替原来 MVLEM 中的竖向弹簧本构，并利用 MVLEM 单元对一字形 RC 剪力墙与 T 形 RC 剪力墙的低周往复荷载试验进行数值分析，研究了各种参数对 MVLEM 分析精度的影响，对比验证了 MVLEM 对于弯控剪力墙滞回性能模拟的适用性。

如图 6-3 所示，采用 MVLEM 对剪力墙进行模拟时，将剪力墙沿高度剖分成多个 MVLEM 单元，对于每一个 MVLEM 单元，用户只需定义各个单轴竖向弹簧和剪切弹簧的特性即可完成建模，材料参数相对较容易确定。

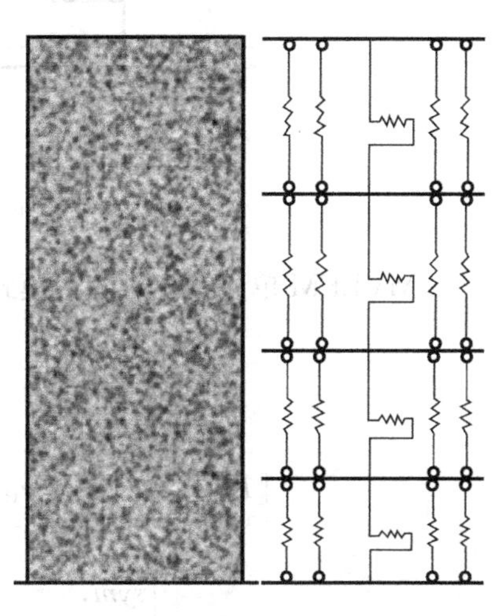

图 6-3　剪力墙的 MVLEM 建模

6.2.2　MVLEM 的基本列式

如图 6-2 所示，每个 MVLEM 单元包含 6 个节点自由度，位于顶部和底部刚性梁的中心，定义为：

$$[\delta]=[\delta_1 \quad \delta_2 \quad \delta_3 \quad \delta_4 \quad \delta_5 \quad \delta_6]^T \tag{6.2-1}$$

根据平截面假定，竖向弹簧的轴向变形可表示为：

$$[u]=[a][\delta] \tag{6.2-2}$$

$$[u]=[u_1 \quad u_2 \quad u_3 \quad \cdots \quad u_i \quad \cdots \quad u_n]^T \tag{6.2-3}$$

$$[a]=\begin{bmatrix}0 & -1 & -x_1 & 0 & 1 & x_1\\ 0 & -1 & -x_2 & 0 & 1 & x_2\\ \vdots & \vdots & \vdots & \vdots & \vdots & \vdots\\ 0 & -1 & -x_i & 0 & 1 & x_i\\ \vdots & \vdots & \vdots & \vdots & \vdots & \vdots\\ 0 & -1 & -x_n & 0 & 1 & x_n\end{bmatrix} \tag{6.2-4}$$

其中，n 为竖向弹簧的数量，$[u]$ 为竖向弹簧的轴向变形向量，$[a]$ 为几何变换矩阵。

水平剪切弹簧的变形可由单元 6 个节点自由度的变形转换：

$$[u_{\mathrm{H}}]=[b]^{\mathrm{T}}[\delta] \tag{6.2-5}$$

$$[b]=[1 \quad 0 \quad -ch \quad -1 \quad 0 \quad -(1-c)h]^{\mathrm{T}} \tag{6.2-6}$$

其中，$[u_{\mathrm{H}}]$ 为水平剪切弹簧的变形，$[b]$ 是几何变换矩阵。

非刚体位移下，MVLEM 单元的 3 个相对变形模式如图 6-4 所示。

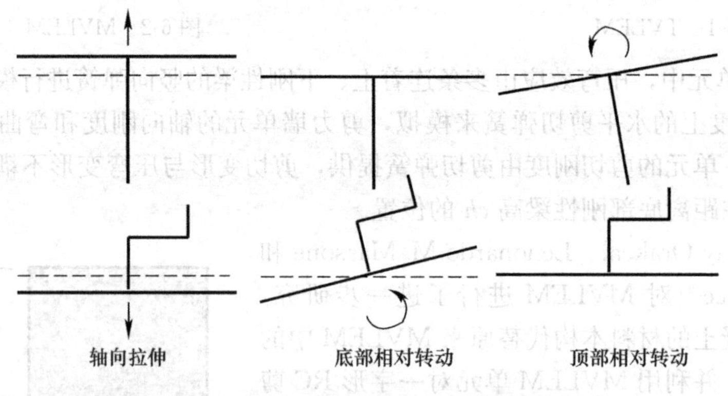

图 6-4　MVLEM 单元相对变形模式

MVLEM 单元在相对变形模式下的刚度矩阵：

$$[K]=\begin{bmatrix}\sum_{i=1}^{n}k_i & -\sum_{i=1}^{n}k_ix_i & \sum_{i=1}^{n}k_ix_i\\ & k_{\mathrm{H}}c^2h^2+\sum_{i=1}^{n}k_ix_i & k_{\mathrm{H}}c(1-c)h^2-\sum_{i=1}^{n}k_ix_i^2\\ sym. & & k_{\mathrm{H}}(1-c)^2h^2+\sum_{i=1}^{n}k_ix_i^2\end{bmatrix} \tag{6.2-7}$$

MVLEM 单元在局部坐标系下的刚度矩阵可由虚位移原理获得：

$$[K_{\mathrm{e}}]=[\beta]^{\mathrm{T}}[K][\beta] \tag{6.2-8}$$

$$[\beta]=\begin{bmatrix}0 & -1 & 0 & 0 & 1 & 0\\ -1/h & 0 & 1 & 1/h & 0 & 0\\ -1/h & 0 & 0 & 1/h & 0 & 1\end{bmatrix} \tag{6.2-9}$$

其中，$[K_{\mathrm{e}}]$ 为单元局部坐标系下的刚度矩阵，$[\beta]$ 为几何变换矩阵，将单元 6 个节点自由度的变形转换为单元的 3 个相对变形：轴向伸长变形、底部相对转角、顶部相对转角。

6.3 PERFORM-3D 剪力墙宏观单元介绍

PERFORM-3D 中包含两种剪力墙宏观单元：Shear Wall（剪力墙）单元和 General Wall（通用墙）单元。

（1）Shear Wall 单元

PERFORM-3D 中的 Shear Wall 单元是基于平面的 MVLEM 单元理论扩展得到的三维单元，单元的转动中心参数 c 取值为 0.5。Shear Wall 单元是 4 节点单元，其平面内竖向的拉压特性、弯曲特性及水平方向的剪切特性按 MVLEM 单元理论得到，水平方向的拉压、平面外的抗弯、抗剪及抗扭按弹性来考虑。Shear Wall 单元的变形模式如图 6-5 所示。

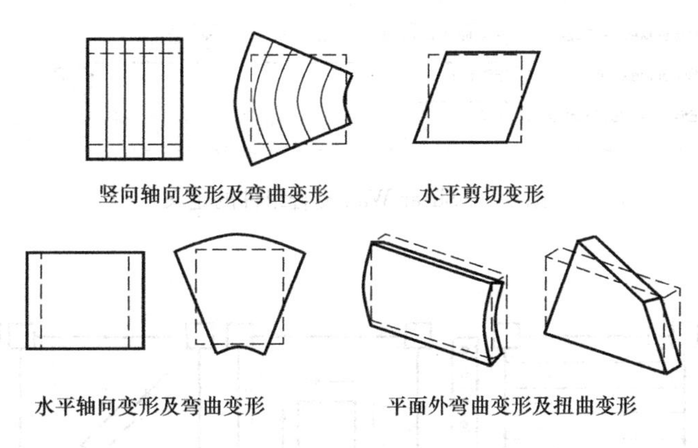

图 6-5 Shear Wall 单元的变形模式

PERFORM-3D 中，Shear Wall 单元通过剪力墙复合组件（Shear Wall Compound Component）定义，而剪力墙复合组件则通过指定剪力墙的纤维截面组件（可选择弹性或非弹性纤维截面）、水平剪切材料及水平方向压弯的弹性属性来完成定义，如图 6-6 所示。另外，剪力墙平面外的弹性属性在剪力墙纤维截面组件中定义。

（2）General Wall 单元

General Wall 单元是在 Shear Wall 单元的基础上为模拟复杂受力状态而开发的一种 4 节点单元。General Wall 单元可以考虑平面内的双向压弯、受剪及对角斜压杆的非线性作用，平面外的抗弯、抗剪及抗扭则按弹性考虑。如图 6-7 所示，General Wall 单元主要由 5 个不同的层组成，（*a*）为竖向布置的纤维层，用于模拟平面内竖直方向的压弯作用，（*b*）为水平布置的纤维层，用于模拟平面内水平方向的压弯作用，（*c*）为模拟混凝土双向受剪作用的剪切层，（*d*）（*e*）为对角斜压层。

对于剪力墙的约束边缘构件，在 PERFORM-3D 中可以单独建立拉压杆进行模拟，也可以在剪力墙纤维截面组件定义的时候通过划分纤维进行考虑。另外，PERFORM-3D 中两种墙单元的单元节点均不包含转动自由度，无法传递弯矩，因此当梁单元与墙单元连接时，需采取合理的方式进行弯矩传递（如附加抗弯刚度较大的内嵌梁）。

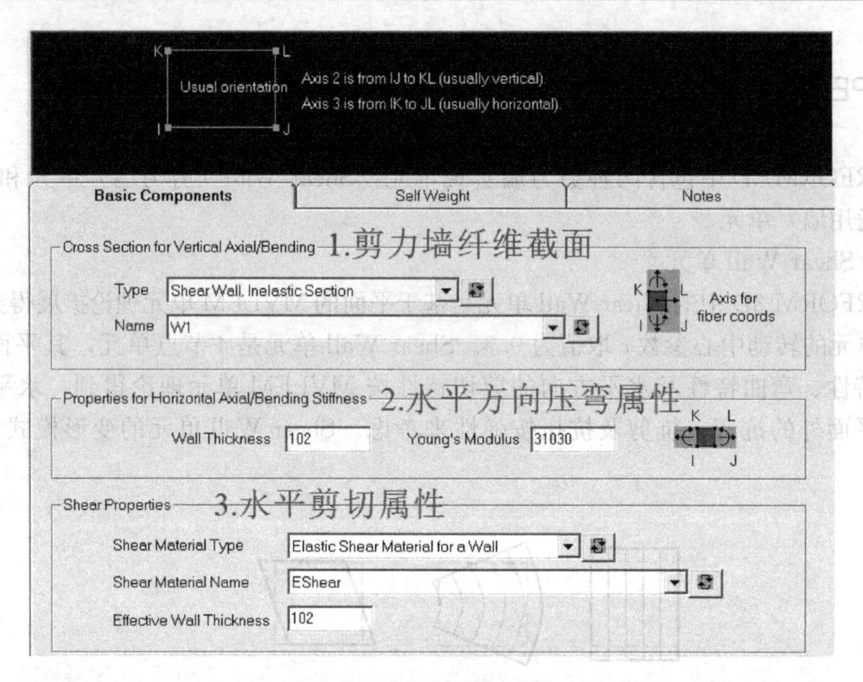

图 6-6 Shear Wall 复合组件的定义

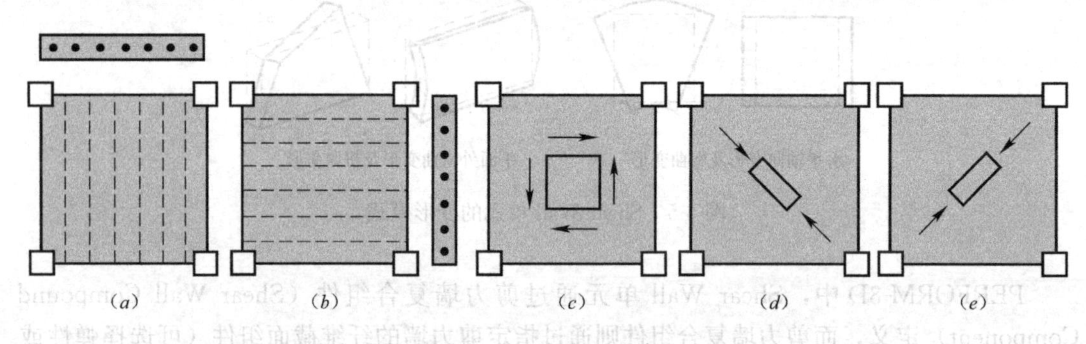

图 6-7 General Wall 单元

(*a*) 竖直方向压弯；(*b*) 水平方向压弯；(*c*) 混凝土受剪；(*d*) 对角斜压；(*e*) 对角斜压

6.4 剪力墙数值模拟实例

利用 PERFORM-3D 中的 Shear Wall 单元对文献［7，8］中的一字形剪力墙 RW2 的低周往复试验进行模拟分析，并讲述 PERFORM-3D 中宏观剪力墙单元的基本建模过程及参数选取方法。

6.4.1 试验介绍

剪力墙试件的高度为 3660mm，宽度为 1223mm，厚度为 102mm。试件主要使用了三种钢筋，约束区纵筋采用编号＃3（d＝9.53mm）的钢筋，约束区箍筋采用直径为 4.76mm 的光圆钢筋，分布筋采用编号＃2（d＝6.35mm）的钢筋。试件的几何尺寸如图 6-8 所示，剪力墙的截面配筋如图 6-9 所示。

试验对沿剪力墙高度均匀分布的 4 个具有代表性位置处的混凝土材料属性进行了测量，实测的圆柱体受压应力-应变曲线如图 6-10 所示。

试验对钢筋进行了拉伸试验，测得＃3 及＃2 钢筋的弹性模量为 E=200GPa，各钢筋的受拉应力-应变曲线如图 6-11 所示。

试件采用悬臂式加载，底部固定，顶部为自由端，加载装置如图 6-12 所示。试验加载制度为先进行竖向荷载施加，实际施加的轴压力为 378kN，装置加载至设定的轴力后先进行力控制水平往复加载，随后进行位移控制水平往复加载。实测的施加在试件顶部的位移加载历程如图 6-13 所示。

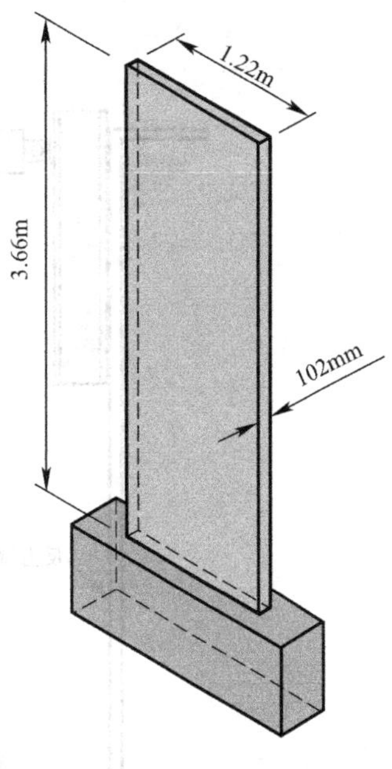

图 6-8 剪力墙试件尺寸

6.4.2 建模阶段

为讨论 MVLEM 单元的剖分尺寸对分析结果的影响，确定沿剪力墙高度合理的单元划分数量，本例一共建立了 5 个剪力墙模型，各模型沿剪力墙高度方向划分的单元数量依次为 1、2、4、8、20，相应的单元长度为 3660mm、1830mm、915mm、457.5mm、183mm。接下来以单元划分数量为 8 的模型为例进行讲解。

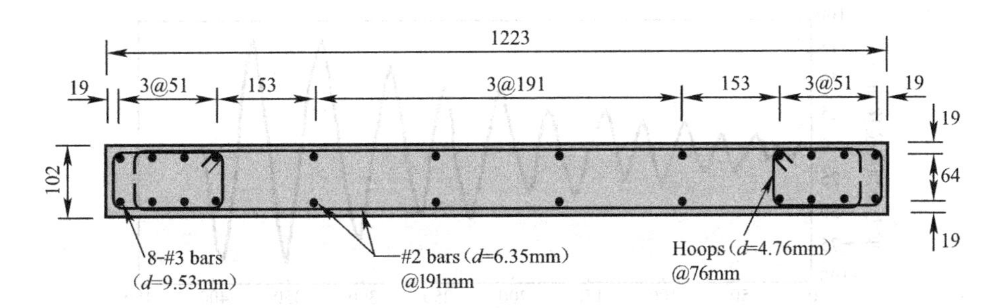

图 6-9 剪力墙试件截面配筋图（长度单位为 mm）

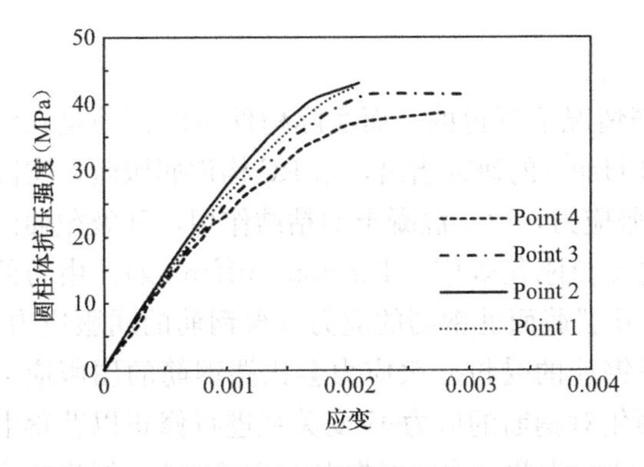

图 6-10 实测混凝土圆柱体受压应力-应变曲线

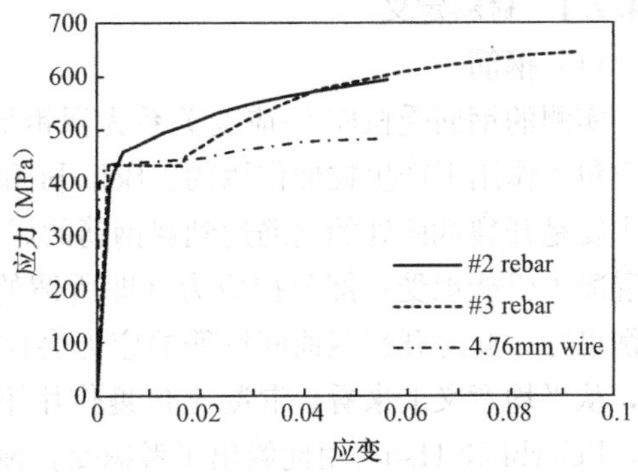

图 6-11 钢筋应力-应变曲线

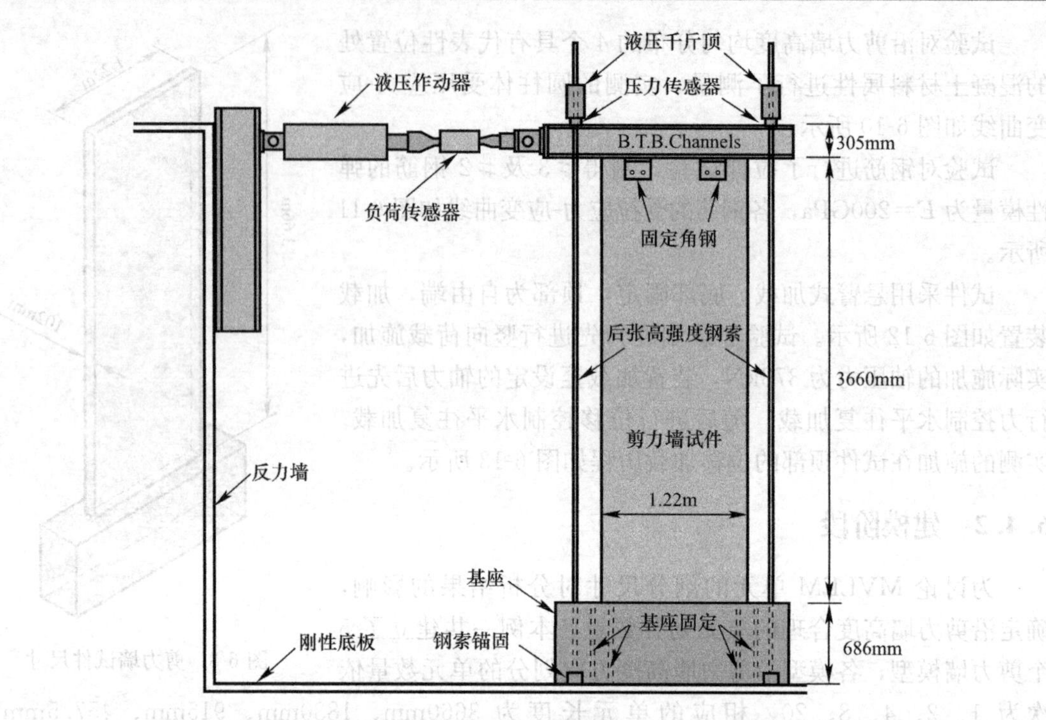

图 6-12 试验加载装置（Thomsen 和 Wallace，1995[8]）

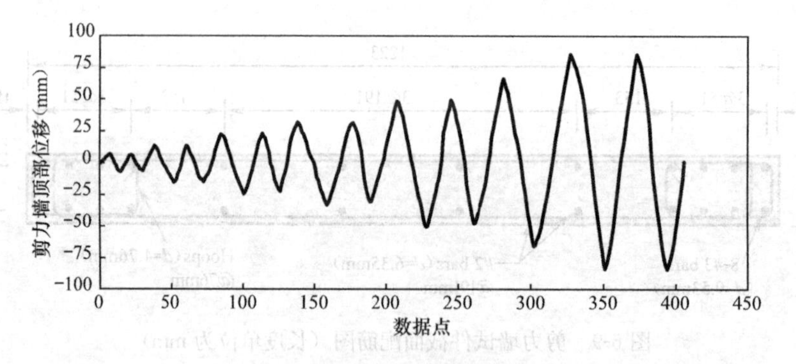

图 6-13 剪力墙位移加载历程

6.4.2.1 材料定义

（1）钢筋

实测的钢筋受拉应力-应变关系为裸钢筋情况下测得的，而实际构件中的钢筋是在混凝土包裹作用下产生拉伸作用的。Belarbi 和 Hsu[9] 的研究指出，当 RC 构件屈服时，实际上主要是开裂截面处的钢筋达到裸钢筋的屈服应力，由于混凝土的粘结作用，开裂截面间的混凝土仍能承受一部分拉应力（即所谓的受拉刚化效应，Tension Stiffening）。由力的平衡可知，此时开裂截面间钢筋的应力会比开裂截面处钢筋的应力（裸钢筋的屈服应力）小，从平均意义上来看，混凝土包裹作用下钢筋的受拉屈服应力会比裸钢筋的屈服应力小，Belarbi 和 Hsu[9] 由此给出了考虑受拉刚化对钢筋的应力-应变关系进行修正以获得混凝土包裹作用下钢筋平均应力-应变关系的方法。为此，本节根据 Belarbi 和 Hsu 提出的方法对钢筋的受拉屈服应力和强化刚度进行修正。

采用 PERFORM-3D 中的三折线骨架曲线拟合钢筋的应力-应变关系，具体的应力-应变关系的拟合如图 6-14 和图 6-15 所示。由于考虑了钢筋混凝土受拉刚化效应的影响，拟合的钢筋受拉骨架曲线的屈服应力会比实测裸钢筋的屈服应力小。

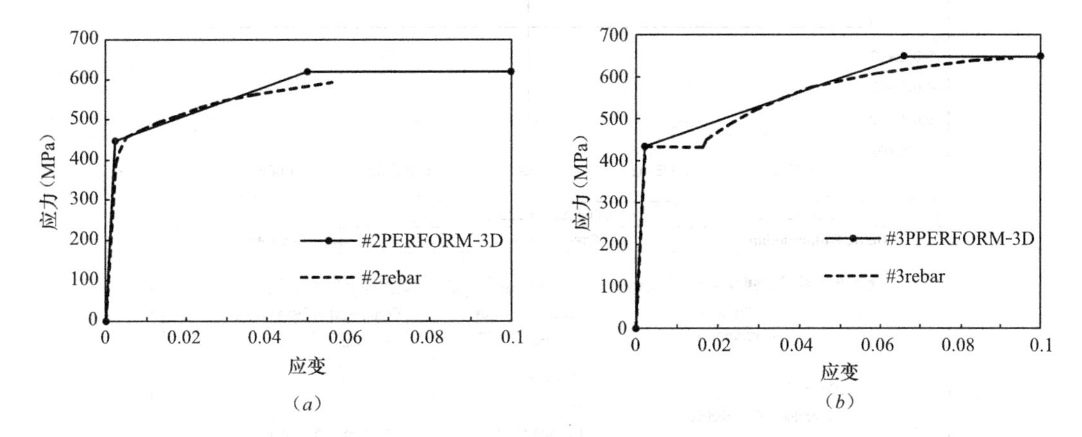

图 6-14 钢筋受压应力-应变关系拟合

(a) ＃2；(b) ＃3

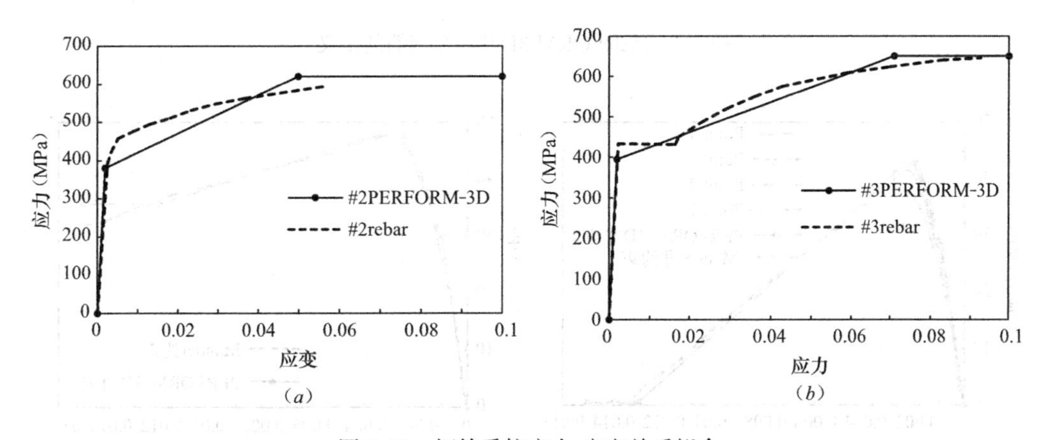

图 6-15 钢筋受拉应力-应变关系拟合

(a) ＃2；(b) ＃3

在【Component properties】-【Materials】-【Inelastic Steel Material，Non-Buckling】下添加命名为＃2 及＃3 的钢筋单轴材料，并按上述拟合后的骨架曲线定义材料参数。图 6-16 为＃2 钢筋材料的定义。

(2) 混凝土材料

剪力墙的边缘构件采用约束混凝土本构，腹墙采用非约束混凝土本构。约束混凝土本构根据 Mander 本构[10]计算（具体参数计算可参考本书第 3 章），在 PERFORM-3D 中用 5 折线骨架曲线对混凝土的受压应力-应变曲线进行拟合，如图 6-17 所示。其中混凝土的初始弹性刚度统一取为 31.03GPa，不考虑混凝土的抗拉作用。

在【Component properties】-【Materials】-【Inelastic 1D Concrete Material】下添加约束和非约束混凝土材料，分别命名为 Confined 和 UnConfined，并按上述拟合后的骨架曲线定义材料参数。约束混凝土材料 Confined 的定义如图 6-18 所示。

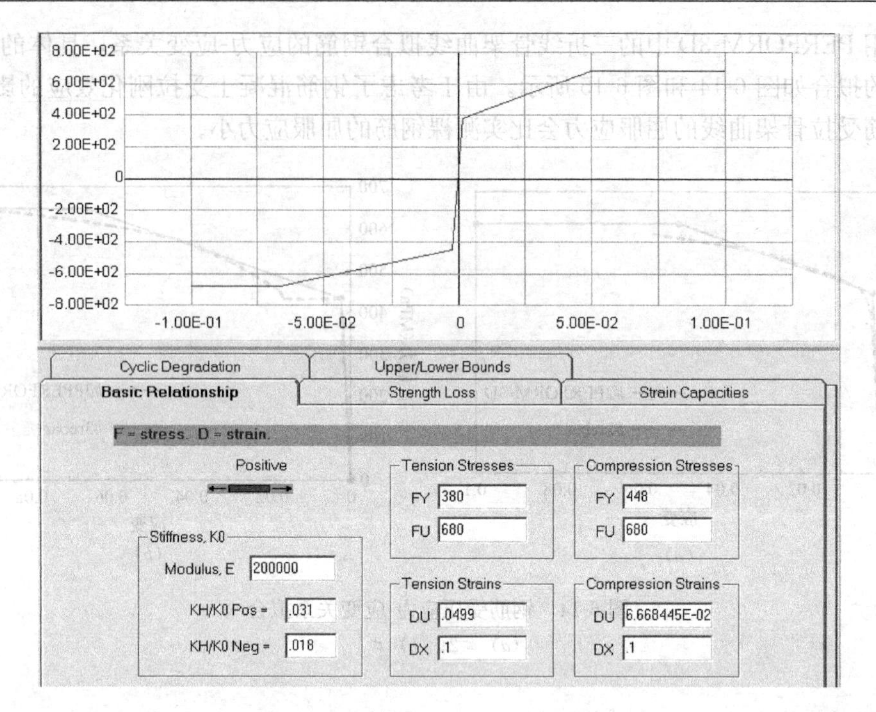

图 6-16 PERFORM-3D 中＃2 钢筋的定义

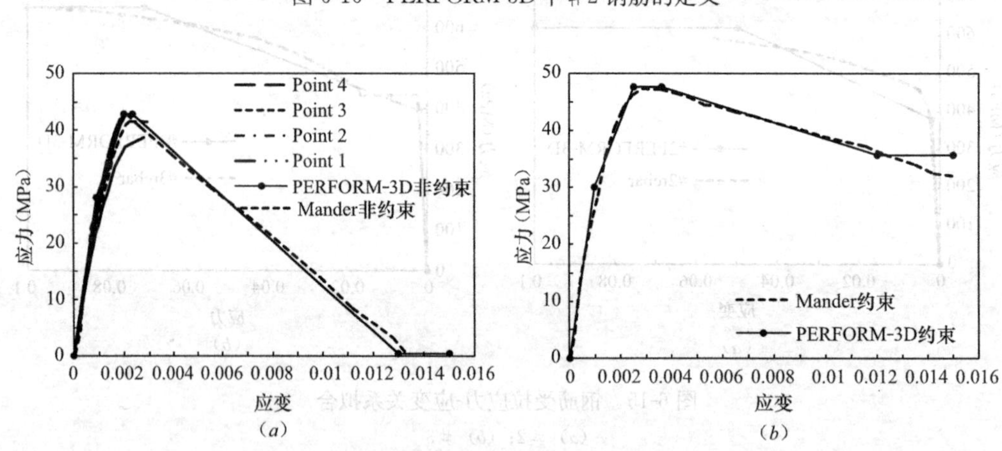

图 6-17 混凝土应力-应变关系拟合

(*a*) 非约束混凝土；(*b*) 约束混凝土

（3）剪切材料定义

MVLEM单元需要输入水平剪切弹簧的本构关系，用于模拟剪力墙的剪切效应。由于试件高宽比较大（3660/1220=3），剪力墙主要为弯曲变形控制，故本例不考虑剪切非线性，使用弹性剪切材料，剪切刚度取有效剪切刚度，刚度折减系数取 0.5，取值 $0.5G=0.5\times0.4E=6206$MPa。在【Component properties】-【Materials】-【Elastic Shear Material for a Wall】下添加弹性剪切材料，命名为 EShear，参数定义如图 6-19 所示。

6.4.2.2 剪力墙纤维截面定义

定义好材料之后，通过【Component Properties】-【Cross Sects】-【Shear Wall，Inelastic Fiber Section】添加名为 W1 的剪力墙非线性纤维截面。剪力墙纤维截面的定义需要输

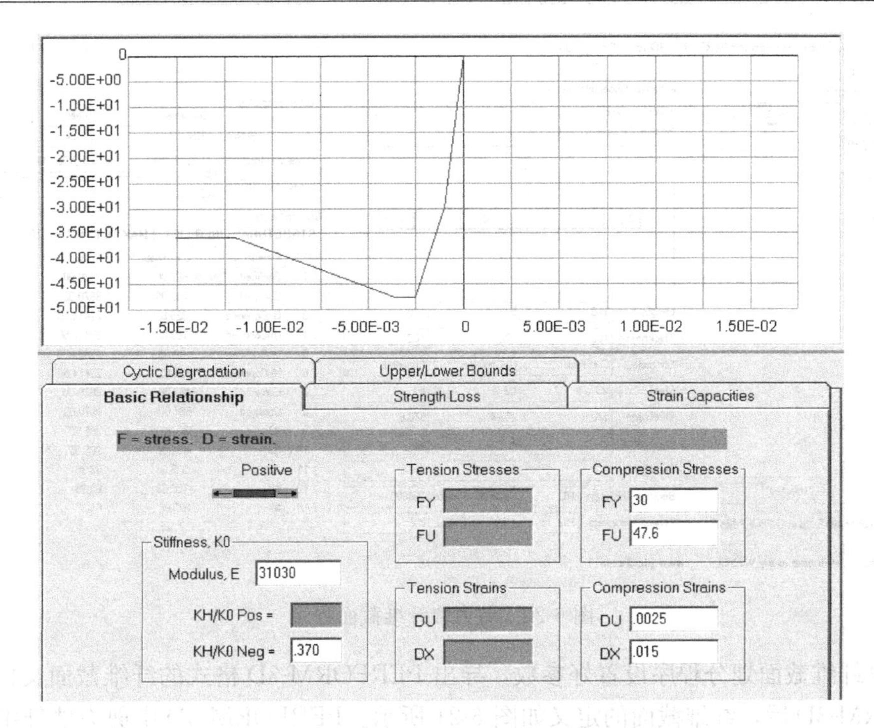

图 6-18 PERFORM-3D 中约束混凝土的定义

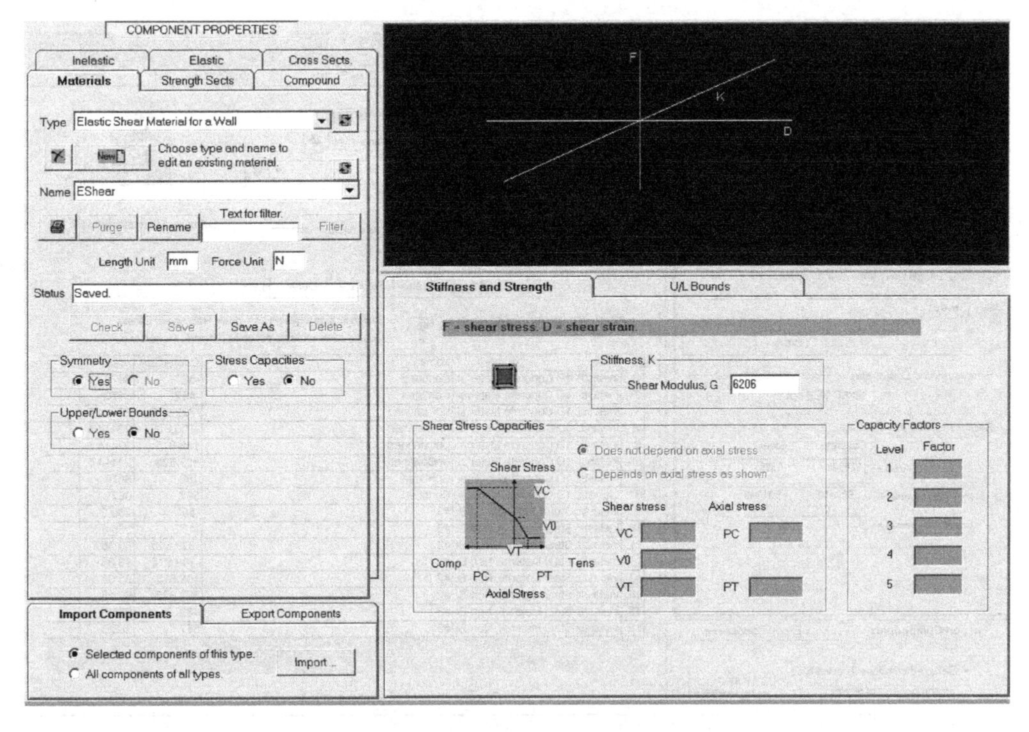

图 6-19 PERFORM-3D 中弹性剪切材料的定义

入纤维的坐标及材料，手工定义比较繁琐，可以采用作者开发的剪力墙纤维截面划分程序（http://www.jdcui.com）完成截面建模，程序界面如图 6-20 所示。

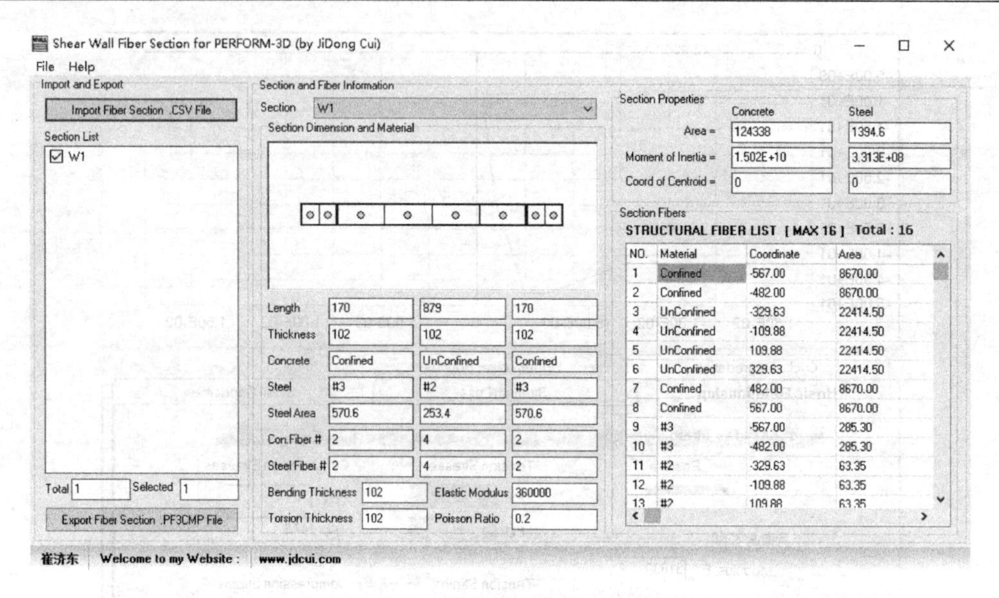

图 6-20 剪力墙纤维截面程序

通过纤维截面划分程序设置好参数，导出 PERFORM-3D 格式的纤维截面文件，导入 PERFORM-3D 后，纤维截面的定义如图 6-21 所示。PERFORM-3D 中剪力墙纤维截面允许的最大纤维划分数为 16，本例混凝土纤维划分数量为 8，钢筋纤维的划分数量为 8。

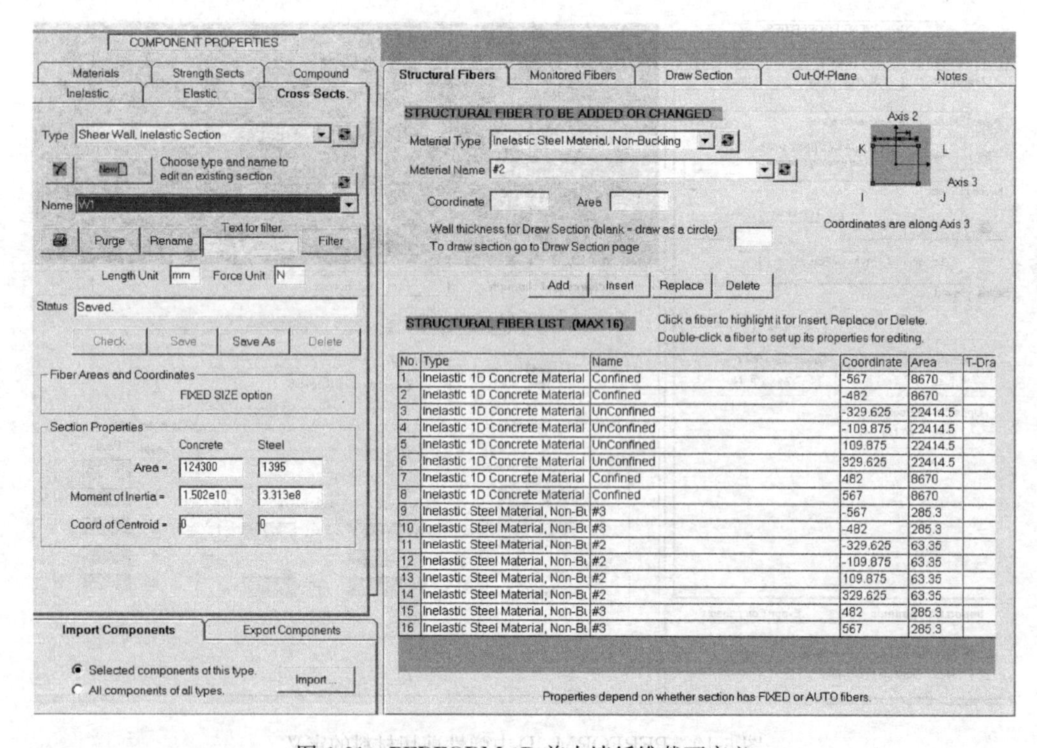

图 6-21 PERFORM-3D 剪力墙纤维截面定义

6.4.2.3 剪力墙复合组件的定义

在【Component properties】-【Coumpound】-【Shear Wall Compound Component】下添

加剪力墙复合组件 W1，指定剪力墙纤维截面组件为 W1、剪切材料为 Eshear，剪力墙的厚度为 102mm，并填写水平方向的压弯属性，完成剪力墙复合组件的定义，如图 6-22 所示。

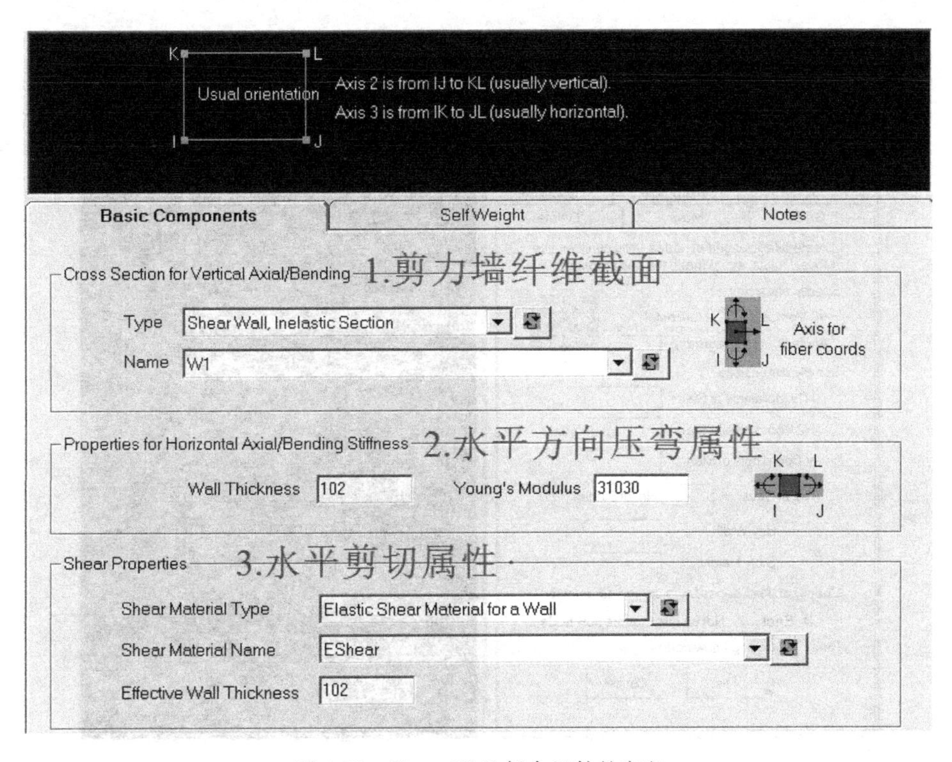

图 6-22　Shear Wall 复合组件的定义

6.4.2.4 大刚度弹簧定义

本例采用动力工况与大刚度弹簧结合的方法（详见第 14 章）进行往复位移加载的模拟。在【Component properties】-【Elastic】下添加【Support Spring】类型的支座弹簧组件 spring，激活组件 Axis 1 轴的平动自由度，并指定 Axis 1 轴的刚度为 1E+20，如图 6-23 所示。

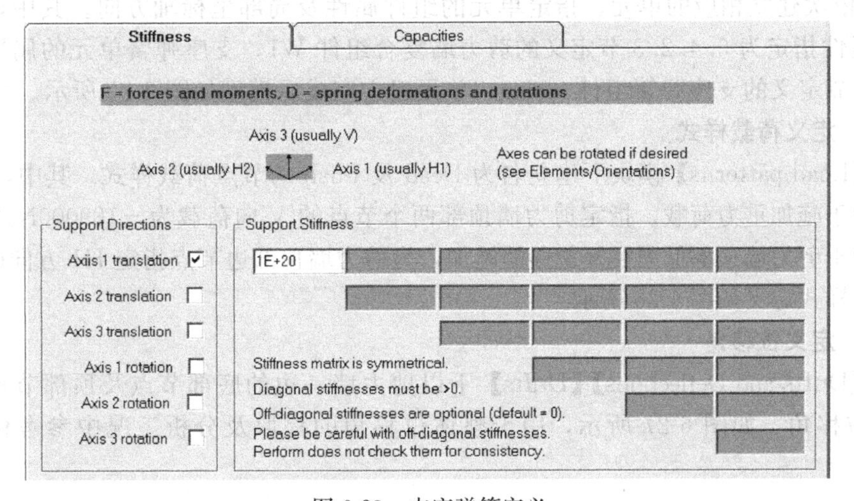

图 6-23　支座弹簧定义

6.4.2.5 节点操作

在建模阶段（Modeling phase）的【Nodes】-【Nodes】选项卡下添加节点，在【Nodes】-【Supports】选项下指定底部支座约束为固接，完成节点操作后模型如图 6-24 所示。

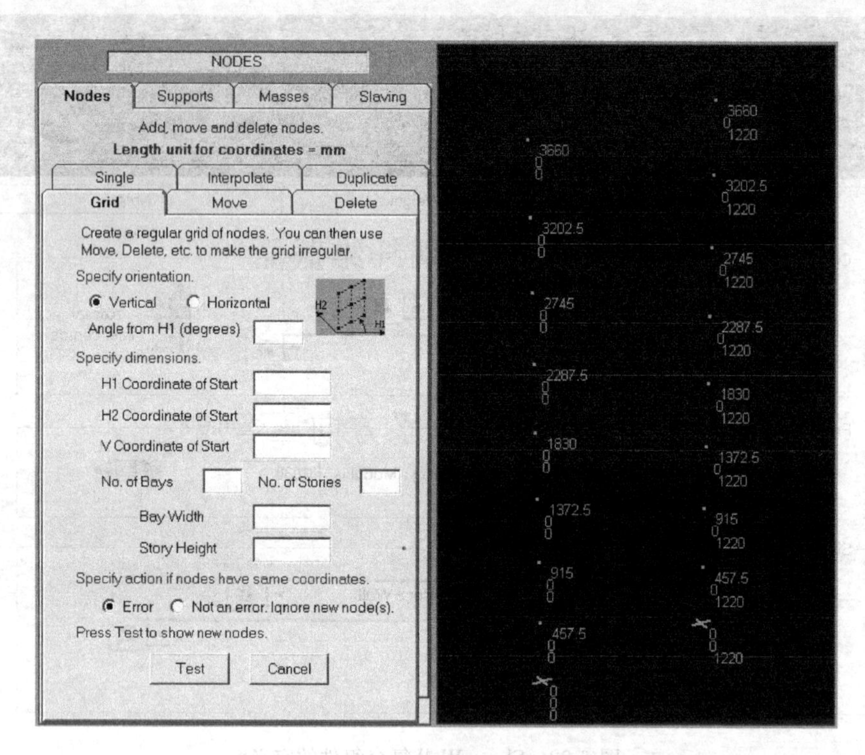

图 6-24　节点操作

6.4.2.6 建立单元

本例需要建立 Shear Wall 单元及用于施加位移的支座弹簧单元。在建模阶段（Modeling phase）的【Elements】模块下分别建立剪力墙单元组 Wall 及支座弹簧单元组 Support，并依次建立相应的单元、指定单元的组件属性及局部坐标轴方向。其中，剪力墙单元的属性指定为 6.4.2.3 节定义的剪力墙复合组件 W1，支座弹簧单元的属性指定为 6.4.2.4 节定义的支座弹簧组件 spring。单元建立完成后模型如图 6-25 所示。

6.4.2.7 定义荷载样式

在【Load patterns】模块下建立名为 Dead 及 Push 的节点荷载样式。其中，Dead 荷载样式用于施加重力荷载，指定剪力墙顶部两个节点的 V 向荷载为－189000N。Push 荷载样式用于剪力墙顶部低周往复位移的施加，为剪力墙顶部边节点指定 H1 方向的单位荷载。荷载样式定义如图 6-26 所示。

6.4.2.8 定义位移角

在【Drifts and Deflections】-【Drifts】下以剪力墙一边的底部节点及顶部节点建立名为 D 的位移角，如图 6-27 所示，用于整体位移角的提取及分析工况中参考位移角的指定。

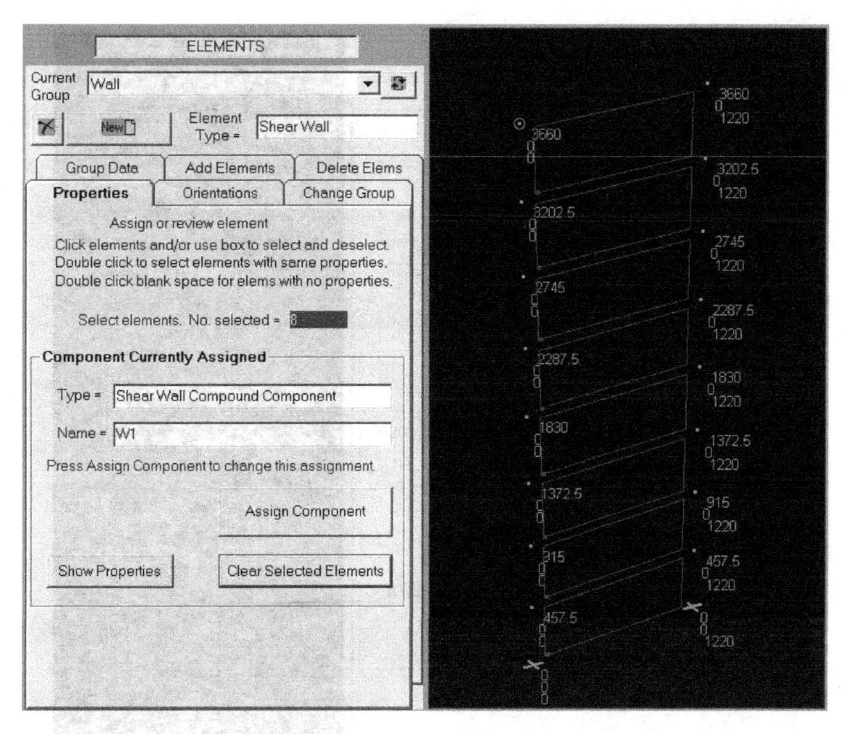

图 6-25　建立单元

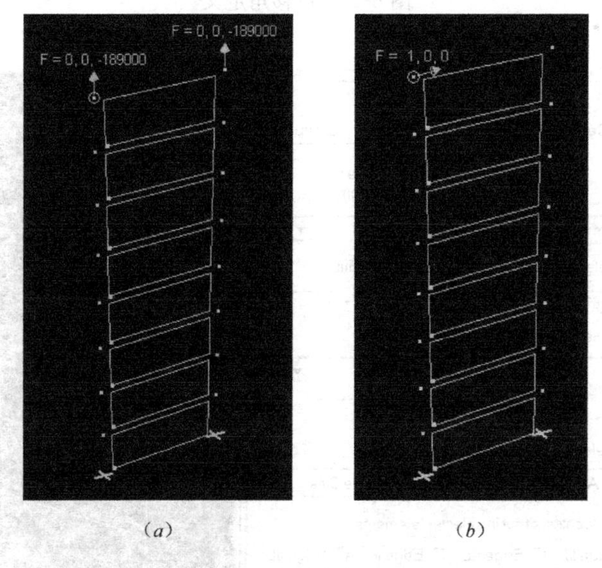

(*a*)　　(*b*)

图 6-26　节点荷载样式的定义

(*a*) Dead 荷载样式；(*b*) Push 荷载样式

6.4.2.9　结构截面

在【Structure section】模块下以底部剪力墙单元定义结构截面 Bottom，结构截面的切割位置取剪力墙的 IJ 边，如图 6-28 所示。结构截面 Bottom 用于提取剪力墙的底部剪力。

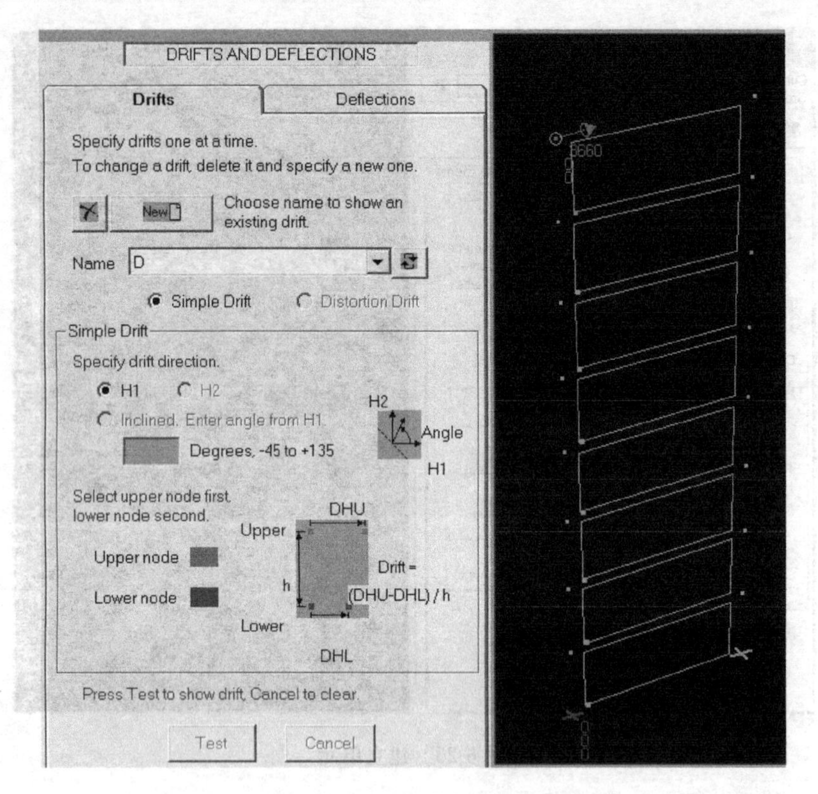

图 6-27　位移角定义

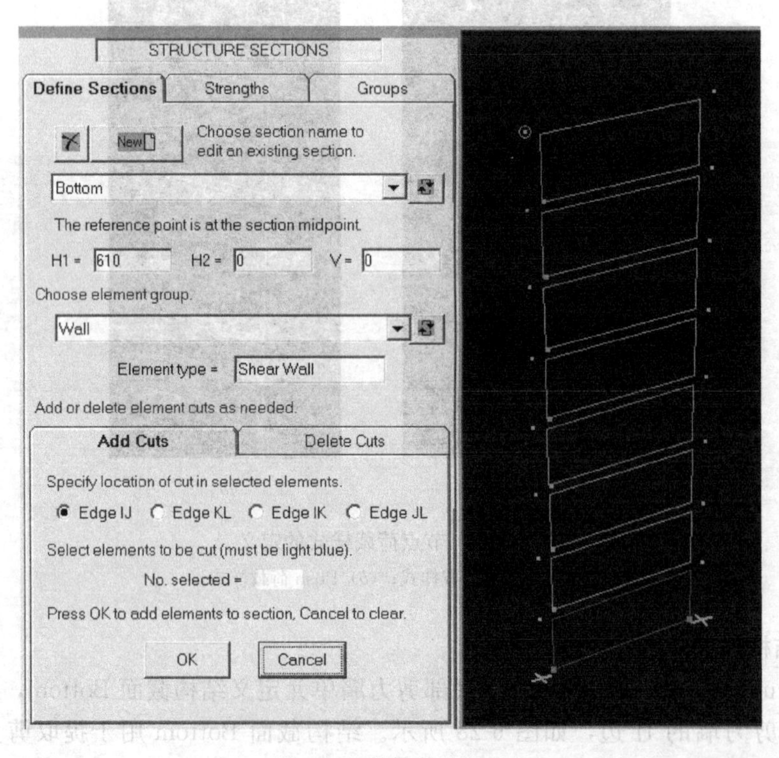

图 6-28　结构截面定义

6.4.3 分析阶段

本例主要定义三个工况：重力工况、静力 Push-Over 分析工况及动力荷载工况（Dynamic Load Case）。

6.4.3.1 重力工况定义

在【Set up load cases】下建立【Gravity】类型的工况 G，并将 Dead 节点荷载样式添加到荷载样式列表中，如图 6-29 所示。

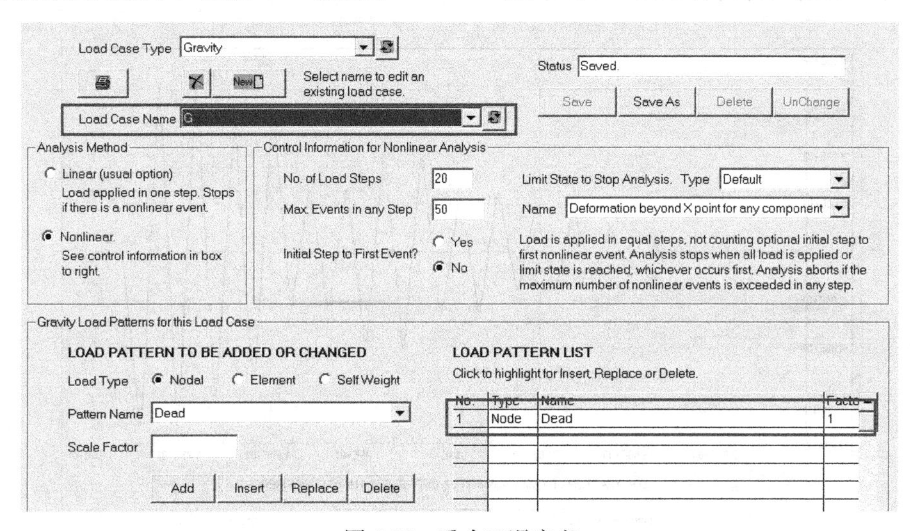

图 6-29 重力工况定义

6.4.3.2 Push-Over 工况定义

在【Set up load cases】下建立【Static Push-Over】类型的工况 push，指定最大容许位移角为 0.05（取一较大值），参考位移角为 D，并将节点荷载样式 Push 添加到荷载样式列表中，如图 6-30 所示。

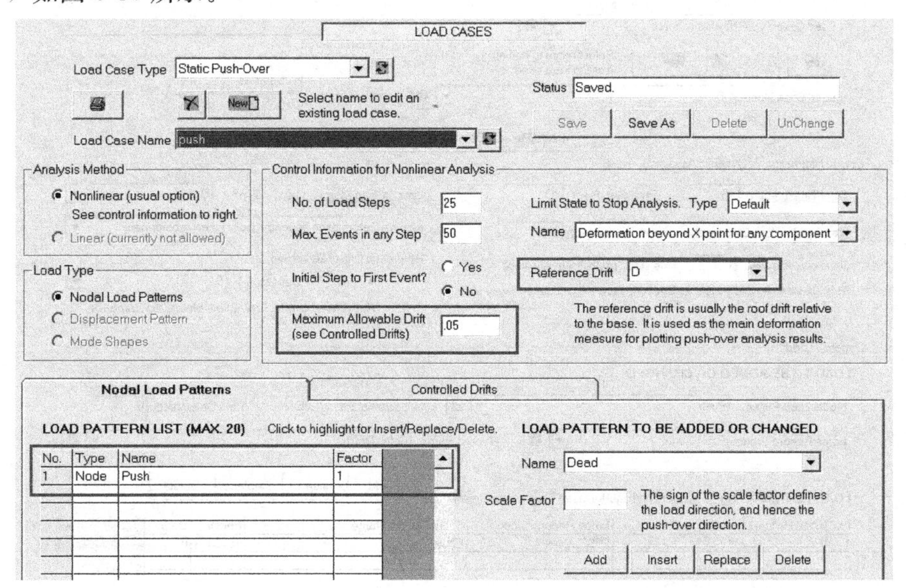

图 6-30 Push-Over 工况定义

6.4.3.3 动力荷载工况定义

本例采用动力荷载工况与大刚度弹簧结合的方法（详见第 14 章）进行往复位移加载。在建立 Dynamic Force 工况前，必须建立动力（Dynamic Force）时程。将图 6-13 所示的剪力墙顶点位移历程（displacement. txt）作为动力时程导入，关于 Dynamic Force 时程的导入可以参考本书第 14 章的例子。这里将图 6-13 所示的顶部位移历程按 0.02s 的时间间隔作为动力时程导入，共 958 个点，持续时间为 19.16s，动力时程的名称为 Ch06 _ DF01，导入后的动力时程如图 6-31 所示。

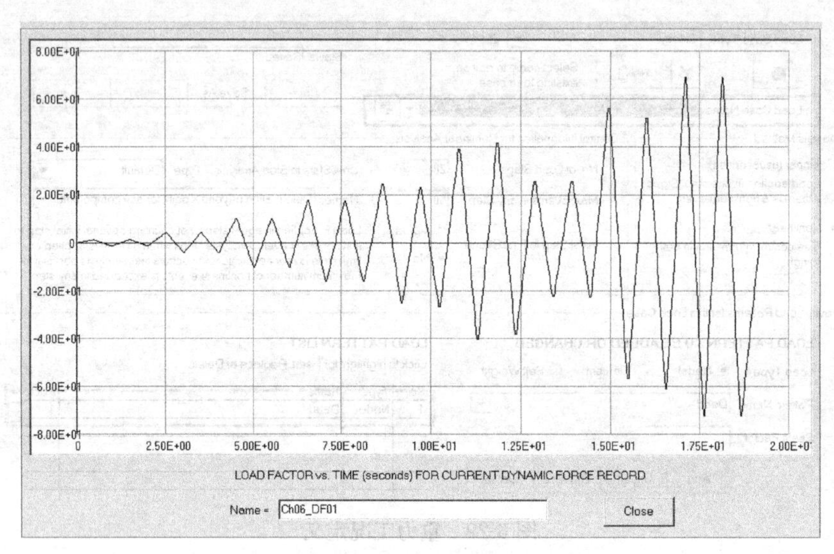

图 6-31　动力时程导入

在【Set up load cases】下建立动力荷载工况（【Dynamic Force】类型），命名为 DF，如图 6-32 所示。

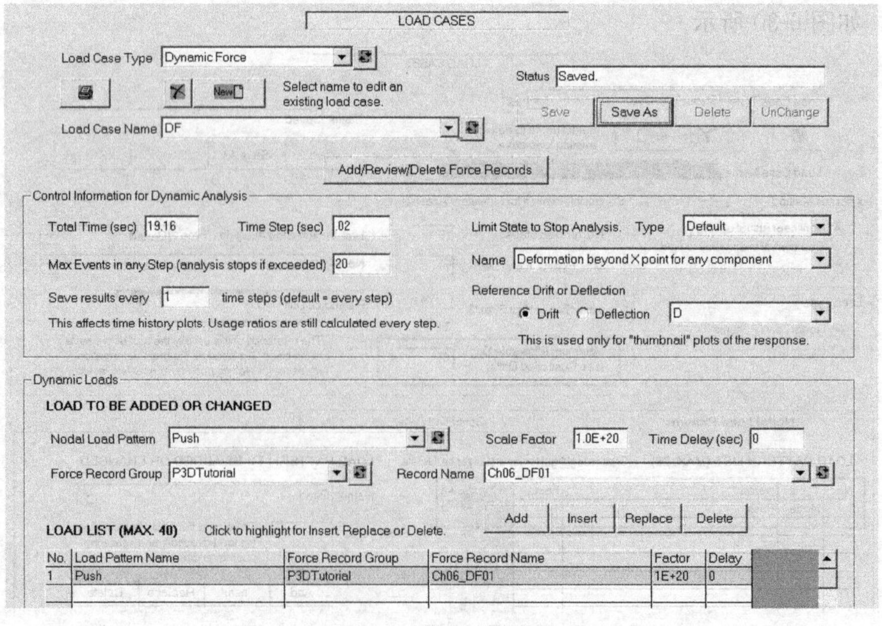

图 6-32　动力工况定义

其中，Dynamic Force 分析工况的总时间和时间步与添加的 Dynamic Force 时程相同，节点荷载样式为 Push。另外需要说明的是，由于本例中定义的大刚度弹簧（支座弹簧组件 Spring）的刚度为 $k_s=1.0E+20N/mm$，节点荷载样式 Push 的缩放系数（Scale Factor）应填大刚度弹簧的刚度值，即 1.0E+20。

6.4.4 Pushover 分析

定义完动力时程后，在【Run analyses】模块下新建分析序列进行 Pushover 分析。先进行重力荷载工况 G 的分析，接着进行静力 Pushover 工况的分析，分析序列定义如图 6-33 所示。分析序列定义完成后，点击【GO】按钮运行分析。

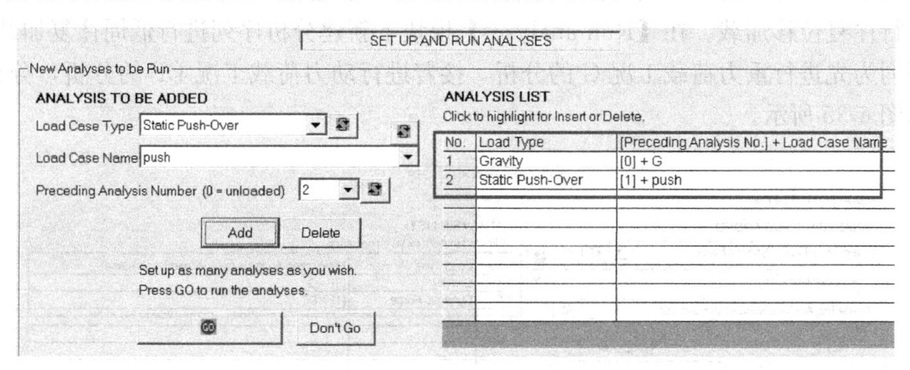

图 6-33 Pushover 分析序列

FEMA 356[11]建议剪力墙的塑性铰长度取为楼层高度和墙体宽度一半的较小值。按此建议，本文模拟的剪力墙试件的塑性铰长度为 0.5×1220=610mm。为确定沿剪力墙高度合理的单元划分数量，分别对单元划分尺寸不同的 5 个模型进行 Pushover 分析，分析获得的荷载-位移曲线如图 6-34 所示。

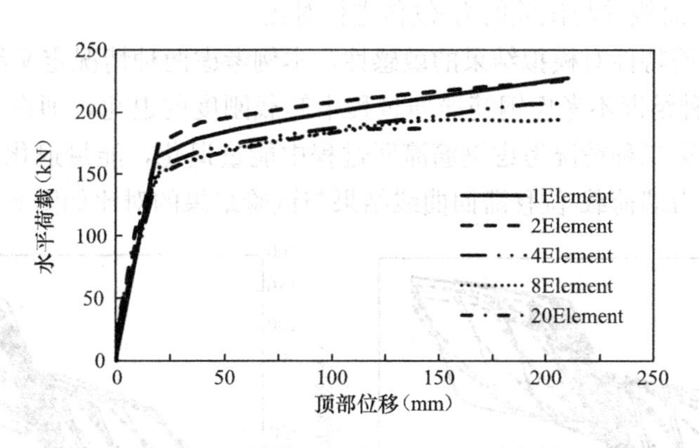

图 6-34 不同单元尺寸 Pushover 分析结果

从图 6-34 可以看出，单元的划分数量对荷载-位移曲线的初始刚度影响较小，对骨架曲线的屈服荷载影响较大。单元划分数量较少时（如划分 1 个单元或 2 个单元），分析获得的屈服荷载偏大。随着单元划分数量的增加，屈服荷载逐渐减少，最后整个荷载-位移曲线趋于稳定。对于本例，当单元划分数量为 8 时，荷载-位移曲线已基本稳定，与划分 20 个单元时的曲线没有太大差异，此时单元的高度为 457.5mm，与估算的塑性铰长度

610mm 相近。为此，接下来低周往复加载模拟时，沿剪力墙高度单元的划分数量取 8。

必须指出的是，这里并没有讨论单元划分尺寸对局部响应（如应变、曲率）的影响。一般情况下，局部响应对单元的尺寸划分十分敏感，单元划分的尺寸越小，分析获得的局部响应会越大，当采用理想弹塑性本构时，单元的非线性还可能仅集中在局部某个单元中，通常情况下，当剪力墙宏观单元的划分尺寸与塑性铰长度接近时，模拟获得的局部响应与试验结果吻合较好。

6.4.5 低周往复加载模拟

本例采用动力工况与大刚度弹簧结合的方法（关于这一方法的详细说明见本书的第 14 章）进行往复位移加载。在【Run analyses】模块下新建分析序列进行低周往复加载分析，分析序列为先进行重力荷载工况 G 的分析，接着进行动力荷载工况 DF 的分析，分析序列定义如图 6-35 所示。

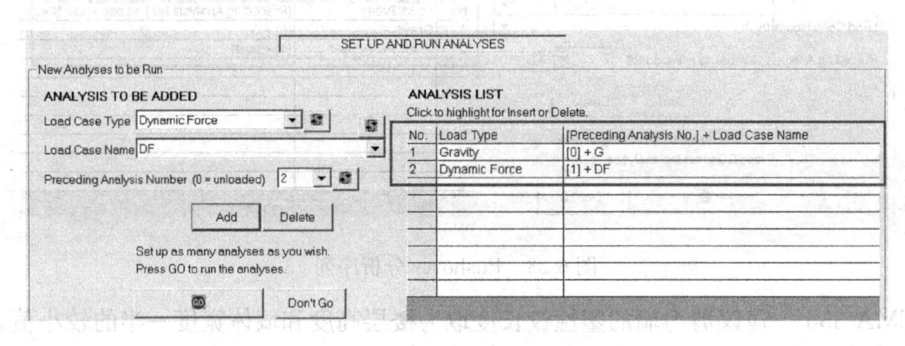

图 6-35 往复位移加载分析序列

分析序列定义完成后，点击【GO】按钮进行分析。分析完后，可在后处理模块中提取剪力墙的力-位移曲线并与试验的力-位移进行对比。

为定性考虑钢筋特性对模拟结果的敏感性，本例考虑两种情况定义约束边缘构件纵筋 ♯3 的属性。第一种情况不考虑钢筋滞回过程中卸载刚度的退化，即在 PERFORM-3D 中不考虑能量退化，第二种情况考虑钢筋滞回过程中能量退化，能量退化系数取 0.6～0.7。两种情况模拟的剪力墙荷载-位移滞回曲线结果与试验结果的对比如图 6-36 所示。

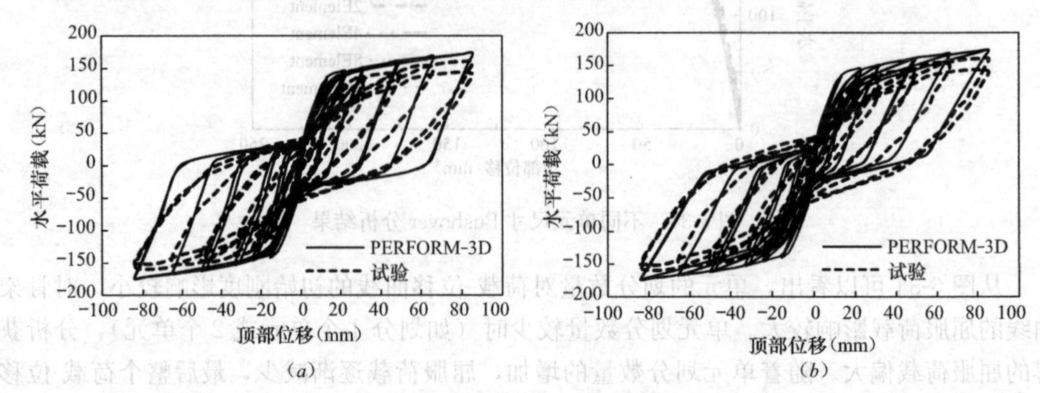

图 6-36 荷载-位移滞回曲线对比

(*a*) 不考虑能量退化；(*b*) 考虑能量退化

由图 6-36 可以看出，两种情况模拟的骨架曲线与试验的骨架曲线基本吻合，模拟的屈服荷载偏大，不考虑钢筋能量退化模拟获得的滞回曲线卸载刚度相对于试验滞回曲线的卸载刚度大很多，考虑钢筋能量退化后模拟获得的滞回曲线与试验的滞回曲线总体上较为吻合，其中可能的原因有多种，这里不做讨论。但从这个对比也可以看出，对于受弯控制的 RC 构件，相对于混凝土材料，钢筋材料的滞回特性可能对数值模拟的结果影响更大，分析中采用简单的理想弹塑性或者不考虑退化的三折线钢筋本构不一定能得到很好的模拟结果。

6.5 本章小结

（1）介绍了多竖弹簧（MVLEM）剪力墙宏观单元的基本理论；

（2）介绍了 PERFORM-3D 中两种宏观剪力墙单元的基本概念；

（3）采用 PERFORM-3D 对一片典型弯控剪力墙的低周往复加载试验进行模拟，讲解了 PERFORM-3D 中 Shear Wall 单元的参数设置与建模方法，并对 Shear Wall 单元的划分尺寸及钢筋本构参数的敏感性进行了讨论。

6.6 参考文献

[1] 陈学伟，韩小雷. 剪力墙非线性宏观单元的研究与单元开发 [J]. 工程力学. 2011，28 (5)：111-116.

[2] Computers and Structures, Inc. Nonlinear Analysis and Performance Assessment for 3D Structures User Guide [M]. Berkeley, California, USA: Computers and Structures, Inc., 2006.

[3] Computers and Structures, Inc. Components and Elements for PERFORM-3D and PERFORM-Collapse [M]. Berkeley, California, USA: Computers and Structures, Inc., 2006.

[4] Kabeyasawa T, Shiohara H, Otani S, et al. Analysis of the Full-Scale Seven-Story Reinforced Concrete Test Structure [J]. Journal of the Faculty of Engineering. 1983, 37 (2): 431-478.

[5] Vulcano A, Bertero V V, Colotti V. Analytical Modeling of R/C Structural Walls [C]. 1988.

[6] Wallace J W, Massone L M, Orakcal K. Analytical Modeling of Reinforced Concrete Walls for Predicting Flexural and Coupled-Shear-Flexural Responses [R]. Pacific Earthquake Engineering Research (PEER) Center, College of Engineering, University of California, 2006.

[7] Thomsen J H A J. Experimental Verification of Displacement-Based Design Procedures for Slender RC Structural Walls [J]. ASCE Journal of Structural Engineering. 2004, 4 (130): 618-630.

[8] Thomsen J H, Wallace J W. Displacement-Based Design of Reinforced Concrete Structural Walls: An Experimental Investigation of Walls with Rectanglar and T-Shaped Cross-Sections [R]. Postdam, N. Y.: Department of Civil Engineering, Clarkson University, 1995.

[9] Belarbi A, Hsu T T. Constitutive Laws of Concrete in Tension and Reinforcing Bars Stiffened by Concrete [J]. ACI structural Journal. 1994, 91 (4): 465-474.

[10] Mander J B, Priestley M J N, Park R. Theoretical Stress-Strain Model for Confined Concrete [J]. Journal of Structural Division, ASCE. 1988, 114 (8): 1804-1826.

[11] FEMA 356 Prestandard and Commentary for the Seismic Rehabilitation of Building [S]. Washington, DC: Federal Emergency Management Agency, 2000.

7 填充墙模拟

7.1 引言

在传统的结构分析中，填充墙通常作为非结构构件考虑，在分析过程中，将其以外荷载的形式施加到结构上，并对整体结构的周期进行折减以考虑填充墙对结构刚度的贡献，未直接考虑填充墙对结构非线性行为的影响。相关研究表明[1,2]，填充墙对结构的抗震性能有着重要的影响，在结构弹塑性分析中，应合理考虑填充墙的影响。本章首先对砌体填充墙的抗震性能及填充墙的数值模型进行介绍，并着重介绍了基于等效斜压杆的填充墙宏观模型的参数计算方法，最后采用 PERFORM-3D[3,4] 对一单跨框架填充墙结构的低周往复加载试验进行模拟，讲解 PERORM-3D 中采用等效斜压杆填充墙模型进行框架填充墙模拟的基本步骤与参数设置方法。

7.2 原理分析

7.2.1 填充墙的破坏机理

地震作用下，框架-填充墙结构的破坏包括框架结构的破坏和填充墙的破坏，其中填充墙的破坏主要有以下几种[1,5]：

（1）剪切滑移破坏。当砌筑砂浆相对砌块强度较弱时，填充墙水平方向抗剪能力较弱，地震作用下易发生水平剪切破坏。开裂缝沿水平方向将填充墙体分为上、下两部分，如果框架强度足够，能够推动水平开裂的填充墙继续变形，则形成较好的耗能机制；同时，以开裂为界，框架柱的等效高度发生改变，有可能形成短柱，于抗震不利。

（2）对角破坏。当填充墙强度较大而框架较弱、且框架构件较强而节点较弱时，易发生填充墙斜压破坏，破坏时裂缝贯通两加载端，有时也伴随着灰缝开裂滑移破坏。对角破坏与水平剪切破坏都是填充墙平面内破坏。

（3）角部局部破坏。当填充墙和框架强度较大时，易在填充墙角部发生局部破坏。

（4）平面外破坏。平面外破坏也是填充墙的一种破坏模式，这种破坏主要是由于墙体周边支承点的距离太大，或者墙体四周拉结强度不足造成。

本章仅对填充墙的平面内破坏进行讨论。

7.2.2 填充墙分析模型

填充墙的分析模型主要包括微观模型[1]和宏观模型[2,5-7]，宏观模型主要用于研究结构的整体宏观性能，微观模型可用于研究填充墙结构的细部破坏特征和失效过程。上述填充墙破坏模式中，剪切滑移破及对角破坏属于整体破坏，当主要关注结构的宏观响应时，可采用宏观单元对填充墙进行模拟。填充墙角部破坏则属于局部破坏问题，一般需采用微观有限元模型进行模拟。PERFORM-3D 中填充墙的模拟采用的是宏观单元模型，本章主要介绍基于宏观单元的框架-填充墙结构模拟。

填充墙的宏观单元模型[2,5-7]主要包括剪切滑移模型、墙元模型及等效斜压杆模型（Diagonal Strut Model）。在这些力学模型中，以等效斜压杆模型的应用最为广泛。其中等效斜压杆模型又可以根据斜压杆的数量及斜压杆布置的偏心情况分为对中布置单斜压杆模型（对角斜压杆模型）、偏心布置单斜压杆模型及多斜压杆模型。本章主要介绍对中布置单斜压杆模型，该模型以填充墙的对角压缩变形为基础，假定在水平荷载作用下，填充墙和框架之间的力在填充墙的受压边界通过等效的斜压杆进行传递，从宏观上描述填充墙与框架的相互作用，其基本原理如图 7-1 所示。

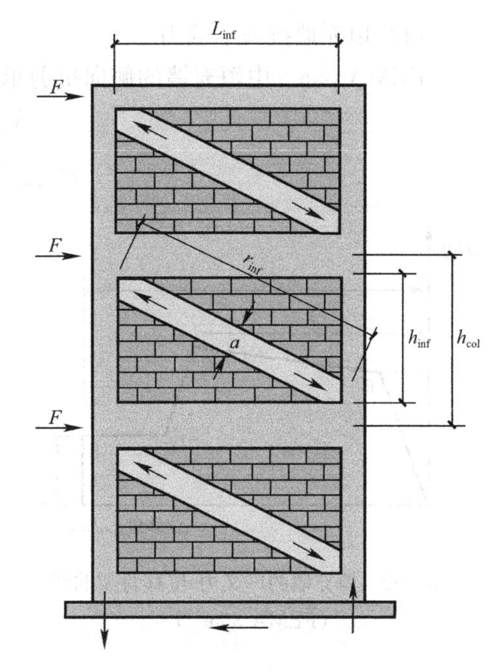

图 7-1 对中布置等效斜压杆填充墙模型（FEMA 356[8]）

7.2.3 对角斜压杆模型的参数定义

对角斜压杆模型的参数计算比较复杂，许多学者对此做了大量的研究，最重要的是确定等效斜压杆的等效宽度及等效压杆的骨架曲线参数，以下分别对这两部分参数的定义进行介绍。

7.2.3.1 等效压杆的宽度

对于等效压杆的宽度，本书采用美国 FEMA 356[8]规范提出的建议公式。

$$a = 0.175(\lambda_1 h_{col})^{-0.4} r_{inf} \tag{7.2-1}$$

$$\lambda_1 = \sqrt[4]{\frac{E_{me} t_{inf} \sin(2\theta)}{4E_{fe} I_{col} h_{inf}}} \tag{7.2-2}$$

其中，a 为填充墙等效压杆的宽度；λ_1 为刚度系数，主要反映了填充墙和框架的相对刚度对等效斜压杆宽度的影响；h_{col} 为柱的高度，取梁中心线间的距离；r_{inf} 为填充墙对角线的长度；h_{inf} 为填充墙的高度；E_{me} 为砌体的弹性模量；t_{inf} 为填充墙等效压杆的厚度；θ 为填充墙对角线的倾角 $\tan\theta = h_{inf}/L_{inf}$；$L_{inf}$ 为填充墙的宽度；E_{fe} 为框架材料的弹性模量；I_{col} 为柱子绕垂直加载方向轴的惯性矩。

7.2.3.2 等效压杆的骨架曲线

等效压杆骨架曲线参数的取值与填充墙的破坏形态有关，在定义压杆参数前需对填充墙的破坏模式进行预估。若填充墙灰缝的粘结强度较弱，则填充墙等效压杆的强度由灰缝决定，若灰缝的粘结强度较大，则等效压杆的强度由砌体材料的抗压强度决定。

7.2.3.3 破坏由灰缝的粘结强度控制

FEMA 356[8]给出了填充墙破坏由灰缝粘结强度控制时等效斜压杆骨架曲线参数的取值方法。

（1）填充墙抗剪承载力

FEMA 356[8]中填充墙的侧向抗剪承载力按以下公式进行计算：

$$V_{\mathrm{inf}} = A_{\mathrm{n}} f_{\mathrm{vie}} \tag{7.2-3}$$

$$f_{\mathrm{vie}} \leqslant v_{\mathrm{me}} = 0.75\left(v_{\mathrm{te}} + \frac{P_{\mathrm{CE}}}{A_{\mathrm{n}}}\right) \tag{7.2-4}$$

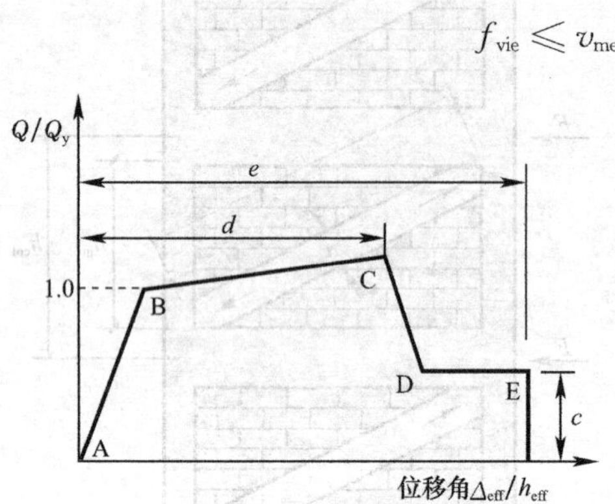

图 7-2 填充墙的广义力-位移骨架曲线（FEMA 356[8]）

其中，A_{n} 为填充墙的净砂浆面积；f_{vie} 为填充墙的抗剪强度；v_{me} 为水平砌缝的预期抗剪强度；v_{te} 为水平砌缝的平均抗剪强度；P_{CE} 为施加在填充墙上的轴压力。

（2）填充墙的力-位移骨架曲线

图 7-2 为 FEMA 356[8]建议的填充墙的广义力-位移骨架曲线。

FEMA 356 根据填充墙的宽高比$\frac{L_{\mathrm{inf}}}{h_{\mathrm{inf}}}$及框架与填充墙的抗剪强度比 β 给出了图 7-2 所示骨架曲线的参数取值，如表 7-1 所示。

填充墙的力与变形关系（FEMA 356 表 7-9） 表 7-1

$\beta=\frac{V_{\mathrm{fre}}}{V_{\mathrm{ine}}}$	$\frac{L_{\mathrm{inf}}}{h_{\mathrm{inf}}}$	c	d(%)	e(%)	LS(%)	CP(%)
$\beta<0.7$	0.5	n.a	0.5	n.a	0.4	n.a
	1.0	n.a	0.4	n.a	0.3	n.a
	2.0	n.a	0.3	n.a	0.2	n.a
$0.7\leqslant\beta<1.3$	0.5	n.a	1.0	n.a	0.8	n.a
	1.0	n.a	0.8	n.a	0.6	n.a
	2.0	n.a	0.6	n.a	0.4	n.a
$\beta\geqslant1.3$	0.5	n.a	1.5	n.a	1.1	n.a
	1.0	n.a	1.2	n.a	0.9	n.a
	2.0	n.a	0.9	n.a	0.7	n.a

（3）等效斜压杆骨架曲线参数确定

根据 FEMA 356[8]建议填充墙的侧向力-位移骨架曲线可获得图 7-3 所示等效斜压杆的应力-应变骨架曲线的参数取值方法。

a. 等效斜压杆面积

$$A_{\mathrm{struct}} = a t_{\mathrm{inf}} \tag{7.2-5}$$

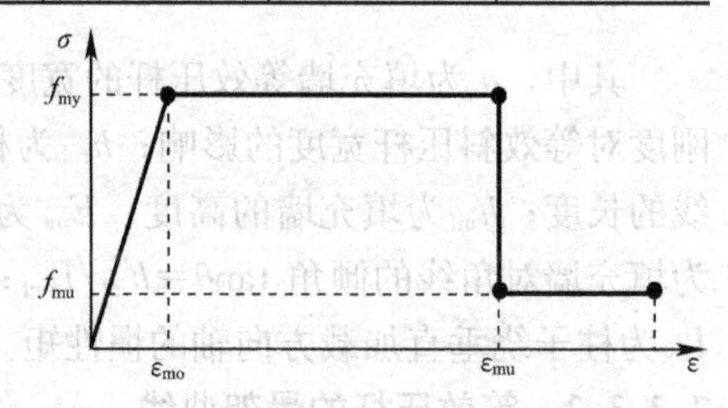

图 7-3 斜压杆的应力-应变骨架曲线

其中，a 为填充墙等效压杆的宽度，根据式（7.2-1）计算；t_{inf} 为填充墙的厚度。

b. 屈服点的应力、应变

$$f_{\mathrm{my}} = \frac{V_{\mathrm{inf}}}{A_{\mathrm{struct}}}\frac{r_{\mathrm{inf}}}{L_{\mathrm{inf}}} \tag{7.2-6}$$

$$\varepsilon_{\mathrm{my}} = \frac{f_{\mathrm{my}}}{E_{\mathrm{me}}} \tag{7.2-7}$$

其中，V_{inf}为填充墙的抗剪承载力，根据式（7.2-3）计算。

c. 丧失承载能力点的应变

$$\varepsilon_{mu}=d\frac{h_{inf}}{r_{inf}}\cos\theta=d\frac{h_{inf}L_{inf}}{(r_{inf})^2} \tag{7.2-8}$$

其中，d 为填充墙丧失承载力点的极限层间位移角，可根据表 7-1 确定。

7.2.3.4 破坏由砌体的抗压强度控制

当砂浆的粘结强度较强时，压杆的骨架参数可根据砌体的抗压强度试验获得，斜压杆的有效宽度可根据公式（7.2-1）计算。当缺乏试验数据时，也可参考相关文献，确定砌体材料的骨架曲线参数。国内外学者提出了多种单轴受压砌体本构关系，文献[9]做了总结对比，并提出了建议的上升段为抛物线、下降段为直线的单轴受压砌体骨架曲线。如图 7-4所示，可通过在 PEROFRM-3D 中定义考虑强度损失的 Trilinear 型混凝土材料本构进行等效。其中 PERFORM-3D 中材料骨架曲线的 FU 取砌体材料抗压强度 f_{mo}，FU 对应的应变取砌体材料的峰值应变 ε_{mo}；对于下降区段，文献［9］仅给出了 $\varepsilon\leqslant1.6\varepsilon_{mo}$时的推荐曲线公式，在 PERFORM-3D 中定义时可结合 YULRX 骨架曲线进行拟合，如图 7-4（b）所示。

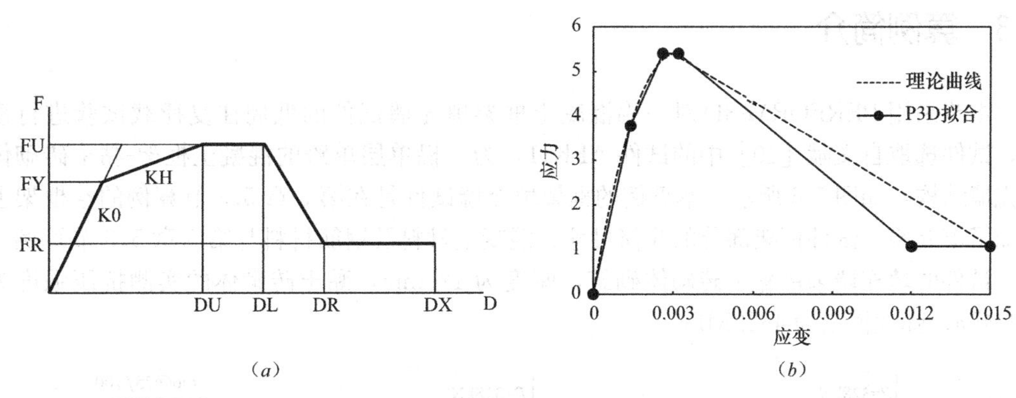

图 7-4 砌体材料的应力-应变骨架曲线

（a）PERFORM-3D 骨架曲线；（b）砌体材料骨架曲线拟合

由于砌体材料的本构与砌块的属性、砂浆的属性等多种因素有关，具体参数取值需参考相关的文献及规范规程，必要时宜通过试验确定。文献［9］建议砖砌体峰值应力对应的应变 ε_{mo}取 0.003，混凝土砌块砌体峰值应力对应的应变 ε_{mo}取 0.002，可供参考。

7.2.4 PERFORM-3D 中填充墙的模拟方法

PERFOMR-3D 中有几种模拟填充墙的方法，一种是采用软件自带的填充墙模型（Infill Panel Model），包括剪切型填充墙模型（Infill Panel，Shear Model）和对角压杆型填充墙模型（Infill Panel，Diagonal Strut Model），如图 7-5 所示；另一种方法是采用混凝土压杆（Concrete Strut）模型。

填充墙的对角压杆模拟可以采用软件自带的对角压杆模型（Infill Panel，Diagonal strut Model）或混凝土压杆（Concrete Strut）模型。两种方法的不同之处在于，第一种方法需要定义【Infill Panel，Strut Model】类型的组件，并在该组件中直接指定交叉斜压杆的力-变形关系。采用该方法需要建立一个 4 节点的填充墙单元，并指定其属性为

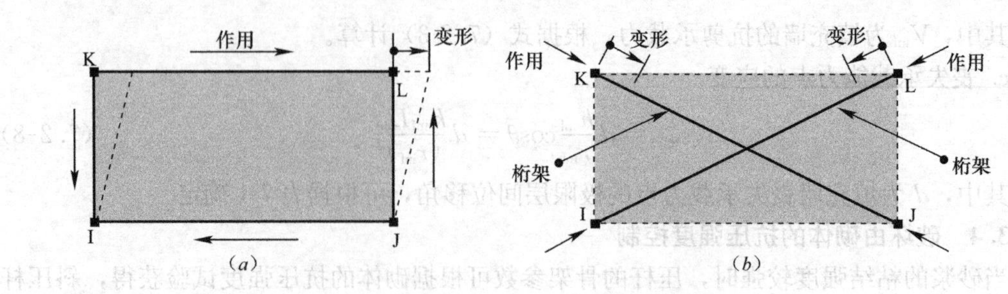

图 7-5 PERFORM-3D 的填充墙模型

(a) 剪切型填充墙模型；(b) 对角压杆型填充墙模型

【Infill Panel，Strut Model】组件；第二种方法需要定义混凝土压杆（Concrete Strut）组件，在组件中只需要指定等效斜压杆材料的应力-应变关系和截面面积，软件自动根据材料的本构关系和截面面积获得压杆的轴力-轴向变形关系，但采用 Concrete Strut 模型需要单独建立代表交叉斜压杆的杆单元，并给杆单元指定 Concrete Strut 组件属性。本章采用 Concrete Strut 的方法来模拟填充墙。

7.3 算例简介

本节采用 PERFORM-3D 对一榀混凝土框架填充墙试件的低周往复荷载试验进行模拟，试件选取自文献［10］中的试件 AFKJ1，为一榀单层单跨的混凝土框架-黏土砖砌体填充墙结构，如图 7-6 所示。本算例的框架填充墙试件是在第 5 章 5.3 节算例的空框架上增加了填充墙。试件框架部分的几何尺寸、混凝土材料及钢筋材料与第 5 章 5.3 节算例一致。试件的填充墙采用黏土砖砌体砌筑，厚度为 120mm，黏土砖砌体的实测抗压强度为 5.4MPa，弹性模量为 4622MPa。

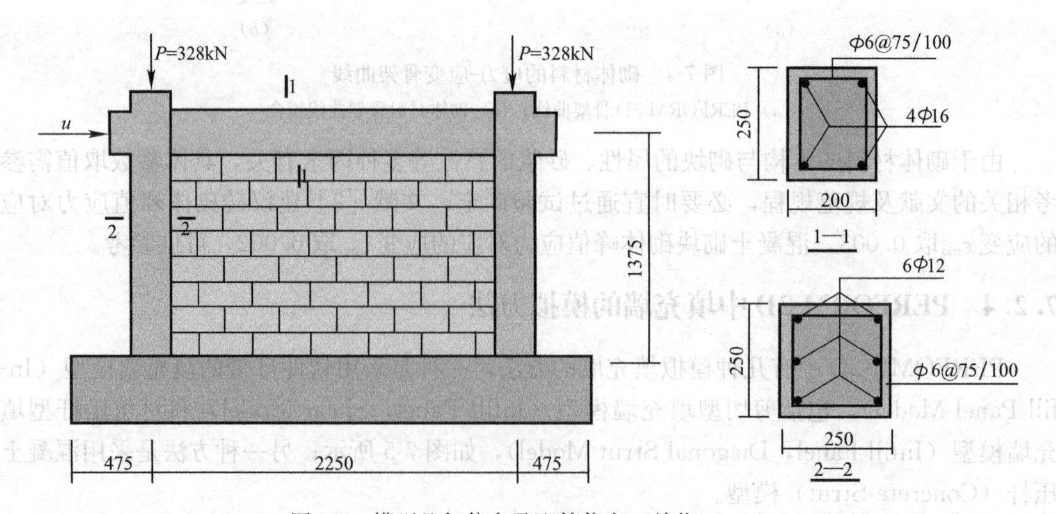

图 7-6 模型几何信息及配筋信息（单位：mm）

试验的加载制度与第 5 章 5.3 节算例的加载制度一致，为先进行竖向荷载的施加，各边柱施加 328kN 的轴压力并保持恒定，然后在框架顶部施加侧向推力进行低周往复加载。试件顶部的水平位移加载历程如图 7-7 所示。

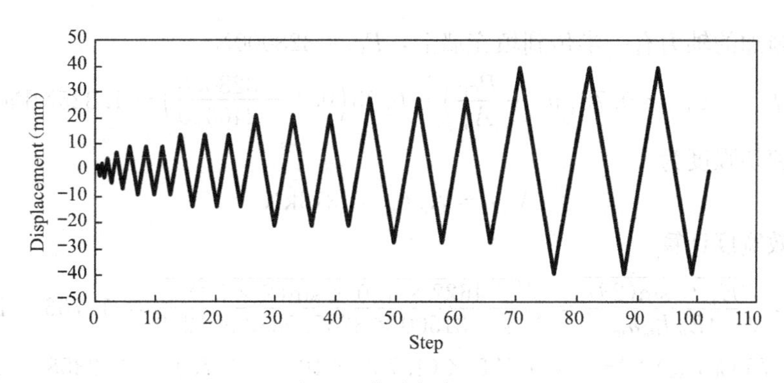

图 7-7　位移加载历程

7.4　建模阶段

由于本例框架部分与第 5 章 5.3 节算例的空框架一致，因此这里只着重介绍与填充墙模拟相关的主要建模过程及相关参数的定义，框架部分的详细建模可参考第 5 章 5.3 节算例。本例最终建立的模型如图 7-8 所示，以下对关键步骤进行介绍。

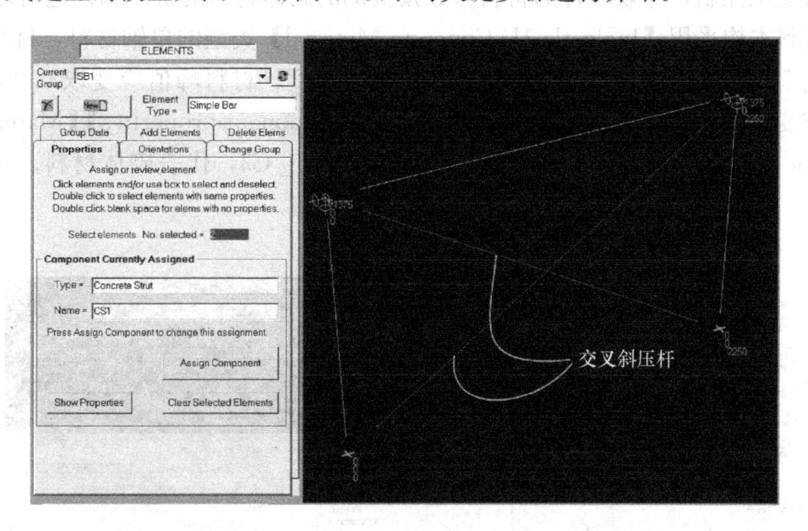

图 7-8　模型示意图

7.4.1　定义等效斜压杆的材料

本例等效斜压杆的材料属性计算过程如下：

$$E_{me}=4622\text{MPa};E_{fe}=31500\text{MPa};t_{inf}=120\text{mm};h_{col}=1375\text{mm};$$

$$h_{inf}=1250\text{mm};L_{inf}=2000\text{mm};$$

$$r_{inf}=\sqrt{2000^2+1250^2}=2358\text{mm};$$

$$\theta=\arctan(1250/2000)=32^\circ;A_n=2000\times120=240000\text{mm}^2;$$

$$I_{col}=\frac{1}{12}\times250\times250^3=325520833\text{mm}^4$$

假定砂浆的粘结强度 v_{te}=400kPa=0.4MPa

并假定施加的轴力有一半传到填充墙上：$P_{CE}=328000\text{N}$

$$f_{vie}=v_{me}=0.75\left(v_{te}+\frac{P_{CE}}{A_n}\right)=0.75\left(0.4+\frac{328000}{240000}\right)=1.325\text{MPa}$$

砌体的剪切强度为

$$V_{inf}=A_n f_{vie}=318\text{kN}$$

压杆有效宽度计算

$$\lambda_1=\sqrt[4]{\frac{E_{me}t_{inf}\sin(2\theta)}{4E_{fe}I_{col}h_{inf}}}=\sqrt[4]{\frac{4622\times120\times\sin(2\times32)}{4\times31500\times325520833\times1250}}=1.766\times10^{-3}$$

$$a=0.175\,(\lambda_1 h_{col})^{-0.4}r_{inf}=0.175\times(1.766\times10^{-3}\times1375)^{-0.4}\times2358=289\text{mm}$$

压杆有效面积

$$A_{struct}=at_{inf}=289\times120=34680\text{mm}^2$$

等效抗压屈服强度

$f_{my}=\dfrac{V_{inf}}{A_{struct}}\dfrac{r_{inf}}{L_{inf}}=\dfrac{318000}{34680}\times\dfrac{2358}{2000}=10.8\text{MPa}>5.4\text{MPa}$（砌体的抗压强度）。可见，按砂浆粘结破坏控制计算的等效压杆的抗压强度比砌体的实测抗压强度大，因此，填充墙的破坏由砌体的受压控制，等效压杆的材料参数按实测的砌体材料的抗压属性进行定义。

砌体材料本构采用【Inelastic 1D Concrete Material】类型的单轴材料，材料强度取砌体抗压强度 5.4MPa，等效屈服强度取 0.8 倍抗压强度，材料峰值应变取 0.003，残余应力对应的应变取 0.012，残余应力比取 0.2。在【Component properties】-【Materials】下添加【Inelastic 1D Concrete Material】类型的材料 ICM _ C3，代表砌体材料，相应的参数定义如图 7-9 所示。

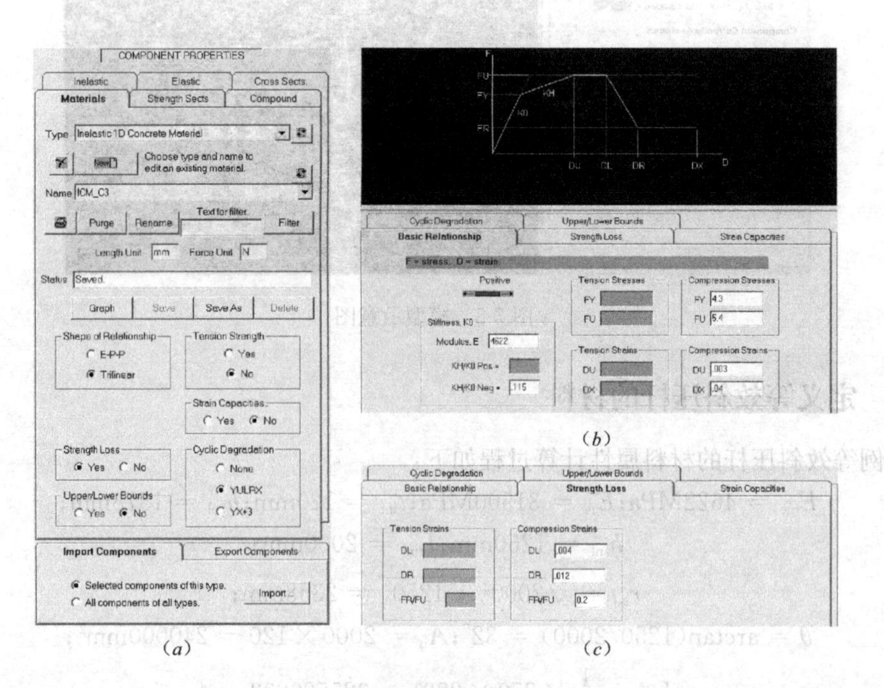

图 7-9 砌体材料本构定义

(*a*) 控制选项；(*b*) 基本骨架参数；(*c*) 强度退化参数

7.4.2 定义混凝土压杆（Concrete Strut）组件

本实例采用基于 Concrete Strut 的方法模拟砌体填充墙的等效交叉斜压杆。在【Component properties】-【Inelastic】下添加【Concrete Strut】类型的组件 CS1，指定压杆的材料为 7.4.1 节定义的单轴材料 ICM _ C3，压杆的面积为 34680mm^2（详见 7.4.1 节），组件的参数定义如图 7-10 所示。

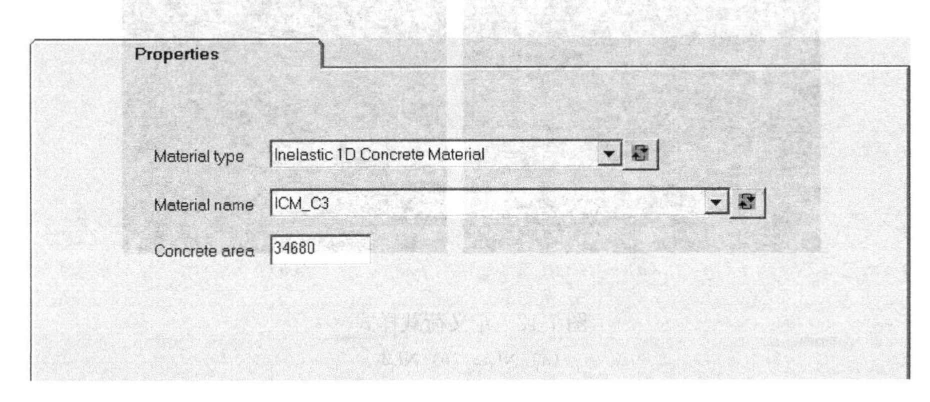

图 7-10 Concrete Strut 组件属性定义

7.4.3 定义复合组件

在【Elements】模块下新建【Beam】类型的单元组 B1，为 B1 添加梁单元；新建【Column】类型的单元组 C1，为 C1 添加柱单元；新建【Support Spring】类型的单元组 SS1，在边柱顶点添加弹簧单元。

新建【Simple Bar】类型的单元组 SB1，为 SB1 添加用于模拟填充墙的交叉斜压杆单元。分别为各单元组中的单元指定组件属性和必要的局部坐标轴方向，其中交叉斜杆单元的属性指定为混凝土压杆组件 CS1。指定单元属性后的模型如图 7-11 所示。

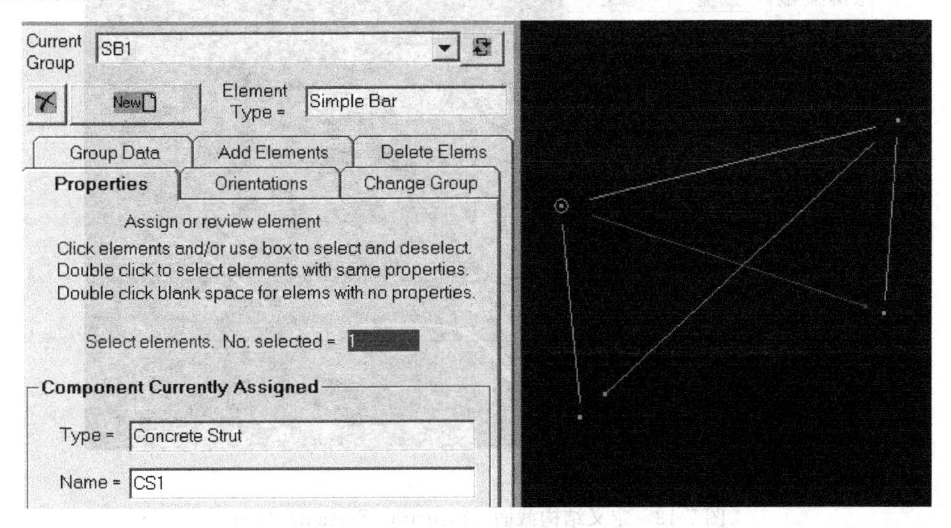

图 7-11 定义单元

7.4.4 定义荷载样式

在【Load patterns】-【Nodal Loads】下新建节点荷载样式 NL1，为两柱顶点施加 V 方向的节点荷载−328000N；新建节点荷载样式 NL2，为定义支座弹簧单元的柱顶节点施加 H1 方向的单位力，用于水平方向往复位移的施加。荷载样式定义如图 7-12 所示。

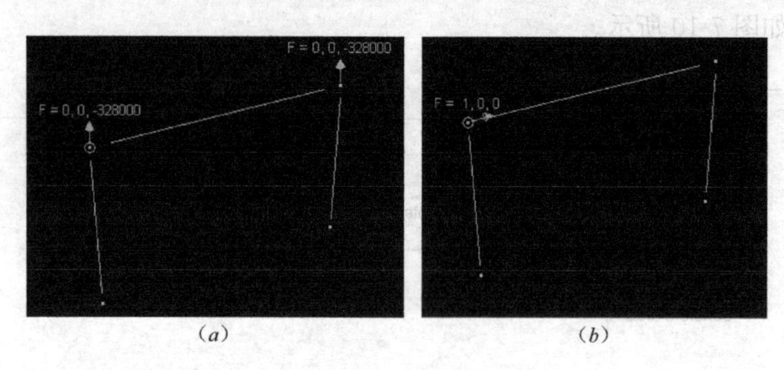

(a)　　(b)

图 7-12　定义荷载样式

(a) NL1；(b) NL2

7.4.5 定义位移角

在【Drifts and deformations】-【Drifts】下添加 H1 方向的层间位移角 D1，定义为边柱的顶部节点和底部节点之间 H1 方向的位移比。

7.4.6 定义结构截面

在【Structure sections】-【Define Sections】下分别为柱单元组 C1 和等效斜杆单元组 SB1 添加结构截面 SEC1 和 SEC2，分别用于提取框架和填充墙底端的内力，如图 7-13 所示。

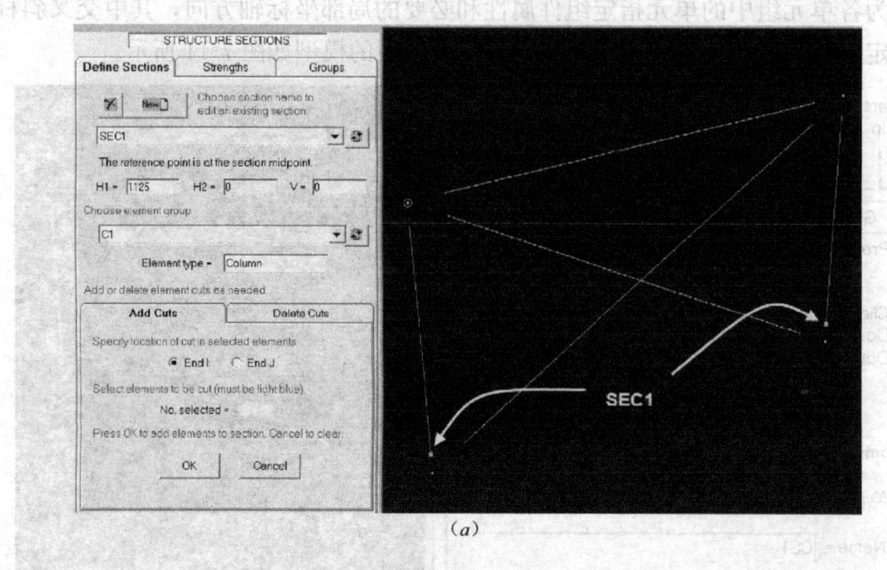

(a)

图 7-13　定义结构截面（Structure Section）（一）

(a) 柱结构截面 SEC1

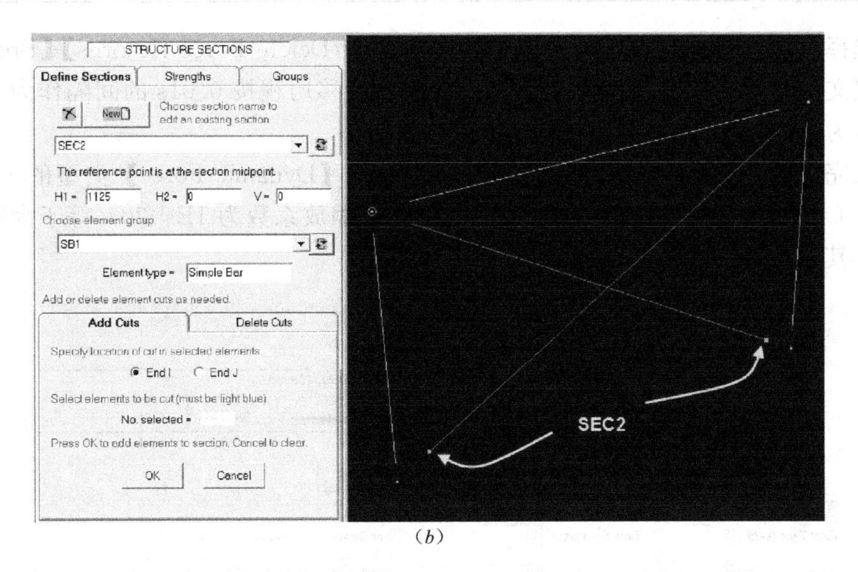

(*b*)

图 7-13　定义结构截面（Structure Section）（二）

(*b*) 填充墙等效斜压杆结构截面 SEC2

7.5　分析阶段

7.5.1　定义重力荷载工况

在分析阶段的【Set up load cases】下新建重力工况 G，将荷载样式 NL1 添加到荷载样式列表中，并指定分析方法为非线性，分 10 步加载，如图 7-14 所示。

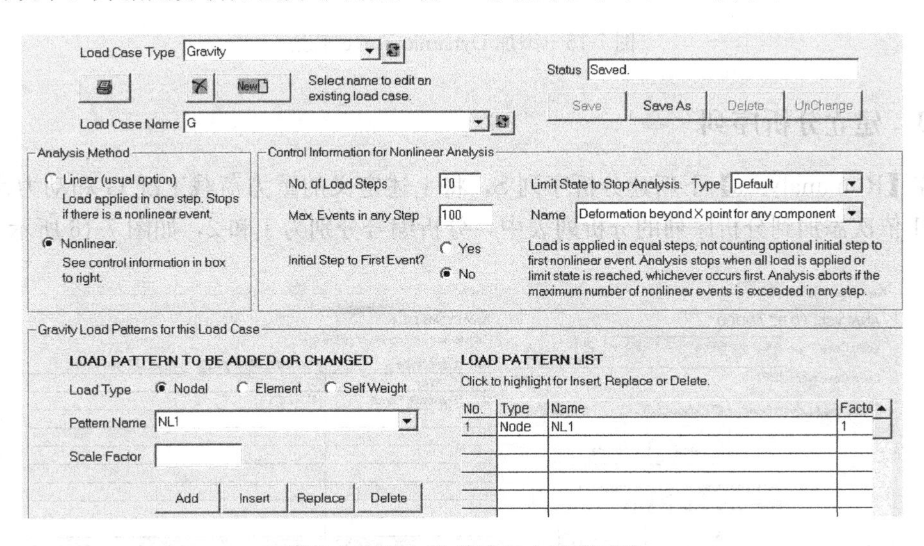

图 7-14　添加非线性重力荷载工况

7.5.2　定义动力荷载工况

建立动力荷载工况前需要先建立力时程记录。进入【Set up load cases】模块，荷载工况类型选择【Dynamic Force】，点击【Add/Review/Delete Force Records】-【Browse】指定力时程文件（df. csv）的路径，将图 7-7 所示的位移历程按 0.01s 的间隔作为力时程导入，命名为 Ch07 _ DF01。

定义完动力时程后，返回工况定义界面，新建【Dynamic Force】类型的工况 DF1，将力时程 Ch07 _ DF01 添加到荷载列表，并指定其缩放系数为 1E+20，等于大刚度弹簧的刚度，其他分析参数如图 7-15 所示。

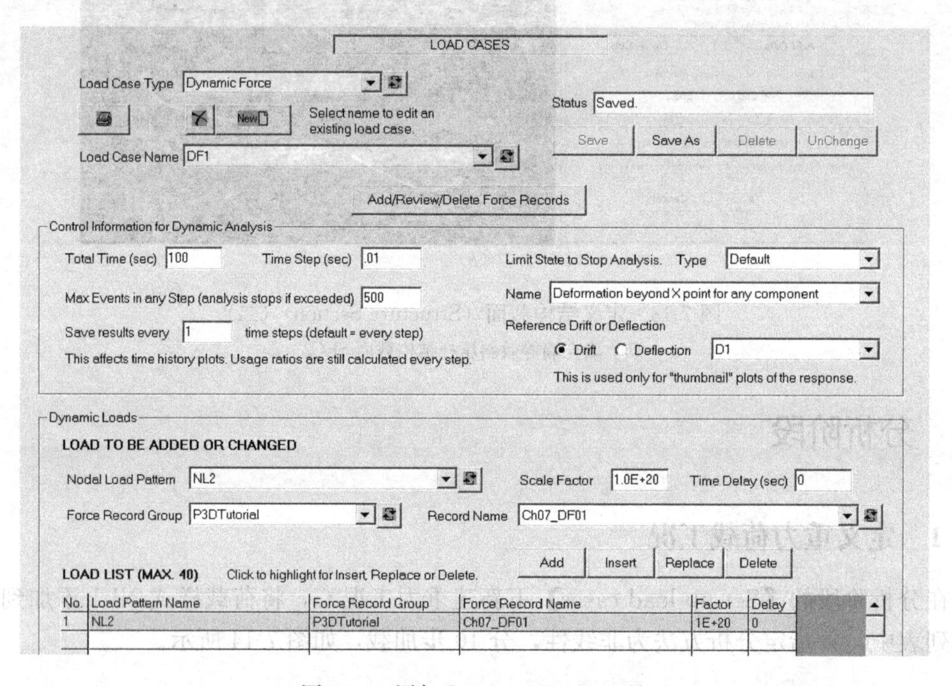

图 7-15　添加 Dynamic Force 工况

7.5.3　建立分析序列

在【Run analyses】下新建分析序列 S，将上述定义的重力荷载工况 G 和动力荷载工况 DF1 依次添加到分析序列的分析列表中，分析编号分别为 1 和 2，如图 7-16 所示。

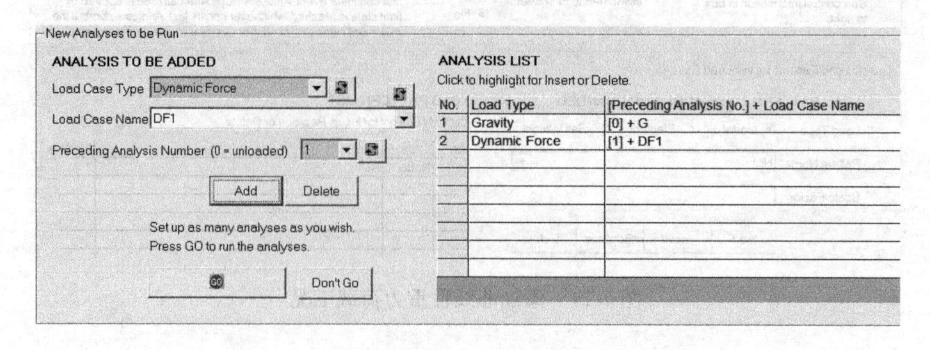

图 7-16　添加分析序列

分析序列定义完成后，点击按钮【GO】运行分析。

7.6 分析结果

7.6.1 空框架计算结果与试验结果对比

图 7-17 为空框架结构 PERFORM-3D 计算的基底剪力-顶部位移曲线与试验结果的对比，由图 7-17 可知，PERFORM-3D 计算结果正向峰值强度比试验结果小，试验正反方向的滞回曲线不对称。

7.6.2 框架-填充墙计算结果与试验结果对比

图 7-18 所示为框架-填充墙基底剪力-顶部位移曲线计算结果与试验结果的对比，由图可见，PERFORM-3D 计算结果与试验结果在前期基本吻合，计算滞回曲线的后期强度偏小，另外试验的正负滞回曲线不对称。

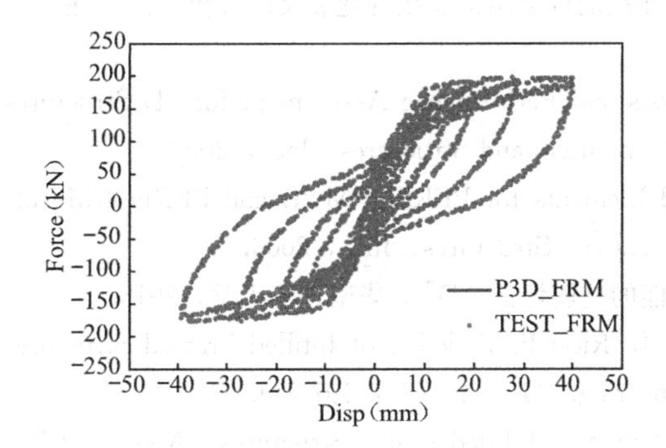

图 7-17 空框架基底剪力-顶部位移曲线对比

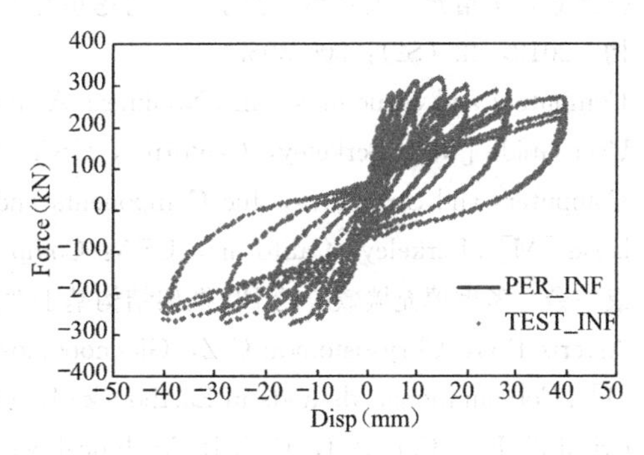

图 7-18 框架-填充墙基底剪力-顶部位移曲线对比

7.6.3 空框架与带填充墙框架的滞回性能对比

图 7-19 (*a*) 为试验的空框架与带填充墙框架基底剪力-顶部位移滞回曲线的对比，图 7-19 (*b*) 为 PERFORM-3D 计算的空框架与带填充墙框架的基底剪力-顶部位移滞回曲线的对比。从图中可看出，增加了填充墙后，结构的整体刚度和承载能力都有大幅度提高。

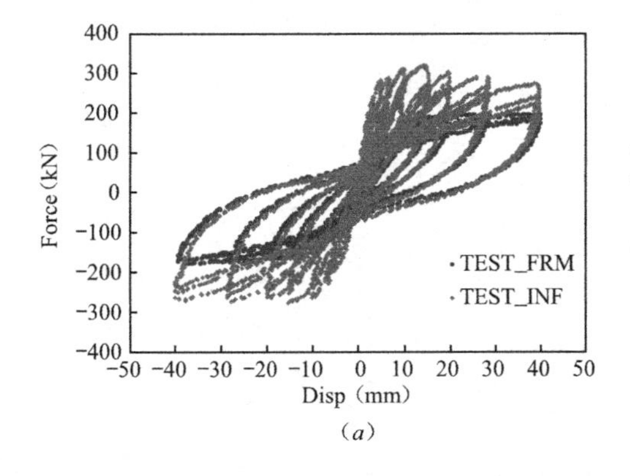

(*a*)

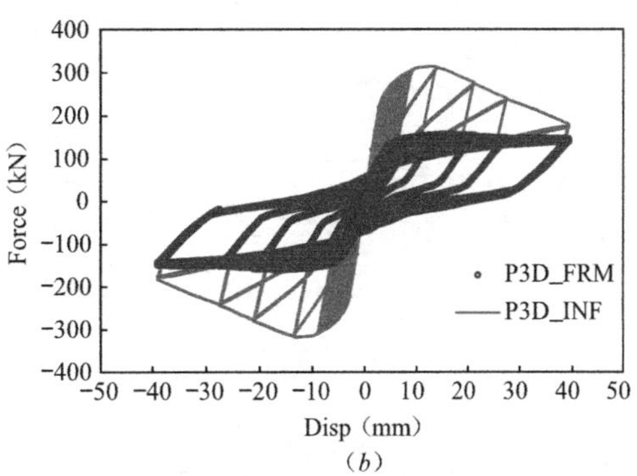

(*b*)

图 7-19 空框架与框架-填充墙结构性能对比

(*a*) 空框架与框架-填充墙试验结果；(*b*) 空框架与框架-填充墙模拟结果

7.7 本章小结

本章首先对砌体填充墙的抗震性能及填充墙的数值模型进行介绍，并着重介绍了基于等效斜压杆的填充墙宏观模型的参数计算方法，最后通过对一单跨的框架-填充墙结构的低周往复加载试验进行模拟，讲解 PERORM-3D 中采用等效斜压杆填充墙模型进行框架-填充墙模拟的基本步骤与参数设置方法。主要有以下结论：(*a*) 等效斜压杆的骨架曲线参数取值与填充墙的破坏模式有关，在定义压杆参数前需对填充墙的破坏模式进行预估；(*b*) 填充墙对结构的刚度和强度存在影响，结构分析中宜合理考虑这一影响。

7.8 参考文献

[1] Goyal A. Finite Element Modelling of RC Infilled Frame [D]. 2012.

[2] 孙国立，王曙光，王滋军，杜东升. 考虑填充墙作用的框架结构非线性地震反应分析 [J]. 建筑结构，2012，42 (S2)：300-305.

[3] Computers and Structures，Inc. Nonlinear Analysis and Performance Assessment for 3D Structures User Guide [M]. Berkeley，California，USA：Computers and Structures，Inc.，2006.

[4] Computers and Structures，Inc. Components and Elements for PERFORM-3D and PERFORM-Collapse [M]. Berkeley，California，USA：Computers and Structures，Inc.，2006.

[5] 袁一鑫. 考虑填充墙效应的 RC 框架结构基于性能的抗震评估 [D]. 华南理工大学，2013.

[6] Asteris P G，Chrysostomou C Z，Giannopoulos I，Ricci P. Modeling of Infilled Framed Structures [J]. Computational Methods in Earthquake Engineering. 2013，30 (2)：197-224.

[7] Crisafulli F J，Carr A J，Park R. Analytical Modelling of Infilled Frame Structures：A General Review [J]. Bulletin of the New Zealand Society for Earthquake Engineering. 2000，33 (1)：30-47.

[8] FEMA 356 Prestandard and Commentary for the Seismic Rehabilitation of Building [S]. Washington，DC：Federal Emergency Management Agency，2000.

[9] 刘桂秋. 砌体结构基本受力性能的研究 [D]. 湖南大学，2005.

[10] 黄群贤. 新型砌体填充墙框架结构抗震性能与弹塑性地震反应分析方法研究 [D]. 华侨大学，2011.

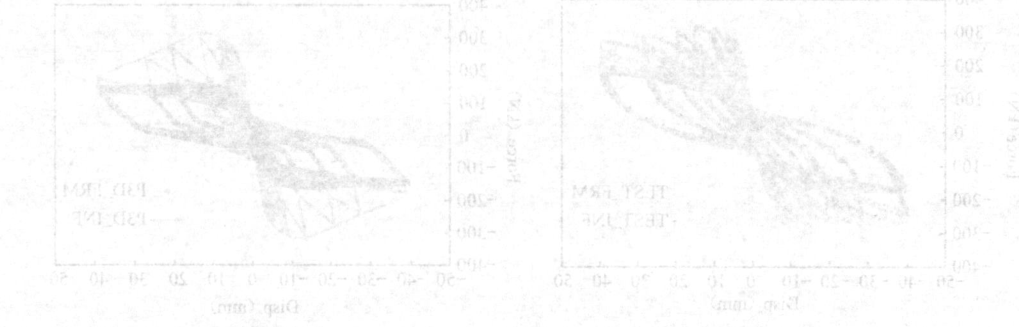

8 黏滞阻尼器

8.1 引言

结构耗能减震是指在主体结构中安装耗能组件，通过耗能组件的非线性滞回耗能，吸收地震输入结构中的能量，从而减轻主体结构的地震反应和损伤。此类耗能组件一般统称为阻尼器。根据阻尼器与位移和速率的相关性，可将阻尼器分为位移相关型阻尼器（如软钢阻尼器、摩擦阻尼器等）、速率相关型阻尼器（如黏滞阻尼器）、位移-速率相关型阻尼器（如黏弹性阻尼器）[1]。本章主要讨论黏滞阻尼器，首先对黏滞阻尼器的基本概念做简要介绍，在此基础上介绍 PERFORM-3D[2,3] 中提供的黏滞阻尼器组件及单元，最后采用 PERFORM-3D 对一带黏滞阻尼器支撑的框架结构进行地震动力时程分析，详细讲解 PERFORM-3D 中黏滞阻尼器单元的基本建模过程及参数定义方法。

8.2 原理分析

8.2.1 黏滞阻尼器的耗能机理

图 8-1 为典型双出杆式黏滞阻尼器的构造示意图[1]。阻尼器两端连接在主体结构上，地震作用下结构发生振动，阻尼器进入工作状态，随着活塞的往复运动，阻尼器中的流体阻尼介质经活塞上的阻尼孔在活塞两侧的主缸中流动，阻尼介质流动的过程中，需克服内部摩擦力的作用而做功，从而耗散外界输入的机械能。

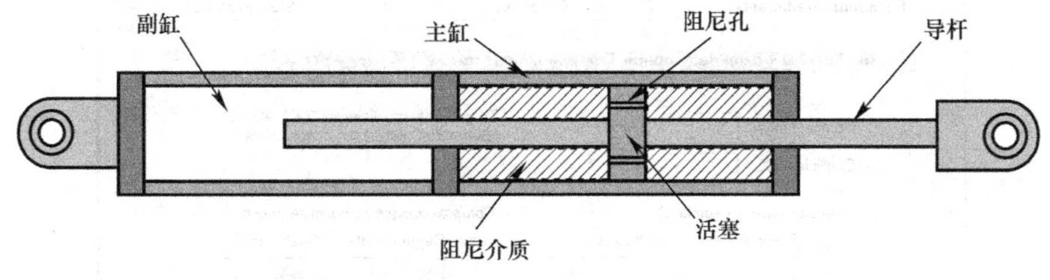

图 8-1 双出杆式黏滞阻尼器构造图

阻尼器的耗能实际上是阻尼器中流体介质的耗能，主要是流体运动过程中的能量损失，该能量损失既包括流体克服内部剪切力所需的能量，也包括阻尼器中固-液相互作用所消耗的能量。阻尼器中流体运动的阻力，对外则表现为阻尼器提供的阻尼力，如果阻尼器的构造和内部流体性质确定，理论上可以求出阻尼器提供的阻尼力与其变形速率之间的关系，只是理论解的求解过程过于繁琐。在实际结构分析中常采用一个杆单元模拟阻尼器，杆单元的拉压性能根据阻尼器的实际性能确定。

8.2.2 PERFORM-3D中黏滞阻尼器的模拟

PERFORM-3D中的黏滞阻尼器单元采用的是Maxwell模型，是一个2节点杆单元，每个黏滞阻尼器单元由一个黏滞阻尼器复合组件（Fluid Damper Compound Component）组成，每个黏滞阻尼器复合组件则由一个黏滞阻尼器组件（Fluid Damper Component）和一个线弹性杆组件（Linear Elastic Bar）串联组成，如图8-2所示。以下介绍各组件的参数定义。

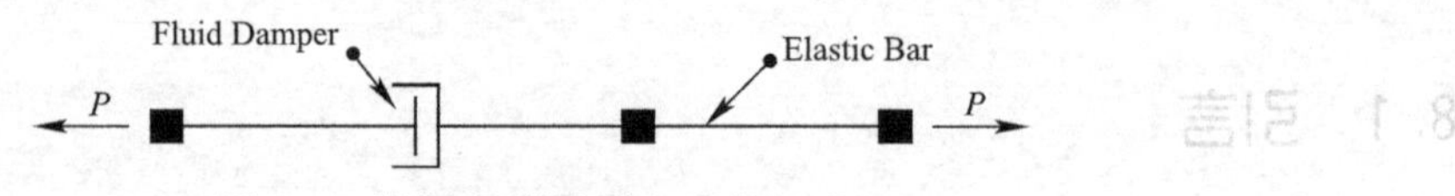

图8-2 黏滞阻尼器复合组件的组成

8.2.2.1 黏滞阻尼器组件（Fluid Damper Component）

黏滞阻尼器组件（Fluid Damper）在建模阶段的【Component Properties】-【Inelastic】-【Fluid Damper】选项下添加，用来模拟黏滞阻尼器。图8-3所示为PERFORM-3D中黏滞阻尼器组件的本构参数定义界面。

黏滞阻尼器组件的本构建立的是阻尼器轴向力（F）与轴向变形速率（D Rate）之间的关系。这一关系在PERFORM-3D[2,3]中通过多折线骨架曲线来表达，如图8-3所示。图中，参数C0、C1…为各变形速率下阻尼器F-D Rate骨架曲线的割线刚度，通过指定C0、C1…的值及对应的变形速率Rate1、Rate2…即可完成阻尼器本构的定义。用户最多可以用6段折线（C0~C5）来定义阻尼器本构，当黏滞阻尼器的力-变形速率关系为线性时，

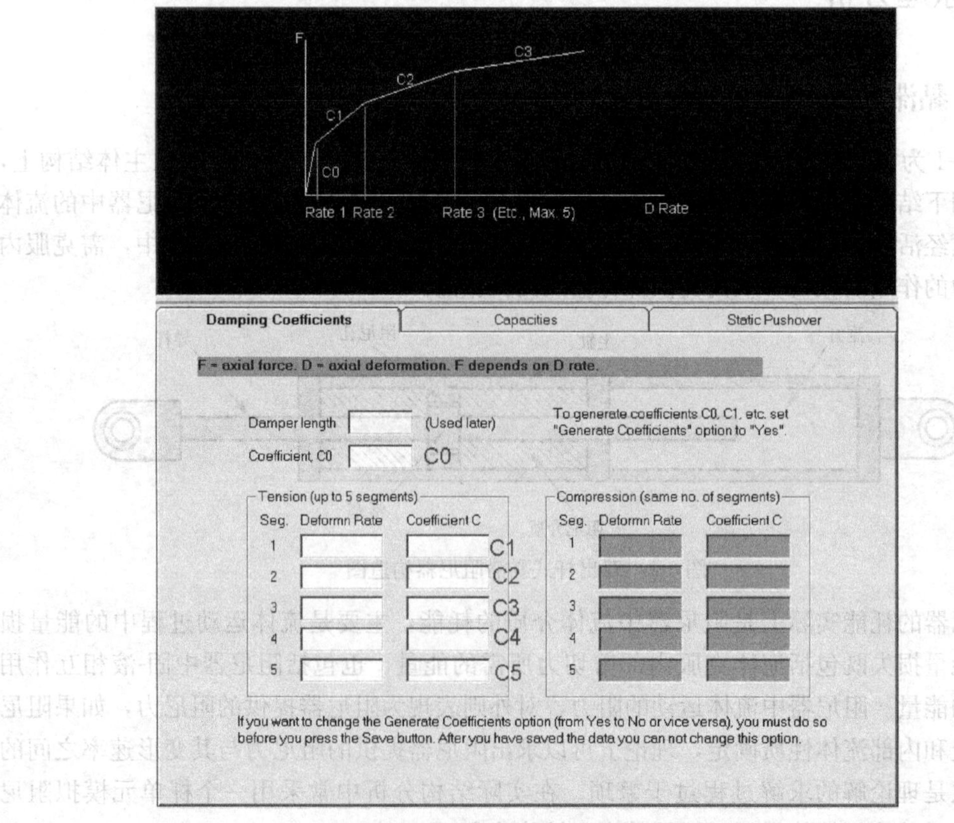

图8-3 黏滞阻尼器本构定义界面

只需定义参数C0。另外，由图8-3可见，除了需要定义阻尼器本构曲线的割线刚度和变形速率外，还需要指定阻尼器的长度（Damper Length），该参数用于计算阻尼器复合组件中弹性段的长度，程序内部通过单元的总长度减去阻尼器的长度获得弹性杆组件的长度。

目前常用的黏滞阻尼器的本构关系一般符合幂律流体规律，即阻尼器轴向力 F 与轴向变形速率 D Rate 之间满足公式（8.2-1）[1]，式中 C 为阻尼系数，n 为指数因子，与阻尼器的实际构造有关。

$$F = C\,(\mathrm{DRate})^{n} \tag{8.2-1}$$

定义黏滞阻尼器组件本构时，PERFORM-3D 中提供了“Generate Coefficients”选项，用于快速定义符合幂律流体规律的黏滞阻尼器本构。如图8-4所示，通过指定指数因子（Exponent，n）、阻尼器骨架曲线的等效折线数量（No. of segments）及骨架曲线最后一点的力与变形速率快速生成等效多折线 F-D Rate 关系。

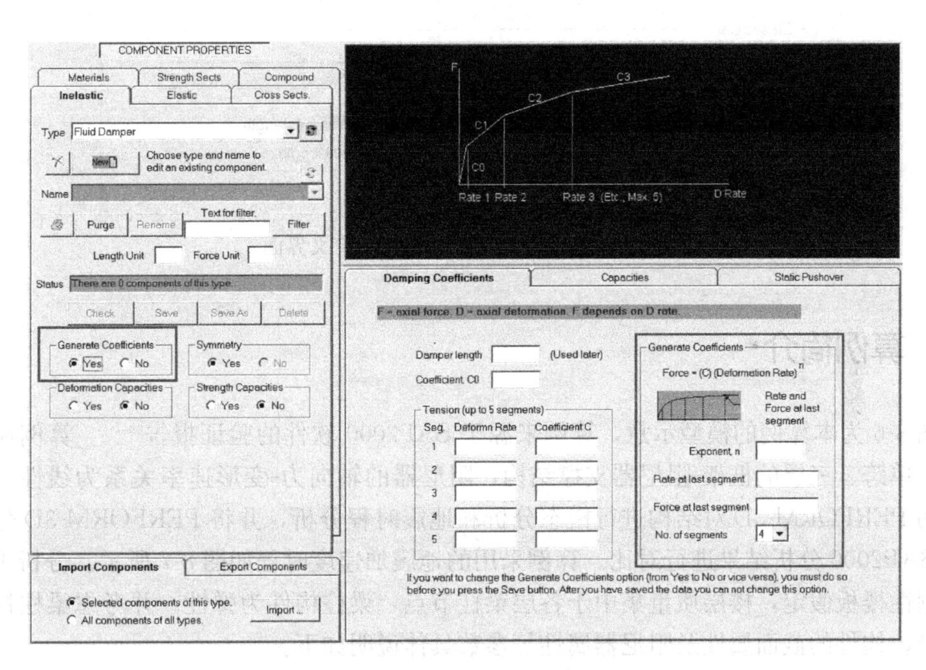

图8-4 幂律流体阻尼器本构快速定义

此外，PERFORM-3D 还允许定义拉伸和压缩骨架曲线不对称的黏滞阻尼器组件，该功能可通过在参数控制界面中指定本构的对称性（Symmetry）为否（No）来实现。

8.2.2.2 弹性杆组件（Elastic Bar）

弹性杆组件（Elastic Bar）在建模阶段的【Component Properties】-【Elastic】-【Linear Elastic Bar】选项下添加，用于模拟阻尼器与主体结构的连接杆。

8.2.2.3 黏滞阻尼器复合组件（Fluid Damper Compound Component）

完成黏滞阻尼器组件（Fluid Damper）和弹性杆组件的定义后，可在建模阶段的【Component properties】-【Compound】下添加黏滞阻尼器复合组件（Fluid Damper Compound Component），并通过指定相应的黏滞阻尼器组件（Fluid Damper）和弹性杆组件完成黏滞阻尼器复合组件的组装，如图8-5所示。

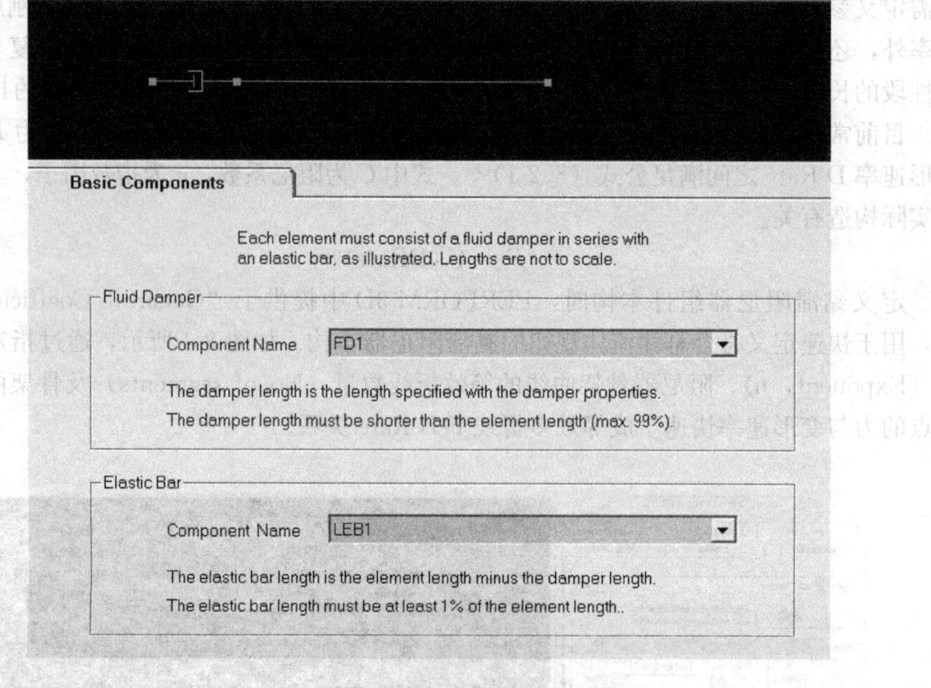

图 8-5 黏滞阻尼器复合组件的定义界面

8.3 算例简介

图 8-6 为本算例的模型示意，算例来源于 SAP2000 软件的验证报告[4,5]。算例模型为一榀、单跨、三层的框架-阻尼器支撑结构，阻尼器的轴向力-变形速率关系为线性。本算例采用 PERFORM-3D 对结构进行模态分析和地震时程分析，并将 PERFORM-3D 分析结果与 SAP2000 分析结果进行对比。算例采用的地震加速度时程如图 8-7 所示。分析中模型采用刚性楼板假定，楼层质量集中于各层梁柱节点，梁柱构件为弹性，并考虑梁柱构件端部刚域，构件的截面属性及阻尼器属性等参数具体说明如下。

（1）构件属性

梁柱构件采用弹性梁柱单元进行模拟，参数取值如下：

材料：

弹性模量 $E=210000\text{N/mm}^2$，泊松比为 0.3

构件截面：

C1：$A=901\text{mm}^2$，$I=146140\text{mm}^4$

C2：$A=661\text{mm}^2$，$I=59500\text{mm}^4$

B1：$A=1322\text{mm}^2$，$I=119000\text{mm}^4$

端部刚域：

EZ1：抗弯刚度放大系数：3.0

（2）阻尼器与梁连接节点板

STIFF：$A=1000000\text{mm}^2$，$I=1\text{E}+09\text{mm}^4$

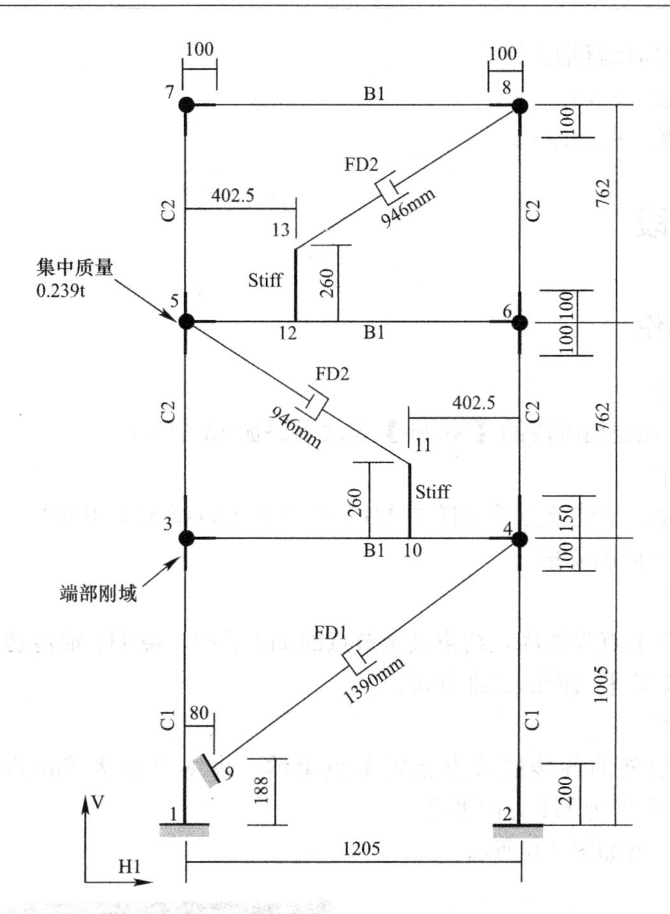

图 8-6 算例模型示意（单位：mm）

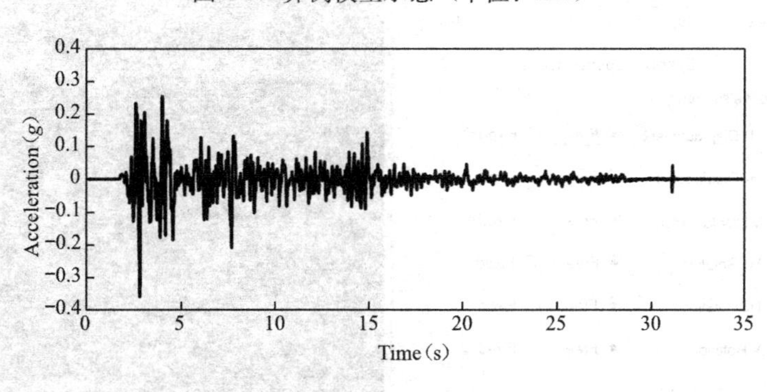

图 8-7 加速度时程

（3）阻尼器属性

阻尼器（Fluid Damper Component）均为线性阻尼器：

FD1：总长度 1390mm，系数 C=16N·s/mm，指数 α=1

FD2：总长度 946mm，系数 C=16N·s/mm，指数 α=1

阻尼器连接杆（Elastic Bar）：

LEB1：弹性模量 E=5000000N/mm^2，截面积 A=1mm^2

（4）楼层（节点集中）质量

节点 3～8：0.239t

（5）结构阻尼取瑞利阻尼

质量比例系数：0.76

刚度比例系数：8.79E－5

8.4 建模阶段

8.4.1 节点操作

（1）添加节点

参考图 8-6，在建模阶段的【Nodes】模块下添加 13 个节点。

（2）节点质量

根据算例信息，新建节点质量样式 M1，并为各节点指定集中质量，本算例只激活节点 H1、H2 平动方向的质量。

（3）节点约束

指定 1、2、9 节点为嵌固，约束其余节点的 H2 平动，绕 H1 轴转动和绕 V 轴的转动自由度，实现 H1-V 平面内的二维分析。

（4）节点束缚

分别对除首层外的各楼层节点指定节点束缚，束缚类型为 Simple Equal Displacements，束缚的自由度为 H1 方向平动。

节点操作后模型如图 8-8 所示。

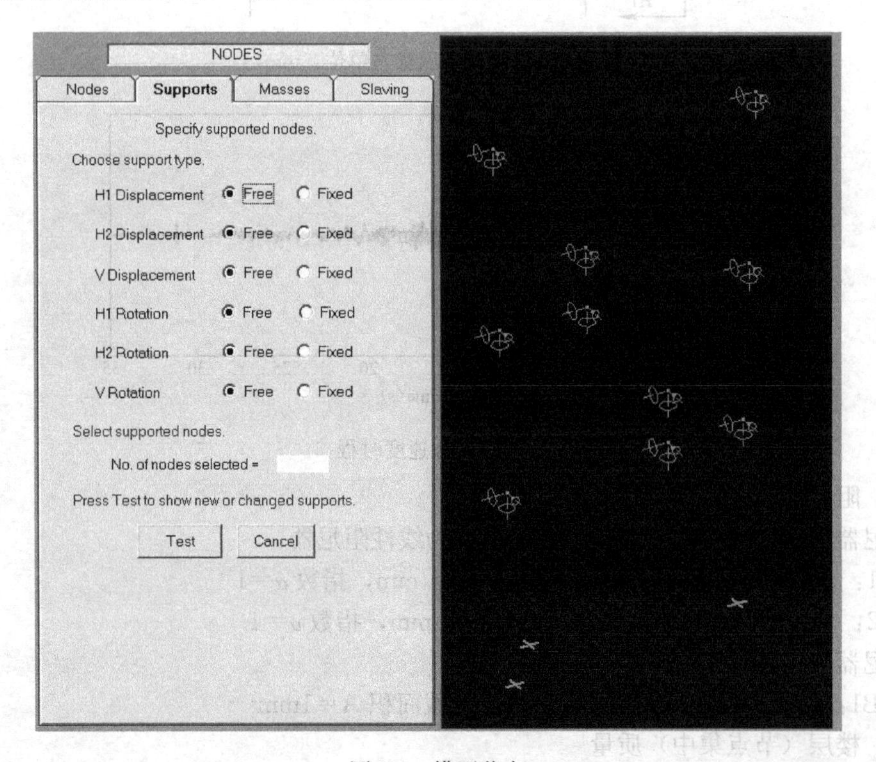

图 8-8 模型节点

8.4.2 定义组件

8.4.2.1 框架截面组件

本例梁柱构件为弹性。在【Component Properties】模块下的【Cross Sects】下新建【Column Steel Type Nonstandard Section】类型的弹性柱截面组件 C1 和 C2，分别对应算例结构中的柱 C1 和 C2。在【Component Properties】模块下的【Cross Sects】下新建【Beam Steel Type Nonstandard Section】类型的弹性梁截面组件 B1，对应算例结构中的梁 B1。图 8-9 所示为截面 B1 的参数定义。

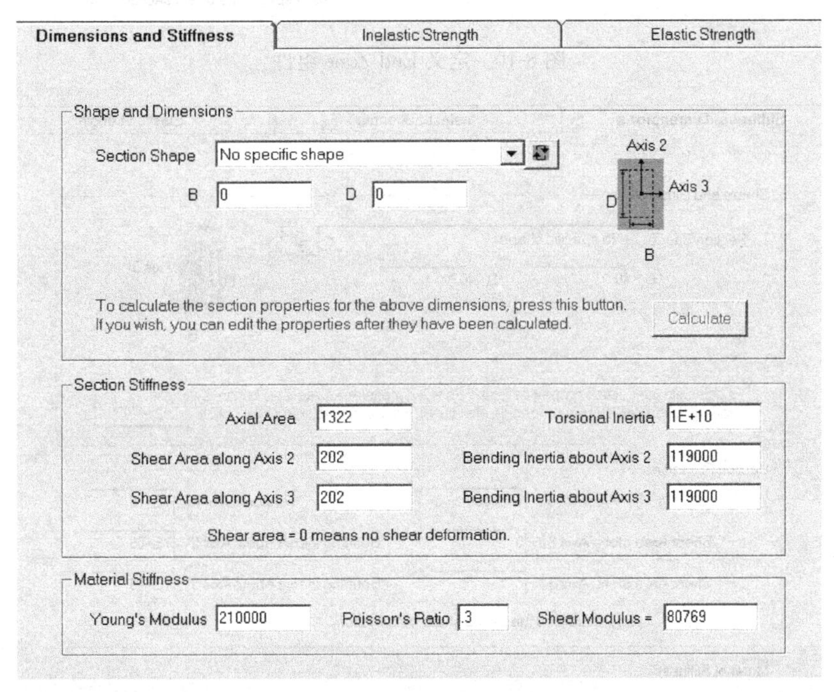

图 8-9 弹性截面组件 B1 定义

8.4.2.2 框架端部刚域

在【Elastic】下添加【End Zone】类型的组件 EZ1。SAP2000 中度量 End Zone 单元刚度的参数为刚性因子，PERFORM-3D 中则要求直接输入弯曲和轴向刚度的放大倍数。本算例将刚域的抗弯刚度取为单元弯曲刚度的 3 倍。【End Zone】组件定义如图 8-10 所示。

8.4.2.3 阻尼器与梁的连接节点板

本算例用一个刚度较大的梁柱单元模拟阻尼器与梁连接的节点板，即图 8-6 中的“Stiff”部分。其中大刚度梁柱单元的截面通过【Component Properties】-【Cross Sects】模块下的【Column Steel Type Nonstandard Section】截面组件定义。新建【Column Steel Type Nonstandard Section】类型的截面 STIFF，并根据 8.2 节给出的参数指定 STIFF 截面的面积及惯性矩，参数定义如图 8-11 所示。

8.4.2.4 黏滞阻尼器弹性连接杆

本算例中忽略阻尼器与主体结构连接杆的变形，故用一个刚度较大的弹性杆组件模拟阻尼器的连接杆。在【Component Properties】-【Elastic】-【Linear Elastic Bar】下添加线弹性杆组件 LEB1，并指定其刚度属性，如图 8-12 所示。

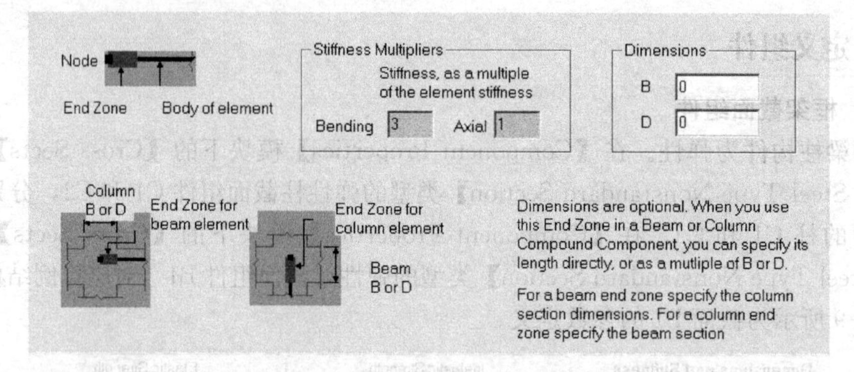

图 8-10　定义 End Zone 组件

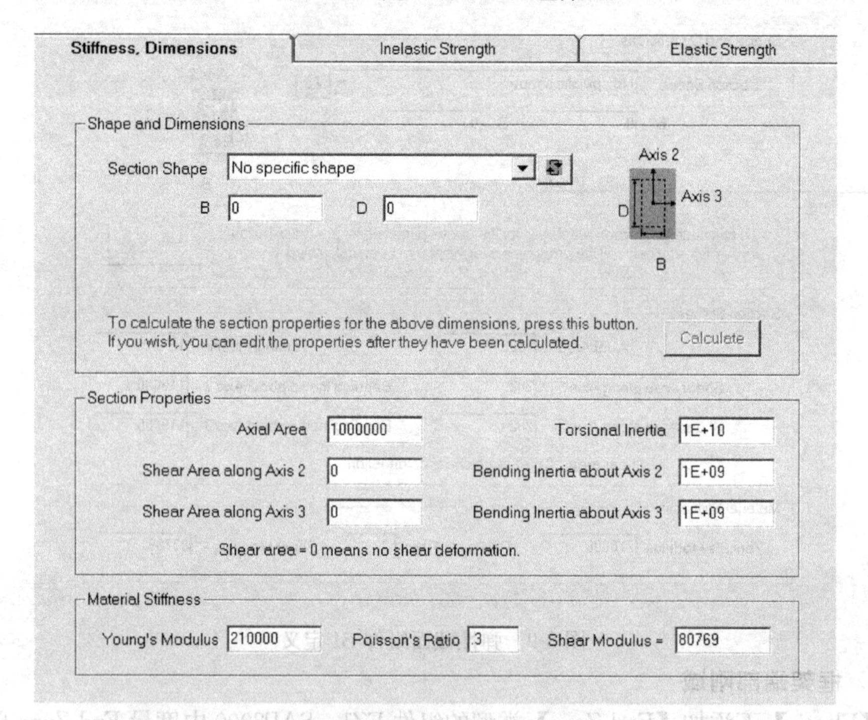

图 8-11　阻尼器连接节点板“Stiff”定义

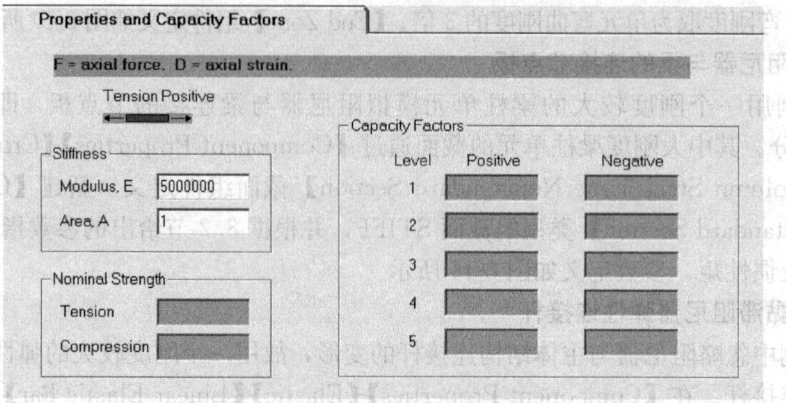

Properties and Capacity Factors
F = axial force, D = axial strain.
Tension Positive
Stiffness
Modulus, E 5000000
Area, A 1
Nominal Strength
Tension
Compression
Capacity Factors
Level Positive Negative
1
2
3
4
5

图 8-12　阻尼器连接杆定义

8.4.2.5 黏滞阻尼器组件

由于本算例中的黏滞阻尼器的 F-DRate 关系是线性的，即公式（8.2-1）中的指数因子 $n=1$，因此在 PERFORM-3D 中定义阻尼器组件时，只需定义系数 C0 即可。此外，定义阻尼器组件时需指定组件长度（Damper length），PERFORM-3D 规定，阻尼器组件的长度不能大于阻尼器单元长度（=阻尼器组件长度+弹性杆长度）的 95%。本算例中各层阻尼器单元的长度不同，首层阻尼器长度为 1390mm，二、三层阻尼器长度为 946mm，且本例阻尼器不考阻尼器与主体结构连接杆的变形（弹性杆刚度取一个较大的值），阻尼器的长度对整体分析结果影响较小，因此本例只定义一个阻尼器组件，且阻尼器组件长度取小值，取为 890mm。在建模阶段的【Component Properties】-【Inelastic】下添加【Fluid Damper】类型的黏滞阻尼器组件 FD1，定义参数如图 8-13 所示。

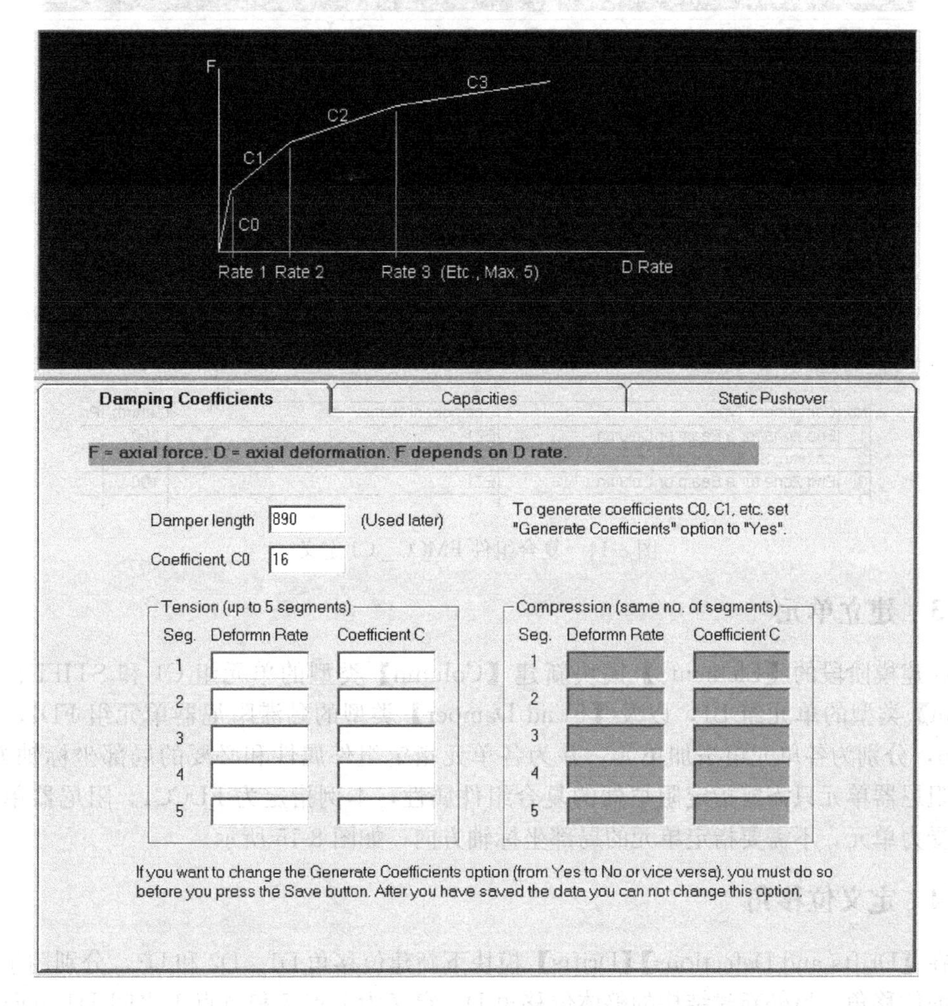

图 8-13 Fluid Damper 组件定义

8.4.2.6 定义黏滞阻尼器复合组件

黏滞阻尼器复合组件由黏滞阻尼器组件和弹性杆组件串联得到。在建模阶段的【Component Properties】-【Compound】-【Fluid Damper Compound Component】选项下新建黏滞阻尼器复合组件 FDCC1，并采用前面定义的黏滞阻尼器组件 FD1 和线弹性杆组件

LEB1 完成复合组件的定义，如图 8-5 所示。此处需注意一点，黏滞阻尼器单元的总长度由结构的几何关系决定，黏滞阻尼器组件的长度由用户指定，弹性杆组件的长度由黏滞阻尼器单元的总长度减去黏滞阻尼器组件的长度得到。

8.4.2.7 定义其他复合组件

梁、柱复合组件分别由弹性截面和端部刚域串联而成，阻尼器连接节点板由单独的弹性段组成。以柱 C1 的复合组件 FMCC _ C1 为例，定义界面如图 8-14 所示。

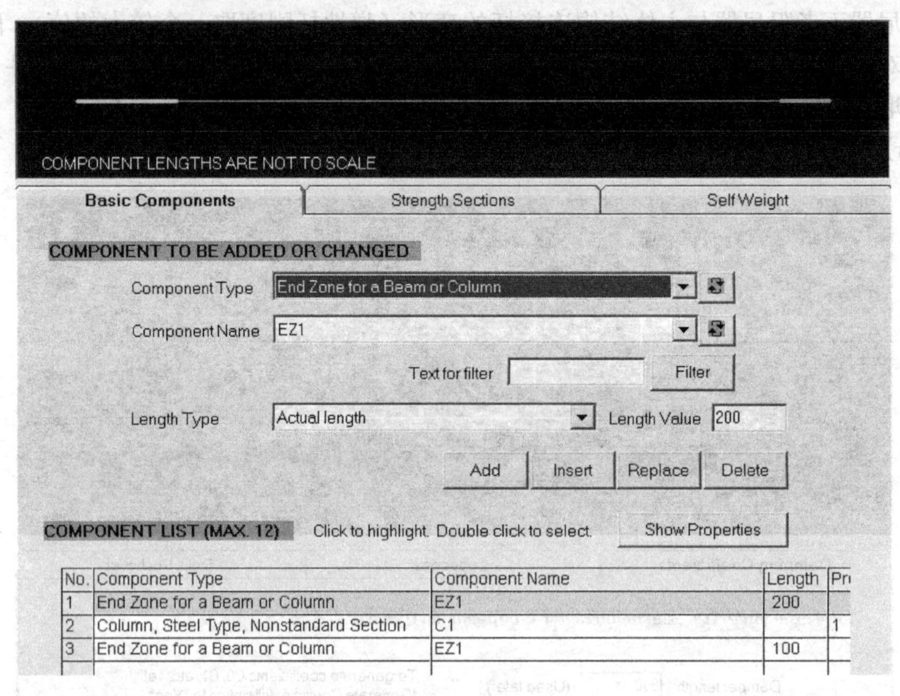

图 8-14 复合组件 FMCC _ C1 定义

8.4.3 建立单元

在建模阶段的【Elements】模块新建【Column】类型的单元组 C1 和 STIFF、新建【Beam】类型的单元组 B1，以及【Fluid Damper】类型的黏滞阻尼器单元组 FD1，按照图 8-6，分别为各单元组添加单元，并为各单元指定组件属性和必要的局部坐标轴方向。其中阻尼器单元只需要指定阻尼器的复合组件属性，本例指定为 FDCC1。阻尼器单元为轴向受力单元，不需要指定单元的局部坐标轴方向，如图 8-15 所示。

8.4.4 定义位移角

在【Drifts and Defections】-【Drifts】模块下新建位移角 D1、D2 和 D3，分别用于计算各层的位移角。另外新建结构的整体位移角 D，定义为节点 7 和节点 1 之间 H1 方向的位移比，用作地震加速度时程分析工况的参考位移角。

8.4.5 定义结构截面

为提取各层剪力，本算例为每个楼层定义了一个结构截面（SC1～SC3），图 8-16 所示为 SC1 的定义。

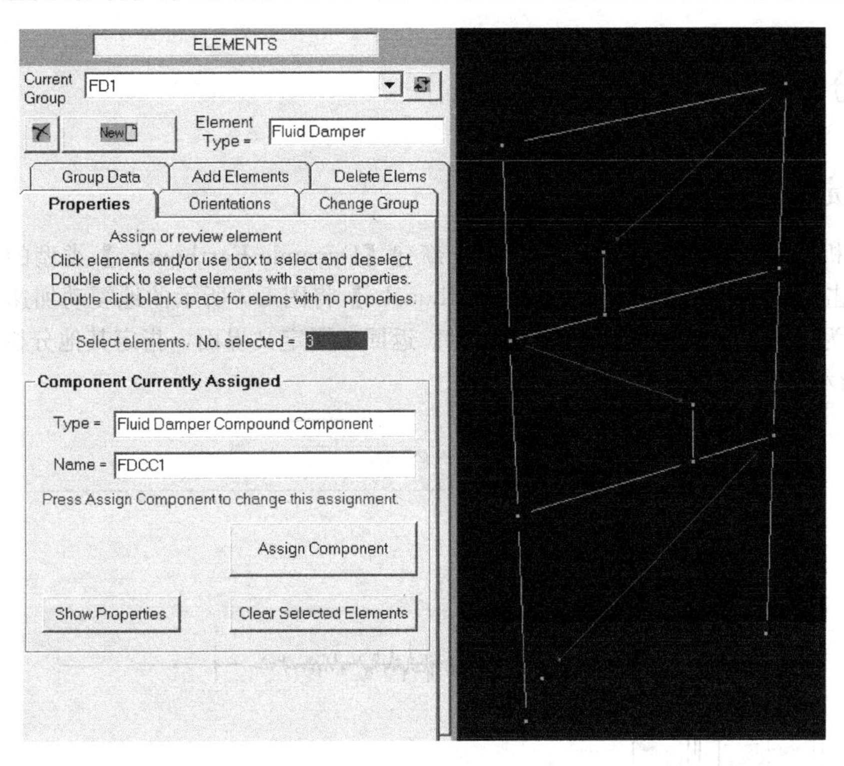

图 8-15 指定阻尼器属性

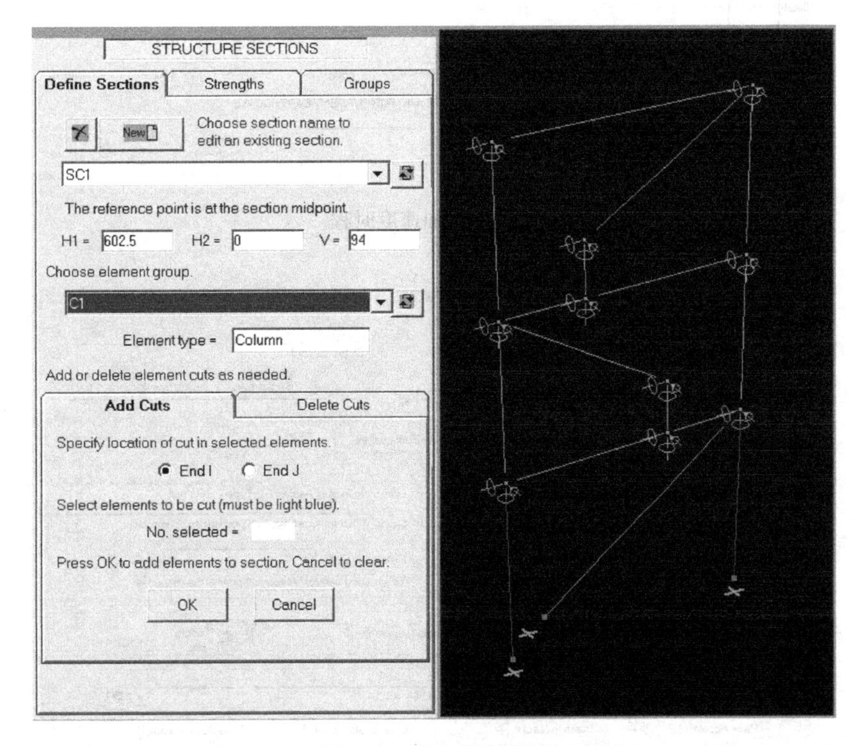

图 8-16 定义结构截面

8.5 分析阶段

8.5.1 定义地震工况

在分析阶段的【Set up load cases】下新建【Dynamic Earthquake】类型的荷载工况DE1，点击按钮【Add/Review/Delete Earthquake】将图 8-7 所示的地震动加速度时程导入并命名为 Ch08 _ ACC01，如图 8-17 所示。返回工况定义界面，指定其他分析参数，如图 8-18 所示。

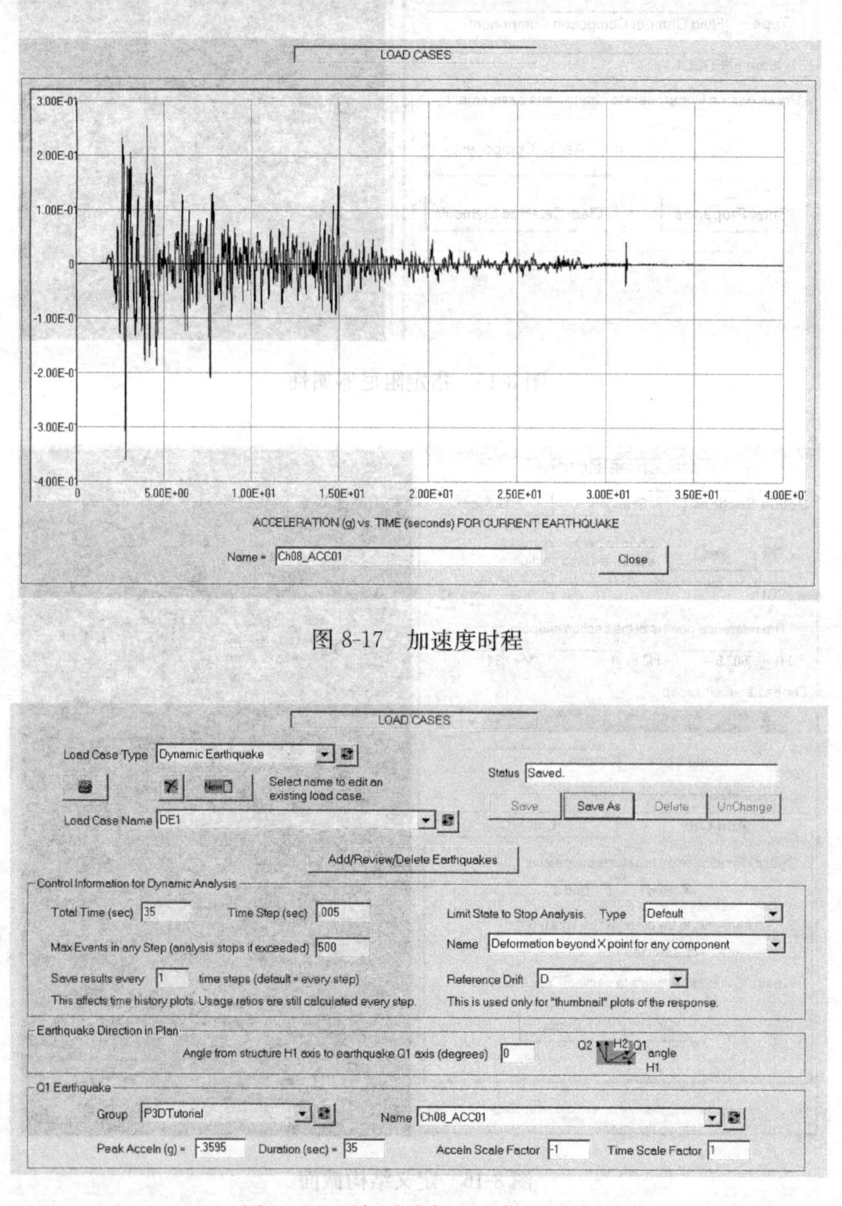

图 8-17 加速度时程

图 8-18 添加动力加速度作用工况

8.5.2　建立分析序列

新建分析序列S，指定计算的模态数为3，质量样式为M1，缩放系数为1，如图8-19所示。

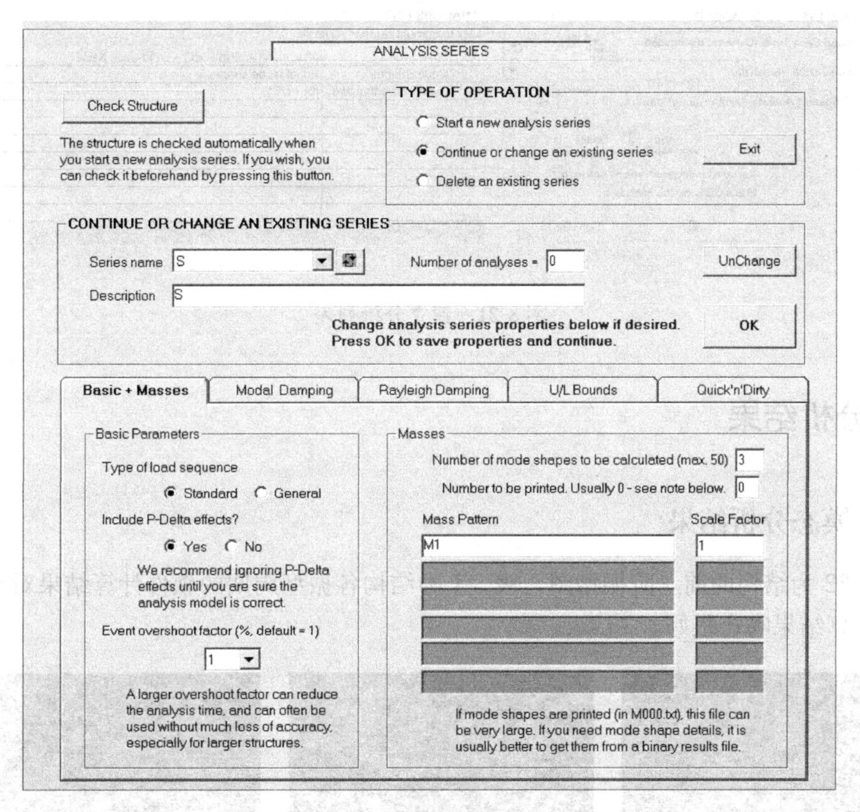

图8-19　添加分析序列

本算例动力时程分析采用瑞利阻尼，结构前三阶振型周期分别为T_1=0.438s、T_2=0.135s、T_3=0.074s，通过指定第一振型的模态阻尼比为2.71%、第二振型的模态阻尼比为1.02%，得到瑞利阻尼的质量比例系数为0.76，刚度比例系数为8.79E−5，定义如图8-20所示。

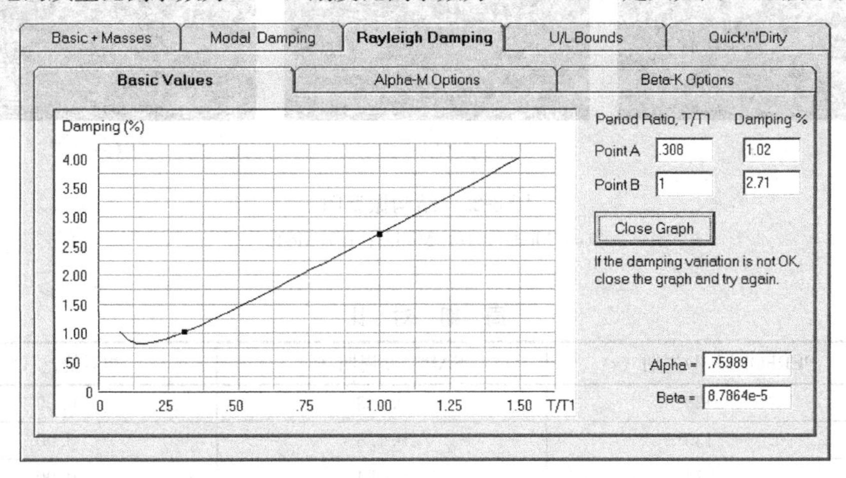

图8-20　阻尼指定

建立分析列表如图 8-21 所示。分析列表定义完后点击【GO】按钮运行分析。

SET UP AND RUN ANALYSES

New Analyses to be Run

ANALYSIS TO BE ADDED

Load Case Type: Dynamic Earthquake

Load Case Name: DE1

Preceding Analysis Number (0 = unloaded): 0

Add | Delete

Set up as many analyses as you wish.
Press GO to run the analyses.

GO | Don't Go

ANALYSIS LIST

Click to highlight for Insert or Delete.

No.	Load Type	[Preceding Analysis No.] + Load Case Name
	Mode Shapes	No. of mode shapes = 3
1	Dynamic Earthquake	[0] + DE1

图 8-21 建立分析列表

8.6 分析结果

8.6.1 模态分析结果

图 8-22 为结构的前三阶振型图，表 8-1 为结构各振型周期的软件计算结果对比，可见两软件计算结果吻合很好。

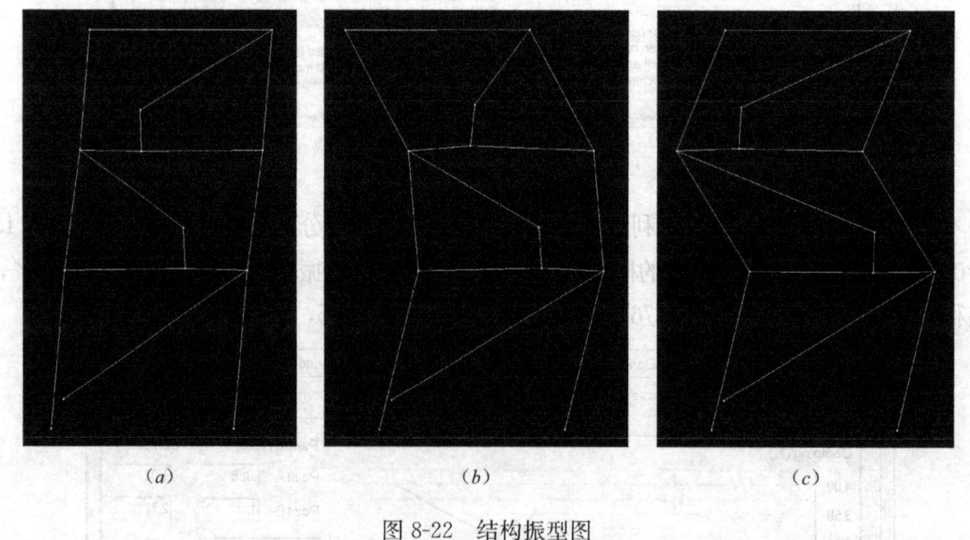

(*a*)　　(*b*)　　(*c*)

图 8-22 结构振型图

(*a*) Mode1；(*b*) Mode2；(*c*) Mode3

周 期 对 比　　表 8-1

振型	PERFORM-3D 周期（s）	SAP2000 周期（s）	相对偏差（%）
1	0.438	0.438	0.00
2	0.135	0.135	0.00
3	0.074	0.074	0.00

8.6.2 动力时程分析结果

(1) 层间位移角

图 8-23 为 PERFORM-3D 计算的各层层间位移角时程及与 SAP2000 计算结果的对比，由图可见，PERFORM-3D 与 SAP2000 的计算结果吻合

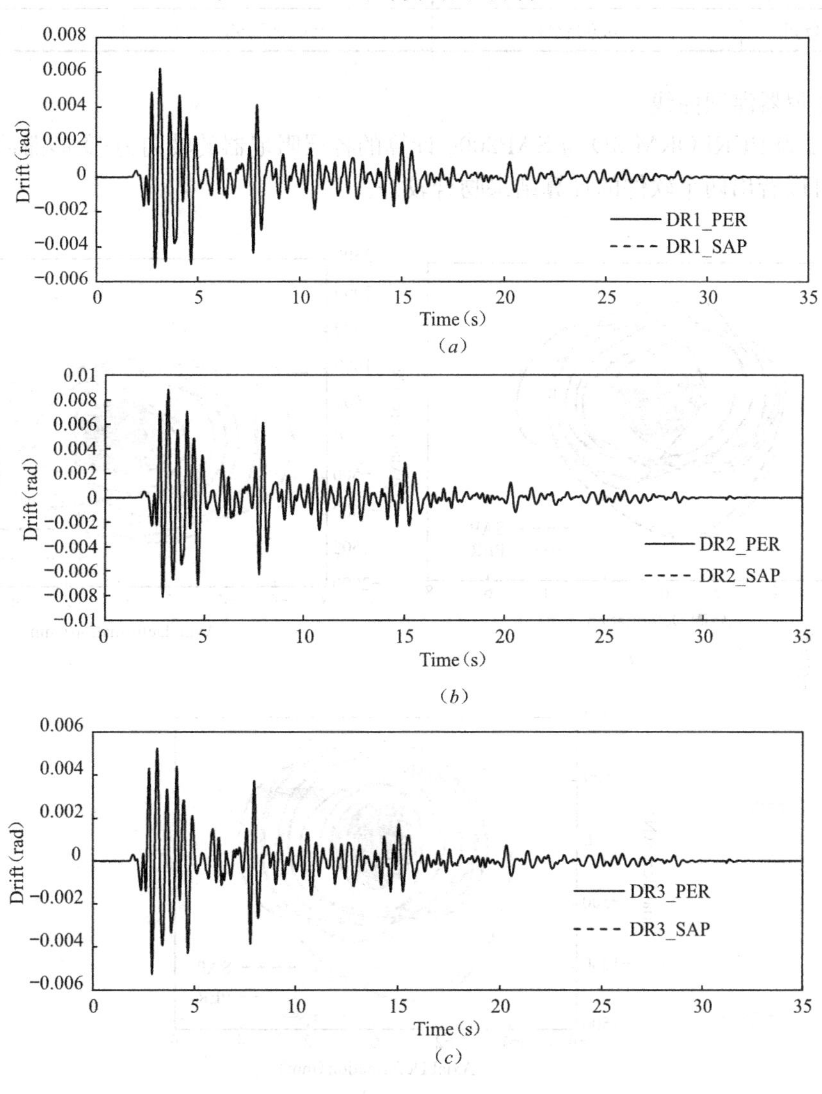

图 8-23 层间位移角时程对比

(a) Drift1; (b) Drift2; (c) Drift3

表 8-2 为 PERFORM-3D 与 SAP2000 计算的层间位移角极值的结果统计与对比，由表可知，两款软件计算结果吻合很好。

层间位移角极值统计及对比 **表 8-2**

参数	PERFORM-3D	SAP2000	相对偏差 (%)
MAXDR1 (rad)	0.006241	0.006181	0.9564
MINDR1 (rad)	−0.005194	−0.005163	0.6095

续表

参数	PERFORM-3D	SAP2000	相对偏差（%）
MAXDR2（rad）	0.008843	0.008791	0.5887
MINDR2（rad）	−0.008099	−0.008061	0.4762
MAXDR3（rad）	0.005227	0.005241	−0.2632
MINDR3（rad）	−0.005241	−0.005263	−0.4126

（2）阻尼器滞回曲线

图 8-24 为 PERFORM-3D 与 SAP2000 计算的各层阻尼器的轴向力-变形滞回曲线结果的对比，可以看出两个软件的计算结果吻合较好。

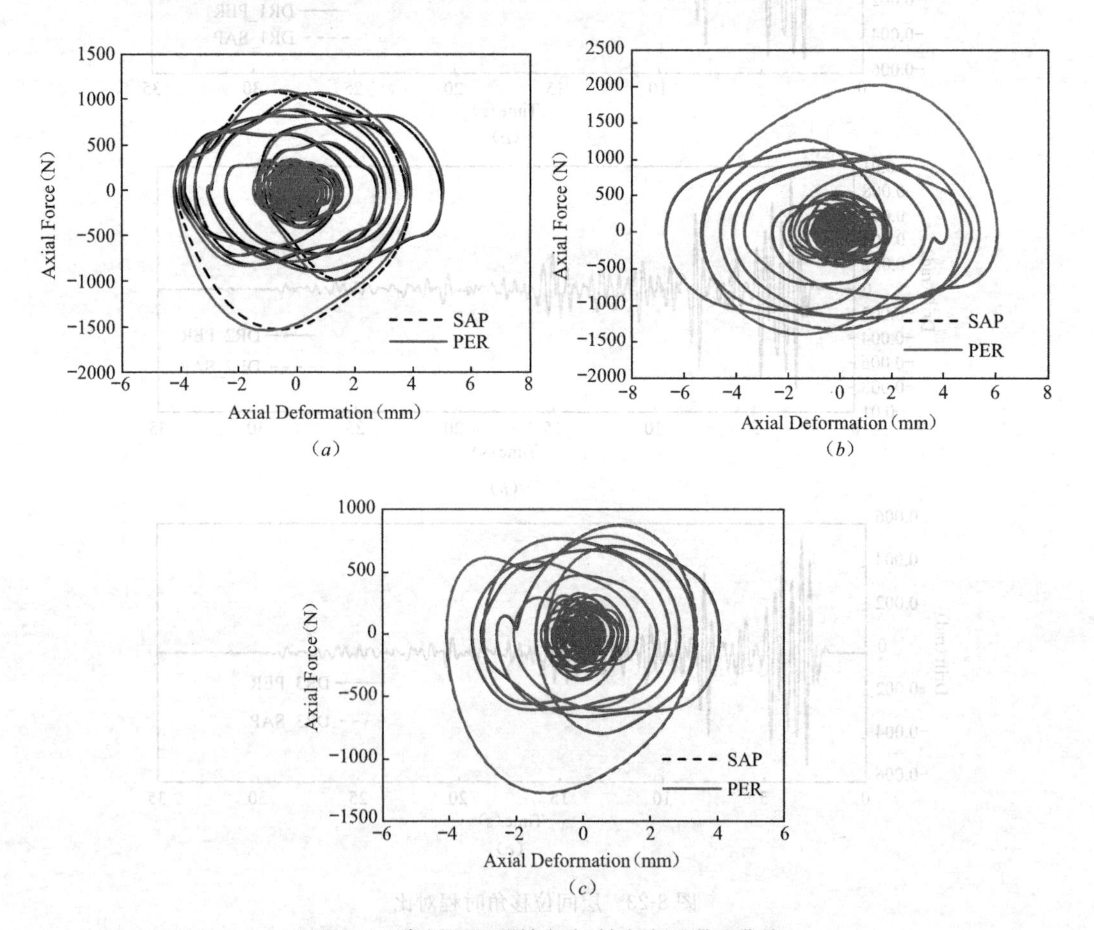

图 8-24　各层阻尼器轴向力-轴向变形滞回曲线

(*a*) 首层阻尼器 FD_L1 滞回曲线；(*b*) 二层阻尼器 FD_L2 轴滞回曲线；(*c*) 三层阻尼器 FD_L3 滞回曲线

（3）层间剪力-层间位移角滞回曲线

图 8-25 为 PERFORM-3D 与 SAP2000 计算的结构各层的层剪力-层间位移角滞回曲线，由图可见，两软件的计算结果吻合很好。

表 8-3 为 PERFORM-3D 与 SAP2000 计算的各楼层剪力极值的统计结果及对比，可见两软件的计算结果吻合很好。

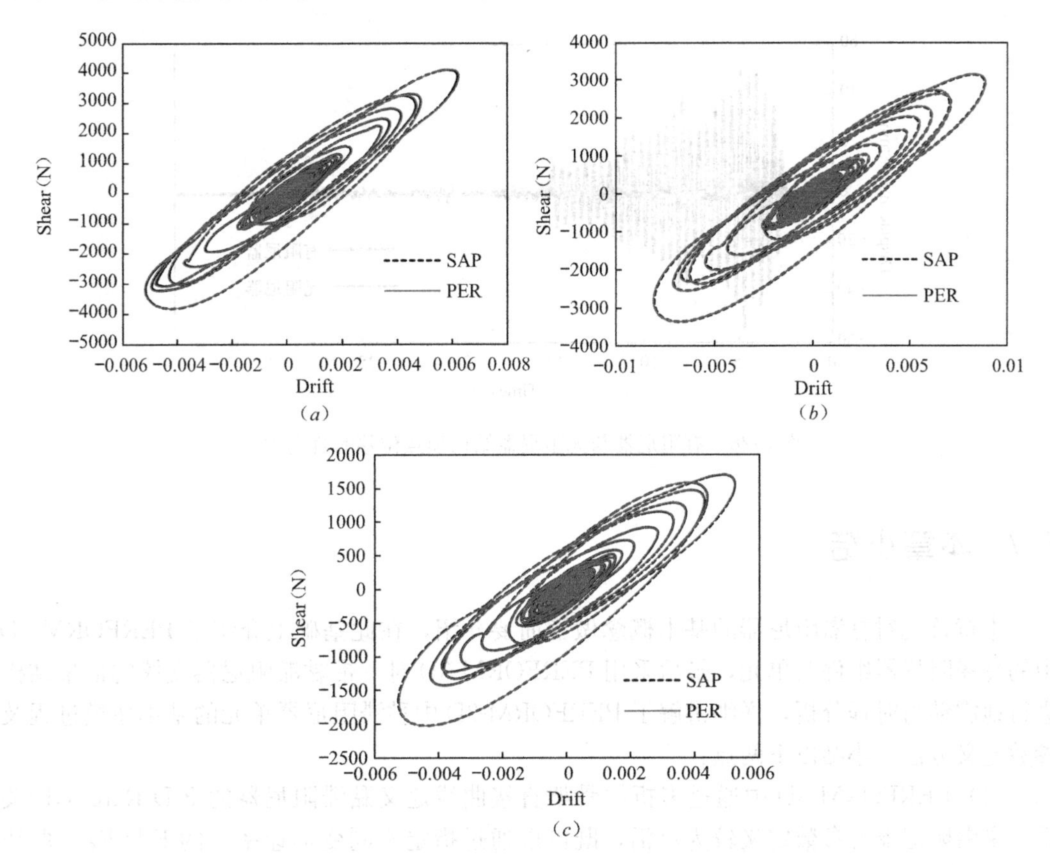

图 8-25 结构层剪力-层间位移角滞回曲线

(a) 首层剪力-层间位移滞回曲线；(b) 二层剪力-层间位移滞回曲线；

(c) 三层剪力-层间位移滞回曲线

结构层剪力极值统计与对比 表 8-3

楼层	输出参数	PERFORM-3D	SAP2000	相对偏差（%）
3	V，max（N）	1708.22	1701.18	0.4138
	V，min（N）	−2024.46	−2022.17	0.1132
2	V，max（N）	3152.82	3140.61	0.3888
	V，min（N）	−3365.10	−3363.71	0.0413
1	V，max（N）	4111.01	4094.77	0.3966
	V，min（N）	−3811.65	−3813.60	−0.0511

8.6.3 有阻尼器与无阻尼器结构分析结果对比

图 8-26 为地震荷载工况下有阻尼器结构和无阻尼器结构顶部节点 7 的水平位移时程对比。由图 8-26 可以看出，结构中安装了阻尼器以后，顶部位移反应相比无阻尼器时有了大幅度的降低，说明阻尼器的存在减小了主体结构的位移响应。

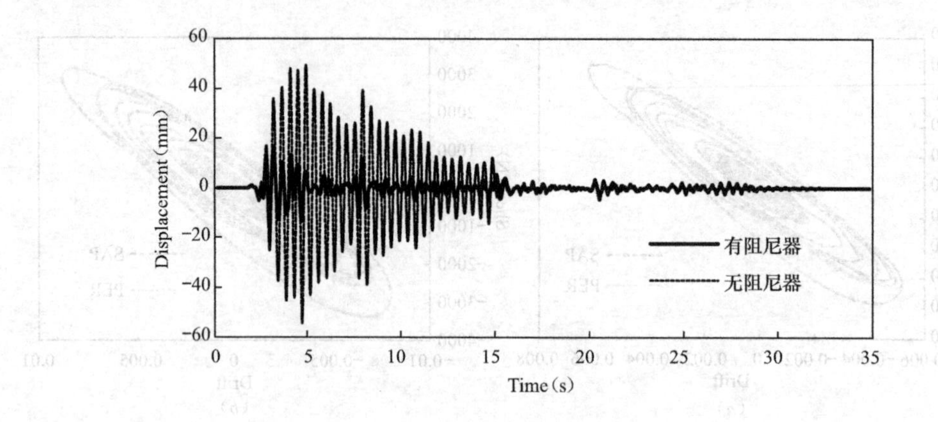

图 8-26　有阻尼器与无阻尼器结构顶点位移时程对比

8.7 本章小结

本章首先对黏滞阻尼器的基本概念做了简要介绍，在此基础上介绍了 PERFORM-3D 中的黏滞阻尼器组件及单元，最后采用 PERFORM-3D 对一带黏滞阻尼器支撑的框架结构进行地震动力时程分析，详细讲解了 PERFORM-3D 中黏滞阻尼器单元的基本建模过程及参数定义方法，小结以下两点：

（1）PERFORM-3D 中通过多折线骨架直接曲线定义黏滞阻尼器的 F-D Rate 本构关系。黏滞阻尼器的参数定义较为灵活，既可以通过指定不同变形速率下的 F-D Rate 曲线的割线刚度定义多折线阻尼器本构，也可以通过“Generate Coefficients”选项，快速定义符合幂律流体规律的黏滞阻尼器本构。

（2）通过本章的算例分析可以看出，阻尼器具有良好的滞回耗能能力，能够吸收大量的地震能量，当阻尼器布置合理时，设置阻尼器可以减小主体结构的位移响应。

8.8 参考文献

[1] 周云．黏滞阻尼减震结构设计［M］．武汉：武汉理工大学出版社，2006.

[2] Computers and Structures，Inc. Nonlinear Analysis and Performance Assessment for 3D Structures User Guide［M］. Berkeley，California，USA：Computers and Structures，Inc.，2006.

[3] Computersand Structures，Inc. Components and Elements for PERFORM-3D and PERFORM-Collapse［M］. Berkeley，California，USA：Computers and Structures，Inc.，2006.

[4] Computers and Structures，Inc. SAP2000 Software Verification Report［R］. Berkeley，California，USA：Computers and Structures，Inc.，2010.

[5] Scheller，J. and Constantinou M C. Response History Analysis of Structures with Seismic Isolation and Energy Dissipation Systems：Verification Examples for Program SAP2000. Technical Report MCEER-99-0002. University of Buffalo，State University of New York，1999.

9 屈曲约束支撑

9.1 引言

屈曲约束支撑（Buckling Restrained Brace，BRB）通过外包约束构造对钢支撑芯材的横向变形进行约束，避免了钢支撑芯材受压屈曲，使得支撑构件在轴向受拉与受压时均能达到材料屈服而不发生屈曲，充分发挥了钢支撑芯材的材料性能，相比于普通钢支撑，是一种耗能更好的支撑构件。本章首先对屈曲约束支撑的基本概念和力学性能做简要介绍，在此基础上介绍 PERFORM-3D[1,2]的 BRB 组件及单元，最后采用 PERFORM-3D 对一屈曲约束支撑框架结构（Buckling Restrained Brace Frame，BRBF）的低周往复荷载试验进行模拟，详细讲解 PERFORM-3D 中 BRB 单元的基本建模过程及参数定义方法。

9.2 原理分析

9.2.1 压杆稳定问题与普通支撑的受力性能

式（9.2-1）为两端铰接的等截面细长中心受压杆的挠曲线近似微分方程：

$$\omega'' + k^2\omega = 0 \tag{9.2-1}$$

其中 ω 为压杆的挠曲线方程，$k^2 = F_{cr}/EI$，F_{cr} 为杆端压力，EI 为压杆截面抗弯刚度。

求解上述方程，得到压力 F_{cr} 的最小值为：

$$F_{cr} = \frac{\pi^2 EI}{l^2} \tag{9.2-2}$$

上式即为两端铰支等截面细长中心受压直杆的临界力求解公式，又称为欧拉公式。对于端部约束与两端铰支不同的情况，可将欧拉公式写成统一的形式：

$$F_{cr} = \frac{\pi^2 EI}{(\mu l)^2} \tag{9.2-3}$$

其中 μ 称为压杆的长度系数，与杆端约束情况有关。

令 $i = \sqrt{I/A}$ 为截面回转半径，$\lambda = \mu l/i$ 为构件长细比，则稳定控制的构件临界承载力还可表示为：

$$F_{cr} = \frac{\pi^2 EA}{\lambda^2} \tag{9.2-4}$$

正因为存在上述压杆稳定问题，导致普通支撑在轴压力作用下的极限承载力通常为稳定控制，且一般情况下稳定控制的构件临界承载力比材料强度控制的截面承载力极限值小很多。图 9-1 为普通支撑在轴向力作用下的受力机理示意图及滞回曲线。可以看出，由于普通支撑受压时容易发生失稳，导致支撑的受压承载力远未达到按材料强度计算得到的抗压承载力，构件的拉压滞回曲线不对称，耗能能力差。

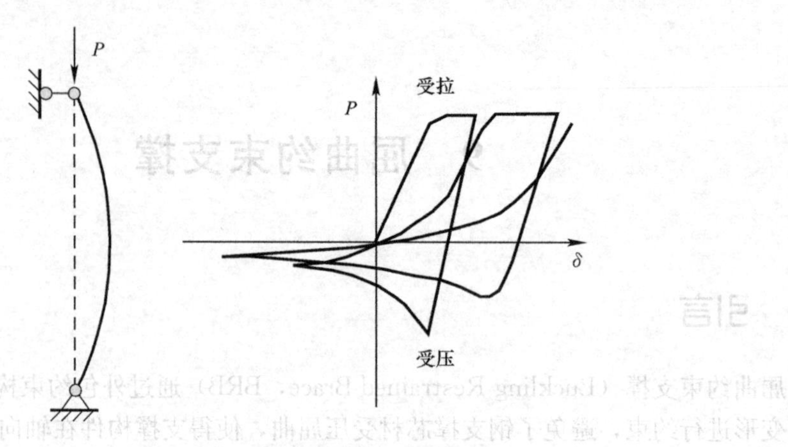

图 9-1 普通支撑受力机理及滞回曲线

9.2.2 屈曲约束支撑的组成与力学性能

图 9-2 为 BRB 的基本组成示意图[3]，其中的“屈服段”为 BRB 构件的核心部分，构件的屈服耗能主要集中于这一区段，其余区段刚度相对较大，且一般不允许发生屈服，结构分析时可按弹性杆处理。在理想的情况下，轴向荷载全由钢核心承担，外包钢筒不受轴向荷载，仅提供侧向约束，防止钢核心屈曲。

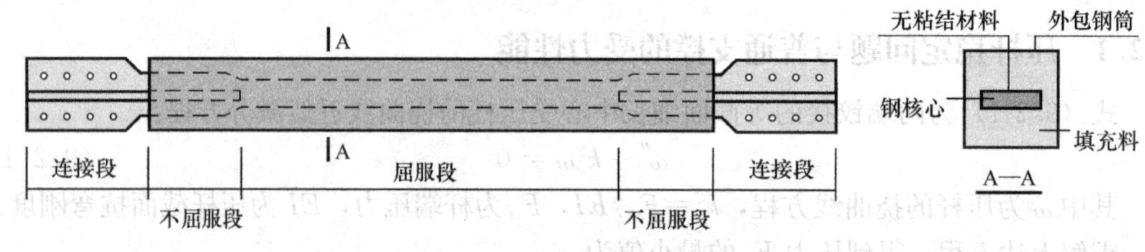

图 9-2 屈曲约束支撑组成

图 9-3 为屈曲约束支撑在轴向力作用下的受力机理示意图及其滞回曲线。由于填充材料的约束作用，屈曲约束支撑的钢核心不会像普通支撑一样发生屈曲，受压承载力仍由材料强度控制，整个构件具有稳定、对称的拉压性能，相比于普通钢支撑，屈曲约束支撑的耗能能力显著提高。

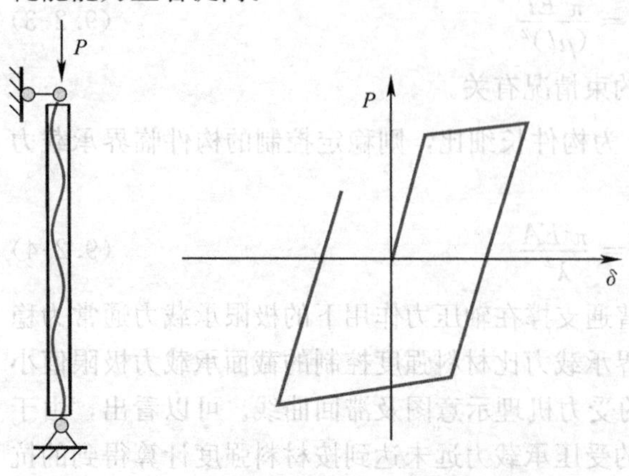

图 9-3 屈曲约束支撑受力机理及滞回曲线

图 9-4 为典型的 BRB 轴向力-轴向变形滞回曲线。可以看出 BRB 的滞回曲线正负方向较为对称，滞回曲线较为饱满，具有稳定的耗能能力，并在循环荷载作用下呈现显著的应变强化现象。图 9-4 中几个关键参数包括：K_0 为 BRB 的初始刚度，P_{ysc} 为 BRB 钢核心的屈服力，T_{max} 为 BRB 的最大抗拉承载力，C_{max} 为 BRB 的最大抗压承载力，上述各参数间有如下关系[4]：

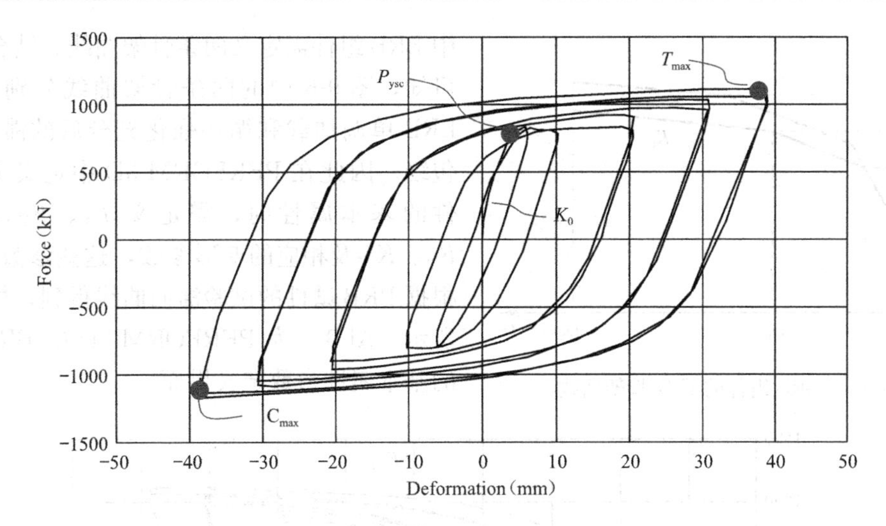

图 9-4 典型 BRB 滞回曲线

$$P_{ysc}=R_{y}P_{y} \tag{9.2-5}$$

$$T_{max}=\omega P_{ysc} \tag{9.2-6}$$

$$C_{max}=\beta T_{max}=\beta\omega P_{ysc} \tag{9.2-7}$$

其中，R_y 为考虑芯材的实际屈服强度与名义屈服强度之间的偏差系数；P_y 为 BRB 的名义屈服承载力，ω 为抗拉承载力调整系数，又称为应变硬化系数；β 为受压超强系数，又称为拉压不平衡系数，一般大于 1，表明 BRB 构件的最大抗压承载力相比于最大抗拉承载力会有进一步提高，这是由于 BRB 轴向受压时芯材与约束单元之间的摩擦挤压等因素造成的[5]。

9.2.3 PERFORM-3D 中 BRB 的模拟

PERFORM-3D 中 BRB 构件由一个 BRB 复合组件（BRB Compound Component）模拟，一个 BRB 复合组件由一个 BRB 组件（BRB，Buckling Restrained Brace）和一个弹性杆组件（Elastic Bar）串联得到，如图 9-5 所示。以下分别介绍各组件的定义。

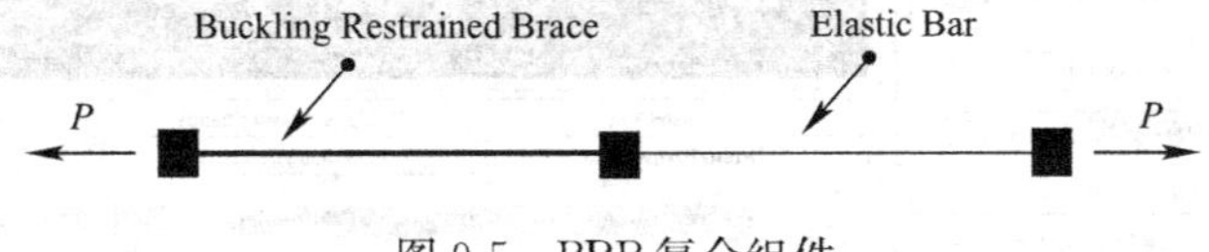

图 9-5 BRB 复合组件

9.2.3.1 BRB 组件（Buckling Restrained Brace）

PERFORM-3D 中 BRB 组件位于建模阶段的【Component properties】-【Inelastic】-【BRB（Buckling Restrained Brace)】下，组件需要定义的参数主要包括基本属性参数【Basic Properties】和强化行为参数【Hardening Behavior】。

（1）基本属性【Basic Properties】

BRB 组件的基本属性参数主要指单元的轴向力-轴向变形骨架曲线参数。PERFORM-3D 中有两种类型的骨架曲线（E-P-P 型和 Trilinear 型）可供选择。图 9-6 为 PERFORM-3D 中 Trilinear 型 BRB 组件的轴向力-轴向变形骨架曲线示意，可以看到 PERFORM-3D

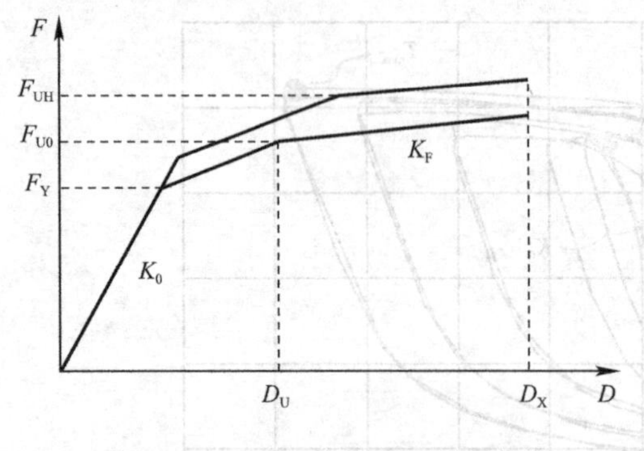

图 9-6 BRB 组件的 *F-D* 骨架曲线

中 BRB 组件需定义两条骨架曲线。结合图 9-7 可知，图 9-6 中的两条骨架曲线分别对应于 BRB 单调加载和循环强化充分后的滞回曲线包络。因此在 PERFORM-3D 中定义 BRB 组件的基本属性时，需定义 F_Y、F_{UO}、F_{UH}、K_0、K_F 及相应的变形参数，这些参数都可以根据 BRB 试件的试验滞回曲线得到，如图 9-7 所示。图 9-8 为 PERFORM-3D 中 BRB 组件的基本属性参数定义界面。

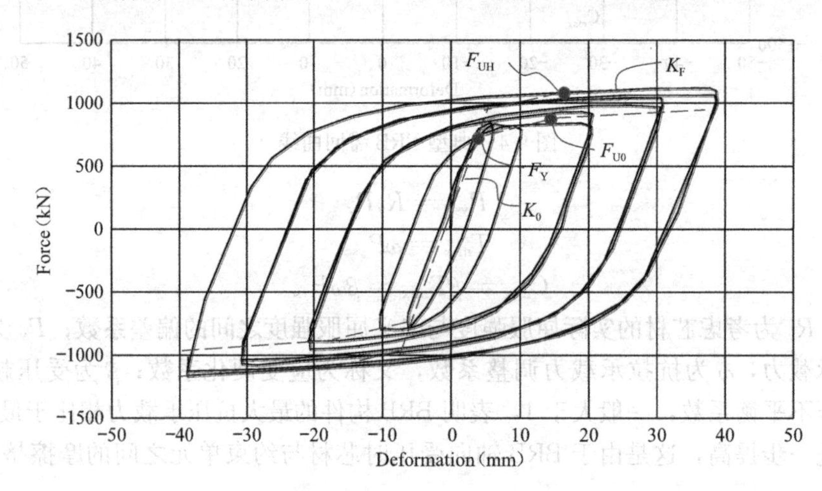

图 9-7 PERFORM-3D 中 BRB 组件的参数确定

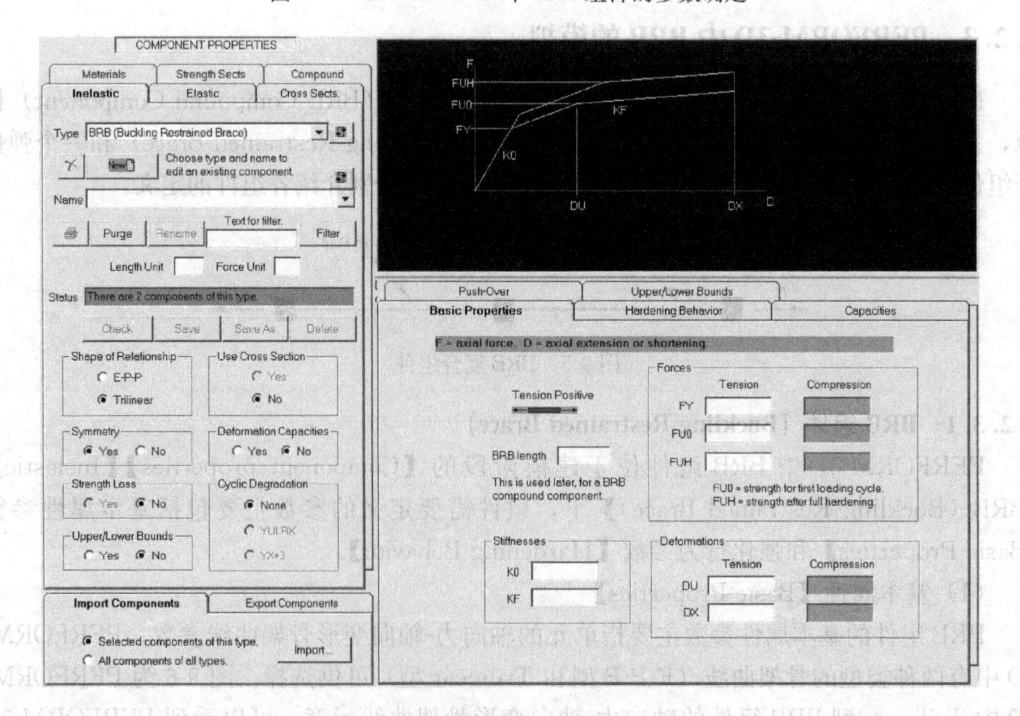

图 9-8 BRB 组件的基本参数定义界面

（2）强化行为【Hardening Behavior】

BRB组件的强化行为参数描述的是BRB组件轴向力-轴向变形滞回曲线的强化特性，强化参数定义界面如图9-9所示。软件允许使用以下几种方式定义该强化过程：a. 最大变形（Maximum deformation only）控制的强化过程；b. 累积变形（Accumulated deformation only）控制的强化过程；c. 最大变形和累积变形共同控制（Both）。

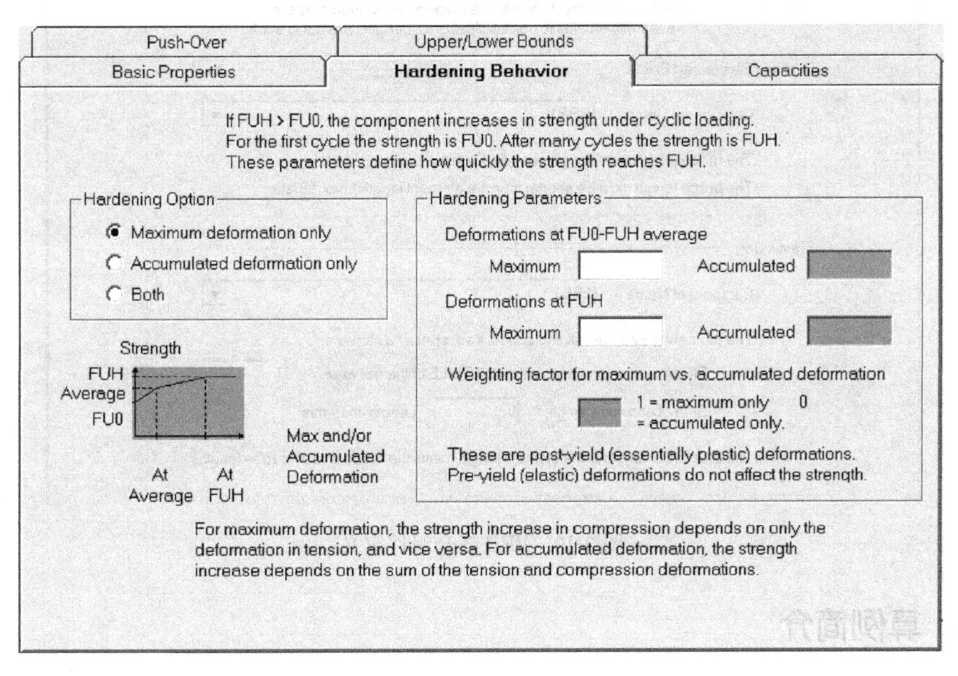

图9-9 BRB组件的强化参数定义界面

其中强化过程为由单元最大变形控制时，BRB单元的抗压（拉）承载力只与单元的最大受拉（压）变形有关；强化过程由单元累积变形控制时，BRB单元的抗拉与抗压承载力只与单元的累积变形有关；强化过程由最大变形和累积变形共同控制时，各参数的控制程度可以通过指定权重系数进行调整。另外必须注意，这里所指的变形皆为塑性变形，变形中的弹性部分对单元的强化不起作用。实际工程中可以通过调整BRB组件的强化行为参数，对BRB的试验滞回曲线进行拟合，得到符合试验结果的BRB组件参数。

9.2.3.2 弹性杆组件（Elastic Bar）

弹性杆组件用于模拟屈曲约束支撑构件中的不屈服段，如图9-2所示。PERFORM-3D中弹性杆组件在建模阶段的【Component properties】-【Elastic】模块下定义。

9.2.3.3 BRB复合组件（BRB Compound Component）

完成BRB组件和弹性杆组件的定义后，可在建模阶段的【Component properties】-【Compound】下添加BRB复合组件（BRB Compound Component），并通过指定相应的BRB组件和弹性杆组件完成BRB复合组件的组装，如图9-10所示。

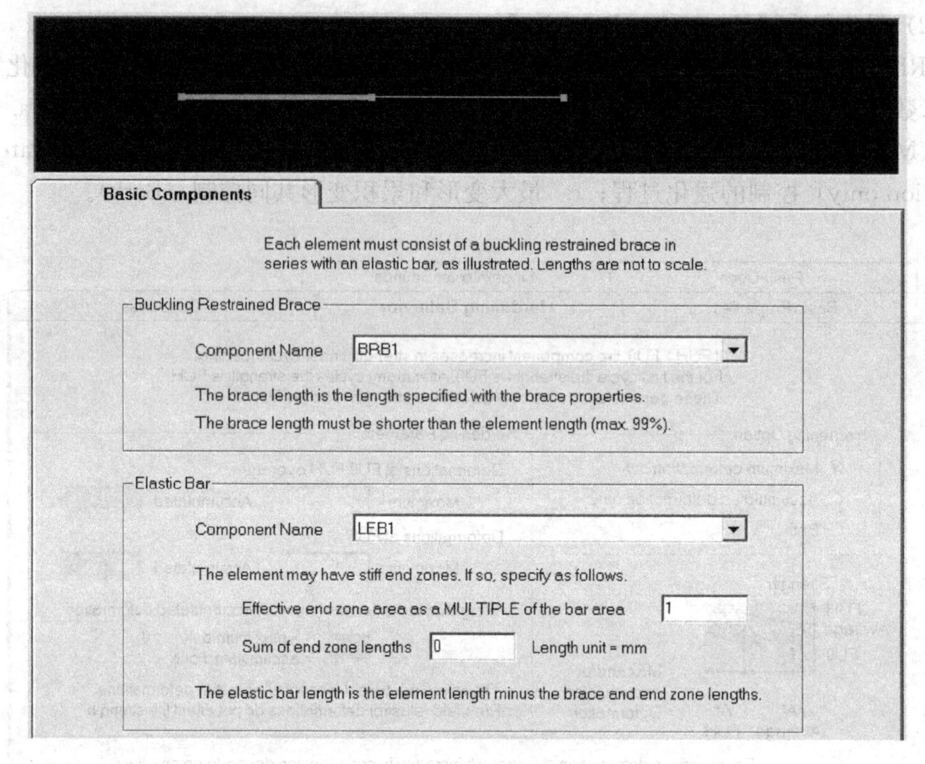

图 9-10 BRB 复合组件定义

9.3 算例简介

图 9-11 所示为算例采用的结构，为一榀屈曲约束支撑-钢框架结构，结构选自文献[6] 中试件 KJ-BRB-1。框架采用 H 形 Q235 钢焊接而成，梁柱的截面尺寸均为 H200×160×8×12。两个 BRB 试件呈人字形布置，用连接板通过高强摩擦螺栓与钢框架连接。试验采用的 BRB 构造如图 9-12 所示，BRB 芯材钢板截面尺寸为 60mm×8mm。BRB 的外约束钢筒钢号为 Q235，截面为 HSS 170×170×20，试验采用的 BRB 的详细信息可参考

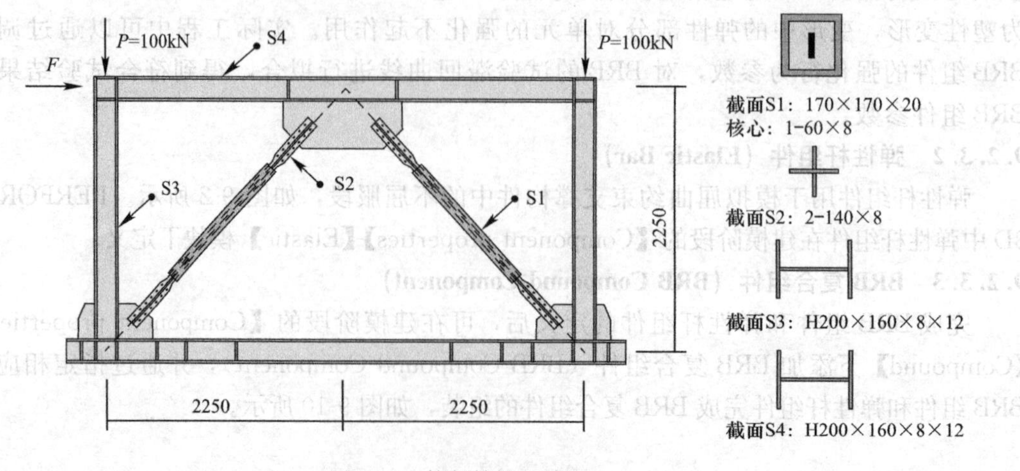

图 9-11 算例结构（单位：mm）

文献 [7]。试验共对 6 组 BRB 试件进行了低周往复加载试验，各试件的滞回曲线比较一致，图 9-13 为 1 号 BRB 试件的试验滞回曲线。

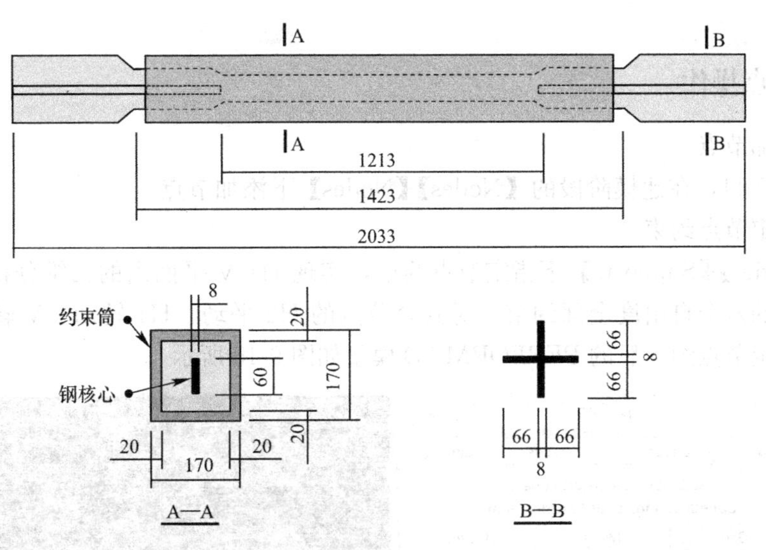

图 9-12 RBB 构造（长度单位：mm）

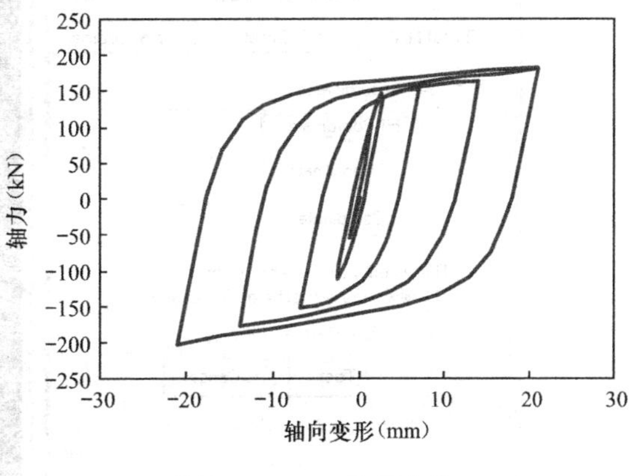

图 9-13 BRB 滞回曲线

试验水平往复加载的作动器布置于图 9-11 中框架的左端，同时为了模拟框架柱在真实结构中的受力状态，在两柱顶处布置竖向千斤顶，施加恒定的竖向荷载 100kN。试验的加载制度为先施加柱端竖向荷载并保持恒定，然后进行结构顶部水平方向的低周往复加载。结构顶部的位移加载历程如图 9-14 所示。

关于试验的其他信息可以参考文献 [6，7]。以下采用 PERFORM-3D 对上述屈曲约束支撑框架的低周往复荷载试验进行模拟，详细讲解 PERFORM-3D 中 BRB 单元的基本建模过程及参数定义方法。

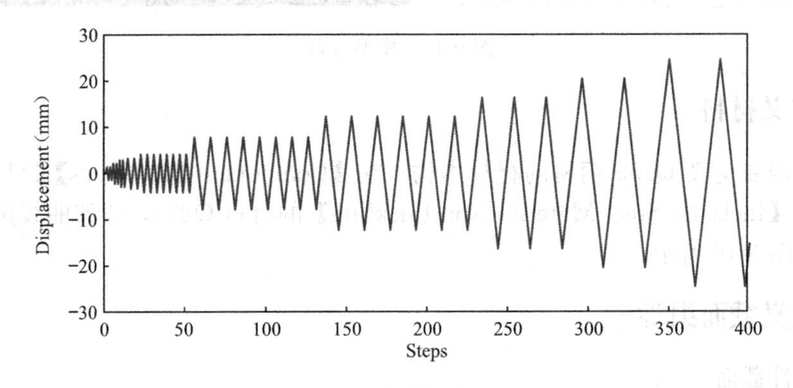

图 9-14 位移加载历程

9.4 建模阶段

9.4.1 节点操作

(1) 添加节点

参考图 9-11，在建模阶段的【Nodes】-【Nodes】下添加节点。

(2) 指定节点约束

在【Nodes】-【Supports】下指定节点约束，实现 H1-V 平面内的二维分析。其中，底部两个节点的六个自由度全部约束，对其余节点的 H2 平动、H1 转动、V 转动自由度进行约束。指定节点约束后的 PERFORM-3D 模型如图 9-15 所示。

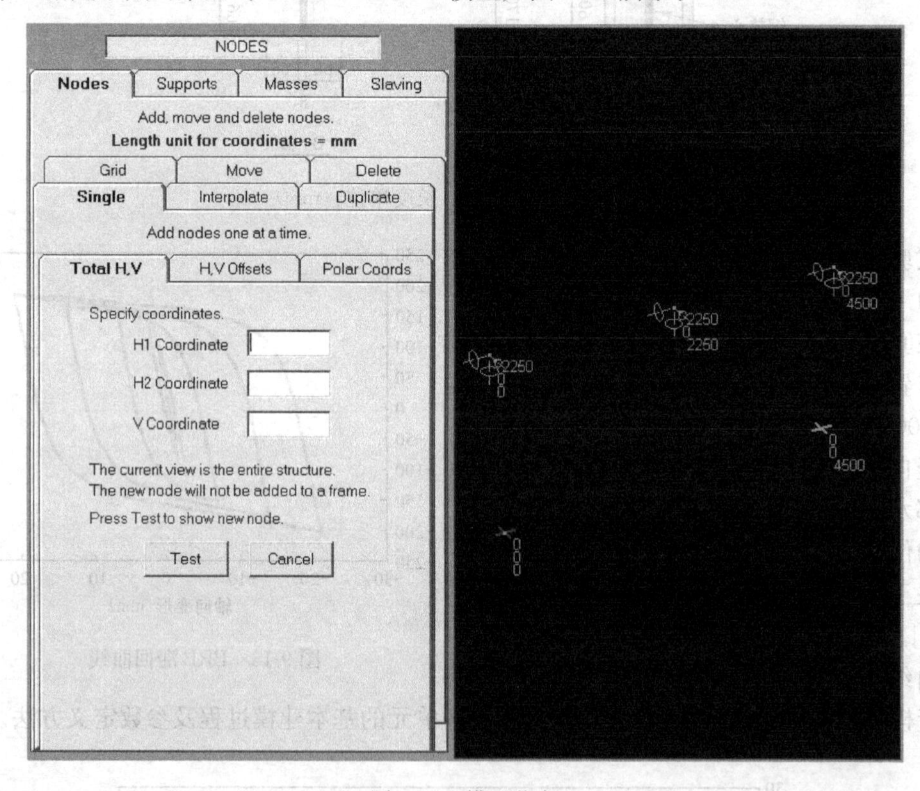

图 9-15 模型节点

9.4.2 定义材料

本例只需要定义 Q235 钢材的材料本构。在【Component properties】-【Materials】下添加类型为【Inelastic Steel Material Non-Buckling】的材料 Q235，骨架曲线选 Trilinear，参数定义如图 9-16 所示。

9.4.3 定义截面组件

(1) 弹性截面

在【Component properties】-【Cross Sects】下添加【Beam，Steel Type，Notandard

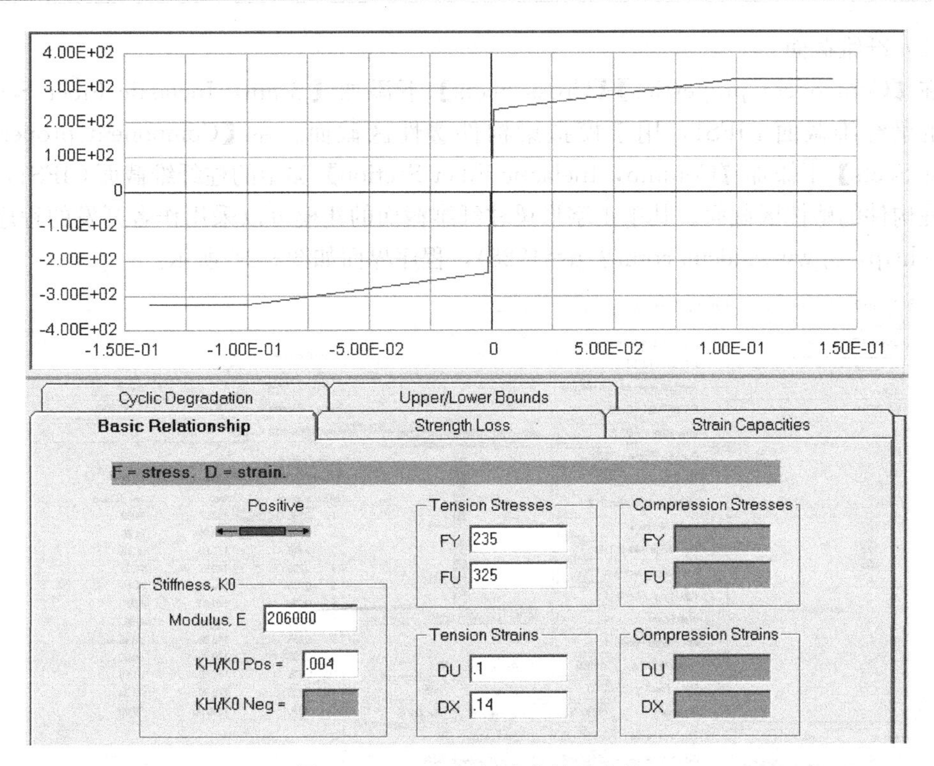

图 9-16 Q235 应力-应变关系定义

Section】类型的截面 BSNS1，定义为钢梁截面。在【Component Properties】-【Cross Sects】下添加【Column，Steel Type，Notandard Section】类型的截面 CSNS1，定义为钢柱截面。图 9-17 所示为梁截面的定义。

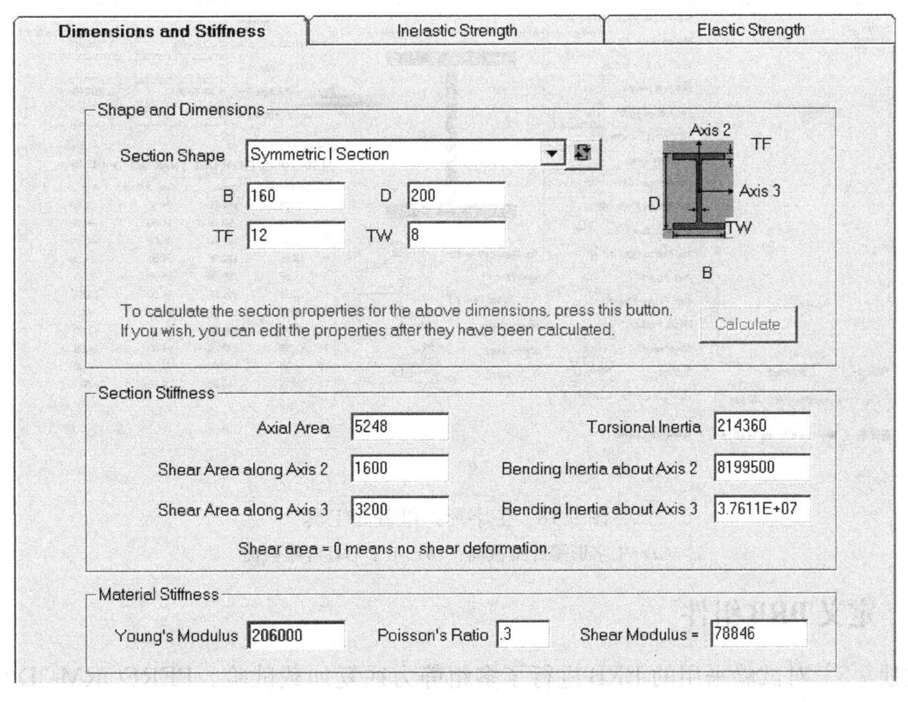

图 9-17 梁弹性截面

（2）纤维截面

在【Component properties】-【Cross Sects】下添加【Beam，Inelastic Fiber Section】类型的梁纤维截面 BIFS1，用于模拟梁构件塑性区截面。在【Component properties】-【Cross Sects】下添加【Column，Inelastic Fiber Section】类型的柱纤维截面 CIFS1，用于模拟柱构件的塑性区截面。其中工字形梁柱纤维截面的建模可以采用作者开发的程序辅助进行（http：//www. jdcui. com/? p=1228），程序界面如图 9-18 所示。

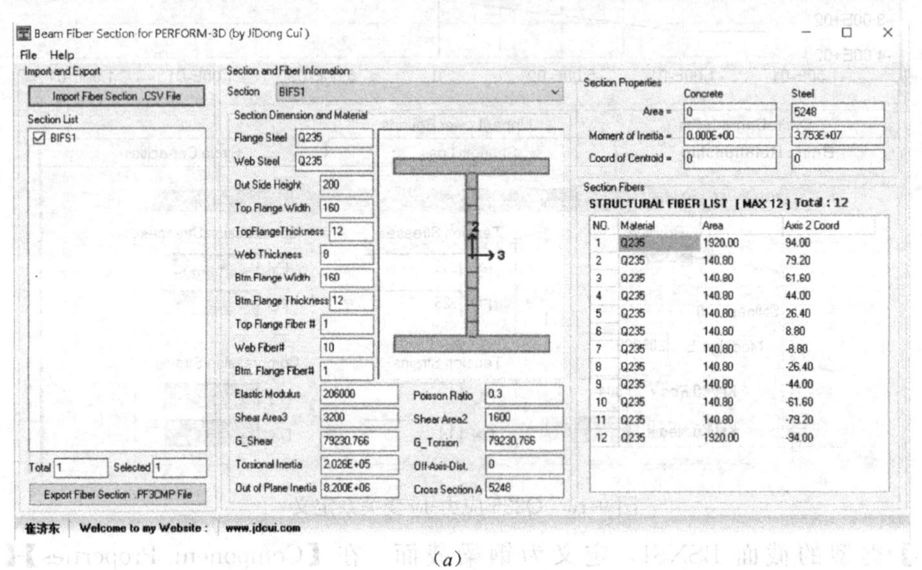

(*a*)

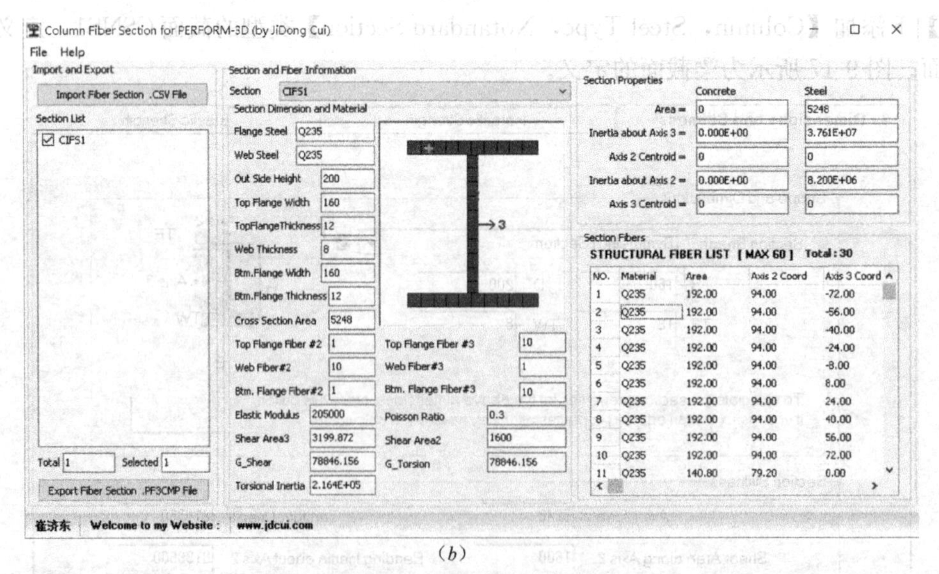

(*b*)

图 9-18　工字形纤维截面工具

(*a*) 工字形梁纤维截面；(*b*) 工字形柱纤维截面

9.4.4　定义 BRB 组件

文献［5］对试验采用的 BRB 进行了多组静力往复加载试验。PERFORM-3D 中 BRB 组件的参数根据 BRB 试件的拟静力往复加载试验的滞回曲线拟合得到。

在【Component properties】-【Inelastic】模块下新建类型为【BRB（Buckling Restrained Brace)】的BRB组件BRB1，骨架曲线形状选Trilinear，BRB1组件的基本属性参数定义如图9-19所示，BRB1组件的两组骨架曲线与试验滞回曲线的对比如图9-20所示。其中，BRB长度（BRB Length）输入BRB芯材的长度1213mm，极限变形DX取20倍的BRB屈服位移，其中BRB试验的屈服位移约2mm，DX取40mm。

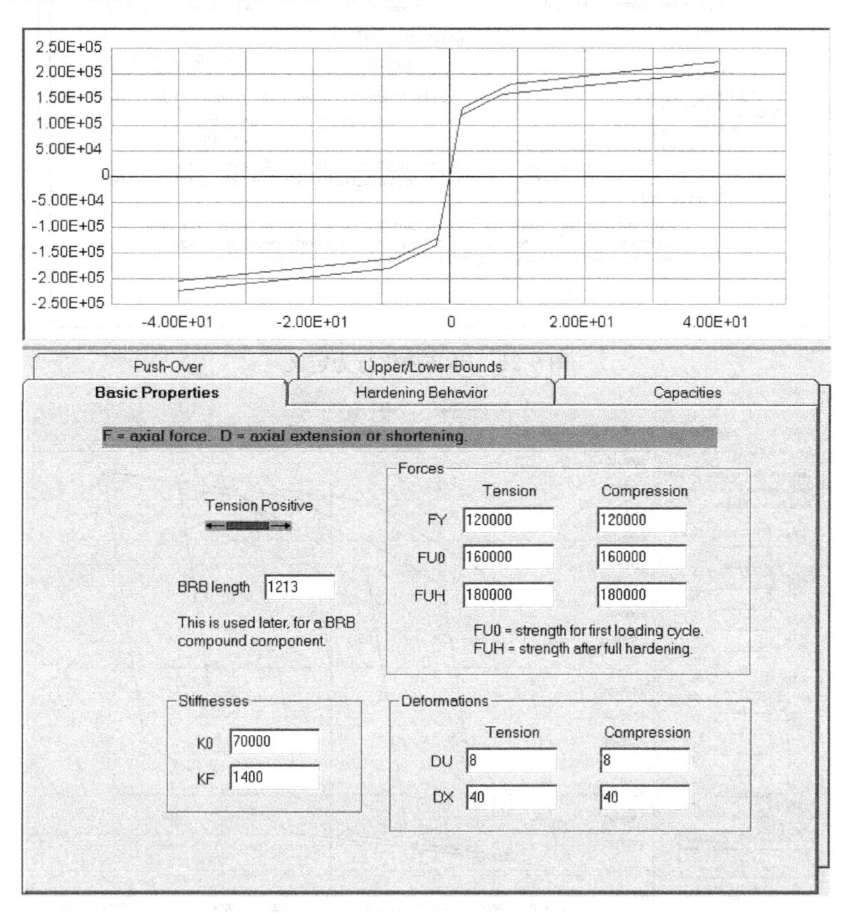

图9-19 BRB组件的基本属性定义

本算例采用最大位移控制法（Maximum deformation only）定义BRB组件的强化行为，通过调整参数“Deformation at FU0-FUH average”和“Deformation at FUH”使PERFORM-3D BRB的滞回曲线拟合试验的滞回曲线。本例BRB1组件的强化参数定义如图9-21所示。设置完参数后点击组件控制参数界面的【Graph】-【Plot Loops】按钮，输入相应的变形值并点击【Plot】绘制BRB组件的滞回曲线，如图9-22所示。

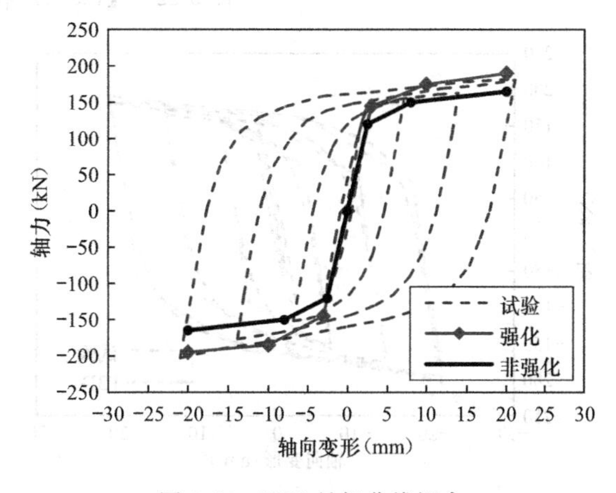

图9-20 BRB骨架曲线拟合

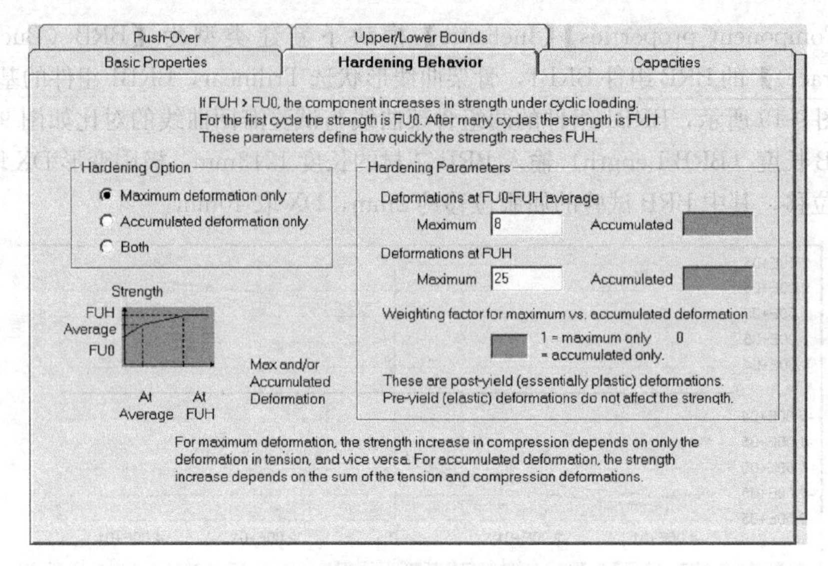

图 9-21 BRB强化行为定义

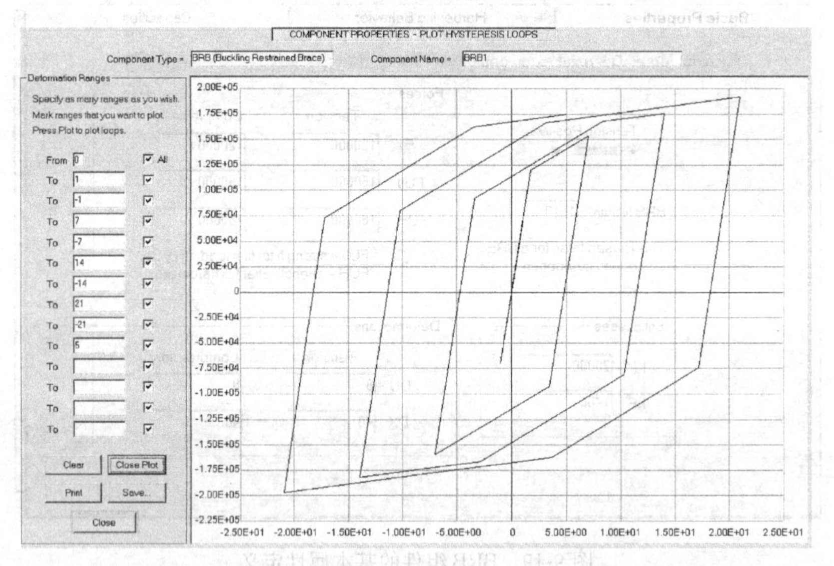

图 9-22 【Plot Loops】绘制滞回曲线

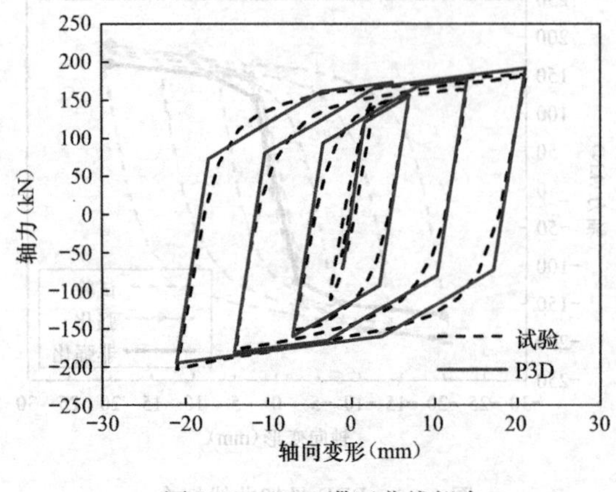

图 9-23 BRB滞回曲线拟合

将【Plot Loop】模块绘制的滞回曲线导出，并与试验的滞回曲线对比，如图 9-23 所示。由图 9-23 可见，BRB1 组件的滞回曲线与试验滞回曲线基本吻合，说明本例 BRB1 组件的参数定义基本合理。

9.4.5 定义弹性杆

在【Component properties】-【Elastic】下添加【Linear Elastic Bar】类型的弹性杆组件 LEB1，用于模拟 BRB 的弹性段。LEB1 组件的参数根据实际截面输入，如

图 9-24 所示。

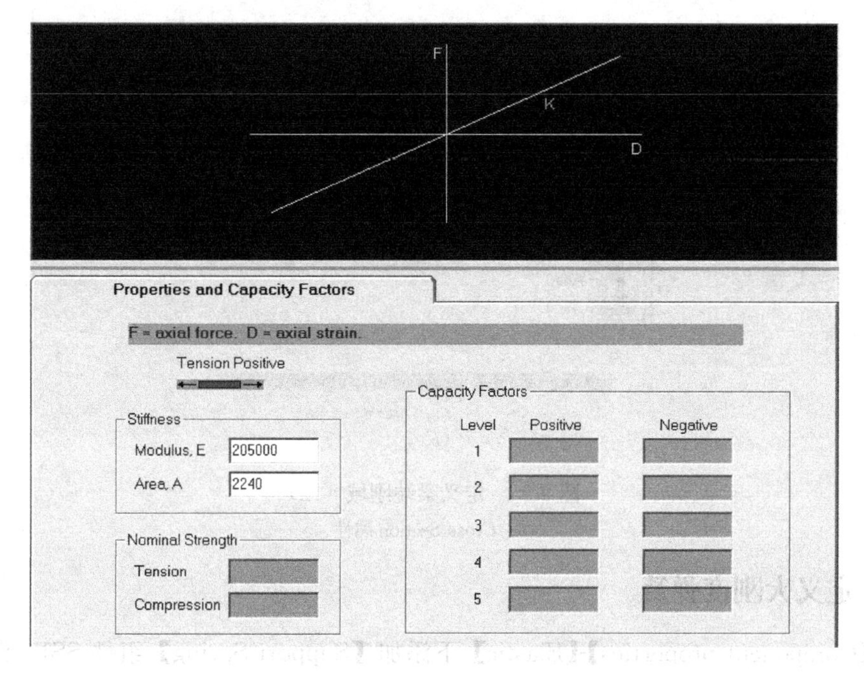

图 9-24 定义弹性杆组件

9.4.6 定义端部刚域

在【Component properties】-【Elastic】下添加【End Zone for a Beam or Column】类型的梁端刚域 EZB1 和柱端刚域 EZC1，用于考虑节点板的作用，其中刚域属性基于相应的弹性梁柱截面进行定义。图 9-25 所示为 EZB1 的参数定义。

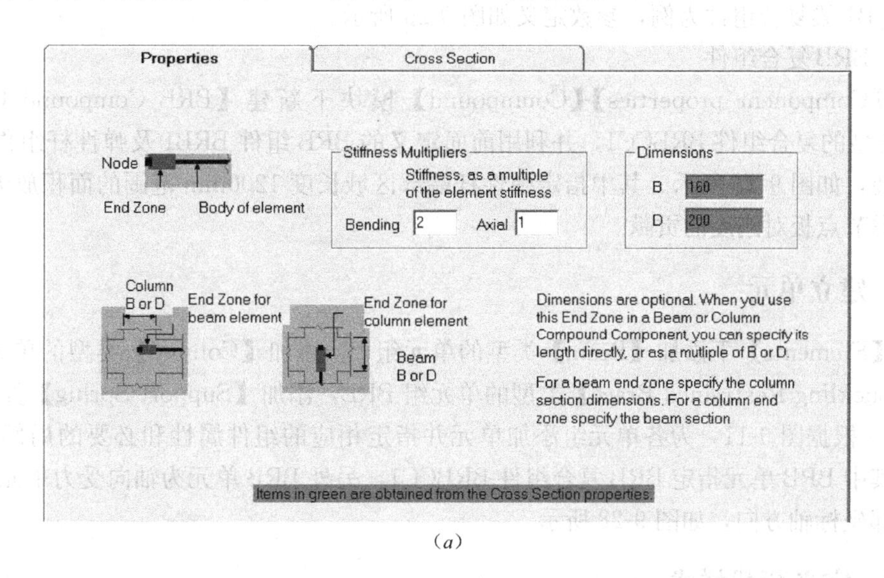

(*a*)

图 9-25 定义梁端刚域（一）

(*a*) Properties 属性

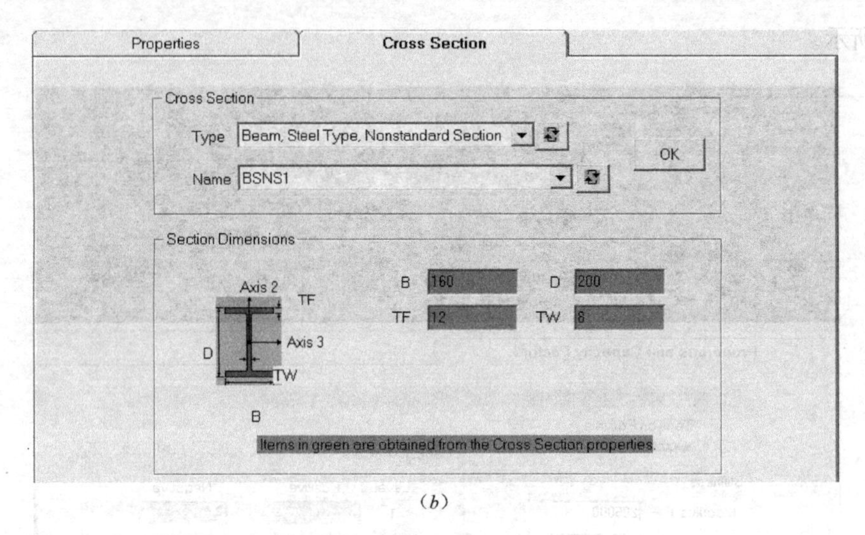

(b)

图 9-25 定义梁端刚域（二）

(b) Cross Section 属性

9.4.7 定义大刚度弹簧

在【Component properties】-【Elastic】下添加【Support Spring】组件 SS1，激活 Axis1 轴平动自由度，指定该方向刚度为 1E+20N/mm。

9.4.8 定义复合组件

(1) 框架复合组件

在【Component properties】-【Compound】下新建【Frame Member Compound Component】类型的复合组件 FMCC _ B1，用于模拟梁，新建 FMCC _ C1，用于模拟柱。以 FMCC _ B1 梁复合组件为例，参数定义如图 9-26 所示。

(2) BRB 复合组件

在【Component properties】-【Coumpound】模块下新建【BRB Compound Component】类型的复合组件 BRBCC1，并利用前面定义的 BRB 组件 BRB1 及弹性杆组件 LEB1 进行组装，如图 9-27 所示。其中指定弹性杆端部区域长度 1200mm 范围的面积放大 4 倍，用于考虑节点板对刚度的贡献。

9.4.9 建立单元

在【Elements】下添加【Beam】类型的单元组 B，添加【Column】类型的单元组 C，添加【Buckling Restrained Brace】类型的单元组 BRB，添加【Support Spring】类型的单元组 SS。根据图 9-11，为各单元组添加单元并指定相应的组件属性和必要的局部坐标轴方向。其中 BRB 单元指定 BRB 复合组件 BRBCC1，另外 BRB 单元为轴向受力单元，无需指定局部坐标轴方向，如图 9-28 所示。

9.4.10 定义荷载样式

在【Load patterns】-【Nodal Loads】下新建节点荷载样式 NL1，为两柱顶节点施加

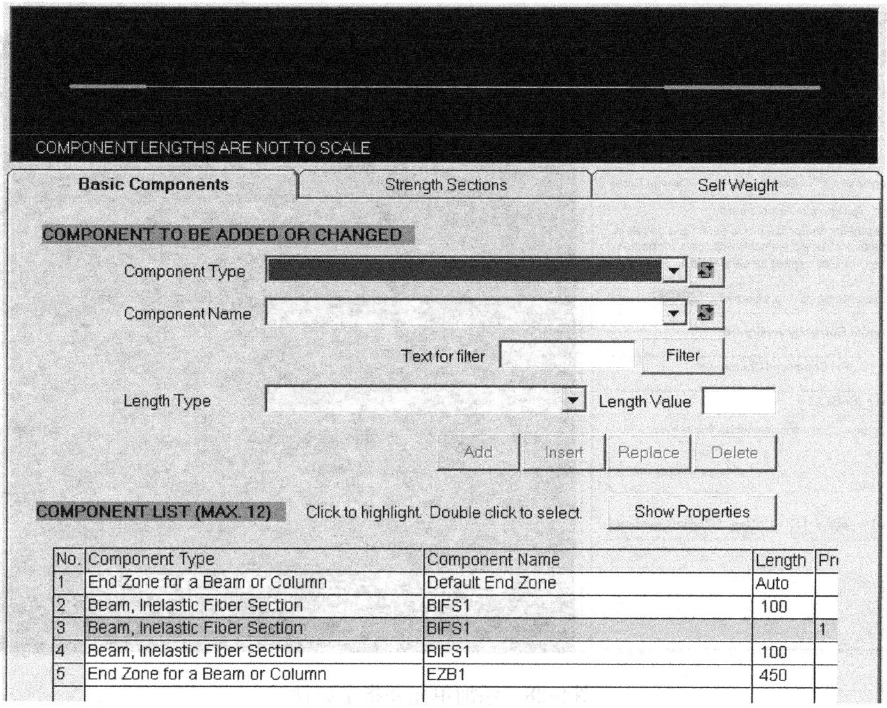

COMPONENT LENGTHS ARE NOT TO SCALE

Basic Components | Strength Sections | Self Weight

COMPONENT TO BE ADDED OR CHANGED

Component Type

Component Name

Text for filter | Filter

Length Type | Length Value

Add | Insert | Replace | Delete

COMPONENT LIST (MAX. 12) Click to highlight. Double click to select. | Show Properties

No.	Component Type	Component Name	Length	Pr
1	End Zone for a Beam or Column	Default End Zone	Auto	
2	Beam, Inelastic Fiber Section	BIFS1	100	
3	Beam, Inelastic Fiber Section	BIFS1		1
4	Beam, Inelastic Fiber Section	BIFS1	100	
5	End Zone for a Beam or Column	EZB1	450	

图 9-26 FMCC _ B1 复合组件定义

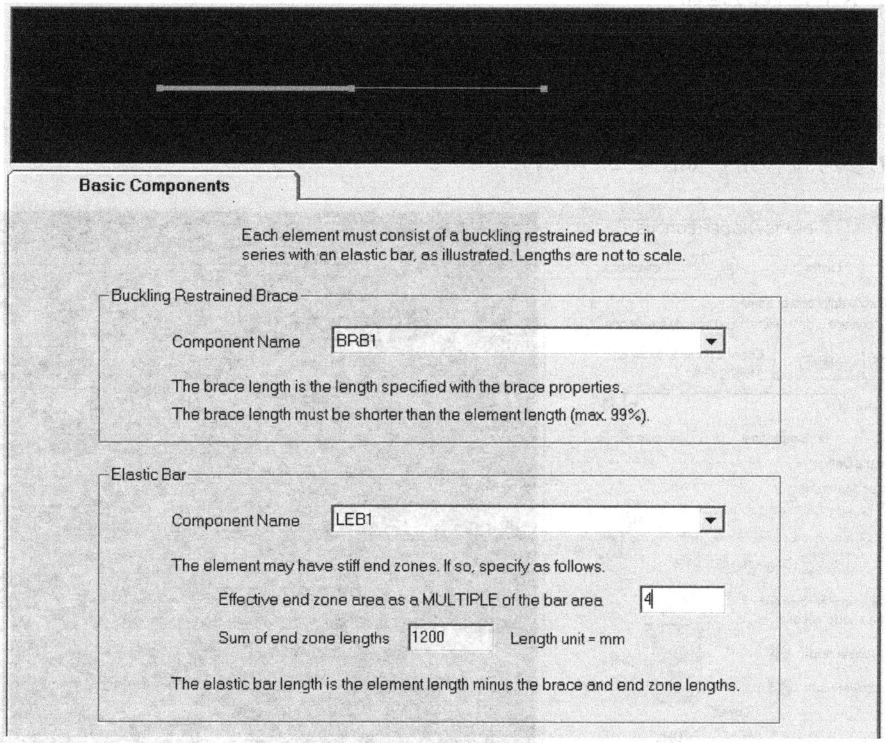

Basic Components

Each element must consist of a buckling restrained brace in series with an elastic bar, as illustrated. Lengths are not to scale.

Buckling Restrained Brace

Component Name BRB1

The brace length is the length specified with the brace properties.

The brace length must be shorter than the element length (max. 99%).

Elastic Bar

Component Name LEB1

The element may have stiff end zones. If so, specify as follows.

Effective end zone area as a MULTIPLE of the bar area 4

Sum of end zone lengths 1200 Length unit = mm

The elastic bar length is the element length minus the brace and end zone lengths.

图 9-27 BRBCC1 复合组件定义

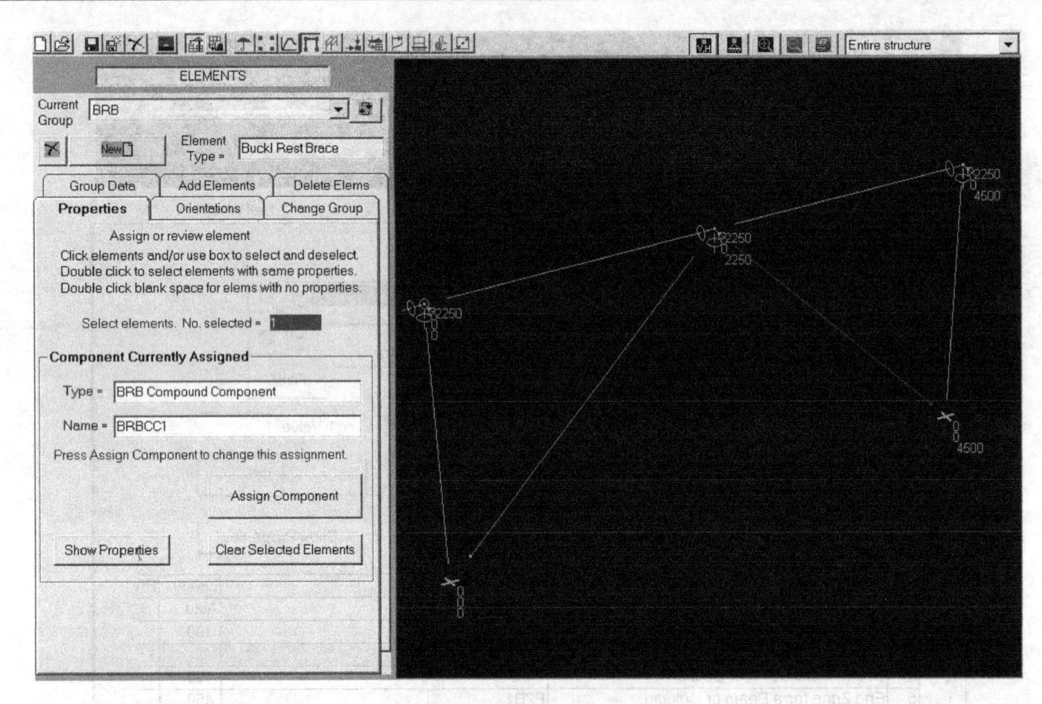

图 9-28　添加单元并指定属性

V1 方向的荷载－100000N；新建节点荷载样式 NL2，为一边柱顶节点施加 H1 方向的单位力，用于水平位移的施加。

9.4.11　定义位移角

在【Drifts and Defctions】-【Drifts】下，新建结构的整体位移角 D1，用作动力时程分析工况的参考位移角，如图 9-29 所示。

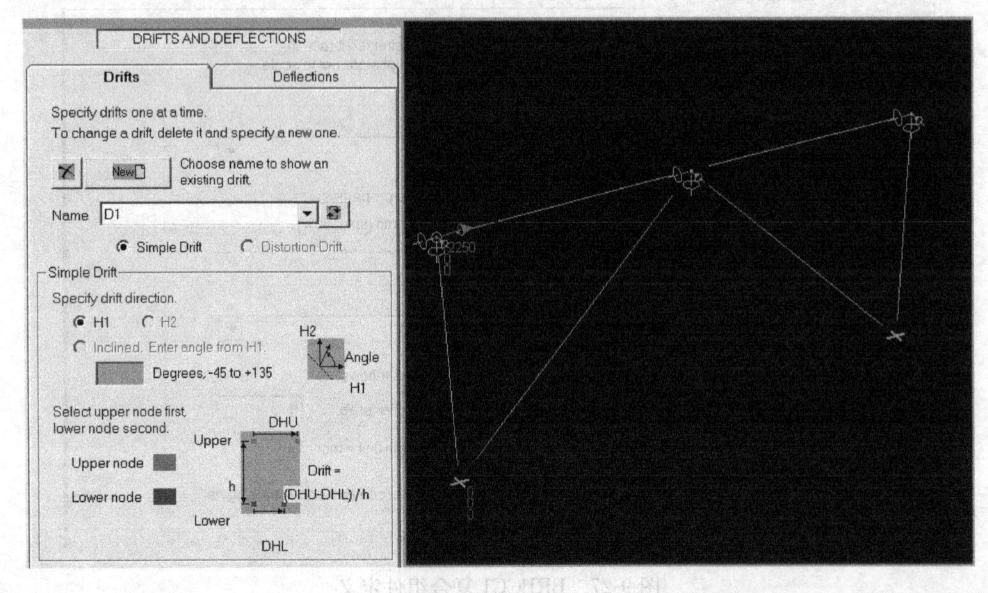

图 9-29　位移角定义

9.4.12 定义结构截面

在【Structure sections】-【Define Sections】下添加结构截面 SEC1，该结构截面对所有柱单元及 BRB 单元进行切割，切割位置位于结构底部节点处，用以提取基底内力数据。

9.5 分析阶段

9.5.1 定义重力荷载工况

在【Set up load cases】下新建 Gravity 类型的荷载工况 G，将上述定义的节点荷载样式 NL1 添加到工况的荷载样式列表中，如图 9-30 所示。

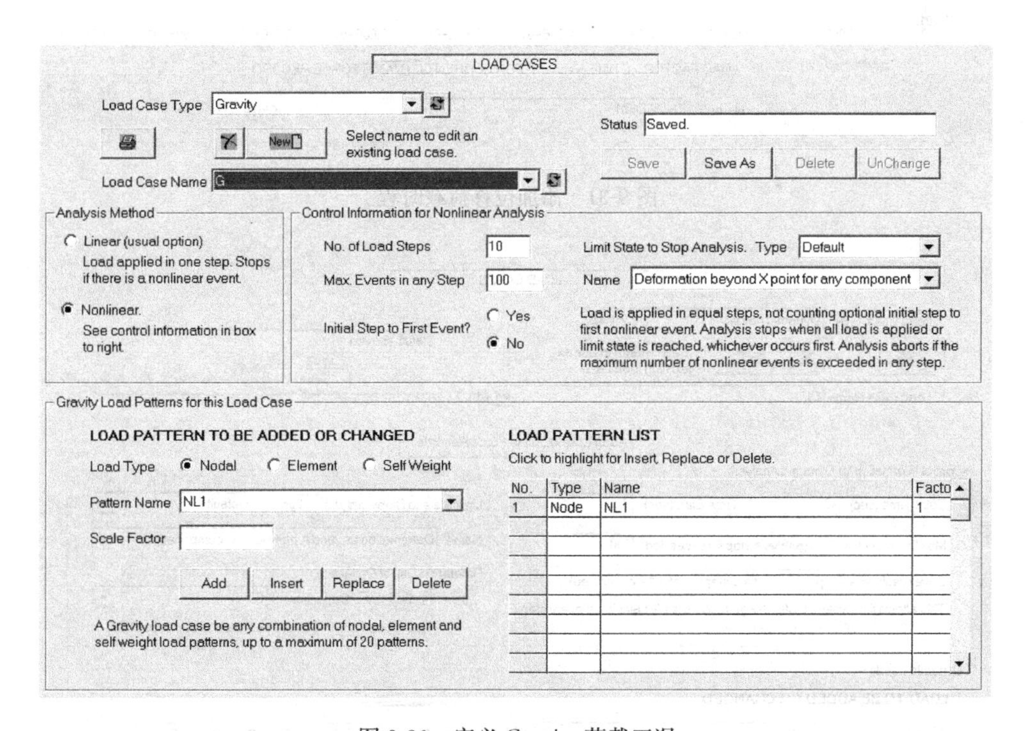

图 9-30 定义 Gravity 荷载工况

9.5.2 定义动力荷载工况

在分析阶段的【Set up load cases】下新建【Dynamic Force】类型的工况 DF，点击【Add/Review/Delete Force Records】将图 9-14 所示的位移时程作为动力时程导入，分组为 P3Dtutorial，命名为 Ch09 _ DF01，如图 9-31 所示。返回动力荷载工况定义界面，将动力时程 Ch09 _ DF01 添加到荷载列表中，缩放系数取 1E+20（大刚度弹簧的刚度），并为荷载工况指定其他分析参数，如图 9-32 所示。

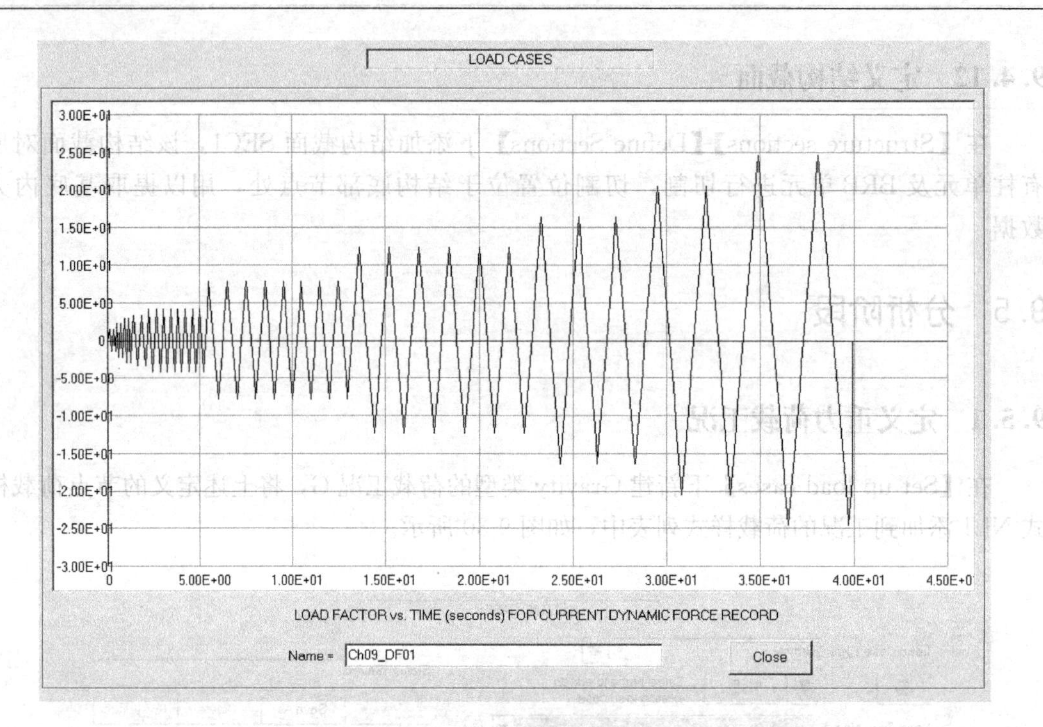

图 9-31　添加位移荷载时程

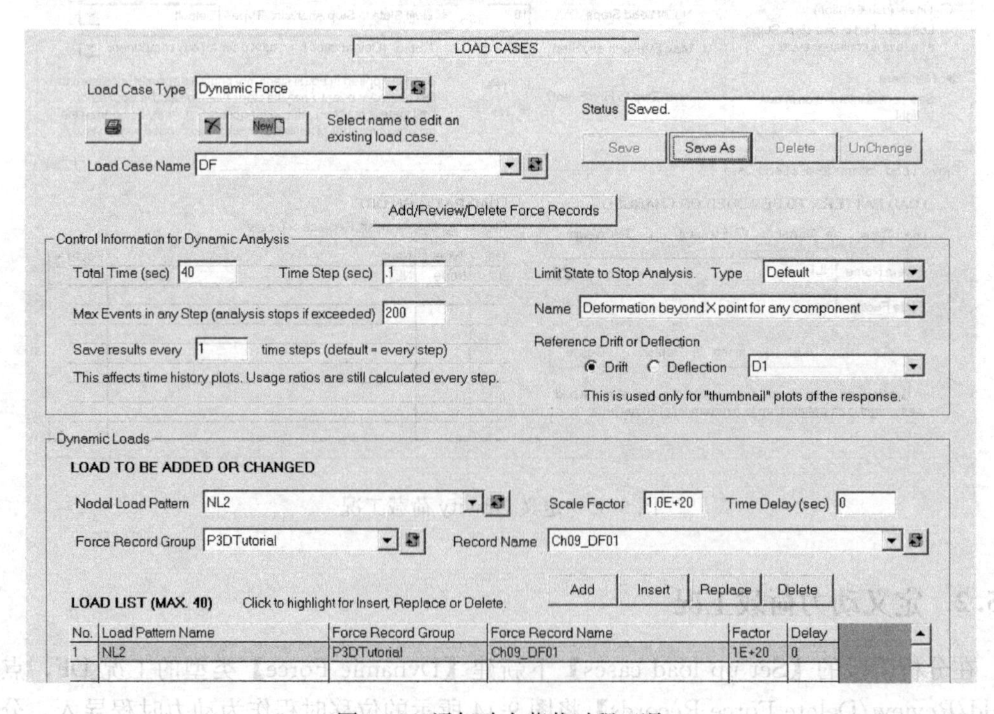

图 9-32　添加动力荷载时程工况

9.5.3　建立分析序列

新建分析序列 S，为分析序列添加分析列表，如图 9-33 所示。

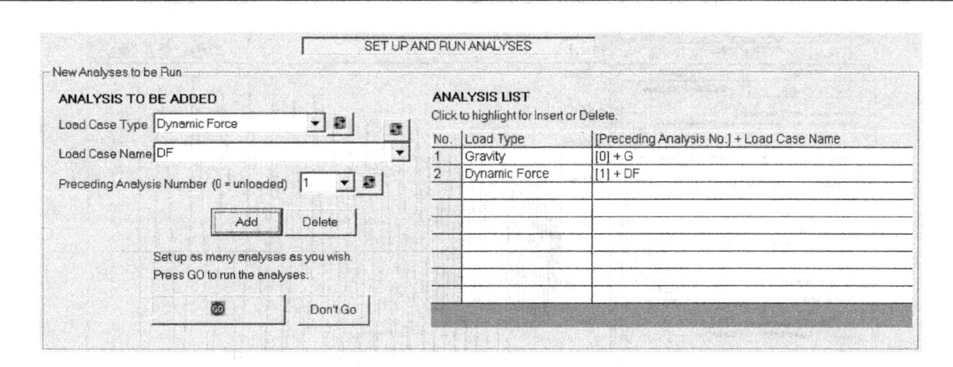

图 9-33 定义分析序列

分析序列定义完毕后，点击按钮【GO】运行分析。

9.6 分析结果

9.6.1 顶点位移时程

进入分析阶段的【Time histories】-【Node】选项，从屏幕中选择加载点，查看 DF 工况下加载点 H1 方向的位移时程，如图 9-34 所示。

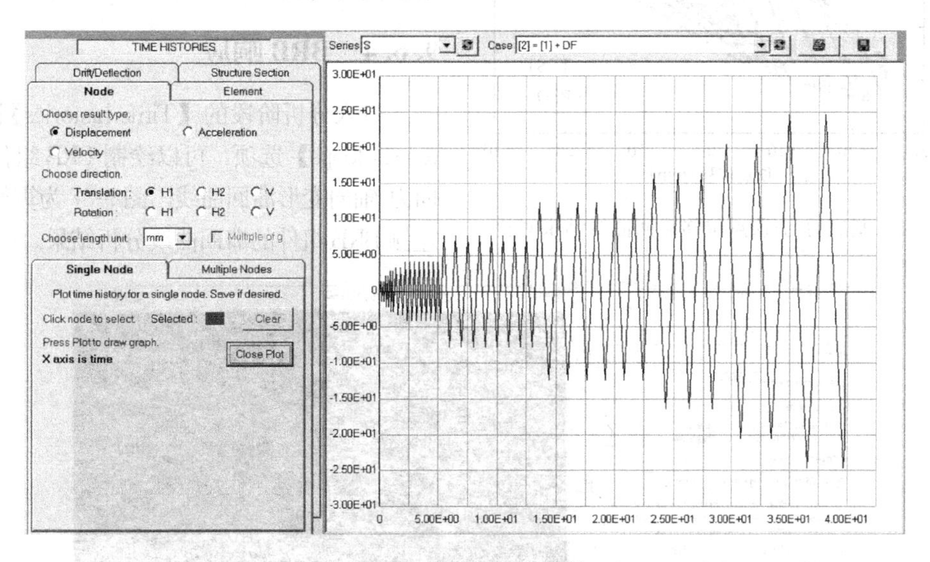

图 9-34 顶点位移时程

9.6.2 基底剪力时程

进入分析阶段的【Time histories】-【Structure Sections】选项，从下拉菜单中选择结构截面 SC1，查看 DF 工况下结构 H1 方向的基底剪力时程，如图 9-35 所示。

9.6.3 顶点位移-基底剪力滞回曲线

将顶点位移时程及基底剪力时程组合，获得顶点位移-基底剪力的滞回曲线。图 9-36

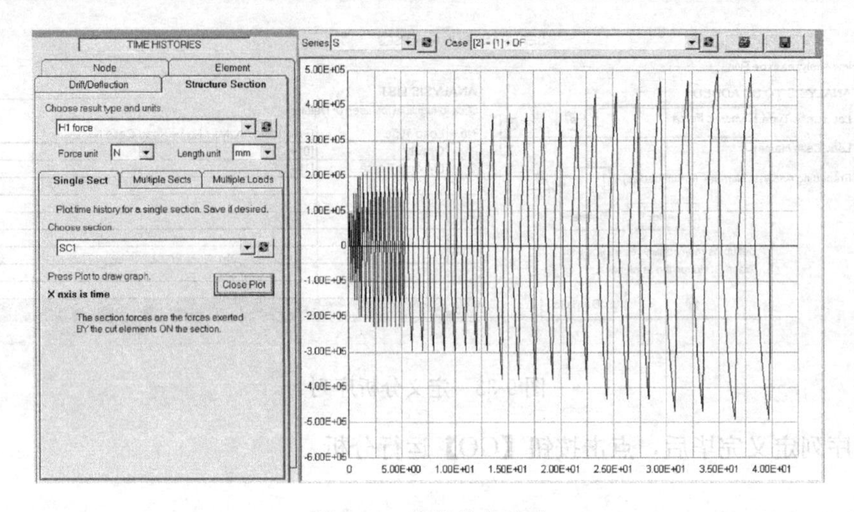

图 9-35　基底剪力时程

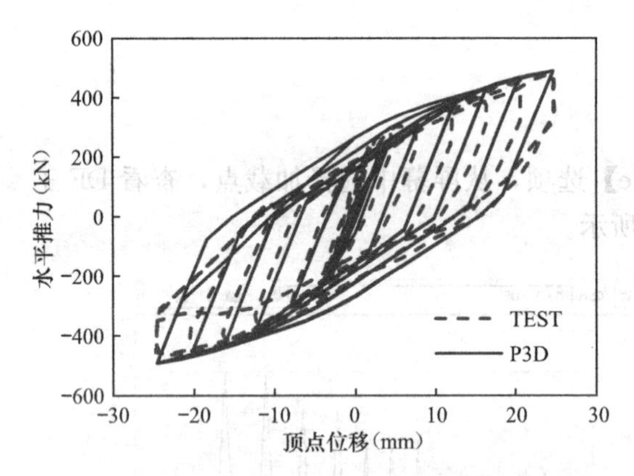

图 9-36　基底剪力-顶点位移滞回曲线结果对比

为 PERFORM-3D 分析的顶点位移-基底剪力滞回曲线与试验结果的对比。由图 9-36 可以看出，软件分析结果与试验结果基本吻合，本章建立的分析模型能反映结构的主要受力行为。

9.6.4　BRB 响应

进入分析阶段的【Time histories】-【Hysteresis loops】选项，可以绘制 BRB 组件的轴向力-轴向变形滞回曲线。图 9-37 为算例模型左侧 BRB 组件的滞回曲线分析结果。

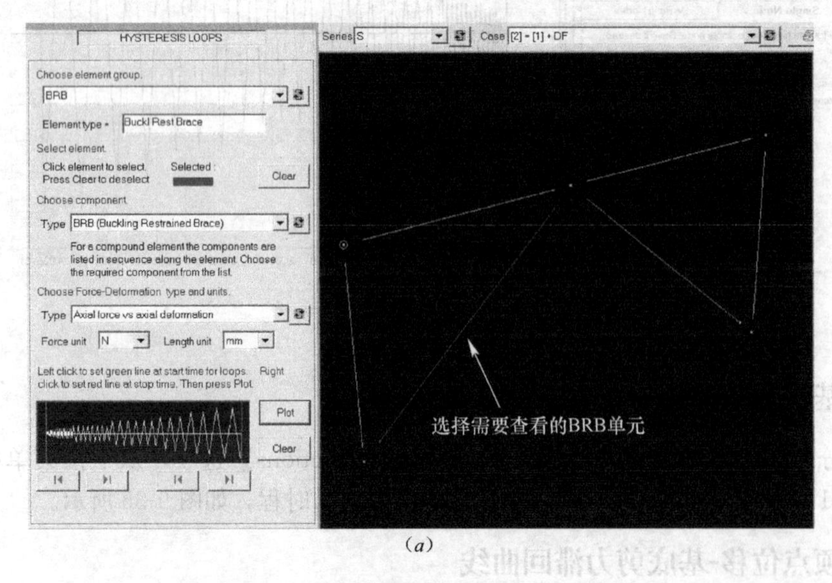

(*a*)

图 9-37　BRB 组件的滞回曲线（一）

(*a*) 选择 BRB 单元

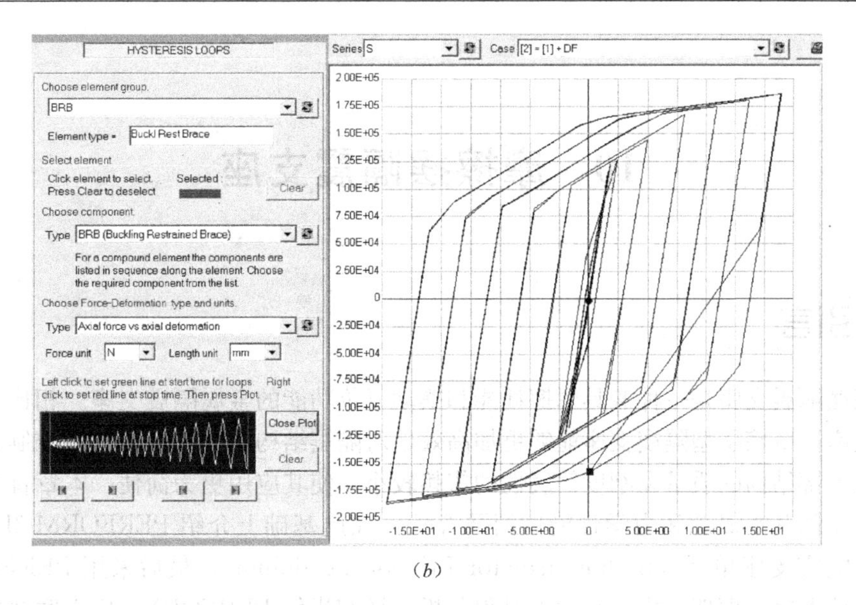

(*b*)

图 9-37 BRB组件的滞回曲线（二）

(*b*) 绘制 BRB 滞回曲线

9.7 本章小结

本章主要介绍了以下内容：

（1）屈曲约束支撑的基本组成与受力性能；

（2）PERFORM-3D 中 BRB 单元的参数定义方法；

（3）采用 PERFORM-3D 对一榀屈曲约束支撑-框架结构的低周往复荷载试验进行模拟，介绍了 PERFORM-3D 中屈曲约束支撑的建模、分析与结果查看方法。

9.8 参考文献

[1] Computers and Structures，Inc. Nonlinear Analysis and Performance Assessment for 3D Structures User Guide [M]. Berkeley，California，USA：Computers and Structures，Inc，2006.

[2] Computers and Structures，Inc. Components and Elements for PERFORM-3D and PERFORM-Collapse [M]. Berkeley，California，USA：Computers and Structures，Inc.，2006.

[3] 周云．防屈曲耗能支撑结构设计与应用 [M]．北京：中国建筑工业出版社，2007.

[4] ANSI/AISC 340-10 Seismic provisions for structural steel buildings [S]. Chicago：American Institute of Steel Construction，2010.

[5] 赵俊贤，吴斌，欧进萍．新型全钢防屈曲支撑的拟静力滞回性能试验 [J]．土木工程学报，2011，44（4）：60-70.

[6] 孔祥雄，罗开海，程绍革．含有屈曲约束支撑平面框架的抗震性能试验研究 [J]．建筑结构，2010，40（10）：7-10.

[7] 罗开海，孔祥雄，程绍革．一种新型屈曲约束支撑的研制与试验研究 [J]．建筑结构，2010，40（10）：1-6.

10 摩擦摆隔震支座

10.1 引言

摩擦摆隔震支座是一种兼具摩擦耗能和摆动复位功能的金属隔震支座。相比于叠层橡胶隔震支座，摩擦摆型隔震支座能够更加高效地对隔震结构的自振特性进行控制，隔震层的设计对上部结构的质量和刚度等属性的依赖较小，使其应用更为简便。本章首先对摩擦摆隔震支座的基本概念和力学性能做简要介绍，在此基础上介绍 PERFORM-3D[1,2] 中的摩擦摆型隔震支座单元（Seismic Isolator Friction Pendulum），最后采用 PERFORM-3D 对一榀摩擦摆隔震框架结构进行动力时程分析，详细讲解 PERFORM-3D 中摩擦摆隔震支座单元的基本建模过程及参数定义方法。

10.2 原理分析

10.2.1 摩擦摆隔震支座基本组成

图 10-1 为摩擦摆隔震支座的典型构造示意图[3]。摩擦摆隔震支座主要由铰接滑块和圆弧滑动面组成，滑块与滑动面之间有摩擦材料，当水平作用力小于滑块与滑动面之间的静摩擦力时，滑块与滑动面之间无相对变形，支座作为一个整体参与受力，水平刚度较大；当水平作用力大于静摩擦力时，支座开始滑动，支座水平力为滑动面产生的动摩擦力与滑块沿滑动面摆动产生的恢复力的合力。滑动的同时，滑块与滑动面之间克服摩擦力做功，消耗能量。

10.2.2 摩擦摆隔震支座的受力性能

图 10-2 所示为摩擦摆隔震支座滑块的受力性能分析简图[3]。

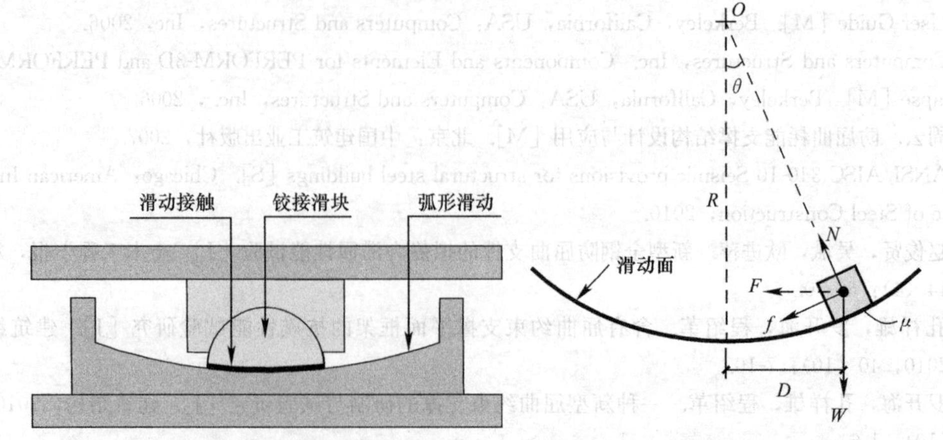

图 10-1 摩擦摆隔震支座构造示意图　　图 10-2 摩擦摆支座滑块受力分析

设圆弧滑动面的半径为 R，接触面间动摩擦系数为 μ，滑块受到的竖向压力为 W。当滑块滑过的弧长所对应的圆心角为 θ 时，滑块水平位移为 D，水平方向恢复力 $F_1=WD/R\cos\theta$，滑块与底盘之间的摩擦力 $f=\mu W\cos\theta \cdot \mathrm{sgn}(\dot{\theta})$，其中

$$\mathrm{sgn}(\dot{\theta})=\begin{cases}1 & \dot{\theta}>0\\ -1 & \dot{\theta}<0\end{cases} \tag{10.2-1}$$

摩擦摆支座的水平力 F 为滑块恢复力和摩擦力在水平方向的合力：

$$F=\frac{WD}{R\cos\theta}+\mu W \mathrm{sgn}(\dot{\theta}) \tag{10.2-2}$$

当 θ 很小时，有 $\cos\theta\approx1$，则上式可简化为：

$$F=\frac{WD}{R}+\mu W \mathrm{sgn}(\dot{\theta}) \tag{10.2-3}$$

上式中 μW 为摩擦摆支座的静摩擦力，一般为常数，所以摩擦摆支座的恢复力 F 就是水平位移 D 的线性函数。图 10-3 为摩擦摆隔震支座的滞回模型。

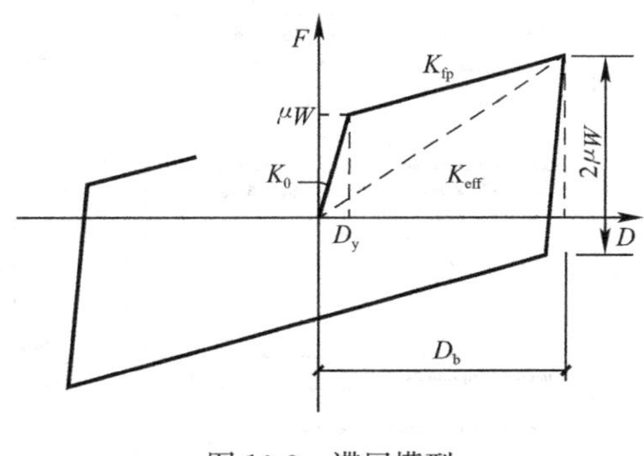

图 10-3　滞回模型

图 10-3 中 μW 为摩擦摆支座的静摩擦力，K_0 为支座滑动之前的水平刚度，D_y 为支座开始滑动时的水平变形，$K_{fp}=W/R$ 为摩擦摆支座的摆动刚度，即图 10-3 所示 F-D 滞回曲线的强化刚度，K_{eff} 为摩擦摆支座的等效线性刚度，且有：

$$K_{eff}=F/D_b=\frac{W}{R}+\frac{\mu W}{D_b} \tag{10.2-4}$$

如果上部结构刚度为 K_u，则设置了隔震支座之后，隔振系统的等效刚度 K 为：

$$K=\frac{K_u K_{eff}}{K_u+K_{eff}} \tag{10.2-5}$$

则隔震系统的周期 T 为：

$$T=2\pi\sqrt{\frac{K_u+K_{eff}}{K_u K_{eff}}W/g} \tag{10.2-6}$$

由于摩擦摆隔震支座的刚度相对较小，因此可假定上部结构相对于隔震层为无限刚，即 $K_u\to\infty$，$K\to K_{eff}$，则隔振系统的周期 T 可以表示为：

$$T=2\pi\sqrt{W/gK_{eff}}=2\pi\sqrt{\frac{D_b R}{g(D_b+\mu R)}} \tag{10.2-7}$$

由公式（10.2-7）可见，当上部结构相对隔震层为刚性时，隔震系统的基本周期只由隔震支座的性能决定，而与上部结构的质量无关，在设计初期可以根据这一特性初选合适的隔震支座。

10.2.3　PERFORM-3D 中的摩擦摆隔震支座

PERFORM-3D 中摩擦摆隔震支座单元由一个摩擦摆隔震支座组件组成，摩擦摆隔

震支座组件在建模阶段的【Component properties】-【Inelastic】-【Seismic Isolator, Friction Pendulum】下定义，参数定义界面如图 10-4 所示，以下介绍摩擦摆隔震支座组件的属性。

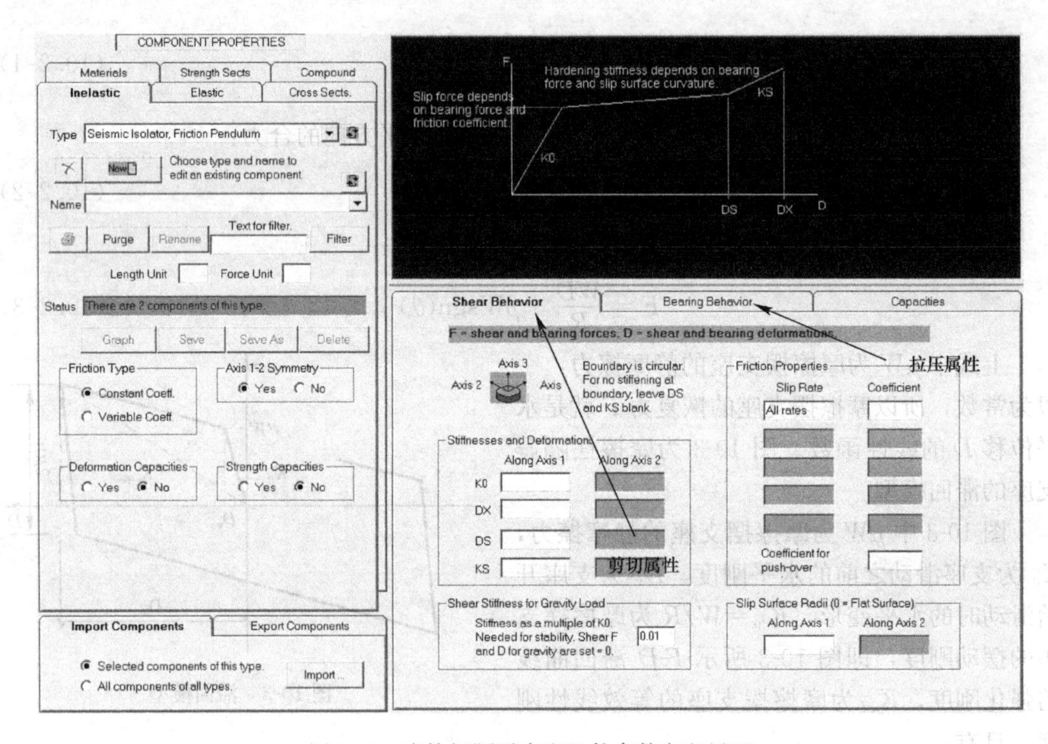

图 10-4　摩擦摆隔震支座组件参数定义界面

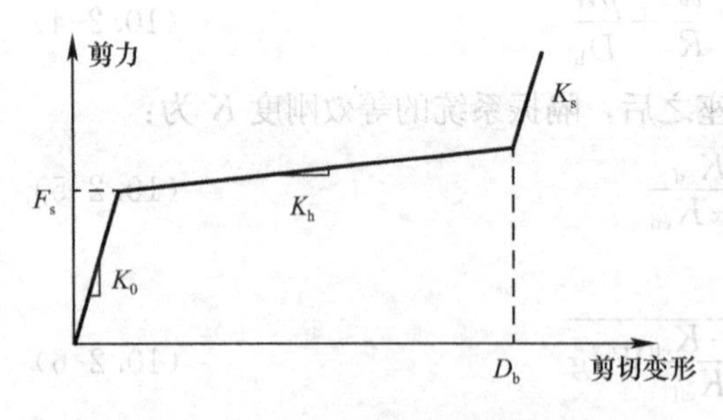

图 10-5　摩擦摆隔震支座剪切力-剪切变形骨架曲线

10.2.3.1　剪切属性

摩擦摆隔震支座组件最重要的属性是其水平方向的剪切力-剪切变形关系。图 10-5 为 PERFORM-3D 中摩擦摆隔震支座组件的剪切力-剪切变形关系曲线示意图。

其中，K_0 为支座的初始刚度，即支座滑移前的剪切刚度，该值一般比较大；F_s 为滑移剪力，由公式（10.2-3）可知，滑移剪力取决于支座所受的压力及支座的摩擦系数；当水平剪力增大至 F_s 以后，支座开始滑动，支座水平刚度急剧减小，K_h 为支座滑移后的“强化刚度”，由公式（10.2-3）可见，强化刚度等于当前支座所受的压力与滑动弧面半径的比值；D_b 为支座滑动面边界，达到这一位移后，隔震支座的刚度可设置为一个较大值 K_s，支座滑动将受到限制，以使结构的位移不至于过大。

10.2.3.2　其他属性

除了剪切属性外，PERFORM-3D 中的摩擦摆隔震支座组件还有以下属性需要注意：

（1）轴向性能。通常摩擦摆隔震支座具有很大的轴向抗压刚度（但不是无限刚），在 PERFORM-3D 中可以指定一个较大的抗压刚度值，但不宜过大，以避免造成数值问题。

通常摩擦摆隔震支座可以向上抬起（受拉）一定的距离，在 PERFORM-3D 中可以指定支座的抗拉刚度为一个较小值。

（2）摩擦系数。PERFORM-3D 中允许指定不同滑动速率所对应的多个摩擦系数值，支座的摩擦系数在分析的过程中可考虑速率的影响。

（3）竖向位移。对于真实的摩擦摆隔震支座，由于支座滑动面为曲面，滑块在滑动过程中会产生竖向位移。从数值计算角度来看，这是一个大位移问题，只有采用大位移理论才能精确考虑这一效应。PERFORM-3D 采用的是 P-Δ 理论，该理论假设摩擦摆支座的竖向位移为 0，无法考虑支座竖向位移引起的大位移效应。

（4）Push-Over 分析假定。动力地震分析过程中，PERFROM-3D 可以根据摩擦摆隔震支座所受的轴力实时调整支座的剪切力和剪切刚度。然而在 Push-Over 分析中，PERFORM-3D 假定摩擦摆隔震支座所受的轴力为常数，且等于重力荷载工况作用结束时刻支座所受的轴力。因此摩擦摆隔震支座的滑移剪切力和剪切刚度在 Push-Over 分析过程中保持恒定。为此必须注意，如果模型中建立了摩擦摆隔震支座，在 Push-Over 工况分析或地震时程工况分析之前应进行重力荷载工况分析，获得支座的轴力，否则在后续分析工况中，支座的轴力将为零、剪切力和剪切刚度也为零。

（5）重力荷载分析假定。PERFORM-3D 中需要单独指定摩擦摆隔震支座在重力荷载分析工况下使用的剪切刚度值。

关于 PERFORM-3D 摩擦摆隔震支座的其他说明可参考 PERFORM-3D 自带的《Components and Elements》[2]帮助文档。

10.3 算例简介

图 10-6 为本章算例的模型示意图，算例来源于 SAP2000 的软件验证算例[4,5]，为一榀、三跨、七层的摩擦摆隔震框架结构。分析在 H1-V 平面内进行，采用刚性楼板假定，楼层质量集中于各梁柱节点，梁柱构件为弹性，并考虑梁柱构件端部刚域，结构自重以集中荷载的形式施加在首层柱柱底节点上。本章将采用 PERFORM-3D 对该结构进行模态分析和动力时程分析，并将分析结果与 SAP2000 的分析结果进行对比。算例采用的地震加速度时程如图 10-7 所示。构件的截面属性及隔震支座属性等参数具体说明如下。

（1）构件属性

材料：E=199948N/mm^2，泊松比 0.3

构件截面：

C1：A=4813mm^2，I=5069699mm^2

C2：A=2155mm^2，I=2097807mm^2

B1：A=2155mm^2，I=2097807mm^2

B2：A=3600mm^2，I=5652423mm^2

（2）摩擦摆隔震支座

边柱支座：

初始刚度 K_0=5545.9N/mm

滑动面半径：247.65mm

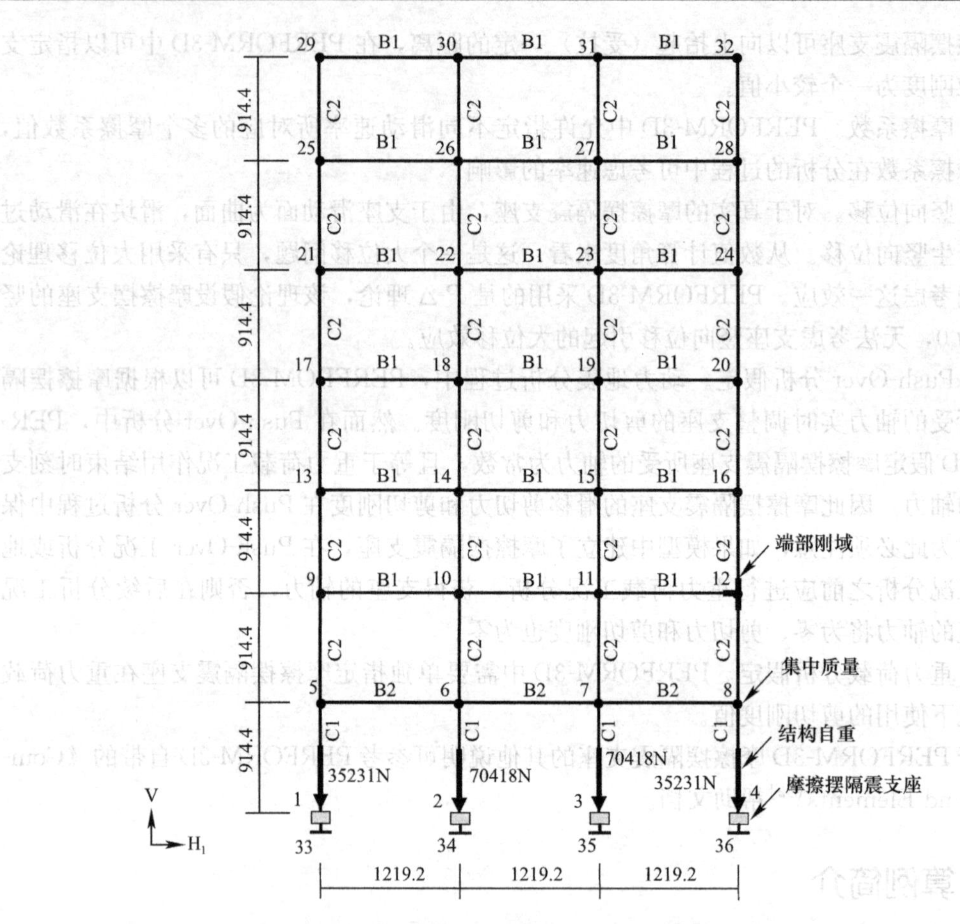

图 10-6 计算模型示意（长度单位：mm）

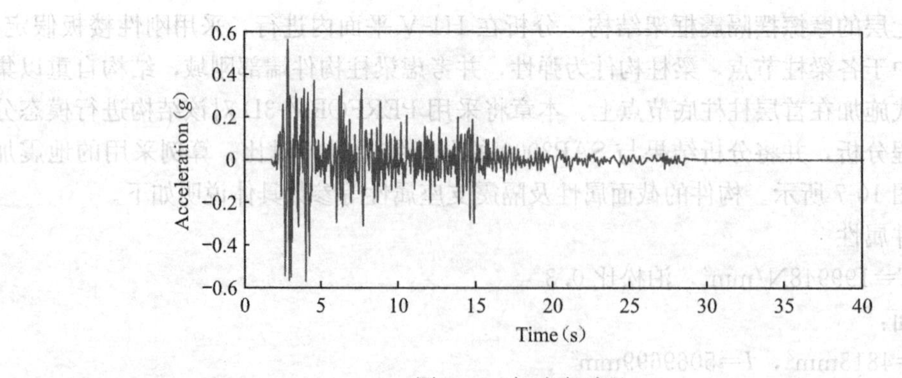

图 10-7 加速度时程

慢摩擦系数（Friction Coefficient，Slow）：0.04

快摩擦系数（Friction Coefficient，Fast）：0.06

中柱支座：

初始刚度：K_0＝11091.8N/mm

滑动面半径：247.65mm

慢摩擦系数（Friction Coefficient，Slow）：0.04

快摩擦系数（Friction Coefficient，Fast）：0.06

（3）楼层（节点集中）质量

首层：

边梁柱节点 0.5744t

中梁柱节点 1.1487t

二至六层：

边梁柱节点 0.5063t

中梁柱节点 1.0127t

顶层：

边梁柱节点 0.4837t

中梁柱节点 0.9673t

（4）端部刚域尺寸

首层柱顶：139.7mm

其余构件：114.3mm

刚性因子：0.45（0 表示无刚化，1 表示完全刚性）

（5）结构阻尼

瑞利阻尼：质量比例系数 0.067，刚度比例系数 1.71E-4

10.4 建模阶段

10.4.1 节点操作

（1）添加节点

参考图 10-6 的几何模型，在建模阶段的【Nodes】-【Nodes】选项卡下建立节点。PERFORM-3D 中的摩擦摆隔震支座单元（Seismo Isolator，Friction Pendulum）是有长度的，在 PERFORM-3D 中建模的时候，取底层柱的柱底节点（图 10-6 中的节点 1、2、3 和 4）作为隔震支座的上部节点，各底层柱的柱底节点沿 V 轴负向偏移一定距离（本算例取 50mm）新建一个节点（图 10-6 中的节点 33、34、35 和 36）作为隔震支座的下部节点。摩擦摆隔震支座单元通过链接上下部节点完成建模，支座的下部节点作为结构的嵌固部位。节点建模如图 10-8 所示。

（2）指定节点约束

在【Nodes】-【Supports】下指定 33～36 节点为嵌固，约束其余节点 H2 平动、绕 H1 转动及绕 V 轴转动自由度，实现全局坐标系下 H1-V 平面内的二维分析。节点约束指定如图 10-9 所示。

（3）指定节点质量

在【Nodes】-【Masses】下新建质量样式 M1，根据 10.2 节提供的节点质量信息，为各节点指定平动方向的集中质量，如图 10-10 所示。

（4）指定节点束缚

对除首层（1～4 节点）和嵌固层（33～36 节点）外的其余楼层的节点指定节点束缚，

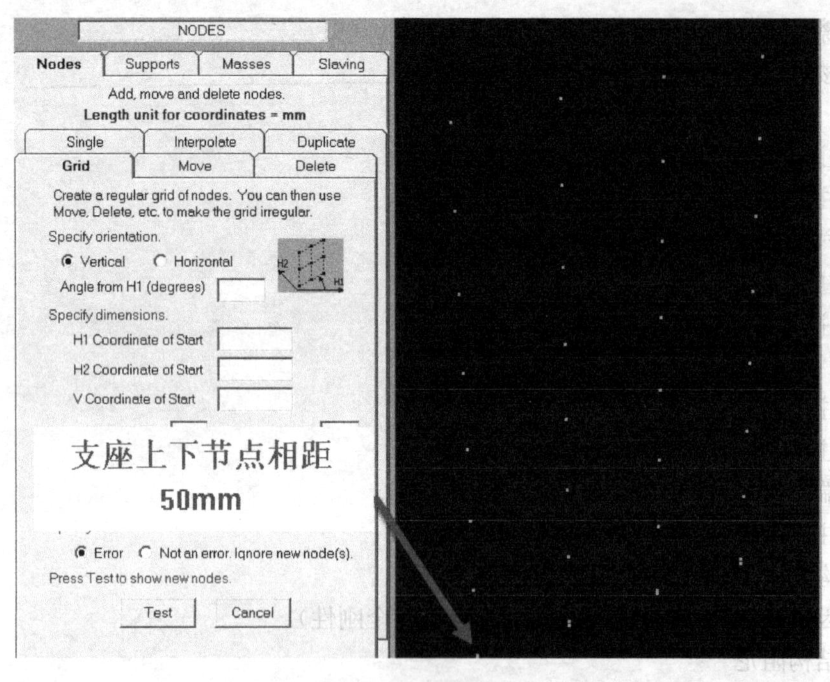

图 10-8 新建节点

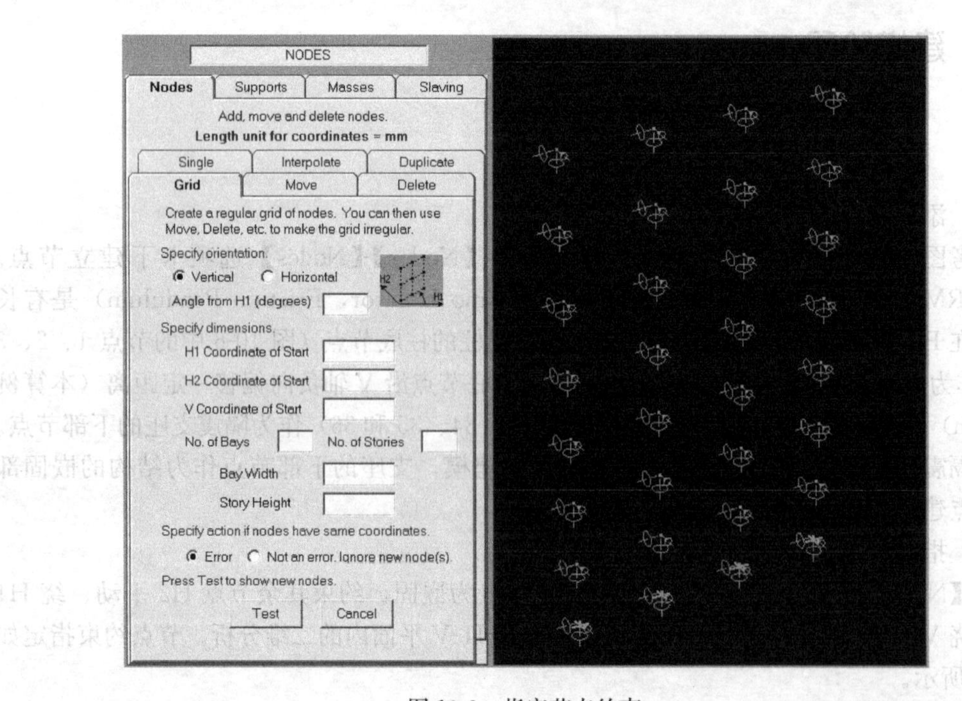

图 10-9 指定节点约束

束缚类型为等位移约束（Simple Equal Displacements），束缚的自由度为 H1 平动，以实现刚度楼板假定。本算例结构一共有 7 层，共定义七个节点束缚（S1～S7），其中 S1 的定义图 10-11 如所示。

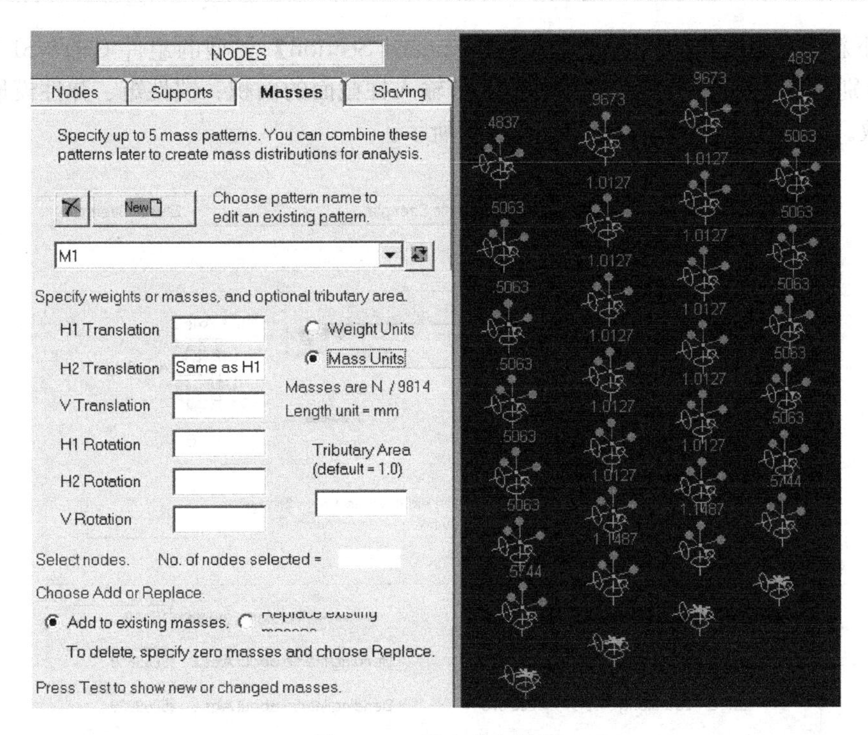

图 10-10　指定节点质量

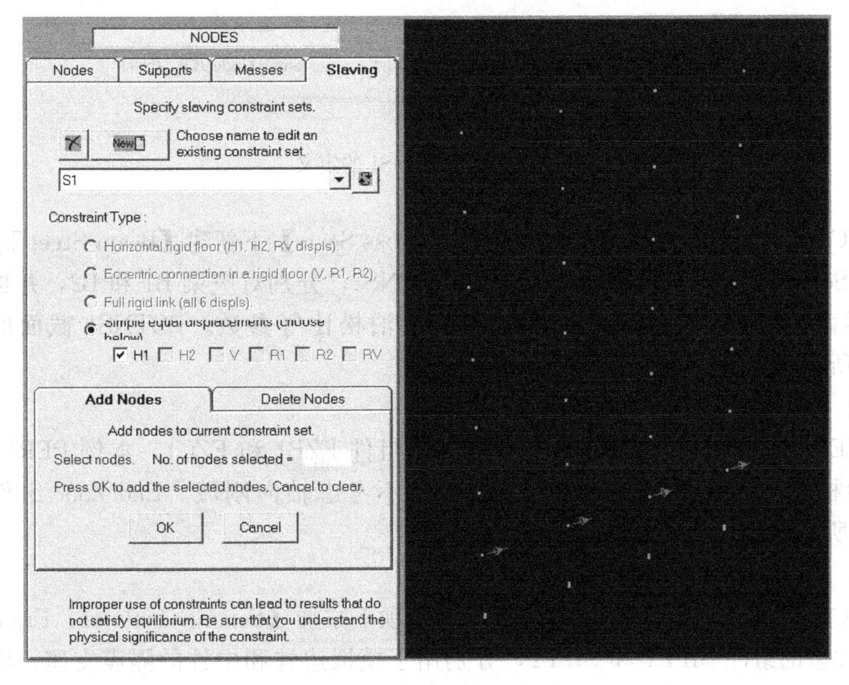

图 10-11　节点束缚 S1 示意图

10.4.2　定义组件

10.4.2.1　框架截面

本算例梁柱构件采用弹性梁柱单元进行模拟。在【Component Properties】-【Cross

Sects】下新建【Column Steel Type Nonstandard Section】类型的组件 CSTNS1 和 CST-NS2，分别对应柱 C1 和 C2，并根据 10.2 节输入柱截面的面积、惯性矩、弹性模量及泊松比等参数。CSTNS1 截面的定义如图 10-12 所示。

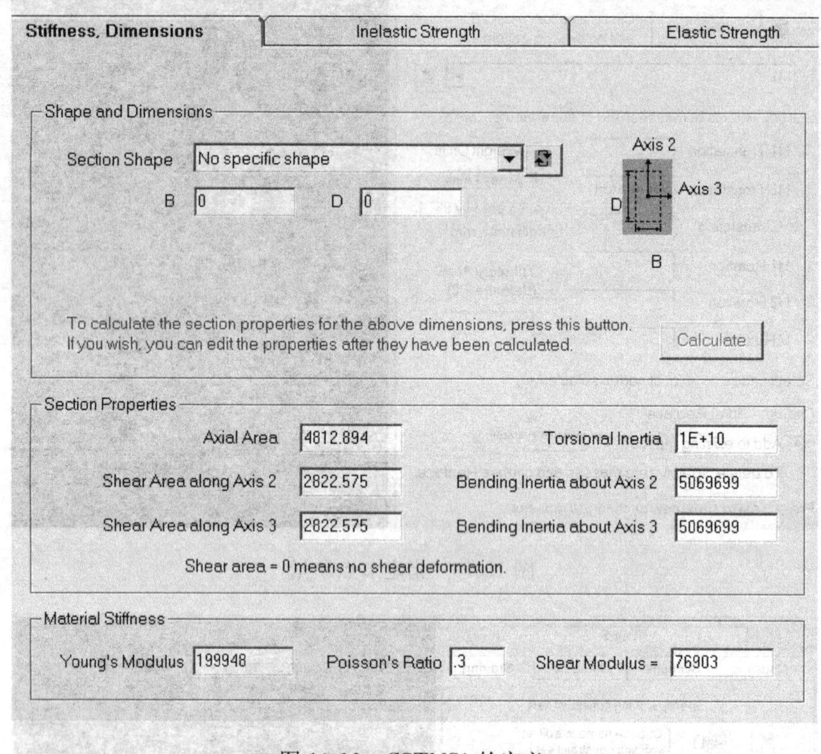

图 10-12　CSTNS1 的定义

在【Component Properties】模块下的【Cross Sects】下新建【Beam Steel Type Non-standard Section】类型的组件 BSTNS1 和 BSTNS2，分别对应梁 B1 和 B2，并根据 10.2 节输入梁截面的面积、惯性矩、弹性模量及泊松比等参数。BSTNS1 截面的定义如图 10-13 所示。

10.4.2.2　梁柱刚域

在【Elastic】下添加【End Zone】类型的组件 EZB1 和 EZC1。本例 PERFORM-3D 中指定梁柱刚域的弯曲刚度放大系数为 2，不考虑轴向刚域。End Zone 组件定义如图 10-14 所示。

10.4.2.3　摩擦摆隔震支座

在【Component Properties】-【Inelastic】选项下添加【Seismic Isolator，Friction Pen-dulum】类型的组件 SIFP1 和 SIFP2，分别用于模拟边柱和中柱的隔震支座。根据 10.2 节，指定隔震支座的参数如图 10-15 所示。其中，K0 为初始刚度，DX 取 240，接近圆弧滑动面半径，本例不考虑滑块达边缘后的刚化效应，DS 和 KS 取 0，滑动面半径填 247.65mm，摩擦系数取 0.06，重力荷载剪切刚度（Shear Stiffness for Gravity Load）一栏填 1，重力荷载工况下支座的剪切刚度取 K0。

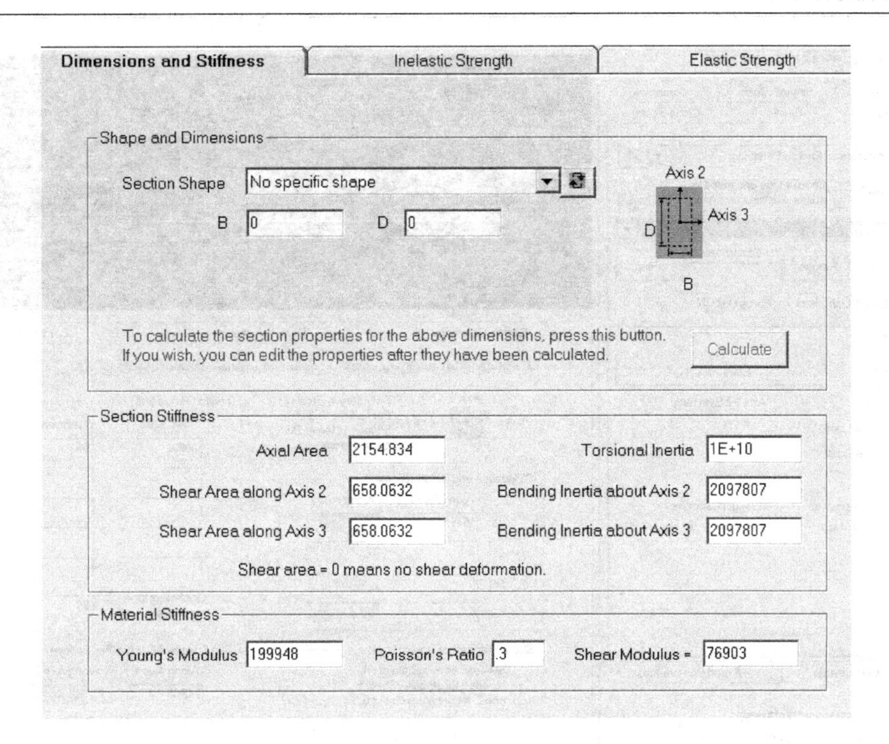

图 10-13　BSTNS1 的定义

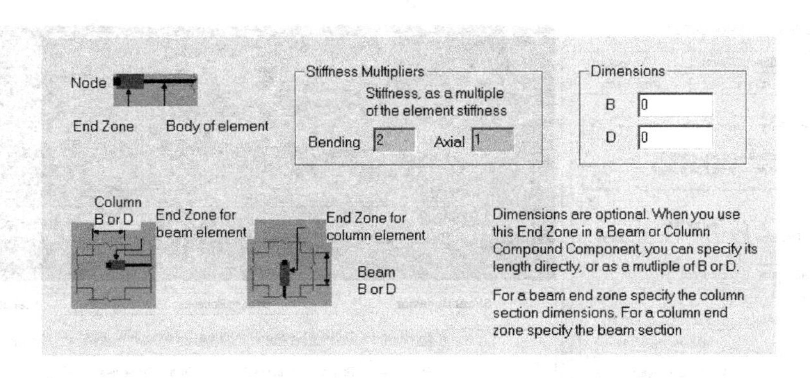

图 10-14　定义 End Zone 组件

10.4.3　建立单元

在【Elements】模块下新建【Column】类型的单元组 C1 和 C2、【Beam】类型的单元组 B1 和 B2、【Seismic Isolator】类型的隔震支座单元组 SI1，分别为各单元组添加单元，并指定相应的组件属性及单元局部坐标轴方向。

其中，摩擦摆隔震支座单元通过链接支座的上下节点（节点 1-33、2-34、3-35 及 4-36）完成建立，建立单元后在【Properties】选项卡中指定相应的摩擦摆隔震支座组件属性，在【Orientations】模块下指定单元的局部坐标轴方向。图 10-16 为中柱隔震支座组件属性的指定，图 10-17 为摩擦摆隔震支座单元局部坐标轴方向的指定。对于本例，摩擦摆隔震支座单元的局部 Axis1、Axis2 和 Axis3 轴分别与全局坐标系下的 H1、H2 及 V 轴平行。

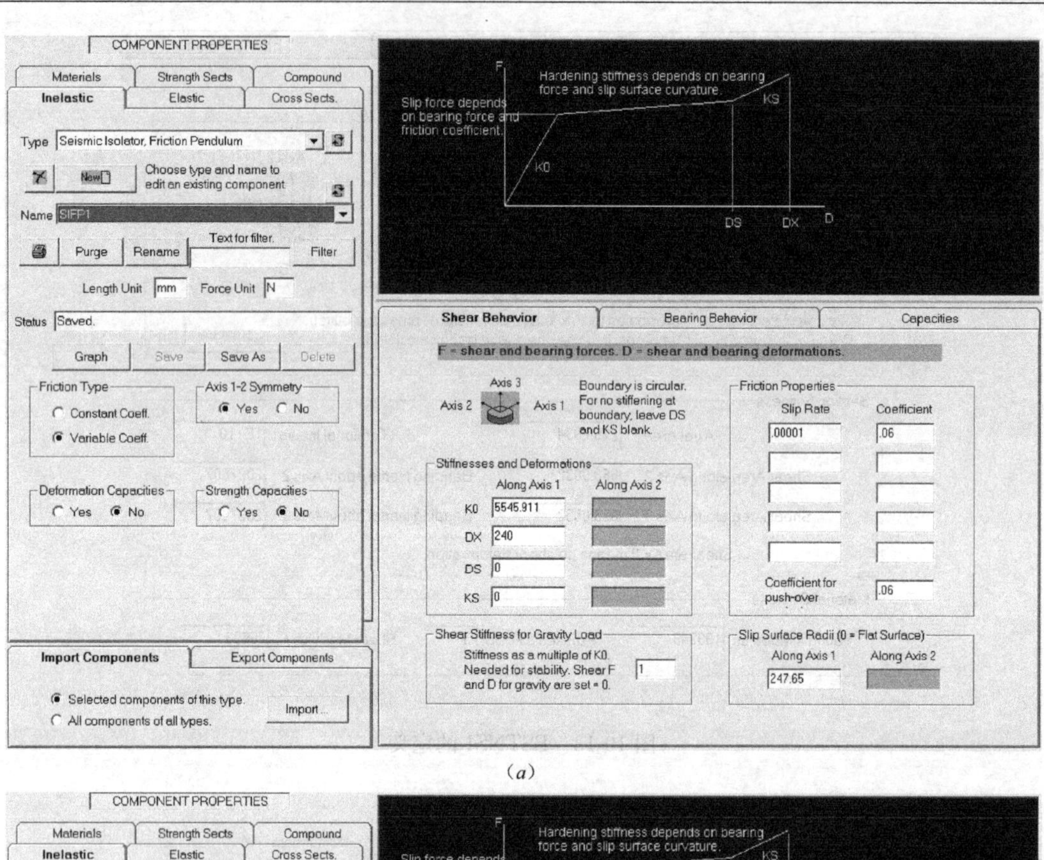

(*a*)

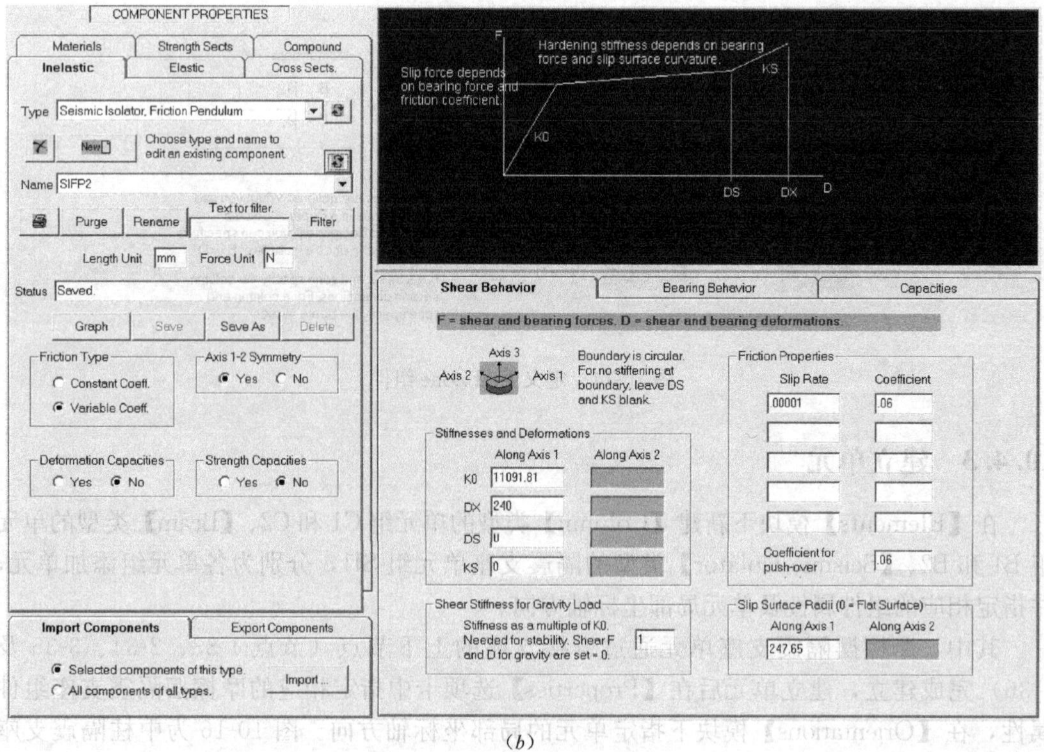

(*b*)

图 10-15　摩擦摆隔震支座定义

(*a*) SIFP1；(*b*) SIFP2

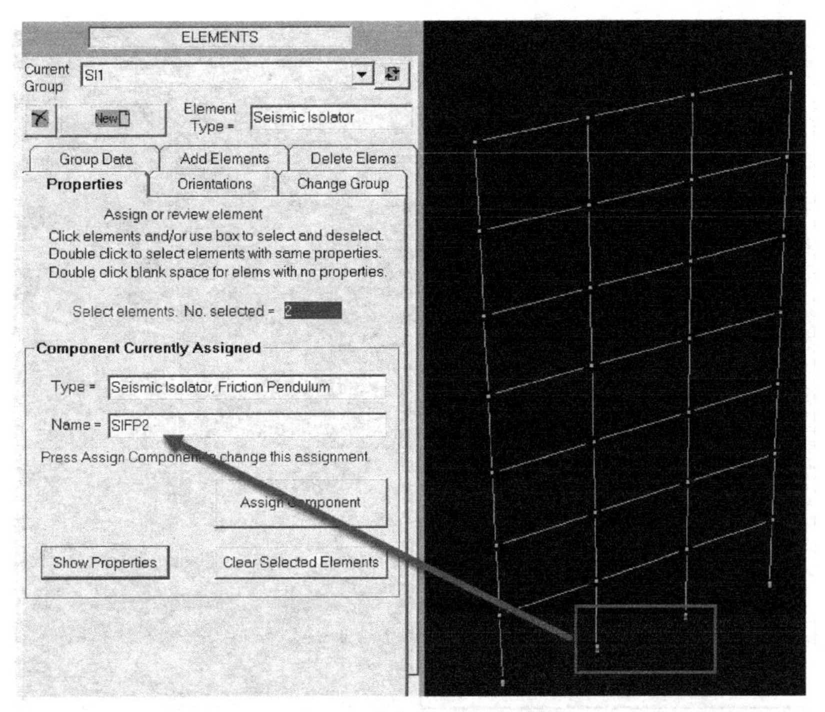

图 10-16 隔震支座属性指定

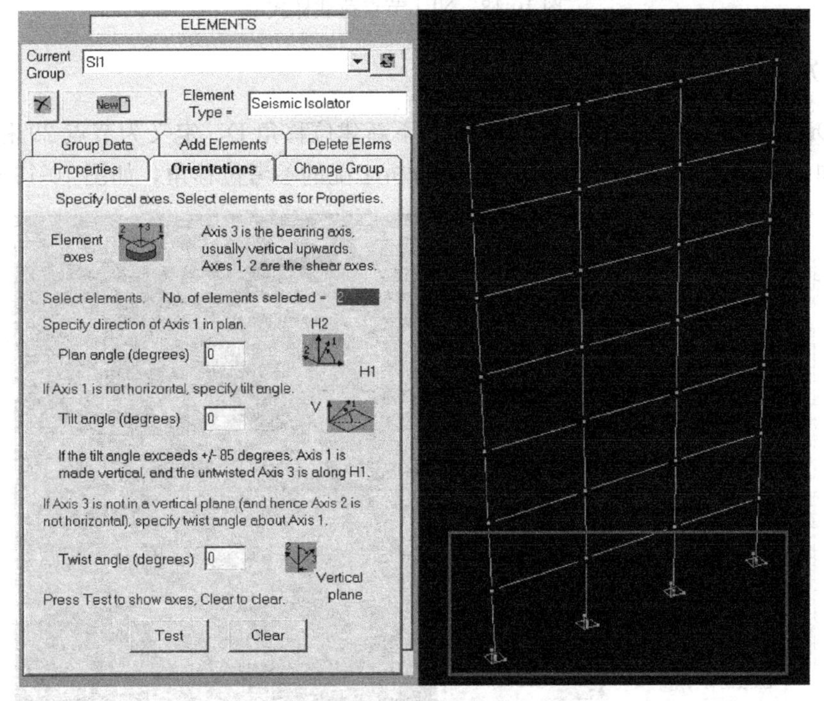

图 10-17 隔震支座局部坐标方向

10.4.4 定义荷载样式

在【Load Patterns】模块下添加节点荷载模式 NL1，根据图 10-6，将结构自重集中施加在首层柱的柱底节点，如图 10-18 所示。

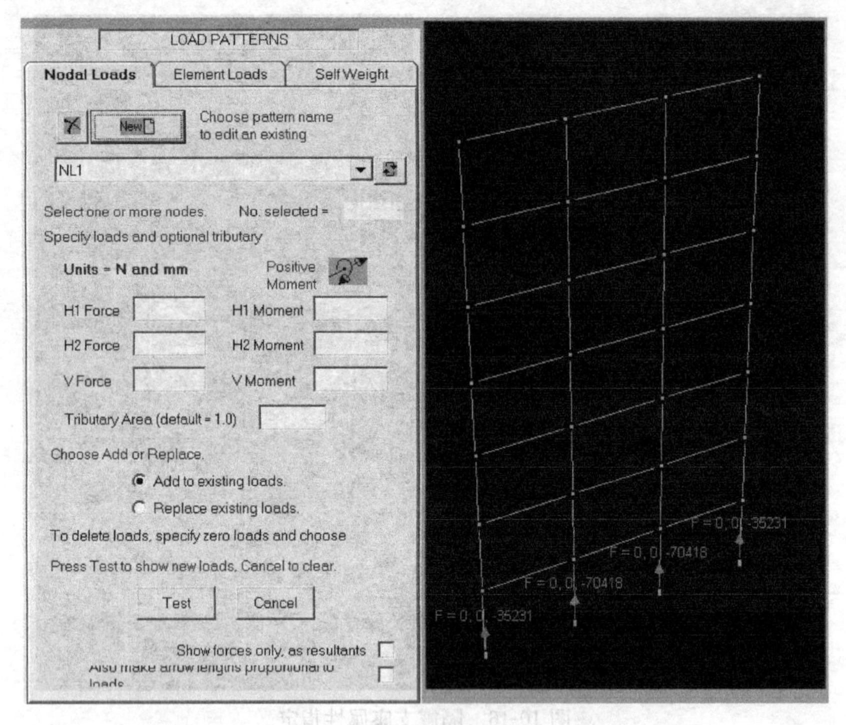

图 10-18　NL1 节点荷载样式

10.4.5　定义层间位移角

在【Drifts and Defctions】-【Drifts】模块下新建位移角 D，定义为节点 29 和节点 1 之间 H1 方向的位移比，用作地震加速度时程分析工况的参考位移角，如图 10-19 所示。

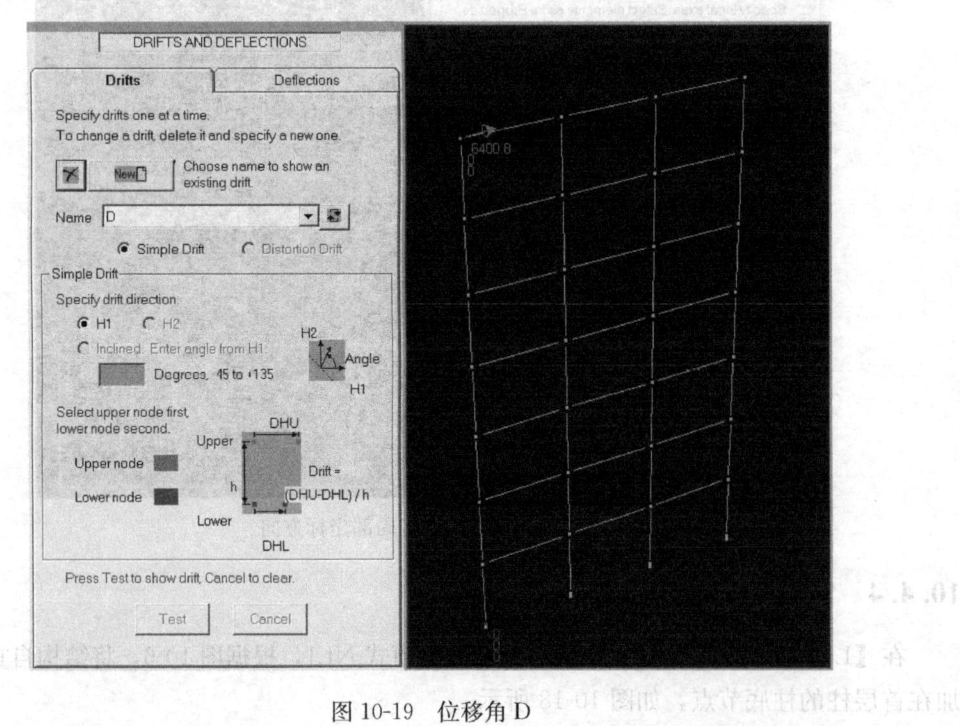

图 10-19　位移角 D

10.4.6 定义结构截面

在【Structure section】-【Define Sections】下，切割所有隔震单元的底部节点定义结构截面 S0，用于提取隔震层的剪力。

10.5 分析阶段

10.5.1 定义重力工况

在分析阶段的【Set up load cases】模块下新建重力荷载工况 G，将荷载样式 NL1 添加到工况的荷载样式列表中，缩放系数取 1。

10.5.2 定义地震时程工况

在分析阶段的【Set up load cases】模块下新建【Dynamic Earthquake】类型的工况 DE1，点击【Add/Review/Delete Earthquakes】按钮为 DE1 添加图 10-7 所示的加速度时程，命名为 Ch10 _ ACC01，如图 10-20 所示。接着点击【Return to Earthquake Load Case】按钮，返回工况定义界面，设置工况的分析参数如图 10-21 所示。

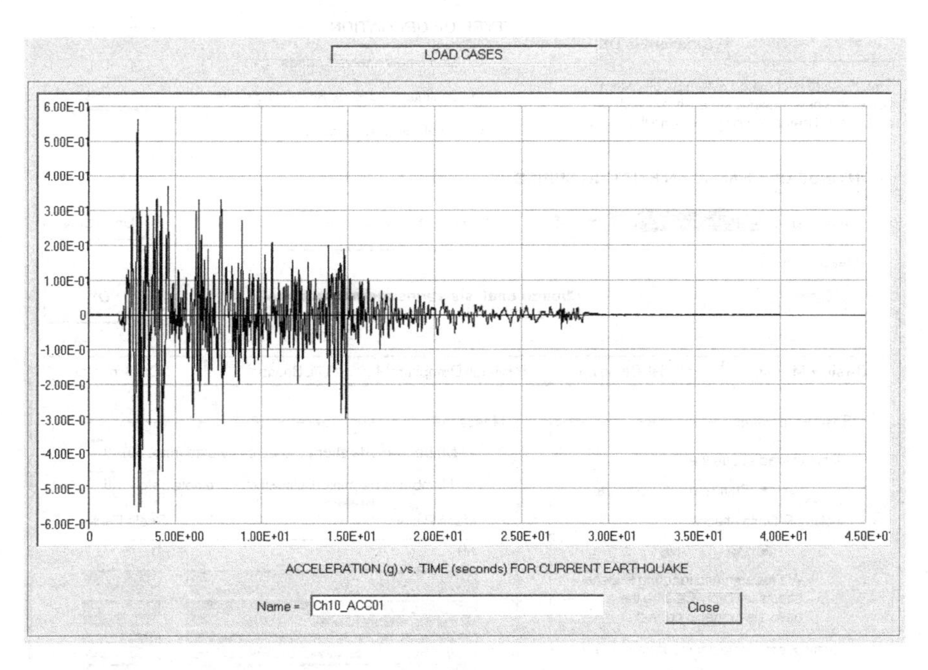

图 10-20 添加加速度时程

10.5.3 建立分析序列

在分析阶段的【Set up load cases】的【Run analyses】下新建分析序列 S，为分析序列定义参数如图 10-22 所示。

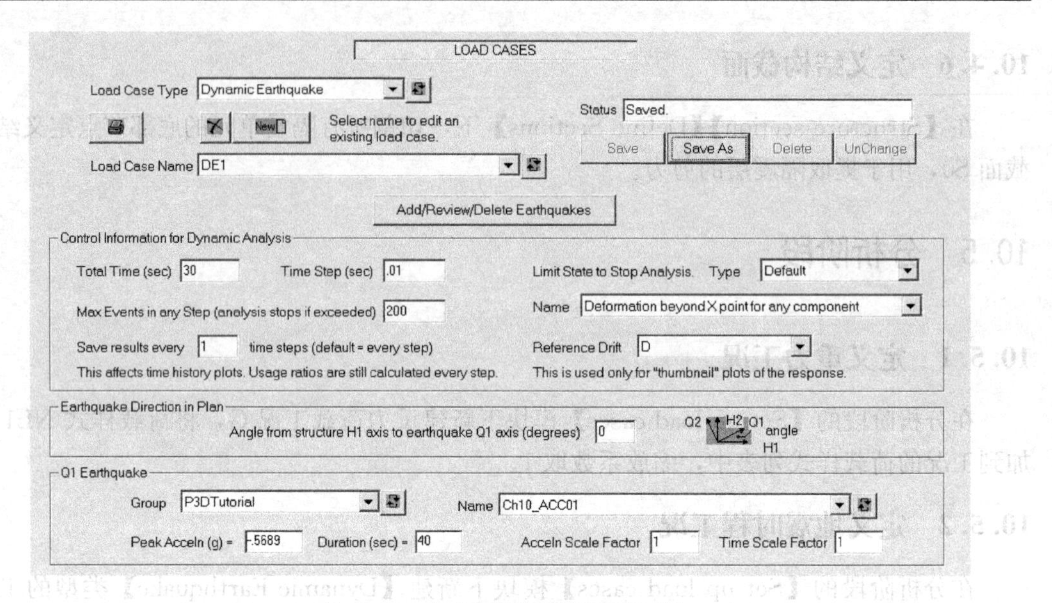

图 10-21 定义地震加速度时程工况

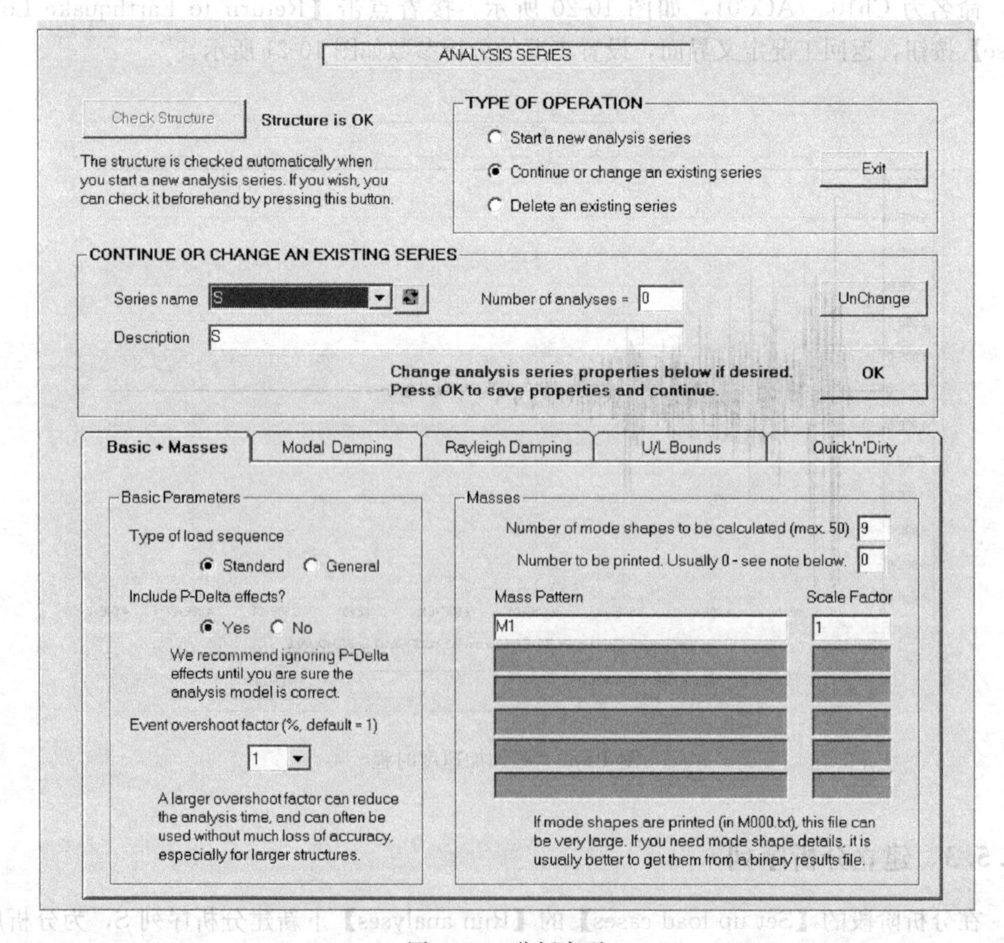

图 10-22 分析序列

（1）结构阻尼

本例结构阻尼采用瑞利阻尼，设置阻尼参数使结构在主要周期范围内的阻尼比约为0.59%（主要和SAP2000验证实例对照）。瑞利阻尼参数定义如图10-23所示，相应的质量比例阻尼系数α为0.0674，刚度比例阻尼系数β为1.707E-4。SAP2000中直接指定质量比例阻尼系数α为0.0674，刚度比例阻尼系数β为1.707E-4。

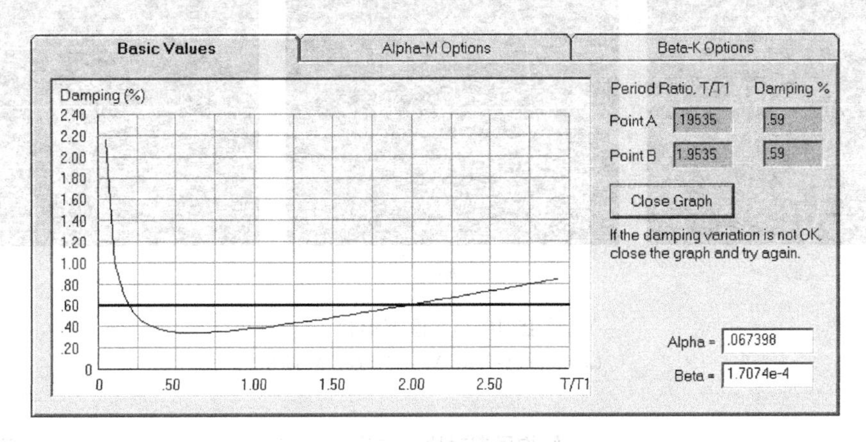

图10-23　瑞利阻尼

（2）分析列表

将重力荷载工况G及地震动力时程工况DE1依次添加到分析列表，如图10-24所示。

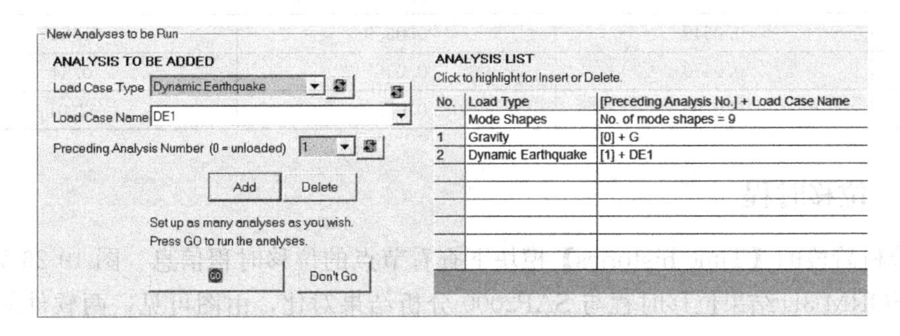

图10-24　定义分析列表

分析列表定义完成后，点击【GO】按钮运行分析。

10.6　分析结果

10.6.1　模态分析结果

图10-25为PERFORM-3D计算的结构前3阶模态的形状。表10-1给出了PERFORM-3D与SAP2000计算的结构前6阶振型的周期结果对比，可见两软件计算结果基本吻合。

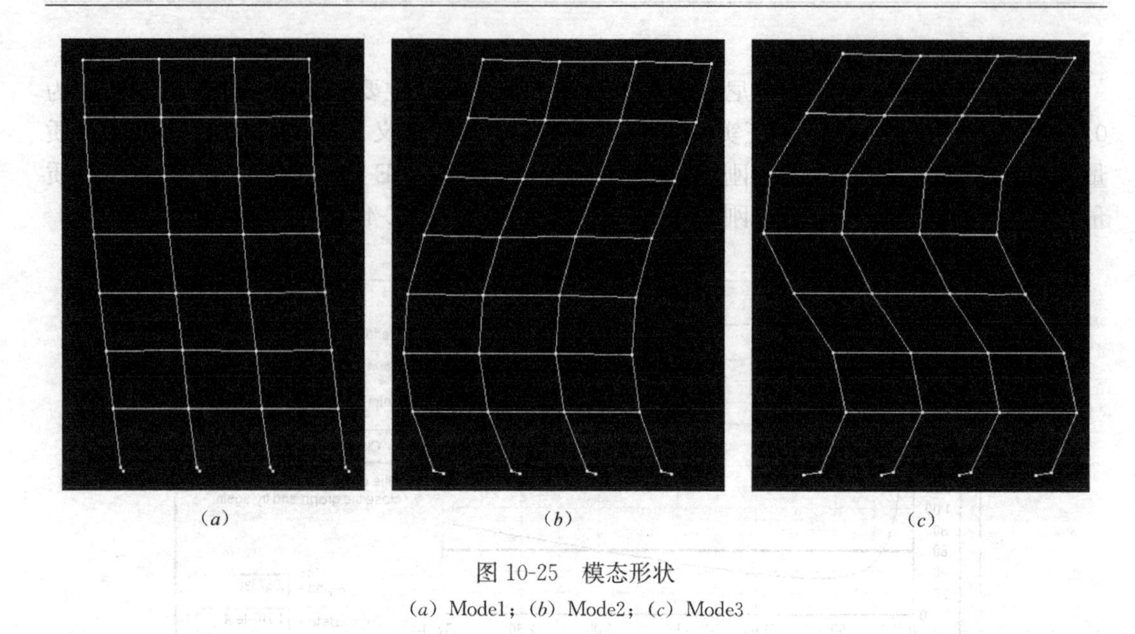

图 10-25 模态形状
(*a*) Mode1；(*b*) Mode2；(*c*) Mode3

结构周期对比（单位：s） 表 10-1

振型	PERFORM-3D 周期	SAP2000 周期	相对误差（%）
1	0.5119	0.4810	6.42
2	0.1704	0.1605	6.17
3	0.0975	0.0941	3.61
4	0.0649	0.0639	1.56
5	0.0470	0.0467	0.64
6	0.0390	0.0398	-2.01

10.6.2 位移时程

在分析阶段的【Time histories】模块下查看节点的位移时程信息。图 10-26 为节点 6 的 PERFORM-3D 结果位移时程与 SAP2000 分析结果对比，由图可见，两软件的计算结果吻合。

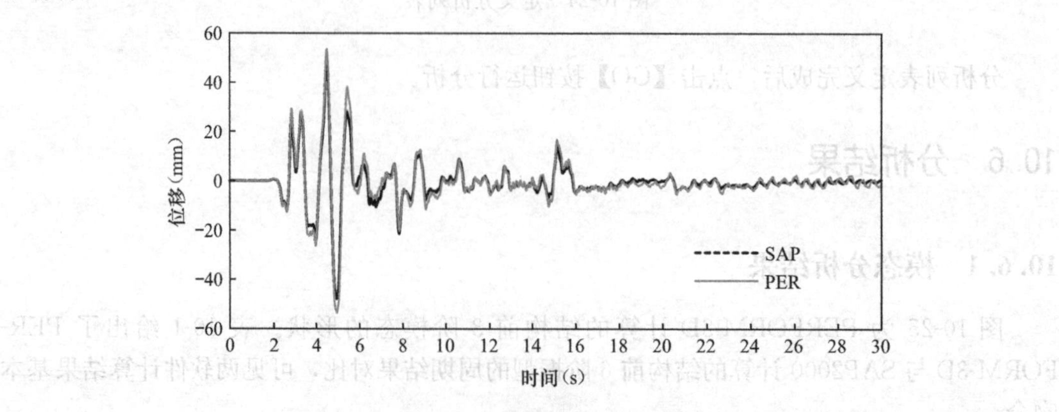

图 10-26 节点 6 水平位移时程结果对比

10.6.3 滞回曲线

在【Hysteresis loops】模块下查看摩擦摆隔震支座组件的剪切力-剪切变形滞回曲线，并导出数据。图 10-27 为四个隔震支座的滞回曲线分析结果（包括 PERFORM-3D 与 SAP2000）。其中边隔震支座 1 连接节点 1 与 33、中隔震支座 1 连接节点 2 与 34，边隔震支座 2 连接节点 4 与 36、中隔震支座 2 连接节点 3 与 35。由图 10-27 可见，两个软件分析结果基本吻合。

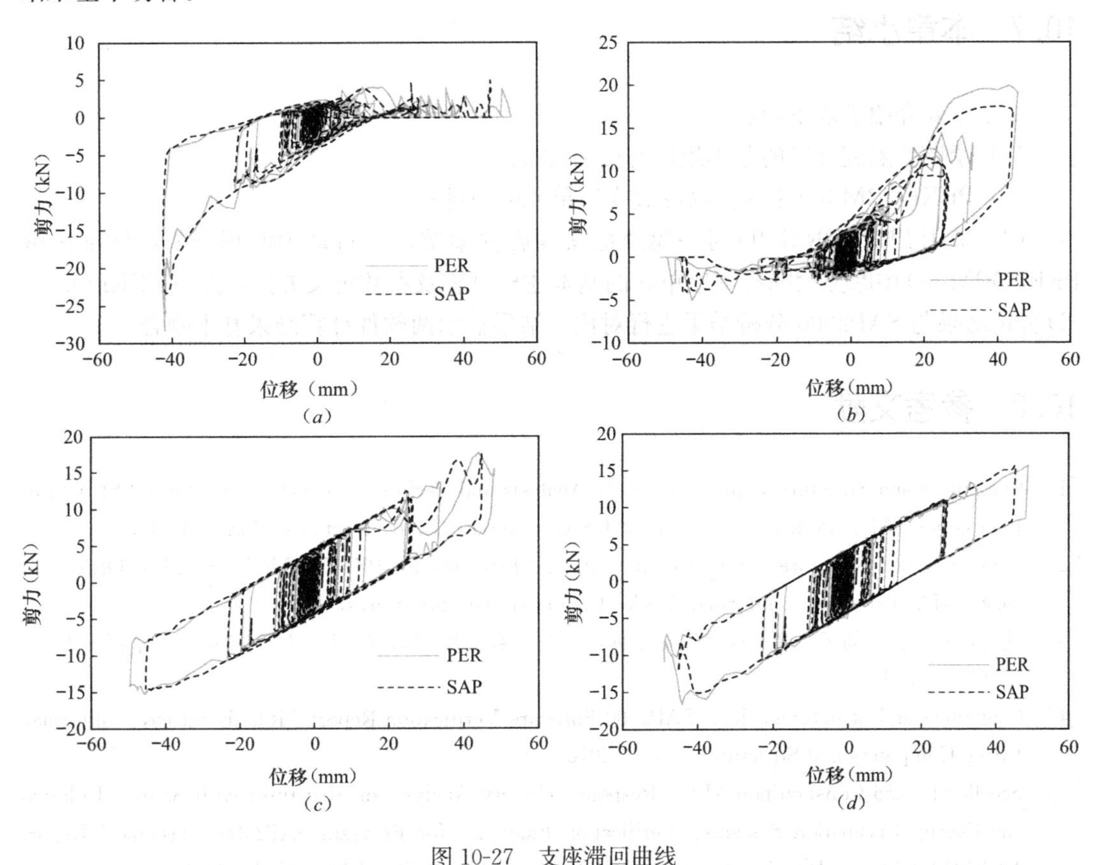

图 10-27 支座滞回曲线

(*a*) 边支座 1 滞回曲线；(*b*) 边支座 2 滞回曲线；(*c*) 中支座 1 滞回曲线；(*d*) 中支座 2 滞回曲线

表 10-2 为 PERFORM-3D 与 SAP2000 计算的边隔震支座 1 和中隔震支座 1 H1 方向的剪切变形（*D*）与剪力（*F*）极值结果统计。由表 10-2 可知，两软件的分析结果有一定的差别，但大部分结果相对误差在 15%以内，造成这种差别的其中一个原因是两个软件摩擦摆隔震支座摩擦系数的计算方法不同。

隔震支座结果对比（单位：N，mm） **表 10-2**

结果参数		PERFORM-3D	SAP2000	相对偏差（%）
边支座 1	Min *D*	−42.75	−42.69	0.12
	Max *D*	52.88	47.57	11.15
	Min *F*	−28293.20	−23305.20	21.40
	Max *F*	4088.48	4875.40	−16.14

续表

结果参数		PERFORM-3D	SAP2000	相对偏差（%）
中支座 1	Min *D*	−49.84	−45.47	9.62
	Max *D*	48.27	44.96	7.37
	Min *F*	−15237.01	−14644.10	4.05
	Max *F*	17728.38	17540.00	1.07

10.7 本章小结

本章主要介绍了以下内容：

（1）摩擦摆隔震支座的基本组成与受力性能；

（2）PERFORM-3D 中摩擦摆隔震支座单元的属性；

（3）采用 PERFORM-3D 对一榀摩擦摆隔震框架结构进行动力时程分析，详细讲解 PERFORM-3D 中摩擦摆隔震支座单元的基本建模过程及参数定义方法，并将 PERFORM-3D 分析结果与 SAP2000 分析结果进行对比，结果显示两软件计算结果基本吻合。

10.8 参考文献

[1] Computers and Structures，Inc. Nonlinear Analysis and Performance Assessment for 3D Structures User Guide [M]. Berkeley，California，USA：Computers and Structures，Inc.，2006.

[2] Computers and Structures，Inc. Components and Elements for PERFORM-3D and PERFORM-Collapse [M]. Berkeley，California，USA：Computers and Structures，Inc.，2006.

[3] 垄健，邓雪松，周云. 摩擦摆隔震支座理论分析与数值模拟研究 [J]. 防灾减灾工程学报. 2011，31 (1)：56-61.

[4] Computers and Structures，Inc. SAP2000 Software Verification Report [R]. Berkeley，California，USA：Computers and Structures，Inc.，2010.

[5] Scheller J. and Constantinou M C. Response History Analysis of Structures with Seismic Isolation and Energy Dissipation Systems：Verification Examples for Program SAP2000 (Technical Report MCEER-99-0002) [R]. University of Buffalo，State University of New York，1999.

11 橡胶隔震支座

11.1 引言

除了摩擦摆隔震支座外，另一类常用的隔震支座为橡胶隔震支座。本章首先对几种常见的橡胶隔震支座（天然橡胶支座、铅芯橡胶支座及高阻尼橡胶支座）进行介绍，接着介绍常用的橡胶隔震支座的力学模型，在此基础上讨论 PERFORM-3D[1,2] 中橡胶隔震支座单元的特性及参数定义方法，最后通过一榀橡胶隔震框架结构的地震时程分析实例，讲解 PERFORM-3D 中橡胶隔震支座结构的建模与分析基本过程。

11.2 原理分析

11.2.1 橡胶隔震支座介绍

常见的橡胶隔震支座主要有天然橡胶隔震支座、高阻尼橡胶隔震支座及铅芯橡胶隔震支座[3]。

（1）天然橡胶隔震支座

天然橡胶隔震支座由薄橡胶层和薄钢板层间隔叠置而成，如图 11-1（*a*）所示。支座轴向受力时，橡胶层的横向变形受到薄钢板层的约束，使得支座的竖向刚度及竖向承载力较纯橡胶体显著提高。由于橡胶层约束表面积比自由表面积大许多，在橡胶层总厚度相同的条件下，支座竖向刚度将随着橡胶层单层厚度的减小而增加。由于钢板层不约束橡胶层的剪切变形，天然橡胶隔震支座的水平刚度主要与橡胶材料和橡胶层的总厚度相关，在橡胶层总厚度不变的情况下，橡胶层越薄，支座的抗压刚度越大，水平刚度则不变，且支座的变形能力也不变。天然橡胶隔震支座的典型剪切力-剪切位移滞回曲线如图 11-1（*b*）所示，由图也可看出，天然橡胶隔震支座的非线性滞回耗能能力较弱。

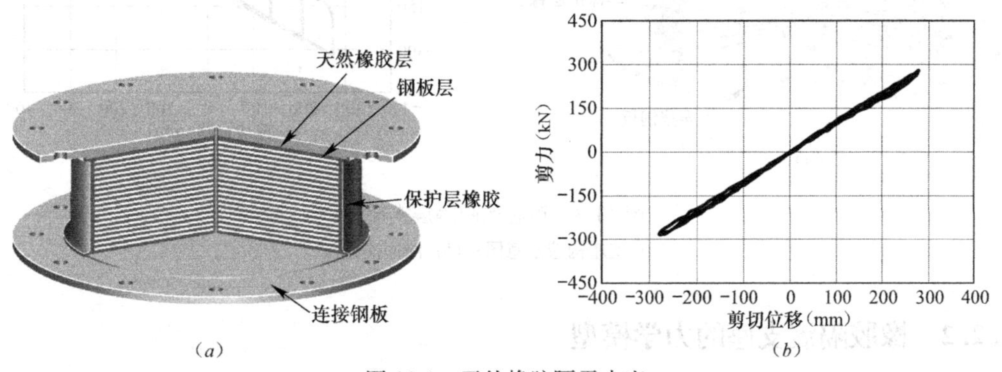

图 11-1 天然橡胶隔震支座

（*a*）支座构造示意图；（*b*）滞回曲线

(2) 高阻尼橡胶隔震支座

高阻尼橡胶隔震支座的构造与天然橡胶隔震支座类似，如图 11-2（*a*）所示，不同之处在于高阻尼橡胶隔震支座的薄橡胶层采用的是高阻尼橡胶，不仅使得隔震支座具备天然橡胶支座的竖向性能，同时使得支座的耗能能力显著提高。图 11-2（*b*）为高阻尼橡胶隔震支座的典型剪切力-剪切位移滞回曲线。由图 11-2（*b*）可见，对于高阻尼橡胶隔震支座，当支座剪切变形发展到某一较大值时，支座的刚度会增大，滞回曲线带有硬化特性。

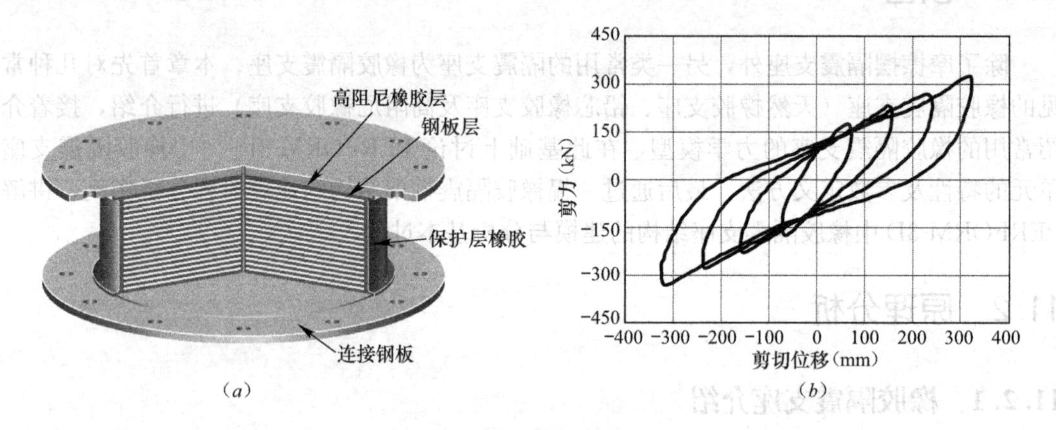

图 11-2 高阻尼橡胶隔震支座

（*a*）支座构造示意图；（*b*）滞回曲线

(3) 铅芯橡胶隔震支座

铅芯橡胶隔震支座是在天然橡胶隔震支座中开孔嵌入耗能良好的铅芯，从而大幅提高隔震支座的耗能能力如图 11-3（*a*）所示。铅芯叠层橡胶隔震支座的典型剪切力-剪切位移滞回曲线如图 11-3（*b*）所示。

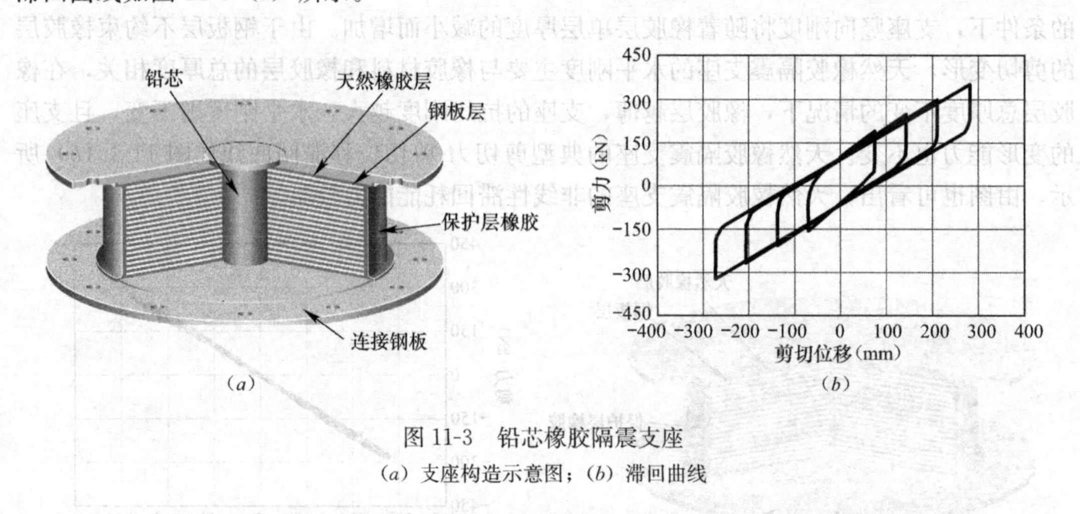

图 11-3 铅芯橡胶隔震支座

（*a*）支座构造示意图；（*b*）滞回曲线

11.2.2 橡胶隔震支座的力学模型

常用的橡胶隔震支座恢复力模型主要有等效线性模型、二折线模型等[3,4]。

11.2.2.1 等效线性化模型

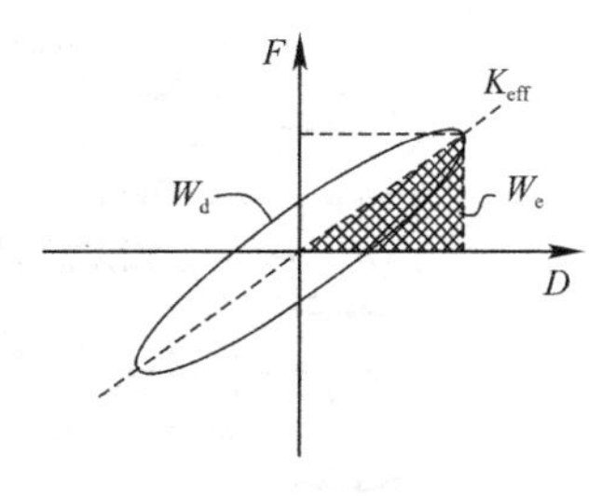

图 11-4 等效线性模型

等效线性模型用一个线性刚度和一个阻尼来等效橡胶隔震支座的力学性能[3]。模型的 F-D 关系如图 11-4 所示。

等效线性模型一般通过等效刚度 K_{eff} 及等效粘滞阻尼比 ξ_{eff} 来描述。如图 11-4 所示，等效刚度 K_{eff} 为支座最大位移点处的割线刚度，支座的等效粘滞阻尼比 ξ_{eff} 按公式（11.2-1）计算。

$$\xi_{eff}=\frac{W_d}{4\pi W_e}=\frac{W_d}{2\pi K_{eff}d^2} \qquad (11.2\text{-}1)$$

式中，W_d 为隔震支座滞回曲线一个滞回环的面积，W_e 为等效弹性恢复力做的功，d 为隔震支座的剪切变形。

11.2.2.2 双线型模型

双线型模型[3]是结构分析中模拟橡胶隔震支座最常用的一种非线性模型。图 11-5 为双线型模型的力-位移滞回曲线示意图，双线型模型的力-位移关系按公式（11.2-2）计算。

$$\begin{cases}F=K_e\cdot D & D<D_y\\ F=F_y+K_h\cdot(D-D_y) & D>D_y\end{cases} \qquad (11.2\text{-}2)$$

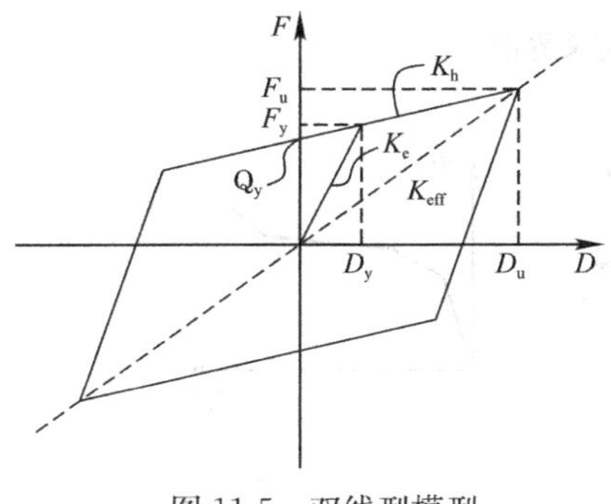

图 11-5 双线型模型

式中，K_e 为支座初始刚度，D_y 为支座屈服位移，F_y 为支座的屈服剪切力，K_h 为支座屈服后刚度，各参数可通过橡胶隔震支座的试验滞回曲线得到。注意，上述公式实际上给出的是支座单向受剪时的剪切力-剪切位移滞回性能，由于支座一般是双向受剪，在实际应用中，隔震支座的本构不能分别用各个方向的独立关系进行处理，需要虑支座各个方向作用的相互影响，一般通过指定圆形屈服线模型进行考虑[3]。

11.2.3 PERFORM-3D 中的橡胶隔震支座

PERFORM-3D 中橡胶隔震支座单元由一个橡胶隔震支座组件组成，橡胶隔震支座组件在建模阶段的【Component properties】-【Inelastic】-【Seismic Isolator，Rubber Type】下定义，参数定义界面如图 11-6 所示，以下介绍橡胶隔震支座组件的基本属性。

11.2.3.1 基本力-变形关系

橡胶隔震支座组件需要指定的基本力-变形关系包括剪切力-剪切位移关系及轴向力-轴向变形关系。如图 11-7 所示，PERFORM-3D 中橡胶隔震支座组件的轴向力-轴向变形关系按弹性考虑，拉、压方向可以按需要指定不同的刚度；剪切力-剪切位移关系可表示为二折线或三折线。剪切力-剪切位移关系不能指定强度损失和刚度退化（即滞回法与双线性模型类似）。另外，单元的剪切性能与轴向拉压性能相互独立。

11.2.3.2 局部坐标轴

PERFORM-3D 橡胶隔震支座组件包含 Axis1、Axis2 及 Axis3 三个局部坐标轴，如图 11-8所示。其中沿 Axis1 和 Axis2 为受剪作用，沿 Axis3 为拉压作用。在定义橡胶隔震支座单元时，需指定单元的局部坐标轴方向。

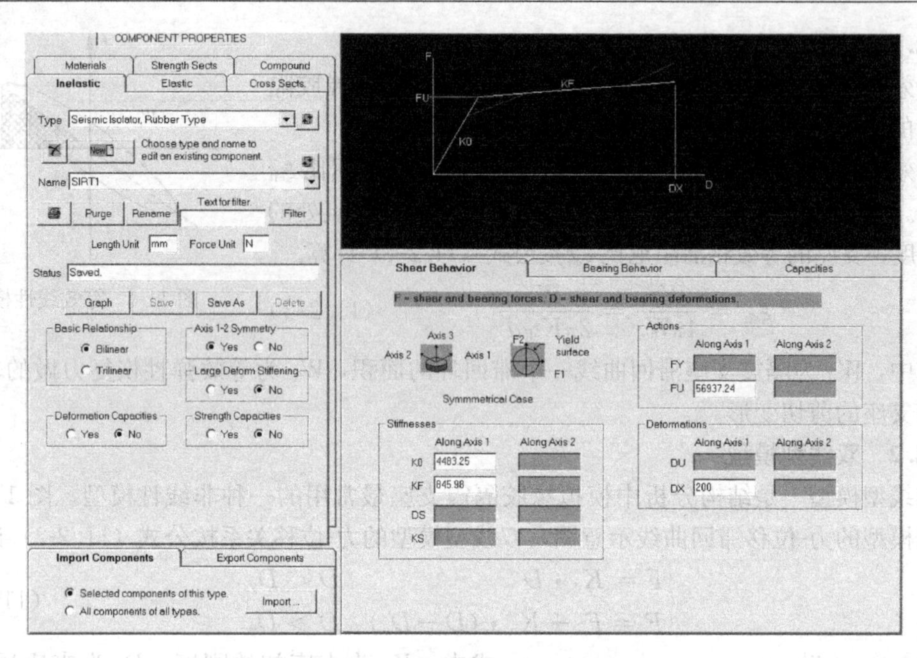

图 11-6 橡胶隔震支座组件参数定义界面

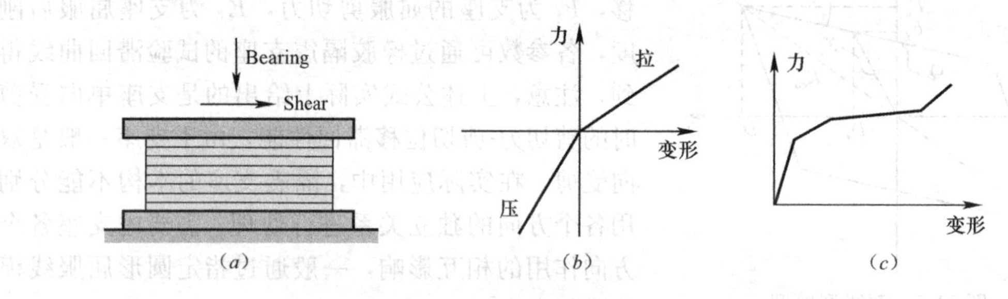

图 11-7 PERFORM-3D 橡胶隔震支座组件的性能

(a) 受力示意图；(b) 轴向拉压性能；(c) 剪切性能

11.2.3.3 双向受剪作用

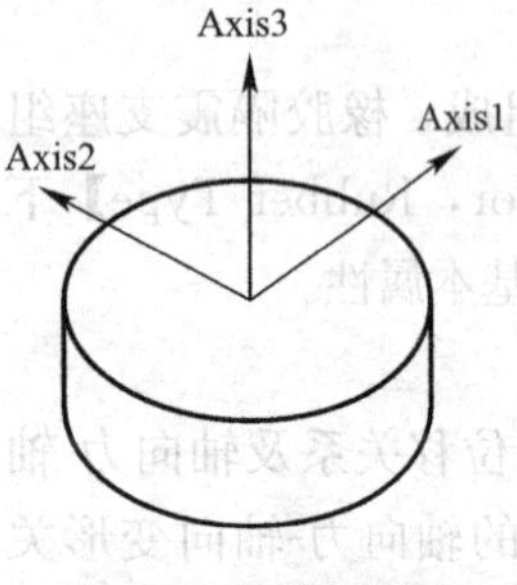

实际地震作用下，橡胶隔震支座除了承受轴向拉压作用外，往往还承受两个方向的剪切作用。结构分析时需要考虑各方向作用的相互影响。PERFORM-3D 中橡胶隔震支座组件的轴向拉压作用与剪切作用不相关，而各方向剪切的相互作用则与隔震支座组件 Axis1-Axis2 轴的剪切对称性（Axis1-2 Symmetry）有关。

图 11-8 橡胶隔震支座组件的局部坐标轴

若指定橡胶隔震支座的 Axis1-2 Symmetry 属性为 Yes，则隔震支座沿各水平方向的剪切性能相同，此时图 11-7 中定义的剪切力-剪切位移关系实际上指的是有效剪切力 F_{eff} 和有效剪切位移 D_{eff} 之间的关系，有效剪切力及有效剪切位移分别按公式（11.2-3）和公式（11.2-4）定义。

$$F_{\mathrm{eff}} = \sqrt{F_1^2 + F_2^2} \tag{11.2-3}$$

$$D_{\mathrm{eff}} = \sqrt{D_1^2 + D_2^2} \tag{11.2-4}$$

其中，F_1 和 F_2 分别是沿 Axis1 和 Axis2 轴的剪切力，D_1、D_2 分别是沿 Axis1 和 Axis2 轴的剪切位移分量。由以上分析可知，当隔震支座沿各水平方向的剪切属性相同时，隔震支座的剪切相互作用采用基于圆形屈服曲线的塑性理论进行考虑。

若指定支座的 Axis1-2 Symmetry 属性为 No，则隔震支座沿两个主轴方向的剪切性能不相同，此时需单独指定 Axis1 和 Axis2 方向的剪切力-剪切位移关系，且不考虑两个主轴方向的剪切作用相互独立。

11.2.3.4 其他性能

PERFORM-3D 橡胶隔震支座组件的轴向力-轴向变形关系按弹性考虑。一般情况下，轴向的抗拉刚度和抗压刚度是不同的，且轴向抗压刚度很大，抗拉刚度则较小。实际分析时，橡胶隔震支座的拉、压刚度可根据厂家提供的隔震支座产品性能参数或试验具体确定。另外，除了基本的力学性能参数外，还可以指定橡胶隔震支座组件的剪切变形能力（shear displacement capacities，用于变形极限状态的定义）和轴向承载能力（bearing force capacities，用于强度极限状态的定义）。

关于 PERFORM-3D 橡胶隔震支座组件及单元的其他说明可参考 PERFORM-3D 自带的《Components and Elements》[2]帮助文档。

11.3 算例简介

图 11-9 所示为本算例的模型示意图，模型与“摩擦摆隔震支座”一章采用的模型类似，只是用橡胶隔震支座取代原模型中的摩擦摆隔震支座。本例结构中的框架构件信息、

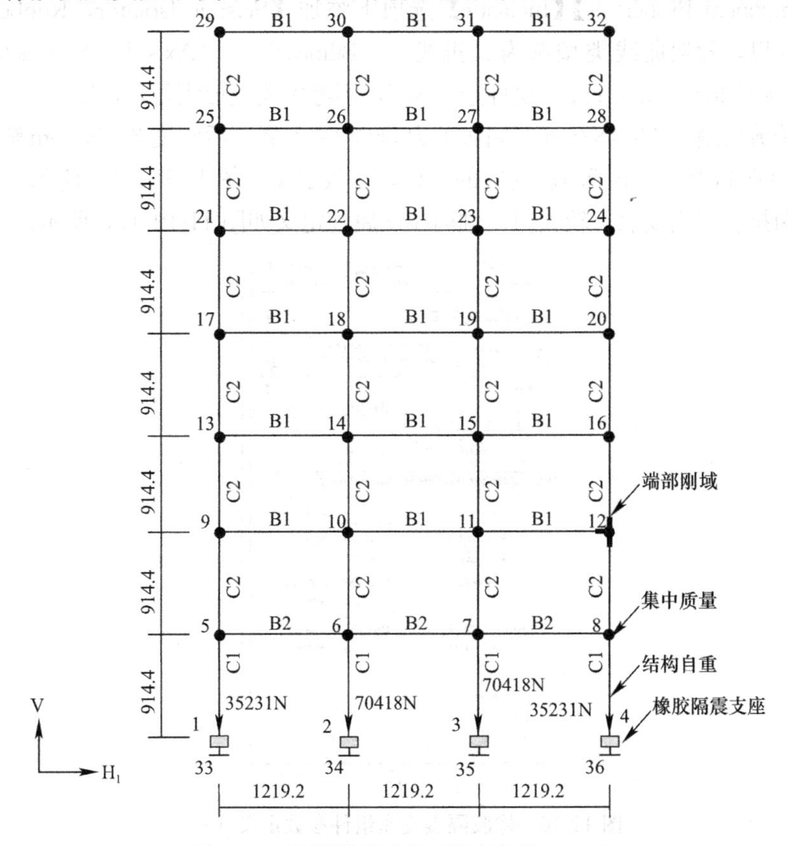

图 11-9 计算模型示意（长度单位：mm）

节点质量信息及荷载信息等可参考“摩擦摆隔震支座”一章，此处仅给出橡胶隔震支座的参数信息：初始剪切刚度 $K_0=4483\text{N/mm}$，屈服剪力 $F_y=56939\text{N}$，屈服刚度比 $r=0.1887$，隔震支座半径为247.65mm。

分析在全局坐标系 H1-V 平面内进行，采用刚性楼板假定，楼层质量集中于梁柱节点，梁柱构件为弹性，并考虑梁柱构件端部刚域，结构自重以集中荷载的形式施加在首层柱底节点上。地震时程分析采用瑞利阻尼，使结构在主要周期范围内的阻尼比为0.2%。另外，本例采用的地震加速度时程为“摩擦摆隔震支座”一章加速度时程的1.5倍。

11.4 建模阶段

11.4.1 节点操作

节点的创建，节点质量、节点约束及节点束缚的指定与“摩擦摆隔震支座”一章相同，具体操作参考“摩擦摆隔震支座”一章。

11.4.2 定义组件

框架截面组件、梁柱刚域的定义与“摩擦摆隔震支座”一章相同，具体操作参考“摩擦摆隔震支座”一章。这里主要介绍橡胶隔震支座组件的定义。

在【Component Properties】【Inelastic】选项下添加【Seismic Isolator, Rubber Type】类型的组件 SIRT1，骨架曲线类型选为二折线（“Bilinear”），“Axis 1-2 Symmetry”属性选“Yes”，“Large Deform Stiffening”属性选“No”，不考虑大变形刚化，如图11-10（a）所示。将支座的初始剪切刚度4483N/mm、屈服剪力56939N及屈服后刚度846N/mm输入K0、FU及KF，变形DX取200，小于隔震支座的半径，参数定义如图11-10（b）所示。本例橡胶隔震支座的轴向拉、压刚度取一较大值，轴向拉压属性定义如图11-10（c）所示。

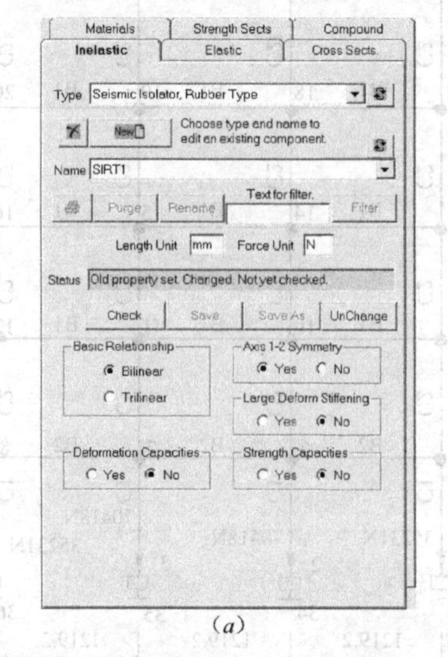

(a)

图11-10 橡胶隔震支座组件参数定义（一）

(a) 参数选项

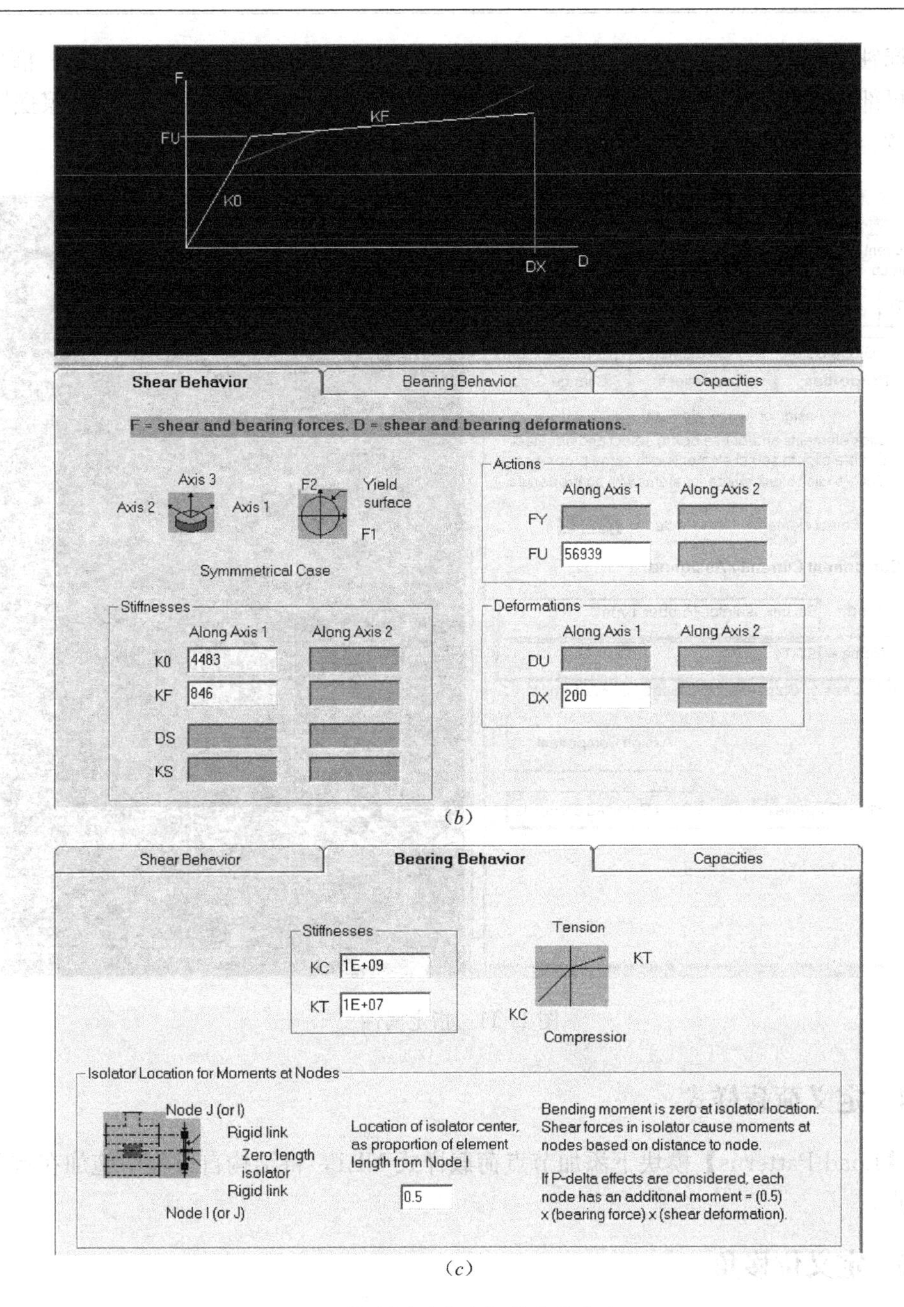

(*b*)

(*c*)

图 11-10 橡胶隔震支座组件参数定义（二）

(*b*) 剪切属性；(*c*) 轴向拉压属性

11.4.3 建立单元

在【Elements】模块下新建【Seismic Isolator】类型的隔震支座单元组 SI1，连接支座的上下节点（节点 1-33、2-34、3-35 及 4-36）完成隔震支座单元的建立，建立单元后在【Properties】选项卡中指定橡胶隔震支座组件属性 SIRT1，如图 11-11 所示；在【Orientations】模块下指定单元的局部坐标轴方向，如图 11-12 所示，本例橡胶隔震支座单元的局部坐标轴 Axis1、Axis2 及 Axis3 分别与全局坐标系下 H1、H2 及 V 轴平行。框架单元属性及局部坐标轴方向的定义与“摩擦摆隔震支座”一章一致，可参考“摩擦摆隔震支座”一章。

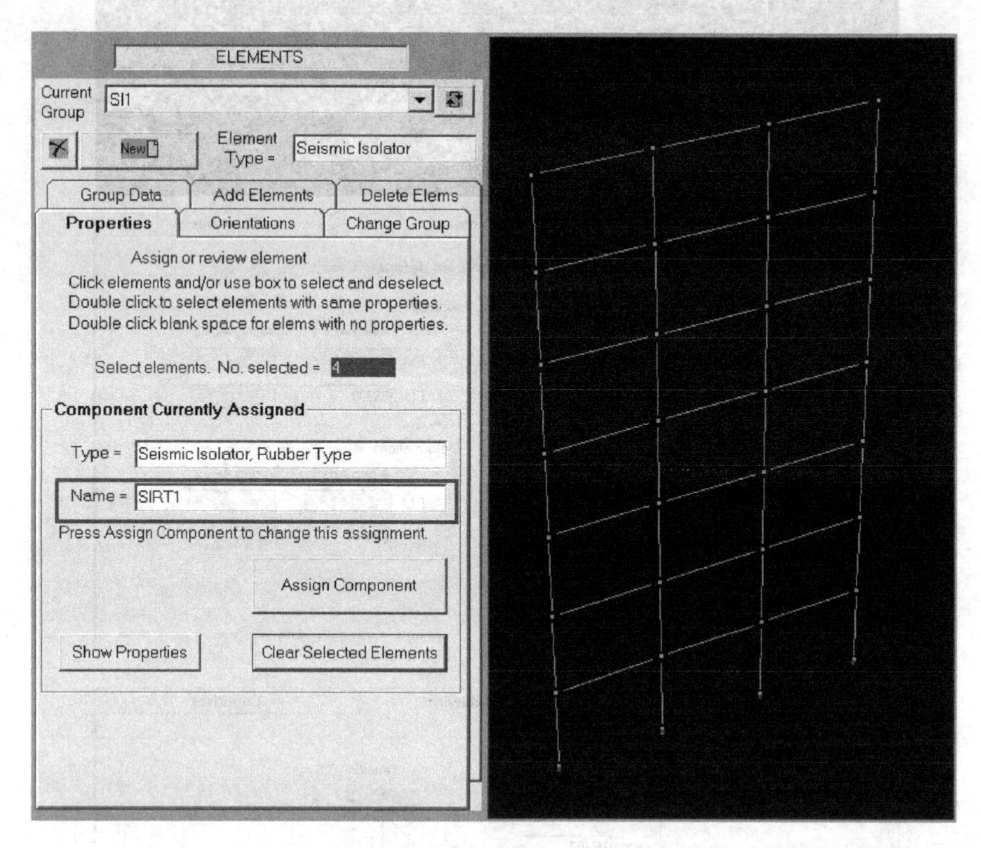

图 11-11　指定属性

11.4.4　定义荷载样式

在【Load Patterns】模块下添加节点荷载样式 NL1，将结构自重集中施加在首层柱的柱底节点。

11.4.5　定义位移角

在【Drifts and deflections】-【Drifts】下为各楼层定义层间位移角 DX1～DX7，用于提取结构层间位移角。另外在【Drifts and Defctions】-【Drifts】模块下新建结构的总体位移角 D，定义为节点 29 和节点 1 之间 H1 方向的位移比，用作地震加速度时程分析工况的参考位移角。

11.4.6　定义结构截面

在【Structure section】-【Define Sections】下，切割各层柱的柱底定义结构截面S1～S7，用于提取层间剪力；切割所有隔震单元的底节点定义一个结构截面 S0，用于提取隔震层剪力。

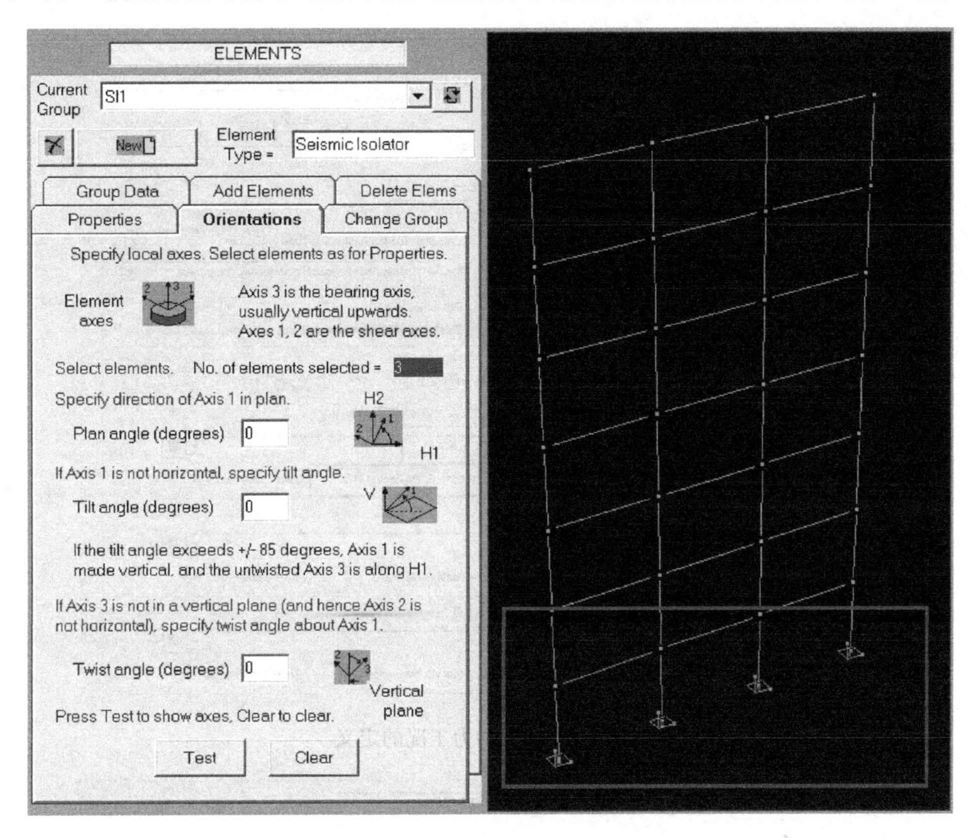

图 11-12　指定方向

11.5　分析阶段

11.5.1　定义重力工况

在分析阶段的【Set up load cases】模块下新建重力荷载工况 G，将荷载样式 NL1 添加到工况的荷载样式列表中，缩放系数取 1，用于施加结构自重。

11.5.2　定义地震时程工况

本例所选的地震加速度时程为"摩擦摆隔震支座"一章采用的地震加速度时程的 1.5 倍，因此在定义地震时程工况时，选择的加速度时程函数与"摩擦摆隔震支座"一章一致，但加速度的缩放系数（Acceln Scale Factor）填 1.5，如图 11-13 所示。

11.5.3　建立分析序列

在分析阶段的【Set up load cases】-【Run analyses】模块下新建分析序列 S，如图 11-14（*a*）所示，将重力荷载工况 G 和地震动力时程工况 DE1 依次添加到分析列表，如图 11-14（*b*）所示。

分析序列定义完成后，点击【GO】按钮运行分析。

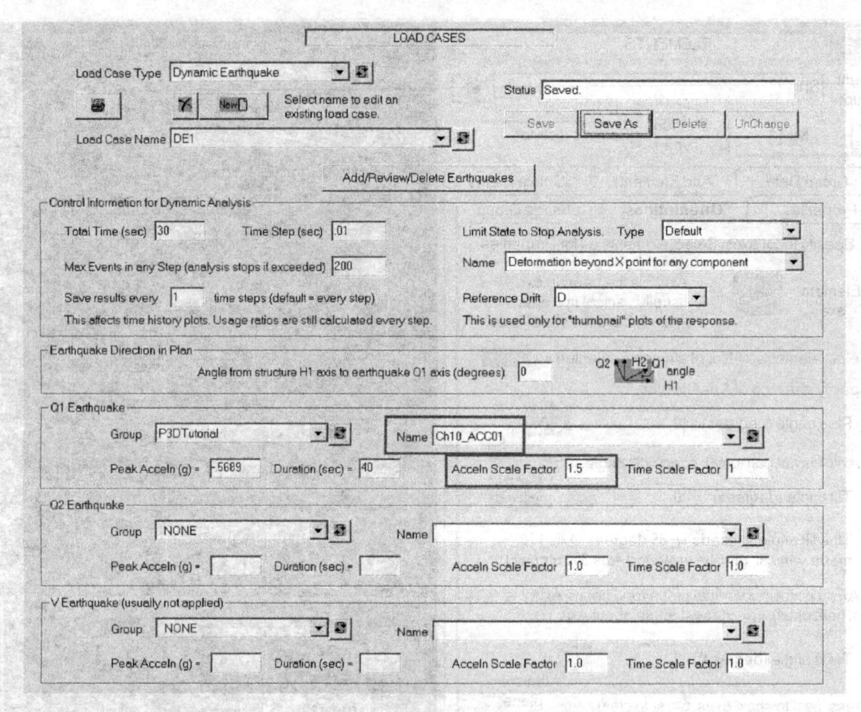

图 11-13　地震动力工况的定义

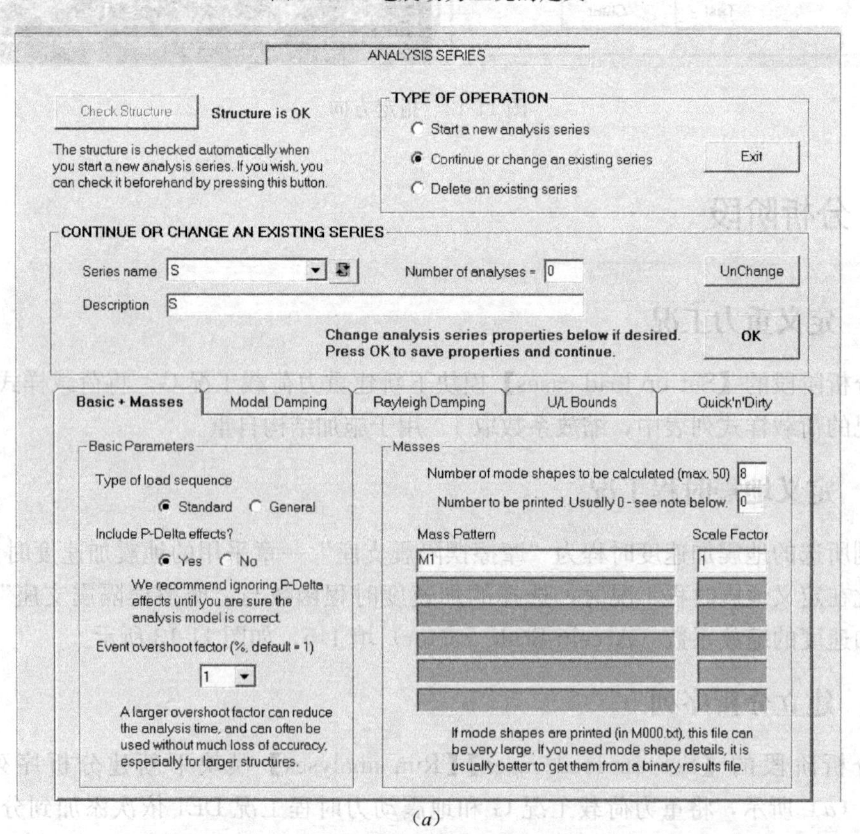

(*a*)

图 11-14　定义分析序列（一）

(*a*) 分析序列

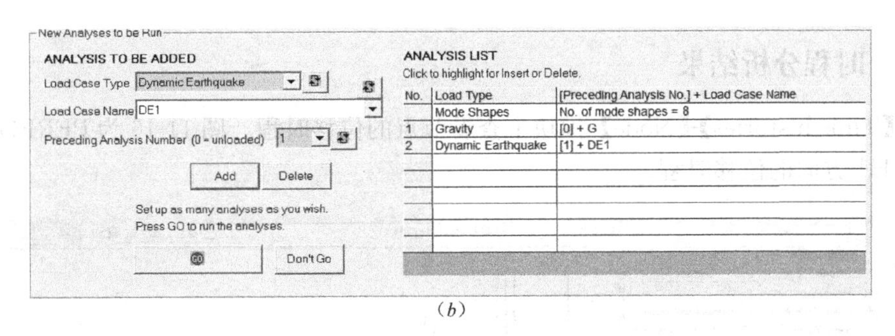

(*b*)

图 11-14 定义分析序列（二）

(*b*) 分析列表

11.6 分析结果

11.6.1 模态分析结果

图 11-15 为 PERFROM-3D 计算的结构前三阶模态的振型图。表 11-1 为 PERFORM-3D 与 SAP2000 计算的结构 8 阶振型的周期结果对比，可见两款软件的计算结果吻合。

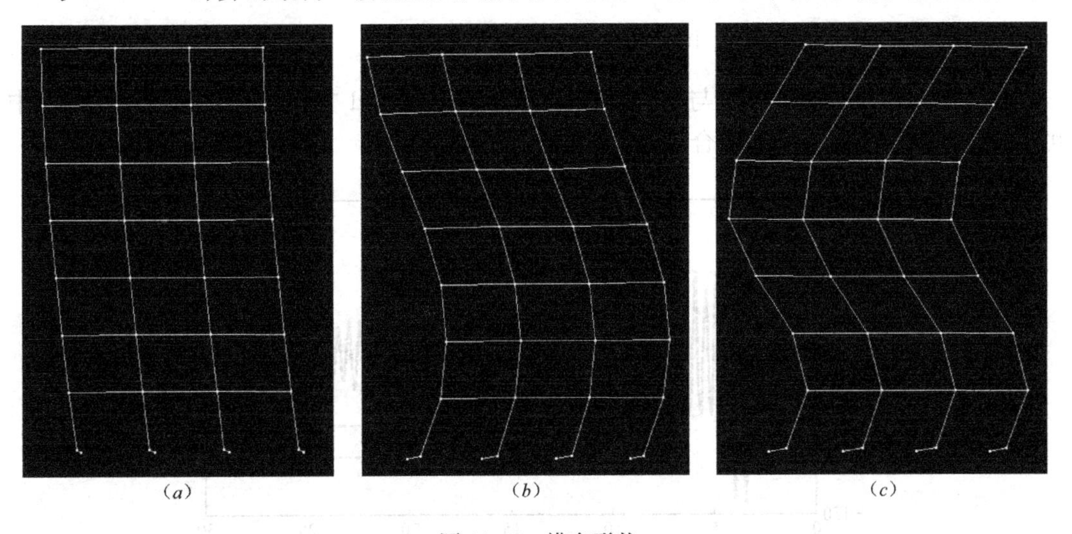

(*a*) (*b*) (*c*)

图 11-15 模态形状

(*a*) Model；(*b*) Mode2；(*c*) Mode3

周期结果对比（单位：s） **表 11-1**

振型	SAP2000	PERFORM-3D	相对偏差（%）
1	0.526	0.526	−0.10
2	0.175	0.175	−0.23
3	0.099	0.099	−0.40
4	0.067	0.065	−0.46
5	0.047	0.047	−0.42
6	0.039	0.039	0.00
7	0.037	0.037	−0.54
8	0.035	0.035	−0.03

11.6.2 时程分析结果

在【Time histories】-【Node】模块下查看节点的位移时程。图 11-16 为 PERFORM-3D 节点 30 H1 方向的位移时程。

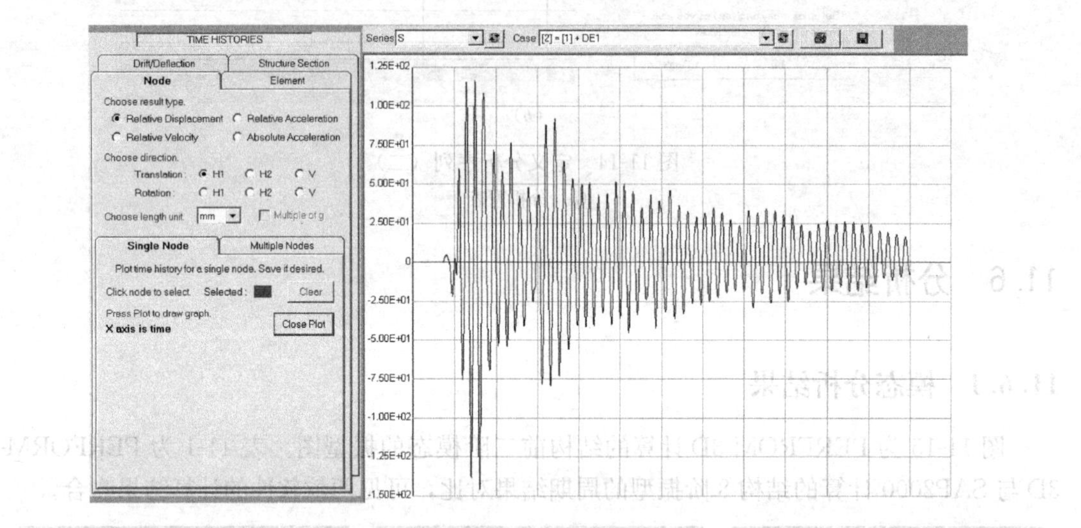

图 11-16　节点 30 位移时程对比

图 11-17 为 PERFRM-3D 与 SAP2000 计算的节点 30 H1 方向位移时程对比，从图中可以看出，两软件计算结果吻合较好。

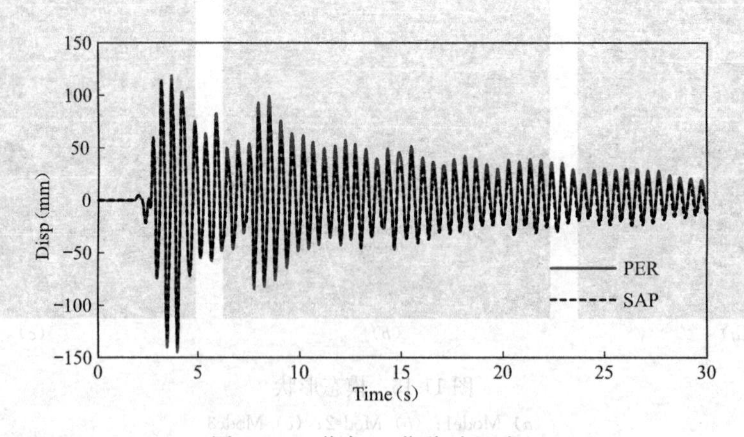

图 11-17　节点 30 位移时程对比

11.6.3 橡胶隔震支座滞回性能

在【Hysteresis loops】模块下查看橡胶隔震支座的滞回性能，并导出滞回曲线数据。图 11-18 为 PERFORM-3D 与 SAP2000 计算的隔震支座（连接节点 3 与 35）H1 方向的剪切力-剪切形滞回曲线对比。从图 11-18 可见，两软件分析结果吻合较好。

11.6.4 隔震与非隔震结构整体响应

为验证隔震效果，将设置隔震支座与无隔震支座结构在地震作用下的宏观响应进行对

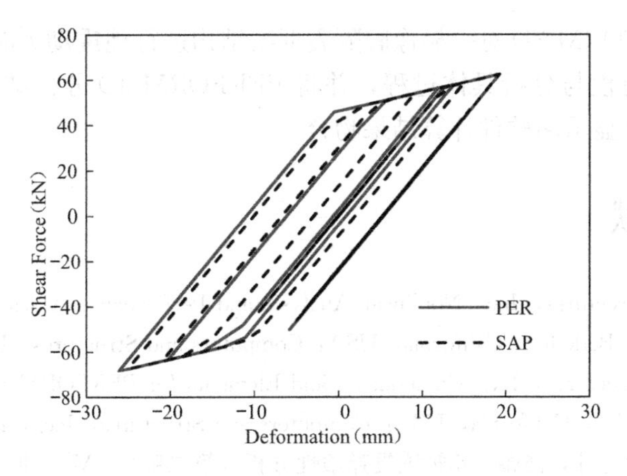

图 11-18 隔震支座滞回性能对比

比。在分析阶段的【Time histories】模块下查看位移角（Drift）和结构截面（Structure Section）的时程分析结果，并将结果输出，处理成需要的图表。图 11-19 给出了隔震结构和非隔震结构层间位移角及层间剪力结果的对比。由图 11-19 可见，设置橡胶隔震支座后，结构的层间位移角和层间剪力整体上都有一定程度的减小。

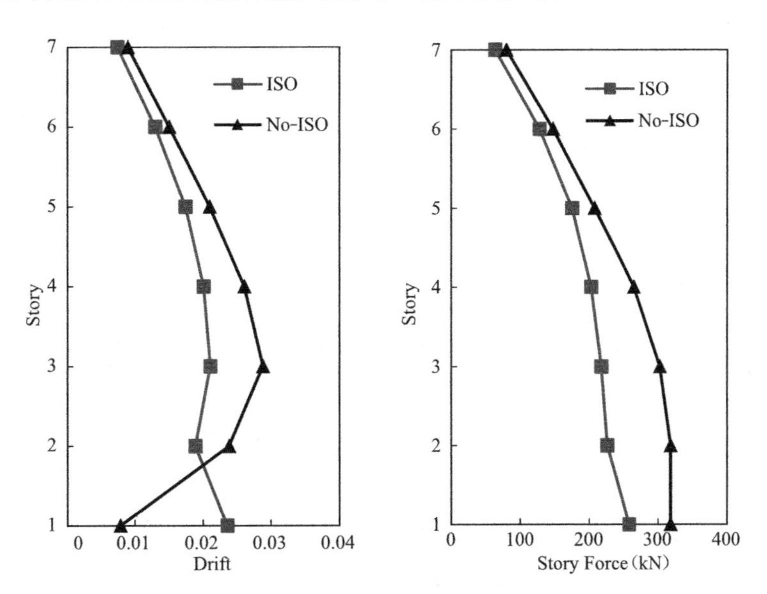

图 11-19 隔震结构与非隔震结构整体指标对比

(*a*) 层间位移角；(*b*) 层间剪力

11.7 本章小结

本章主要介绍了以下内容：

（1）常用橡胶隔震支座的基本属性与受力性能；

（2）常用的橡胶隔震支座的分析模型；

（3）PERFORM-3D 橡胶隔震支座组件的基本属性；

（4）采用 PERFORM-3D 对一榀橡胶隔震框架结构进行地震动力时程分析，介绍了橡胶隔震框架结构的建模与分析具体过程，并将 PERFORM-3D 分析结果与 SAP2000 分析结果进行对比，结果显示两软件计算结果吻合。

11.8 参考文献

［1］ Computers and Structures，Inc. Nonlinear Analysis and Performance Assessment for 3D Structures User Guide［M］. Berkeley，California，USA：Computers and Structures，Inc，2006.

［2］ Computers and Structures，Inc. Components and Elements for PERFORM-3D and PERFORM-Collapse［M］. Berkeley，California，USA：Computers and Structures，Inc.，2006.

［3］ 陆新征，蒋庆，缪志伟，潘鹏. 建筑抗震弹塑性分析（第二版）［M］. 北京：中国建筑工业出版社，2015.

［4］ Computers and Structures，Inc. CSI Analysis Reference Manual for SAP2000，ETABS，SAFE and CsiBridge［R］. Computers and Structures，Inc，2011.

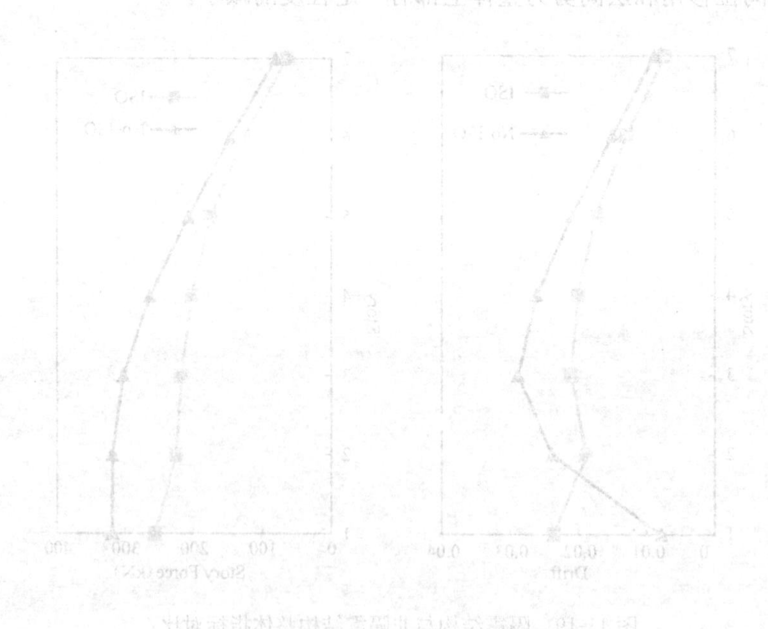

12 缝-钩单元

12.1 引言

结构设计中有一条概念为"强节点弱构件"，指的是构件之间的节点连接应设计得比构件本身强，使得连接的破坏晚于构件本身的破坏。然而在实际工程中，存在一些情况，连接部位反而不宜做刚做强，比如当连廊本身的刚度较弱时连廊与主体塔楼结构间的连接设计。这种情况下，即使将连廊与主体结构的连接做成刚性，连廊本身也不能起到协调两塔楼变形的作用，反而设置刚性连接后，连廊及连接节点处的受力变得更加复杂，不利于连廊与连接节点的设计[1]。这时可考虑将连廊与塔楼之间做成滑动连接的形式，并设置必要的限复位装置，减少连廊受力的同时又将变形控制在合理的范围内。滑动连接即允许连廊与塔楼的连接节点处有一定的自由变形范围，当连廊与塔楼的相对变形在该自由变形范围内时，连接不受力，当连廊与塔楼相向变形超过自由变形范围时，连接处受压力，当连廊与塔楼背向变形超过自由变形范围时，连接处受拉力。连接处的受拉性能，类似于一对钩子，当钩闭合时受拉；连接处的受压性能，类似于一道缝，当缝闭合时受压。PERFORM-3D[2,3]中的缝-钩单元（Nonlinear Elastic Gap-Hook Bar）即是对这种受力行为的抽象。

12.2 PERFORM-3D 中的缝-钩单元

PERFORM-3D 中的缝-钩单元是一种一维杆单元，由一个非线性弹性缝-钩组件（Nonlinear Elastic Gap-Hook Bar Component）构成，缝-钩组件可在【Component properties】-【Elastic】-【Nonlinear Elastic Gap-Hook Bar】下定义。图 12-1 为 PERFORM-3D 缝-钩组件的基本 F-D 关系示意图，图中 F 为缝-钩组件的轴力，D 为缝-钩组件两端节点的相对变形，G_{Neg} 和 G_{Pos} 分别为受压和受拉的自由变形范围，在该变形范围内单元的抗压和抗拉刚度为 0，且单元不受力，K_{Neg} 和 K_{Pos} 分别为两端节点的受压和受拉相对变形超出自由变形范围后的受压、受拉刚度。

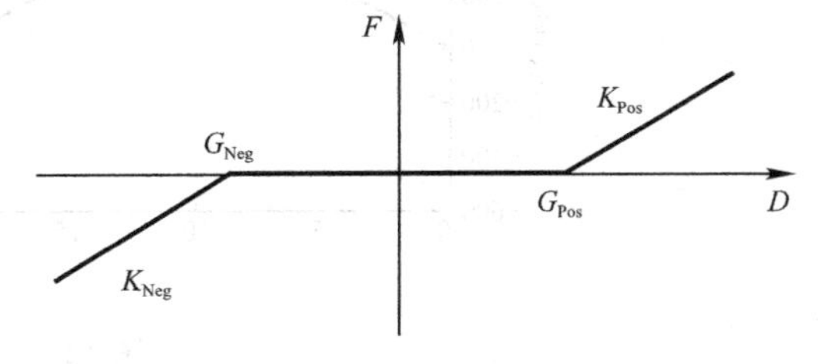

图 12-1 PERFORM-3D 缝-钩单元的 F-D 关系

12.3 算例简介

图 12-2 为本章算例结构的模型示意，结构原型取自本书第 2 章中的算例，并做了调整。算例结构包括一榀七层、两跨的钢框架与一榀四层、两跨的钢框架组成，两框架由一

个缝-钩单元在四层楼面处相连，模型的几何信息如图 12-2 所示，模型的框架构件截面属性与第 2 章中的算例一致，可参考第 2 章的相关章节。缝-钩单元的参数为：$G_{Neg}=10mm$，$G_{Pos}=10mm$，$K_{Neg}=300000N/mm$，$K_{Pos}=100000N/mm$。

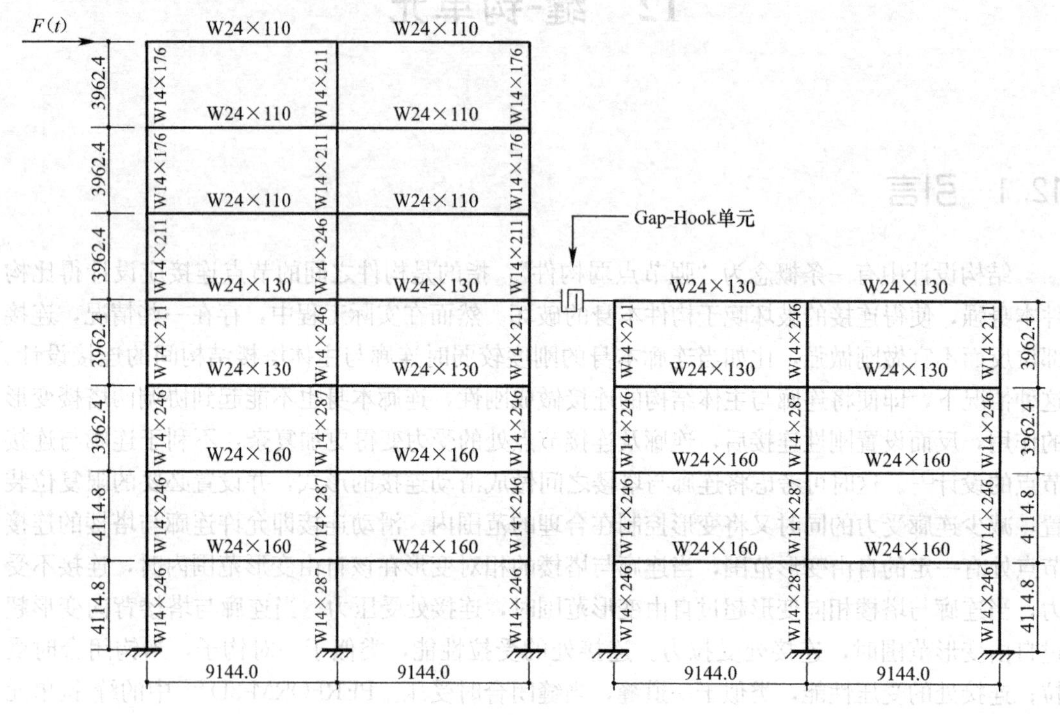

图 12-2 算例模型

分析在全局坐标系 H1-V 平面内进行，各框架独自采用刚性楼板假定，梁柱构件为弹性，在七层钢框架的顶部施加图 12-3 所示的节点力时程，进行动力时程分析，探讨该荷载作用下两榀框架的受力及变形特征，以及两榀框架之间的相互作用。

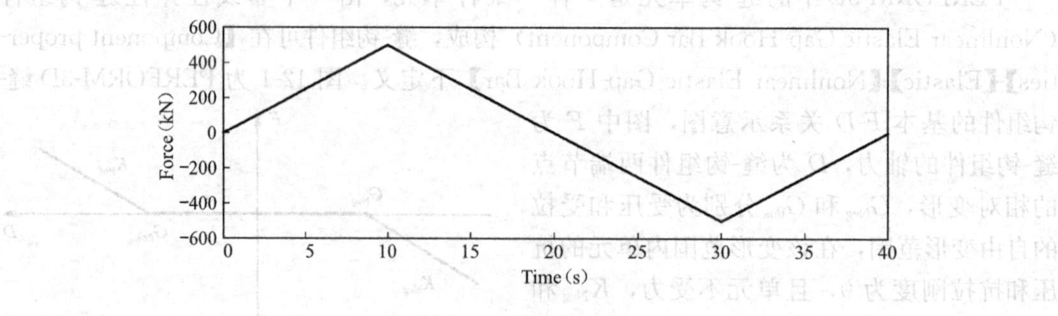

图 12-3 节点力时程

12.4 建模阶段

本算例模型借鉴了第 2 章入门算例的模型，建模过程可参考第 2 章入门算例相关步骤，这里主要介绍 Gap-Hook 组件及 Gap-Hook 单元的定义、节点荷载样式的定义、位移角的定义，其他相关信息可查看本章的模型。

12.4.1　Gap-Hook 组件

在建模阶段的【Component properties】-【Elastic】-【Nonlinear Elastic Gap-Hook Bar】下添加缝-钩组件 NEGHB1，参数设置如图 12-4 所示。

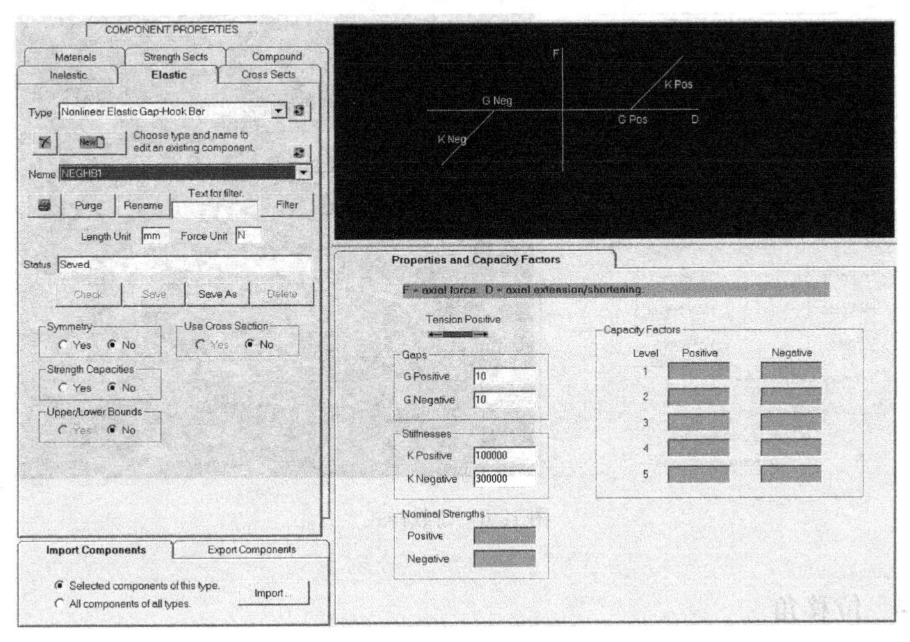

图 12-4　定义 Gap-Hook 组件

12.4.2　Gap-Hook 单元

在【Elements】下新建【Simple Bar】类型的单元组 GH1，根据图 12-2，在两框架的第四层添加 Gap-Hook 单元，并为之指定属性 NEGHB1。由于 Gap-Hook 单元为二节点杆单元，因此无需指定局部坐标轴方向。指定单元属性后模型如图 12-5 所示。

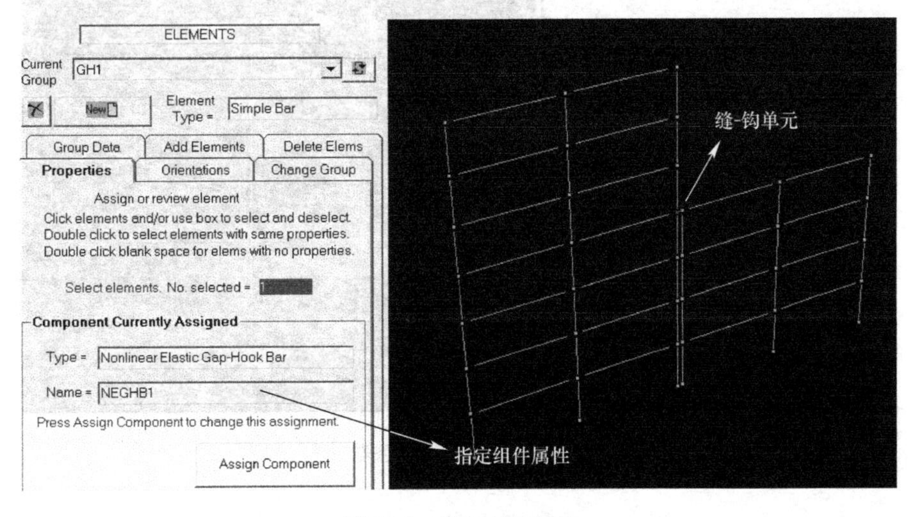

图 12-5　指定单元属性

12.4.3 荷载样式

在【Load patterns】-【Nodal Loads】下添加节点荷载模式 NL1，在框架顶层的边节点施加 H1 方向单位力，用于施加水平荷载，如图 12-6 所示。

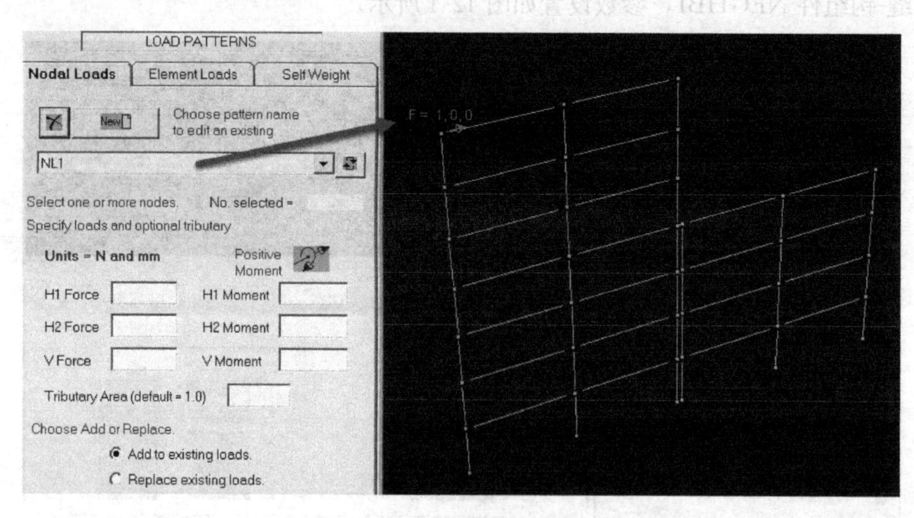

图 12-6 荷载样式

12.4.4 位移角

在【Drifts and Deflections】-【Drifts】模块下新建位移角 D，如图 12-7 所示，用作动力时程分析的参考位移角。

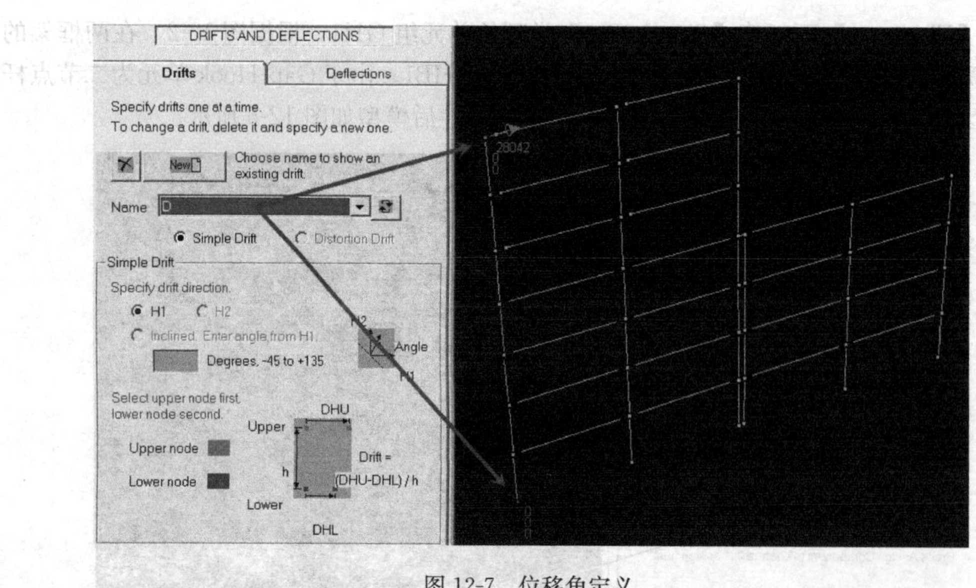

图 12-7 位移角定义

12.5 分析阶段

12.5.1 动力荷载工况

（1）在【Set up load cases】下添加【Dynamic Force】类型的动力荷载工况 DF1，点击按钮【Add/Review/Delete Force Records】建立力时程函数，将图 12-3 所示的节点力时程导入，并命名为 Ch12 _ DF01，如图 12-8 所示。

（2）返回荷载工况定义界面，设置工况分析参数，如图 12-9 所示，参数设置完成后，点击【Save】按钮，完成工况定义。

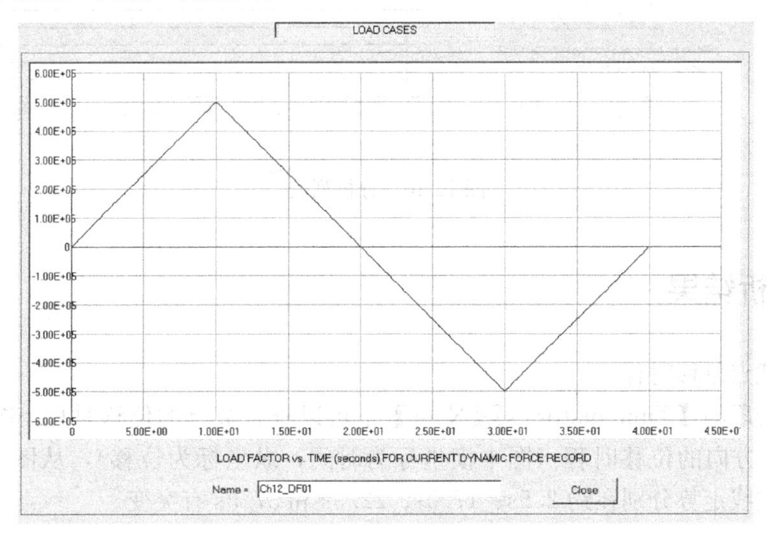

图 12-8 动力荷载时程

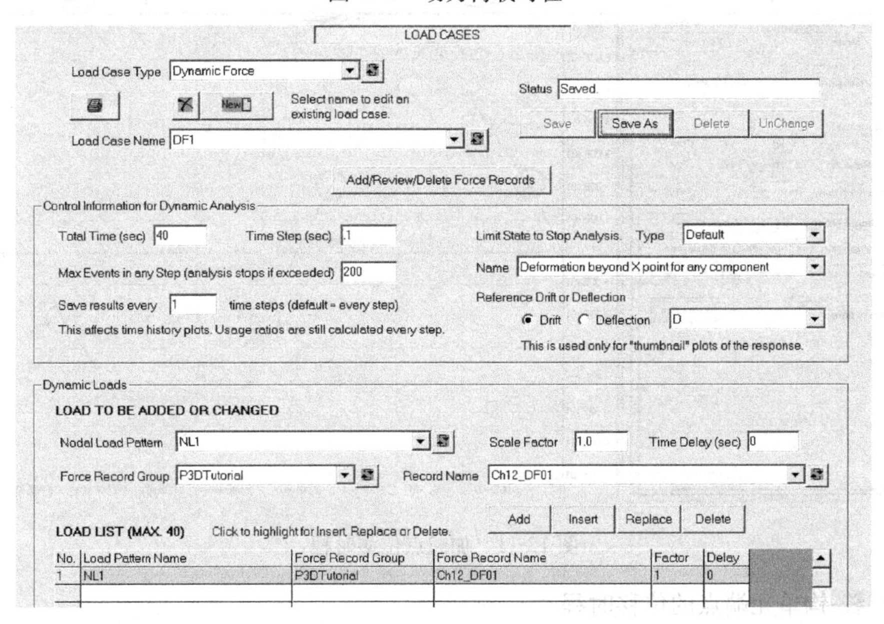

图 12-9 定义分析参数

12.5.2 分析序列

分析工况定义完成后，在分析阶段的【Run Analysis】模块下新建分析序列 S，并为分析序列添加分析列表（Analysis List），本例只有一个动力荷载工况 DF1，将 DF1 添加到分析列表，如图 12-10 所示。分析序列定义完后，点击【GO】按钮运行分析。

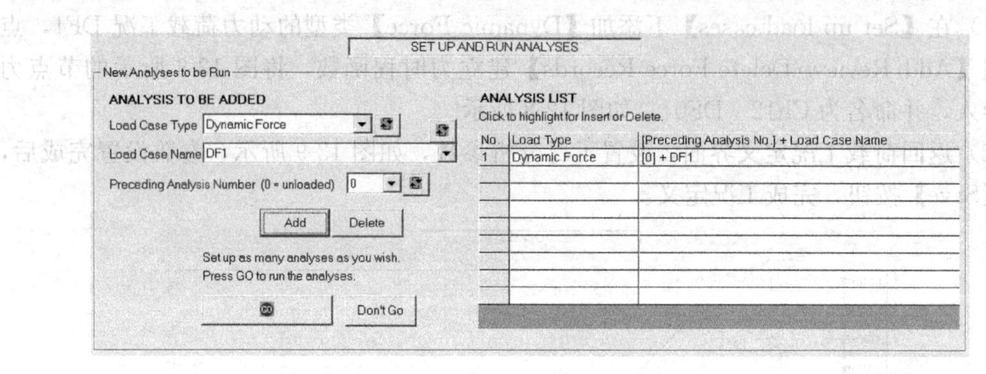

图 12-10　分析列表

12.6 分析结果

（1）加载点位移时程

在分析阶段的【Time histories】-【Node】下可以查看节点的位移时程。图 12-11 所示为加载点 H1 方向的位移时程（图中横坐标为时间，纵坐标为位移），从图中可以看出，加载点位移曲线走势分别在约 2.5s、17.5s、22.5s 和 37.5s 有突变。

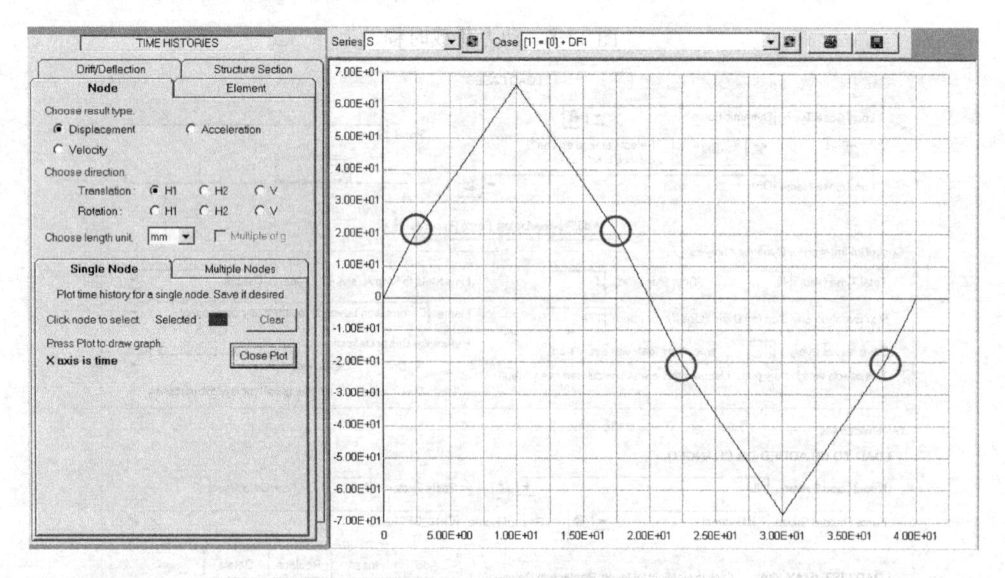

图 12-11　加载点位移时程

（2）缝-钩单元端点的位移时程

图 12-12 所示为连接缝-钩单元两端节点的位移时程。从图中可以看出，7 层框架一边

的缝-钩单元节点的位移时程曲线在2.5s、17.5s、22.5s和37.5s附近有突变，而4层框架一边的缝-钩单元节点正是在上述几个时间点上开始产生位移或位移减小为零，表明在上述时间点处，缝-钩单元节点之间的相对位移达到了单元的自由变形限值，缝-钩单元开始（2.5s和22.5s处）或结束（17.5s和37.5s处）受力，亦即两榀框架之间开始（2.5s和22.5s处）或结束（17.5s和37.5s处）相互作用。

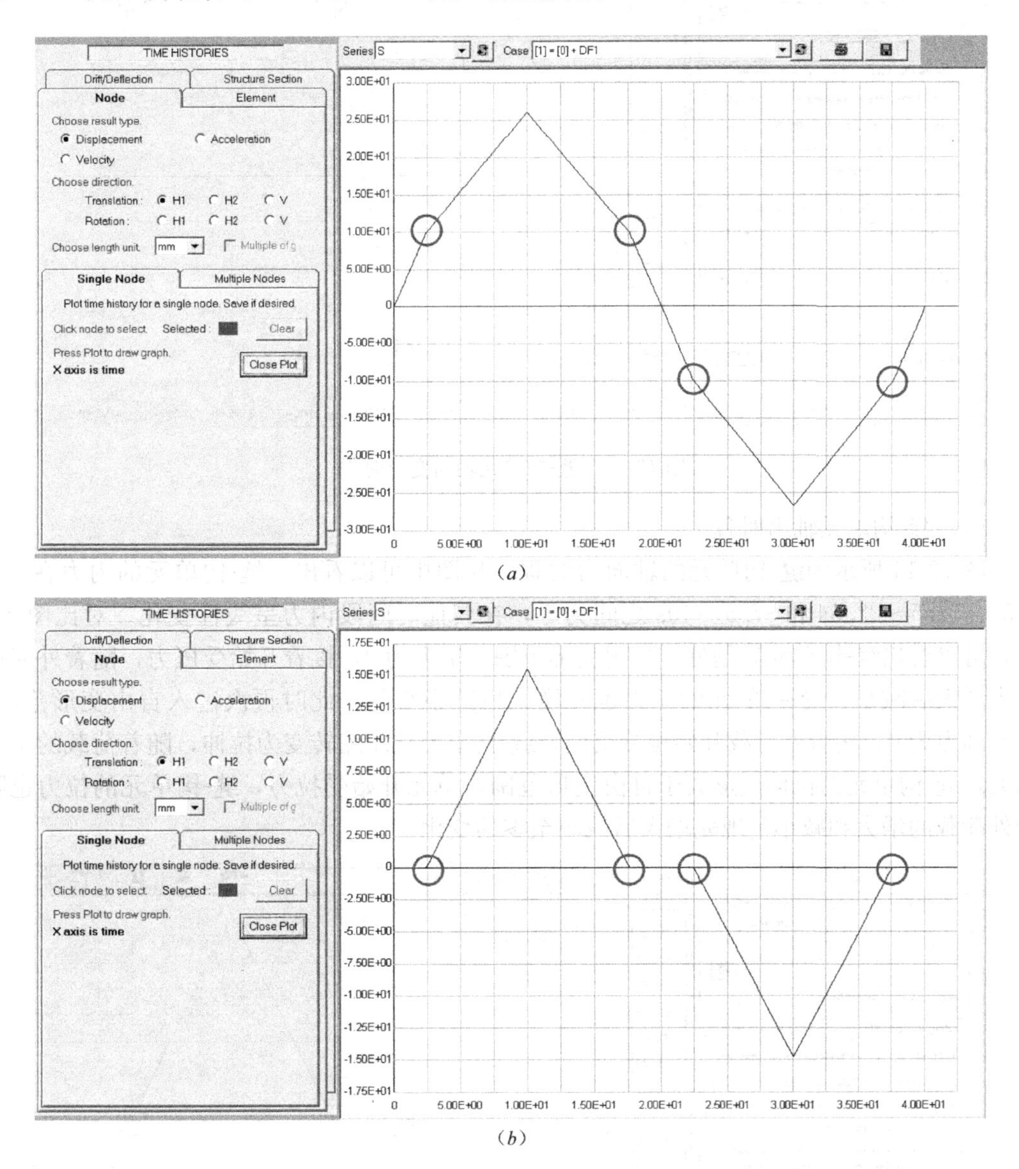

(*a*)

(*b*)

图 12-12 缝-钩单元连接端点位移时程

(*a*) 7层框架缝-钩单元端点位移时程；(*b*) 4层框架缝-钩单元端点位移时程

(3) 缝-钩单元轴向变形时程

在【Time histories】-【Element】下可以查看缝-钩单元的内力与变形结果。图12-13所示为缝-钩单元的轴向变形时程，从图中可以看出，缝-钩单元轴向变形时程曲线在前述几个时间点上有突变，且变形突变处对应的变形值正是缝-钩组件的自由变形值（±10mm）。超出自由变形限值（±10mm）之后，缝-钩单元的变形速率突然减小，说明缝-钩单元由自由变形阶段进入弹性变形阶段，开始参与受力，两个框架结构开始相互作用。

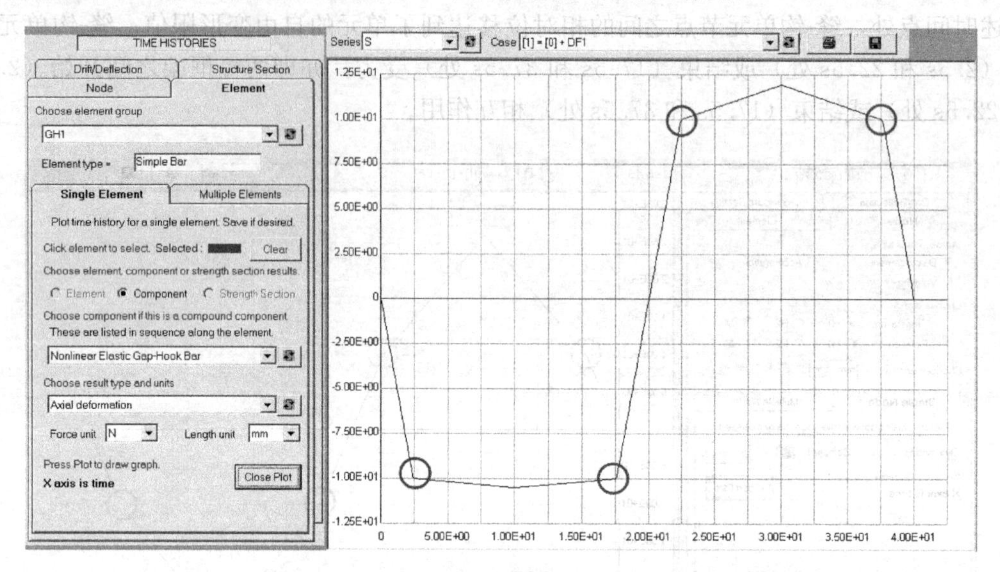

图 12-13　缝-钩单元轴向变形时程

（4）缝-钩单元轴力时程

图 12-14 所示为缝-钩单元的轴向力时程，从图中可以看出，缝-钩单元的内力在 0～2.5s、17.5～22.5s 和 37.5～40s 之间为零，在其他时间段内力呈线性变化。对比图 12-13，可以看出缝-钩单元先是处于自由变形范围，轴力为 0，接着开始受压力，随着外荷载的先增大后减小，缝-钩单元的压力也先增大后减小至零，此时再次进入自由变形范围，单元轴力为 0；接着外荷载开始慢慢反向，缝-钩单元从压缩转变为拉伸，随着荷载的不断加大，缝-钩单元的拉伸变形大于自由变形范围，单元开始受拉力，缝-钩单元的拉力也随着外荷载的增大和减小呈现先增大后减小至零的变化。

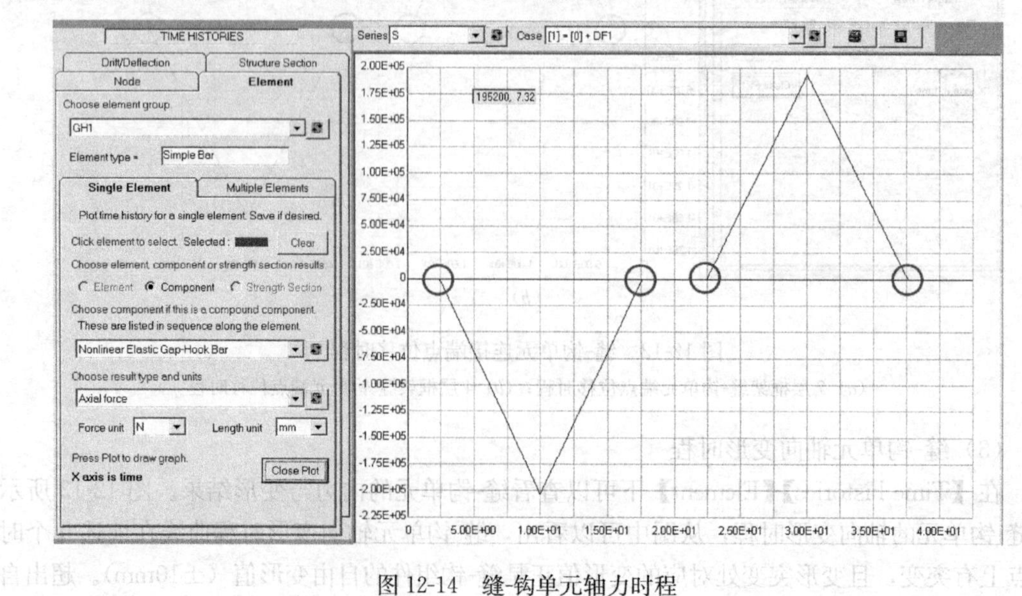

图 12-14　缝-钩单元轴力时程

12.7 本章小结

本章主要介绍了以下内容：

（1）缝-钩单元的基本概念和受力特点；

（2）PERFORM-3D 中缝-钩单元的基本属性；

（3）通过对由缝-钩单元连接的两榀框架进行动力荷载时程分析，介绍了 PERFORM-3D 中缝-钩单元的应用。

12.8 参考文献

[1] 陈伟军，刘永添，苏艳桃. 带连廊高层建筑连接方式设计研究 [J]. 建筑结构学报. 2009，s1：73-76+120

[2] Computers and Structures，Inc. Nonlinear Analysis and Performance Assessment for 3D Structures User Guide [M]. Berkeley，California，USA：Computers and Structures，Inc，2006.

[3] Computers and Structures，Inc. Components and Elements for PERFORM-3D and PERFORM-Collapse [M]. Berkeley，California，USA：Computers and Structures，Inc.，2006.

13　变形监测单元

13.1　变形监测单元介绍

作为一款结构抗震性能评估软件，PERFORM-3D可以计算和输出各种非线性单元的变形需求-能力比。但对于某些单元，可能存在应变集中，以至于求出的需求/能力比非常大，如果是局部应变集中，以这些单元的需求-能力比作为性能评估的依据就会过于保守。为此，PERFORM-3D提供了一类特殊单元，即变形监测单元（Deformation Gage Element）[1,2]，该类单元不参与有限元的计算，仅用于监测多个单元的平均变形。变形监测单元具有变形能力属性，使得变形监测单元可以像其他单元一样，通过在建模阶段的【Limit States】模块定义基于变形监测单元的变形极限状态，PERFORM-3D可计算和输出基于变形监测单元的平均变形计算的需求-能力比。

PERFORM-3D总共提供了四种变形监测单元，包括轴向应变监测（Axial Strain Gage）单元、梁转角监测（Rotation Gage Beam Type）单元、墙转角监测（Rotation Gage Wall Type）单元、剪切应变监测（Shear Strain Gage）单元。每一种变形监测单元均由相应的变形监测组件组成，所有变形监测组件均在建模阶段的【Component properties】-【Elastic】模块下定义。

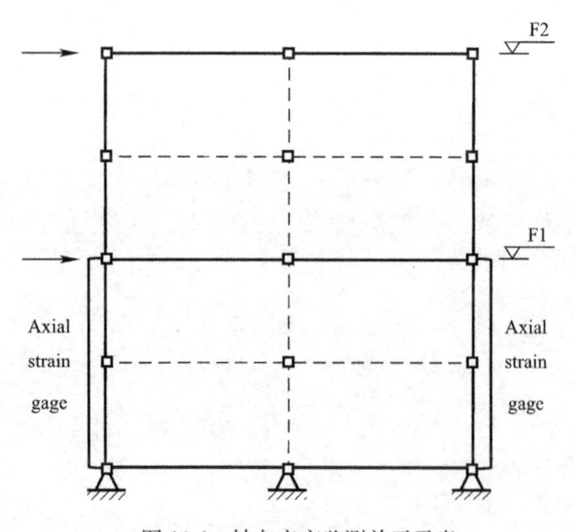

图13-1　轴向应变监测单元示意

13.1.1　轴向应变监测（Axial Strain Gage）单元

Axial Strain Gage单元有两个节点，用于监测两结点间多个单元的平均轴向应变。如图13-1所示，如果每层剪力墙用2×2甚至多个单元模拟，则通过设置跨越多个剪力墙单元的Axial Strain Gage单元，获得底层墙边纤维的平均轴向应变。

13.1.2　梁转角监测（Rotation Gage Beam Type）单元

Rotation Gage Beam Type单元有两个节点，用于监测两节点间多个梁单元的总转角。例如，若采用多个非线性梁单元（如纤维截面梁）模拟梁构件的塑性区，则可以在整个塑性区内沿梁轴线布置一个梁转角监测单元，通过该监测单元可以得到塑性区的总转角，如图13-2所示。

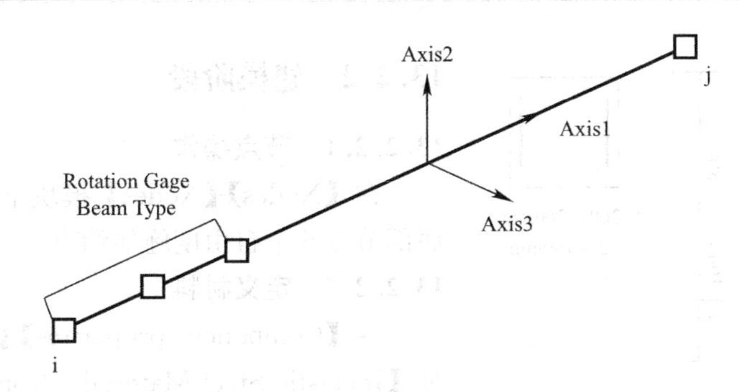

图 13-2 梁转角监测单元示意

13.1.3 墙转角监测（Rotation Gage Wall Type）单元

Rotation Gage Wall Type 单元有四个节点，用于监测四个节点所围成的区域内所有墙单元的整体转角，如图 13-3 所示。

13.1.4 剪应变监测（Shear Strain Gage）单元

Shear Strain Gage 单元有四个节点，用于监测四个节点所围成的区域的整体剪应变，如图 13-4 所示。

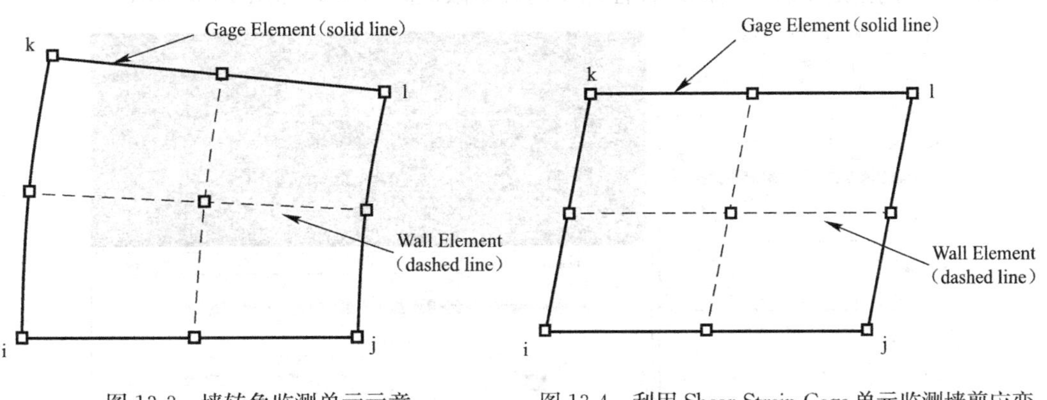

图 13-3 墙转角监测单元示意　　图 13-4 利用 Shear Strain Gage 单元监测墙剪应变

13.2 算例1：梁转角监测（Rotation Gage Beam Type）单元应用

13.2.1 算例简介

图 13-5 所示为本节算例的基本信息。算例模型为一矩形截面钢筋混凝土悬臂梁，梁长 1000mm，梁截面尺寸为 200mm×200mm，梁截面顶部配筋面积和底部配筋面积均为 79mm^2；混凝土的弹性模量为 32500MPa，轴心抗压强度为 26.8MPa；钢筋的屈服强度为 400MPa，应变强化系数为 0.01。假定梁的塑性区长度为 200mm，梁的塑性区采用两个非线性纤维梁单元进行模拟，在梁顶施加 20mm 的位移，采用 PERFORM-3D 中的梁转角监测单元，计算在该位移作用下梁端塑性区的平均转角。

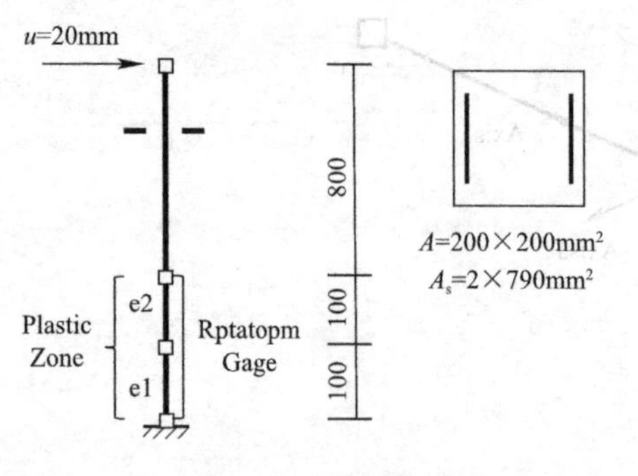

图 13-5 算例信息

13.2.2 建模阶段

13.2.2.1 节点操作

在【Nodes】-【Nodes】模块下添加节点，对梁底部节点 6 个自由度施加约束。

13.2.2.2 定义材料

在【Component properites】-【Materials】下添加【Inelastic Steel Material，Non-Buckling】类型的钢筋材料 ISMNB_1 和【Inelastic 1D Concrete Material】类型的混凝土材料 ICM_1，材料参数按 13.2.1 节定义。

13.2.2.3 定义支座弹簧组件

在【Component properites】-【Elastic】下添加【Support Spring】类型的弹簧组件 SS1，激活弹簧 Axis1 方向的自由度，并指定一个较大的刚度值，本例取为 1E+20N/mm。该弹簧用于施加顶部位移。

13.2.2.4 定义转角监测组件

在【Component properites】-【Elastic】下新建【Rotation Gage，Beam Type】类型的梁转角监测组件 RGBT1，该组件没有力学属性，只需定义其变形能力（Deformation Capacities），本例指定梁转角监测组件性能 1 的转角限值为 0.05，如图 13-6 所示。

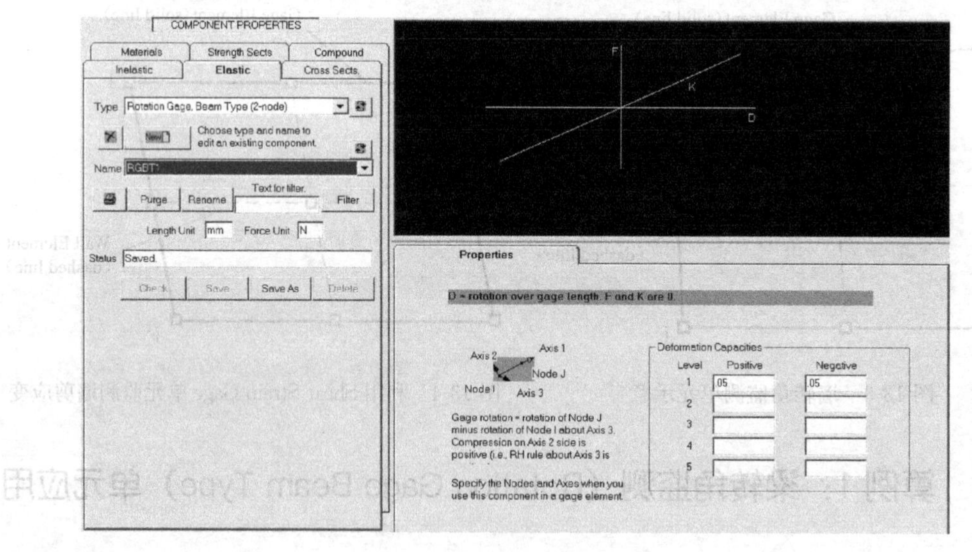

图 13-6 定义梁转角监测组件属性

13.2.2.5 定义截面组件

在【Component properites】-【Cross sects】下添加【Beam，Reinforced Concrete Section】类型的弹性截面 BRCS1，添加【Beam，Inelastic Fiber Section】类型的纤维截面 BIFS1。

13.2.2.6 定义复合组件

在【Component properites】-【Compound】下添加【Frame Member Compound Component】类型的复合组件 FMCC1，FMCC1 组件由一个纤维截面组件 BIFS1 组成，用于模拟梁段塑性区的模拟；添加复合组件 FMCC2，FMCC2 由一个弹性梁截面组件 BRCS1 组成，用于梁非塑性区段的模拟。

13.2.2.7 建立单元

（1）在【Elements】下新建【Beam】类型的单元组B1，根据图13-5，在梁塑性区范围内建立两个单元，并指定单元的复合组件属性为FMCC1；新建单元组B2，在梁非塑性区建立一个单元，并指定单元的复合组件属性为FMCC2；指定所有梁单元的局部Axis2轴沿全局坐标系H1轴负向。图13-7为塑性区梁单元的组件属性指定界面。

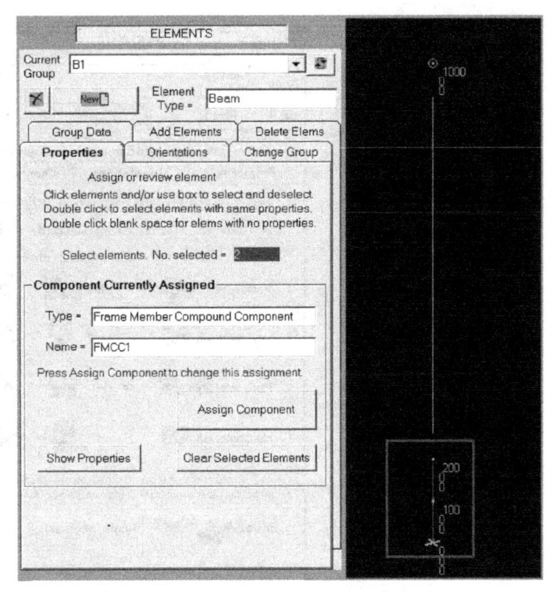

图13-7 塑性区梁单元属性

（2）在【Elements】下新建【Support Spring】类型的单元组SS，在位移加载点处建立支座弹簧（Support Spring）单元，并指定单元的组件属性为SS1，指定单元的局部Axis1轴沿全局坐标系的H1轴方向。

（3）在【Elements】下新建【Deformation Gage】类型的变形监测单元组DG1，监测类型（Gage Type）设置为【Beam type，rotation】，如图13-8（*a*）所示；在【Add Elements】面板中选择【Series】的操作方式，在模型显示窗口中连接塑性区两端点建立一个梁转角监测单元（转角监测单元与塑性区纤维梁单元重合），如图13-8（*b*）所示；指定梁转角监测单元的局部Axis2轴沿全局坐标系H1轴负向，与梁单元的局部坐标轴方向一致，如图13-8（*c*）所示；指定Gage单元的属性为RGBT1，如图13-8（*d*）所示。

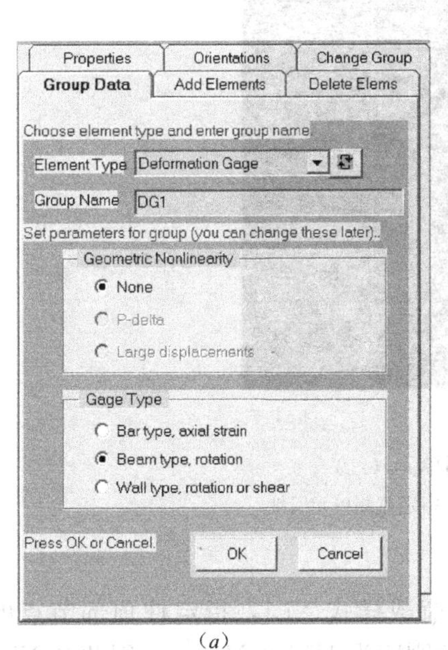

（*a*）

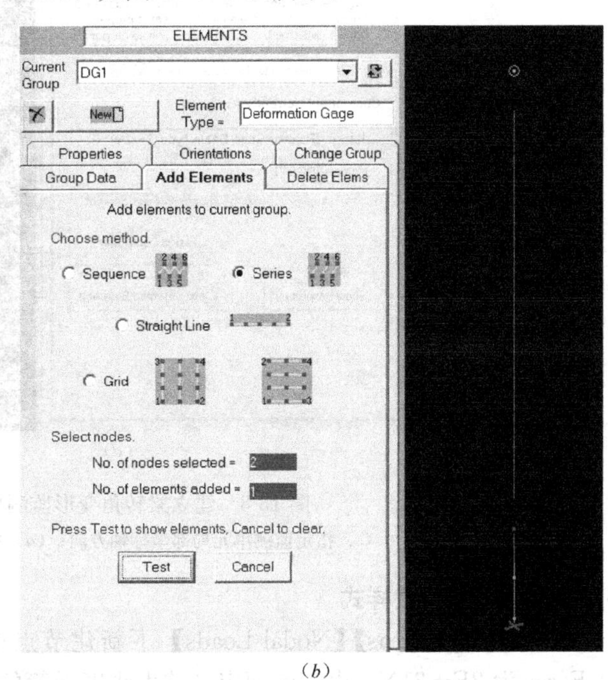

（*b*）

图13-8 建立梁转角变形监测单元（一）

（*a*）控制参数；（*b*）建立监测单元

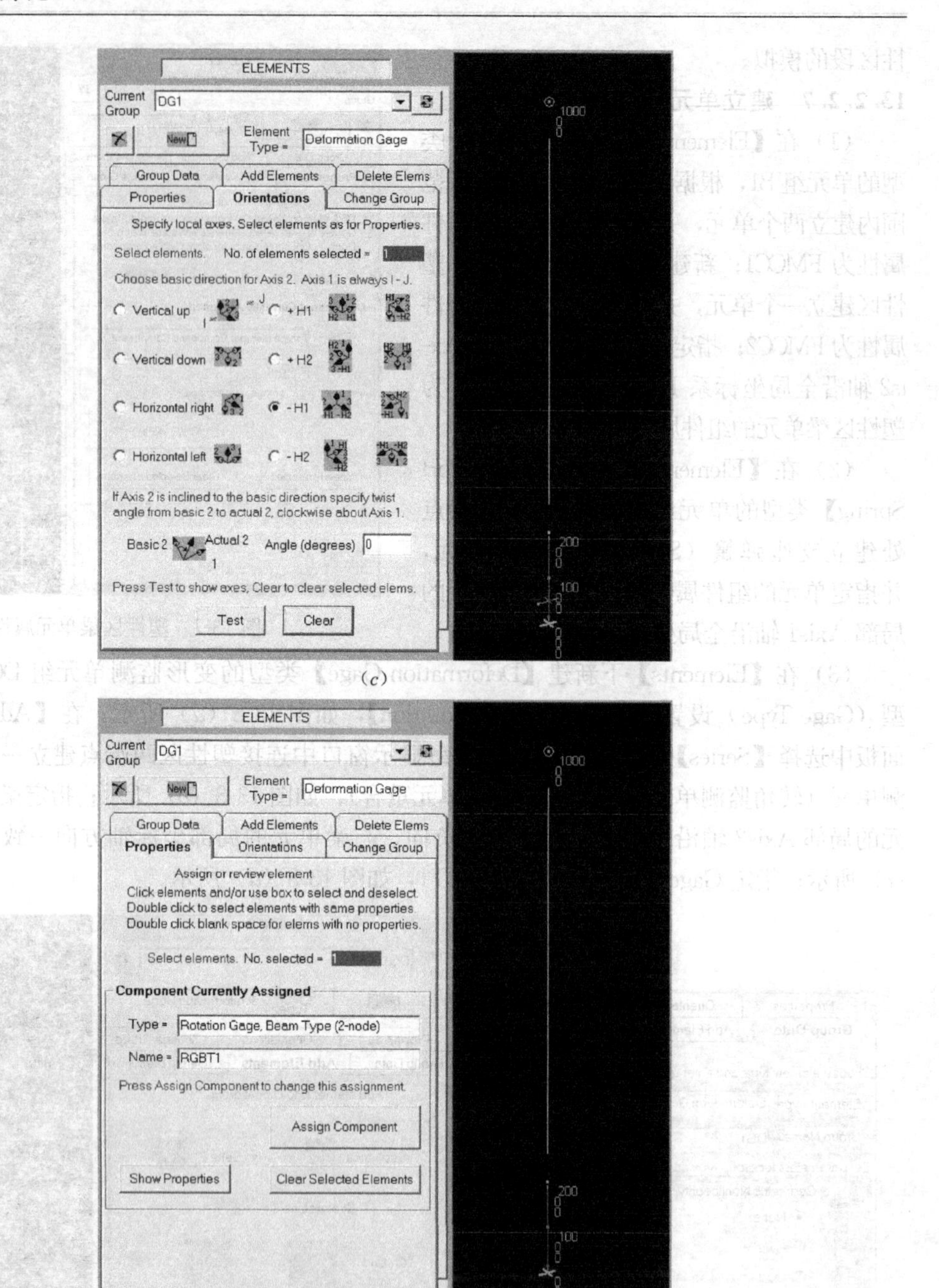

(*d*)

图 13-8　建立梁转角变形监测单元（二）

（*c*）指定监测单元局部坐标轴方向；（*d*）指定监测单元属性

13.2.2.8　定义荷载样式

在【Load patterns】-【Nodal Loads】下新建节点荷载样式 NL1，指定柱顶部节点的 H1 Force 为 2E+21N。由于前面定义的大刚度弹簧的刚度为 1E+20N/mm，因此在 NL1 作用下，梁顶点产生的位移将近似为 20mm。

13.2.3 分析阶段

13.2.3.1 定义荷载工况

在分析阶段的【Set up load cases】下新建【Gravity】类型的荷载工况G1，将节点荷载样式NL1添加到工况的荷载样式列表中，缩放系数取1.0。

13.2.3.2 定义分析序列

在【Run analyses】下新建分析序列S，将荷载工况G1添加到分析列表中。分析序列定义完成后，点击【GO】运行分析。

13.2.4 分析结果

（1）进入【Time histories】的【Element】选项卡，获得塑性区内两个梁单元e1和e2的曲率，曲率乘以长度可以获得单元的转角。单元e1的转角为0.000162×100=0.0162rad，单元e2的转角为0.000051×100=0.0051rad，则塑性区的总转角为0.0162+0.0051=0.0213rad；

（2）进入【Time histories】的【Element】选项卡，查得Gage单元的转角为0.0213rad，如图13-9所示，恰等于e1和e2梁单元的转角之和。

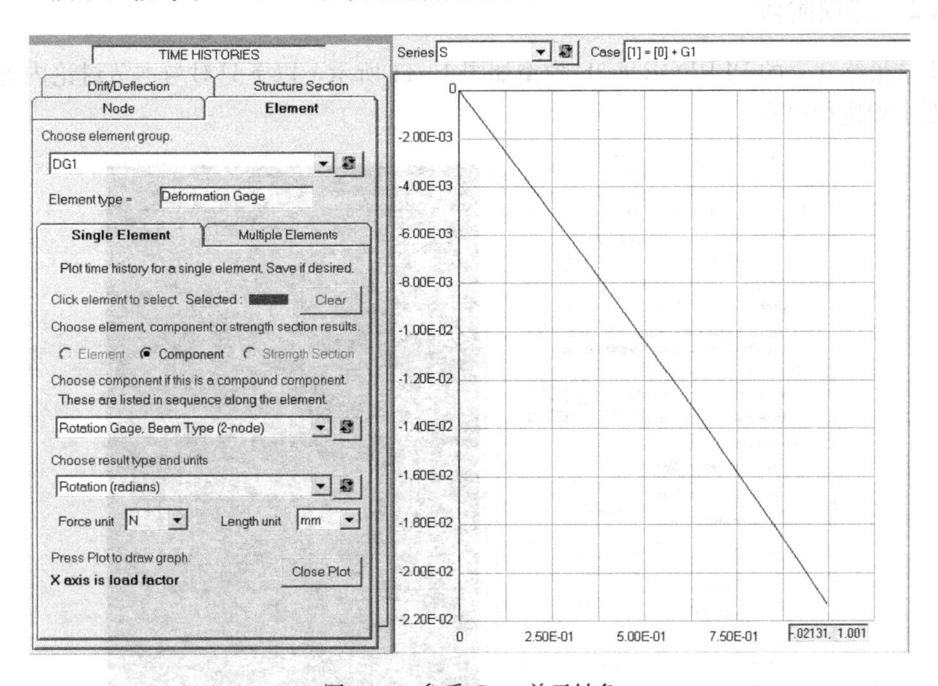

图13-9 参看Gage单元转角

13.3 算例2：墙转角监测（Rotation Gage Wall Type）单元应用

13.3.1 算例简介

图13-10所示为本节算例的基本信息。算例模型为两层剪力墙，每层剪力墙由4个非

线性纤维剪力墙单元模拟，结构底端嵌固，结构顶部作用一平面内水平集中力 P。采用 PERFORM-3D 中的墙转角监测单元，计算水平力 P 作用下底层剪力墙的平均转角。

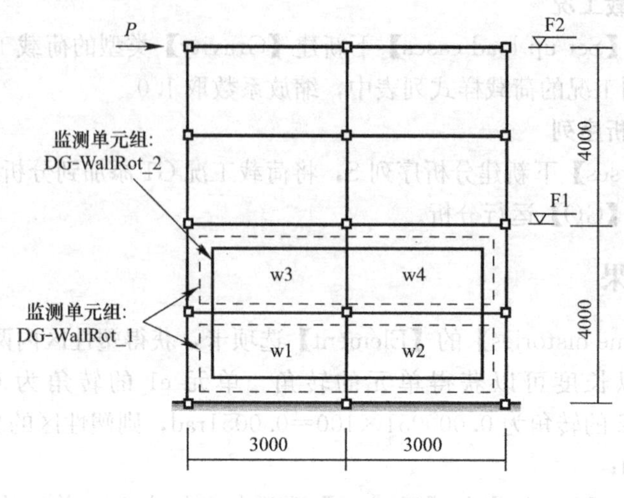

图 13-10 算例模型示意

13.3.2 建模阶段

本节最终建立的 PERFORM-3D 模型如图 13-11 所示，以下只对与本节讨论内容相关的主要步骤进行说明。

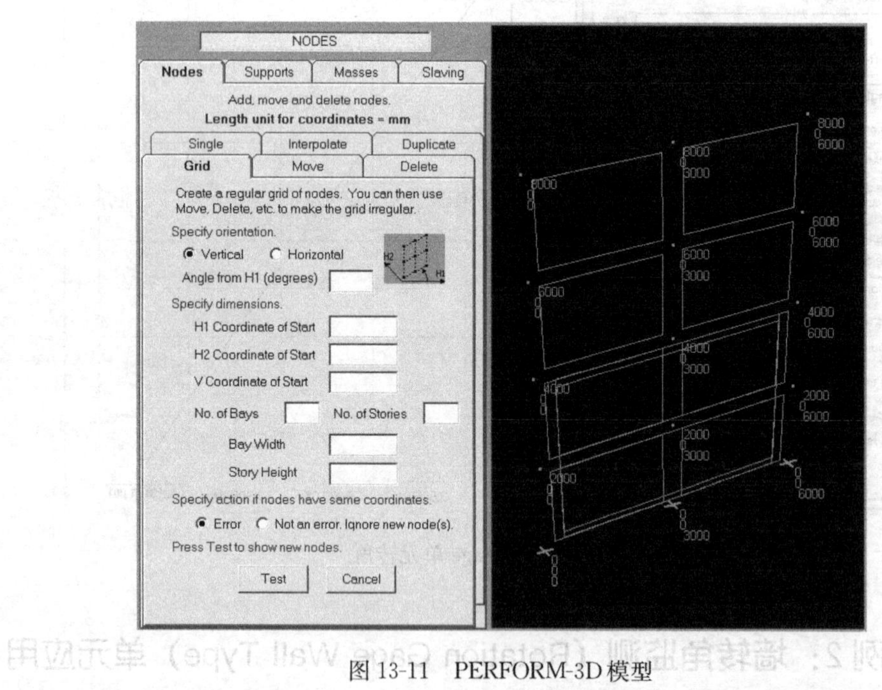

图 13-11 PERFORM-3D 模型

13.3.2.1 定义荷载样式

在【Load patterns】-【Nodal Loads】下新建节点荷载样式 NL1，指定顶点 H1 方向水平力为 P，P 取值为 1000000N，如图 13-12 所示。

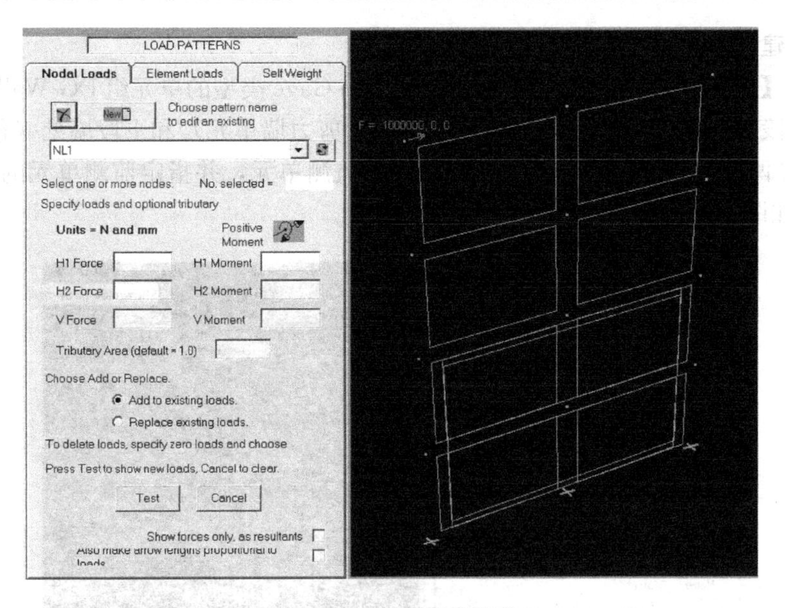

图 13-12 节点荷载样式

13.3.2.2 定义剪力墙截面组件

本例剪力墙采用 Shear Wall 单元进行模拟。在【Component Properties】-【Shear Wall，Inelastic Section】下添加纤维剪力墙截面组件 W1。

13.3.2.3 定义墙转角监测组件

在【Component properites】-【Elastic】下新建【Rotation Gage，Wall Type】类型的墙转角监测组件 RGWT1，该组件没有力学属性，只需定义其变形能力（Deformation Capacities），本例指定墙转角监测组件性能 1 的转角限值为 0.01，如图 13-13 所示。

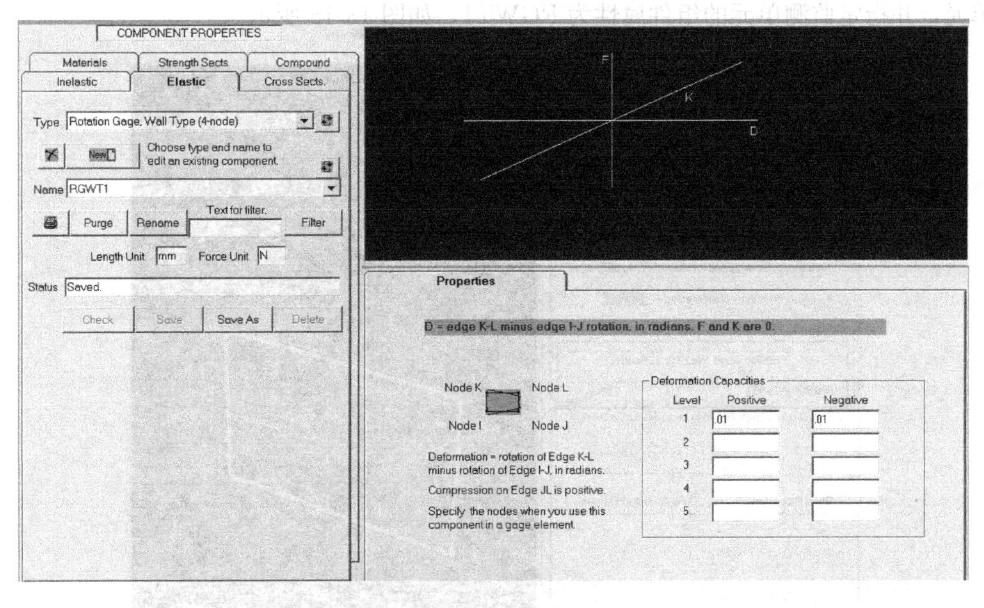

图 13-13 墙转角监测组件定义

13.3.2.4 建立墙转角监测单元

（1）在【Elements】模块下新建 Deformation Gage 类型的单元组 DG-WallRot_1，分别在底层上段墙（包含图 13-10 中 w3 和 w4 两个剪力墙单元）和下段墙处（包含图 13-10 中 w1 和 w2 两个剪力墙单元）添加一个墙转角监测单元，并指定监测单元的组件属性为 RGWT1，如图 13-14 所示。

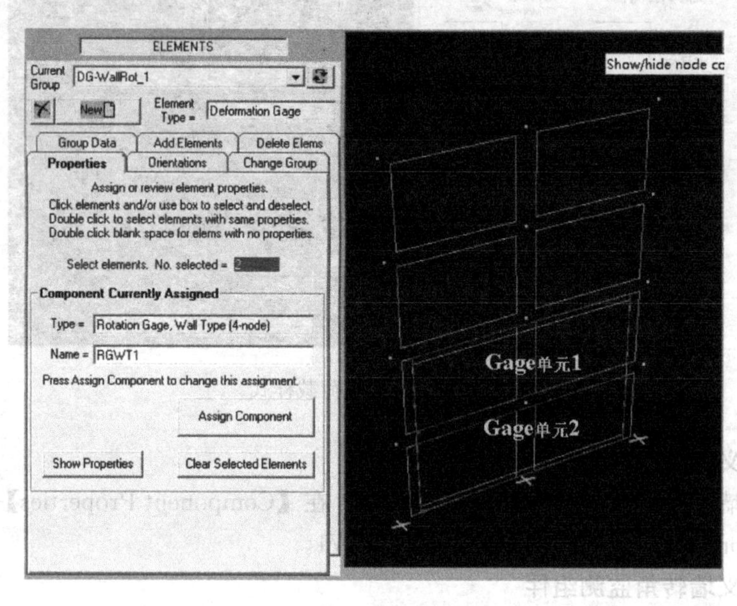

图 13-14 监测单元组 DG-WallRot_1

（2）在【Elements】模块下新建 Deformation Gage 类型的单元组 DG-WallRot_2，在底层整片墙（包含图 13-10 中 w1、w2、w3 和 w4 四个剪力墙单元）处添加一个墙转角监测单元，并指定监测单元的组件属性为 RGWT1，如图 13-15 所示。

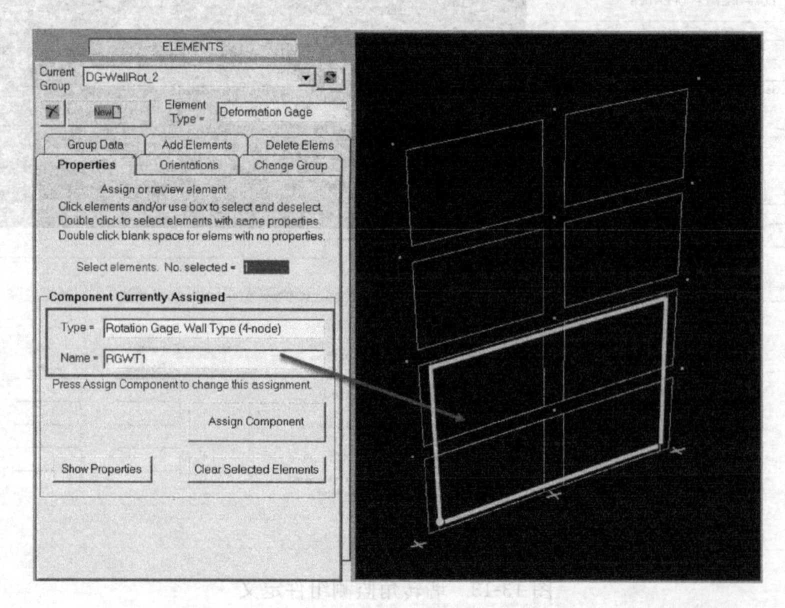

图 13-15 监测单元组 DG-WallRot_2

13.3.3　分析阶段

13.3.3.1　定义荷载工况

在【Set up load cases】下新建【Gravity】类型的荷载工况G，将节点荷载样式NL1添加到荷载工况的荷载样式列表，缩放系数取1.0。

13.3.3.2　定义分析序列

在【Run analysis】下新建分析序列S，将荷载工况G添加到分析列表中，如图13-16所示。分析序列定义完成后，点击【GO】运行分析。

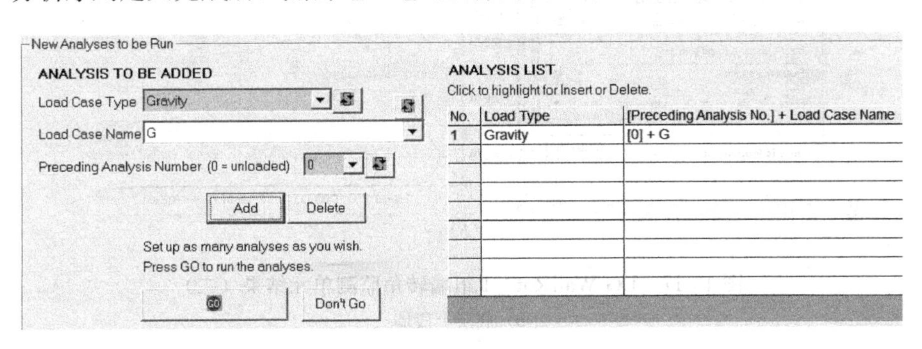

图13-16　分析列表

13.3.4　分析结果

在【Time histories】-【Element】下查看变形监测单元的变形性能。

（1）选择单元组DG-WallRot _ 1，在模型显示窗口中选中需要显示的转角监测单元，点击【Plot】可以绘制单元的转角（Rotation）。图13-17所示为底层下段墙和上端墙转角监测单元的转角时程，可获得底层下段墙和底层上段墙的最大转角分别为0.00159rad和0.00074rad。

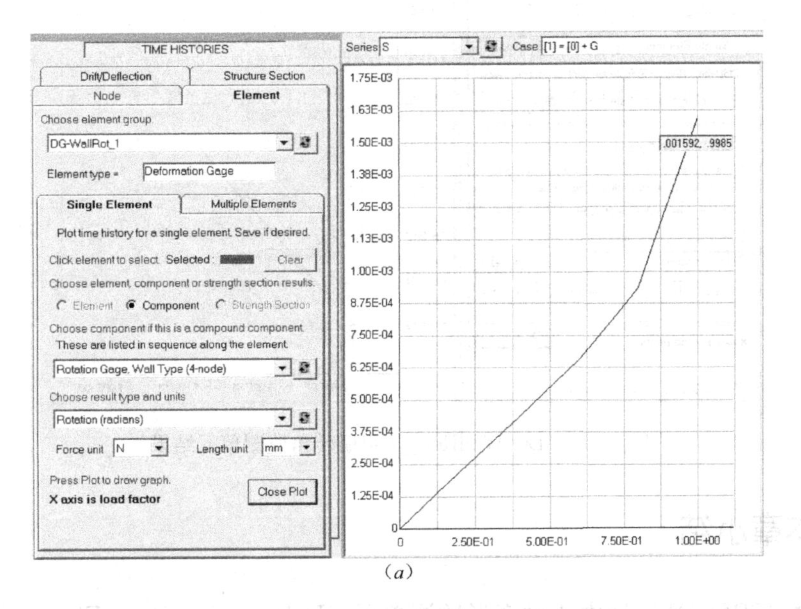

(*a*)

图13-17　DG-WallRot _ 1组墙转角监测单元结果（一）

(*a*) 底层下段墙

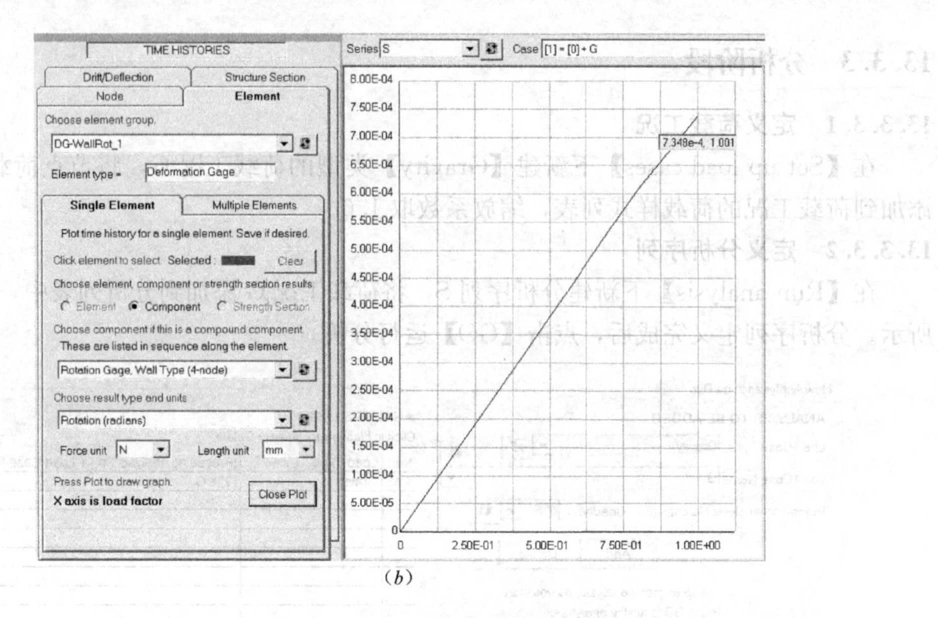

(*b*)

图 13-17　DG-WallRot _ 1 组墙转角监测单元结果（二）

(*b*) 底层上段墙

（2）选择单元组 DG-WallRot _ 2，选中底层整片墙转角监测单元，点击【Plot】绘制转角时程如图 13-18 所示。由图 13-18 可见，单元的最大转角为 0.00233rad，恰好为 DG-WallRot _ 1 组监测单元获得的底部两段墙的转角之和：0.00233＝0.00159＋0.00074。

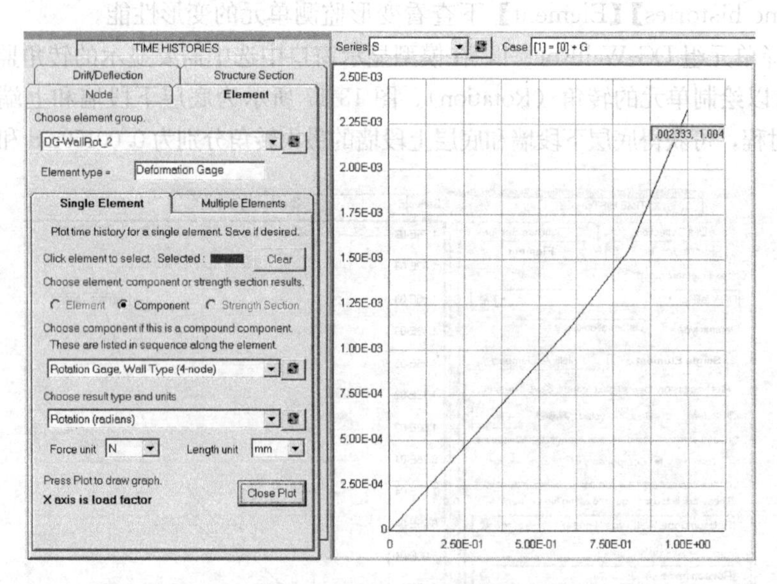

图 13-18　DG-WallRot _ 2 组墙转角监测单元结果

13.4　本章小结

本章对 PERFORM-3D 中 4 种变形监测单元（Deformation Gage Element）的基本概念进行了介绍，并通过两个具体算例，讲解了梁转角监测单元（Beam Rotation Gage Element）及墙转角监测单元（Wall Rotation Gage element）的基本应用方法。读者可以从中体会 PERFORM-3D 中变形监测单元的工作机理，并通过算例举一反三。另外定义了变形监测单元后，可以像其他单元一样，在【Limit States】模块定义基于变形监测单元的变形极限状态，用于后期基于变形监测单元的平均变形进行结构性能评估。PERFORM-3D 关于变形监测单元的设计对变形结果的自由提取提供了极大的方便，并且大大提高了变形性能评估的自由度。

13.5 参考文献

[1] Computers and Structures，Inc. Nonlinear Analysis and Performance Assessment for 3D Structures User Guide [M]. Berkeley，California，USA：Computers and Structures，Inc，2006.

[2] Computers and Structures，Inc. Components and Elements for PERFORM-3D and PERFORM-Collapse [M]. Berkeley，California，USA：Computers and Structures，Inc.，2006.

第三部分　综合分析专题

本部分包括以下章节：

14 往复位移加载的两种方法

14.1 引言

低周往复荷载试验是一种拟静力荷载试验，试验中采用较低的加载速率对结构或结构构件施加多次往复循环作用，使结构或结构构件在正反两个方向重复加载和卸载，用以模拟地震时结构在往复震动中的受力和变形特性。低周往复荷载试验方法是目前结构抗震性能研究中广泛采用的一种试验方法。

由于低周往复荷载试验能够体现材料及结构的往复加、卸载特性，因此在学习一款弹塑性分析软件时，对其中的本构或单元建立简单的分析模型进行低周往复加载分析，并将分析结果与预期结果进行对比，有助于理解软件的材料本构和单元特性，也是一种比较愉快的学习弹塑性软件的方法。只有在把握了材料、单元和简单模型的基本特性之后，才能更好地将软件应用于复杂的实际工程。

从软件模拟的角度来看，施加在结构上的往复作用最终体现为结构的往复位移。本书在讲解 PERFORM-3D 的过程中较多采用了简单模型的低周往复位移加载分析，为便于读者使用本书，本章将对 PERFORM-3D 中进行低周往复位移加载的两种方法进行详细介绍。

14.2 往复位移加载方法

PERFORM-3D[1,2] 中不存在针对低周往复位移加载的具体工况，但可以利用 Pushover 工况或动力荷载工况（Dynamic Force Load Case）实现结构或构件的往复位移加载。以下介绍这两种方法的基本思路。

14.2.1 基于 Pushover 工况的分析方法

Pushover 分析（推覆分析）又称静力弹塑性分析[3]，是一种对结构罕遇地震作用下弹塑性变形能力进行评估的简化方法，也是美国第一代基于性能的抗震设计早期使用的主要评估方法。这里并不讲基于 Pushover 分析的抗震性能评估（该部分内容在本书第 16 章详细讨论），只是利用 PERFORM-3D 中的 Pushover 工况获得结构或构件在侧向力作用下的力-位移（*F-D*）关系曲线。

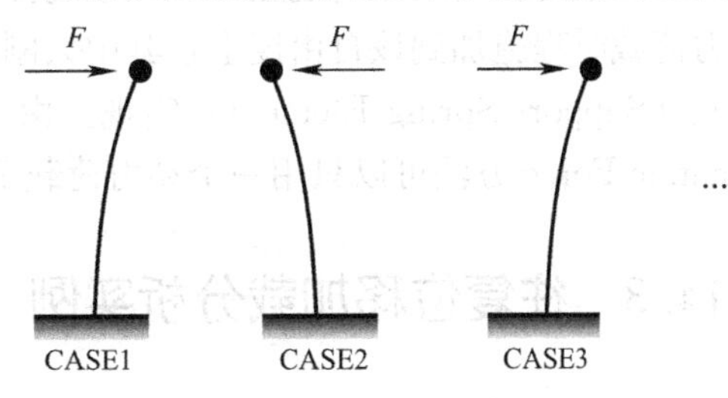

图 14-1 多个 Push-Over 工况

结构或构件的往复位移加载过程可以看成是多个 Push-Over 过程的连续施加，如图 14-1

所示。为此，我们可以在 PERFORM-3D 中，建立若干个 Static Push-Over 工况，在每个工况里施加荷载，将构件从负（正）的最大变形，推到正（负）的最大变形，并在一个分析序列里将上述 Pushover 工况按次序施加，进而完成整个往复位移加载过程。

14.2.2 基于 Dynamic Force 工况的分析方法

动力荷载工况（Dynamic Force Load Case）指在结构或构件上施加动力时程 $F(t)$，进而求得整个时域内结构或构件的动力响应。那么如何利用动力荷载工况来实现结构或构件的低周期往复位移加载呢？下面我们从弹性结构的动力方程开始。

弹性结构的动力方程[4]：

$$M\ddot{d}(t)+C\dot{d}(t)+Kd(t)=F(t) \quad (14.2\text{-}1)$$

若不考虑质量和阻尼，动力方程变为：

$$Kd(t)=F(t) \quad (14.2\text{-}2)$$

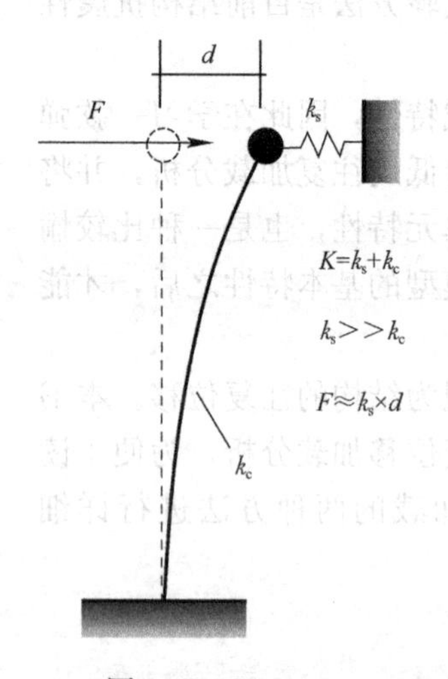

图 14-2 Dynamic Force 方法

对于低周往复位移加载，结构的位移 $d(t)$ 为已知变量，而对于动力荷载工况，输入的变量却为动力时程 $F(t)$，因此，我们的目标是找到某种动力荷载（Dynamic Force）$F(t)$，使得结构在该动力荷载作用下的位移响应 $d(t)$ 刚好是已知的往复位移加载历程。结合公式（14.22），我们可以采用图 14-2 所示的建模方法，将已知的往复位移加载历程 $d(t)$ 换算为这种动力荷载 $F(t)$。

如图 14-2 所示，水平力 F 作用于刚度为 k_c 的悬臂杆的顶点，悬臂杆顶点连接一个水平弹簧，弹簧为弹性，刚度为 k_s。当悬臂杆为弹性时，体系的总抗侧刚度为 $K=k_s+k_c$，在已知顶部位移为 d 的条件下，可以通过公式 $F=K\times d$ 计算需要施加的侧力 F。当悬臂杆进入非线性后，杆件的刚度 k_c 随着弹塑性的发展而变化，刚度 k_c 与位移 d 有关，刚度 k_c 无法在分析之前知道，因此分析之前无法精确计算需要施加的力 F。但是，如果所选取弹簧的刚度 k_s 远大于杆件的刚度 k_c，则可知顶部的侧向力 F 近似等于 $k_s\times d$。反过来说，如果弹簧的刚度 k_s 远大于杆件的刚度 k_c，在杆件顶部施加大小为 $F=k_s\times d$ 的水平力，则杆件顶部的位移响应将接近于已知的位移历程 d，若该已知的位移历程 d 为低周往复荷载试验的位移加载历程，则该动力工况分析反映的杆件的性能将等同于静力低周往复位移分析。

因此，利用 Dynamic Force 方法进行构件往复位移加载的关键是不考虑质量与阻尼在所要加载的自由度方向建立一个大刚度弹簧，并将已知的位移加载历程乘以大刚度作为动力荷载时程施加到该自由度上，其中大刚度弹簧在 PERFORM-3D 中可以通过支座弹簧单元（Support Spring Element）实现。由于不像 Push-Over 工况那样只能单调加载，Dynamic Force 方法可以只用一个动力荷载工况完成整个低周往复位移加载的数值模拟。

14.3 往复位移加载分析实例

为验证第 14.2 节方法的可行性，以一个悬臂柱的往复位移加载分析为例，在 PER-

FORM-3D 中分别采用两种方法进行分析，并对比分析结果。

14.3.1 模型简介

图 14-3 所示为一截面为 200mm×200mm，高为 600mm 的钢筋混凝土悬臂柱，柱的混凝土保护层厚度为 12mm，混凝土的轴心抗压强度为 21.6MPa，纵向钢筋的屈服强度为 335MPa、极限强度为 455MPa。柱子受恒定轴压力 100kN，并在顶部水平荷载作用下发生往复位移。施加在柱顶的往复位移历程如图 14-4 所示。图中峰值点对应的位移角依次为 0.01(1/100)、−0.01(−1/100)、0.02(1/50)、−0.02(−1/50)、0.03(3/100) 及−0.03(−3/100)。采用 PERFORM-3D 对构件进行低周往复位移加载分析。

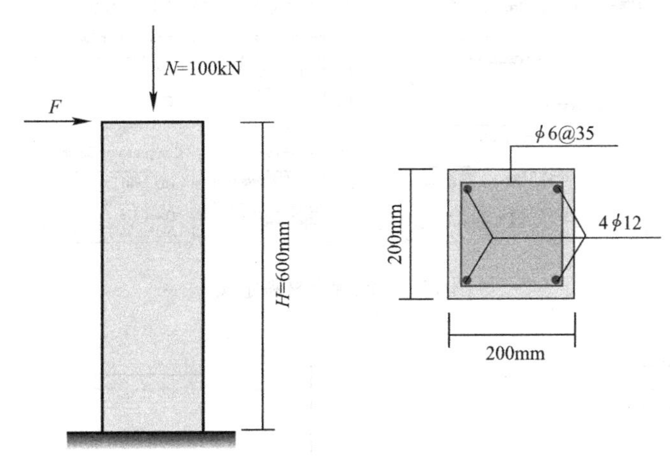

图 14-3 模型示意图

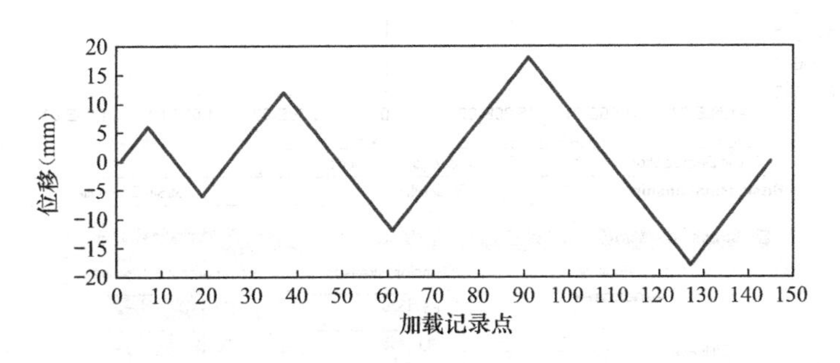

图 14-4 往复位移历程

14.3.2 模型建立

14.3.2.1 Push-Over 方法分析模型建立

(1) 定义材料

在【Component properties】-【Materials】下添加类型为【Inelastic 1D Concrete Material】的混凝土材料 CON1，如图 14-5 所示。

在【Component properties】-【Materials】下添加类型为【Inelastic Steel Material, Non-Buckling】的钢筋材料 ST1，如图 14-6 所示。

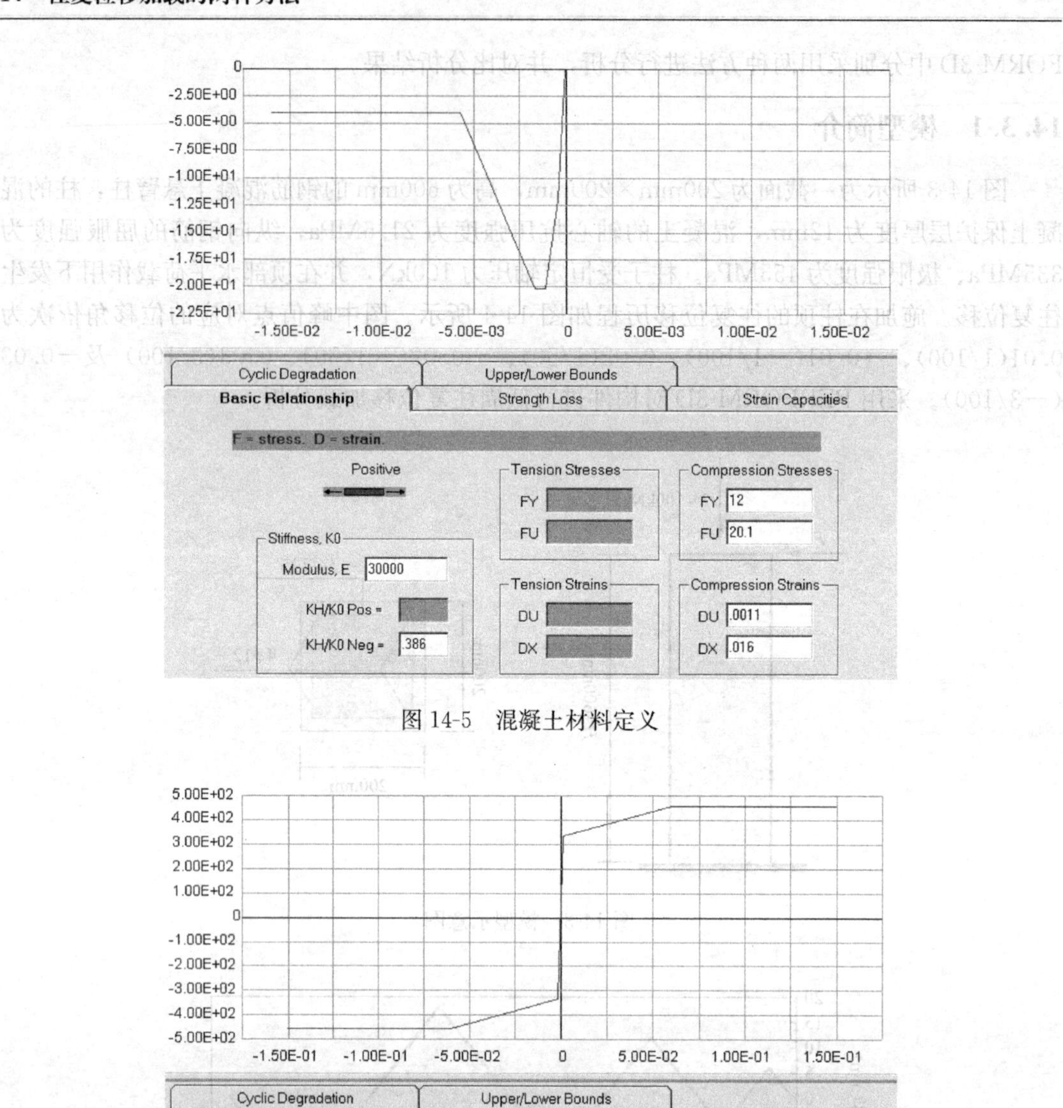

图 14-5　混凝土材料定义

图 14-6　钢筋材料定义

（2）定义柱截面

在【Component properties】-【Cross Sections】下添加类型为【Column，Reinforced Concrete Section】弹性柱截面 EC1，如图 14-7 所示。

在【Component properties】-【Cross Sections】下添加类型为【Column，Inelastic Fiber Section】的柱纤维截面 FiberSection，如图 14-8 所示。

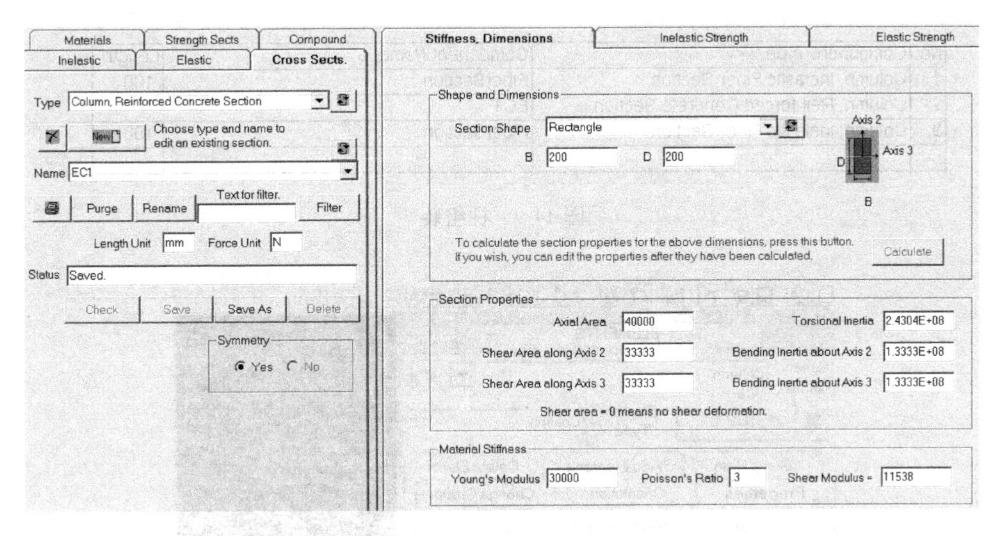

图 14-7　弹性柱截面定义

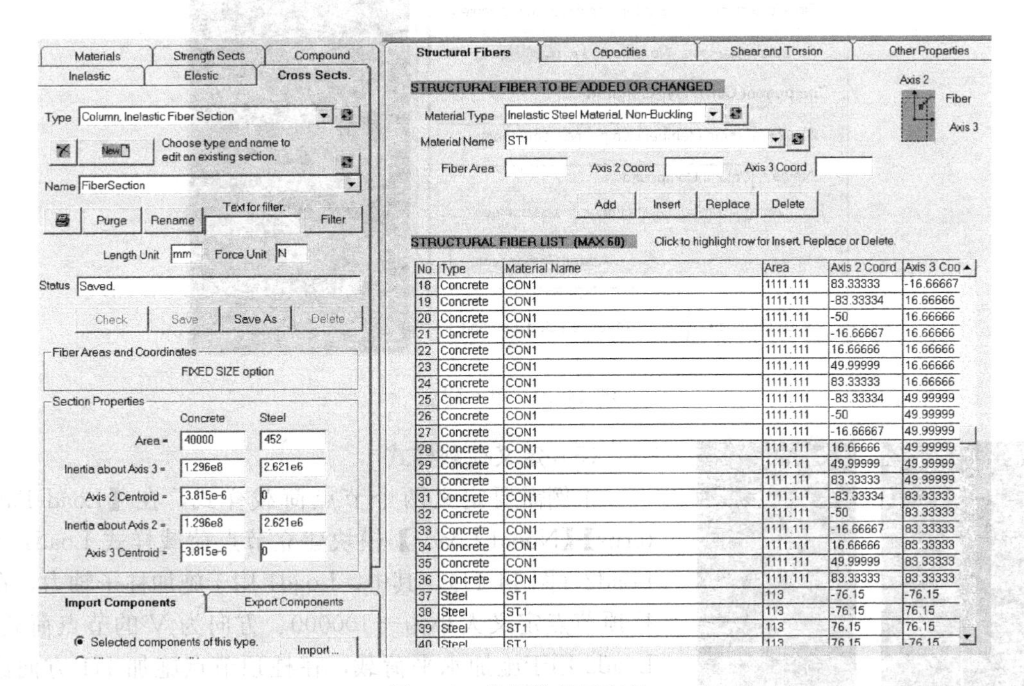

图 14-8　柱纤维截面定义

（3）建立框架复合组件

在【Component properties】-【Compound】下添加类型为【Frame Member Compound Component】的框架复合组件 ColumnCompound，并假定塑性区长度为 100mm，按两端塑性纤维截面、中间弹性截面进行组装，如图 14-9 所示。

（4）建立节点和单元

建立节点，并约束支座节点的 6 个自由度。在建模阶段的【Elements】模块建立柱单元组 Column，建立单元，并指定单元局部坐标轴方向（Orientations），指定其复合组件属性为 ColumnCompound，完成单元的建模，如图 14-10 所示。

No.	Component Type	Component Name	Length	Pr
1	Column, Inelastic Fiber Section	FiberSection	100	
2	Column, Reinforced Concrete Section	EC1		1
3	Column, Inelastic Fiber Section	FiberSection	100	

图 14-9　柱组装

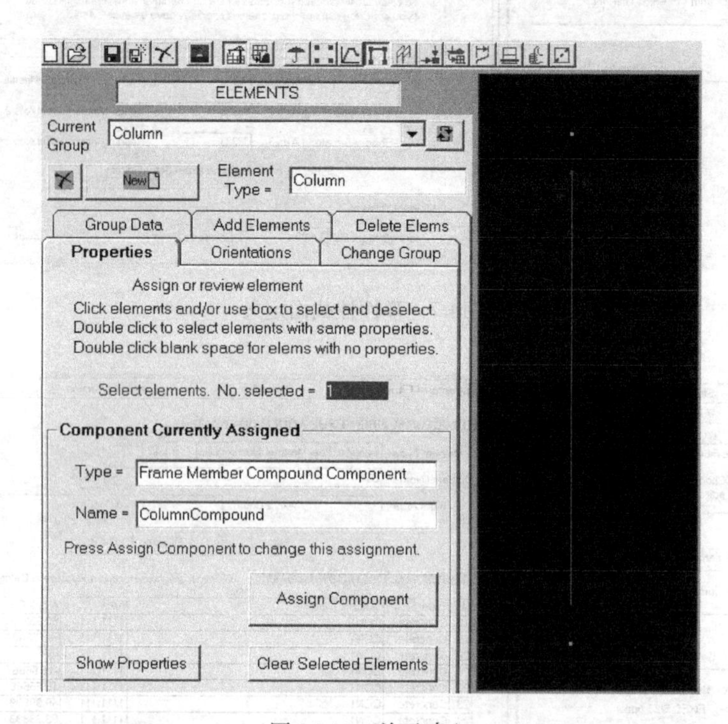

图 14-10　单元建立

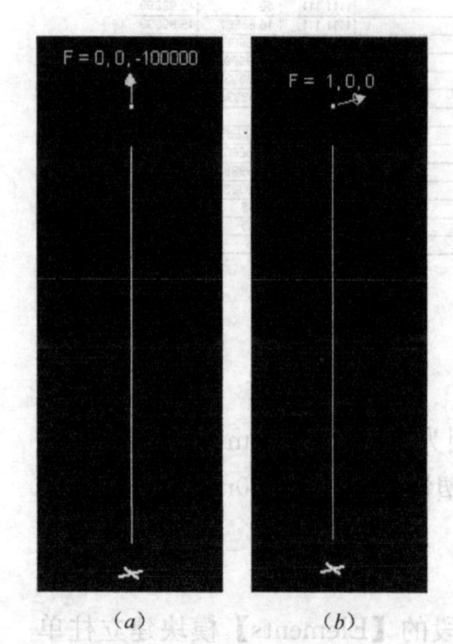

图 14-11　节点荷载样式定义

(*a*) Load1；(*b*) Load2

（5）定义荷载样式

本例需要定义两个节点荷载样式，在【Load Patterns】-【Nodal Loads】模块建立节点荷载样式 Load1 和 Load2（图 14-11）。其中，Load1 用于施加柱子轴力，在柱顶节点定义大小为－100000、方向为 V 的节点荷载；Load2 用于施加水平荷载，在柱顶节点施加 H1 方向的单位荷载。

（6）定义位移角

在【Drifts and deformations】-【Drifts】下添加位移角 D1，定义为柱顶节点和支座节点 H1 方向的位移比，如图 14-12 所示。

（7）定义重力工况

在【Step up load cases】模块下添加重力工况 G，将节点荷载样式 Load1 添加到工况的荷载样式列表中，缩放系数取 1.0，如图 14-13 所示。

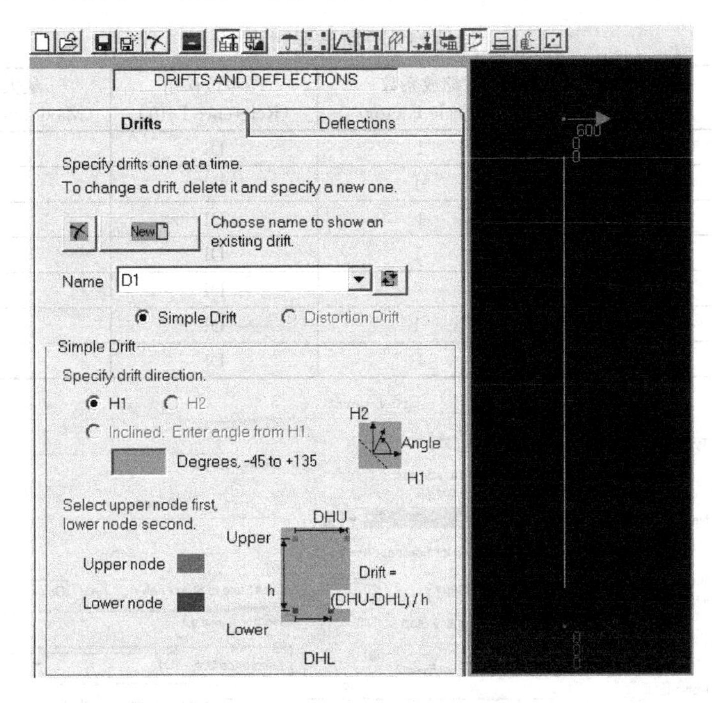

图 14-12　位移角定义

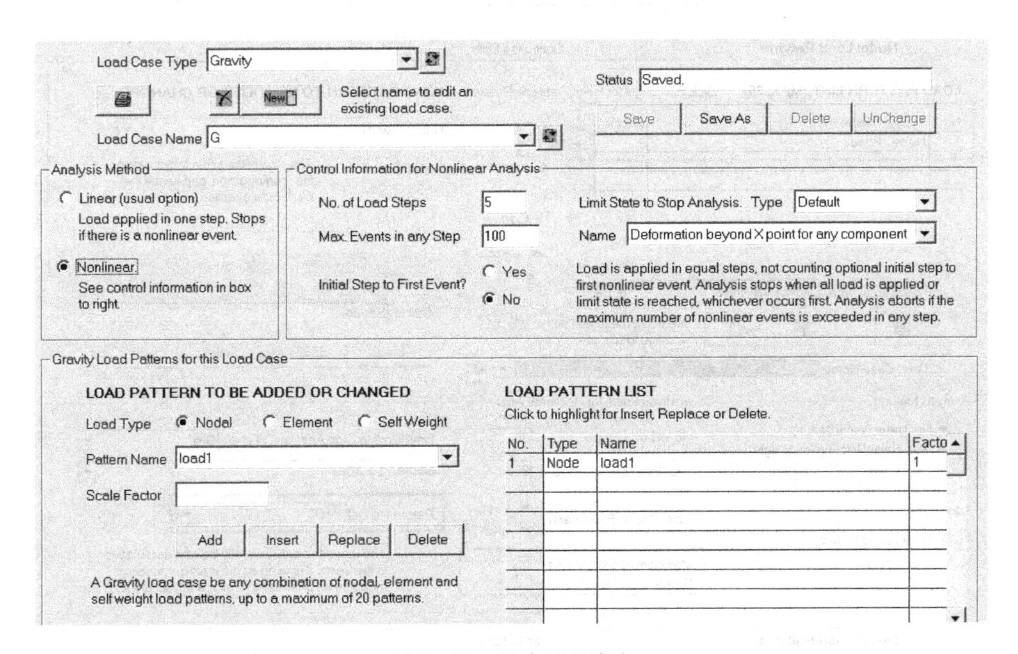

图 14-13　重力工况定义

（8）定义 Push-Over 工况

由于需要连续施加多个 Push-Over 过程进行往复位移加载，因此需要定义多个 Push-Over 工况，各 Push-Over 工况的主要参数如表 14-1 所示，表中缩放系数为 1 时表示沿 H_1 方向加载，为-1 时表示沿负 H_1 方向加载。以工况 P1 和 P2-为例，其参数定义如图 14-14 所示。

弹性静力分析结果对比　　　表 14-1

工况名称	荷载样式 (Load Pattern)	缩放系数 (Scale Factor)	参考位移角 (Reference Drift)	最大容许位移角 (Maximum Allowable Drift)
P1	Load2	1	D1	0.01
P2-	Load2	-1	D1	0.02
P3	Load2	1	D1	0.03
P4-	Load2	-1	D1	0.04
P5	Load2	1	D1	0.05
P6-	Load2	-1	D1	0.06
P7	Load2	1	D1	0.03

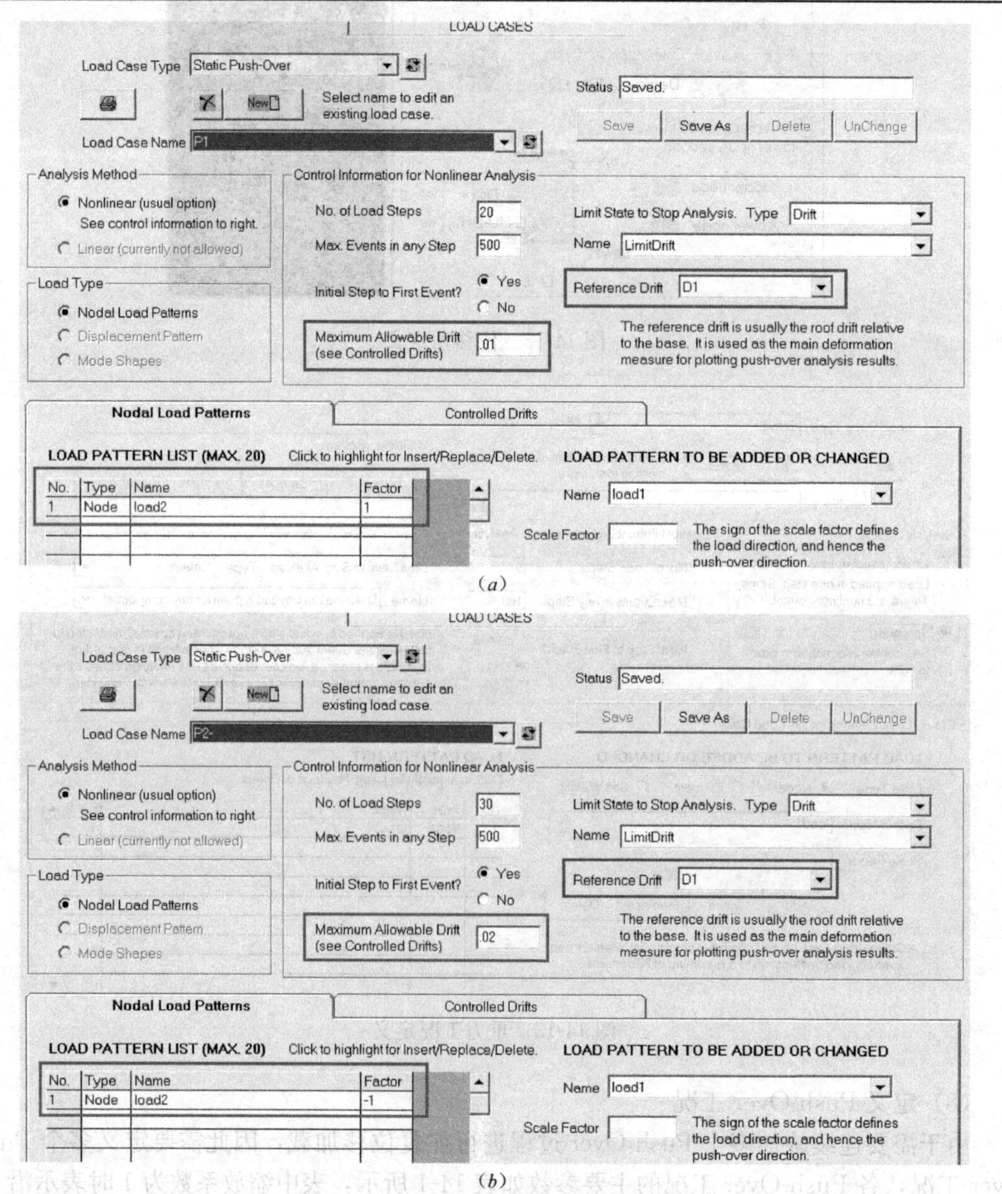

图 14-14　P1、P2-Push-Over 工况定义

(*a*) 工况 P1 定义；(*b*) 工况 P2-定义

(9) 建立分析序列并运行分析

定义好重力工况和 Push-Over 工况后，在【Run analyses】模块下新建名为 Cyclic 的分析序列，将重力工况和多个 Push-Over 分析工况依次添加到分析列表中，如图 14-15 所示。

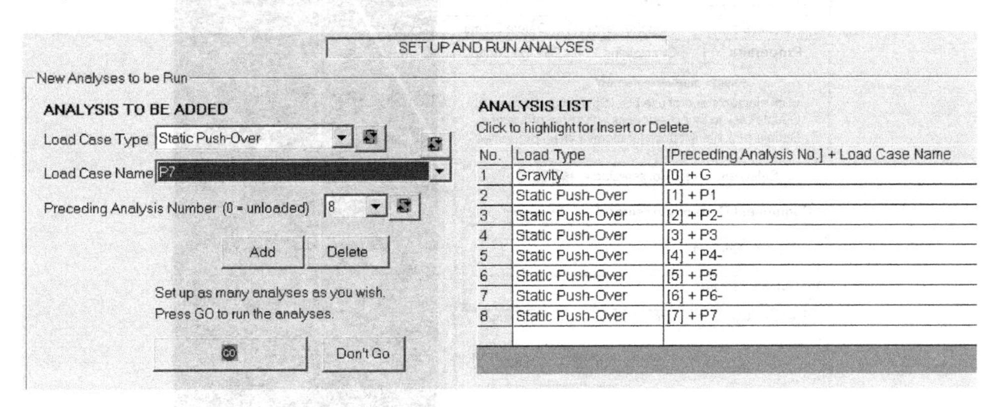

图 14-15 Push-Over 方法分析序列定义

分析序列定义完毕后，点击【GO】运行分析。

14.3.2.2 Dynamic Force 方法分析模型建立

在 Pushover 方法分析模型的基础上通过添加相关的定义完成 Dynamic Force 方法的分析模型。

(1) 打开 14.3.2.1 节建立的 PERFORM-3D 模型，点击菜单栏 File->Save as a new structure，另存一份模型，命名为 DynamicForce，作为 Dynmaic Force 方法的初始模型。

(2) 支座弹簧单元 (Support Spring)

根据 14.2.2 节的介绍可知，对于采用 Dynamic Force 方法分析的模型，还需在加载点处建立一个大刚度的弹簧，在 PERFORM-3D 中有多种方法可以实现，本例通过 PERFORM-3D 中的支座弹簧 (Support Spring) 单元来实现。具体的方法：首先在【Component properties】-【Elastic】选项卡中添加类型为【Support Spring】的支座弹簧组件 Spring，激活 Axis1 方向的自由度，并指定相应的刚度为 1E+20N/mm，如图 14-16 所示；然后在【Elements】模块下建立支座弹簧单元组 Spring，在柱的顶点处建立支座弹簧单元，并指定单元的支座弹簧属性和局部坐标轴方向，如图 14-17 所示。

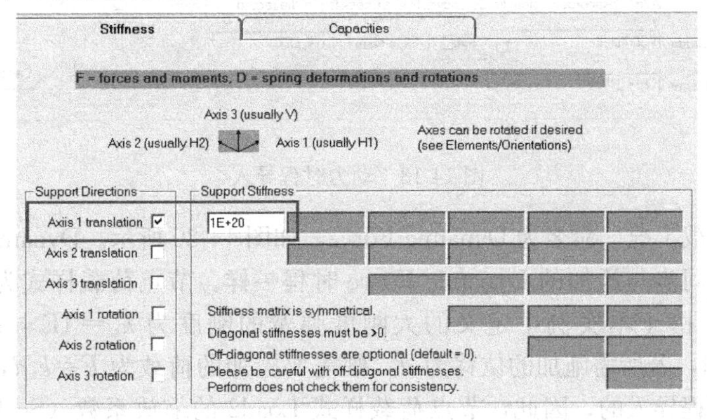

图 14-16 Support Spring 组件定义

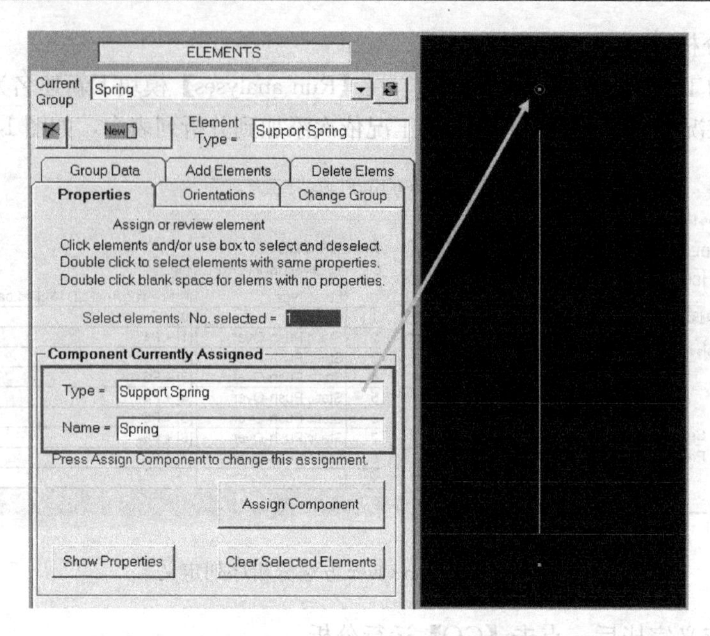

图 14-17 Support Spring 单元定义

(3) 定义动力荷载工况

在建立 Dynamic Force 工况前，必须建立 Dynamic Force 时程。将图 14-4 所示的柱顶节点的位移时程（Dynamic Force History. txt）作为动力时程导入，分组为 P3Dtutorial，命名为 Ch14 _ DF01，如图 14-18 所示。这里将实际构件的位移历程按 0.01s 的时间间隔作为动力时程导入，共 145 个点，持续时间为 1.44s。导入后动力时程如图 14-19 所示。

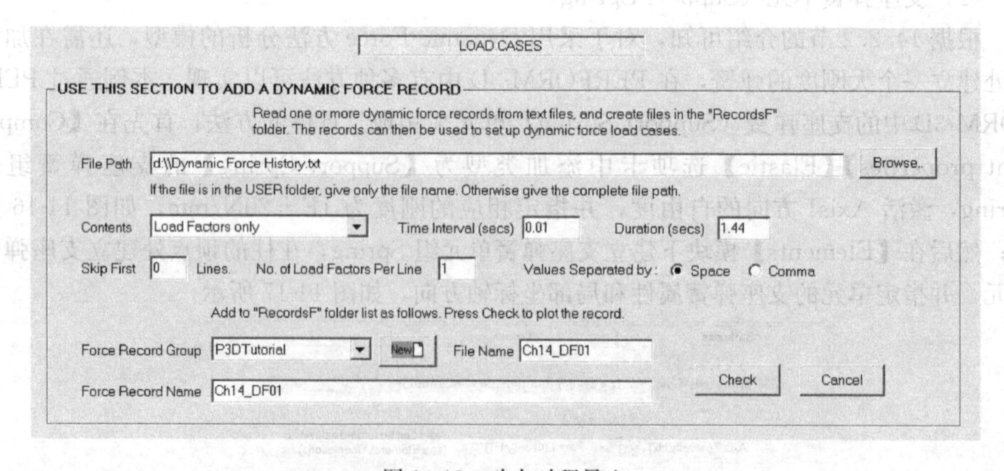

图 14-18 动力时程导入

定义动力荷载工况，命名为 Dynamic Force，如图 14-20 所示。Dynamic Force 分析工况的总时间和时间步与添加的 Dynamic Force 时程一样。节点荷载样式为 Load2。另外，需要说明的是，由于本实例中定义的大刚度弹簧的刚度为 k_s＝1E＋20N/mm，则由 14.2.2 节可以知，若所需施加的位移为 d，则需要施加的荷载为 $F=k_s d$，由于本例荷载时程是按位移历程导入的，因此，节点荷载样式 Load2 的缩放系数（Scale Factor）应填大刚度弹簧的刚度 k_s，即 1E＋20。

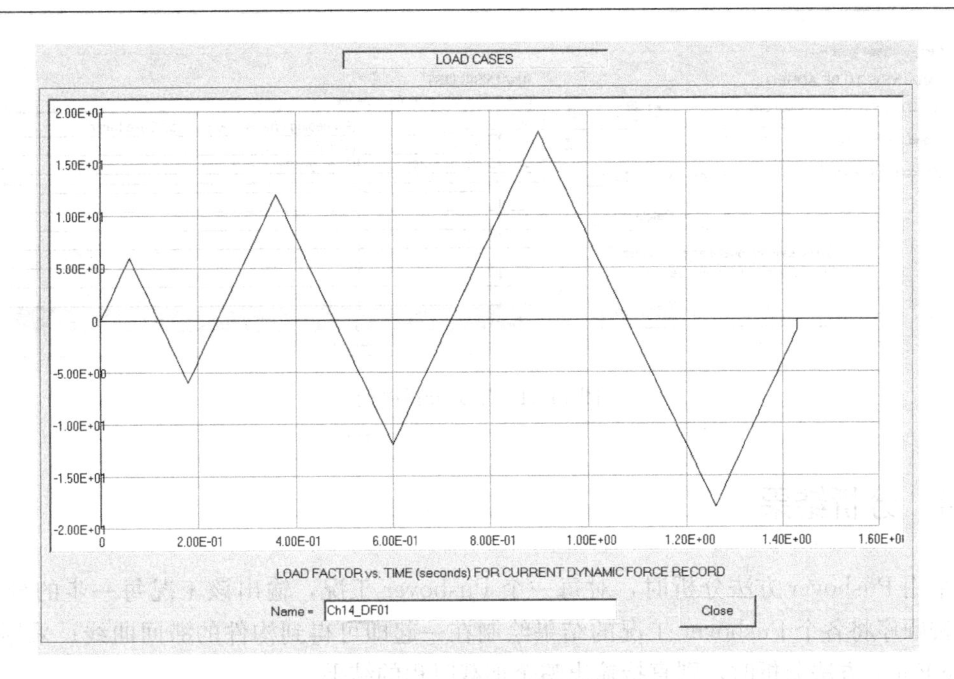

图 14-19　动力时程显示

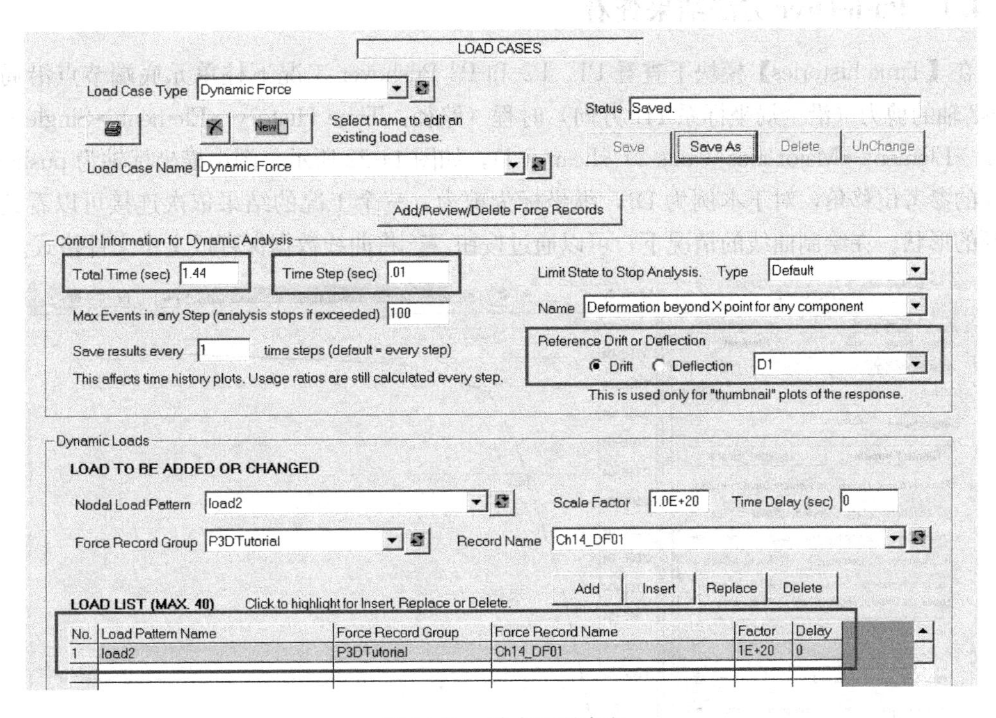

图 14-20　动力工况定义

（4）定义分析序列并运行分析

新建分析序列，将重力荷载工况 G 及动力时程工况 Dynamic Force 依次添加到分析列表中，如图 14-21 所示。分析序列定义完后，点击【GO】运行分析。

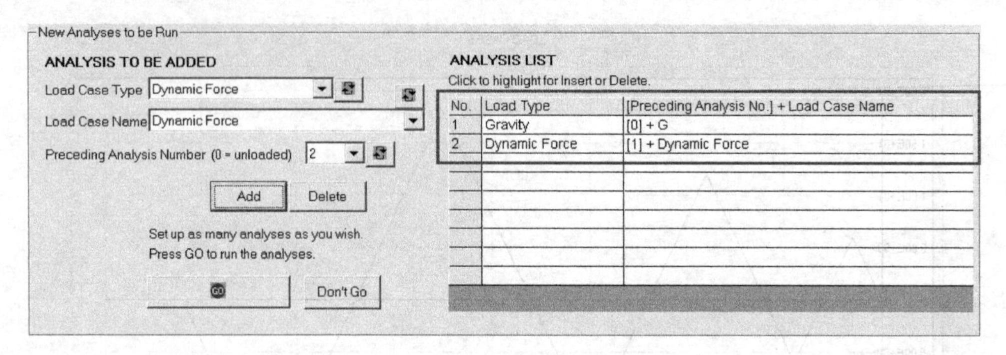

图 14-21 定义分析序列

14.4 分析结果

采用 Pushover 方法分析时，对每一个 Pushover 工况，输出该工况每一步的分析结果，按顺序将各个 Pushover 工况的结果绘制在一起即可得到构件的滞回曲线；采用 Dynamic Force 方法分析时，则直接输出整个加载时程的结果。

14.4.1 Push-Over 方法结果查看

在【Time histories】模块下查看 P1、P2-和 P3 Pushover 工况下柱单元底端节点沿局部 Axis2 轴的剪力（沿全局坐标系 H1 方向）时程（路径：Time History→Element→Single Element→Element→Major axis（axis 2） shear at J），如图 14-22 所示。图中横坐标轴为 pushover 工况的参考位移角，对于本例为 D1，纵坐标为剪力。三个工况的结果依次连接可以看到滞回环的形状。在绘制曲线的情况下，可以通过按钮将曲线数据保存成文本文件格式。

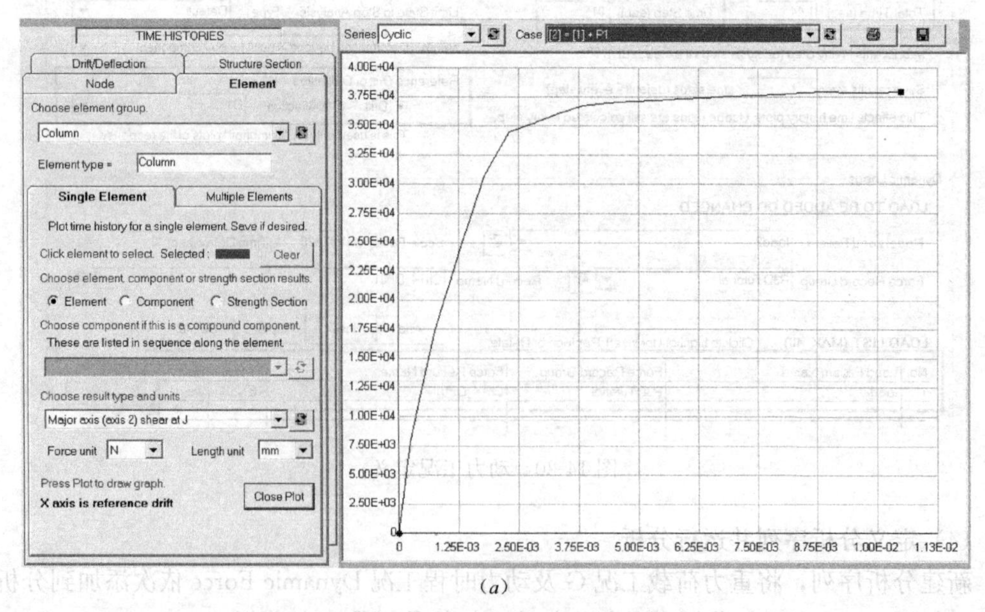

(a)

图 14-22 P1、P2-和 P3 工况的剪力-位移角关系（一）

(a) P1 工况

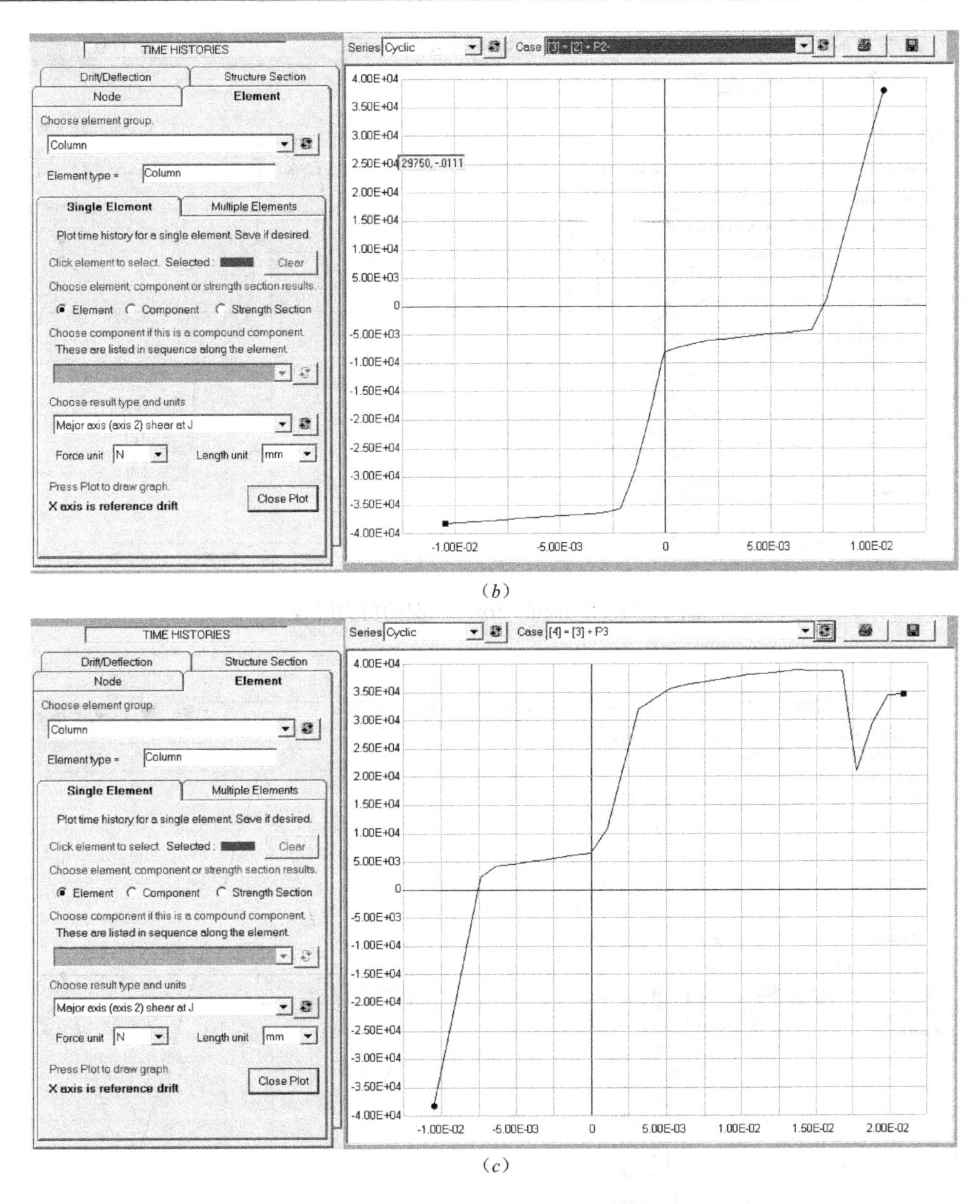

图 14-22　P1、P2-和 P3 工况的剪力-位移角关系（二）

(b) P2-工况；(c) P3 工况

14.4.2 Dynamic Force 方法结果查看

在【Time histories】模块下查看 Dynamic Force 工况下柱单元底端节点沿局部 Axis2 轴的剪力（沿 H1 方向）时程（路径：Time History→Element→Single Element→Element→Major axis（axis 2） shear at J），如图 14-23 所示。

查看 Dynamic Force 工况下柱顶节点的位移时程，如图 14-24 所示。由图可见，Dynamic Force 工况下柱顶节点的位移时程与图 14-4 所示的位移加载历程一致。

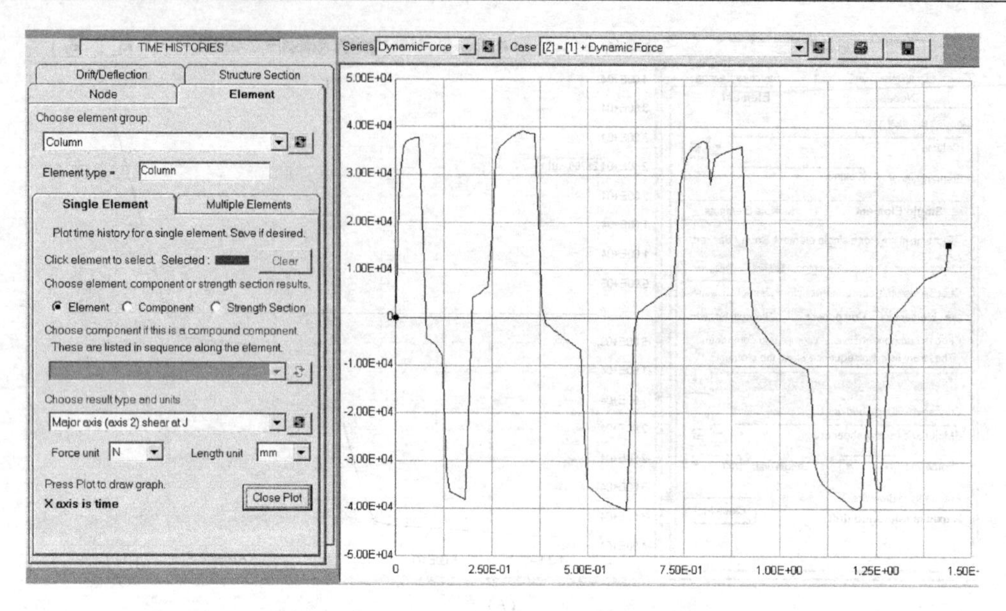

图 14-23　Dynamic Force 工况的剪力时程

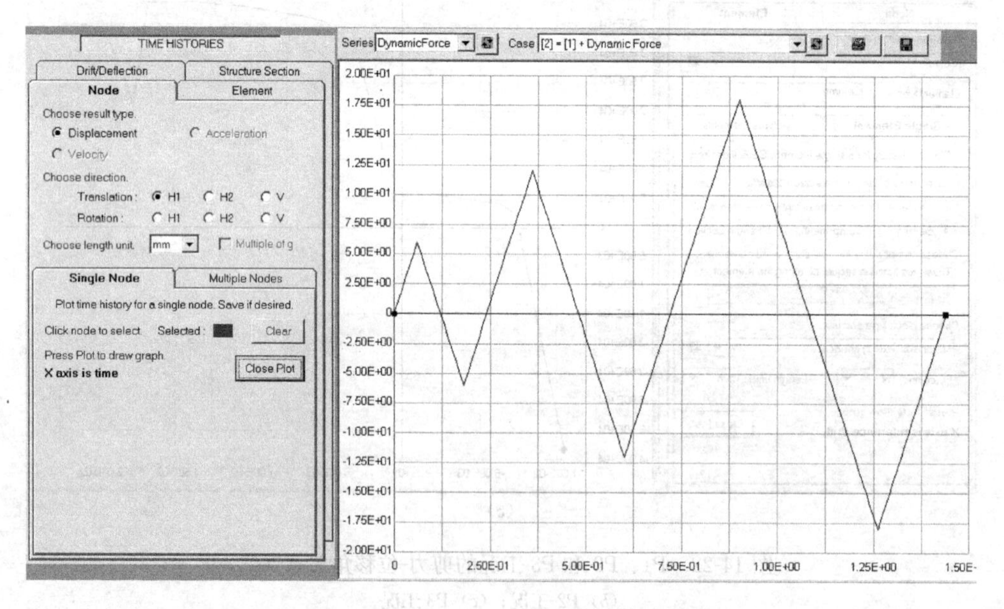

图 14-24　Dynamic Force 工况的顶点位移时程

将剪力时程和位移时程组合可以获得构件的底部剪力-顶点位移滞回曲线。

14.4.3　分析结果对比

图 14-25 为按两种方法分析得到的剪力-位移角滞回曲线，可见，两种方法分析结果基本一致，也证明了采用动力荷载工况（Dynamic Force Load Case）加大刚度弹簧的方法进行往复位移加载的可行性。

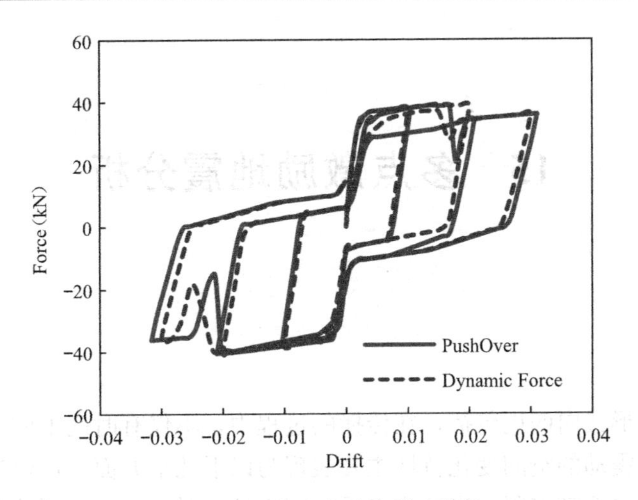

图 14-25 剪切-位移角滞回曲线

14.5 本章小结

本文介绍了 PERFORM-3D 中低周往复位移加载的两种方法：(1) 基于 Pushover 工况的分析方法；(2) 基于动力荷载工况（Dynamic Force Load Case）加大刚度弹簧的分析方法。两种分析方法结果基本一致，而基于动力荷载工况的方法更加简便，推荐采用。

14.6 参考文献

[1] Computers and Structures, Inc. Nonlinear Analysis and Performance Assessment for 3D Structures User Guide [M]. Berkeley, California, USA: Computers and Structures, Inc, 2006.

[2] Computers and Structures, Inc. Components and Elements for PERFORM-3D and PERFORM-Collapse [M]. Berkeley, California, USA: Computers and Structures, Inc., 2006.

[3] 北京金土木软件技术有限公司. Pushover 分析在建筑工程抗震设计中的应用 [M]. 中国建筑工业出版社，2010.

[4] Anil K. Chopra. Dynamics of Structures: Theory and Applications to Earthquake Engineering (4th ed) [M]. Upper Saddle River, New Jersey: Prentice Hall Inc., 2012.

15 多点激励地震分析

15.1 引言

地震动以波的形式向四周传播，在传播的过程中，不仅有时间上的变化特性，也存在空间变化特性。地震动的空间变化特性主要表现为以下几个方面[1]：（1）行波效应，指的是由于地震波的传播速度有限，当结构支承点间距较大时，地震波到达各支承点的时间存在一定的差异；（2）部分相干效应，指地震波在传播的过程中产生复杂的反射和散射，同时由于地震动场不同位置的地震波叠加方式不同而导致的相干函数损失；（3）衰减效应，地震波在传播的过程中，随着能量的耗散，其振幅将会逐渐减小；（4）局部场地效应，指的是由于地震动场的不同位置土的性质存在差异，导致地震波的振幅和频率也存在差异。这几种效应都会导致结构不同支承点处输入的地面运动存在差异，从结构分析的角度来说都是一致的，统称为多点激励效应或非一致激励效应。

PERFORM-3D[2,3]中不存在针对多点激励的地震分析工况，但可利用 PERFORM-3D 中的动力荷载工况（Dynamic Force Load Case）加支座弹簧单元（Support Spring）实现多点激励地震分析。本章对此方法进行介绍，并通过具体算例讲解该方法的应用和可行性。

15.2 多点激励地震分析

15.2.1 常用的多点激励地震时程分析方法

常用的多点激励地震时程分析方法有相对运动法（LMM）[4]、大质量法（LMM）[5]、大刚度法（LSM）[6]和直接基于位移输入的方法[7]。其中，相对运动法的基本思想是将多点激励下结构的响应分解为拟静力项和动力项两部分，然后叠加得到总反应，该方法只适用于线弹性体系，且不适用于求解大型复杂结构；大质量法和大刚度法均为近似方法，一般软件均可以实现；直接基于位移输入的方法指的是直接将地震动位移施加在支座节点上，该方法相对于前面的近似方法简便，但是只有部分结构分析软件实现该功能。

15.2.2 PERFORM-3D 中多点激励地震分析的实现

PERFORM-3D 中不存在针对多点激励的地震分析工况，因此只能使用近似分析方法进行多点激励地震分析。本章主要介绍利用 PERFORM-3D 中的动力荷载工况（Dynamic Force Load Case）和支座弹簧单元（Support Spring）实现多点激励地震分析的方法，该方法本质上是大刚度法，通过大刚度弹簧单元将地震位移按力的方式近似地施加到指定的节点自由度上，具体步骤如下：

(1) 释放需要施加地震动位移的节点自由度的约束，在该自由度方向上定义支座弹簧单元 (Support Spring Element)，并指定弹簧的刚度为 K，K 远大于结构的刚度。将这些弹簧单元定义到一个单元组 (Element Group)，设置其 Beta-K 阻尼缩放系数为 0，即不考支座虑弹簧单元的刚度比例阻尼。

(2) 对于每一个不同的地面位移记录，定义一个节点荷载样式 (Nodal Load Pattern)。对于每一节点荷载样式，在施加地震动位移的节点自由度上施加数值为 K 的节点荷载，表示当该节点荷载作用于节点自由度时，引起的位移将近似为单位位移。

(3) 对于每一个不同的地面位移时程记录，用地震位移时程记录定义相应的力时程记录 (Dynamic Force Record)，并施加在步骤 (2) 中定义的节点荷载样式上。该力时程与节点荷载样式的乘积除以弹簧的刚度 K 必须等于所要施加的地震动位移。如果大刚度为 K，荷载样式关联的荷载为 K，则相应的动力时程记录的数值与地震位移时程记录相等。

(4) 以步骤 (2) 中定义的节点荷载样式 (Nodal Load Pattern) 及相应的动力时程记录 (Dynamic Force Record) 定义动力荷载工况 (Dynmaic Force Load Case)，并运行动力工况时程分析。

上述方法可以将不同的地震位移时程近似地施加到指定的节点自由度上，在 PERFORM-3D 中实现多点激励地震分析，其基本思路与往复位移加载的实现类似。

15.3 多点激励分析实例

为验证 15.2.2 节方法的可行性，以一个大跨度连续刚构桥的纵向地震反应分析为例，分别在 PERFORM-3D 和 SAP2000[8] 中实现一致激励和多点激励地震动力分析。其中多点激励仅考虑行波效应，不同桥墩的地震动位移时程激励存在时差。

PERFORM-3D 中一致激励通过动力地震工况 (Dynamic Earthquake Load Case) 实现，多点激励通过 15.2.2 节的方法实现。SAP2000 中的多点激励分析采用的是直接基于位移时程输入的方法[7]，位移时程通过荷载样式与时程函数绑定的方式指定。

15.3.1 模型简介

图 15-1 为一单薄壁空心墩连续刚构桥，跨径为 60m＋100m＋100m＋60m，高度为 22m，桥墩断面尺寸如图 15-2 所示，主梁断面尺寸如图 15-3 所示。混凝土强度等级为 C40。

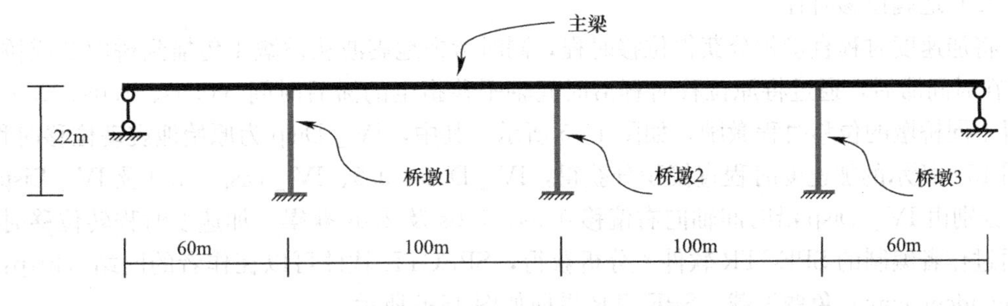

图 15-1 连续刚构桥立面简图

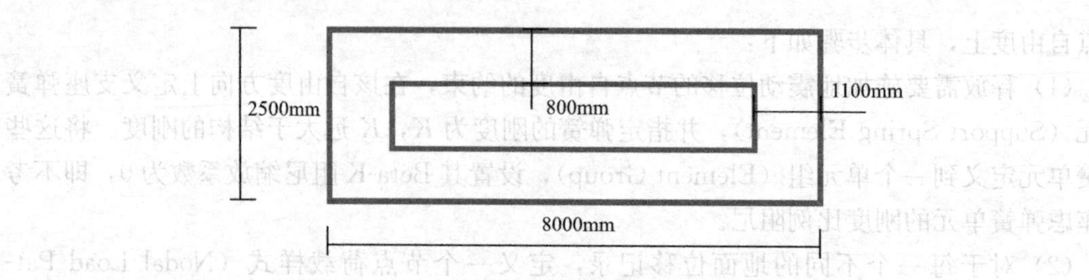

图 15-2 桥墩断面

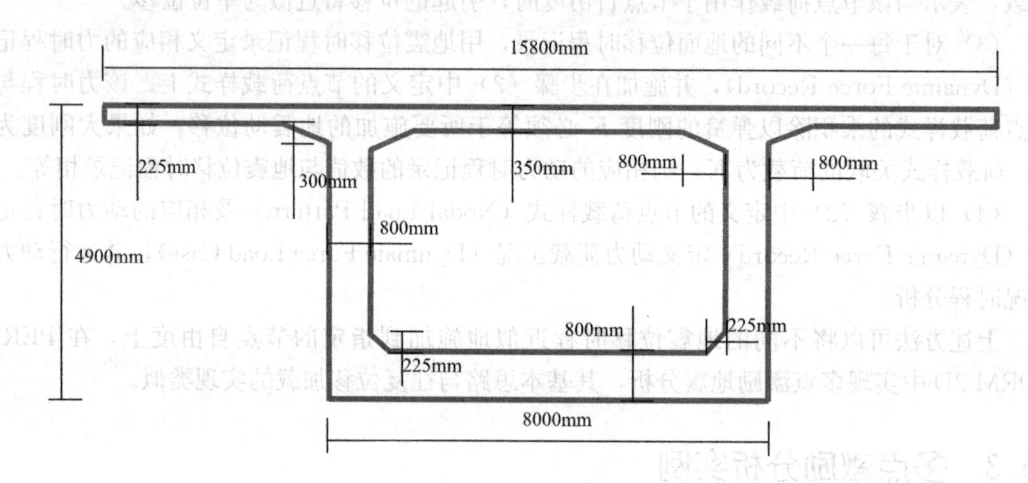

图 15-3 主梁断面

15.3.2 地震波信息

(1) 地震加速度时程

算例地震分析选取的加速度记录信息：

The Imperial Valley (USA) earthquake of October 15, 1979.

Source：PEER Strong Motion Database

Recording station：USGS STATION 5115

Frequency range：0.1-40.0Hz

Maximum Absolute Acceleration：0.3152g

加速度时程如图 15-4 所示。

(2) 地震位移时程

将加速度时程直接积分获得位移时程，同时考虑地震波从桥墩 1 传播到桥墩 2 或桥墩 3 存在时间滞后，通过将原位移时程沿时间轴平移指定的滞后时间（0.5s、1.0s、2.0s），获得不同桥墩的位移时程激励，如图 15-5 所示。其中，IV _ Disp 为原始地震动位移时程，由图 15-4 所示的加速度时程直接积分获得，IV _ Disp _ 0.5、IV _ Disp _ 1.0 及 IV _ Disp _ 2.0 分别由 IV _ Disp 沿时间轴向右偏移 0.5s、1.0s 及 2.0s 获得。加速度时程转位移时程可通过作者编制的 SPECTR 软件[9]分析获得，SPECTR 软件可以在作者的网站（http://www.jdcui.com）免费下载，SPECTR 界面如图 15-6 所示。

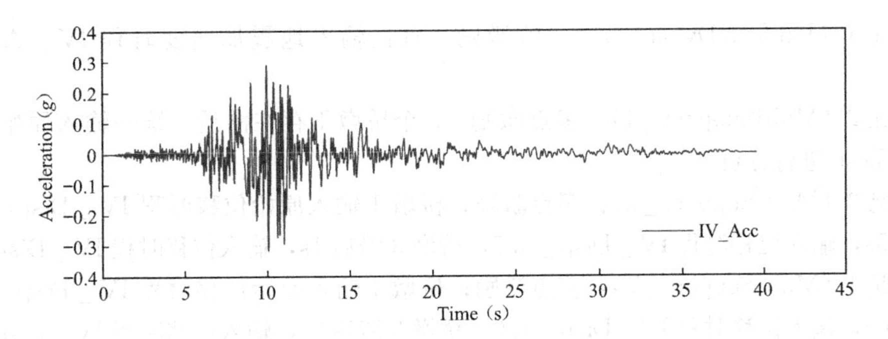

图 15-4　Imperial _ Valley 地震动加速度时程

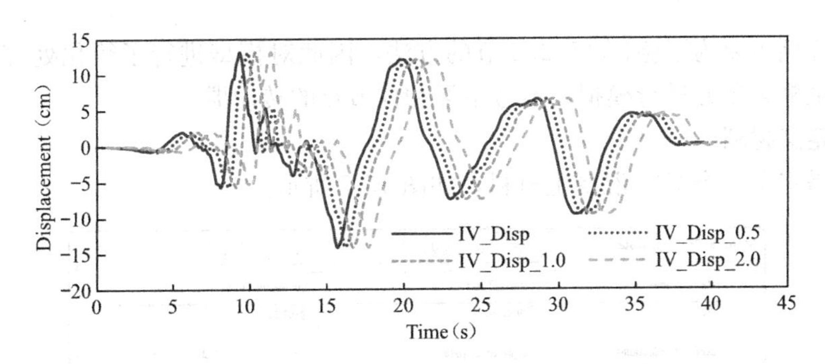

图 15-5　地震动位移时程

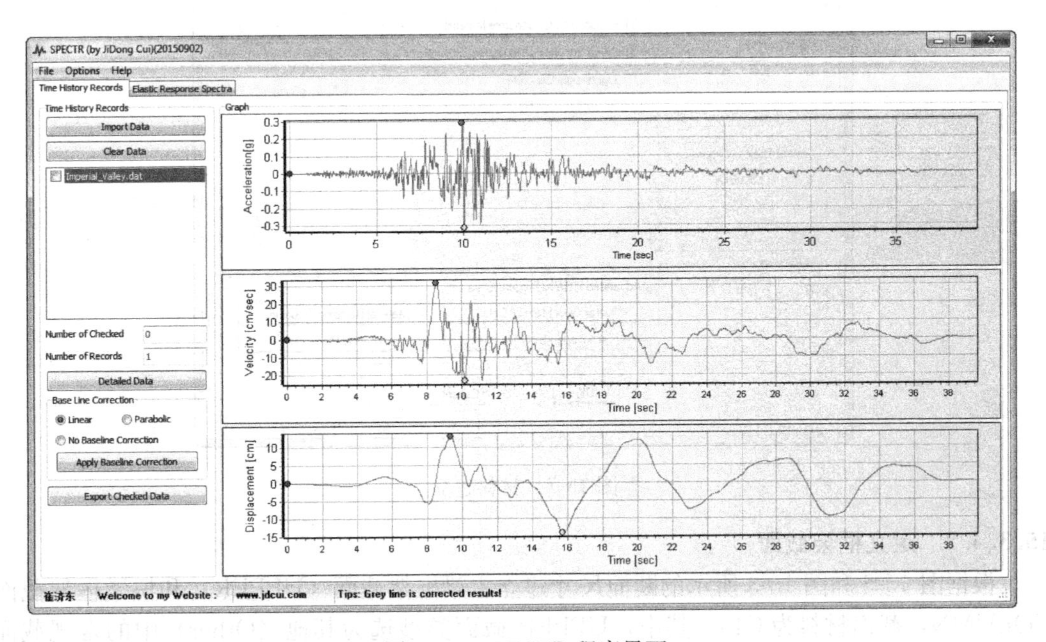

图 15-6　SPECTR 程序界面

15.3.3　时程分析工况

考虑以下 4 种分析工况：

工况 1（UniformDynamic）：一致激励；直接输入地震加速度时程 IV _ Acc 进行分析。

工况 2（MultiSupport _ 1）：多点激励；3 个桥墩不存在滞后，统一输入原始位移时程 IV _ Disp 进行分析。

工况 3（MultiSupport _ 2）：多点激励；桥墩 1 输入原始位移时程 IV _ Disp，桥墩 2 滞后 0.5s，输入位移时程 IV _ Disp _ 0.5，桥墩 3 滞后 1s，输入位移时程 IV _ Disp _ 1.0。

工况 4（MultiSupport _ 3）：多点激励；桥墩 1 输入原始位移时程 IV _ Disp，桥墩 2 滞后 1.0s，输入位移时程 IV _ Disp _ 1.0，桥墩 3 滞后 2s，输入位移时程 IV _ Disp _ 2.0。

15.3.4 SAP2000 建模

由于本算例主要为了验证 15.2.2 节的方法，因此对模型进行了简化处理，主梁和桥墩均采用三维框架单元进行模拟，不考主梁和柱节点的转动惯量。

15.3.4.1 定义材料

本例仅需定义一个 C40 混凝土材料，如图 15-7 所示。

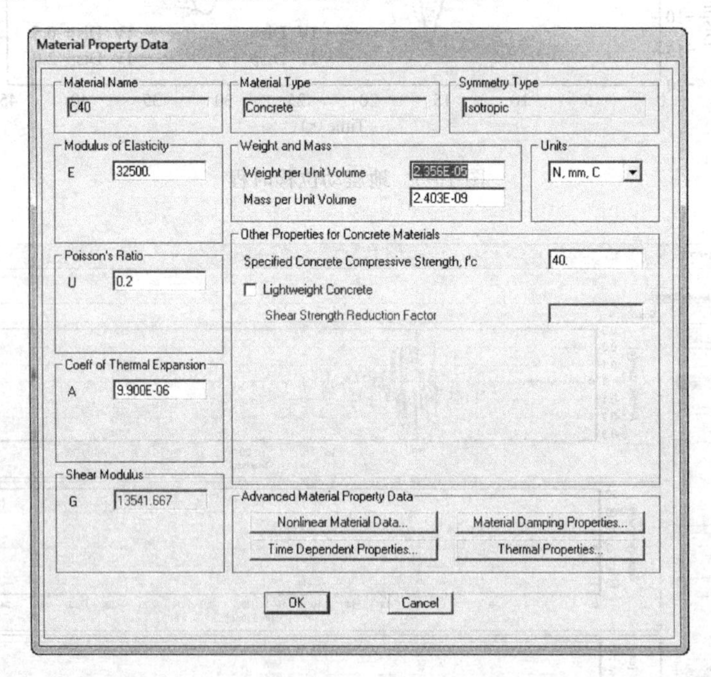

图 15-7 材料建立

15.3.4.2 定义框架截面

根据图 15-2 和图 15-3 所示的断面尺寸建立主梁框架截面（UPPER）和桥墩框架截面 COLUMN，截面材料为 C40。其中，UPPER 截面类型选为其他（Other）中的常规截面（General Section），截面的属性通过在桥梁模块的 Deck Sections 中建立相应的混凝土箱形截面获得，并输入到常规框架截面中，如图 15-8 和图 15-9 所示。

15.3.4.3 定义质量源

指定质量源参数：质量来自于荷载，恒载 DEAD 的自重乘数取 1，本例不考虑活荷载引起的质量。

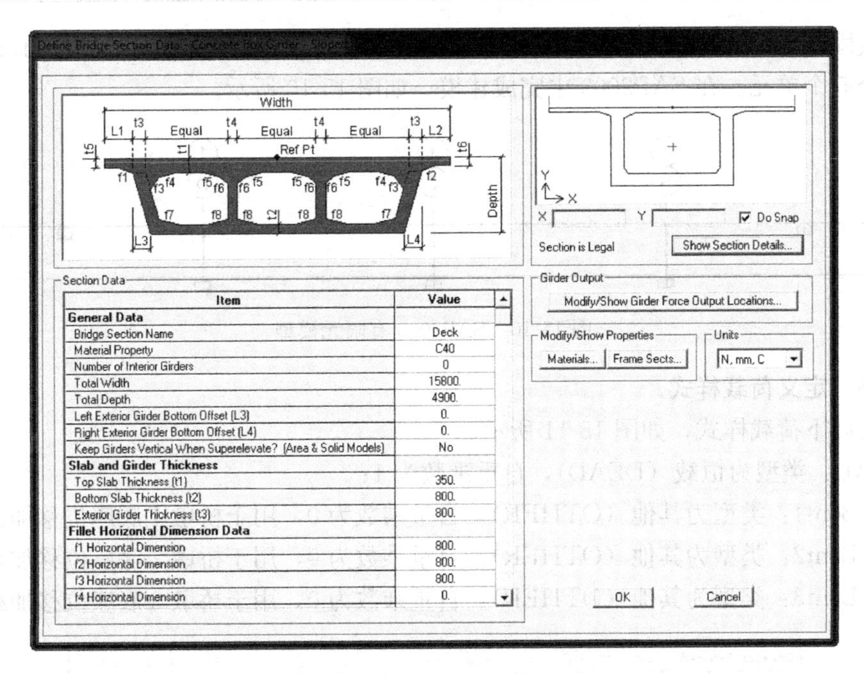

图 15-8 建立 Deck 截面

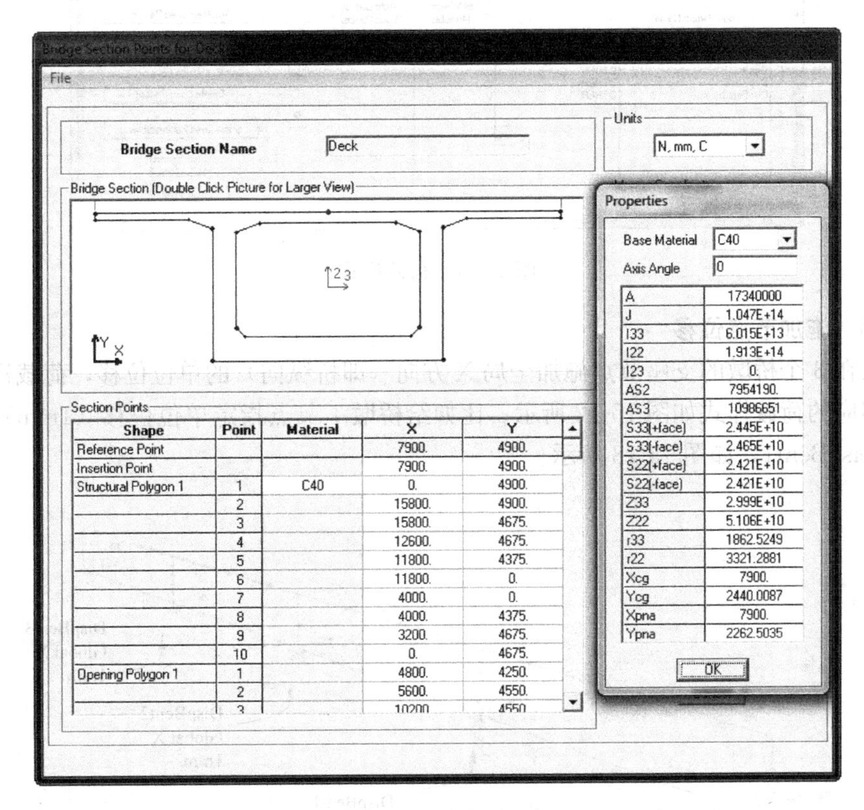

图 15-9 主梁截面属性

15.3.4.4 绘制框架单元、指定支座条件

主梁、桥墩均采用三维梁柱单元进行模拟，根据图 15-1 所示的支座情况，指定桥墩

支座为嵌固，主梁两端桥台处为简支，如图 15-10 所示。主梁框架单元尺寸为 10m，每个桥墩划分 5 个单元。在 SAP2000 中完成建模，如图 15-10 所示。

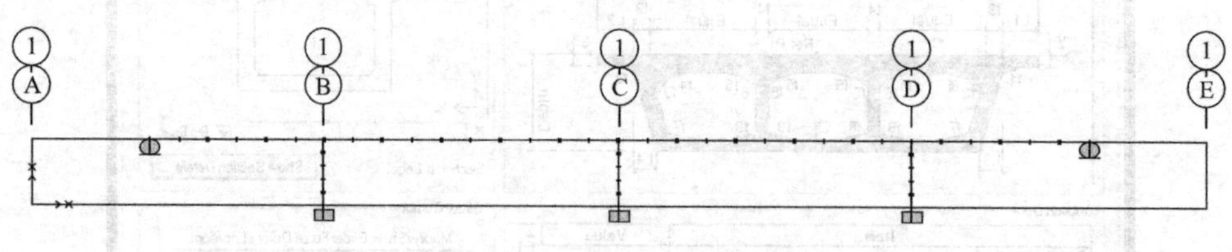

图 15-10 SAP2000 有限元模型

15.3.4.5 定义荷载样式

定义以下荷载样式，如图 15-11 所示。

DEAD：类型为恒载（DEAD），自重乘数为 1；

DispBent1：类型为其他（OTHER），自重乘数为 0，用于桥墩 1 底座位移加载。

DispBent2：类型为其他（OTHER），自重乘数为 0，用于桥墩 2 底座位移加载。

DispBent3：类型为其他（OTHER），自重乘数为 0，用于桥墩 3 底座位移加载。

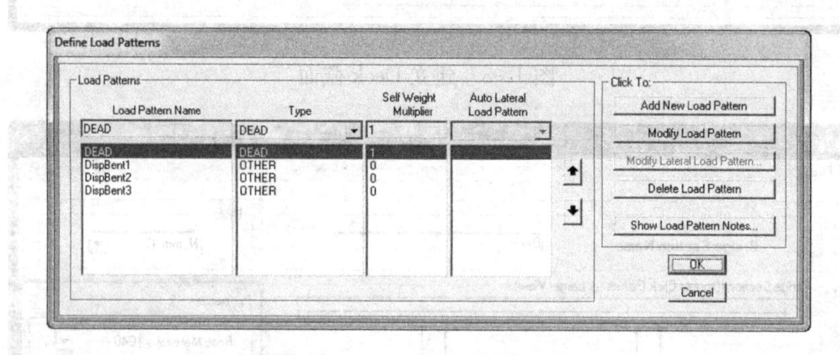

图 15-11 荷载样式

15.3.4.6 施加节点位移

依次在 3 个桥墩的支座节点施加全局 X 方向（即桥纵向）的单位位移，荷载样式选择与桥墩相应的荷载样式如图 15-12 所示。比如给桥墩 1 节点指定单位位移（1mm）时荷载样式为 DispBent1，如图 15-13 所示。

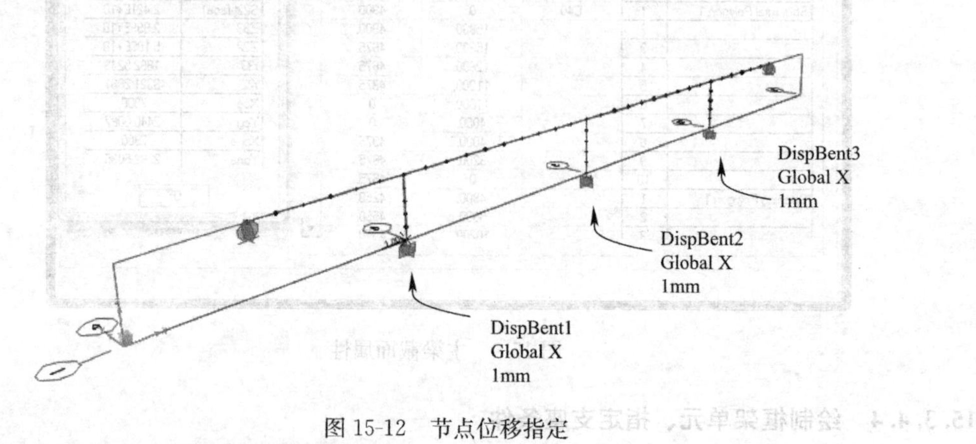

图 15-12 节点位移指定

15.3.4.7 定义时程函数

将 15.3.2 节的地震加速度时程、地震位移时程导入 SAP2000，定义为时程函数 (Time History Functions)。本例共定义了五个时程函数，包括 1 个加速度时程 IV _ Acc，用于一致激励分析，4 个位移时程（IV _ Disp，IV _ Disp _ 0.5，IV _ Disp _ 1.0 及 IV _ Disp _ 2.0)，用于多点激励分析，如图 15-14 所示。

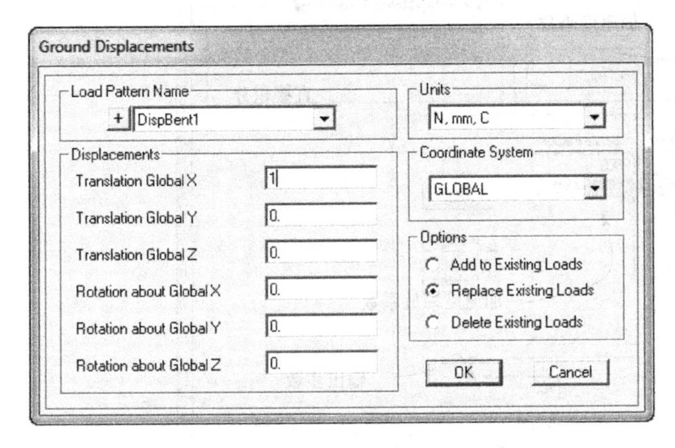

图 15-13 桥墩 1 支座节点节点位移

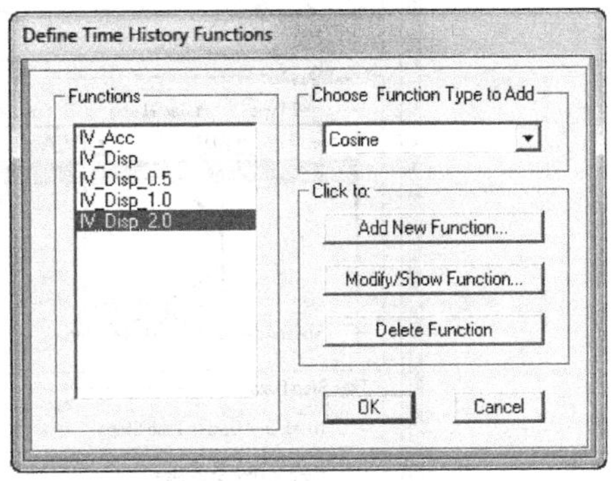

图 15-14 时程函数定义

15.3.4.8 定义荷载工况

按表 15-1 定义荷载工况。

荷载工况定义 表 15-1

工况名称	工况类型	工况用途
MODAL	Modal	模态分析
UniformDynamic	Linear Direct Integration History	一致激励
MultiSupport _ 1	Linear Direct Integration History	多点激励
MultiSupport _ 2	Linear Direct Integration History	多点激励
MultiSupport _ 3	Linear Direct Integration History	多点激励

其中模态分析主要用于计算结构的模态，并用于时程分析瑞利阻尼的指定。瑞利阻尼通过设置结构的第一周期和第三周期的阻尼比为 0.02 来指定。

(1) UniformDynamic 工况定义

UniformDynamic 工况的定义如图 15-15 所示。由于本例加速度时程函数以 g 为单位导入，模型的单位为"N，mm"，此处 ScaleFactor 的值应取 9800（重力加速度)，工况分析结果输出的总时间为 4000×0.01=40s。

(2) MultiSupport _ 1 工况定义

多点激励工况的定义需要选择荷载类型（Load Type）为 Load Pattern，并为各个桥墩指定相应的荷载样式及位移时程函数。同样需要注意的是缩放系数（Scale Factor）的定义，必须使得位移时程函数和 Scale Factor 的乘积等于期望输入的位移历程，本例位移时程函数以 cm 为单位进行定义，模型的单位为"N，mm"，故缩放系数（Scale Factor）取为 10。MultiSupport _ 1 工况的定义如图 15-16 所示。

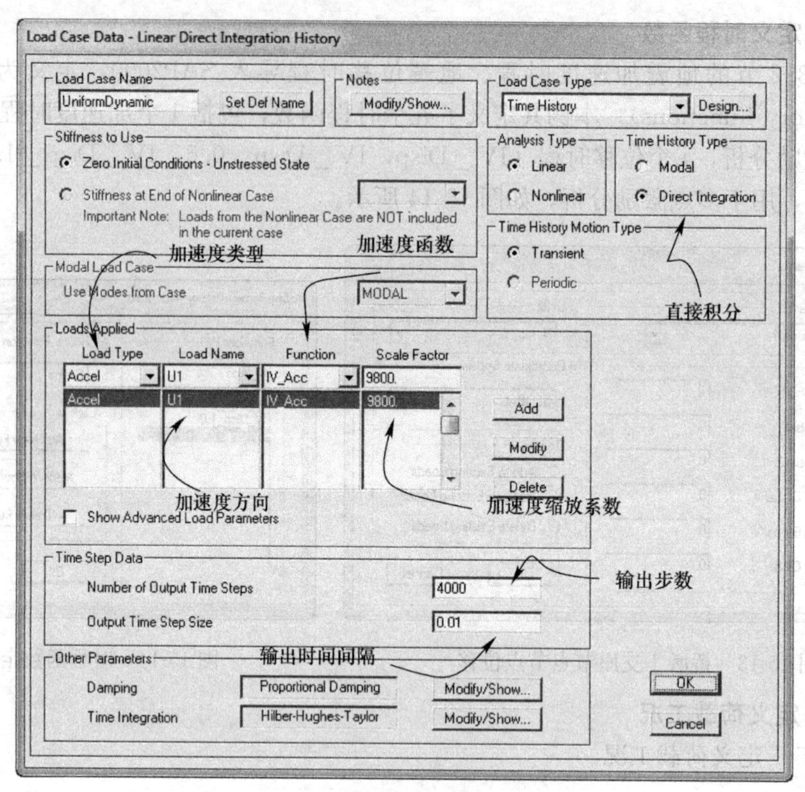

图 15-15　一致地震激励工况定义

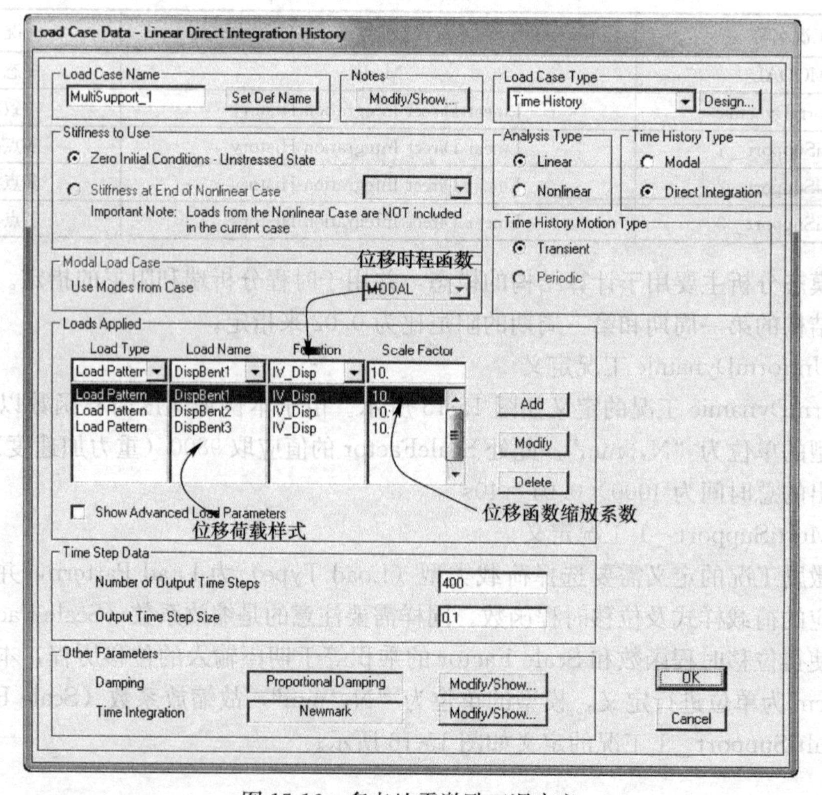

图 15-16　多点地震激励工况定义

其余多点激励工况的定义与此类似，只需要根据 15.3.3 节指定相应的桥墩位移时程函数即可。

15.3.4.9 运行分析

至此，SAP2000 的建模和工况定义完成，可运行分析。

15.3.5 PERFORM-3D 建模

本例通过 SAP2000 导出 PERFORM-3D 模型，并通过修改导出的模型来完成 PERFORM-3D 的建模。SAP2000 导出的 PERFORM-3D 模型完成了几何信息、平动质量信息、弹性单元信息等的转换，对于弹性模型的建立十分方便。在 SAP2000 中建好模型后，通过【File】-【Export】-【Perform3D Structure…】完成 PERFORM-3D 模型导出。

参考 15.2.2 节的步骤对导出的 PERFORM-3D 模型进行相应的修改以完成多点激励分析模型的建立。

15.3.5.1 支座条件修改

释放 3 个桥墩支座节点 H1 方向的自由度约束，用于添加大刚度支座弹簧单元，以便施加位移时程，仅约束桥墩支座其余 5 个方向的自由度（图 15-17）。

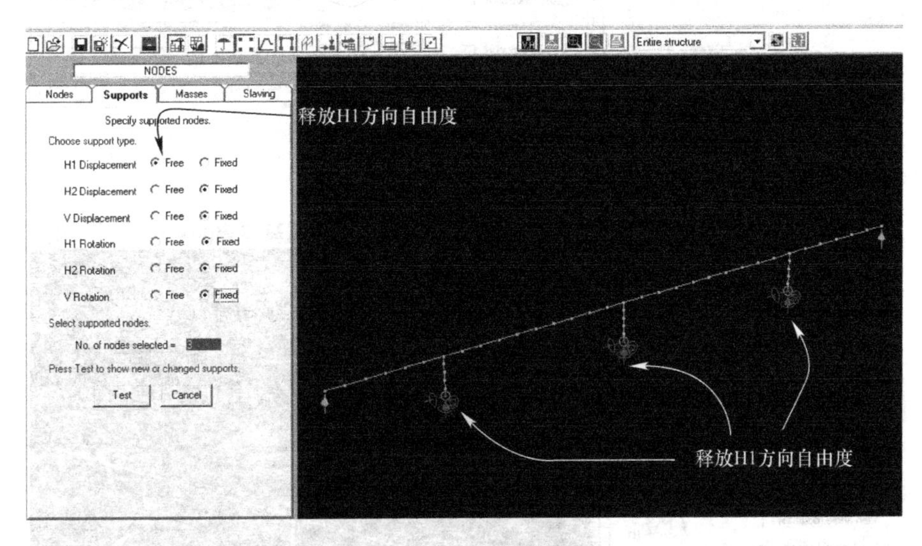

图 15-17 支座条件修改

15.3.5.2 定义弹簧单元

PERFORM-3D 中的支座弹簧单元（Support Spring Element）用于模拟线弹性支座。支座弹簧单元由一个支座弹簧组件（Support Spring Component）组成。支座弹簧组件通过指定 6×6 的刚度矩阵进行定义。

（1）支座弹簧组件（Support Spring Component）的定义

通过路径【Modeling phase】-【Components properties】-【Elastic】-【Support Spring】定义支座弹簧组件，激活弹簧局部 Axis1 轴的自由度，刚度值取一较大值，本例刚度值取 1E+07，如图 15-18 所示。

（2）支座弹簧单元定义

新建支座弹簧单元组 SupportSpring，将 Beta-K 阻尼缩放系数（Scale Factor for Beta-

K Damping）设置为 0。选择支座节点定义支座弹簧单元，并赋予支座弹簧组件属性，最后定义弹簧单元的局部坐标轴方向，本例弹簧单元方向按默认（即局部坐标方向 Axis 1 和全局坐标方向 H1 重合），如图 15-19 所示。

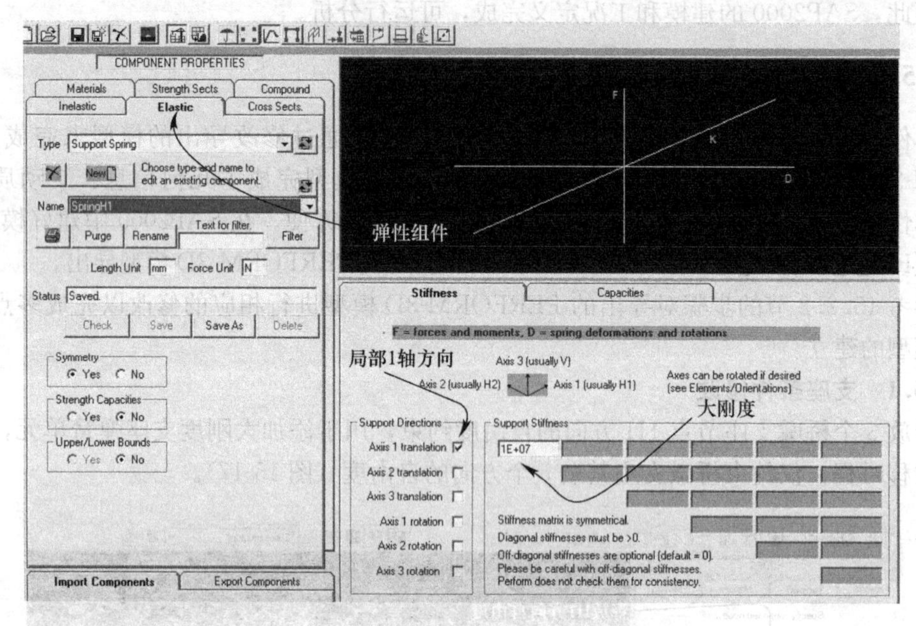

图 15-18　支座弹簧组件定义

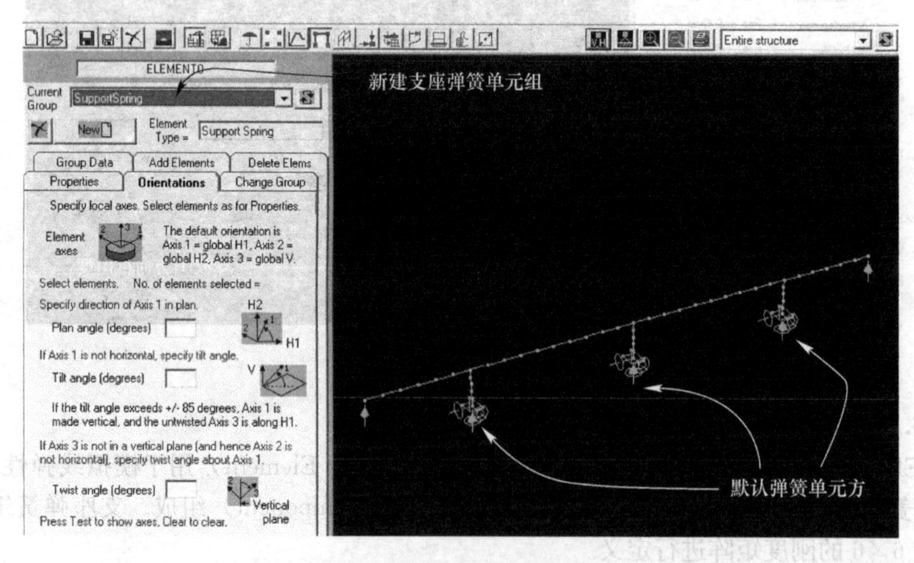

图 15-19　支座弹簧单元定义

15.3.5.3　定义荷载样式

由于算例中的三个桥墩的位移时程有相对滞后，所以各桥墩输入的位移时程不同，因此本例共添加 3 个节点荷载样式 SupportLoad1、SupportLoad2 和 SupportLoad3，用于 3 个桥墩支座节点 H1 方向位移的施加。对于每一节点荷载样式，沿全局 H1 方向给相应的桥墩支座节点施加大小为 1E+07（与支座弹簧的刚度 K 相等）的力，如图 15-20 所示。

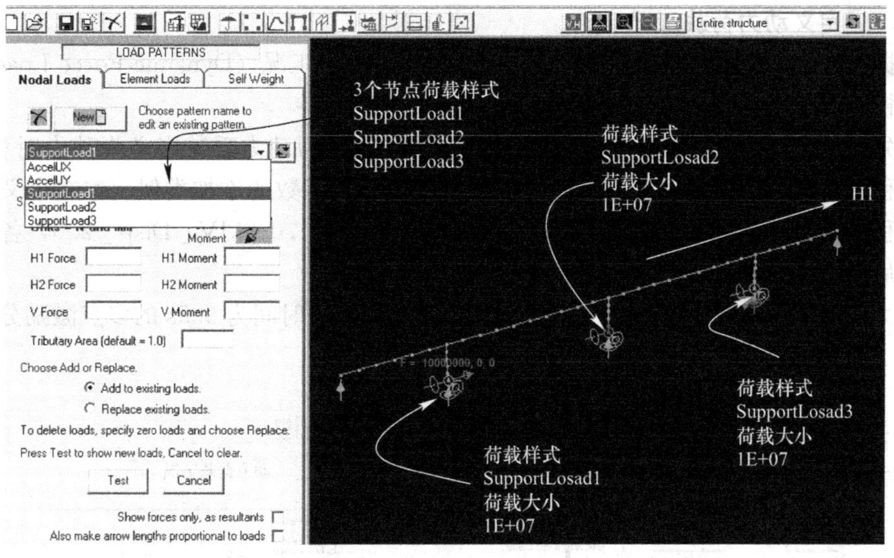

图 15-20　节点荷载样式定义

15.3.5.4　定义动力地震工况

在定义一致地震激励工况前，需要定义一致激励分析使用的地震加速度时程，加速度时程可以通过点击按钮【Add/Review/Delete Earthquake】弹出对话框进行导入。本例将 15.3.2 节所选的 Imperial Valley 地震动加速度时程导入，分组为 MultiSupport，命名为 Imperial _ Valley。一致地震激励工况的定义如图 15-21 所示。

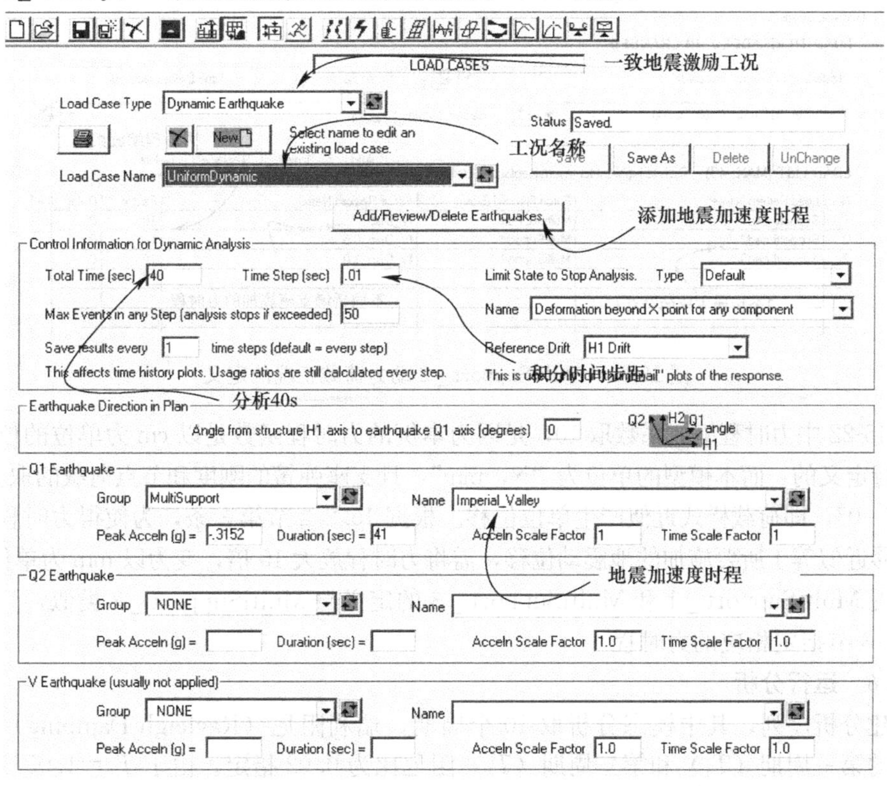

图 15-21　一致地震激励工况的定义

15.3.5.5 定义动力荷载工况

根据 15.2.2 节，在 PERFORM-3D 中通过动力荷载工况（Dynamic Force Load Case）来完成桥墩支座位移的加载。

首先，将 15.3.2 节图 15-5 所示的地震位移时程作为动力系数定义为动力时程函数。动力时程函数的添加与一致地震记录工况中加速度时程函数的添加类似。本文定义了 4 个动力时程函数：IV _ Disp、IV _ Disp _ 0.5、IV _ Disp _ 1.0 和 IV _ Disp _ 2.0，各动力时程的滞后时间分别为 0s、0.5s、1.0s 及 2.0s。

动力荷载工况 MultiSupport _ 2 用于各桥墩相对滞后时间为 0.5s 的多点激励分析，定义如图 15-22 所示。

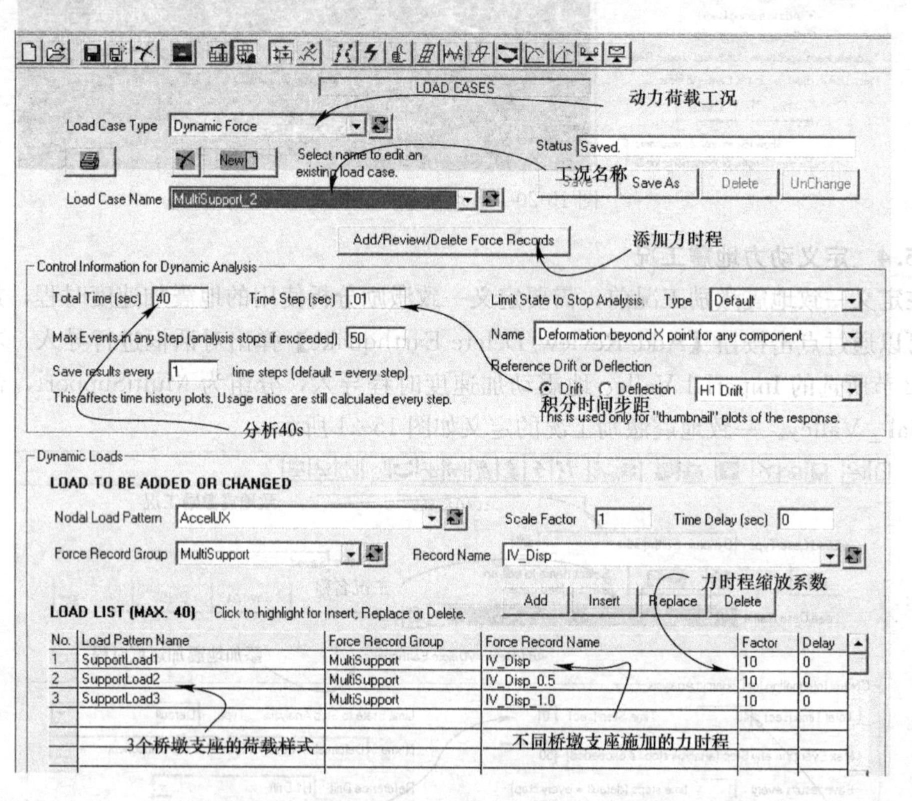

图 15-22 MultiSupport _ 2 动力荷载工况的定义

图 15-22 中力时程缩放系数取 10，是因为本例的力时程函数是以 cm 为单位的位移时程记录进行定义的，而本模型的单位为“N，mm”，且支座弹簧的刚度和节点荷载的取值相等，均为 1E+07，即荷载样式近似产生单位位移。根据 15.2.2 节第 3 条，为使得力时程产生的节点位移近似等于所要施加的地震动位移，需将力时程放大 10 倍，变为以 mm 为单位。

工况 MultiSupport _ 1 和 MultiSupport _ 3 的定义与 MultiSupport _ 2 类似，只需要根据 15.3.3 节指定相应的力时程。

15.3.5.6 运行分析

新建分析序列，其中模态分析取 10 个周期，瑞利阻尼（Rayleigh Damping）通过设置结构的第一周期（T_1）和第三周期（T_3）阻尼比为 0.02 指定。由于 $T_1=1.055s$，$T_3=0.816s$，$T_3/T_1=0.77346$。瑞利阻尼的定义如图 15-23 所示。

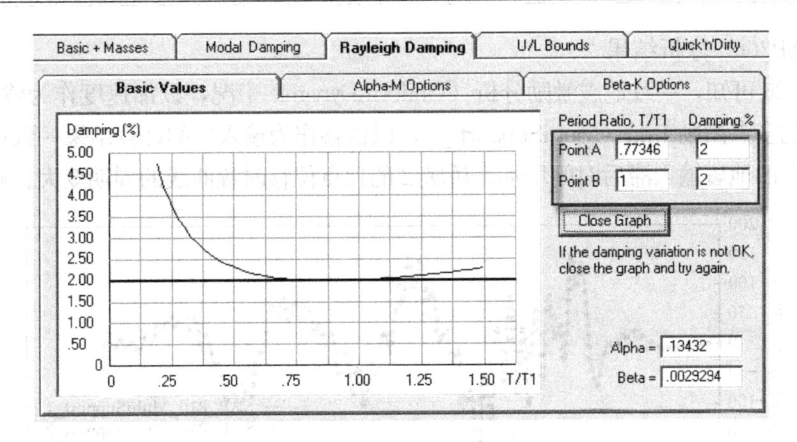

图 15-23　瑞利阻尼定义

将上述定义的一致激励工况和多点激励工况添加到分析序列的分析列表中，各分析工况的上接分析工况均为模态分析工况（No. 为［0］），表明各时程分析均在模态分析的基础上进行，各时程分析工况之间相互独立。分析序列定义如图 15-24 所示。

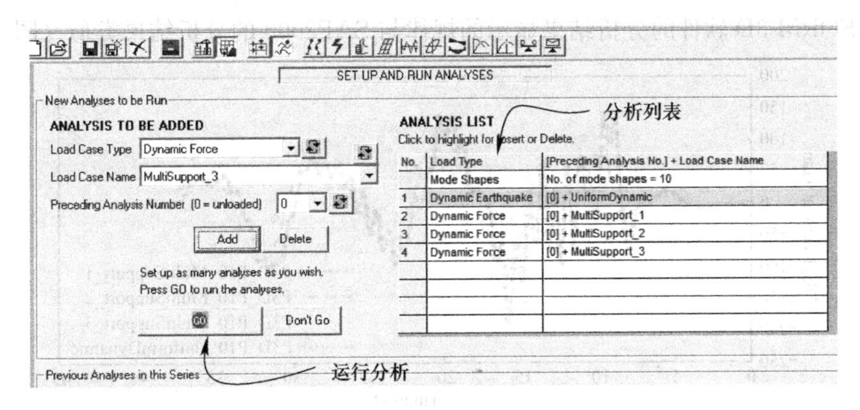

No.	Load Type	[Preceding Analysis No.] + Load Case Name
	Mode Shapes	No. of mode shapes = 10
1	Dynamic Earthquake	[0] + UniformDynamic
2	Dynamic Force	[0] + MultiSupport_1
3	Dynamic Force	[0] + MultiSupport_2
4	Dynamic Force	[0] + MultiSupport_3

图 15-24　定义分析工况列表

分析序列定义完成后，点击按钮【GO】运行分析。

15.3.6　分析结果

提取 SAP2000 和 PERFORM-3D 一致地震激励和多点激励工况下桥墩 2 顶点的纵向位移（绝对位移）响应时程（图 15-25），并进行对比。

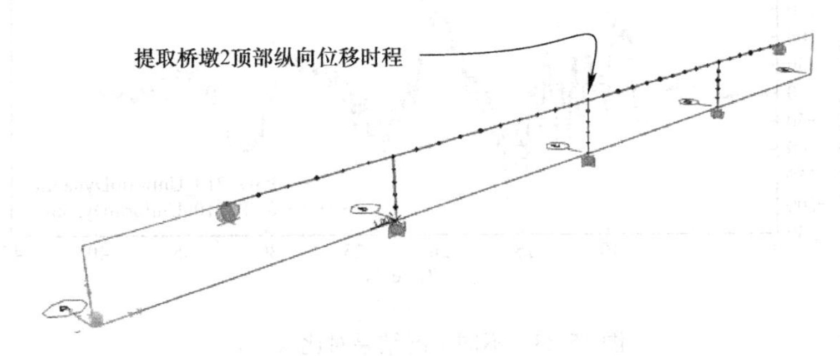

图 15-25　位移时程提取

(1) SAP2000 分析结果

从图 15-26 可知，一致地震激励分析（UniformDynamic 工况，以加速度作为输入）和不考虑时间滞后的多点激励工况（MultiSupport _ 1，以位移作为输入）的计算结果一致；对于本例，随着桥墩之间的地震输入滞后时间增加，桥墩 2 的顶点位移时程曲线的周期变大、峰值变小。

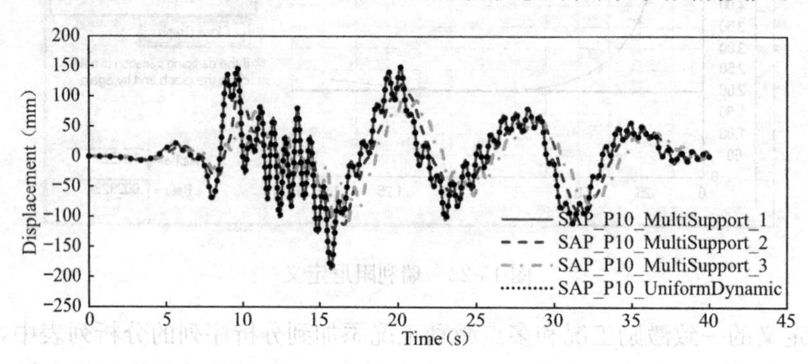

图 15-26 SAP2000 分析结果

(2) PERFORM-3D 分析结果

PERFORM-3D 软件的分析结果显示的规律与 SAP2000 的分析结果类似（图 15-27）。

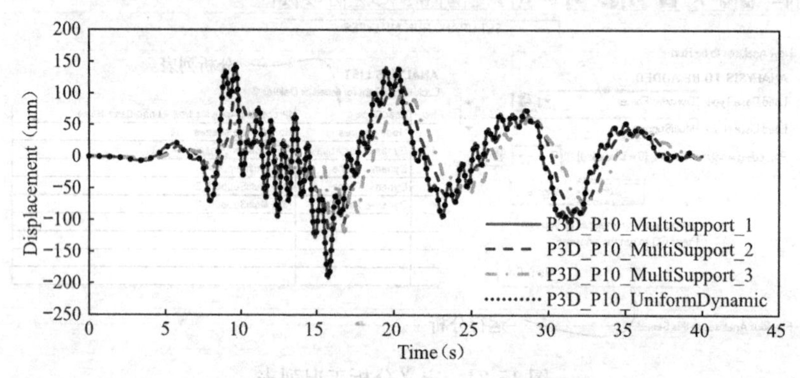

图 15-27 PERFORM-3D 分析结果

(3) SAP2000 与 PERFORM-3D 结果对比

SAP2000 与 PERFORM-3D 各工况下的分析结果对比如图 15-28 所示。从图 15-28 可见，两个软件计算结果吻合较好，因此也验证了 PERFORM-3D 中利用动力荷载工况（Dynamic Force Load Case）和支座弹簧单元（Support Spring）实现多点激励地震分析的可行性。

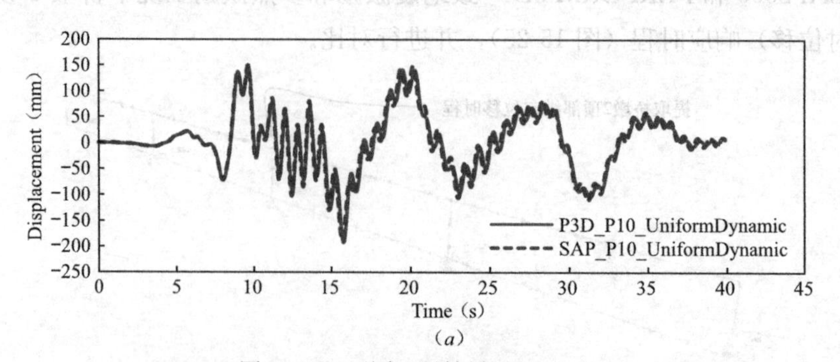

(*a*)

图 15-28 不同工况结果对比（一）

(*a*) UniformDynamic 工况结果对比

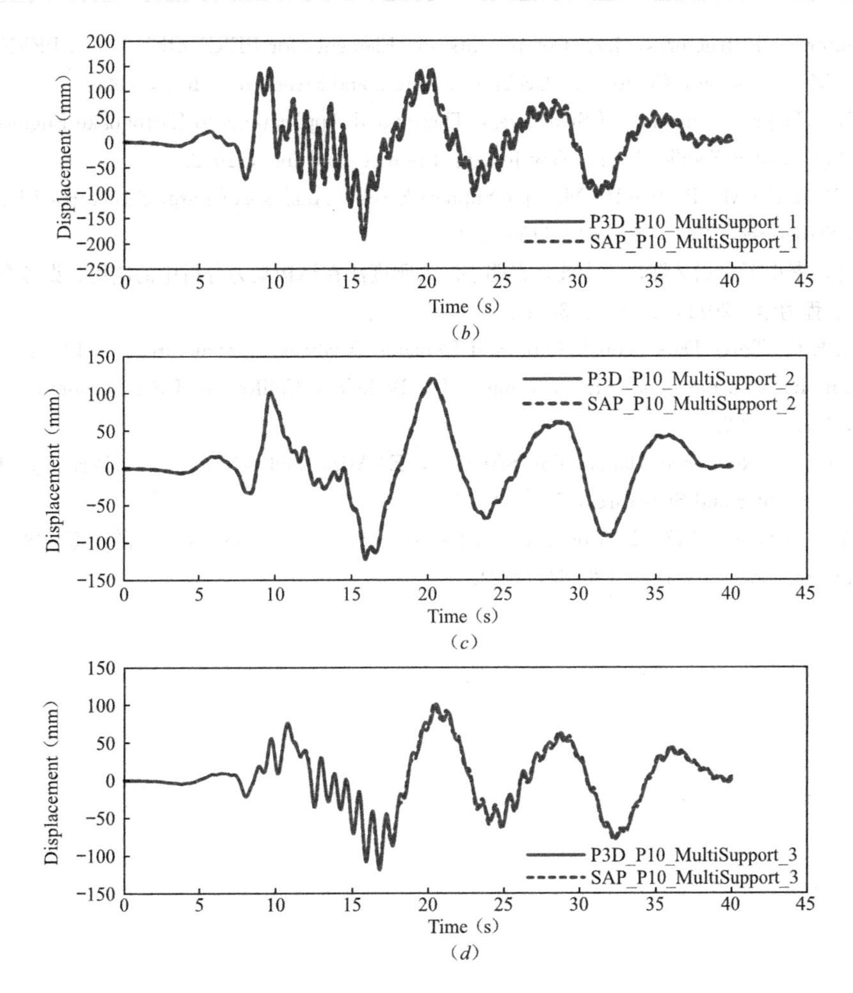

(*b*)

(*c*)

(*d*)

图 15-28 不同工况结果对比（二）

(*b*) MultiSupport _ 1 工况结果对比；(*c*) MultiSupport _ 2 工况结果对比；(*d*) MultiSupport _ 2 工况结果对比

15.4 本章小结

本文介绍了利用动力荷载工况（Dynamic Force Load Case）和支座弹簧单元（Support Spring）在 PERFORM-3D 中实现多点激励地震分析的方法，并以一个大跨度连续刚构桥的地震反应分析为例，通过 PERFORM-3D 和 SAP2000 的分析结果对比，验证了该方法的可行性。

15.5 参考文献

[1] 苏成，陈海斌. 多点激励下大跨度桥梁的地震反应 [J]. 华南理工大学学报（自然科学版），2008，36 (11)：101-107.

[2] Computers and Structures, Inc. Nonlinear Analysis and Performance Assessment for 3D Structures User Guide [M]. Berkley, California: Computers and Structures, Inc., 2006.

[3] Computers and Structures, Inc. Components and Elements for PERFORM-3D and PERFORM-Collapse [M]. Berkeley, California, USA: Computers and Structures, Inc., 2006.

[4] Anil K. Chopra. Dynamics of Structures: Theory and Applications to Earthquake Engineering (4th ed) [M]. Upper Saddle River, New Jersey: Prentice Hall Inc., 2012.

[5] Leger P, Idel I M, Paultre P. Multiple Support Seismic Analysis of Large Structures [J]. Computers & Structures, 1990, 36 (6): 1153-1158.

[6] 周国良，李小军，刘必灯，彭小波，迟明杰. 大刚度法在结构动力分析中的应用、误差分析与改进 [J]. 工程力学，2011，28 (8)：30-36.

[7] Wilson E L. Three Dimensional Static and Dynamic Analysis of Structures: A Physical Approach with Emphasis on Earthquake Engineering [M]. Berkeley, California, USA: Computers and Structures, Inc., 2002.

[8] CSI Analysis Reference Manual For SAP2000, ETABS, and SAFE [M]. Berkeley, California, USA: Computer and Structures, Inc., 2007.

[9] 崔济东. "[Tool] SPECTR-A program for Response Spectra Analysis [反应谱计算程序]", http://www.jdcui.com/?p=1875 (2016/11/29).

16 Pushover 分析原理与实例

16.1 引言

Pushover 分析方法又称为静力弹塑性分析方法或静力非线性分析方法，是一种以结构顶部的侧向位移作为整体抗震性能判据的结构抗震性能评估方法，它将非线性静力分析与反应谱理论紧密结合起来，用静力分析的方法预测结构在地震作用下的动力反应和抗震性能，在基于性能的抗震设计中得到了较为广泛的研究与应用。我国的《高层建筑混凝土结构技术规程》JGJ 3—2010 第 3.11.4 条明确指出[1]，高度不超过 150m 的高层建筑可采用静力弹塑性分析方法进行结构的抗震性能评估。

通过 Pushover 分析进行结构抗震性能评估的基本步骤如下[2]：

（1）建立结构的 Pushover 曲线；

（2）确定用于评估的地震动水准；

（3）选择用于评估的性能水准及其容许准则；

（4）采用特定的方法求取结构性能点并进行结构性能评估。

常用的 Pushover 分析方法主要包括 ATC-40[3]采用的“能力谱法”、FEMA 356[4]推荐的“目标位移法”、FEMA 440[5]提出的“等效线性化”和“位移修正”两种方法等。其中能力谱法是最早提出的 Pushover 分析方法，本章主要介绍能力谱法的基本原理及其在 PERFORM-3D[6,7]中的应用。

16.2 能力谱法介绍

能力谱法（Capacity Spectrum Method，CSM）最初由 Freeman[8,9]提出，后来被美国规范 ATC-40[3]采用，该方法的基本步骤可以概括如下：

（1）建立 Pushover 曲线，即通过静力非线性分析，获得结构的基底剪力和顶部位移之间的关系，如图 16-1（*a*）所示，该步涉及对结构侧向荷载模式的假定。

（2）建立能力谱曲线，将 Pushover 曲线转换为能力谱曲线，如图 16-1（*b*）所示，该步涉及等效单自由度体系的建立。

（3）建立需求谱曲线，即将标准的加速度反应谱转换为 ADRS（Acceleration-Displacement Response Spectrum）格式，如图 16-1（*c*）所示。

（4）将需求谱和能力谱绘制在同一个坐标系，确定性能点，如图 16-1（*d*）所示。该步性能点的求解过程涉及需求谱的折减及一系列单自由度体系的等效线性化过程。

（5）获得性能点处结构及构件各类指标的需求，并与相应的性能指标限值进行对比，判断结构是否满足设定的性能目标要求。

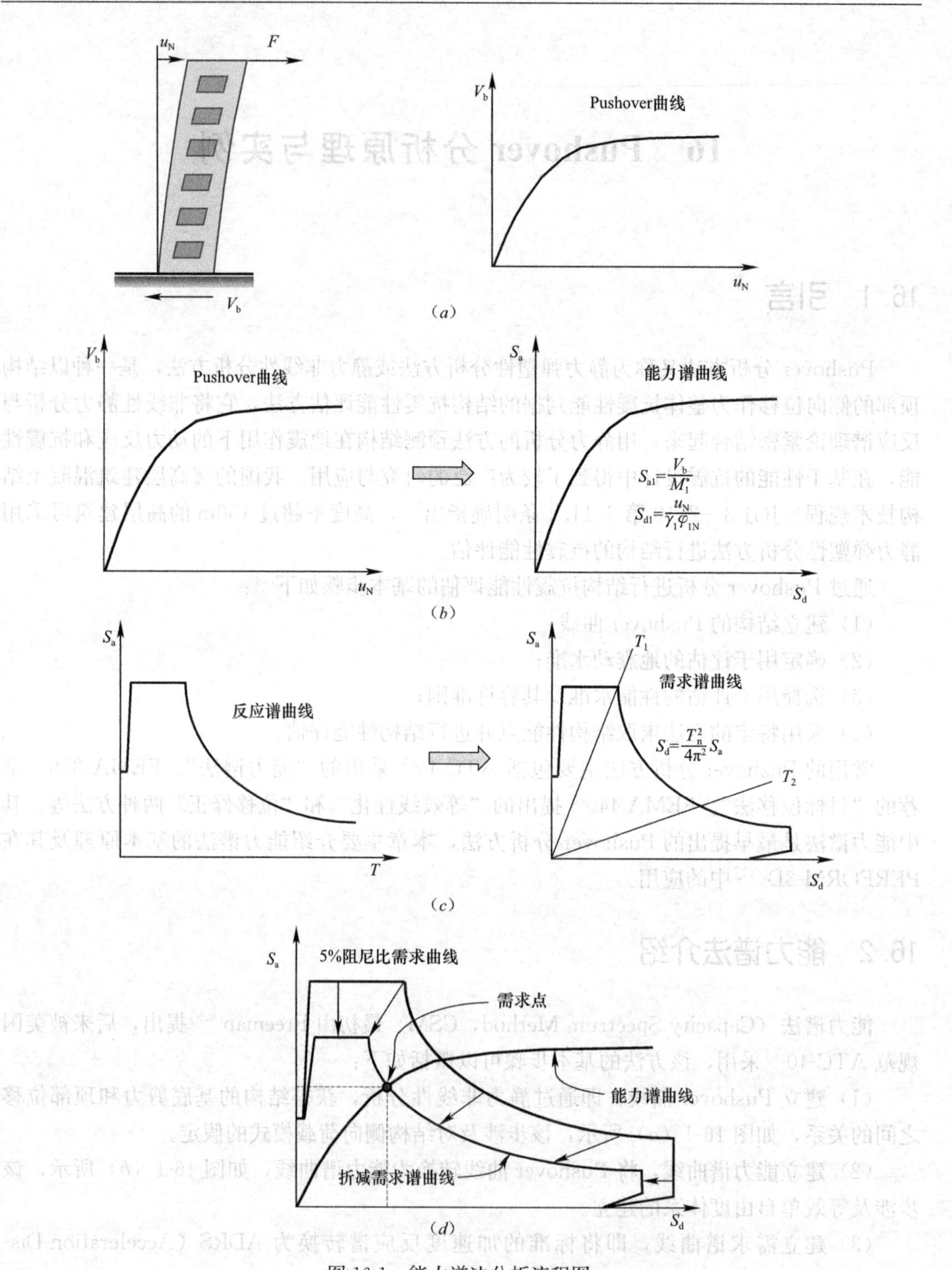

图 16-1 能力谱法分析流程图

(*a*) 建立 Pushover 曲线；(*b*) 建立能力谱曲线；(*c*) 建立需求谱曲线；(*d*) 确定性能点

16. 2. 1 建立 Pushover 曲线

Pushover 曲线，也称能力曲线，一般表示为结构的基底剪力（V_b）-顶点位移（u_N）

之间的关系，其分析过程如图 16-1（a）所示。

计算结构的 Pushover 曲线需注意以下两点[2]：

第一，建立合理的结构弹塑性分析模型。结构的能力曲线描述的是结构整体受力与变形的关系，建立合理的分析模型是获得准确的结构能力曲线的基础。用于 Pushover 分析的结构模型应能充分体现结构的质量分布、强度、刚度及各个方向的变形能力。

第二，选择合理的侧向荷载模式，施加重力荷载及侧向荷载。首先，在进行 Pushover 分析前，先进行重力荷载工况分析，以重力荷载工况分析完成后的状态作为 Pushover 分析的初始条件。另外，需要选择合理的侧向荷载模式进行 Pushover 分析。侧向荷载模式代表了地震作用下结构水平方向惯性力的分布模式，侧向荷载模式的选取直接影响 Pushover 分析的结果。

16.2.2 建立能力谱曲线

能力谱曲线是用 ADRS 形式表示的结构 Pushover 曲线。将 Pushover 曲线转换为 ADRS 格式涉及多自由度体系到单自由度体系的等效过程。

根据振型分解反应谱法，多自由度结构第 j 阶振型第 i 层质量点的水平地震作用按公式（16.2-1）计算，第 j 阶振型第 i 层质量点的水平位移按公式（16.2-2）计算。

$$F_{ji} = m_i \gamma_j \varphi_{ji} S_{\mathrm{a},j} = G_i \gamma_j \varphi_{ji} \alpha_{\mathrm{a},j} \tag{16.2-1}$$

$$u_{ji} = \gamma_j \varphi_{ji} S_{\mathrm{d},j} \tag{16.2-2}$$

$$\gamma_j = \frac{\sum_{i=1}^{n}(m_i \varphi_{ji})}{\sum_{i=1}^{n}(m_i \varphi_{ji}^2)} \tag{16.2-3}$$

式中，m_i 为第 i 层楼的质量，G_i 为第 i 层楼的重量，γ_j 为第 j 阶振型的振型参与系数，φ_{ji} 为第 j 阶振型 i 层处的相对位移振幅，$S_{\mathrm{a},j}$ 为第 j 阶振型的谱加速度，$\alpha_{\mathrm{a},j}$ 为第 j 阶振型的地震影响系数，$S_{\mathrm{d},j}$ 为第 j 阶振型的地震谱位移。

假定结构为第一振型起控制作用，则由公式（16.2-2）可得 ADRS 格式谱位移的转换公式：

$$S_{\mathrm{d},1} = \frac{u_{\mathrm{N}}}{\gamma_1 \varphi_{1\mathrm{N}}} \tag{16.2-4}$$

结构第 j 阶振型的基底剪力：

$$V_j = \sum_{i=0}^{n} F_{ji} = S_{\mathrm{a},j} \gamma_j \sum_{i=1}^{n} m_i \varphi_{ji} = S_{\mathrm{a},j} \frac{\left(\sum_{i=1}^{n} m_i \varphi_{ji}\right)^2}{\sum_{i=1}^{n}(m_i \varphi_{ji}^2)} \tag{16.2-5}$$

令 $M_j^* = \dfrac{\left(\sum_{i=1}^{n} m_i \varphi_{ji}\right)^2}{\sum_{i=1}^{n}(m_i \varphi_{ji}^2)}$，为第 j 阶振型的有效质量。由公式（16.2-5）可得结构第 j 阶振型的基底剪力与等效单自由度体系谱加速度的转换关系为：

$$S_{\mathrm{a},j} = \frac{V_j}{M_j^*} \tag{16.2-6}$$

假定结构为第一振型起控制作用，则可由公式（16.2-6）获得 ADRS 格式谱加速度的转换公式：

$$S_{a,1}=\frac{V_b}{M_1^*} \tag{16.2-7}$$

通过公式（16.2-4）和（16.2-7）可以将 Pushover 曲线上的任意一点的基底剪力 V_b 及顶部位移 u_N 转换为谱加速度 S_a 及谱位移 S_d，从而将 Pushover 曲线转换为 ADRS 格式的能力谱，如图 16-1（*b*）所示。

16.2.3 建立需求谱曲线

需求谱曲线是将标准的反应谱表示为 ADRS 形式，以便与能力谱曲线放在统一坐标系中求取性能点。根据结构动力学原理，位移反应谱 S_d 与加速度反应谱 S_a 之间存在以下关系：

$$S_d=\frac{T^2}{4\pi^2}S_a \tag{16.2-8}$$

因此，对于给定地震水准下的加速度反应谱，将反应谱曲线上各点对应的周期 T_i 及谱加速度 S_{ai} 代入上述公式可以获得相应的 S_{di}，从而建立 ADRS 格式的需求谱，如图 16-1（*c*）所示。

16.2.4 折减需求谱

弹性结构中，结构固有的黏滞阻尼（Viscous Damping）是耗能的主要途径，结构固有黏滞阻尼的大小可通过黏滞阻尼比 β（Viscous Damping Ratio）表示。当结构受到地震作用进入非线性状态后，除了结构本身固有的黏滞阻尼耗能外，构件的滞回变形会进一步消耗地震输入的能量，这一附加的耗能也可以采用黏滞阻尼比的方式来衡量，此时结构的等效黏滞阻尼比 β_{eq}（Equivalent Viscous Damping Ratio）等于结构固有黏滞阻尼比 β（Viscous Damping Ratio）与附加黏滞阻尼比 β_0（Hysteretic Damping Ratio）之和：

$$\beta_{eq}=\beta+\beta_0 \tag{16.2-9}$$

阻尼比增加，加速度反应谱会折减，相应的需求谱也会折减，如图 16-2 所示。由结构的等效黏滞阻尼比对应的加速度反应谱曲线转换得到的需求谱曲线即为折减后的需求谱。

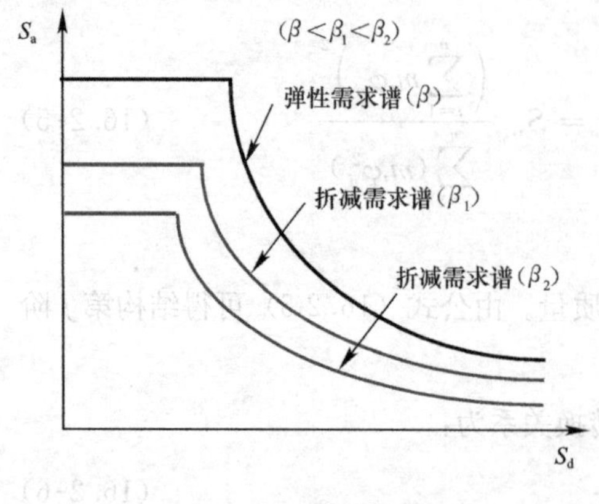

图 16-2 需求谱折减

对于钢筋混凝土结构，结构固有的黏滞阻尼比 β 一般取 5%。以下讨论如何根据结构的非线性耗能来求取等效的附加黏滞阻尼比 β_0。

图 16-3 所示为 ADRS 格式表达的弹塑性结构耗能示意图[3]。对于能力谱曲线上的任意一点 a（a_{pi}，d_{pi}），根据等效线性化方法，将能力谱曲线 o-a 等效为二折线 o-b-a 表示，图中 K 为能力谱曲线的初始刚度（初始斜率），K_e 为等效二折线能力谱曲线的刚度，K_p 为点 a（a_{pi}，d_{pi}）对应的割线刚度。E_D 为滞回阻尼所

消耗的能量，等于虚线平行四边形的面积，E_S 为最大应变能，等于阴影部分三角形的面积，则附加等效黏滞阻尼比 β_0 可表示为：

$$\beta_0 = \frac{E_D}{4\pi E_S} \qquad (16.2\text{-}10)$$

图 16-3 中的滞回环是十分理想情况下得到的，滞回曲线十分饱满，真实结构的滞回性能可能没有如此完美。为此，ATC-40[3] 采用阻尼修正系数 κ 对附加等效黏滞阻尼比 β_0 进行折减。ATC-40[3] 根据建筑的新旧及地震持时的长短将结构分为 Type A、Type B 及 Type C 三类，如表 16-1 所示。

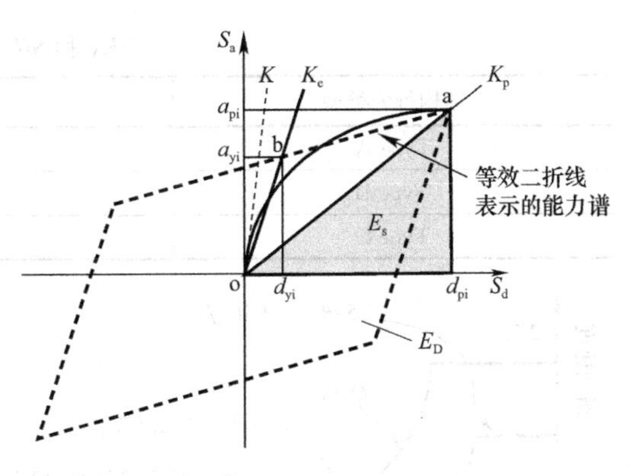

图 16-3 ADRS 方式表达的结构耗能示意

结构行为分类　　表 16-1

地震动持时	新建筑	普通既有建筑	旧的既有建筑
短	Type A	Type B	Type C
长	Type B	Type C	Type C

针对不同的结构行为，ATC-40[3] 给出了阻尼修正系数 κ 的计算方法，如表 16-2 所示。对于耗能能力良好的 Type A 类结构，$\kappa=1.0$；对于耗能能力一般的 Type B 类结构，$\kappa=2/3$；对于耗能能力不好的 Type C 类结构，$\kappa=1/3$。

阻尼修正系数取值　　表 16-2

结构行为类型	β_0（%）	阻尼修正系数 κ
Type A	≤16.25	1.0
	>16.25	$1.13-0.51(a_{yi}d_{pi}-d_{yi}a_{pi})/a_{pi}d_{pi}$
Type B	≤25	0.67
	>25	$0.845-0.446(a_{yi}d_{pi}-d_{yi}a_{pi})/a_{pi}d_{pi}$
Type C	任意值	0.33

最终得到的结构阻尼比为有效粘滞阻尼比 β_{eff}，计算公式为：

$$\beta_{eff} = \beta + \kappa\beta_0 \qquad (16.2\text{-}11)$$

求得结构的有效黏滞阻尼比 β_{eff} 后，可利用 β_{eff} 对原弹性反应谱进行折减，获得折减后需求谱。

ATC-40[3] 通过折减系数 SR_A 和 SR_V 对原弹性反应谱进行折减，如图 16-4 所示。其中，SR_A 和 SR_V 分别代表等加速度段和等速度段的折减系数，通过公式（16.2-12）和公式（16.2-13）计算，并规定 SR_A 和 SR_V 不小于表 16-3 的值。

$$SR_A = \frac{3.21-0.68\ln(\beta_{eff})}{2.12} \qquad (16.2\text{-}12)$$

$$SR_V = \frac{2.31-0.41\ln(\beta_{eff})}{1.65} \qquad (16.2\text{-}13)$$

SR_A 和 SR_V 的最小容许值 表 16-3

结构行为类型	SR_A	SR_V
Type A	0.33	0.50
Type B	0.44	0.56
Type C	0.56	0.67

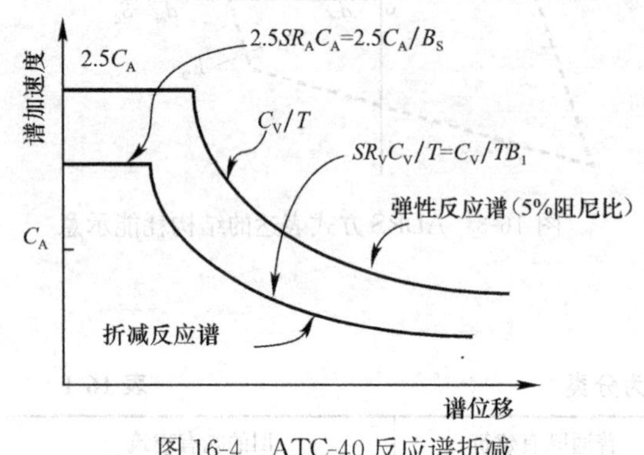

图 16-4 ATC-40 反应谱折减

若采用我国《建筑抗震设计规范》GB 50011—2010[9] 的反应谱，则可以将 β_{eff} 代入阻尼调整系数 η_2 计算公式（公式(16.2-14)），再将 η_2 代入反应谱曲线（或地震影响系数曲线）计算公式，如图 16-5 所示，求得折减后的反应谱，进而求得折减后的需求谱。

$$\eta_2 = 1 + \frac{0.05 - \beta_{eq}}{0.08 + 1.6\beta_{eq}} \quad (16.2\text{-}14)$$

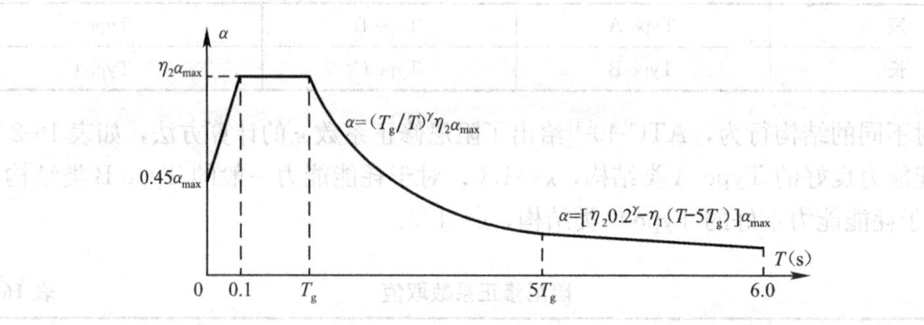

图 16-5 《建筑抗震设计规范》GB 50011—2010 地震影响系数曲线

16.2.5 求取性能点

16.2.5.1 ATC-40 方法 A

ATC-40[3] 提供了三种求取性能点的方法（方法 A、B、C），方法 A 最常用，其基本步骤如下：

(1) 建立弹性设计反应谱，并参考 16.2.3 节，将弹性目标反应谱转换成 ADRS 格式的需求谱，即图 16-6 中的"弹性需求谱"；

(2) 参考 16.2.2 节，通过公式（16.2-4）和（16.2-7）将 Pushover 曲线转换成 ADRS 格式的能力谱，即图 16-6 中的"能力谱"，并与步骤（1）中的需求谱绘制在同一坐标中；

(3) 在能力谱曲线上选取一个试验点 P_i (S_{ai}，S_{di})，根据 16.2.4 节中的方法求得 P 点对应的结构有效黏滞阻尼比 β_{eff}；

(4) 根据 16.2.4 节中的方法对弹性反应谱对应的需求谱进行折减，将折减后的需求谱绘制在上述 ADRS 坐标中，即图 16-6 中的"折减后的需求谱"；

(5) 如果折减后的需求谱与能力谱有交点，如图 16-6 中的 Q_i 点，并且交点对应的谱位移与试验点 P_i 对应的谱位移 S_{di} 的误差在±5%以内，则试验点 P_i 就是"性能点"；

(6) 如果没有交点或交点误差在容许值以外，则选取新的试验点 P_j，重复 (3)~(4) 步骤，直到求得性能点或者结构失效。

16.2.5.2 PERFORM-3D 性能点确定方法

PERFORM-3D 中性能点的求取方法与 ATC-40[3] 的方法 A 思路类似，但实现上存在不同。PERFORM-3D 中性能点并非通过迭代的方式确定，而是建立需求曲线（Demand curve），需求曲线与能力谱曲线的交点即为性能点。

图 16-6 中，T_i 为试验点 P_i 对应的周期，点 D_i 为折减的 ADRS 需求谱上与周期 T_i 对应的需求点（Demand point）。从图 16-6 可以看出，若选取的试验点 P_i 为结构的真实性能点，则需求点 D_i 与点 P_i 及 Q_i 重合，且重合于结构的性能点。据此，PERFORM-3D 中通过建立一系列试验点 P_i，获得相应的需求点 D_i，并将需求点连成需求曲线，将需求曲线与能力谱曲线绘制在同一个坐标系，则需求曲线与能力谱曲线的交点即为性能点，如图 16-7 所示。

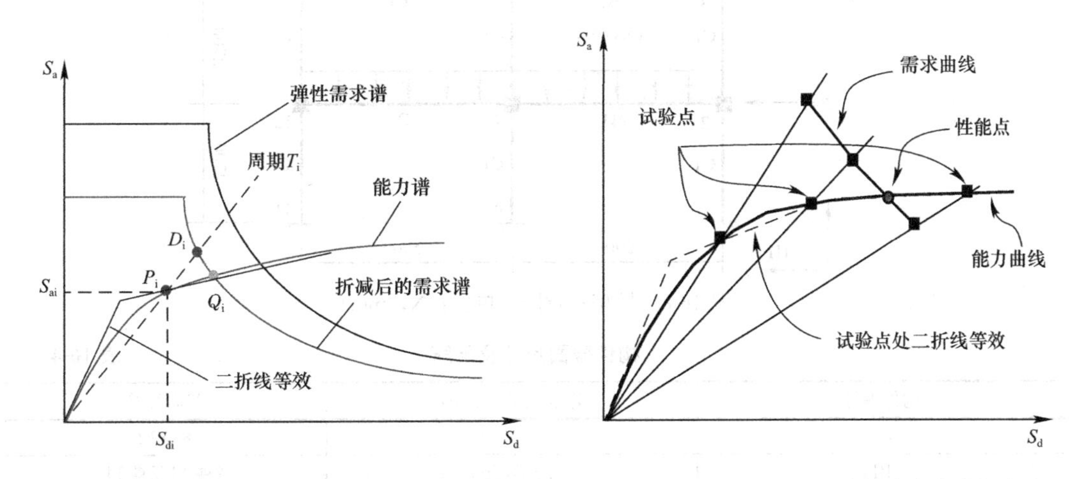

图 16-6 根据能力谱和需求谱（ADRS）求取性能点　　图 16-7 PERFROM-3D 中性能点的求解方法

结构的性能点是给定地震动水准下结构响应最大值的平均值的一个预测点，通过查看性能点处结构的各项指标并与容许准则进行对比，可对结构的抗震性能进行评估。

16.3 Pushover 分析算例

上一节介绍了能力谱法的基本原理和性能点求取方法，本节采用能力谱法对一榀平面 RC 框架结构进行 Pushover 分析，介绍 Pushover 分析在 PERFORM-3D 中的具体实现过程，读者可以对比 16.2 节的内容进行本节算例的学习。

16.3.1 算例简介

算例采用的结构为一榀两跨四层的钢筋混凝土框架，其几何尺寸及构件编号如图 16-8 所示。构件的截面属性如表 16-4 所示。混凝土的轴心抗压强度为 16.7MPa，弹性模量为 20000MPa，钢筋的屈服强度为 335MPa，弹性模量为 200000MPa。施加在梁上的恒荷载为 15kN/m，梁荷载转换而成的节点质量如表 16-5 所示。结构所在地区抗震设防烈度为 7

度（0.1g），反应谱特征周期为 0.4s，罕遇地震作用下水平地震影响系数最大值为 0.5，根据《建筑抗震设计规范》GB 50011—2010[10] 获得不同阻尼比下的加速度反应谱曲线，如图 16-9 所示。本算例梁柱构件采用非线性纤维梁柱单元模拟，采用能力谱法进行 Pushover 分析，Pushover 分析的侧向荷载模式采用倒三角形荷载模式。

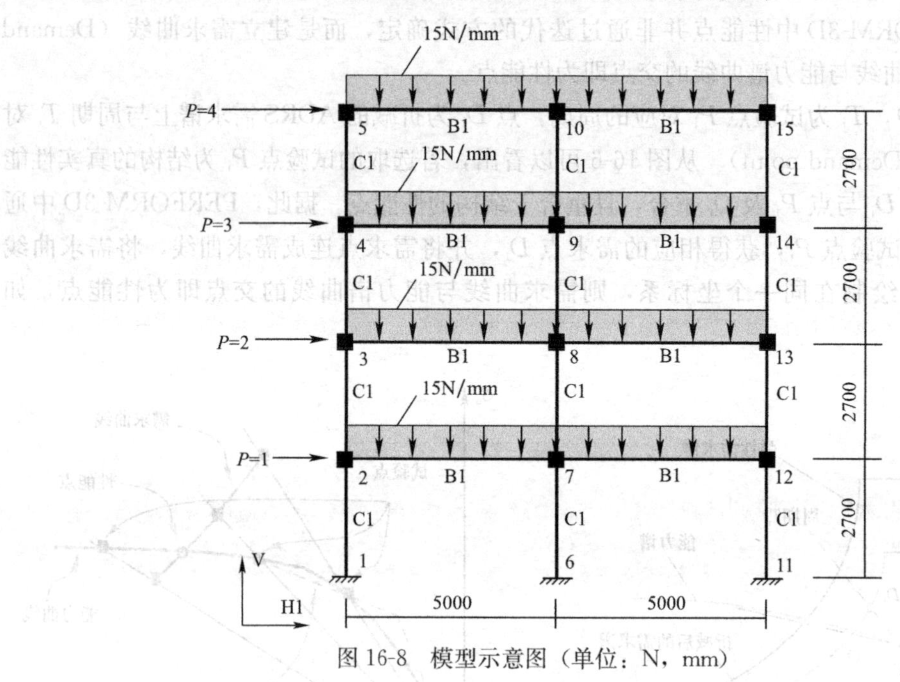

图 16-8　模型示意图（单位：N，mm）

构件截面尺寸及配筋　　　　**表 16-4**

构件编号	截面尺寸（mm）	截面配筋
C1	300×300	8⏀12
B1	250×500	2⏀14/2⏀14

节点集中质量　　　　**表 16-5**

节点编号	集中质量（t）
2～5	3.821
7～10	7.642
12～15	3.821

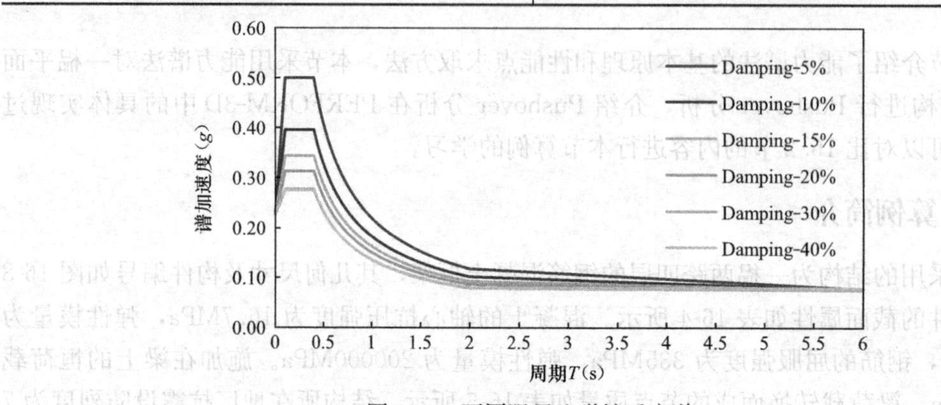

图 16-9　不同阻尼比弹性反应谱

16.3.2 建模阶段

由于本例主要讨论 Pushover 分析方法，因此只详细给出了与 Pushover 分析相关的主要建模过程，其余建模过程参考本书其他章节。

16.3.2.1 模型建立

（1）在建模阶段的【Nodes】下添加节点，并指定节点质量、约束及束缚，限制框架在 H1-V 平面内运动。

（2）在建模阶段的【Component properties】-【Materials】下，建立 Inelastic Steel Material Non-Buckling 类型的钢筋材料 ISMNB1，建立 Inelastic 1D Concrete Material 类型的混凝土材料 ICM _ 1。

（3）在建模阶段的【Component properties】-【Cross Sects】下，添加 Beam Inelastic Fiber Section 类型的梁非线性纤维截面 BIFS1，代表梁构件 B1 的截面，添加 Column Inelastic Fiber Section 类型的柱非线性纤维截面 CIFS1，代表柱构件 C1 的截面。

（4）在建模阶段的【Component properties】-【Compound】下添加 Frame Member Compound Component 类型的框架复合组件 FMCC _ B1 及 FMCC _ C1，用于模拟梁构件 B1 和柱构件 C1，并采用前面定义的纤维截面进行构件组装。本例中框架复合组件均采用两端非线性纤维截面段、中间非线性纤维截面段的方式进行组装。

（5）在建模阶段的【Elements】下定义梁单元组 B1 和柱单元组 C1，根据图 16-8 为各单元组添加单元，并为各单元指定前面定义的框架复合组件属性及局部坐标轴。

完成单元建模后模型如图 16-10 所示。

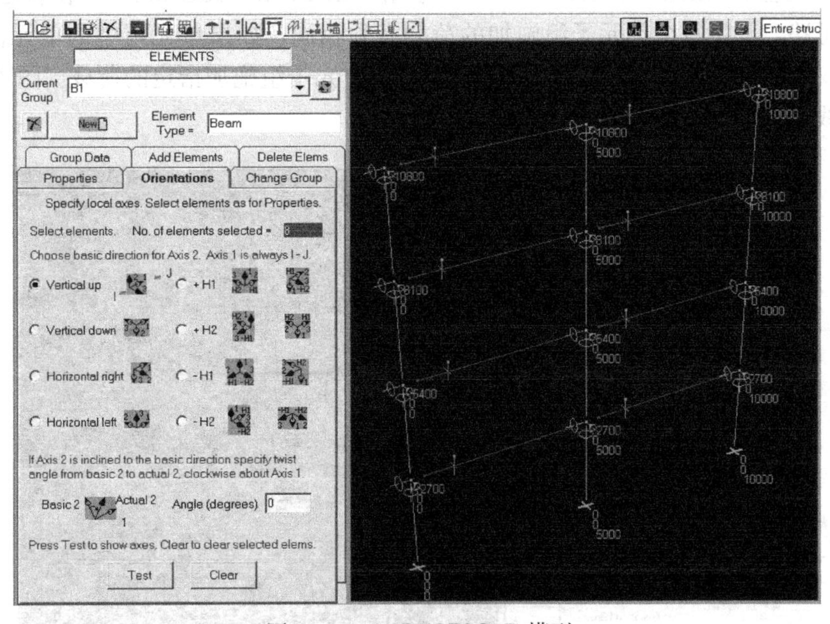

图 16-10 PERFORM-3D 模型

16.3.2.2 定义荷载

（1）节点荷载样式

本例采用倒三角形式的水平荷载样式作为 Pushover 分析的侧向荷载。在建模阶段的

【Load patterns】-【Nodal Loads】下添加节点荷载样式 NL1，根据图 16-8，为节点 2、3、4、5 施加水平 H1 方向的节点荷载，大小分别为 1、2、3、4，如图 16-11 所示。

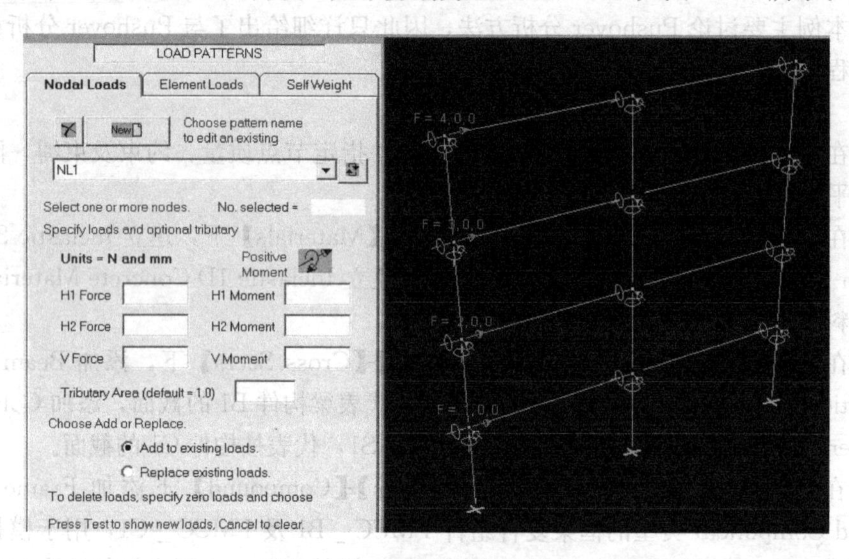

图 16-11 定义侧向荷载样式

（2）单元荷载样式

在建模阶段的【Load patterns】-【Element Loads】下添加单元荷载样式 EL1，为梁构件指定线荷载。PERFORM-3D 中单元荷载的施加遵循"单元荷载样式（Elemenet Load Pattern）→单元组（Element Group）→单元子组（Element SubGroup）→给单元子组施加荷载"的思路，其中每个单元子组施加的荷载必须相同，如果单元组中的单元荷载不同，则需要将该单元组分成若干个单元子组，并对每个单元子组施加指定的荷载。图 16-12 为本例梁单元线荷载的施加。

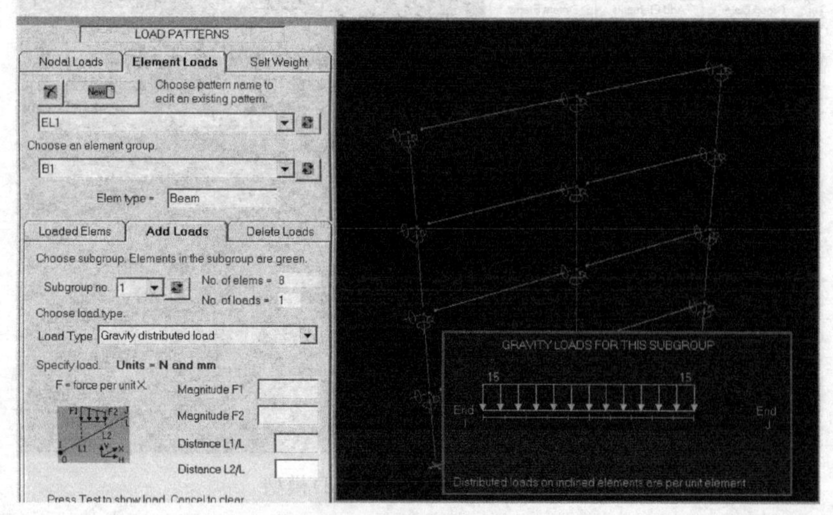

图 16-12 梁线荷载的施加

16.3.2.3 定义位移角

在建模阶段的【Drifts and deflections】下定义沿全局 H1 方向的层间位移角 D1～D4

和 DX，其中 DX 为结构顶点相对于基底的位移角，用于后处理中 Pushover 曲线的绘制，DX 的定义如图 16-13 所示。

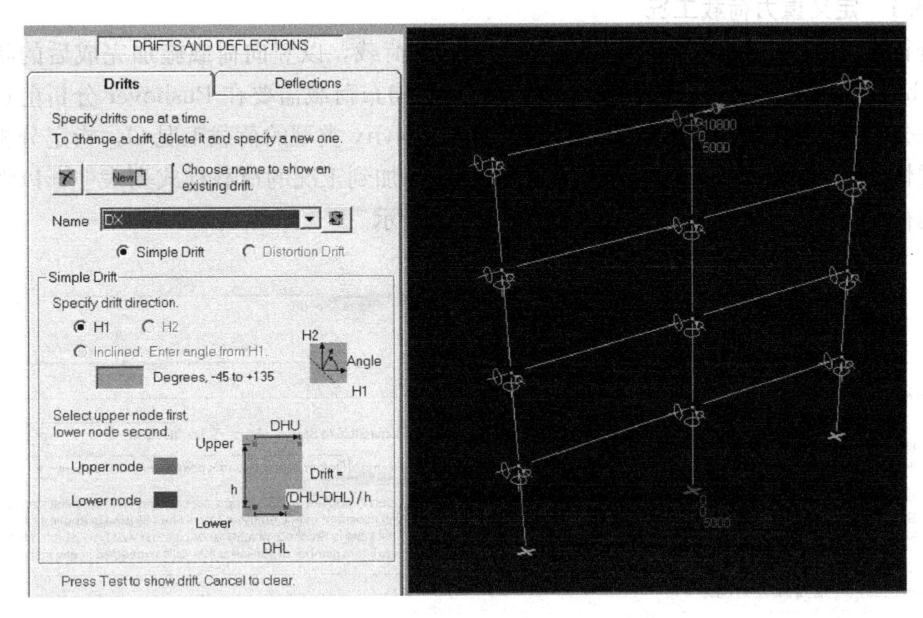

图 16-13 参考位移角定义

16.3.2.4 定义极限状态

在建模阶段的【Drifts and deflections】下定义 Deformation 类型的极限状态 SteelStrainLevel1、SteelStrainLevel2 和 SteelStrainLevel3，用于后期 Pushover 分析的性能评估。其中，SteelStrainLevel1 表示钢筋应变达屈服应变，SteelStrainLevel2 表示钢筋应变达到峰值应力对应的应变，SteelStrainLevel3 代表钢筋应变达 0.1。极限状态 SteelStrainLevel1 的定义如图 16-14 所示。

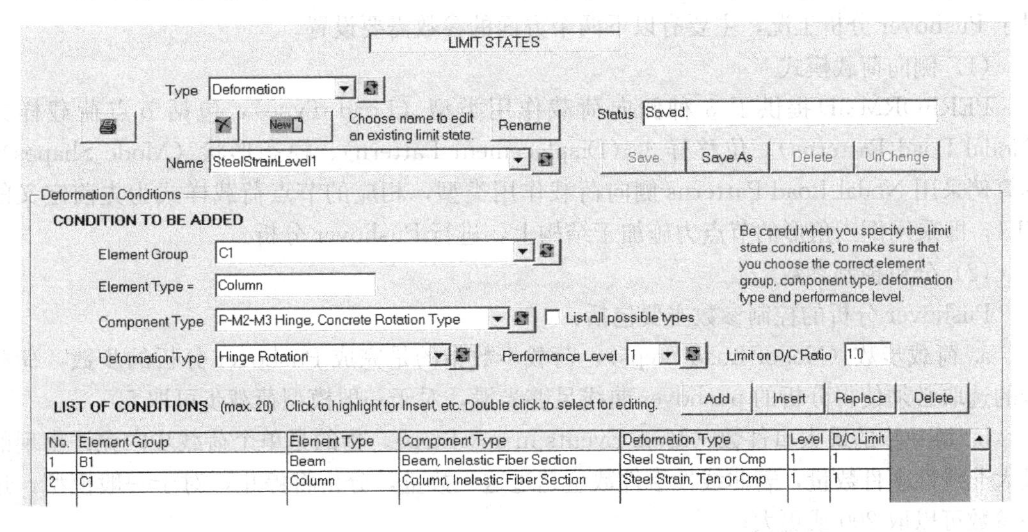

图 16-14 极限状态 SteelStrainLevel1

16.3.3 分析阶段

16.3.3.1 定义重力荷载工况

进行 Pushover 分析前，需要给结构施加竖向荷载，以竖向荷载施加完成后的状态作为 Pushover 分析的初始条件，本例只有梁的竖向均布荷载需要在 Pushover 分析前进行施加。在分析阶段的【Set up load cases】下添加 Gravity 类型的荷载工况 G，指定分析方法为非线性（Nonlinear），并将单元荷载样式 EL1 添加到工况的荷载样式列表中，以考虑结构竖向荷载作用。荷载工况 G 的定义如图 16-15 所示。

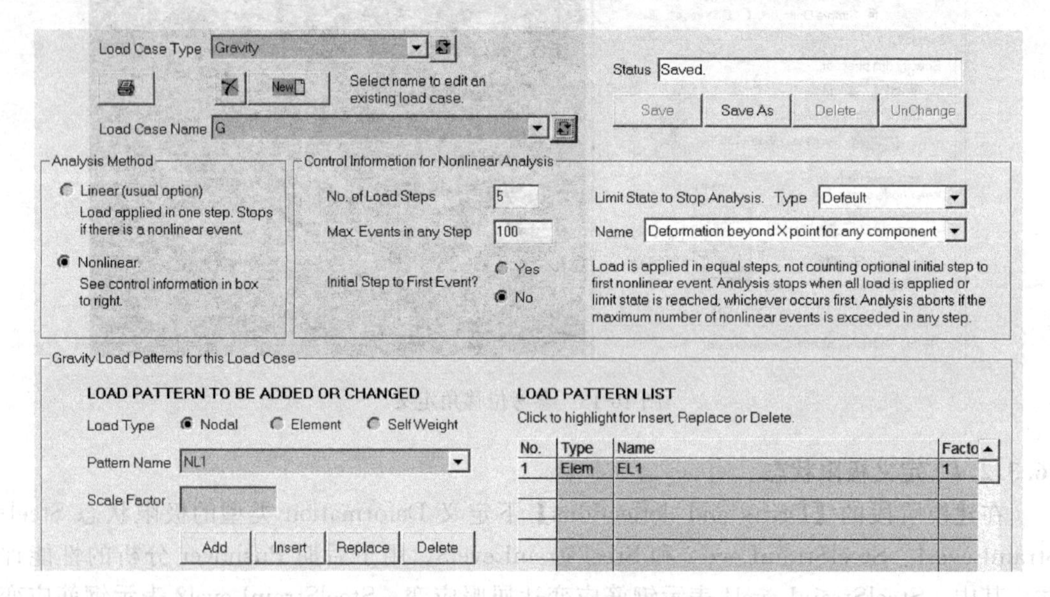

图 16-15　添加重力荷载工况

16.3.3.2 定义 Pushover 分析工况

在分析阶段的【Set up load cases】下添加 Static Push-over 类型的荷载工况 SPO1。对于 Pushover 分析工况，主要有以下两个方面的参数需要设置。

（1）侧向荷载模式

PERFORM-3D 提供了 3 种侧向荷载作用类型（Load Type），包括节点荷载样式（Nodal Load Patterns）、位移样式（Displacement Pattern）、模态形状（Mode Shapes）。本算例采用 Nodal Load Patterns 侧向荷载作用类型，相应的节点荷载样式为先前定义的 NL1，即采用倒三角形的节点力施加于结构上，进行 Pushover 分析。

（2）分析控制参数

Pushover 分析的控制参数主要包括：

a. 荷载步数（No. of Load Steps），荷载步数指的是完成 Pushover 分析的步数，荷载步的选取必须使得分析的 pushover 曲线足够光滑，对于一般模型荷载步可取 50；

b. 每一步的最大事件数（Max. Events in any Step），指的是单个荷载步内允许出现的最大非线性事件数量，若非线性事件数量超过这一数量，分析将停止，对于一般模型，这一参数可以取 200 或更大；

c. 最大容许位移角（Maximum Allowable Drift），定义的是 Pushover 分析的停机条

件之一，若在分析的过程中，结构的控制位移角（Controlled Drifts）达到最大允许层间位移角，则结构将停止分析，因此，为了满足 Pushover 分析性能点的求解，应尽可能指定一个较大的最大允许层间位移角值；

d. 参考位移角（Reference Drift），用于后期 Pushover 曲线的绘制，影响 Pushover 分析的评估结果，因此应该选取对结构有代表性的整体位移角作为参考位移角，对于规则结构，一般取结构顶点相对于基底的位移角。

图 16-16 所示为本例 Pushover 分析工况 SPO1 的参数定义。其中荷载步取 50，参考位移角取 DX，最大允许层间位移角取一较大值 0.05，即 1/20，表示若控制位移角（Controlled Drifts）（本例控制位移角的定义如图 16-17 所示，取所有位移角）达到该值，则分析停止。

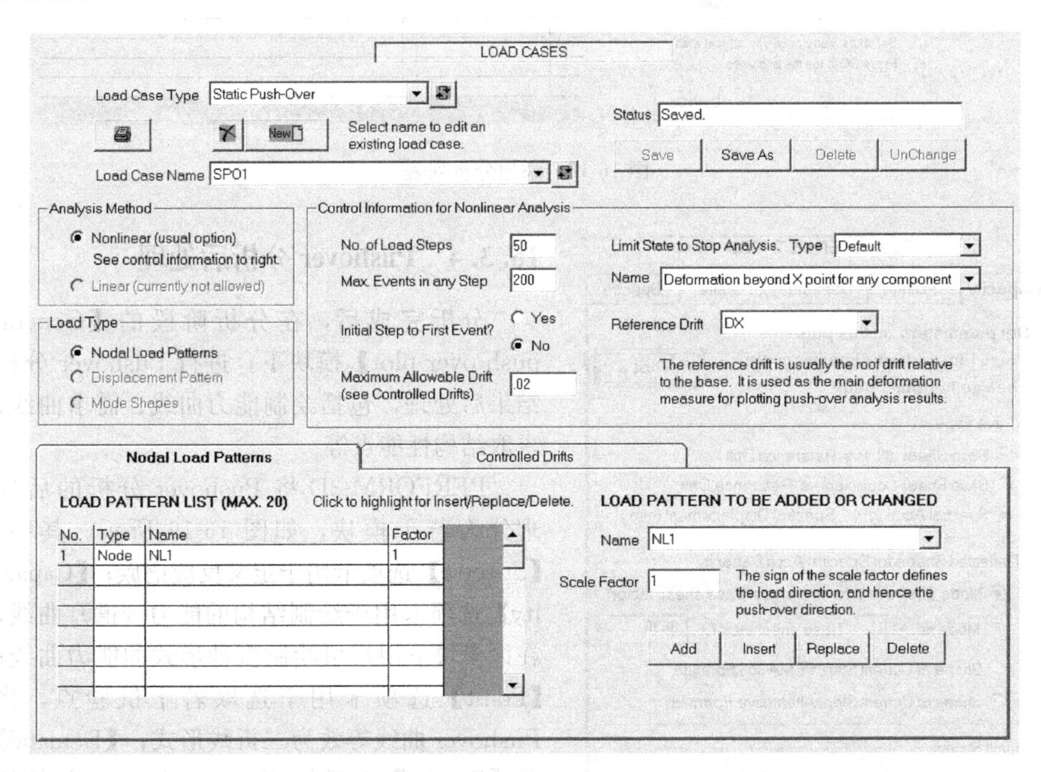

图 16-16　Pushover 分析工况定义

Nodal Load Patterns
Controlled Drifts

The allowable drift per step is the Maximum Allowable Drift divided by the No. of Load Steps. In each analysis step, the controlled drift with the largest increment is found. The load is then adjusted so that the increment for this drift is equal to the allowable drift per step. Hence, in any step, no controlled drift will have an increment larger than the allowable drift per step.

The analysis stops if any controlled drift exceeds the Maximum Allowable Drift. Since the Reference Drift is not necessarily the most critical drift, its value at the end of the analysis may be smaller than the Maximum Allowable Drift. The analysis also stops if the Analysis Limit State is reached.

All drifts
(Strongly recommended)

Selected drifts only

(Not recommended
unless you have a good

No.	Name
1	D1
2	D2
3	D3
4	D4
5	DX

图 16-17　控制层间位移角

16.3.3.3 建立分析序列

在分析阶段的【Run analyses】模块下新建分析序列 Push，考虑 P-Delta 效应，指定荷载样式 M1 的缩放系数（Scale Factor）为 1，点击按钮【Check Structure】检查结构，点击【OK】按钮进入分析列表定义窗口，如图 16-18 所示，依次将重力工况 G 和 Push-over 分析工况 SPO1 添加到分析列表中，然后点击【GO】按钮运行分析。

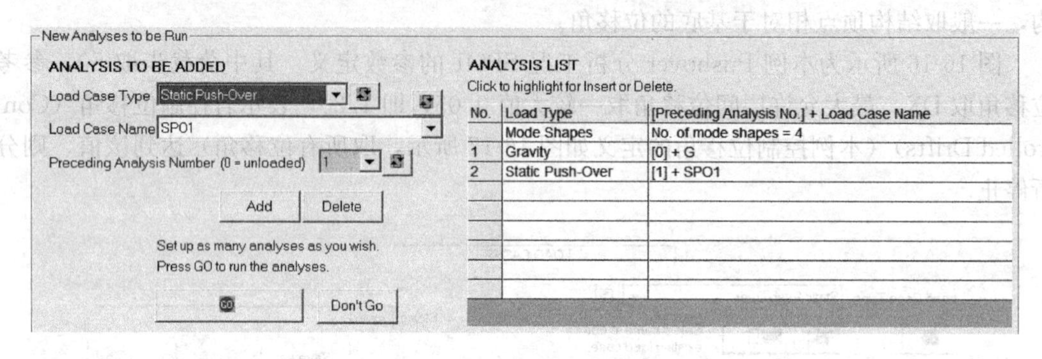

图 16-18 添加分析列表

16.3.4 Pushover 分析后处理

分析完成后，在分析阶段的【General push-over plot】模块下，进行 Pushover 分析结果后处理，包括绘制能力曲线、需求曲线、求取结构性能点等。

PERFORM-3D 将 Pushover 分析的后处理分为若干模块，如图 16-19 所示。其中：【Spectra】选项卡用于定义反应谱族；【Capacity】选项卡用于绘制结构的能力（谱）曲线，在该模块下用户可绘制多种形式的能力曲线；【Point】选项卡用于选取若干试验点，将 Pushover 曲线等效为二折线形式；【Demand】与【Details】选项卡相结合，用于求取结构的性能点。下面将以本例结构性能点的求取为例，具体介绍 PERFORM-3D 中 Pushover 分析后处理的过程。

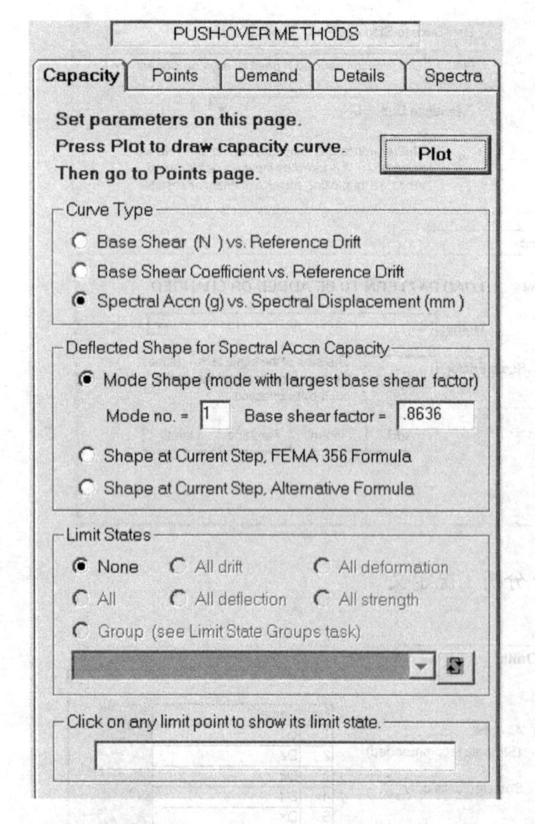

图 16-19 Pushover 分析后处理界面

16.3.4.1 反应谱【Spectra】

根据 16.2.5 节中的性能点求解步骤，首先进入【Spectra】选项卡，点击【New】新建反应谱，命名为 Spectrum _ user，如图 16-20 所示。软件提供了四种可选的反应谱类型，分别为：(1) FEMA 356 的反应谱形状及相应的折减系数；(2) ATC-40 的反应谱形状及相应的折减系数；(3) 标准反应谱形状和自定义的折减系数；(4) 自定义的反应谱形状及折减系数。选择的反应谱类型不同，相应定义的参数也不相同。

本例采用我国《建筑抗震设计规范》GB 50011—2010[10]中定义的反应谱，因此选择"User shape and reduction factors"类型，点击【OK】确认。用户自定义反应谱界面如图16-21所示。根据需求谱折减的需要，此处需要定义一族不同阻尼比的反应谱曲线（最多7条），本例定义6条反应谱曲线，其阻尼比分别为5%、10%、15%、20%、30%及40%，如图16-9所示，其中阻尼比为5%的反应谱曲线即弹性设计反应谱。选取各反应谱曲线上的若干代表性的数据点（最多12个点）输入，即可得到自定义的反应谱，如图16-21所示。

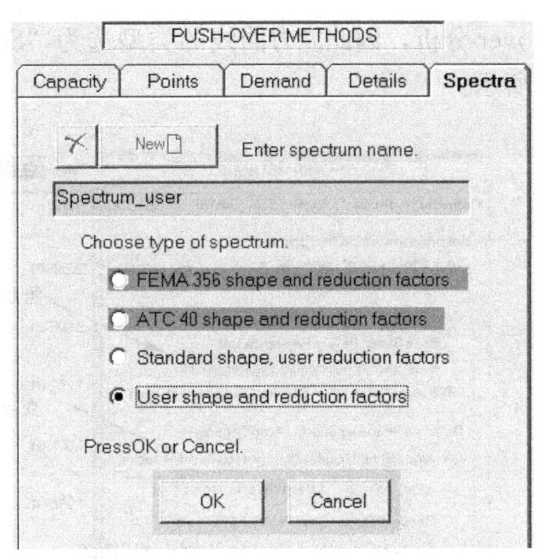

图 16-20 反应谱类型

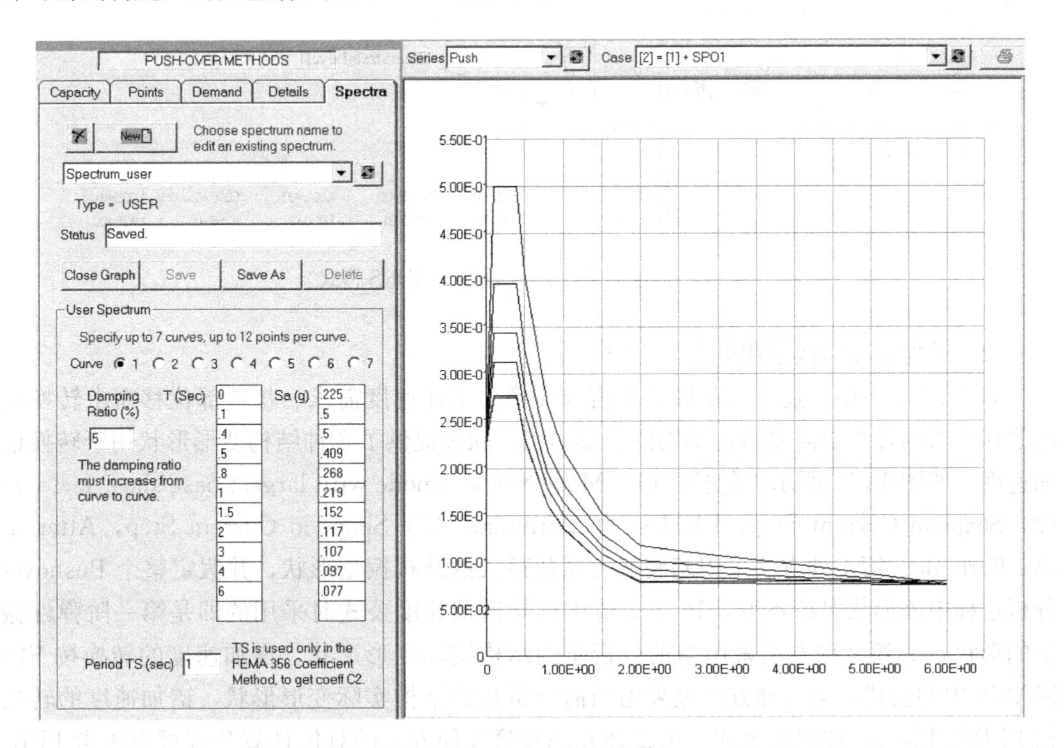

图 16-21 自定义反应谱

16.3.4.2 能力曲线【Capacity】

设置完反应谱后，进入【Capacity】界面绘制结构的能力（谱）曲线。

（1）能力曲线类型

PERFORM-3D 提供了三种格式的 Pushover 曲线，如图 16-22 所示，包括：（1）基底剪力-参考位移角曲线（Base Shear vs. Reference Drift）；（2）基底剪力系数-参考位移角曲线（Base Shear Coefficient vs. Reference Drift）；（3）谱加速度-谱位移曲线（Spectral Accn vs. Spectral Displacement，即 ADRS 形式）。本例采用 ATC-40 的能力谱法进行 Pushover 分析，因此能力曲线的类型选为“Spectral Accn vs. Spectral Displacement”，如图 16-22 所示。

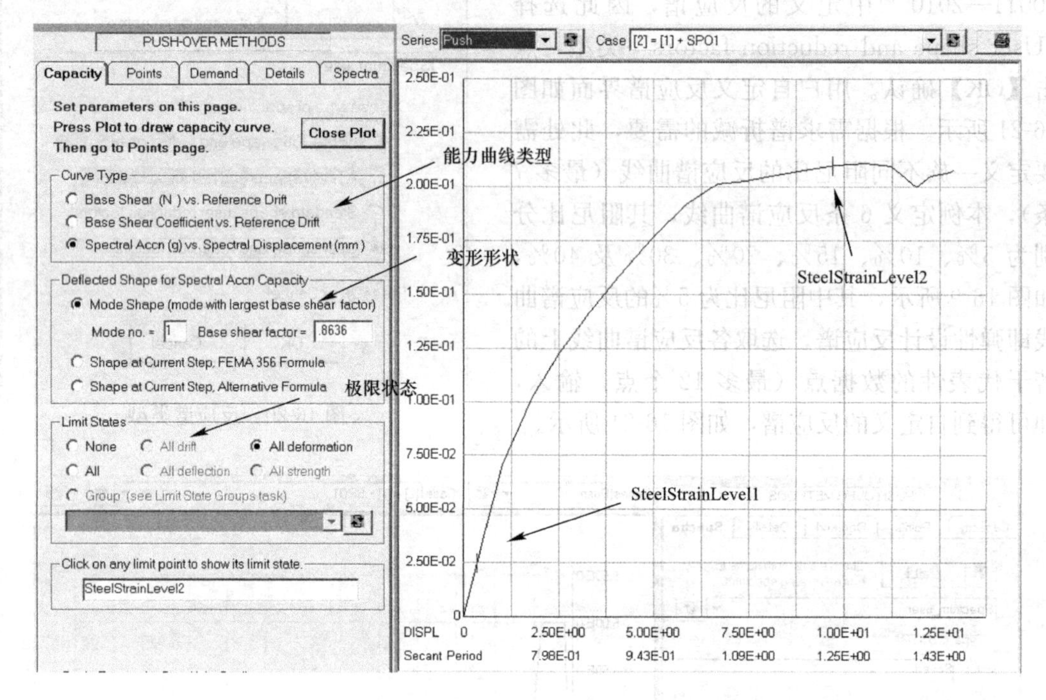

图 16-22　绘制 Pushover 曲线（ADRS 格式）

（2）谱加速度转换使用的变形形状

如 16.2.2 节中所述，将基底剪力需求转换为谱加速度需求、将顶部位移需求转换为谱位移需求的过程中需要指定结构的变形形状。软件提供了 3 种结构变形形状用于转换谱加速度，如图 16-22 所示，包括：（1）Mode Shape（mode with largest base shear factor）；（2）Shape at Current Step，FEMA 356 Formula；（3）Shape at Current Step，Alternative Formula。第 1 种方法采用基底剪力系数最大的结构振型形状，并假定整个 Pushover 分析过程中该形状保持不变，16.2.2 节中推导谱加速度公式时采用的即是第一阶弹性振型的形状 φ_1；第 2 种方法采用当前分析步的结构实际变形形状，谱加速度的转换按 FEMA356 中的公式；第 3 种方法也采用当前分析步的结构实际变形形状，谱加速度的转换按 PERFORM-3D 建议的公式。第 2 种方法及第 3 种方法的具体计算公式可以参考 PERFORM-3D 的用户手册[3]。本算例采用 ATC-40 的标准能力谱法，因此选择类型 1，变形形状则采用与 Pushover 方向最匹配的那一阶振型，本算例为一榀框架的 Pushover 分析，与 Pushover 方向最匹配的是第一阶振型，如图 16-22 所示。

（3）极限状态

绘制能力（谱）曲线时，可在“Limit States”选项中选择是否将定义好的极限状态一同绘制在 Pushover 曲线上。本例一共定义了三个钢筋应变极限状态（SteelStrainLevel 1、SteelStrainLevel 2 及 SteelStrainLevel 3），如图 16-22 中的设置，可在能力曲线中显示不同极限状态出现的位置。

（4）绘制能力谱曲线

设置好能力曲线类型、转换谱加速度使用的变形形状及极限状态后，点击按钮【Plot】，绘制结构的 Pushover 曲线如图 16-22 所示。其中纵坐标是谱加速度，横坐标有两行，上面一行是谱位移，与纵坐标组成（ADRS）形式的 Pushover 曲线，下面一行是割线周期。

16.3.4.3 选取试验点【Points】

定义好反应谱并绘制结构能力曲线后，则进入【Points】模块进行试验性能点的选取。通过右键单击的方法在绘图区进行试验点选择，本例首先选择 3 个试验性能点，如图 16-23 所示，软件自动对各个点进行能力谱曲线的二折线等效。

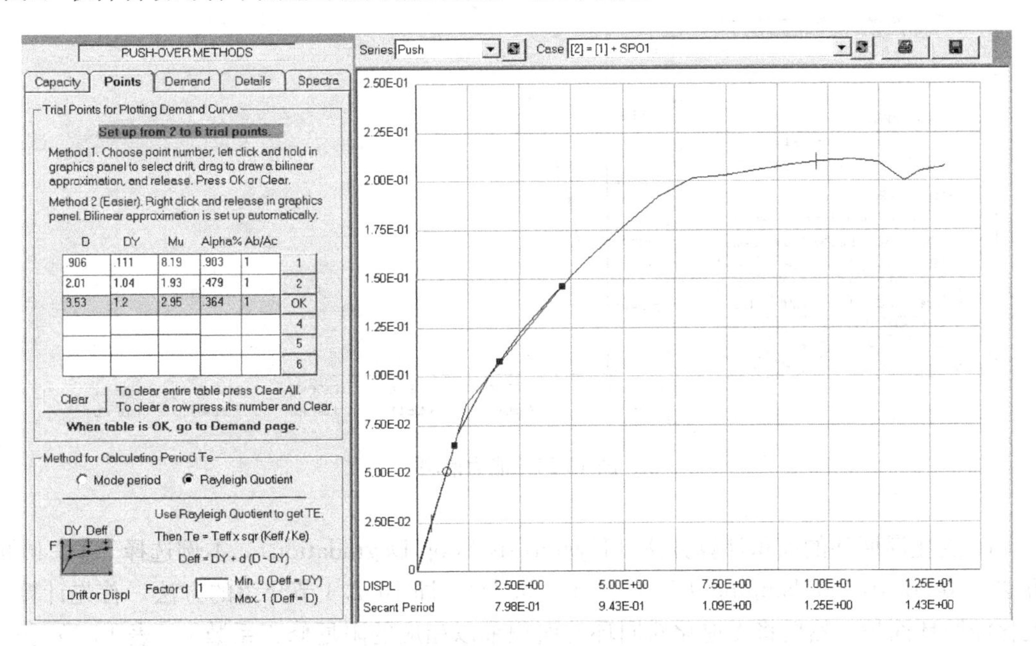

图 16-23 选取试验点

16.3.4.4 求取性能点【Demand】&【Details】

选取试验性能点之后，进入【Demand】界面求取性能点。软件提供了 3 种求取性能点的方法：位移系数法（Coefficient，Displ Modification）、等效线性化方法（FEMA 440 Linearization）和能力谱法（Capacity Spectrum）。【Details】界面则用于定义求取性能点时所需的其他具体参数，选择的性能点求取方法不同，【Details】界面也会随之发生变化。对于本例，首先在【Demand】界面选择采用能力谱法求取性能点，如图 16-24 所示。

（1）【Details】界面参数定义

选定好性能点的求取方法后，接着进入【Details】界面定义相关参数。在与能力谱法相对应的【Details】界面中（图 16-25），主要定义与结构的等效阻尼比和反应谱折减相关的参数，主要包括：

a. 弹性阻尼比（Elastic Damping）。本算例结构为混凝土结构，取 5%。

b. 等效阻尼比的计算方法（Equivalent Damping Calculation）。本例选择基于退化的滞回环面积的方法（Based on area of degraded hysteresis loop），与本章 16.2.4 节介绍的方法相对应。

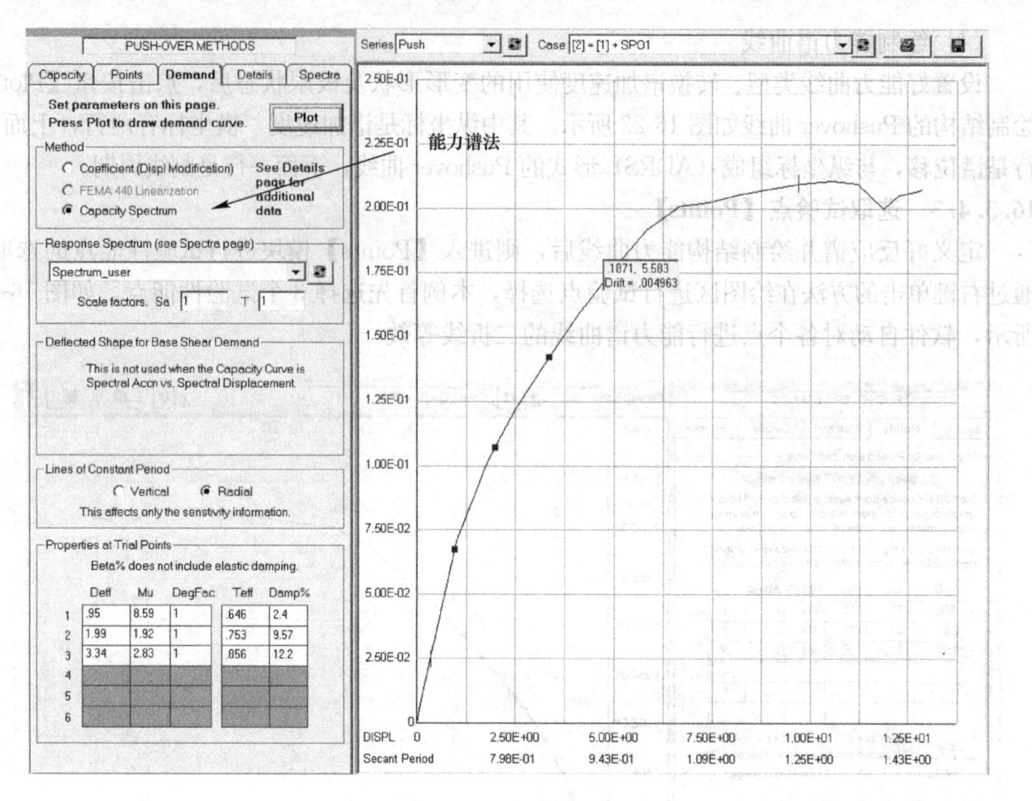

图 16-24　能力谱法

c. 退化滞回环的面积计算方法（Hysteresis Loop Degradation）。本例选择 ATC-40 的方法（Nondegraded damping（ATC-40 method）），即 16.2.4 节介绍的方法，首先计算无退化滞回环面积，然后将无退化滞回环的面积乘以相应的阻尼修正系数 κ（表 16-1）获得退化后的滞回环面积。另外，结构的行为分类定为 Type A。

d. 有效位移角（Effective Drift）。该选项主要针对 PERFORM-3D 提出的修正能力谱法而设置，本例采用标准的能力谱法，有效位移系数（Effective Drift Factor）取 1.0。

本例【Details】参数定义如图 16-25 所示。

(2)【Demand】界面求取性能点

返回【Demand】界面，选择预先定义好的反应谱 Spectrum _ users，相应的谱加速度缩放系数及周期缩放系数取 1，常周期线 “Lines of Constant Period” 类型选为 “Radial”，点击按钮【Plot】进行需求曲线的绘制，得到如图 16-26 所示的结果。

由图 16-26 可看出，需求曲线与能力谱曲线无交点，3 个试验性能点对应的需求点都在结构能力曲线的上方，且随着试验点变形的增大，需求点有靠近能力曲线的趋势，因此可以在【Points】选项卡添加试验点，并将试验点取在结构变形更大的位置。

再次进入【Points】界面，在原有 3 个试验点的基础上增加 3 个试验点，如图 16-27 所示。再次进入【Demand】界面，其他参数不变，点击【Plot】，得到如图 16-28 所示的结果，可以看出需求曲线与能力曲线有交点，该点即是结构的性能点。

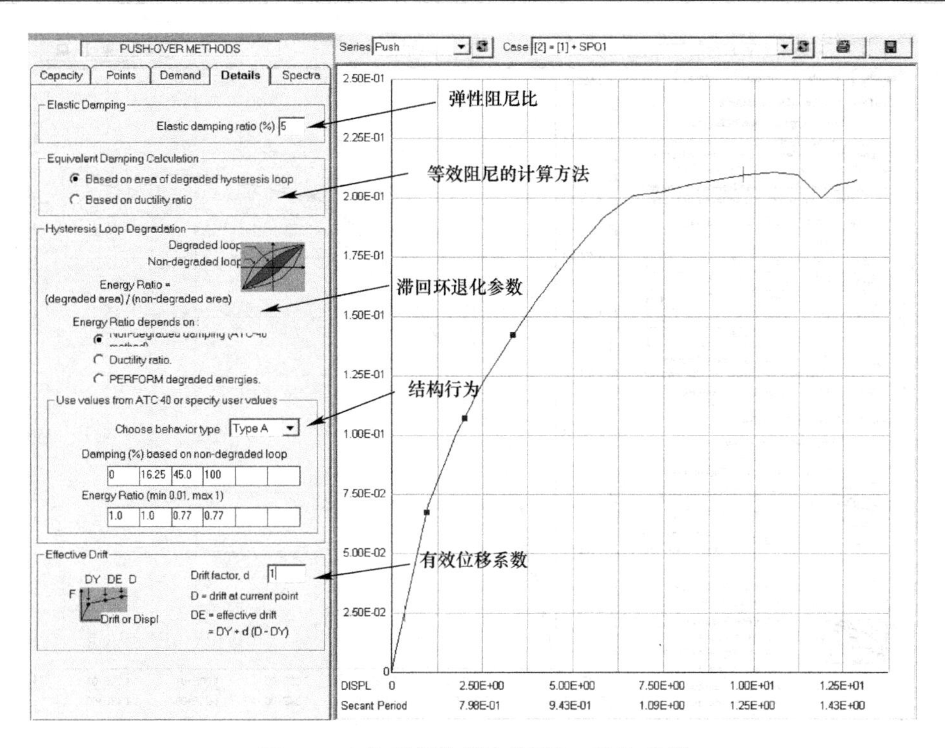

图 16-25 定义能力谱法的【Details】参数

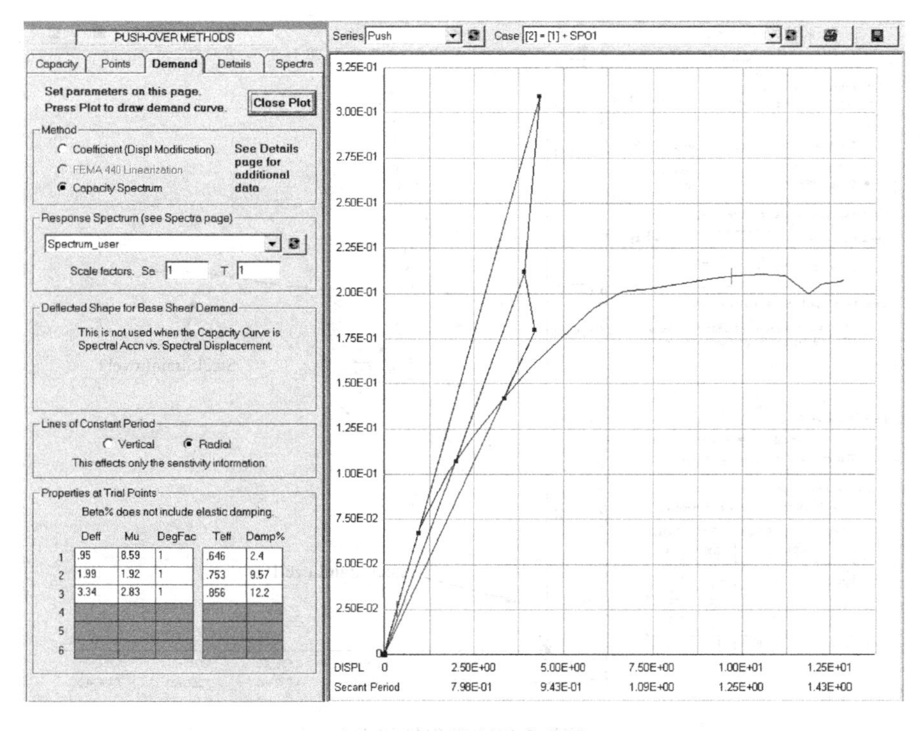

图 16-26 绘制需求曲线

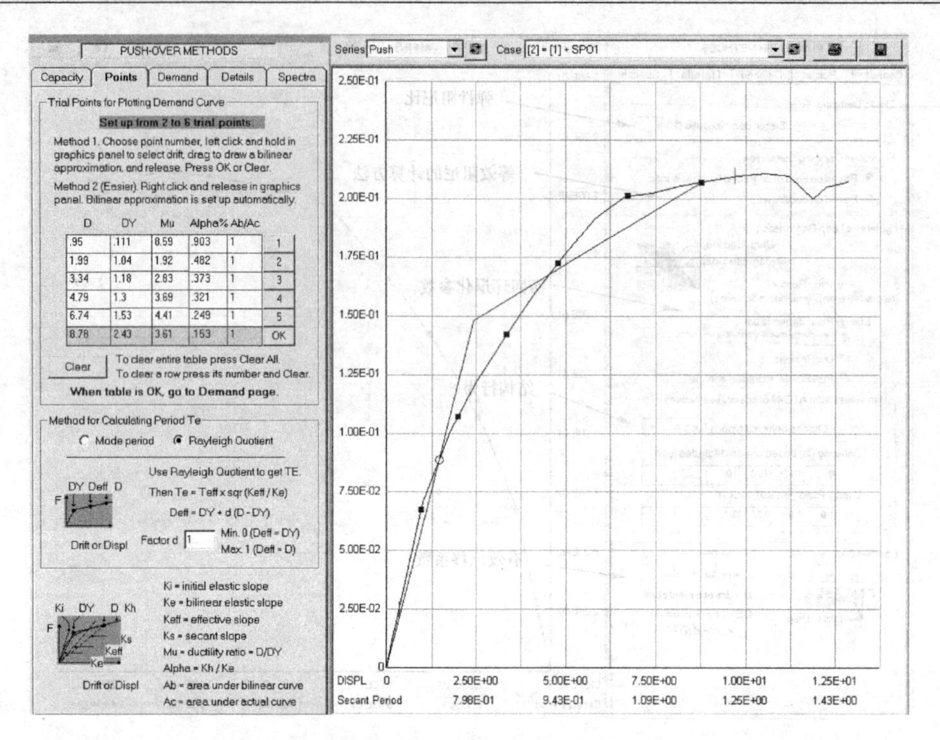

图 16-27 重新选取试验点

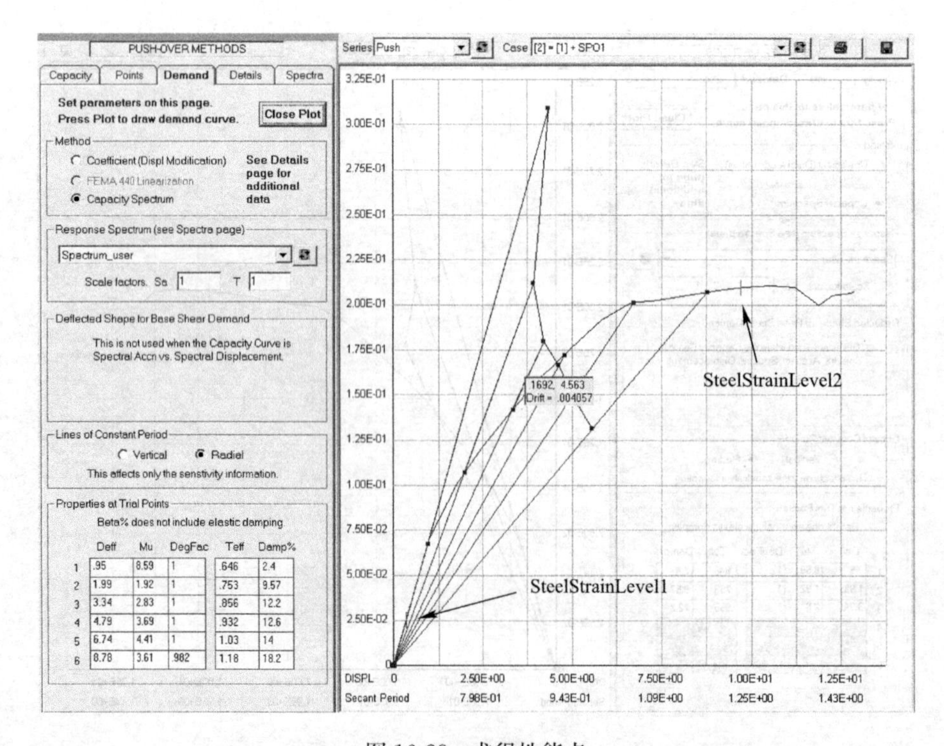

图 16-28 求得性能点

由图16-28可知，性能点处对应的谱位移（S_d）约为4.56mm，结构的参考位移角（Reference Drift）约为0.004，即1/250。另外，从图16-28中也可以看出，性能点在极限状态SteelStrainLevel之后，在极限状态SteelStrainLeve2之前，根据本例定义的极限状态的物理意义可知，性能点处构件的钢筋已经屈服，但未达到峰值强度。图16-29为结构性能点的楼层层间位移角，从图中可看出，结构的最大层间位移角发生在第二层（0.006，1/170），各层层间位移角均小于规范的限值（1/50）。

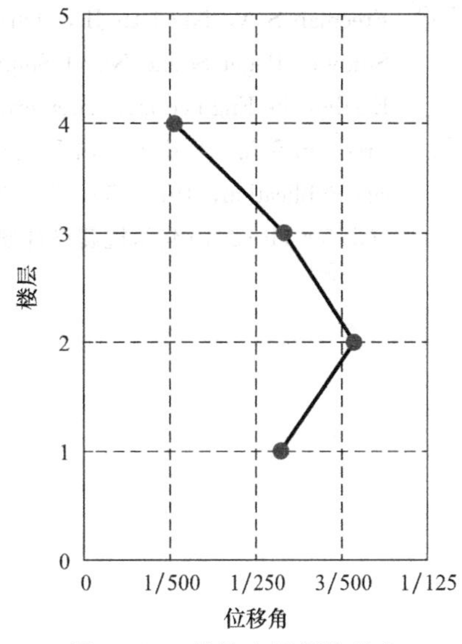

图16-29 性能点层间位移角

获得结构的性能点后，还可以查看性能点处结构和构件的各项指标，包括承载力、变形、层间位移角、构件的局部变形等，并检查这些指标是否满足预先设定的性能目标，从而对结构的抗震性能做出评估，这里不再一一举例。

16.4 本章小结

Pushover分析方法作为一种简化的性能评估方法，工程师除了依据性能点进行结构抗震性能评估外，还可以通过观察结构在侧向推覆过程中的非线性发展过程，把握结构的薄弱环节及潜在的破坏机制。本章首先阐述了ATC-40建议的能力谱法Pushover分析的基本原理，最后结合我国抗震规范，采用能力谱法对一榀平面RC框架进行Pushover分析，介绍了Pushover分析在PERFORM-3D软件中的具体实现过程，并着重讲解了PERFORM-3D中Pushover分析性能点的求取方法。

16.5 参考文献

[1] JGJ 3—2010高层建筑混凝土结构技术规程[S]. 北京：中国建筑工业出版社，2011.

[2] 北京金土木软件技术有限公司. Pushover分析在建筑工程抗震设计中的应用[M]. 北京：中国建筑工业出版社，2010.

[3] ATC-40Seismic Evaluation and Retrofit of Concrete Buildings Volumne 1 [S]. USA：California Seismic Safety Commission，1996.

[4] FEMA 356 Prestandard and Commentary for the Seismic Rehabilitation of Building [S]. Washington，DC：Federal Emergency Management Agency，2000.

[5] FEMA 440 Improvement of Nonlinear Static Seismic Analysis Procedures [S]. Washington，DC：Federal Emergency Management Agency，2005.

[6] Computers and Structures，Inc. Nonlinear Analysis and Performance Assessment for 3D Structures User Guide [M]. Berkeley，California，USA：Computers and Structures，Inc，2006.

[7] Computers and Structures，Inc. Components and Elements for PERFORM-3D and PERFORM-Collapse [M]. Berkeley，California，USA：Computers and Structures，Inc.，2006.

[8] Freeman S A, Nicoletti JP, Tyrell JV. Evaluations of Existing Buildings for Seismic Risk-A Case Study of Puget Sound Naval Shipyard [C]. Proceedings of the 1st U. S. National Conference on Earthquake Engineering. Bremerton, Washington, 1975: 113-122.

[9] Freeman S A. Prediction of Response of Concrete Buildings to Severe Earthquake Motion [J]. Special Publication, 1978, 55: 589-606.

[10] GB 50011—2010 建筑抗震设计规范 [S]. 北京：中国建筑工业出版社，2010.

17 结构整体动力弹塑性分析与抗震性能评估

本书前面章节主要介绍了 PEROFRM-3D 中常用非线性组件和单元的基本属性与应用，旨在建立正确的结构弹塑性分析模型。本章则侧重于介绍结构整体弹塑性分析模型的建立、结构整体动力弹塑性时程分析的步骤及运用 PERFORM-3D[1,2] 进行结构抗震性能评估的流程。

17.1 算例介绍

算例结构的首层平面布置如图 17-1 所示，其余楼层结构布置详模型。算例结构为钢筋混凝土框架-剪力墙结构，共 17 层，其中首层高度 4m，其余楼层高度 3.5m，结构总高度为 60m。

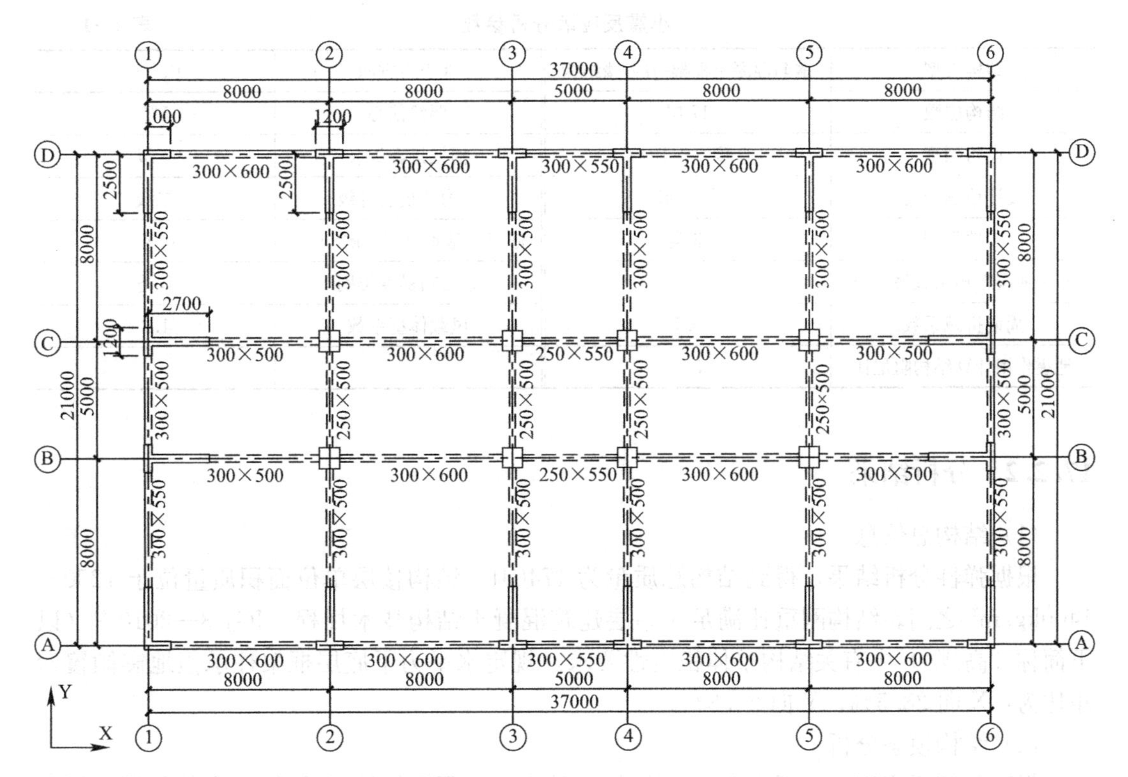

图 17-1 算例首层平面布置图（单位：mm）

框架柱、剪力墙首层～8 层混凝土强度等级为 C40，9 层～12 层混凝土强度等级为 C35，13～17 层混凝土强度等级为 C30；框架梁首层～8 层混凝土强度等级为 C35，9 层～17 层混凝土强度等级为 C30。钢筋均为 HRB400。

结构所在地区的抗震设防烈度为 7 度，设计基本加速度为 0.10g，场地类别为Ⅱ类，设计地震分组为第一组，场地特征周期为 0.35s。剪力墙抗震等级为二级，框架抗震等级为三级。

结构建模时将次梁折算成恒荷载，楼面附加均布恒荷载为 3.5kN/m²，楼面均布活荷载为 3.0kN/m²，框架梁上线荷载为 7kN/m。修正后基本风压 0.35kN/m²，地面粗糙度类别为 B 类，风载体型系数取 1.3。

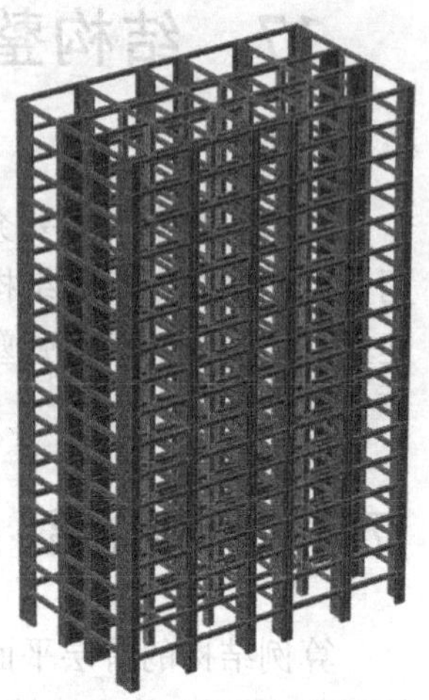

图 17-2 YJK 模型图

17.2 小震反应谱分析

17.2.1 分析参数

采用 YJK 对结构进行小震下的弹性反应谱分析，并根据分析结果进行构件设计，分析模型如图 17-2 所示，主要分析参数设置如表 17-1 所示。

小震反应谱分析参数　　表 17-1

结构类型	钢筋混凝土框架-剪力墙结构	地震力方向	0°、90°
结构层数	17 层	偶然偏心	5%
设防烈度	7 度（0.10g）	框架抗震等级	三级
设计地震分组	第一组	剪力墙抗震等级	二级
场地类别	Ⅱ类	修正后基本风压（kN/m²）	0.35
水平地震影响系数最大值	0.08	地面粗糙度类别	B 类
周期折减系数	0.7	风载体型系数	1.3
地震作用计算结构阻尼比	5%		

17.2.2 分析结果

（1）结构总信息

根据弹性分析结果，得到结构总质量为 17404t，结构楼层单位面积质量位于 1250～1400kg/m² 之间。结构刚重比满足《高层建筑混凝土结构技术规程》JGJ 3—2010[3]（以下简称《高规》）中有关结构整体稳定性要求。规定水平力下底层框架柱承担地震倾覆弯矩比为：X 向 28.5%，Y 向 24.8%。

（2）结构模态分析

振型分解反应谱法分析中考虑结构前 30 阶振型，得到结构 X 向和 Y 向的累积质量参与系数均达到 99%。图 17-3 为结构的前 3 阶振型图，表 17-2 列出了结构前 9 阶模态的分析结果。由表 17-2 可知，第一扭转周期与第一平动周期之比为 0.79，小于 0.9，满足《高规》3.4.5 节的要求。

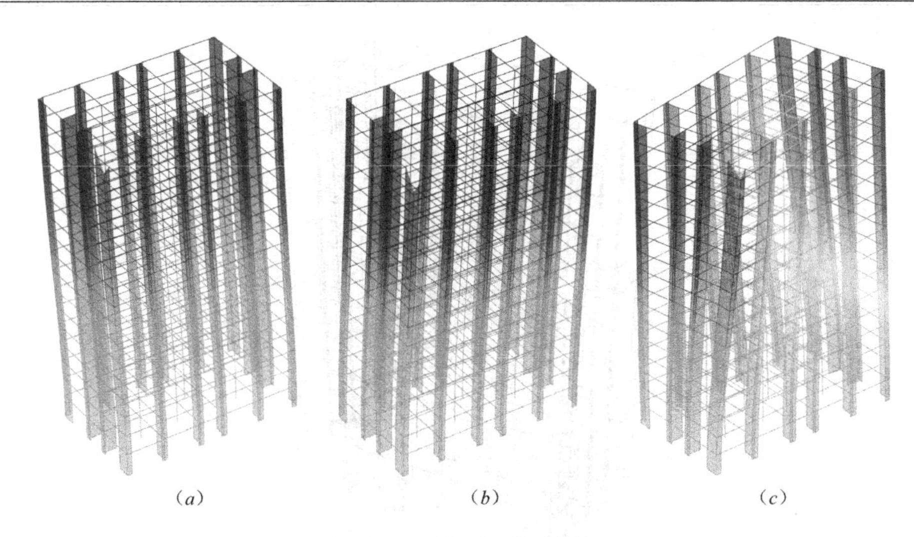

(*a*) (*b*) (*c*)

图 17-3 结构前 3 阶振型图
(*a*) 振型 1（X 平动）；(*b*) 振型 2（Y 平动）；(*c*) 振型 3（扭转）

结构振型信息 **表 17-2**

振型号	周期（s）	平动系数	扭转系数	振型号	周期（s）	平动系数	扭转系数
1	2.5866	1（X）	0	6	0.6053	0	1
2	2.4508	1（Y）	0	7	0.3902	1（X）	0
3	2.0413	0	1	8	0.3148	1（Y）	0
4	0.7936	1（X）	0	9	0.2891	0	1
5	0.6849	1（Y）	0				

(3) 结构位移

X 方向地震作用下结构最大层间位移角为 1/1045，Y 方向地震作用下结构最大层间位移角为 1/1120。考虑偶然偏心的规定水平力作用下结构最大层间位移比为 1.16，均满足规范要求。

17.3 PERFORM-3D 弹塑性分析模型

本章最终建立的结构整体 PERFORM-3D 模型如图 17-4 所示。本节主要对 PERFORM-3D 建模过程中的一些注意事项进行说明，详细操作可参考本书中的其他章节。

17.3.1 节点操作

在建模阶段的【Nodes】-【Nodes】界面下添加节点，在【Nodes】-【Supports】下指定底层墙柱节点约束类型为嵌固。本算例采用刚性楼板假定，在【Nodes】-【Slaving】下建立 Floor1～Floor17 共 17 个节点束缚集合，束缚类型为 Horizontal rigid floor（H1，H2，RV displs），在每层楼的质心处添加一个辅助节点，并将各层辅助节点与相应楼层的其他节点添加到相应的楼层束缚集合中。图 17-5 为节点束缚集合 Floor17 的示意图。

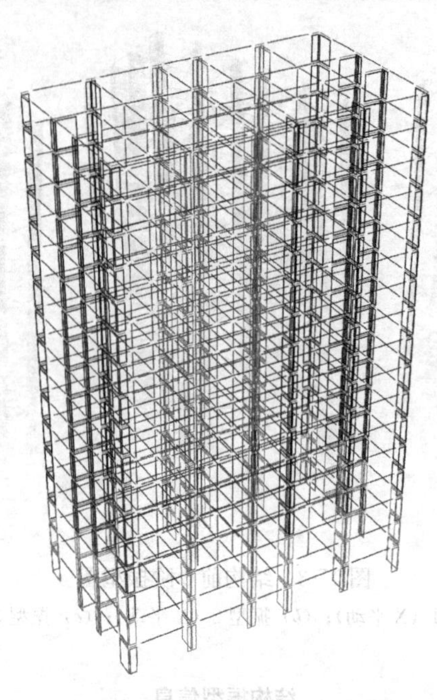

图 17-4 PERFORM-3D 模型

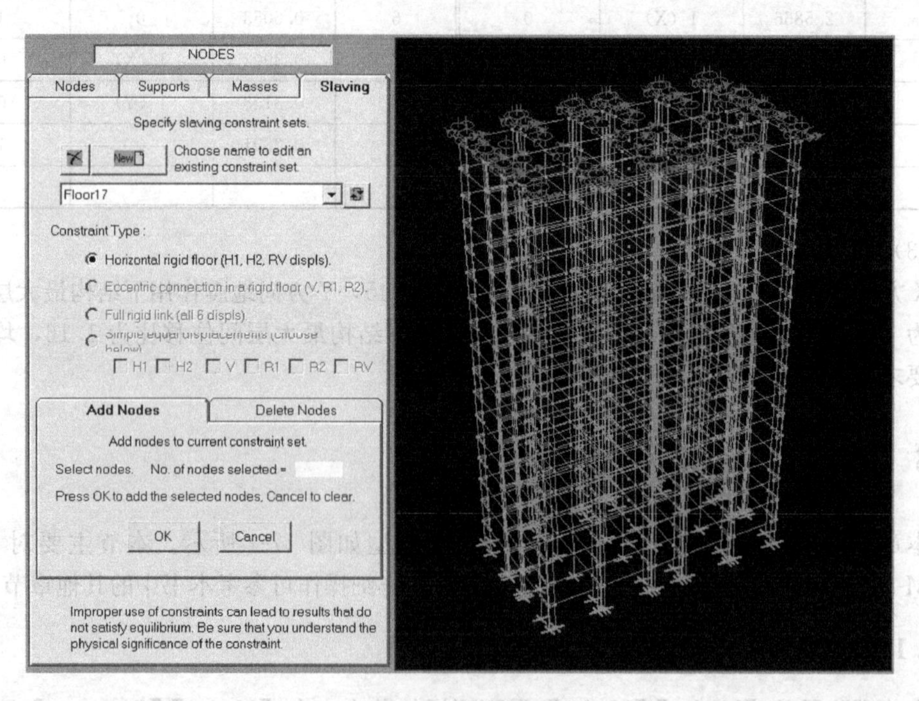

图 17-5 刚性隔板束缚

在【Nodes】-【Masses】界面下添加节点质量样式 Mass，为各楼层指定质量属性，本例将楼层质量集中于各层质心处的辅助节点上，包括平动质量和转动惯量，如图 17-6 所示。质量属性与重力荷载代表值相对应。

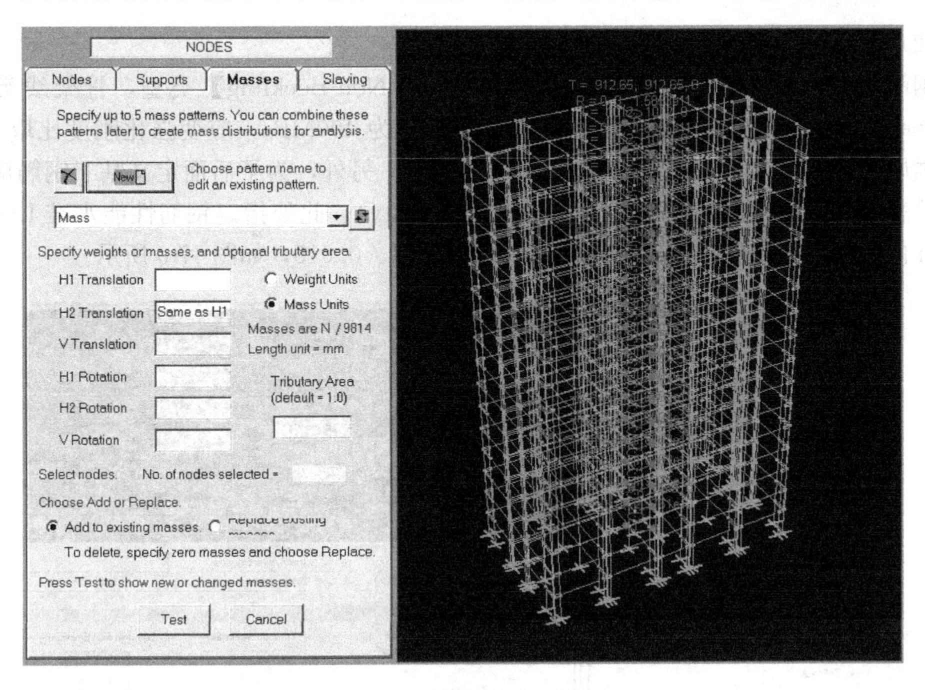

图 17-6 楼层集中质量

17.3.2 材料

（1）混凝土

本算例中，框架梁、框架柱、剪力墙均采用纤维截面模型，需定义约束混凝土与非约束混凝土材料的单轴本构关系。混凝土材料采用 Mander 本构，框架柱及剪力墙的约束区采用约束混凝土材料本构，框架梁及剪力墙的非约束区则采用非约束混凝土材料本构，材料骨架线类型为“Trilinear”，不考虑混凝土受拉，考虑材料强度损失和滞回退化。以约束混凝土材料 CC40 为例，骨架曲线参数定义如图 17-7 所示。

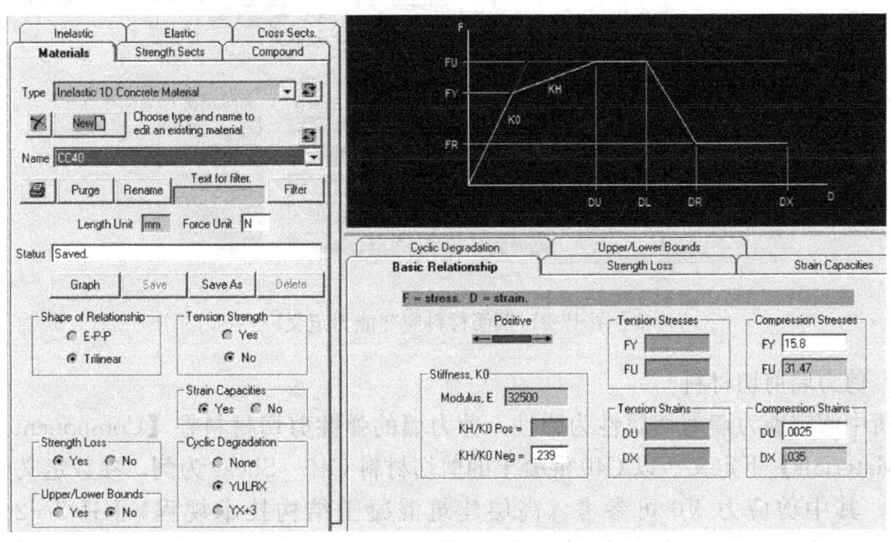

图 17-7 约束混凝土材料 CC40 骨架曲线定义

（2）钢筋

钢筋材料本构采用【Inelastic Steel Material Non-Buckling】类型，骨架线类型为"Trilinear"，拉、压对称，HRB400 材料屈服强度为 400MPa，应变强化刚度比取 0.01，材料强屈比取 1.35，骨架曲线参数如图 17-8 所示。另外，为了后面定义基于钢筋应变的极限状态，需定义钢筋的应变能力（Strain Capacity），此处指定钢筋性能水准 Level1～Level4 的拉压应变限值分别为 0.003、0.006、0.01、0.015，如图 17-9 所示。

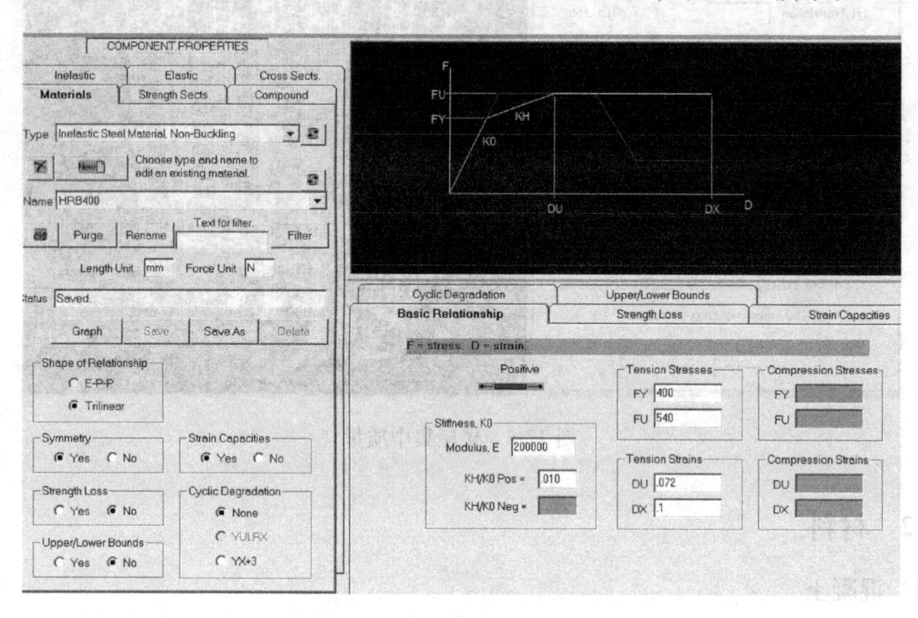

图 17-8　钢筋材料骨架曲线定义

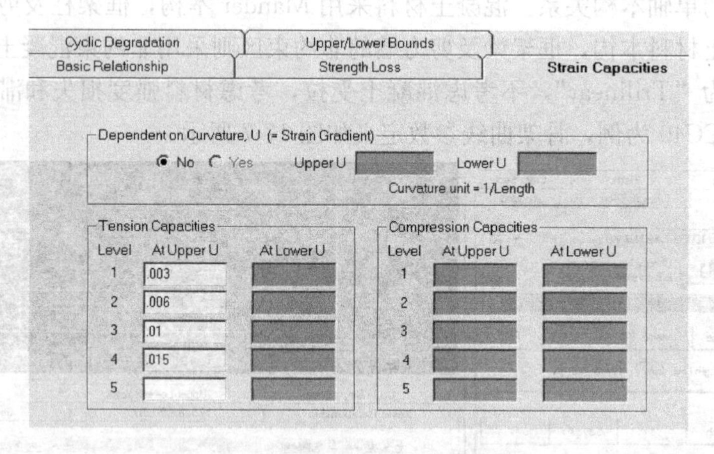

图 17-9　钢筋材料应变能力定义

（3）剪力墙剪切材料

分析中假定剪力墙剪切属性为弹性，剪力墙的弹性剪切材料在【Component properties】-【Materials】下定义。以 C40 混凝土的剪切材料 C40 _ Shear 为例，参数定义如图 17-10 所示。其中剪应力 V0 可参考《高层建筑混凝土结构技术规程》JGJ 3—2010[3] 第 3.11.3 节关于剪力墙最小抗剪截面的要求，取 $0.15f_{ck}$，对于 C40 混凝土，轴心抗压强度

标准值 f_{ck} 为 26.8MPa，$0.15f_{ck}$ 等于 4.02MPa。另外，性能 1 的能力系数取 0.8，0.8 表示假定有效抗剪截面高度为截面高度的 0.8 倍。考虑到混凝土开裂后剪切刚度迅速退化，剪切材料的刚度 K 取弹性剪切模量的 0.5 倍，具体按以下公式进行计算：

$$0.5G = 0.5 \times \frac{E}{2(1+\nu)} = 0.5 \times \frac{32500}{2(1+0.2)} = 0.5 \times 13541.7 = 6770.8\text{MPa} \tag{17.3-1}$$

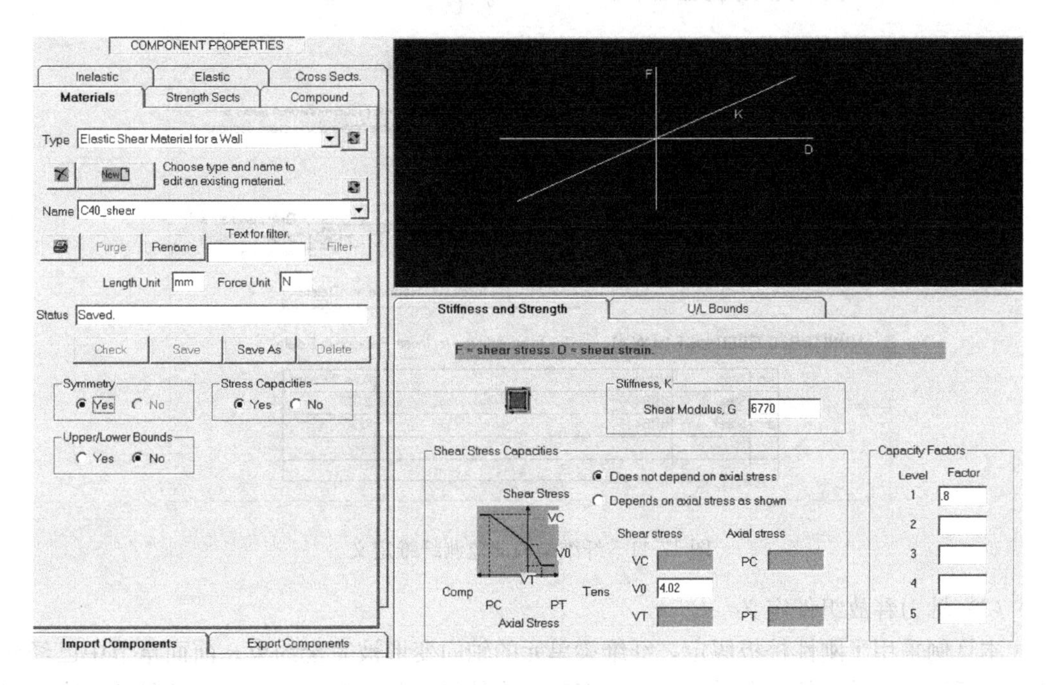

图 17-10　剪切材料定义

17.3.3　框架梁

（1）纤维截面定义

梁纤维截面（Beam Inelastic Fiber Section）最多允许指定 12 条纤维，一般用 2 条钢筋纤维模拟梁的顶筋和底筋，其余 10 条纤维模拟混凝土。

（2）能力指标定义

纤维梁截面可以定义两种能力指标，包括：a. 塑性区的转角能力（Rotation Capacities），用户可以指定 5 个性能水平的转角能力限值，若想在【Limit states】模块中定义基于纤维截面塑性区转角的极限状态，则需要在纤维截面定义中指定转角能力（塑性区转角能力的取值可以参考美国 ASCE 的相关规范或者采用截面分析进行确定）；b. 截面监测纤维的应变能力（Fiber Strain Capacities），用户可以通过定义监测纤维，监测截面特定位置的应变，监测纤维的定义包括指定监测纤维的材料及监测纤维的坐标。

本例主要采用纵筋的应变作为构件的性能评估指标，对于钢筋混凝土梁截面，在截面的顶部及底部位置定义了两个监测纤维。以纤维梁截面 C35B300×500-14-10 为例，其能力参数定义如图 17-11 所示。

Structural Fibers | Capacities | Shear, Torsion, Etc. | Other Properties

Rotation Capacities (in Radians)

Rotation is the average curvature multiplied by the component length. Near supports, where the moment gradient is large, this is usually the best demand-capacity measure. Near midspan, where the moment gradient is small, strain tends to be a better measure.

Positive rotation is compression on +2 side.

Level	Pos. Capacity	Neg. Capacity
1	.001	.001
2		
3		
4		
5		

Monitored Fibers for Strain Capacities

Monitored Fibers allow you use material strain capacities to define limit states. Place monitored fibers at the locations where you want to check strains, typically at or near the extreme fibers of the cross section.

MONITORED FIBER TO BE ADDED OR CHANGED

Material Type: Inelastic Steel Material, Non-Buckling

Material Name: HRB400

Axis 2 Coord

Only materials with strain capacities are listed.

Add | Insert | Replace | Delete

MONITORED FIBER LIST (MAX 4) Click to highlight row for Insert, Replace or Delete.

No.	Type	Name	Axis 2 Coord
1	Steel	HRB400	230
2	Steel	HRB400	-230

图 17-11 纤维梁截面监测纤维定义

（3）轴力释放组件定义

本算例采用了刚性楼板假定，纤维梁单元的轴向变形被完全约束。前面章节中已经介绍，当纤维梁柱单元的轴向受到刚性约束时，构件的承载力会得到不真实的显著提高，因此本例对纤维梁的轴向约束进行部分释放。在【Component properties】-【Elastic】下定义内力释放组件（Linear P/V/M Hinge or Release），勾选释放的自由度为轴向（Axial），并指定轴向刚度为一较小值，本例取构件轴向刚度的 0.1 倍，对于混凝土材料为 C35、截面为 300mm×600mm、长度为 5m 的梁，其轴力释放组件的轴向刚度为 $0.1EA/L=0.1\times 31500\times 300\times 600/5000=113400$N/mm，定义如图 17-12 所示。

（4）复合组件定义

梁复合组件定义时，假定梁两端出现塑性，梁中间段保持弹性，梁端塑性区长度取梁截面高度的 0.5 倍，用纤维截面模拟，轴力释放组件位于复合组件中部，因此梁构件的组装形式为“纤维截面＋弹性截面＋轴力释放组件＋弹性截面＋纤维截面”，如图 17-13 所示。

17.3.4 框架柱

（1）纤维截面定义

柱类型的纤维截面（Column Inelastic Fiber Section）最多允许指定 60 条纤维，可根据截面纵筋布置方式进行纤维分配，一般可用一条纤维代表一根纵筋，剩余的纤维数可用来模拟混凝土材料。

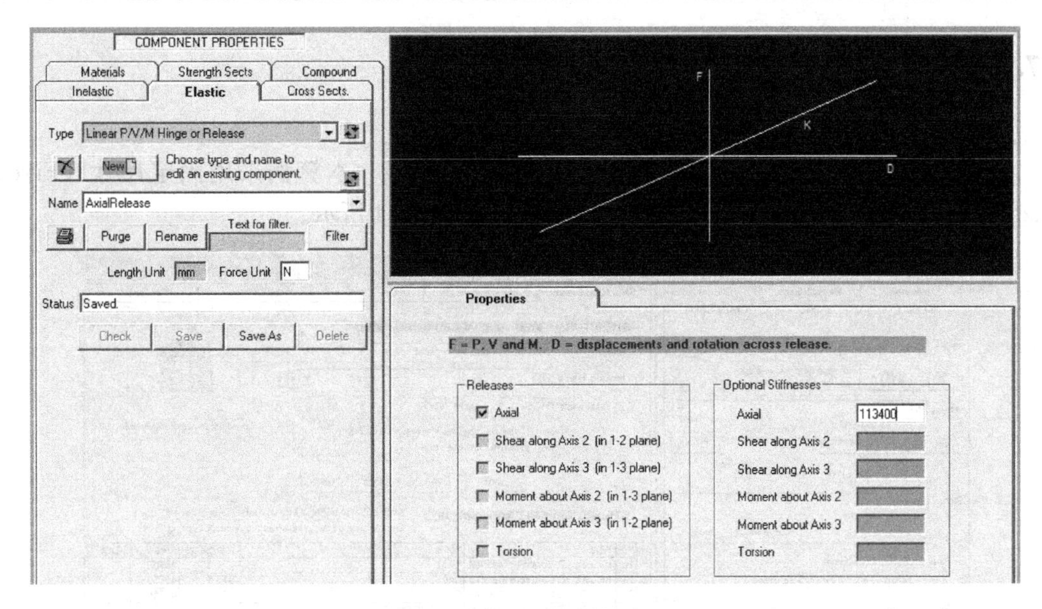

图 17-12 轴力释放组件定义

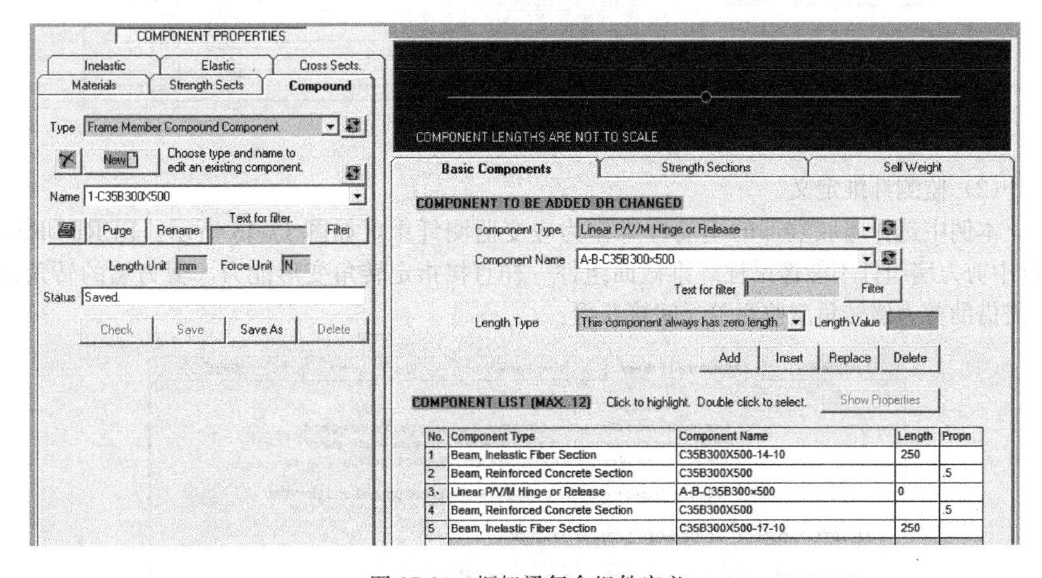

图 17-13 框架梁复合组件定义

(2) 变形能力定义

纤维柱截面变形能力的定义与纤维梁截面类似，不同的是纤维柱截面的转角能力一般受截面轴力和剪力的影响，PERFORM-3D 允许指定转角能力随轴力和剪力的变化。本算例主要采用纵筋应变作为构件性能评估指标，取纤维柱截面 4 个角部的钢筋纤维作为应变监测纤维。

(3) 复合组件定义

框架柱复合组件定义时，假定框架柱塑性区发生在柱两端，塑性区长度取相应弯曲方向截面高度的 0.5 倍，塑性区长度范围内用纤维截面模拟，柱中间段保持弹性，因此柱复合组件的组装形式为“纤维截面＋弹性截面＋纤维截面”。

17.3.5 剪力墙

（1）纤维截面定义

剪力墙纤维截面允许指定的纤维数量最多为 16 条。本算例采用固定尺寸（Fixed Size）型的纤维划分方式，剪力墙纤维截面定义如图 17-14 所示。

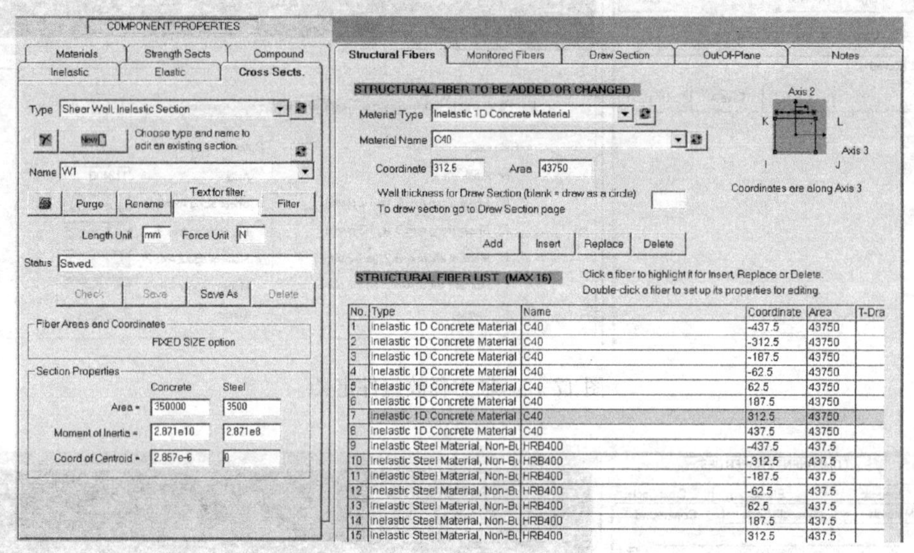

图 17-14 剪力墙纤维截面

（2）监测纤维定义

本例中选择墙肢端部的钢筋纤维作为应变监测纤维，如图 17-15 所示。PERFORM-3D 中剪力墙组件不能像梁柱纤维截面组件一样直接指定转角变形能力，剪力墙的转角性能需借助剪力墙转角型监测单元间接获得。

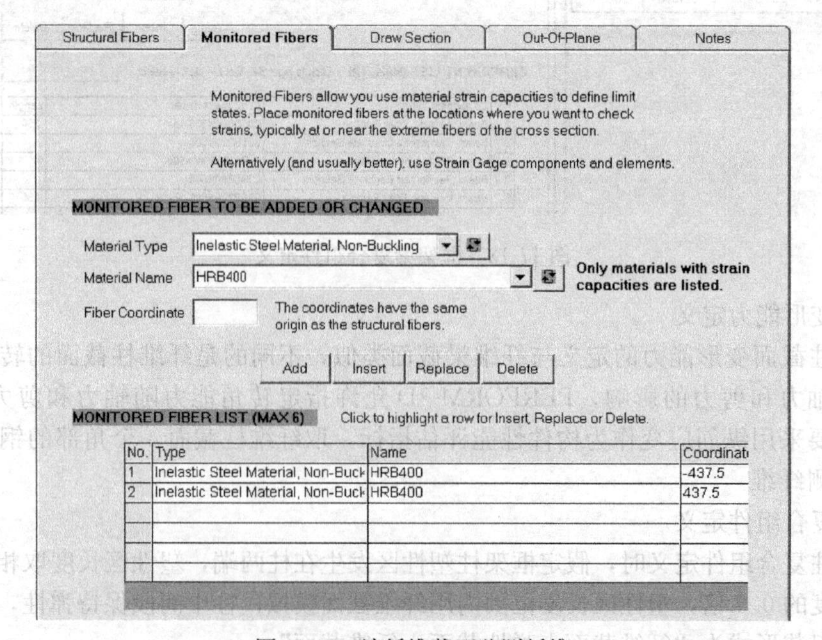

图 17-15 墙纤维截面监测纤维

(3) 复合组件定义

本例剪力墙采用 Shear Wall 单元进行模拟，Shear Wall 剪力墙单元水平方向的剪切属性可以是弹性或非弹性，本算例假定剪力墙水平方向剪切保持弹性，并为之指定剪力墙弹性剪切材料。以剪力墙复合组件 C40W350-1 为例，定义界面如图 17-16 所示。

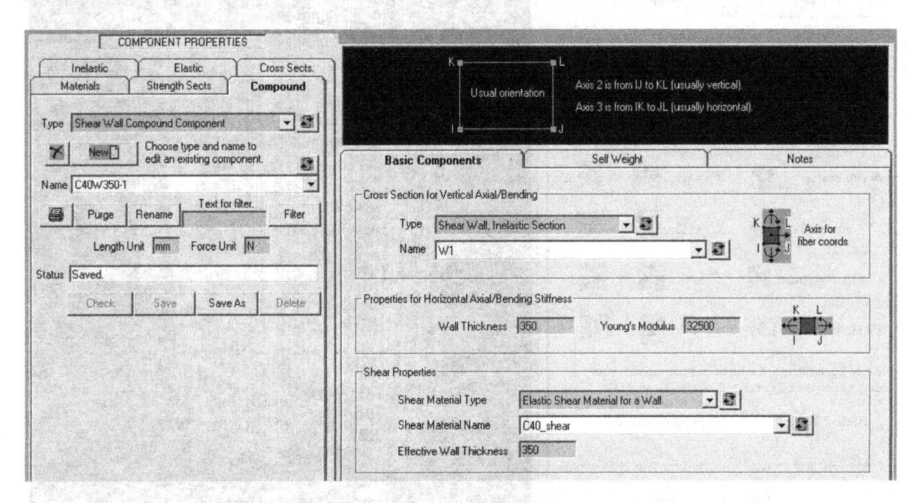

图 17-16 剪力墙复合组件定义

17.3.6 内嵌梁

PERFORM-3D 中剪力墙单元的节点不存在平面内的转动刚度，不能传递弯矩，因此当连梁与墙单元连接时，需要在墙单元处设置抗弯刚度很大的内嵌梁（Imbedded Beam）传递弯矩，如图 17-17 所示。一般情况下，内嵌梁的抗弯线刚度可取一个较大值，鲍威尔教授建议内嵌梁的抗弯线刚度取为连梁抗弯线刚度的 20 倍，内嵌梁的轴向刚度和扭转刚度则设置为一个较小值。本例通过定义截面宽度很小、高度很大的弹性梁单元作为内嵌梁单元。

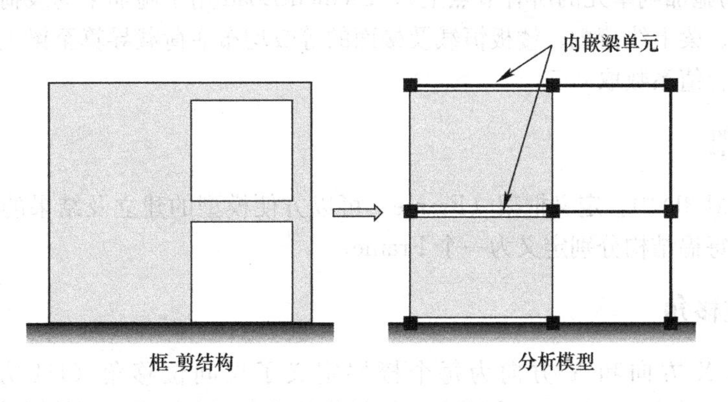

图 17-17 内嵌梁

17.3.7 单元属性

在【Elements】模块下添加框架梁单元组 Beam、框架柱单元组 Column、剪力墙单元组 Wall、内嵌梁单元组 ImbeddedBeam，为各单元组添加单元，并指定单元属性及单元局部坐标轴方向。图 17-18 所示为梁单元的局部坐标轴方向。

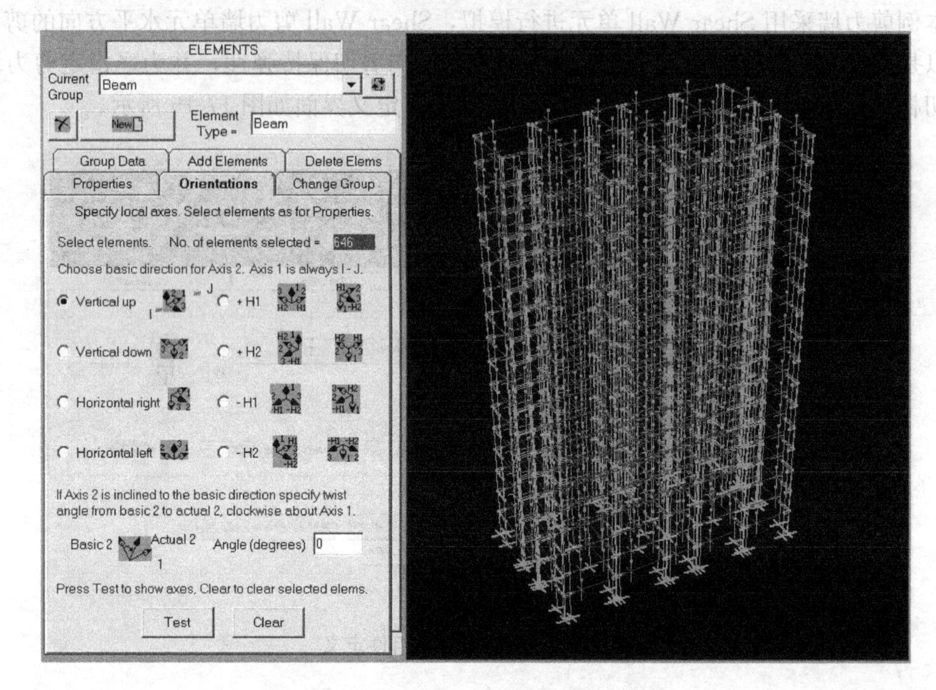

图 17-18　梁单元局部坐标轴方向

17.3.8　荷载样式

抗震规范规定，在计算地震作用时，建筑结构的重力荷载代表值应取永久荷载标准值和可变荷载组合值之和。本例模型中建立了一种节点荷载样式 NodalLoad 和一种单元荷载样式 ElementLoad。其中 NodalLoad 用于竖向构件（剪力墙、框架柱）重力荷载的施加（构件自重平均施加到单元的所有节点上），ElementLoad 用于施加梁的线荷载，包括梁本身的重力荷载、梁上线荷载、楼板恒载及楼面的等效均布活荷载导算至梁上的线荷载。本例活荷载的组合值系数取 0.5。

17.3.9　框架

PERFORM-3D 中，定义框架（Frame）可以方便模型的建立及结果的提取。本算例将每层结构、每榀结构分别定义为一个 Frame。

17.3.10　位移角

本算例沿 X 方向和 Y 方向为每个楼层定义了层间位移角（H1 方向 Drift1X～Drift17X、H2 方向 Drift1Y～Drift17Y），层间位移角参考点取上、下楼层的形心点。另外以顶层形心和结构底层形心为参考点，定义了 H1 方向及 H2 方向的位移角 DriftX 和 DriftY，用作动力时程分析工况的参考位移角。

17.3.11　结构截面

本算例为每层结构定义 3 个结构截面。后缀名为“Wall”的结构面只包括各层的剪力墙，用于提取各层剪力墙的总内力；后缀名为“Column”的结构截面只包括各层的框架柱，用于提取各层框架柱的总内力；后缀名为“All”的结构截面包括各层的剪力墙和框架柱，用于提取各楼层的总内力。

17.3.12 极限状态

在【Limit States】模块下分别为梁单元组 Beam、柱单元组 Column、墙单元组 Wall 定义了 4 个钢筋应变极限状态，每个单元组的 4 个极限状态分别对应钢筋应变的 4 个性能水准。梁单元组的 4 个极限状态命名为 BarStrain _ Beam _ Level1～BarStrain _ Beam _ Level4，柱单元组的 4 个极限状态命名为 BarStrain _ Column _ Level1～BarStrain _ Column _ Level4，墙单元组的 4 个极限状态命名为 BarStrain _ Wall _ Level1～BarStrain _ Wall _ Level4。另外为墙单元组定义一个剪切强度极限状态 WallStress _ Level1，对应剪力墙弹性剪切材料的剪切应力性能水准 1。图 17-19 所示为梁钢筋应变极限状态 BarStrain _ Beam _ Level1 的定义，图 17-20 为墙剪切应力极限状态 WallStress _ Level1 的定义。

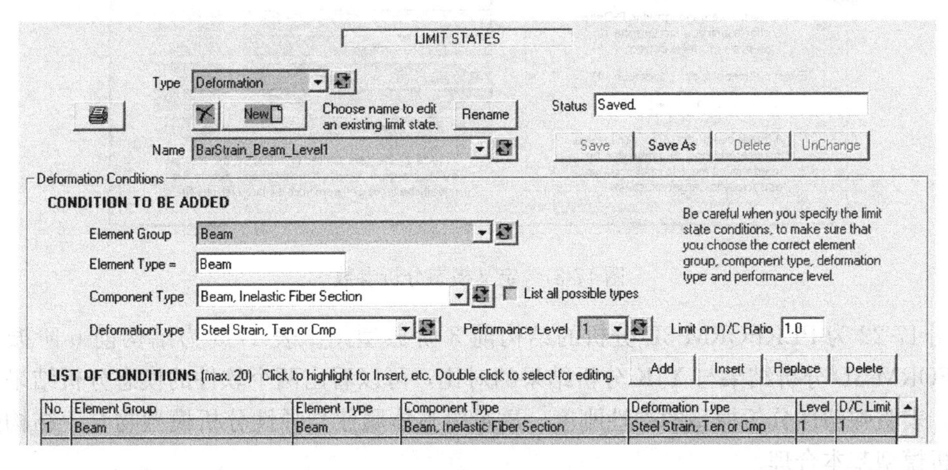

图 17-19　梁钢筋应变极限状态定义

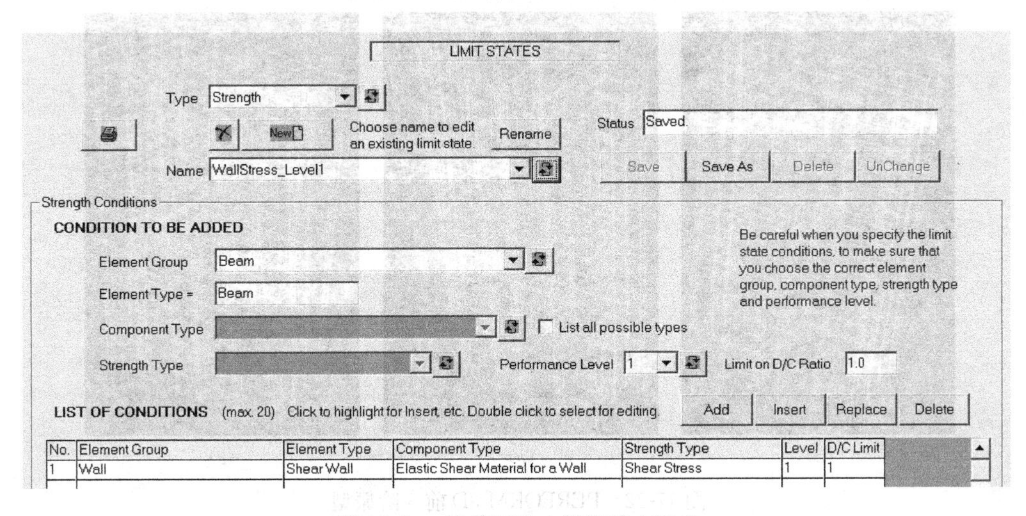

图 17-20　墙剪切应力极限状态定义

17.4　PERFORM-3D 模态分析

进行弹塑性分析之前，在 PERFORM-3D 中进行一次模态分析，并将分析结果与 YJK 结果进行对比，以便确定弹塑性分析模型的合理性。在【Run analyses】下新建分析序列 S-Modal，指定需要分析的振型数为 30，添加质量样式 Mass，缩放系数为 1.0，如图 17-21 所示。

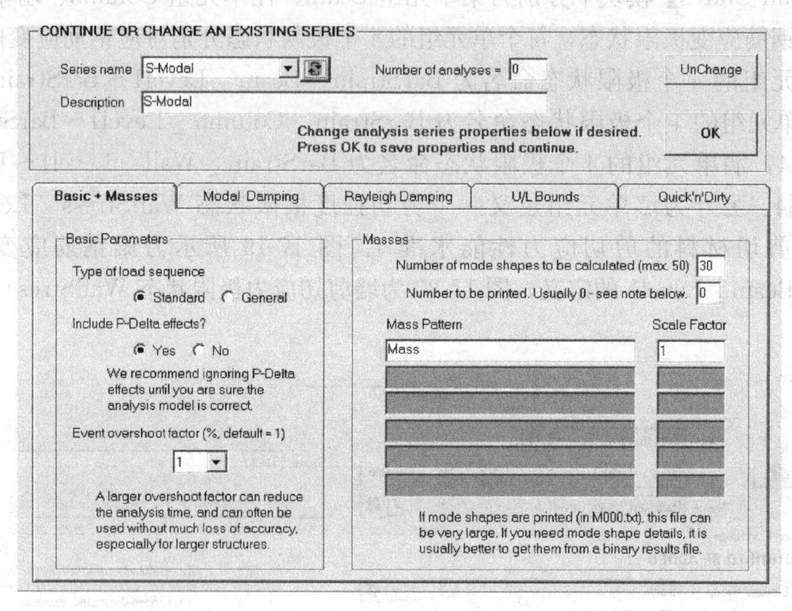

图 17-21　定义模态分析参数

图 17-22 为 PERFORM-3D 分析的结构前 3 阶振型图。表 17-3 为结构前 6 阶振型的 PERFORM-3D 分析结果与 YJK 分析结果的对比，可以看出两个软件的模态分析结果基本吻合，表明弹塑性分析模型的弹性刚度、质量等整体属性与弹性分析模型吻合，结构弹塑性分析模型基本合理。

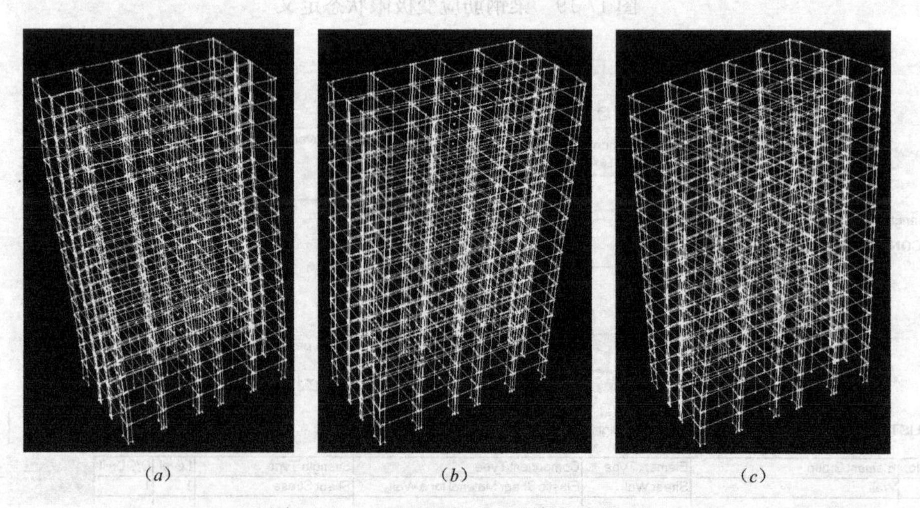

(*a*)　(*b*)　(*c*)

图 17-22　PERFORM-3D 前 3 阶振型

(*a*) 振型 1：H1 平动；(*b*) 振型 2：H2 平动；(*c*) 振型 3：扭转

振型周期（s）　　表 17-3

振型	MODE1	MODE2	MODE3	MODE4	MODE5	MODE6
PERFORM-3D 结果	2.628	2.430	2.055	0.791	0.673	0.600
YJK 结果	2.587	2.451	2.041	0.794	0.685	0.605
偏差（%）	1.60	−0.85	0.67	−0.33	−1.74	−0.88

17.5　大震动力弹塑性时程分析

17.5.1　地震波选取

本算例依据《高层建筑混凝土结构技术规程》JGJ 3—2010[3]4.3.5 条规定，选取 3 组天然波对结构进行动力弹塑性时程分析（注意，实际工程中，当采用 3 组地震加速度时程曲线进行分析时，一般是取 2 组天然地震加速度记录及 1 组人工模拟的加速度记录）。目前工程中选波的常规做法是，考虑建筑场地类别、设计地震分组、频谱特性、有效持时（结构第一周期的 5～10 倍）等因素从既有强震记录数据库中下载多组强震记录，并将所下载的多组强震记录输入结构设计软件进行小震弹性时程分析，最后挑选出频谱特性与规范反应谱最吻合且满足《高规》第 4.3.5 条要求的地震波。本例地震波采用作者开发的选波系统 GMS[4]进行选取，GMS 可以根据场地的类型、剪切波速及地震波的频谱特性等参数快速选出满足规范要求的地震波，GMS 界面如图 17-23 所示。最终选取的 3 条地震波的波形如图 17-24 所示，其中地震波的所有加速度值已经进行同比例缩放，将峰值加速度调整为《建筑抗震设计规范》GB 50010—2011[5]规定的 7 度 0.10g 多遇地震对应的加速度峰值 35cm/s^2。另外，本例结构进行双向地震时程分析时，次方向的地震波波形与主方向一致，仅考虑次方向的地震波强度为主方向地震波强度的 0.85 倍，因此，这里实际给出的波形同时为主、次方向的地震波波形。

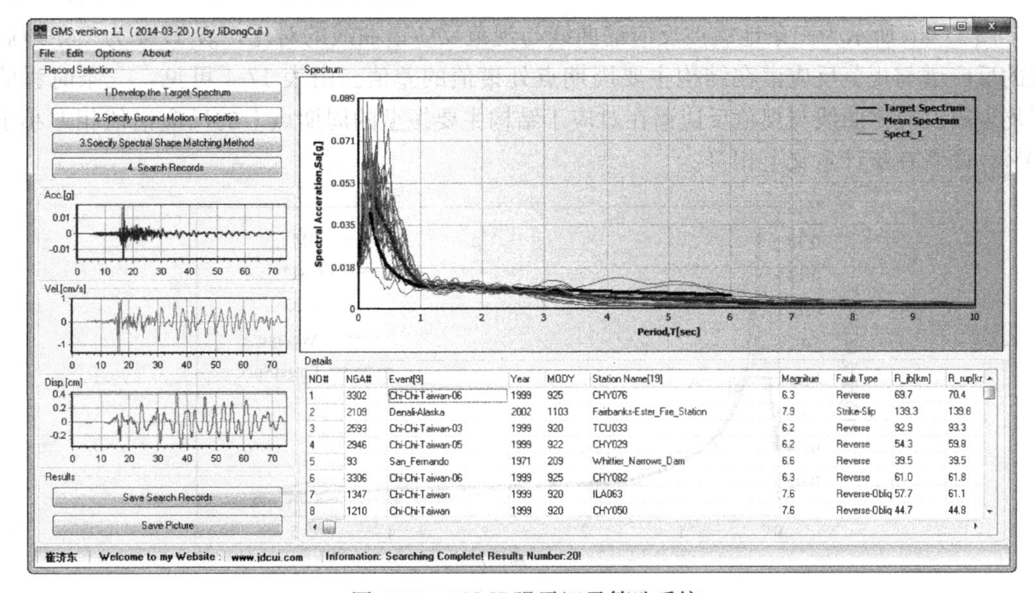

图 17-23　GMS 强震记录筛选系统

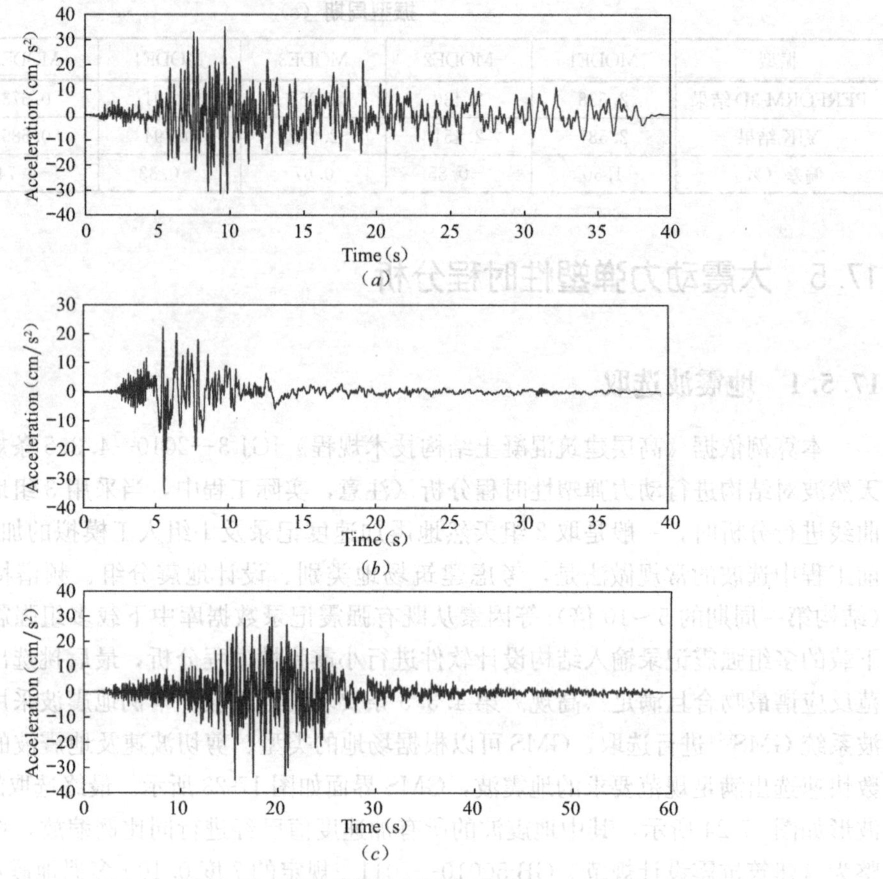

图 17-24 时程分析地震波波形图

(a) GM1 (NGA_no_186_H-NIL360, dt=0.02s, 持时 40s) 波形图;
(b) GM2 (NGA_no_180_H-E05140, dt=0.02s, 持时 39.3s) 波形图;
(c) GM3 (NGA_no_1786_22T04090, dt=0.02s, 持时 60s) 波形图

图 17-25 所示为三条地震波反应谱曲线与规范反应谱曲线的对比，表 17-4 为三条地震波的反应谱与规范反应谱在结构主要周期点处谱值的差值。由表 17-4 可见，三条时程的平均地震反应谱曲线与规范反应谱在对应于结构主要振型的周期点上的反应谱值相差小于20%，两者在统计意义上相符。

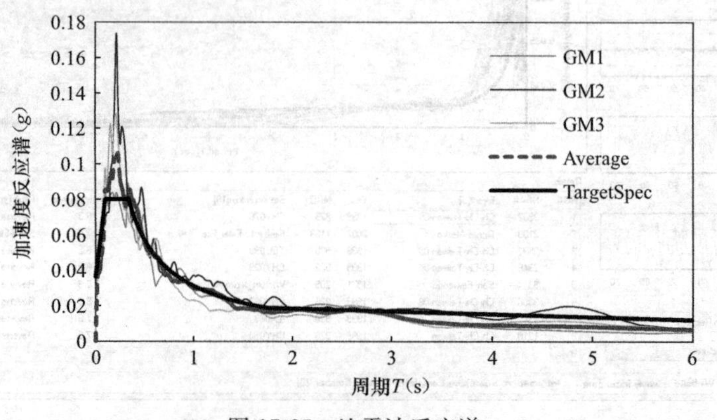

图 17-25 地震波反应谱

地震波反应谱与规范反应谱在结构主要周期点处谱值的偏差　　表 17-4

编号	地震波名	周期 1	周期 2	周期 3
GM1	NGA_no_186_H-NIL360	4%	0%	−4%
GM2	NGA_no_180_H-E05140	10%	8%	−6%
GM3	NGA_no_1786_22T04090	−21%	−21%	1%
平均值		−2.33%	−4.33%	−3.00%

表 17-5 为三条地震波小震弹性时程分析的基底剪力与按规范振型分解反应谱法分析的基底剪力结果对比。由表 17-5 可见，单条时程曲线计算所得的结构基底剪力不小于振型分解反应谱法计算结果的 65%，多条时程曲线计算所得的结构基底剪力的平均值不小于反应谱法结果的 80%，所选的地震波满足《高规》第 4.3.5 条关于基底剪力的要求。

小震弹性时程分析基底剪力对比　　表 17-5

编号	地震波名称	时程分析结果（kN）		反应谱结果（kN）		时程/反应谱	
		X 向	Y 向	X 向	Y 向	X 向	Y 向
GM1	NGA_no_186_H-NIL360	3284.1	3151.1	2820	2945	116%	107%
GM2	NGA_no_180_H-E05140	2623.1	3063.2			93%	104%
GM3	NGA_no_1786_22T04090	2544.4	2662.6			90%	90%
平均值		2819.4	2892.1			100%	98%

17.5.2 定义分析工况

17.5.2.1 重力荷载工况

在进行动力地震时程分析前，首先需要进行结构在重力荷载代表值作用下的非线性静力分析，以获得动力弹塑性时程分析的初始条件。本例中重力工况的参数定义如图 17-26 所示，其中重力荷载代表值来自节点荷载样式 NodalLoad 和单元荷载样式 ElementLoad。

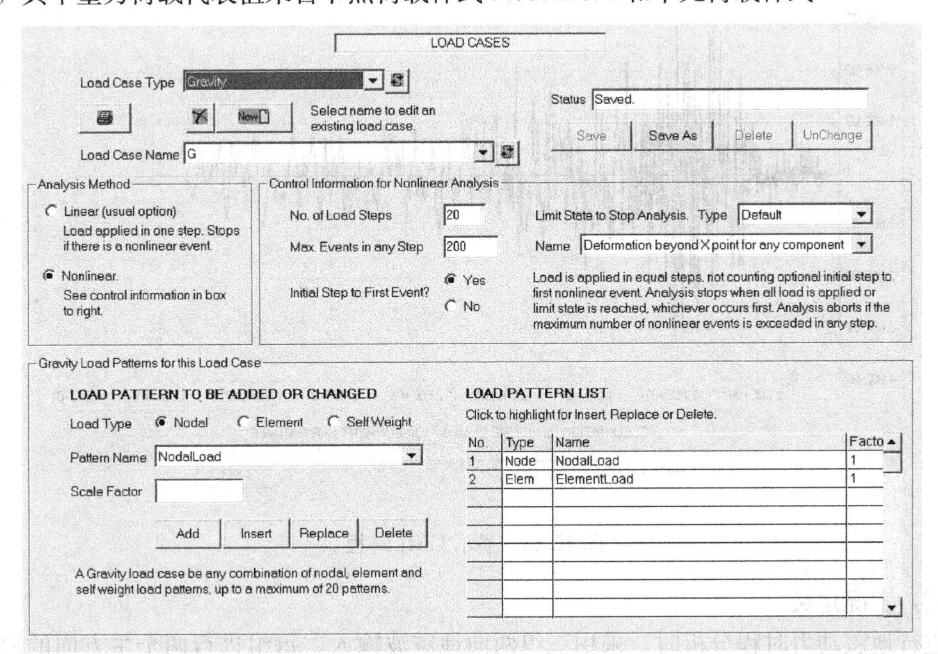

图 17-26　重力工况

17.5.2.2 地震作用工况

(1) 导入地震波

在【Set up load cases】下，选择【Load Case Type】为【Dynamic Earthquake】，点击【Add/Review/Delete Earthquakes】进入地震波导入界面，为本算例新建地震波组，名为FrameWall，依次将所选的3条地震波添加到地震波组FrameWall中，并将地震波命名为GM1、GM2和GM3。以地震波GM1为例，地震波文件中只有1列加速度列，时间步为0.02s，总持时40s，单位为cm/s^2，跳过前2行说明文字，据此指定地震记录读取的参数如图17-27所示，导入后地震波的形状如图17-28所示。

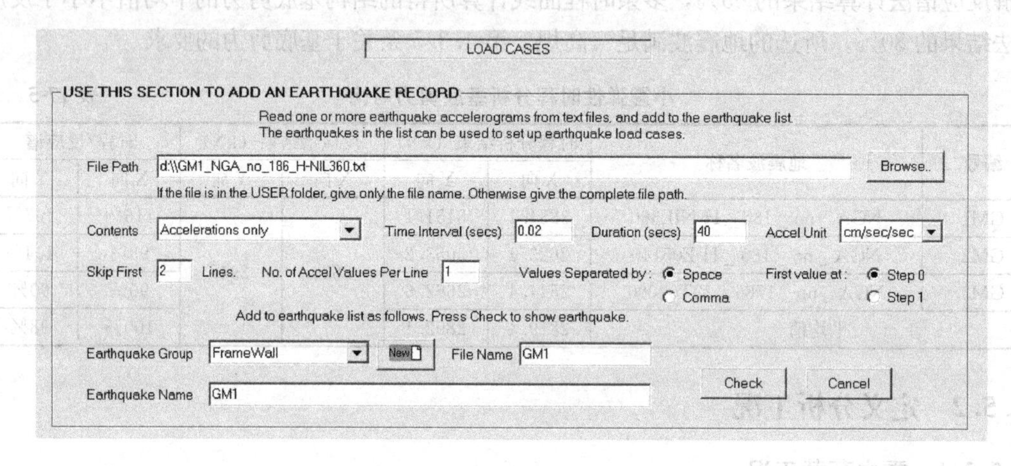

图17-27 导入GM1地震波

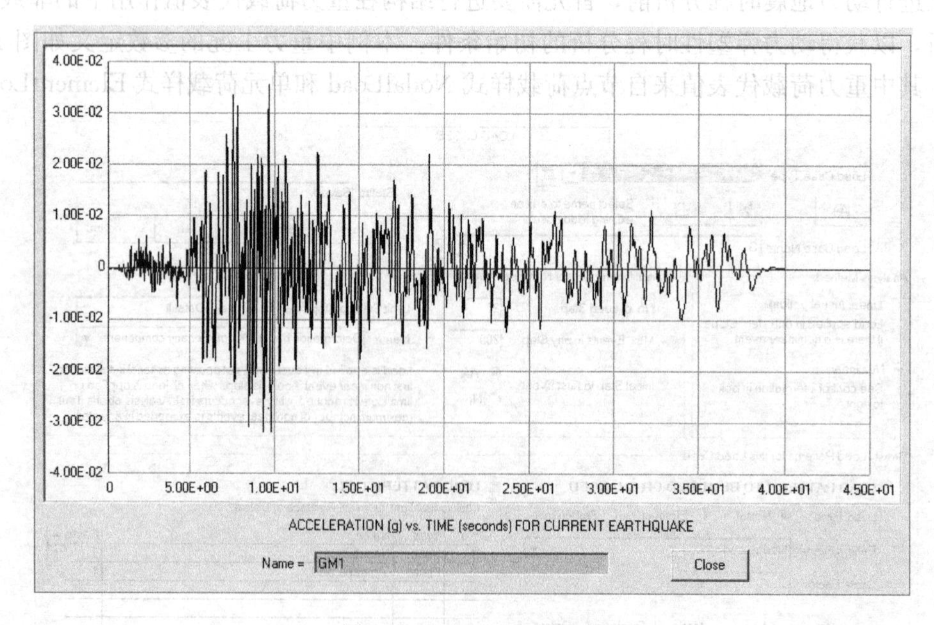

图17-28 显示GM1时程

(2) 工况定义

进行地震动力时程分析时，采用三组两向地震波输入，每组进行两个主方向的地震动力时程分析，两个动力非线性分析工况的地震波强度比分别按H1：H2=1：0.85（H1方向为主向）和 H1∶H2＝0.85∶1（H2 方向为主向）确定，共六个非线性动力时程分析工况。

为此在【Set up load cases】下建立 6 个【Dynamic Earthquake】类型的地震作用工况，命名为 DE1X、DE1Y、DE2X、DE2Y、DE3X、DE3Y，以工况 DE1X（地震波 GM1，主方向 H1，次方向 H2）为例，参数设置如图 17-29 所示。由于上节中导入的地震记录均为小震的数据，峰值加速度为 35cm/s²，而 7 度 0.10g 罕遇地震对应的峰值加速度为 220cm/s²，因此主方向 H1 地震波的加速度缩放系数（Acceln Scale Factor）为 220/35＝6.2857，相应次方向 H2 地震波的加速度缩放系数（Acceln Scale Factor）为 0.85×6.2857＝5.34。

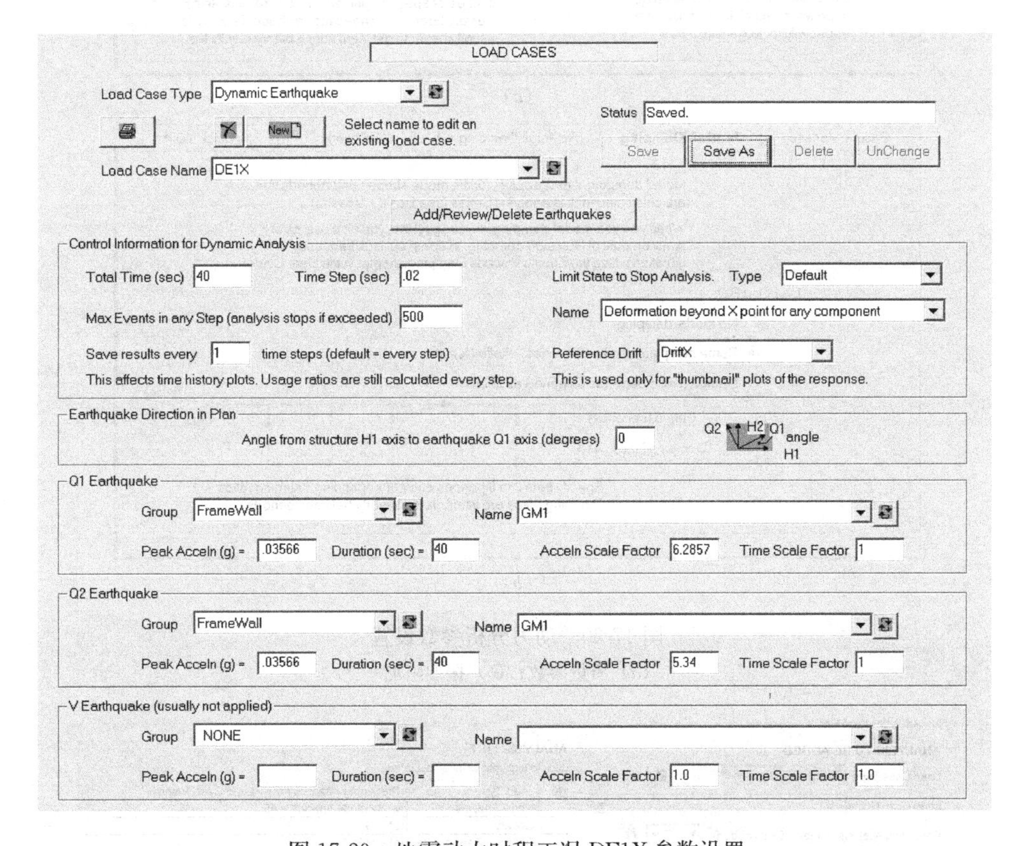

图 17-29　地震动力时程工况 DE1X 参数设置

17.5.3　建立分析序列

在【Run analysis】下添加分析序列 S-THis，分析考虑 P-Delta 效应，添加质量样式 Mass，指定分析的振型数为 30，阻尼采用模态阻尼，各振型模态阻尼比取 5%，如图 17-30 所示。

为分析序列定义分析列表。在地震动力分析前，首先进行结构在重力荷载代表值作用下的非线性静力分析，获得动力弹塑性时程分析的初始条件。因此重力荷载工况在分析列表中的编号为 1，6 个动力时程分析工况之间无先后之分，都是在重力荷载工况之后进行，分析列表定义如图 17-31 所示。

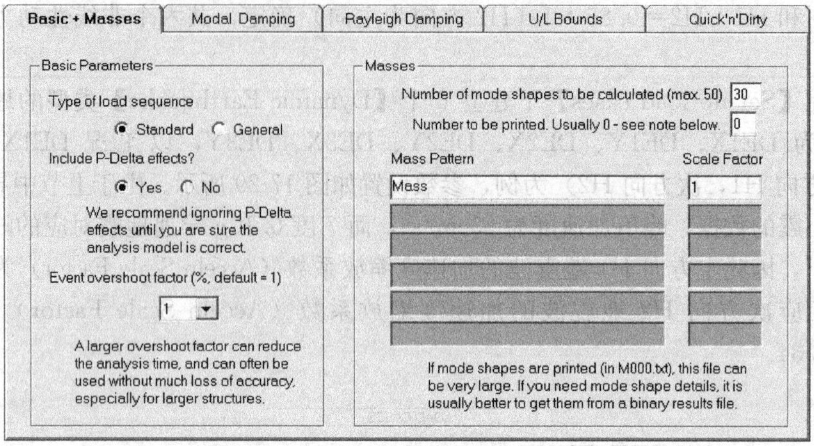

(a)

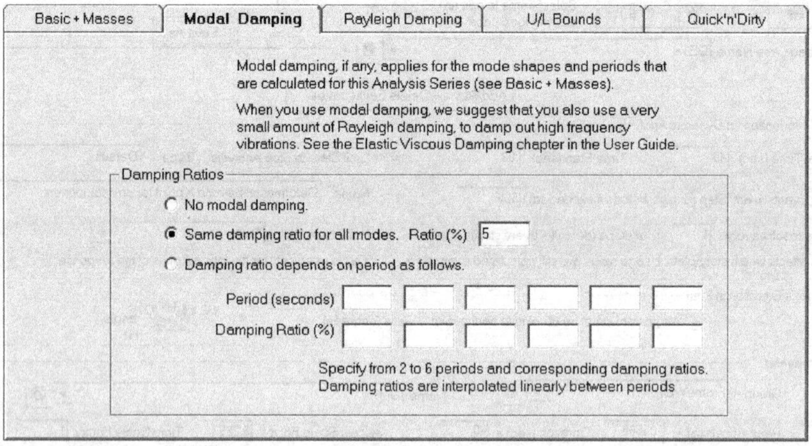

(b)

图 17-30 动力分析参数设置

(a) 质量参数；(b) 振型阻尼

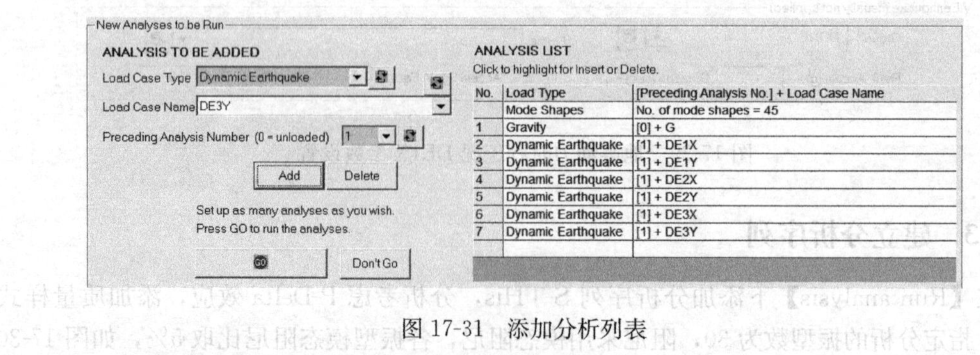

图 17-31 添加分析列表

完成分析序列定义后，点击【GO】运行分析。

17.5.4 分析结果

分析结束后，在 PERFORM-3D 分析阶段中查看结构的动力弹塑性时程分析结果，具体包括能量平衡、内力结果、变形结果、结构性能状态等，以下将逐一介绍。

17.5.4.1 能量平衡

进入【Energy Balance】模块，查看结构的耗能情况。图 17-32 为 DE1X 工况下结构不同类型能量的耗散情况。从图中可以看出，DE1X 工况下结构非弹性耗能（能量分布图中红色部分）约占结构总耗能的 37%，而且在 7s 之前结构非弹性耗能比例接近于 0，说明在此之前结构绝大部分构件还处于弹性状态。

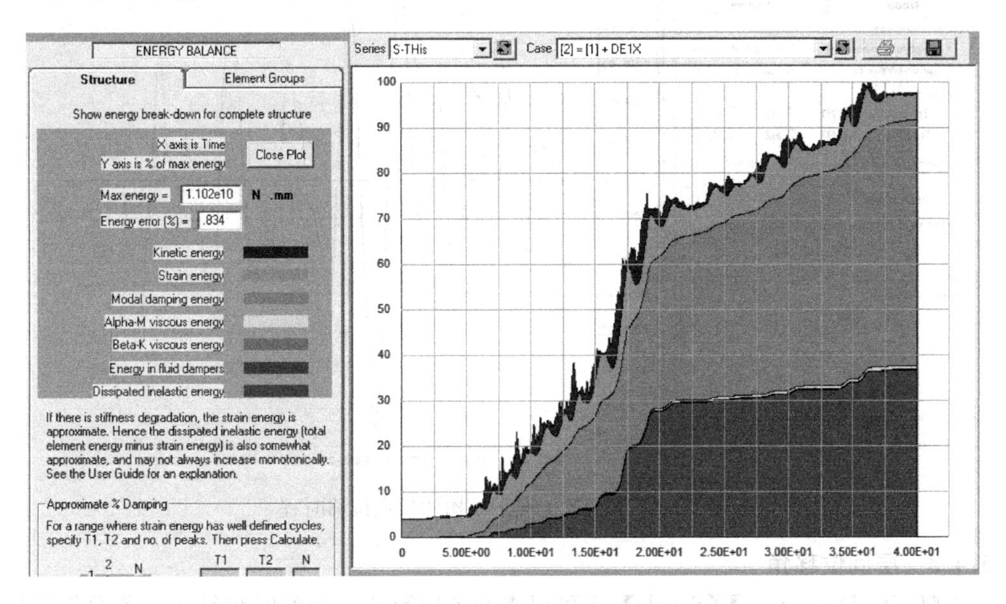

图 17-32 DE1X 工况下结构的总能量耗散分布图

【Energy Balance】-【Element Groups】界面下可以查看各单元组的耗能情况。图 17-33 为 DE1X 工况下梁单元组 Beam 的非弹性耗能占所有单元非弹性耗能的比例。由图可以看出，梁单元的非弹性耗能比例达到了约 95%，说明结构非线性主要发生在梁构件中。

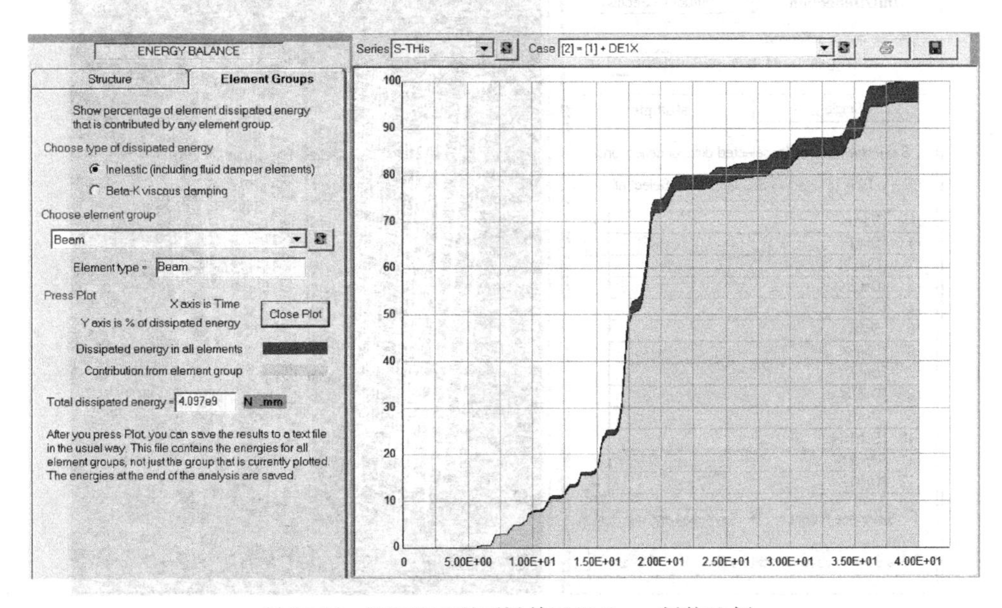

图 17-33 DE1X 工况下梁单元组 Beam 耗能比例

17.5.4.2 结构顶点位移

进入【Time histories】-【Node】模块查看节点的位移时程。图 17-34 为 DE1X 工况下结构顶层形心处 H1 方向的位移时程，由图可知，节点位移在 17.5s 时达到最大，约为 320mm。

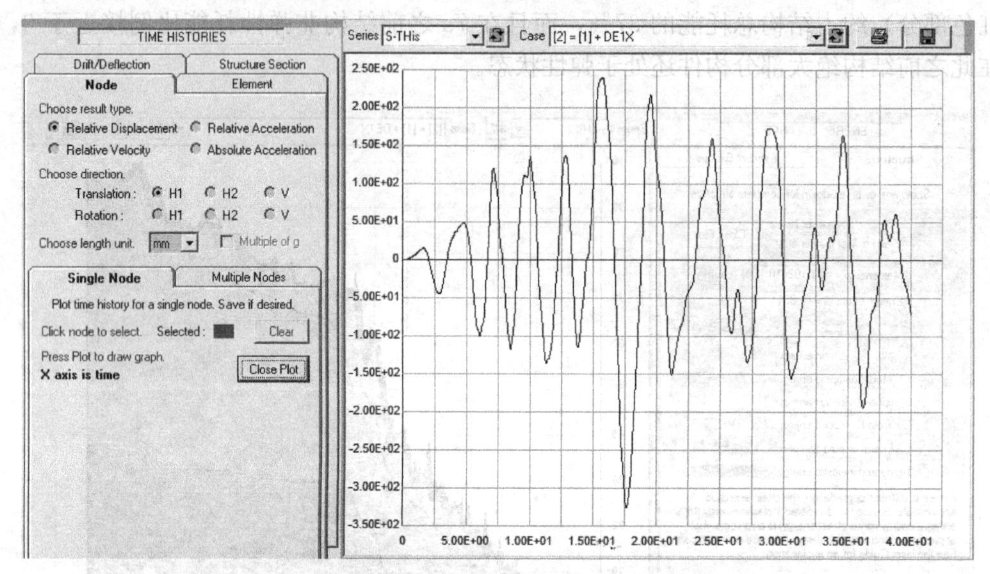

图 17-34　DE1X 工况下结构的顶点位移时程

17.5.4.3 层间位移角

在【Drift/Deflection】-【Single】下可以查看各层间位移角的时程结果。若要批量导出多个层间位移角结果，可在【Drift/Deflection】-【Multiple】界面下选中需要导出的位移角，并选择导出位移角时程或位移角的最大、最小值，如图 17-35 所示。

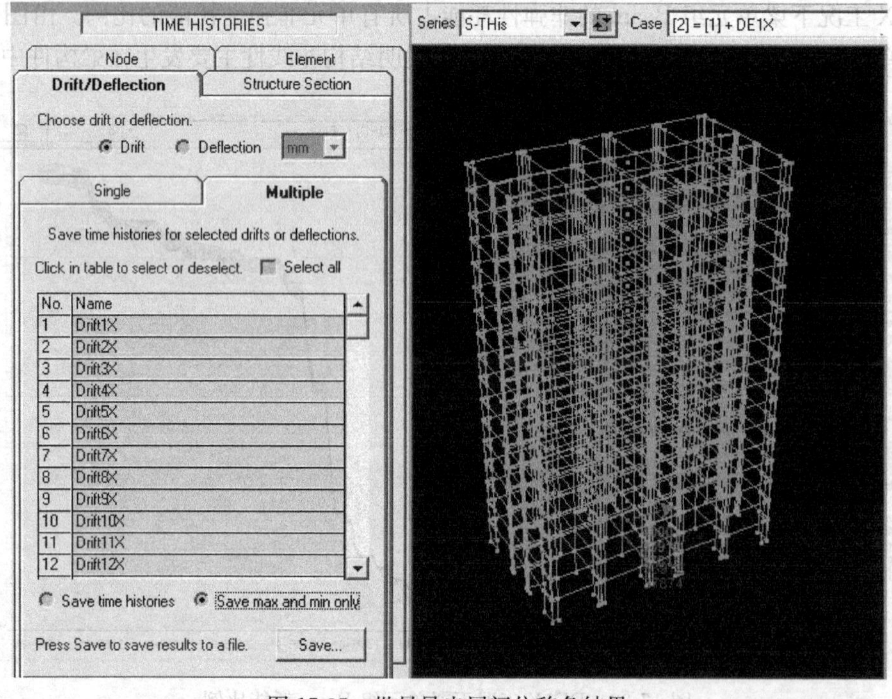

图 17-35　批量导出层间位移角结果

图 17-36 为结构 H1、H2 主方向工况下层间位移角最大值的统计结果。由图 17-36 可以看出，各工况下层间位移角包络值均小于规范给出的框架-剪力墙结构的弹塑性层间位移角限值（0.01，1/100）。

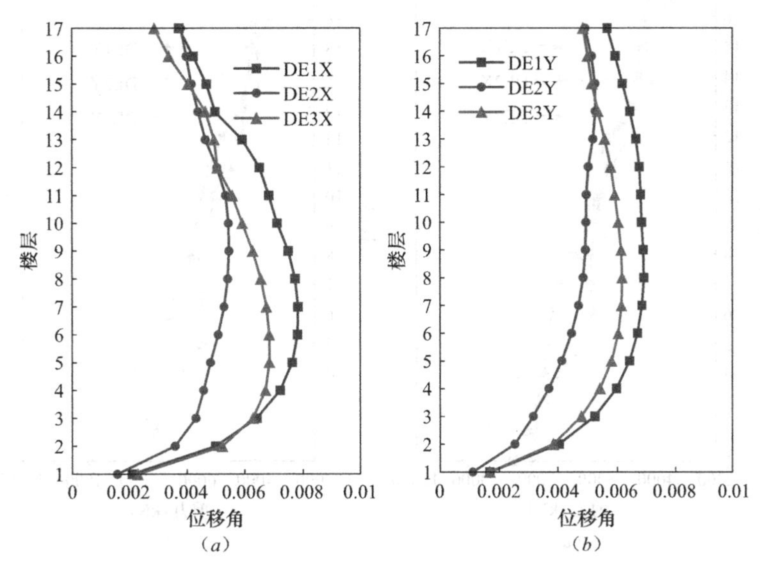

图 17-36 各工况下层间位移角最大值

（*a*）H1 方向工况；（*b*）H2 方向工况

17.5.4.4 楼层剪力

楼层剪力时程通过结构截面（Structural Section）进行输出，基本操作与层间位移角输出的操作类似，楼层剪力可以分单个楼层显示和导出数据，也可以批量导出多个楼层的剪力时程和楼层剪力的最大、最小值，操作界面如图 17-37 所示。

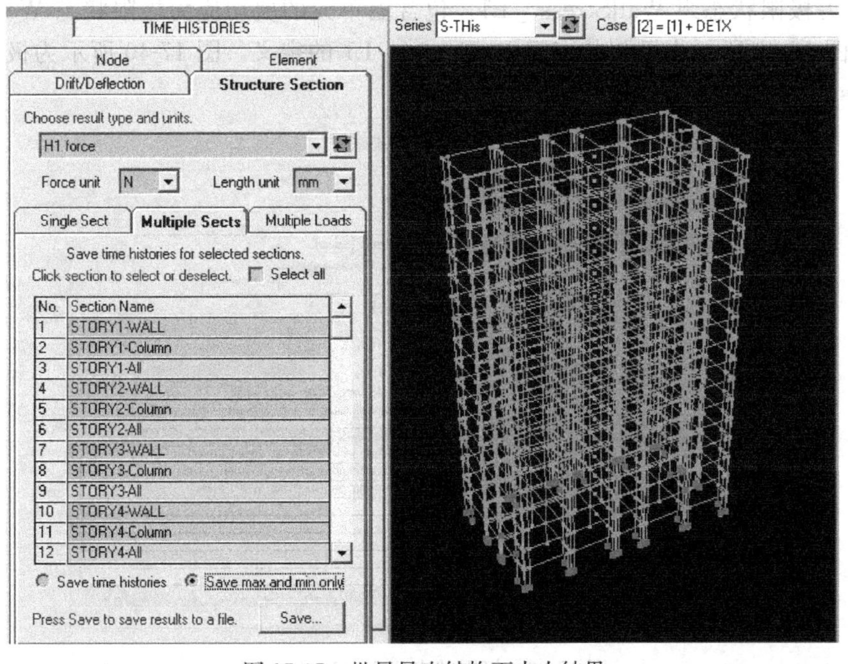

图 17-37 批量导出结构面内力结果

图 17-38 为结构 H1、H2 主方向工况下各层层间剪力最大值的统计结果，可以看出各工况下楼层最大剪力沿结构高度分布趋于一致。

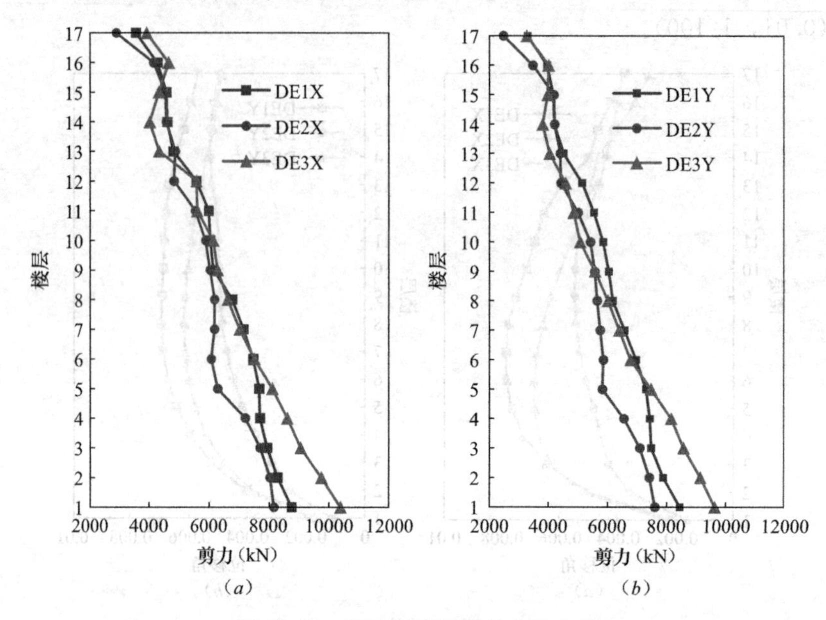

图 17-38 各工况下楼层剪力最大值

(a) H1 方向工况；(b) H2 方向工况

17.5.4.5 构件性能状态

(1) 定义极限状态组

在【Limit state groups】下建立 4 个钢筋应变极限状态组 BarStrain _ L1～BarStrain _ L4，每个极限状态组包含相应性能水准下的梁、柱、墙单元的钢筋应变极限状态。另外建立 1 个剪切应力极限状态组 WallStress _ L1，包含墙单元的剪切应力极限状态 WallStress _ Level1。图 17-39 所示为极限状态组 BarStrain _ L1 的定义，图 17-40 所示为极限状态组 WallStress _ L1 的定义。

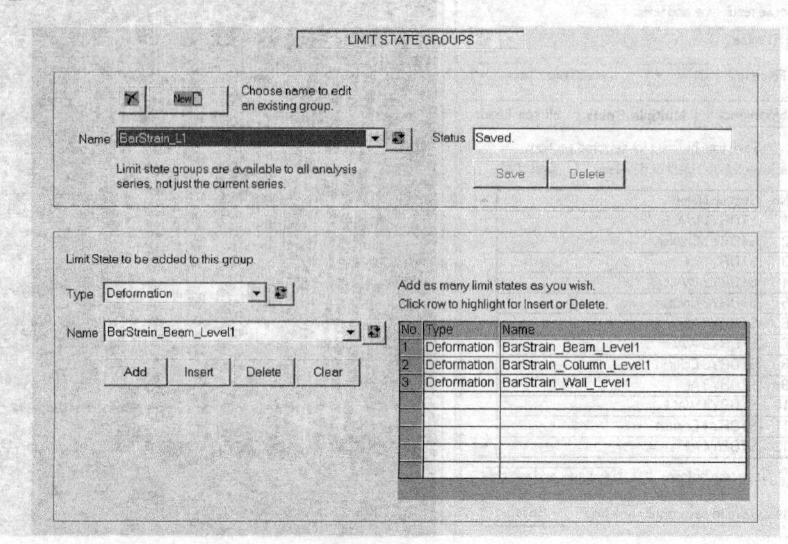

图 17-39 极限状态组 BarStrain _ L1

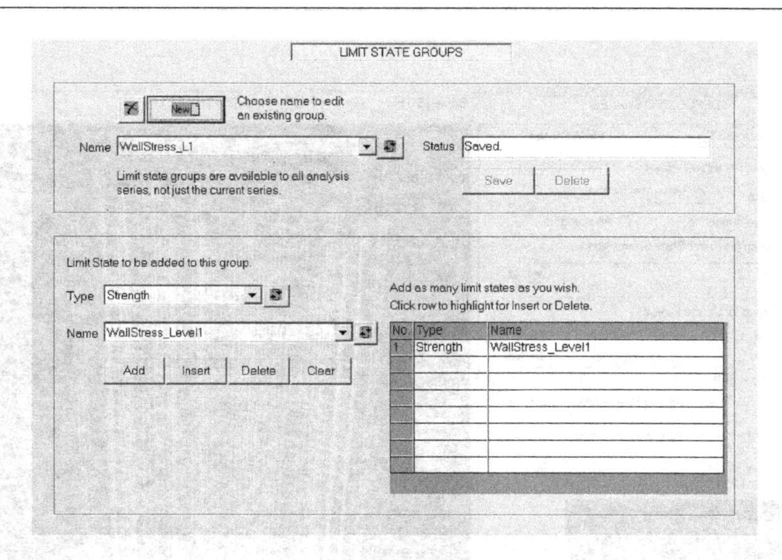

图 17-40　极限状态组 WallStress _ L1

（2）钢筋应变极限状态

以地震工况 DE1X 为例，进入【Deflected shapes】-【Limit States】下，选择需要查看的钢筋应变极限状态组，显示构件达到相应极限状态的情况，如图 17-41 所示。由图可以看出：大多数框架梁钢筋应变达到了极限状态 BarStrain _ Beam _ Level3，即钢筋应变达到了 Level3，表明大多数框架梁达到了中等破坏程度；仅有个别的框架梁钢筋应变达到了极限状态 BarStrain _ Beam _ Level4，即发生了严重破坏；框架柱和剪力墙则基本上处于完好状态，仅有个别构件的应变达到了性能水准 2（Level2）。

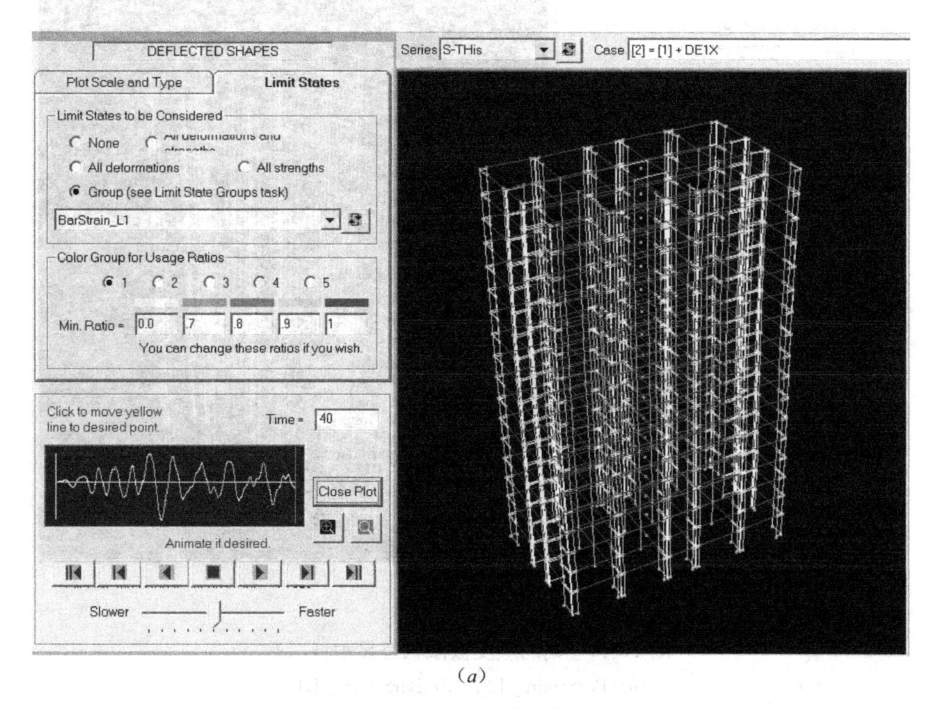

(*a*)

图 17-41　钢筋应变极限状态显示（一）

(*a*) BarStrain _ L1

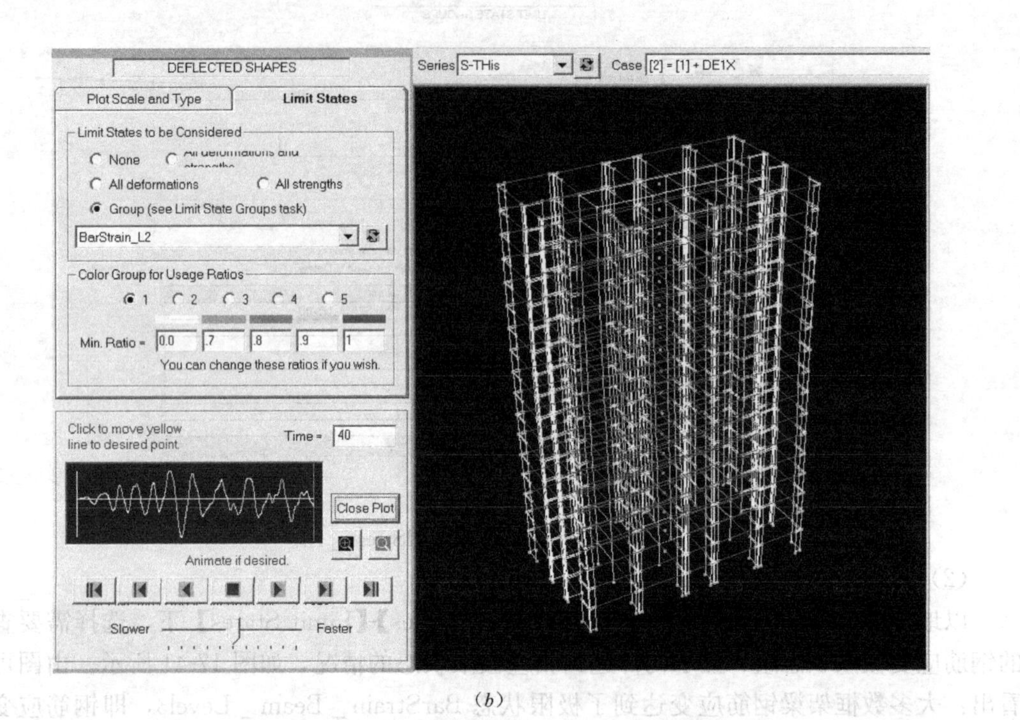

(*b*)

(*c*)

图 17-41 钢筋应变极限状态显示（二）

(*b*) BarStrain _ L2；(*c*) BarStrain _ L3

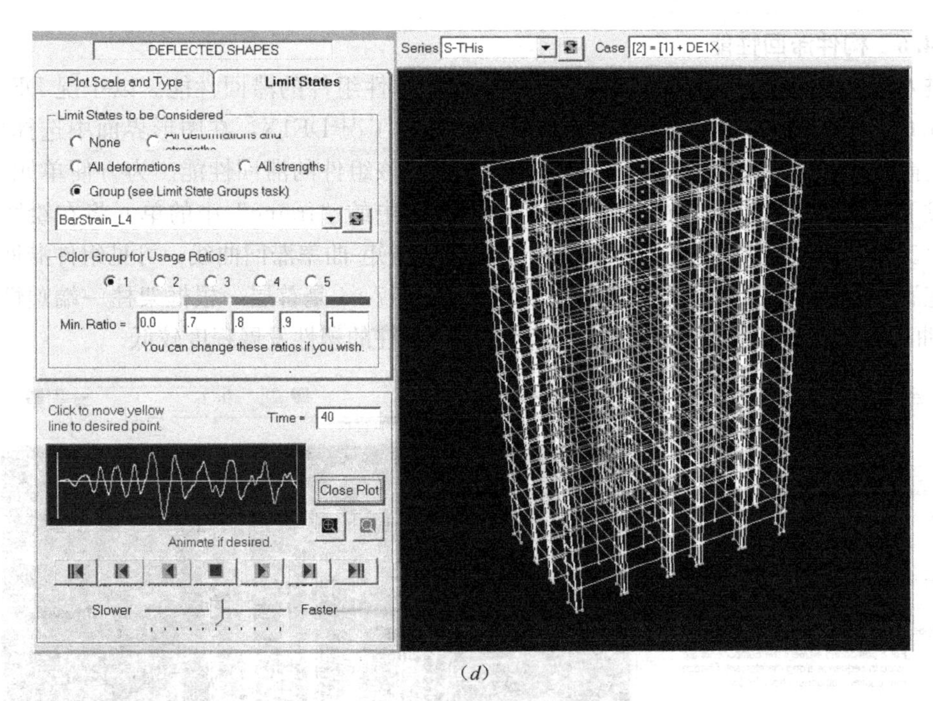

(*d*)

图 17-41 钢筋应变极限状态显示（三）

(*d*) BarStrain _ L4

(3) 剪力墙剪切应力极限状态

选择极限状态组 WallStress _ L1，查看剪力墙的剪切应力极限状态，如图 17-42 所示，可见各墙肢的剪切应力只达到了极限剪切应力（由最小抗剪截面控制）的 0.2 倍，尚未达到 0.4 倍，因此剪力墙满足规范的最小抗剪截面要求，且具有较大的安全储备。

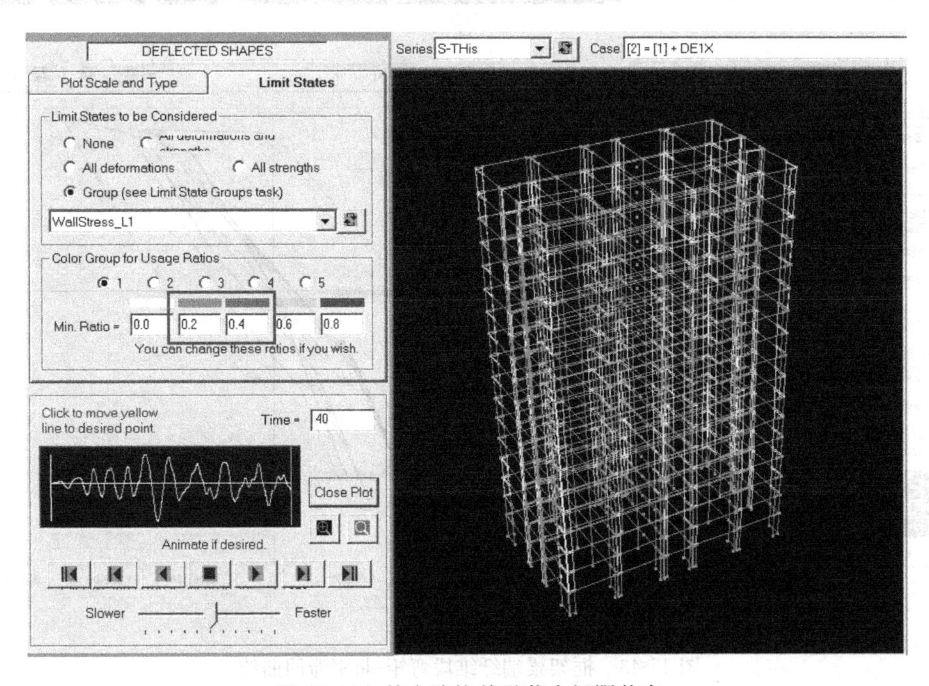

图 17-42 剪力墙抗剪承载力极限状态

17.5.4.6 构件滞回性能

进入【Hysteresis Loops】模块，查看单元非弹性组件的滞回性能。以工况 DE1X 为例，在 Case 下拉菜单中，选择需要查看的地震荷载工况 DE1X，在图形界面中选择单元，并指定需要显示滞回曲线的非弹性组件，即可查看该组件的滞回性能。为方便单元选取，可通过下拉菜单选择单元所在的“frame”，此时选中的“frame”中的单元将在绘图区高亮显示。图 17-43 是首层一根框架梁一端塑性区的弯矩-曲率滞回曲线，可见组件滞回曲线较为饱满，表明梁端纤维段塑性发展较为充分；图 17-44 是首层一根框架柱一端塑性区的弯矩-曲率滞回曲线，可见滞回曲线较为狭长，说明柱的塑性发展程度较低。

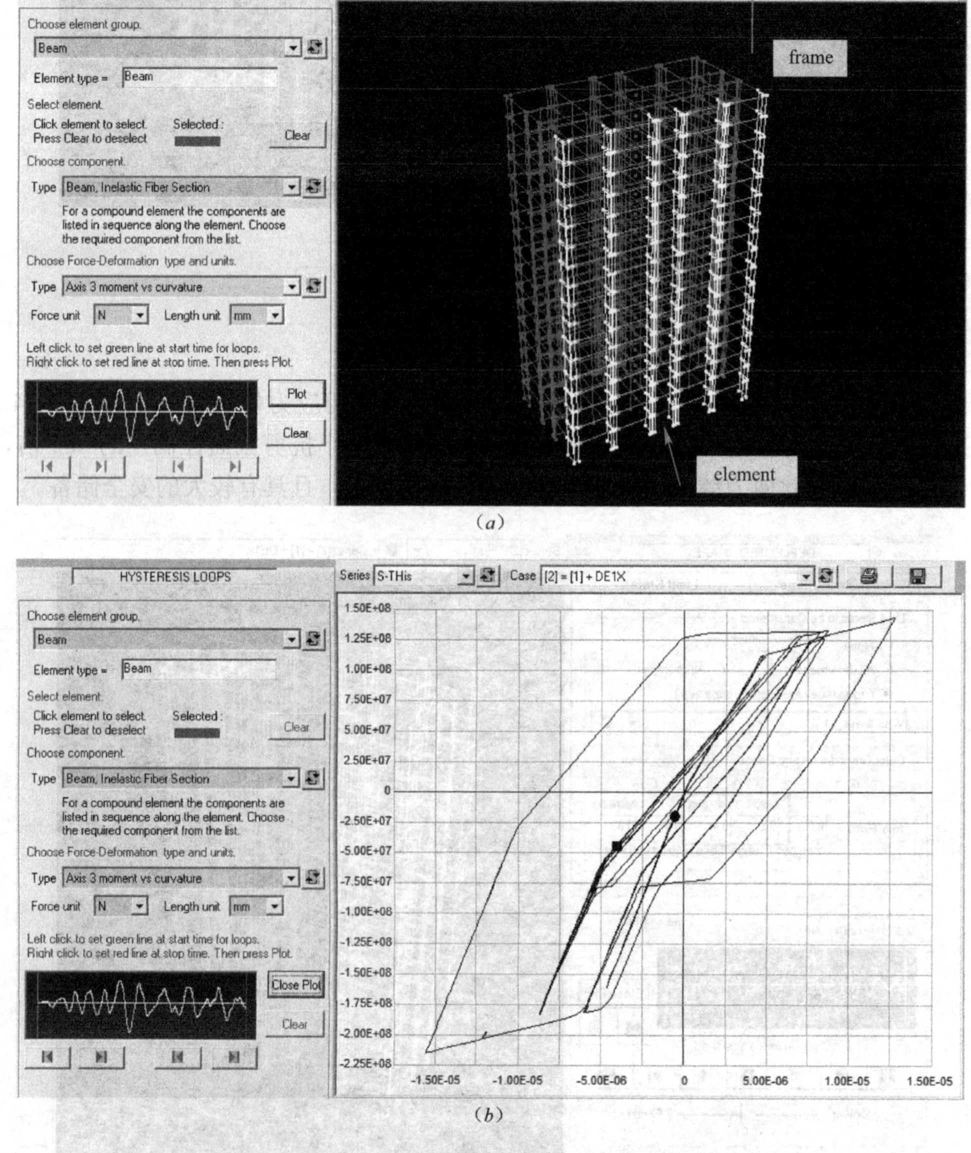

图 17-43　框架梁端纤维段弯矩-曲率滞回曲线

(a) 选择单元；(b) 滞回曲线

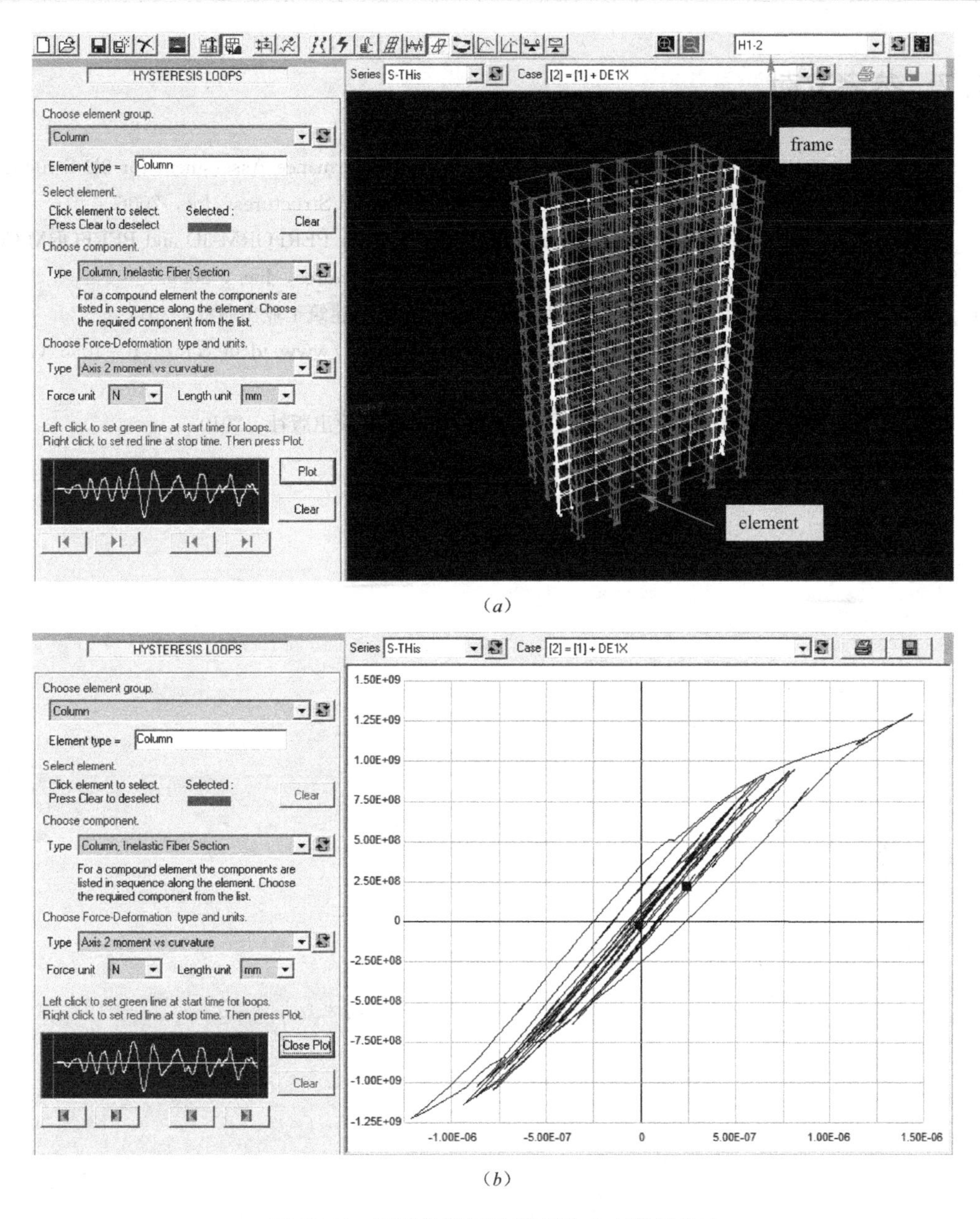

(*a*)

(*b*)

图 17-44　框架柱端纤维段弯矩-曲率滞回曲线

(*a*) 选择单元；(*b*) 绘制滞回曲线

17.6　本章小结

本章通过一个框架-剪力墙结构算例，介绍了结构整体弹塑性时程分析在 PERFORM-3D 中的实现过程，内容包括结构整体弹塑性分析模型的建立、动力时程分析地震波的选取、动力弹塑性分析工况的定义、极限状态与极限状态组的定义及结构性能状态的查看等。初学者可以作为参考。

17.7 参考文献

[1] Computers and Structures, Inc. Nonlinear Analysis and Performance Assessment for 3D Structures User Guide [M]. Berkeley, California, USA: Computers and Structures, Inc, 2006.

[2] Computers and Structures, Inc. Components and Elements for PERFORM-3D and PERFORM-Collapse [M]. Berkeley, California, USA: Computers and Structures, Inc. , 2006.

[3] JGJ 3—2010 高层建筑混凝土结构技术规程 [S]. 北京：中国建筑工业出版社，2011.

[4] 崔济东，"Ground Motion Selection [强震记录选取]"，http://www.jdcui.com/? p=1096（2016/11/29）

[5] GB 50011—2010 建筑抗震设计规范 [S]. 北京：中国建筑工业出版社，2010.

第四部分　结构动载试验模拟

本部分包括以下章节：

18 缩尺桥墩振动台试验模拟

18.1 试验简介

试件选自欧洲地震工程培训与研究中心（European Centre for Training and Research in Earthquake Engineering）进行的桥墩振动台试验[1]，为一1/4缩尺的圆形空心截面RC桥墩试件，试件的现场布置如图18-1所示，试件的尺寸及配筋如图18-2所示。试件顶支撑一个大的质量块（1.86m×1.86m×0.88m，7.8t），大质量块用于桥墩惯性力及指定目标轴压力的施加，试件基座通过后张拉螺栓锚固于振动台，防止基座的倾覆与滑动，试件为螺旋配箍，加密区（距离基座顶面500mm范围）箍筋间距为30mm，其余区域箍筋间距60mm。

图18-1　试验现场照片[1,2]

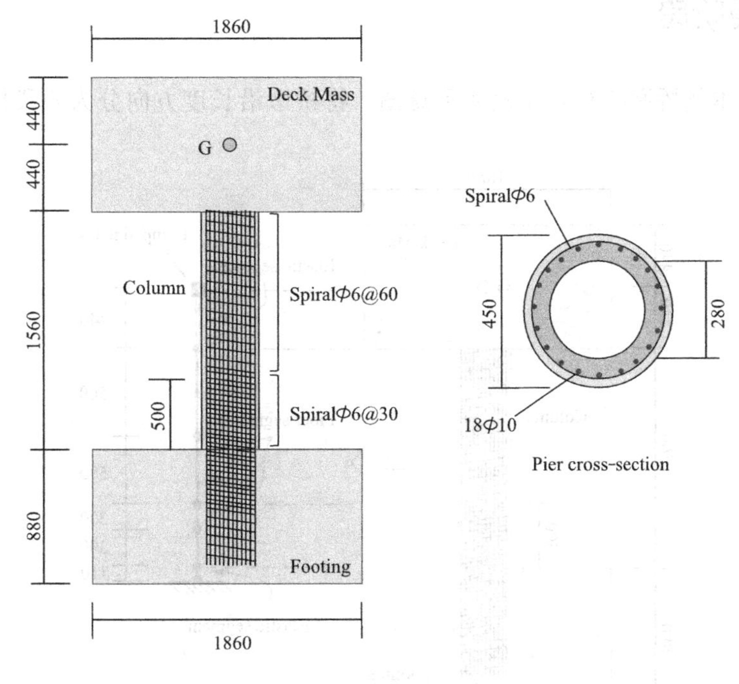

图18-2　试件尺寸与配筋（单位：mm）

钢筋材料属性：

纵筋：E_s=210000MPa，f_y=514MPa，屈服后刚度强化系数0.004。

混凝土材料参数如下：

非约束混凝土：f_c＝39.44MPa，f_t＝0MPa，ε_c＝0.0022，强度提高系数1.0。

约束混凝土参数按Mander模型考虑：

箍筋加密区（ϕ6@30）约束混凝土：f_c＝39.44MPa，f_t＝0MPa，ε_c＝0.0022，强度提高系数1.35。

非箍筋加密区（ϕ6@60）约束混凝土：f_c＝39.44MPa，f_t＝0MPa，ε_c＝0.0022，强度提高系数1.18。

柱顶大质量：质量7.8t，转动惯量2.75×10^6t·mm^2。

试验输入的地震加速度时程如图18-3所示。

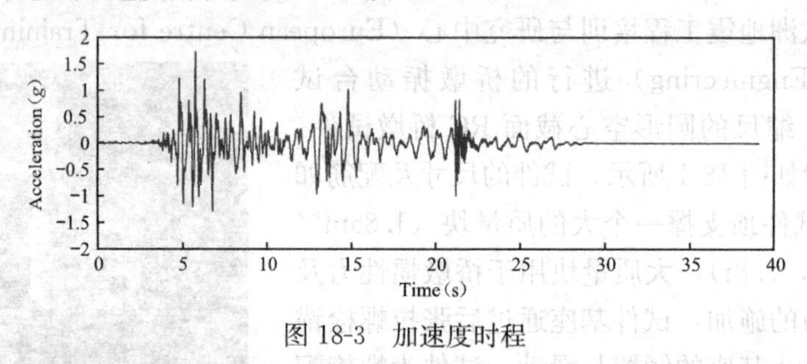

图18-3 加速度时程

试验的更多信息可参考文献［1］。本章采用PERFORM-3D[2,3]对该缩尺桥墩振动台试验进行模拟，并对模拟结果进行探讨。

18.2 建模阶段

图18-4为本例桥墩的有限元模型示意图，将桥墩沿长度方向分为6段模拟，从底到顶分别为：

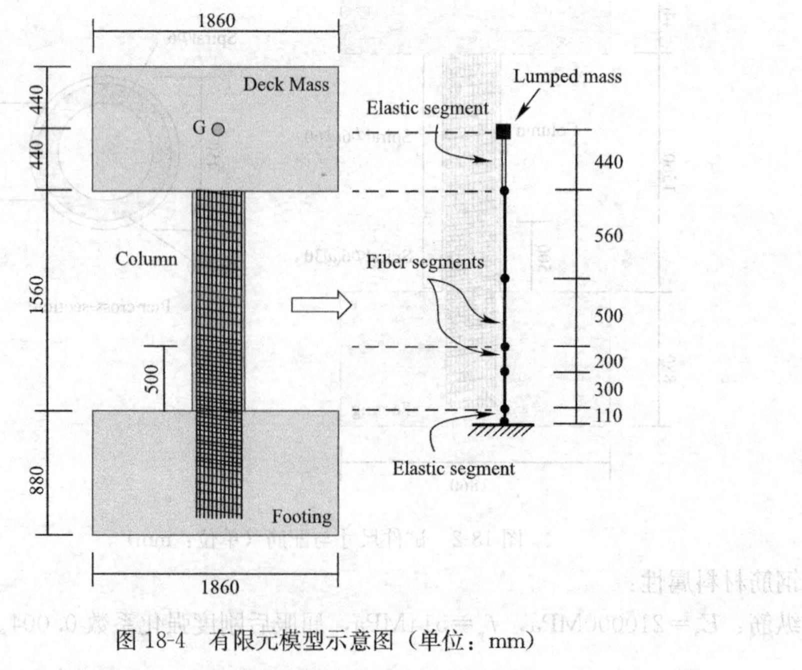

图18-4 有限元模型示意图（单位：mm）

（1）采用一个弹性梁柱单元考虑桥墩底部钢筋的应变渗透作用，单元长度取 110mm；

（2）箍筋加密区（长度 500mm）用两个非线性纤维梁柱单元模拟，单元长度分别为 300mm 和 200mm；

（3）非箍筋加密区（长度为 1060mm）用两个非线性纤维梁柱单元模拟，单元长度分别为 500mm 和 560mm；

（4）桥墩顶部至桥面质心 G 之间，用一个刚度很大的弹性梁柱单元模拟，单元长度为 440mm。

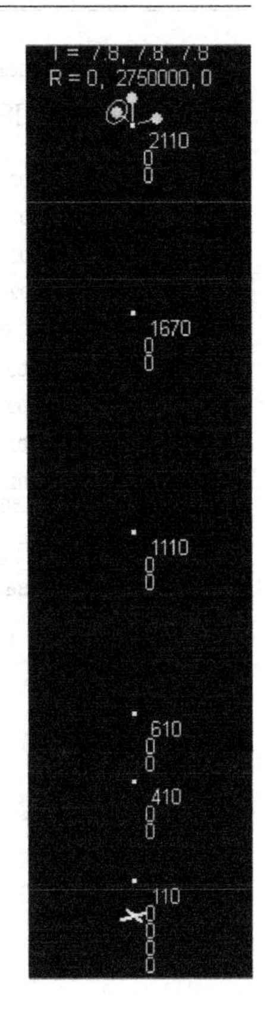

图 18-5 指定节点质量及转动惯量

18.2.1 节点操作

在建模阶段的【Nodes】-【Nodes】下添加节点，指定底部节点为嵌固；添加质量样式 M1，指定顶部节点 H1 方向平动质量为 7.8t，绕 H2 方向转动惯量为 2.75×10^6 t・mm^2，定义完成后模型如图 18-5 所示。

18.2.2 定义组件

（1）定义材料

在【Component properties】-【Materials】下添加【Inelastic 1D Concrete Material】类型的混凝土材料 ICM _ UC1、ICM _ CC1、ICM _ CC2，分别代表非约束混凝土（用于保护层）、箍筋加密区约束混凝土、非箍筋加密区约束混凝土，混凝土材料采用 Mander 本构，以 ICM _ CC1 为例，材料定义如图 18-6 所示。

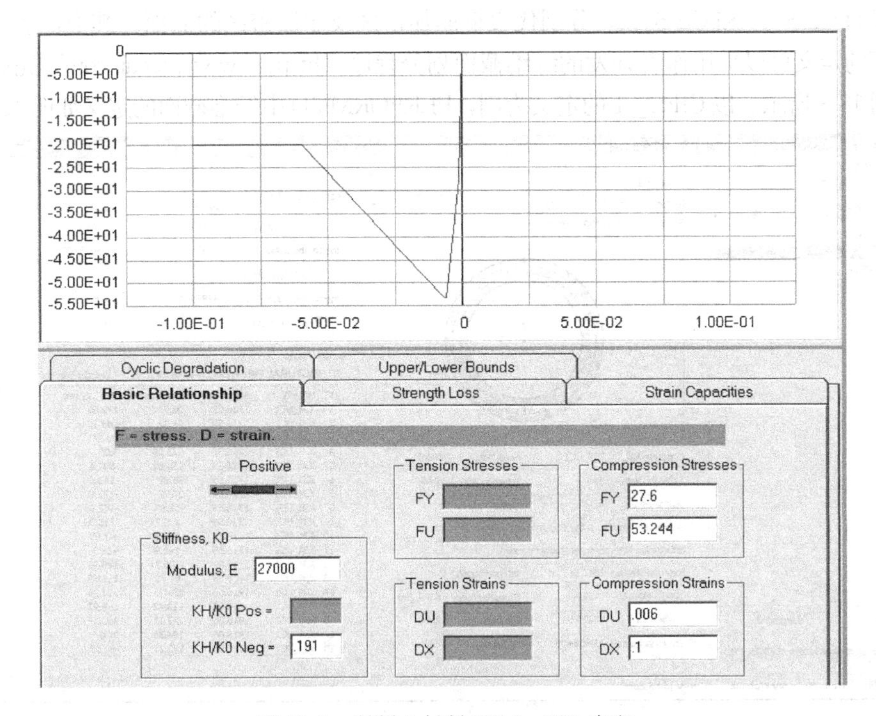

图 18-6 混凝土材料 ICM _ CC1 定义

在【Component properties】-【Materials】下添加【Inelastic Steel Material，Non-Buckling】类型的钢筋材料 ISMNB1，骨架曲线为 Trilinear 型，材料参数定义如图 18-7 所示。

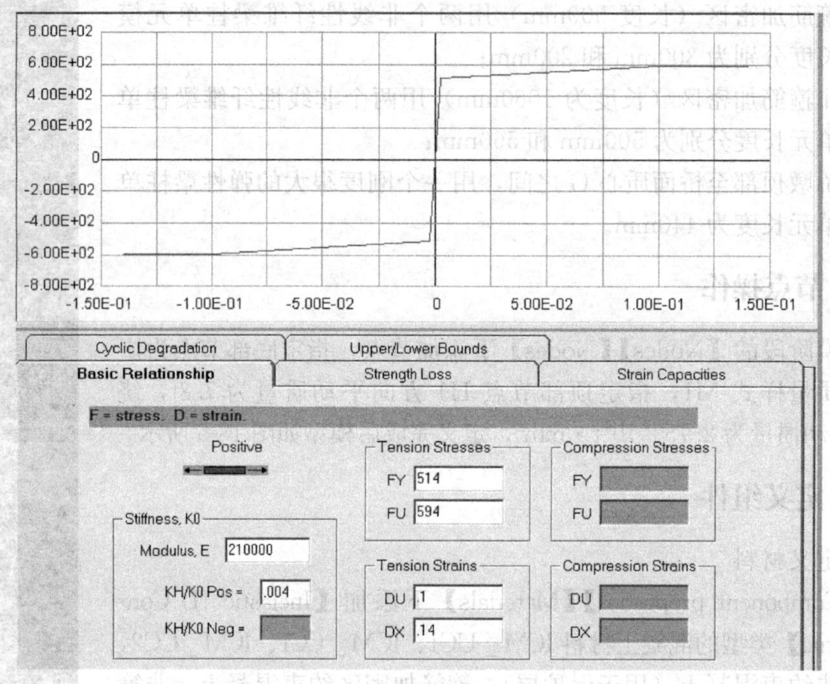

图 18-7　钢筋材料定义

（2）定义截面属性

在【Component Properties】-【Cross Sects】下添加【Column，Inelastic Fiber Section】类型的纤维柱截面 CIFS_1 和 CIFS_2，分别代表箍筋加密区及非加密区的截面；其中，空心圆形纤维柱截面的定义可以采用作者开发的纤维截面划分程序（http://www.jdcui.com）完成，程序界面如图 18-8 所示。以 CIFS_1 的定义为例，PERFORM-3D 中纤维截面的定义如图 18-9 所示。

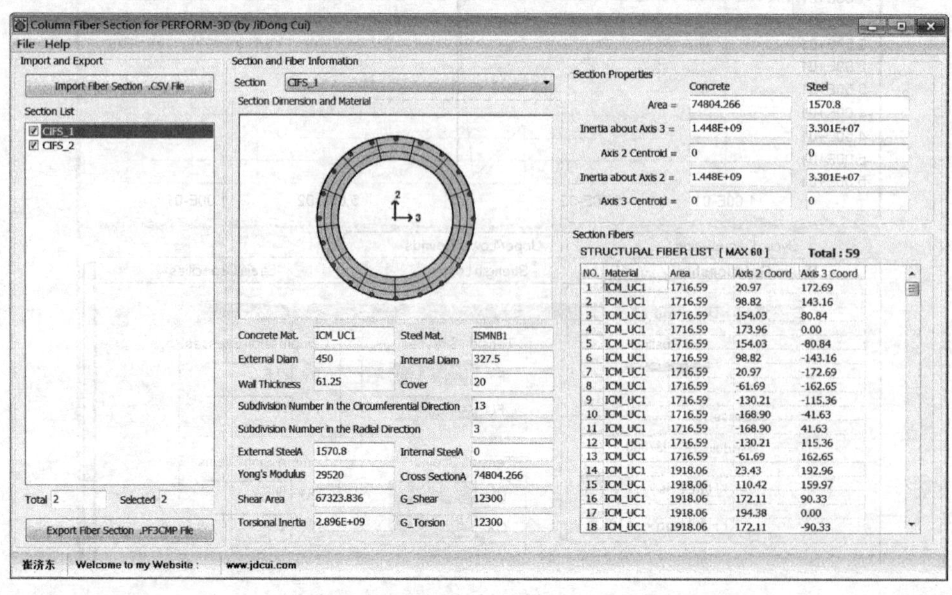

图 18-8　圆截面纤维划分程序界面

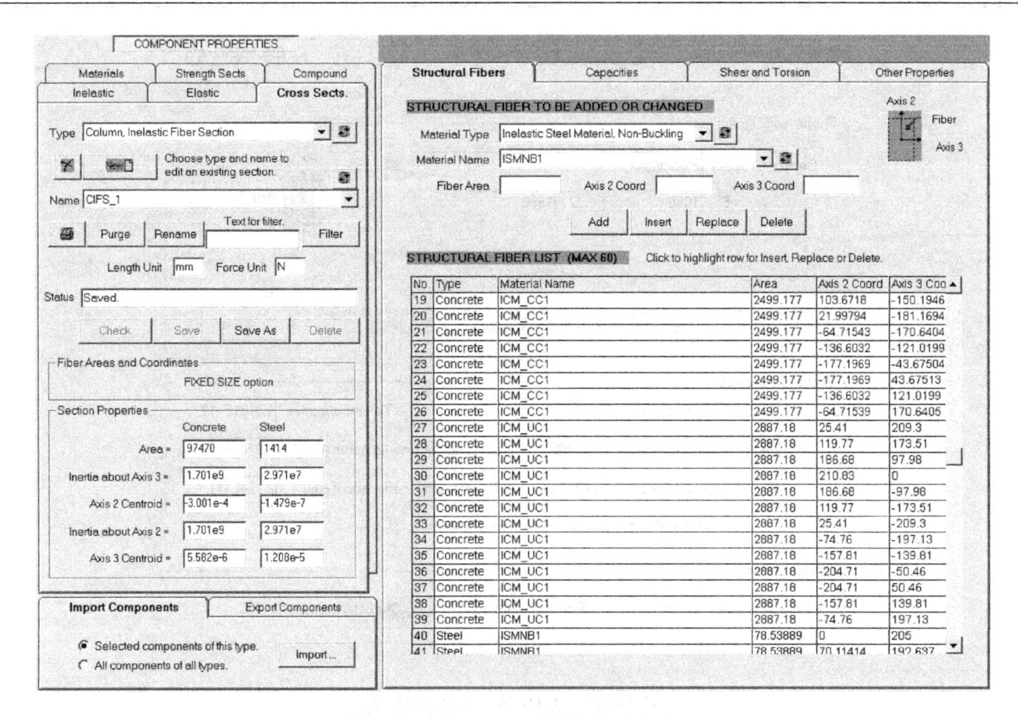

图 18-9 CIFS _ 1 纤维截面定义

在【Component Properties】-【Cross Sects】下添加【Column，Reinforced Concrete Section】类型弹性柱截面 CRCS _ 1 及 CRCS _ 2，如图 18-10 及图 18-11 所示，分别代表柱底应变渗透区的截面属性及顶部代表质量的大刚度杆的截面属性。其中 CRCS _ 1 的属性按实际截面尺寸计算，CRCS _ 2 的属性按桥墩顶部大质量块的实际截面尺寸计算。

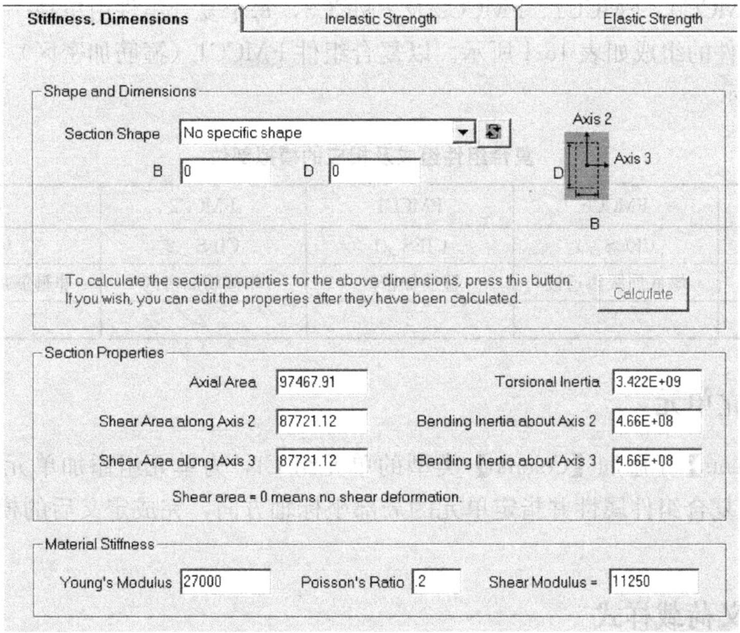

图 18-10 CRCS _ 1 截面定义

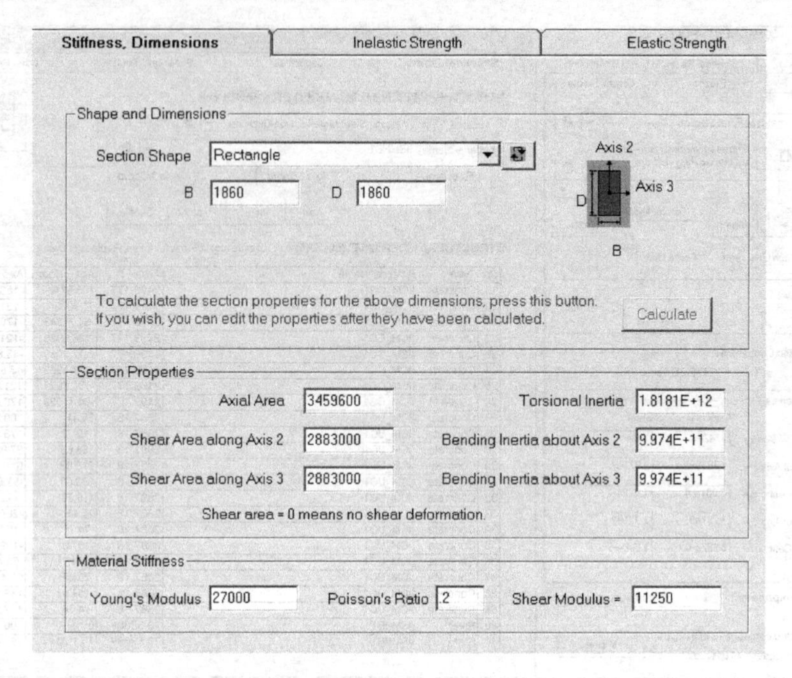

图 18-11 CRCS _ 2 截面定义

(3) 定义复合组件 (Compound Components)

本算例中，柱墩底部屈服渗透段的截面属性为 CRCS _ 1，箍筋加密区两个单元的截面属性均为 CIFS _ 1，非箍筋加密区两个单元的截面属性为 CIFS _ 2，非加密区以上大刚度弹性杆的截面属性为 CRCS _ 2，因此共需定义四种框架复合组件。在【Component properties】-【Compound】模块下添加四个【Frame Member Compound Component】类型的复合组件 FMCC0、FMCC1、FMCC2 及 FMCC3，每个复合组件由单独一个截面组件构成，各复合组件的组成如表 18-1 所示。以复合组件 FMCC1 (箍筋加密区) 为例，其定义如图 18-12 所示。

复合组件组成及相应的模拟部位 表 18-1

复合组件	FMCC0	FMCC1	FMCC2	FMCC3
截面组件	CRCS _ 1	CIFS _ 1	CIFS _ 2	CRCS _ 2
模拟部位	墩底屈服渗透段	箍筋加密区	非箍筋加密区	非箍筋加密区以上部位
单元数	1	2	2	1

18.2.3 建立单元

在【Elements】下添加【Column】类型的单元组 C1，为单元组添加单元，参考表 18-1 为各单元指定复合组件属性并指定单元的局部坐标轴方向，完成定义后的模型如图 18-13 所示。

18.2.4 定义荷载样式

在【Load patterns】-【Nodal Loads】下添加节点荷载模式 NL1，将柱顶节点集中质量

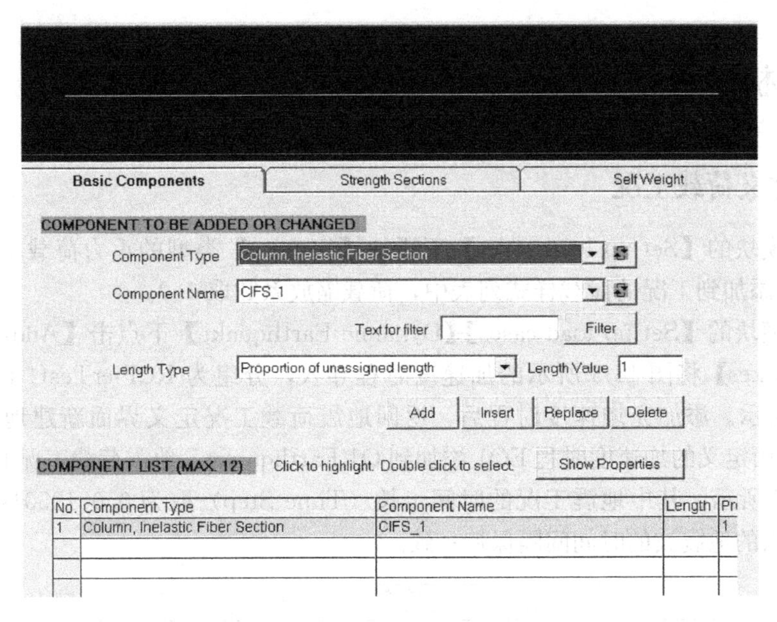

图 18-12　FMCC1 复合组件定义

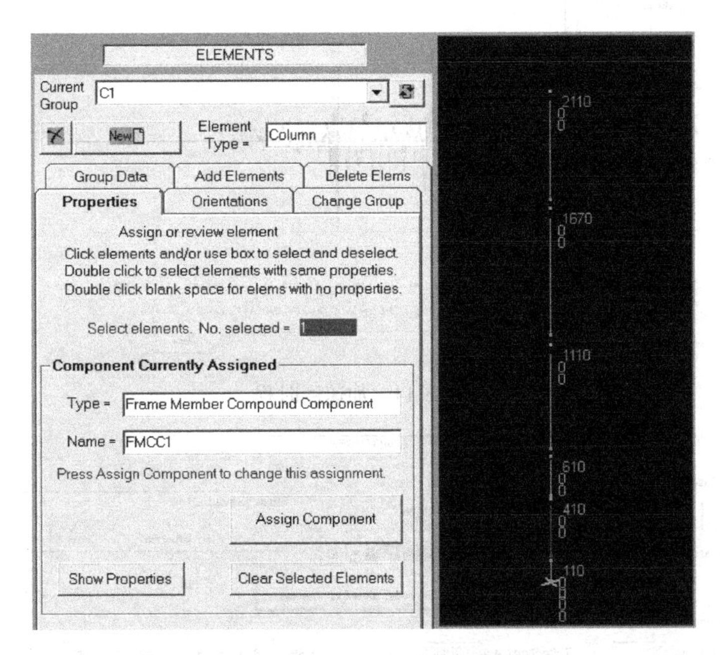

图 18-13　指定单元属性及局部坐标

7.8t 转换为重力荷载 76518N，施加在柱顶－V 方向。由于桥墩自重远小于顶部集中质量块的重量，本例不考虑桥墩的自重。

18.2.5　定义位移角

在【Drifts and Deflections】-【Drifts】下添加 H1 方向的位移比 D1，上节点取柱顶点，下节点取柱底节点。

18.3　分析阶段

18.3.1　定义荷载工况

在分析模块的【Set up load cases】下添加【Gravity】类型的重力荷载工况 G，将荷载样式 NL1 添加到工况的荷载样式列表中，荷载缩放系数取 1.0。

在分析模块的【Set up load cases】-【Dynamic Earthquake】下点击【Add/Review/Delete Earthquakes】将图 18-3 所示的加速度时程导入，分组为 RCPierTest1 命名为 EQ1，如图 18-14 所示。添加完加速度时程后，返回地震荷载工况定义界面新建地震荷载工况 DE，并将前面定义的加速度时程 EQ1 添加到 Q1 Earthquake，地震荷载工况 DE 的参数设置如图 18-15 所示。其中地震工况的时间步长（Time Step）取为 0.0019501s，与振动台试验实际输入的地震波的时间间隔保持一致。

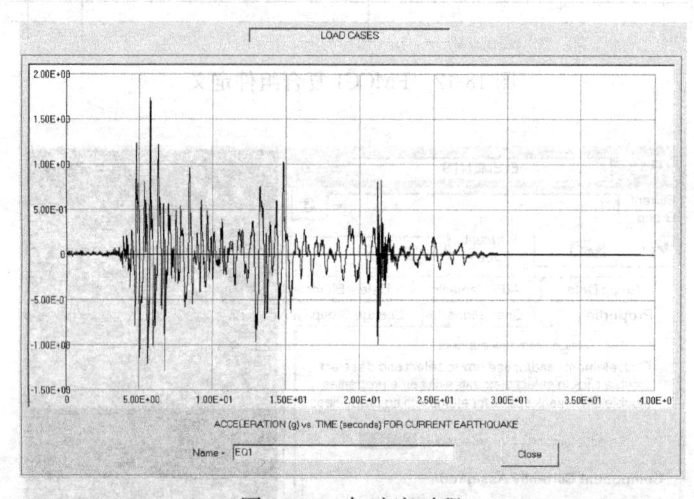

图 18-14　加速度时程

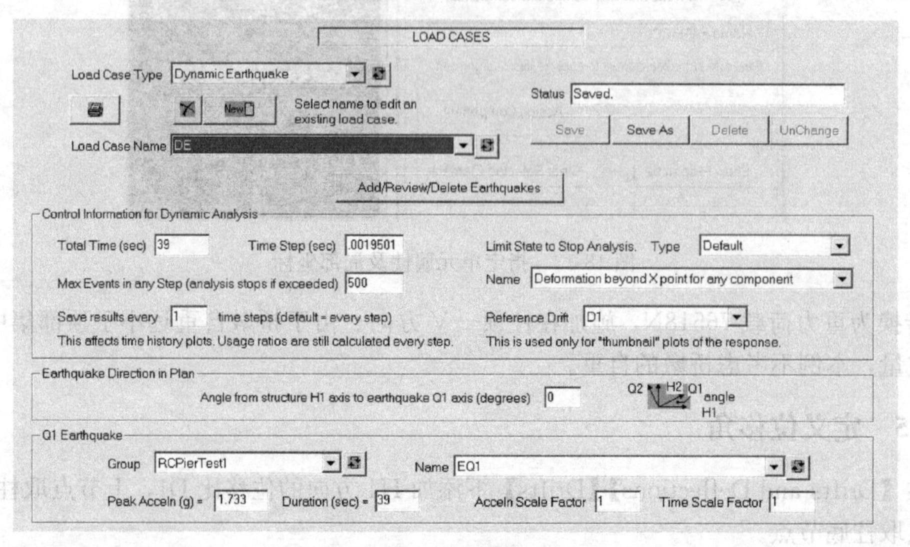

图 18-15　地震荷载工况

18.3.2 建立分析序列

在【Run analyses】下新建分析序列 S，添加质量样式 M1，质量缩放系数取 1.0，指定需要分析的模态数为 4，分析考虑 P-Delta 效应，采用瑞利阻尼，使结构在主要周期范围内的阻尼比约为 1%，阻尼参数定义如图 18-16 所示。

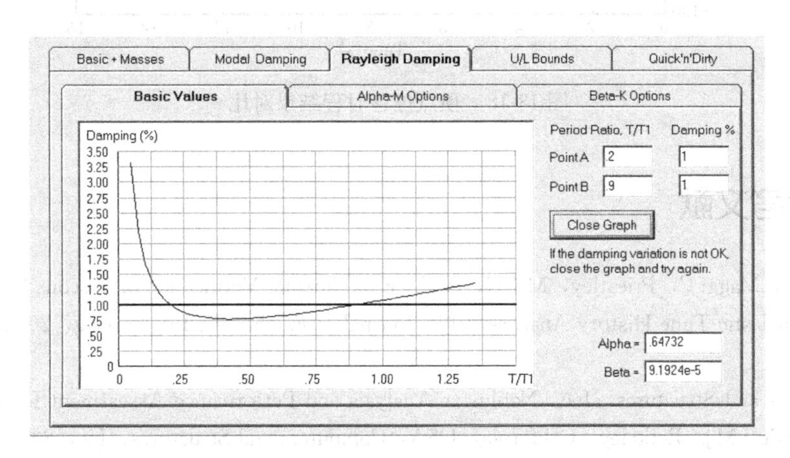

图 18-16　瑞利阻尼

依次将重力工况 G 和地震工况 DE 添加到分析列表中，如图 18-17 所示。

New Analyses to be Run

ANALYSIS TO BE ADDED

Load Case Type: Dynamic Earthquake

Load Case Name: DE

Preceding Analysis Number (0 = unloaded): 1

Add　Delete

Set up as many analyses as you wish.
Press GO to run the analyses.

GO　Don't Go

ANALYSIS LIST

Click to highlight for Insert or Delete.

No.	Load Type	[Preceding Analysis No.] + Load Case Name
	Mode Shapes	No. of mode shapes = 4
1	Gravity	[0] + G
2	Dynamic Earthquake	[1] + DE

图 18-17　定义分析列表

设置好分析序列后，点击【GO】运行分析。

18.4 分析结果

分析完成后，在分析阶段的【Time Histories】-【Node】下查看节点的位移时程。本例将地震作用下 RC 桥墩顶节点位移时程的分析结果与试验结果进行对比，取前 16s 的结果进行对比如图 18-18 所示。由图 18-18 可以看出，在约 8.5s 之前，PERFORM-3D 分析结果与试验结果吻合较好，8.5s 之后分析结果与试验结果有偏差，这是由于在 8.5s 左右，桥墩靠近支座底部外围的纵向钢筋出现拉断现象，导致模拟分析的残余位移偏小。

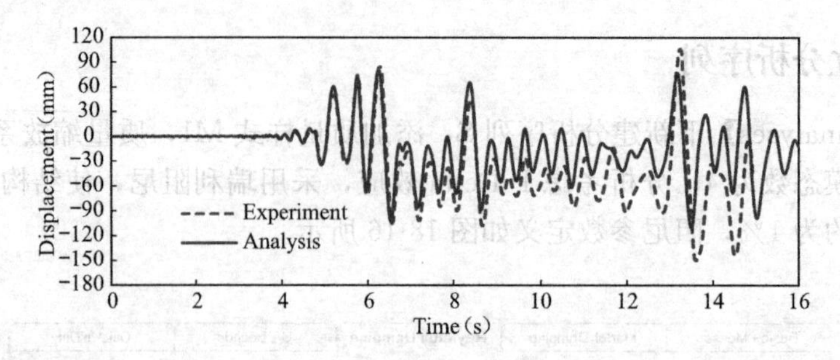

图 18-18 顶点位移时程结果对比

18.5 参考文献

[1] Petrini L，Maggi C，Priestley，M J N，et al. Experimental Verification of Viscous Damping Modeling for Inelastic Time History Analyzes [J]. Journal of Earthquake Engineering，2008，supl (12)：125-145.

[2] Computers and Structures，Inc. Nonlinear Analysis and Performance Assessment for 3D Structures User Guide [M]. Berkeley，California，USA：Computers and Structures，Inc，2006.

[3] Computers and Structures，Inc. Components and Elements for PERFORM-3D and PERFORM-Collapse [M]. Berkeley，California，USA：Computers and Structures，Inc.，2006.

19 足尺桥墩振动台试验模拟

19.1 试验简介

2010年，美国太平洋地震工程研究中心（PEER）在加利福尼亚大学圣迭戈分校（UCSD）的大型高性能户外振动台（NEES Large High-Performance Outdoor Shake Table）上进行了一个足尺RC桥墩的振动台试验，并举行了试验的盲测比赛[1-4]。图19-1所示为试件的全景，图19-2为试验的加载装置示意图。试件为一圆形截面的钢筋混凝土悬臂桥墩，桥墩截面直径为1220mm，桥墩基座通过后张拉螺栓锚固于振动台，防止基座的倾覆与滑动，试件顶部支撑一个大质量块（228t），大质量块用于柱惯性力及指定目标轴压力的施加，柱基座顶面到柱顶（质量块中心）的距离为7320mm，柱的剪跨比为6。柱外围设置了安全装置，用于保护试验人员及试验设备，并在装置上设置了水平导向轮，避免试件发生平面外运动。

图19-1 试验全景（文献[1]）

图19-2 加载装置（文献[1]）

（1）试件尺寸

截面直径：1220mm；悬臂高度：7320mm

（2）截面配筋

纵筋：18ϕ35.9mm沿周边均布；箍筋：2ϕ15.9mm@152mm

（3）混凝土强度

实测圆柱体抗压强度：41.5MPa；考虑箍筋约束的混凝土强度提高系数：1.2（Mander模型）

（4）钢筋强度

纵筋：$E_s=200000$MPa，$f_y=518$MPa，$f_u=674$MPa，强化系数0.008。

箍筋：$f_y=338$MPa，$f_u=592$MPa

（5）质量

柱顶大质量块：平动质量228t；绕H2轴的转动惯量：8.85E+8t·mm^2。

柱身分布质量：2.8t/m

（6）加速度

试验中依次施加了 6 条地震加速度时程，分别如图 19-3（a）~（f）所示。

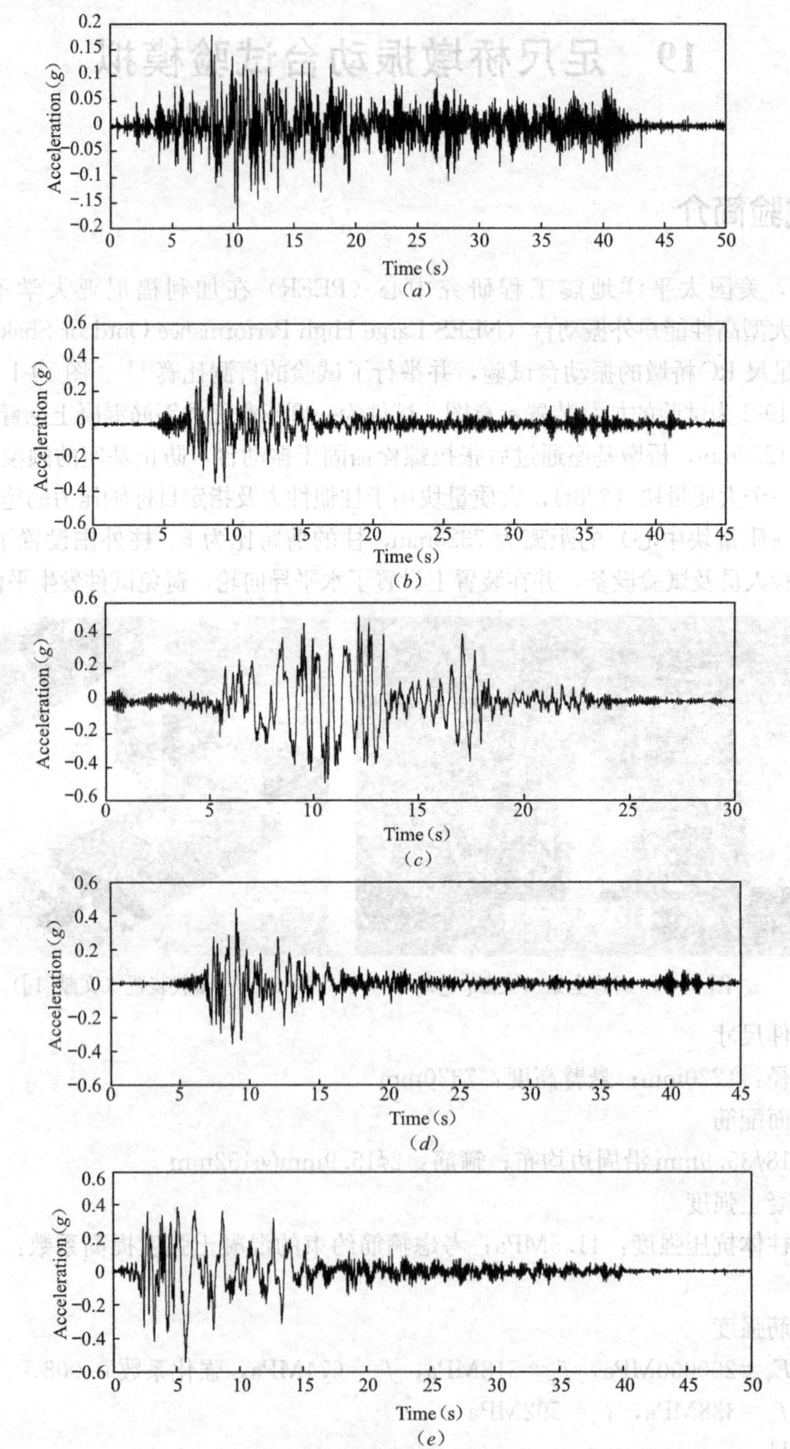

图 19-3 加速度时程（一）

（a）EQ1 PGA＝－0.196g；（b）EQ2 PGA＝0.411g；（c）EQ3 PGA＝0.515g；（d）EQ4 PGA＝0.445g；（e）EQ5 PGA＝－0.540g

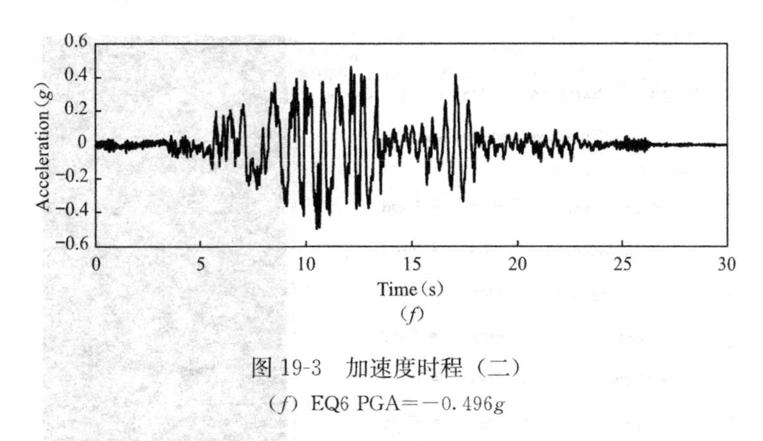

图 19-3 加速度时程（二）

(f) EQ6 PGA=−0.496g

试验的更多信息可参考文献［1-4］。本章采用 PERFORM-3D[5,6]对该足尺桥墩振动台试验进行模拟，并对模拟结果进行探讨。

19.2 建模阶段

桥墩的剪跨比较大，非线性主要集中于柱底部，将桥墩沿轴向分为 8 段，采用 8 个梁柱纤维截面单元进行模拟，如图 19-4 所示。其中桥墩下部分配 4 个单元，单元长度为 630mm，上部分配 4 个单元，单元长度为 1200mm。

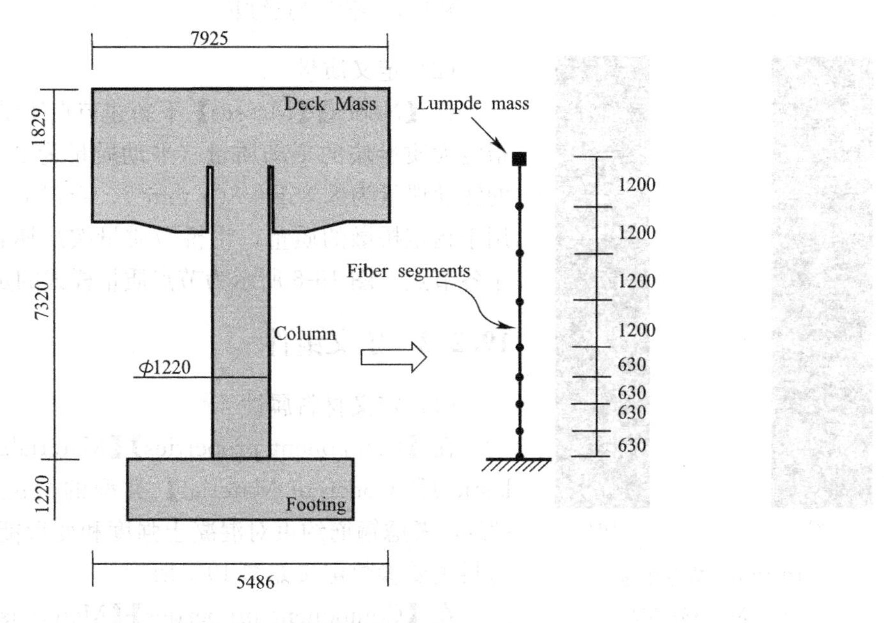

图 19-4 模型示意图（单位：mm）

19.2.1 节点操作

(1) 新建节点并指定约束

在建模阶段的【Nodes】-【Nodes】下添加节点，根据试验条件，假定桥墩底部为嵌固，在【Nodes】-【Supports】下将底部节点的 6 个自由度进行约束，如图 19-5 所示。

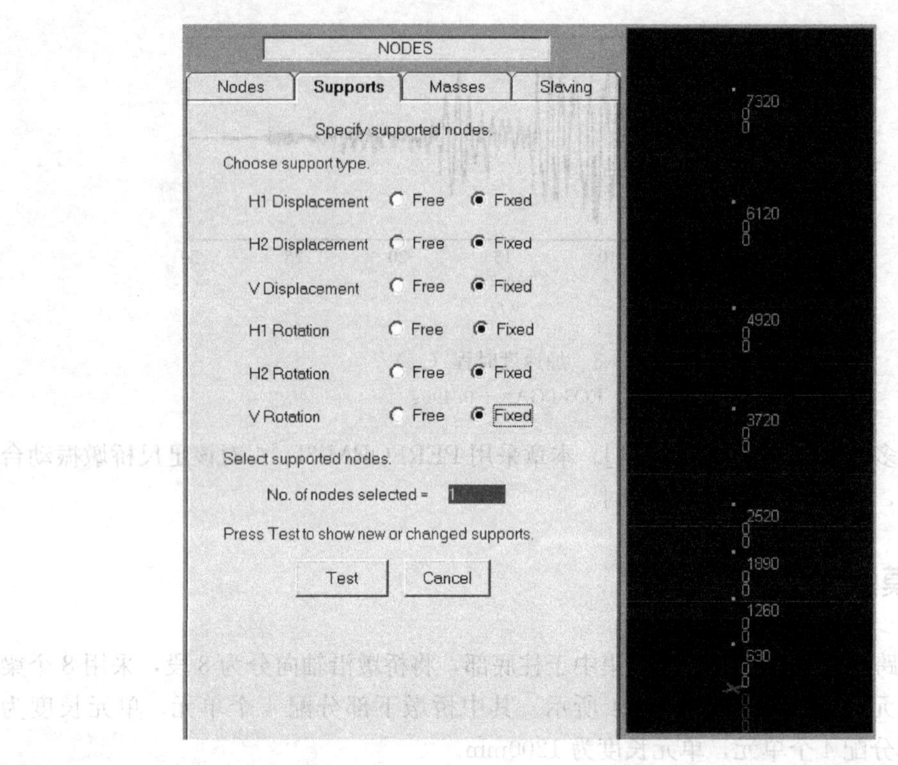

图 19-5 指定节点约束

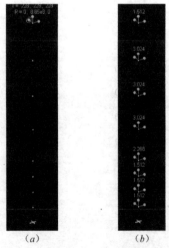

(*a*) (*b*)

图 19-6 节点质量
(*a*) M1；(*b*) M2

(2) 定义质量

在【Nodes】-【Masses】下新建节点质量样式 M1，用于指定大质量块的平动质量（平动质量为 228t、绕 H2 方向的转动惯量为 8.85E+8t·mm^2）；新建节点质量样式 M2，用于指定桥墩的质量，将桥墩质量按从属长度分配并集中于各节点。图 19-6 所示为节点质量样式的定义。

19.2.2 定义组件

(1) 定义材料属性

在【Component properties】-【Materials】下添加【Inelastic 1D Concrete Material】类型的混凝土材料 ICM_CC1，考虑箍筋约束对混凝土强度和变形能力的提高作用，材料主要参数定义如图 19-7 所示。

在【Component properties】-【Materials】下添加【Inelastic Steel Material，Non-Buckling】类型的钢筋材料 ISMNB1，骨架曲线为 Trilinear 型，材料参数定义如图 19-8 所示。

(2) 定义截面组件

在【Component Properties】-【Cross Sects】下添加【Column，Inelastic Fiber Section】类型的纤维柱截面 CIFS_1。圆形柱纤维截面的定义可以采用作者开发的纤维截面划分程序（http://www.jdcui.com）完成，程序界面如图 19-9 所示。设置好参数后可以将纤维截

面文件导出，并导入到 PERFORM-3D 中，纤维截面定义如图 19-10 所示。

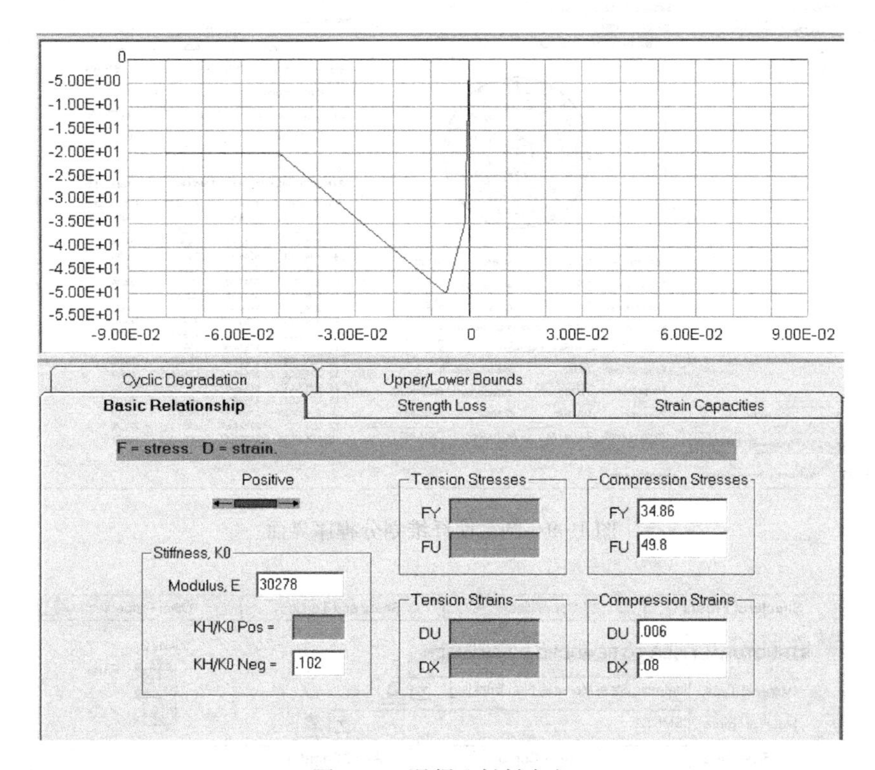

图 19-7　混凝土材料定义

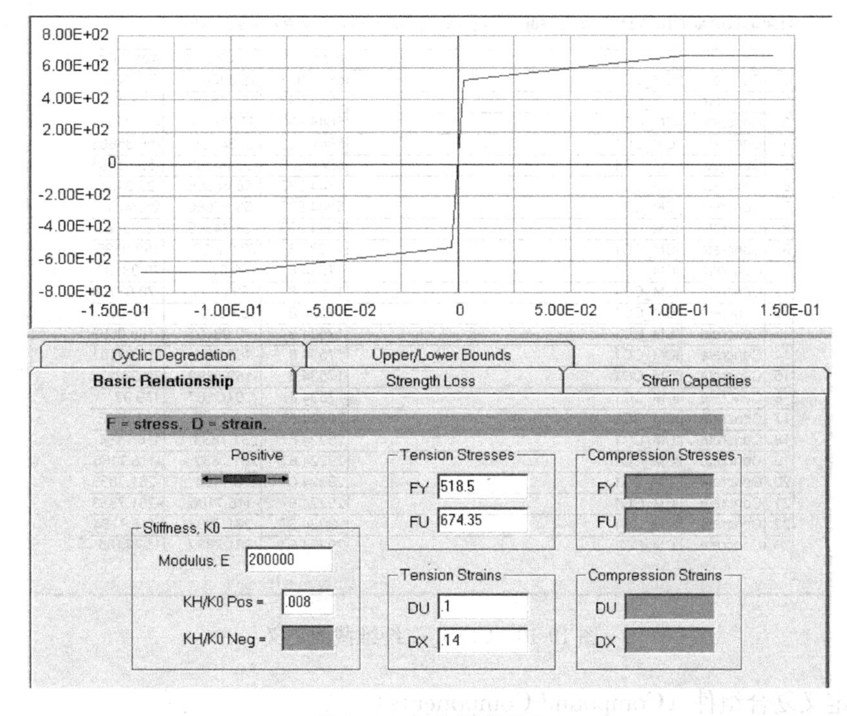

图 19-8　钢筋材料定义

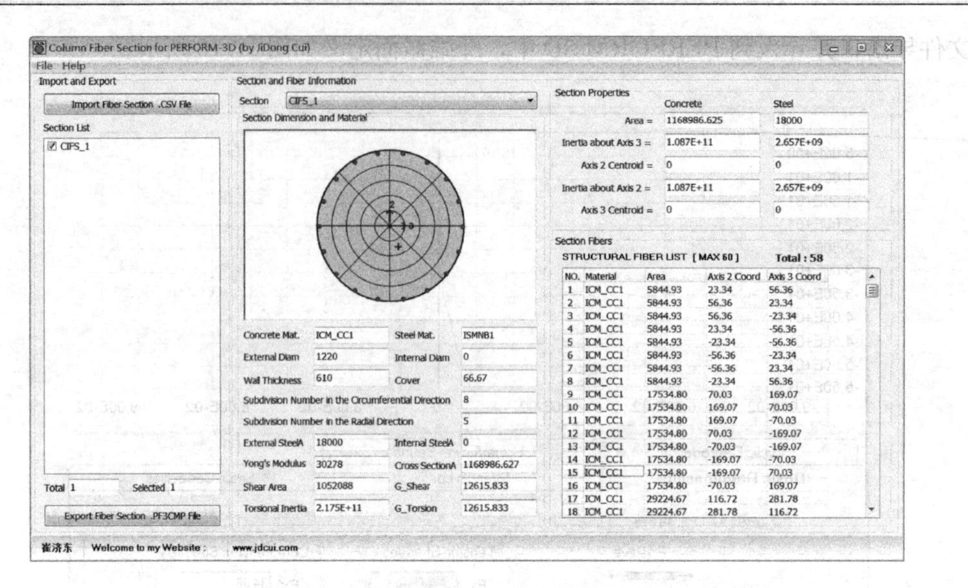

图 19-9 圆截面纤维划分程序界面

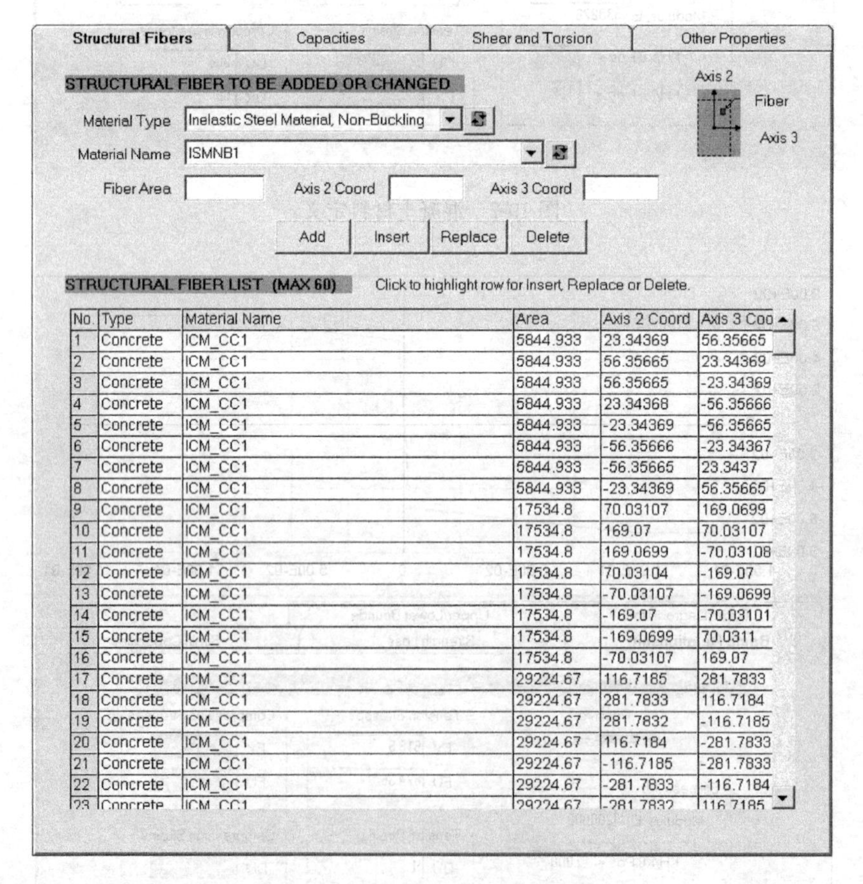

图 19-10 CIFS_1 纤维截面定义

（3）定义复合组件（Compound Components）

在【Component properties】-【Compound】下添加【Frame Member Compound Component】类型的复合组件 FMCC1，复合组件由一个纤维截面组件 CIFS _ 1 组成，定义如图 19-11 所示。

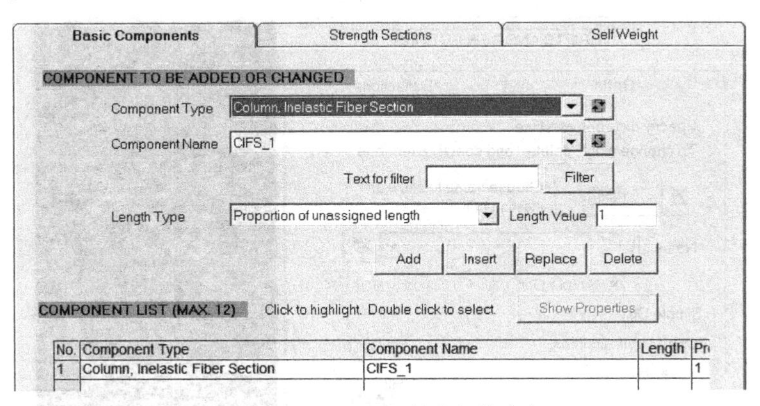

图 19-11 FMCC1 复合组件定义

19.2.3 定义单元

在【Elements】下添加【Column】类型的单元组 C1，依次连接各节点建立柱单元，指定单元的复合组件属性为 FMCC1，并为各单元指定局部坐标轴方向。完成单元定义后的模型如图 19-12 所示。

19.2.4 定义荷载样式

在【Load patterns】-【Nodal Loads】下添加节点荷载样式 NL1、NL2，分别用于施加柱顶大质量对应的重力荷载及柱身质量对应的重力荷载，如图 19-13 所示。

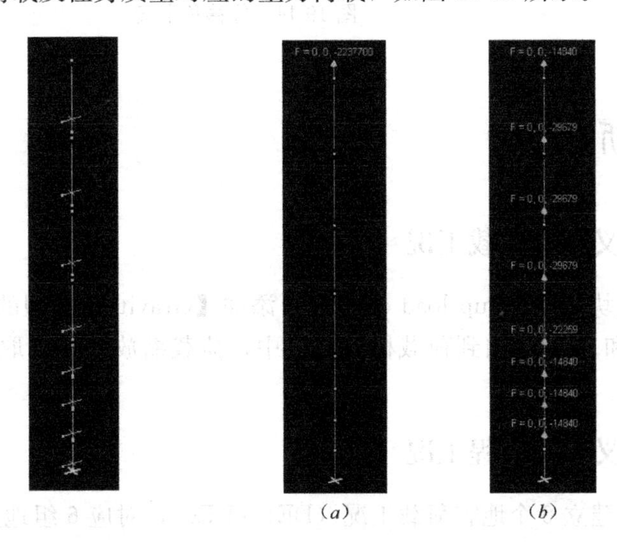

图 19-12 指定单元属性及局部坐标

图 19-13 节点荷载样式
(a) NL1；(b) NL2

19.2.5 定义位移角

在【Drifts and Deflections】-【Drifts】下添加 H1 方向的位移比 D1，上节点取柱顶点，

下节点取柱底节点，如图 19-14 所示。

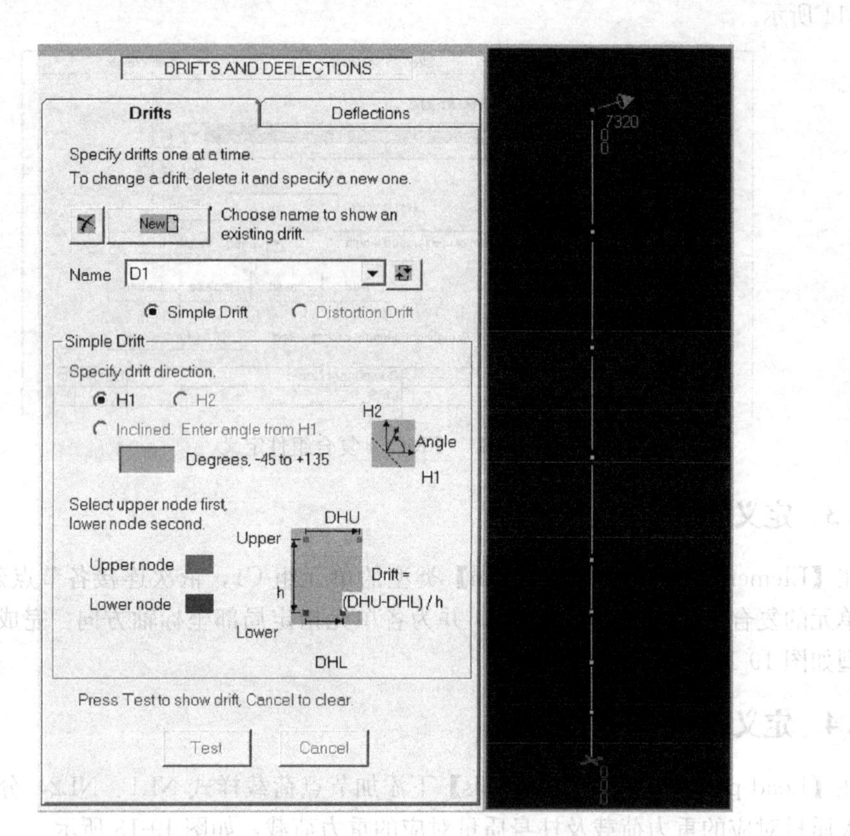

图 19-14　位移角定义

19.3　分析阶段

19.3.1　定义重力荷载工况

在分析模块的【Set up load cases】下添加【Gravity】类型的重力荷载工况 G，将荷载样式 NL1 和 NL2 添加到荷载样式列表中，荷载缩放系数均取 1.0，工况 G 的定义如图 19-15 所示。

19.3.2　定义地震时程工况

本例一共建立 6 个地震荷载工况（DE1～DE6），对应 6 组地震波。以工况 DE1 的定义为例进行说明，其余地震工况的定义与之类似。

（1）添加地震加速度时程函数

在分析模块的【Set up load cases】-【Dynamic Earthquake】下点击【Add/Review/Delete Earthquakes】将图 19-3（*a*）所示的加速度时程导入，命名为 EQ1，如图 19-16 所示。

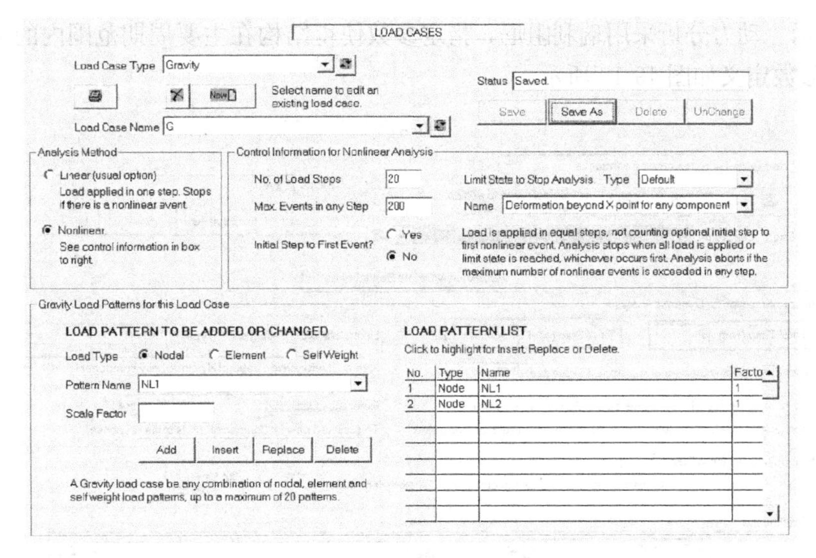

图 19-15 重力荷载工况定义

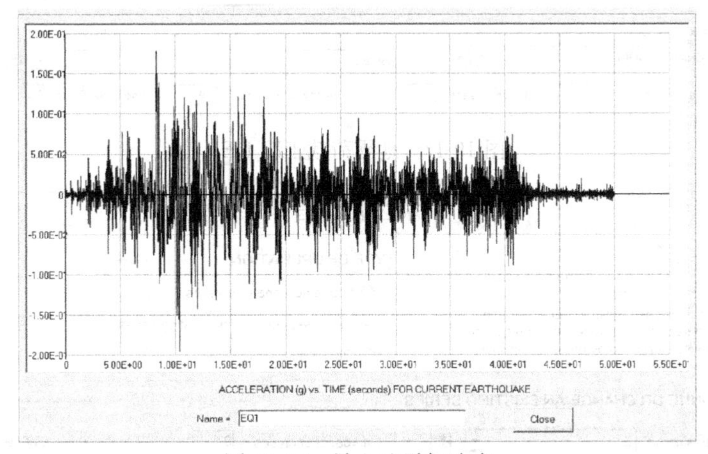

图 19-16 导入地震加速度

(2) 定义地震荷载工况

添加完加速度时程后，返回地震荷载工况定义界面，新建地震荷载工况 DE1，并将前面定义的加速度时程 EQ1 添加到 Q1 Earthquake，地震荷载工况 DE1 的参数设置如图 19-17 所示。

其中，地震工况的分析总时间（Total Time）比地震波的持时多 10s，如地震波 EQ1 的持时为 50s，相应的地震工况 DE1 的分析总时间（Total Time）设置为 60s，这样设置的主要目的是为了让结构在附加的 10s 内基本趋于静止，然后接着进行下一个地震工况的分析，尽量与试验的实际情况吻合，因为实际振动台试验过程中下一条地震波是等上一条地震波作用下结构基本静止后再输入的。地震工况的时间步长（Time Step）取为 0.00390625s，与振动台试验实际输入的地震波的时间间隔保持一致。

19.3.3 建立分析序列

在【Run analyses】下新建分析序列 S，添加质量样式 M1 和 M2，缩放系数为 1.0；指定需要分析的模态数为 10；由于要进行多条地震波的连续作用分析，因此选择荷载次序类形（Type of load sequence）为“General”；分析考虑 P-Delta 效应。分析序列 S 的参数定义如

图 19-18 所示。动力分析采用瑞利阻尼，指定参数使得结构在主要周期范围内的阻尼比约为 1%，阻尼参数定义如图 19-19 所示。

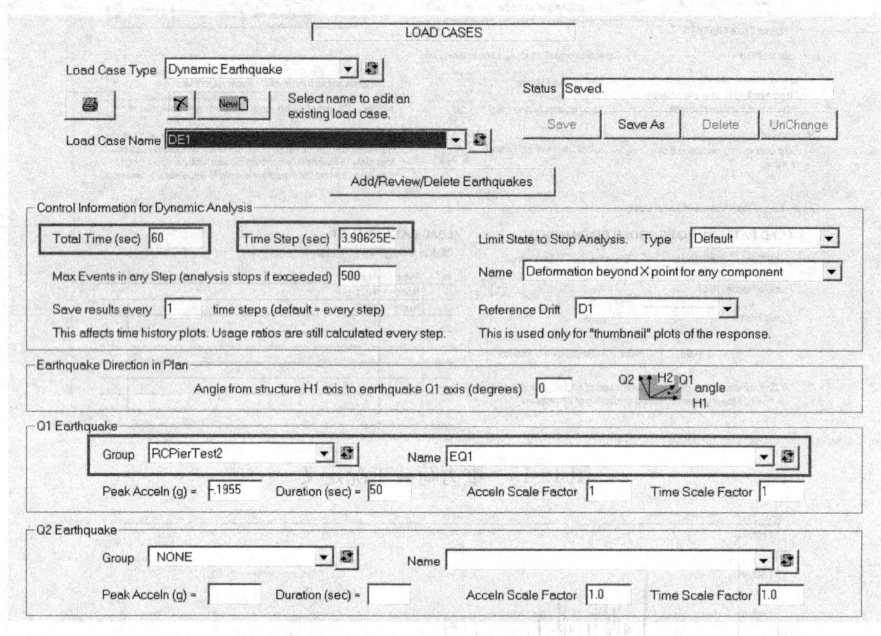

图 19-17　地震荷载工况 DE1

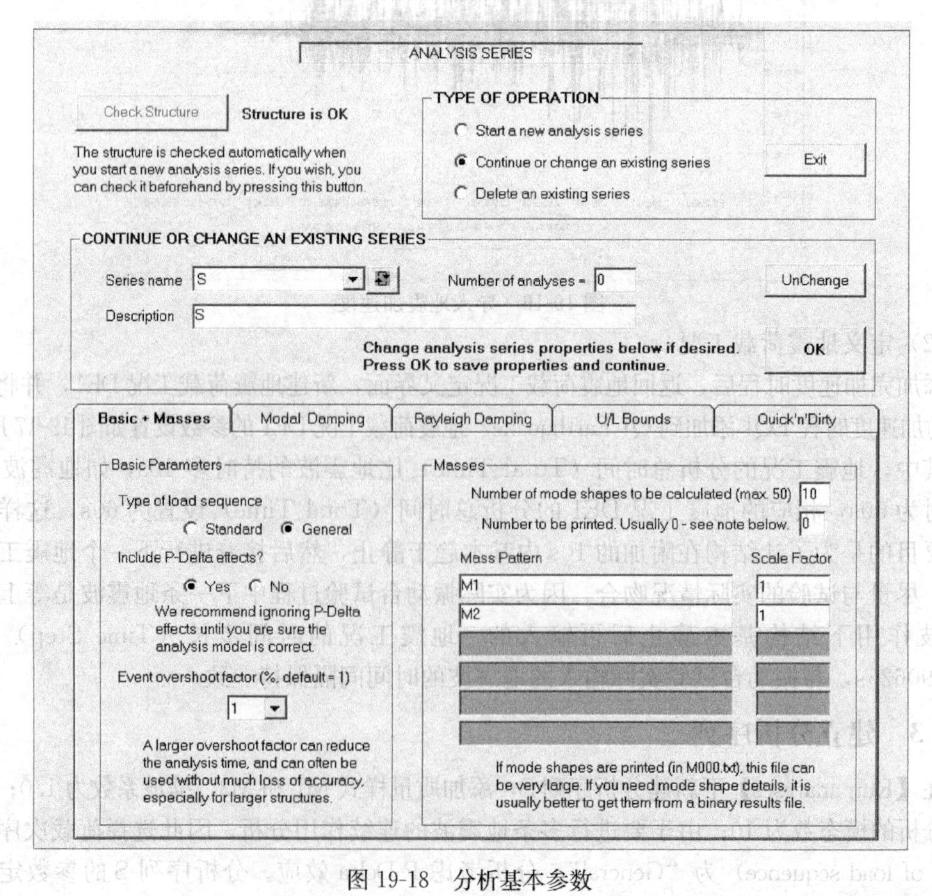

图 19-18　分析基本参数

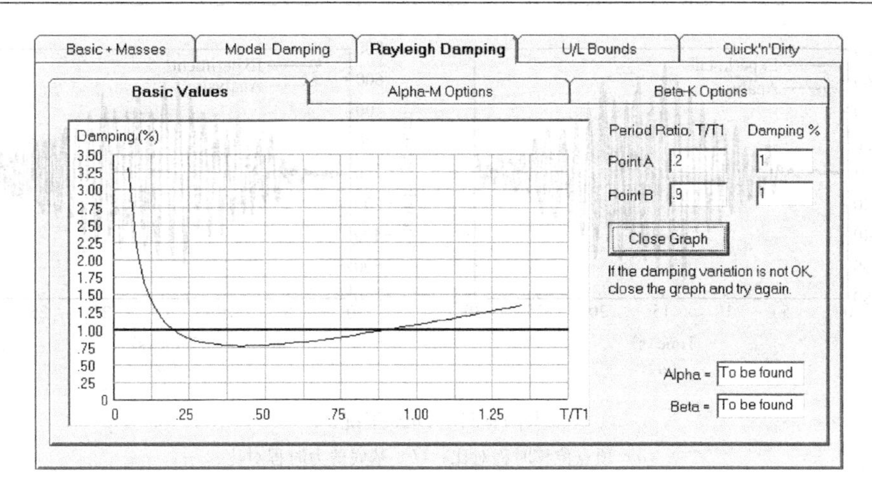

图 19-19　指定阻尼

依次将重力工况 G、地震工况 DE1～DE6 添加到分析列表（ANALYSIS LIST）中，如图 19-20 所示。

SET UP AND RUN ANALYSES

New Analyses to be Run

ANALYSIS TO BE ADDED

Load Case Type　Dynamic Earthquake

Load Case Name　DE6

Preceding Analysis Number (0 = unloaded)　7

Add　Delete

Set up as many analyses as you wish.
Press GO to run the analyses.

GO　Don't Go

ANALYSIS LIST

Click to highlight for Insert or Delete.

No.	Load Type	[Preceding Analysis No.] + Load Case Name
	Mode Shapes	No. of mode shapes = 10
1	Gravity	[0] + G
2	Dynamic Earthquake	[1] + DE1
3	Dynamic Earthquake	[2] + DE2
4	Dynamic Earthquake	[3] + DE3
5	Dynamic Earthquake	[4] + DE4
6	Dynamic Earthquake	[5] + DE5
7	Dynamic Earthquake	[6] + DE6

Previous Analyses in this Series

Analysis Series Name = S

No. of mode shapes = 0　No. of analyses = 0

For more details on any analysis, click to highlight, then press Details.　Details

No.	Load Type	[Preceding Analysis No.] + Load Case Name	Status

图 19-20　定义分析列表

分析序列定义完成后，点击按钮【GO】运行分析。

19.4　分析结果

分析完成后，在分析阶段的【Time Histories】-【Node】下查看桥墩顶部节点 H1 方向的位移时程，在分析阶段的【Time Histories】-【Element】下查看桥墩底部单元 H1 方向的剪力时程，即基底剪力时程。图 19-21～图 19-24 所示为地震波 EQ1、EQ3、EQ5 及 EQ6 作用下柱顶节点 H1 方向的位移时程及基底剪力时程分析结果与试验结果的对比。由图可见，软件分析结果较好地预测了结构的顶点位移和基底剪力反应，分析结果总体上能够反应结构的受力和变形特点。

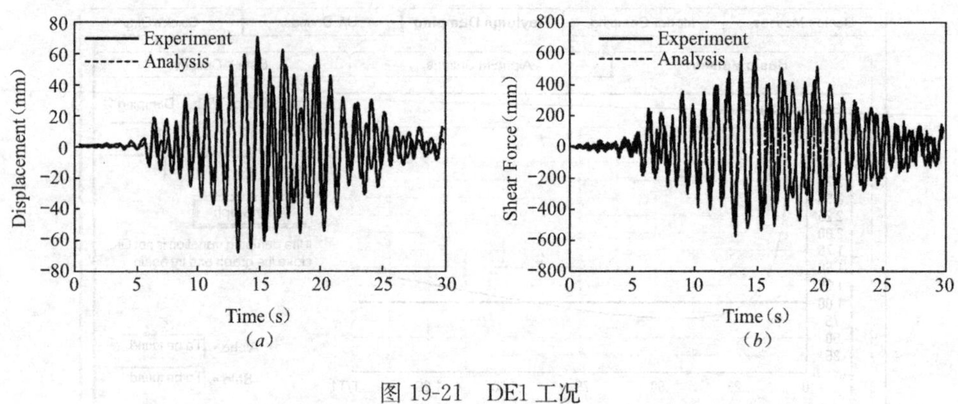

图 19-21　DE1 工况

(a) 顶点位移时程对比；(b) 基底剪力时程对比

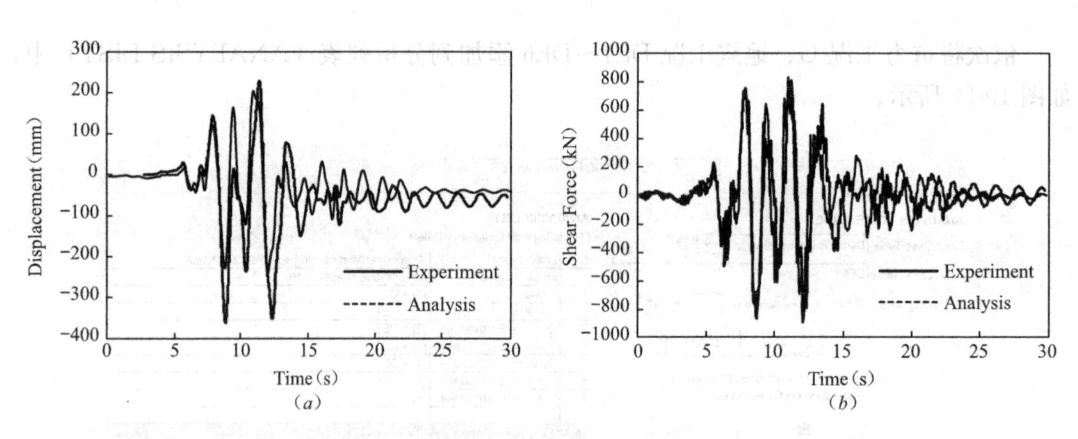

图 19-22　DE3 工况

(a) 顶点位移时程对比；(b) 基底剪力时程对比

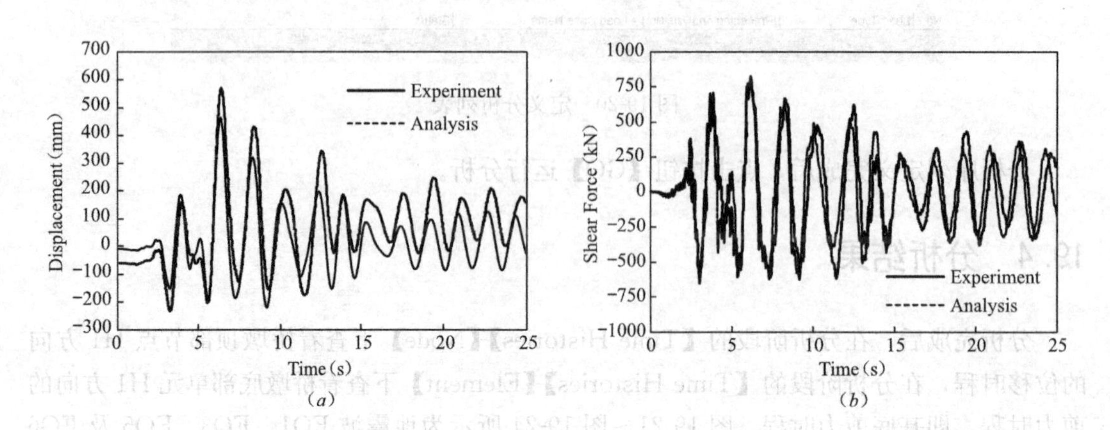

图 19-23　DE5 工况

(a) 顶点位移时程对比；(b) 基底剪力时程对比

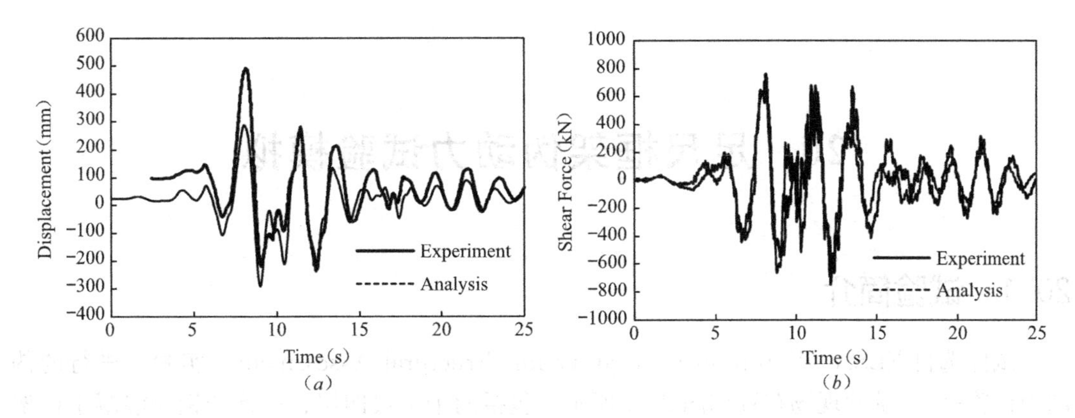

(*a*)　(*b*)

图 19-24　DE6 工况

(*a*) 顶点位移时程对比；(*b*) 基底剪力时程对比

19.5 参考文献

[1] NEES@UCSD, Concrete Column Blind Prediction Contest, http://nisee2.berkeley.edu/peer/prediction_contest, 2010.

[2] Terzic V, Schoettler M J, Restrepo J I, et al. Concrete Column Blind Prediction Contest 2010: Outcomes and Observations [R]. Pacific Earthquake Engineering Research Center, 2015.

[3] Schoettler M J, Restrepo J I, Guerrini G, et al. A Full-Scale, Single-Column Bridge Bent Tested by Shake-Table Excitation [R]. Pacific Earthquake Engineering Research Center, 2015.

[4] Bianchi F, Pinho R S R. Blind Prediction of a Full-Scale RC Bridge Column Tested Under Dynamic Conditions [J]. 2011.

[5] Computers and Structures, Inc. Nonlinear Analysis and Performance Assessment for 3D Structures User Guide [M]. Berkeley, California, USA: Computers and Structures, Inc, 2006.

[6] Computers and Structures, Inc. Components and Elements for PERFORM-3D and PERFORM-Collapse [M]. Berkeley, California, USA: Computers and Structures, Inc., 2006.

20 足尺框架伪动力试验模拟

20.1 试验简介

试件选自 ELSA（European Laboratory for Structural Assessment）实验室进行的伪动力试验[1,2]。试验现场布置如图 20-1 所示，包括两个足尺四层、三跨的钢筋混凝土框架结构，其中一个框架存在填充墙，另一个为空框架结构，本章主要对空框架结构的伪动力试验进行模拟。框架试件的立面图及平面图如图 20-2 所示。

图 20-1 试验图片[1,2]

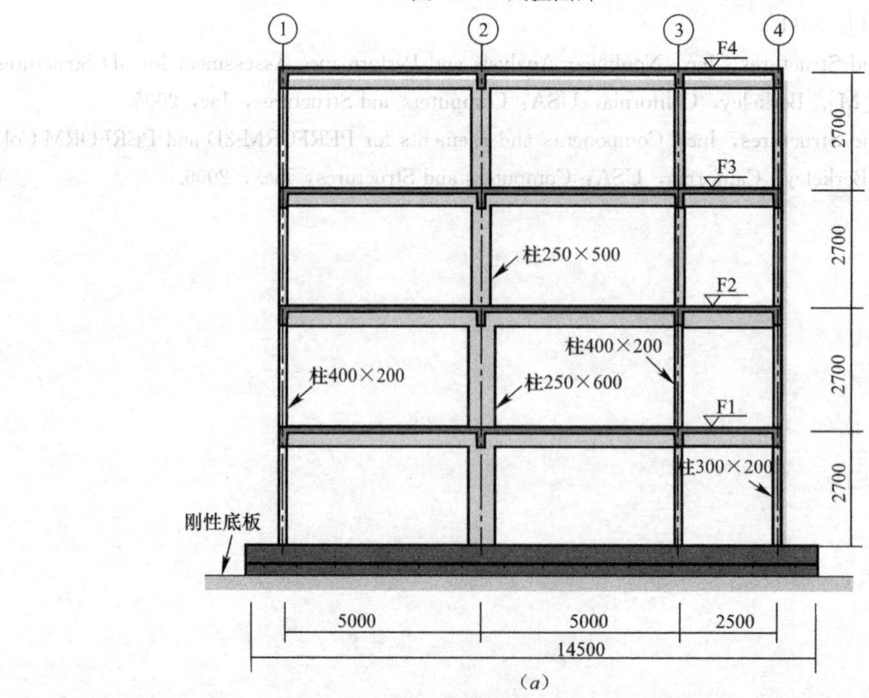

图 20-2 立面图与平面图（单位：mm）[1,2]（一）

(*a*) 立面图

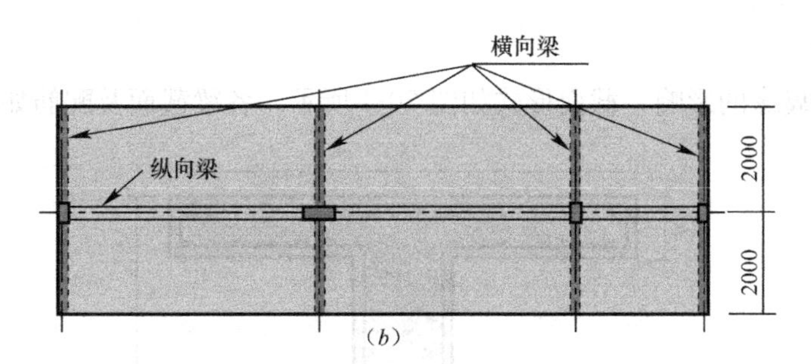

图 20-2 立面图与平面图（单位：mm）[1,2]（二）

(b) 平面图

(1) 柱构件

图 20-3 为柱的配筋示意图，各层柱的截面尺寸及配筋信息汇总如表 20-1 所示，表中 b 为垂直加载方向的截面宽度，h 为沿加载方向的截面宽度。

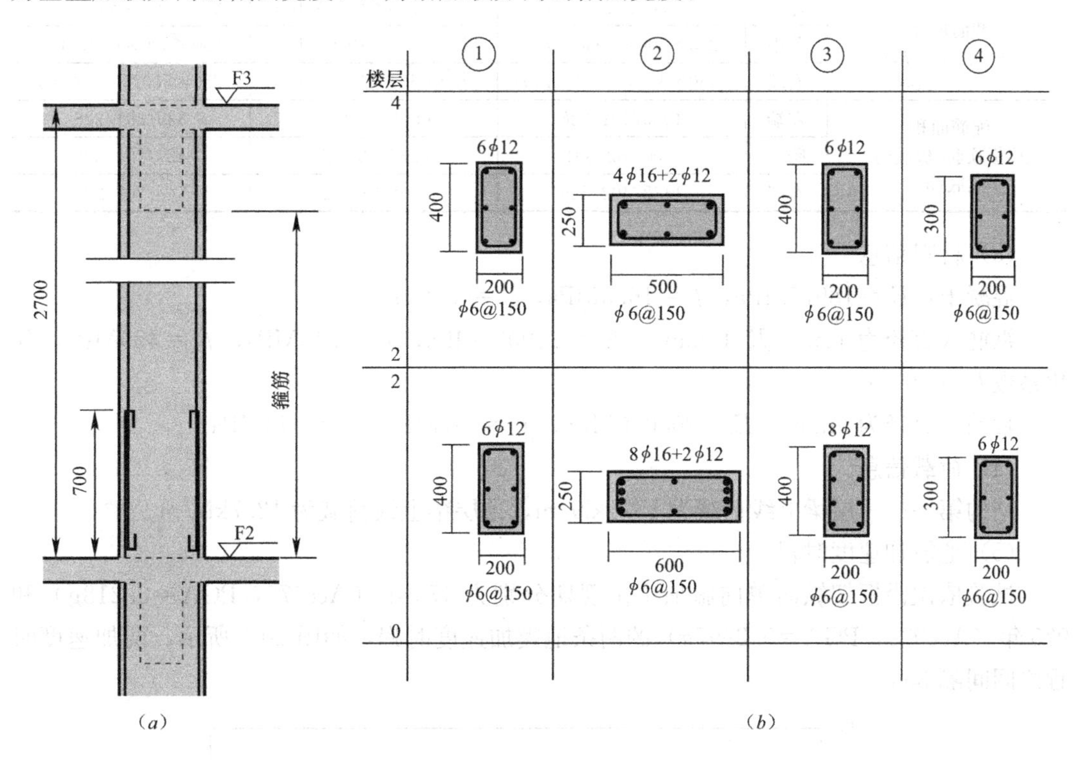

图 20-3 柱配筋信息（单位：mm）[1,2]

(a) 纵筋搭接；(b) 柱截面及配筋

柱截面尺寸及配筋（mm） **表 20-1**

楼层	轴号	①	②	③	④
1～2 层	$b\times h$	400×200	250×600	400×200	300×200
	配筋（纵筋，箍筋）	6ϕ12，ϕ6@150	8ϕ16＋2ϕ12，ϕ6@150	8ϕ12，ϕ6@150	6ϕ12，ϕ6@150
3～4 层	$b\times h$	400×200	250×500	400×200	300×200
	配筋（纵筋，箍筋）	6ϕ12，ϕ6@150	4ϕ16＋2ϕ12，ϕ6@150	6ϕ12，ϕ6@150	6ϕ12，ϕ6@150

（2）梁构件

梁考虑有效翼缘的影响，截面形式如图 20-4 所示，各梁截面及配筋如表 20-2 所示。

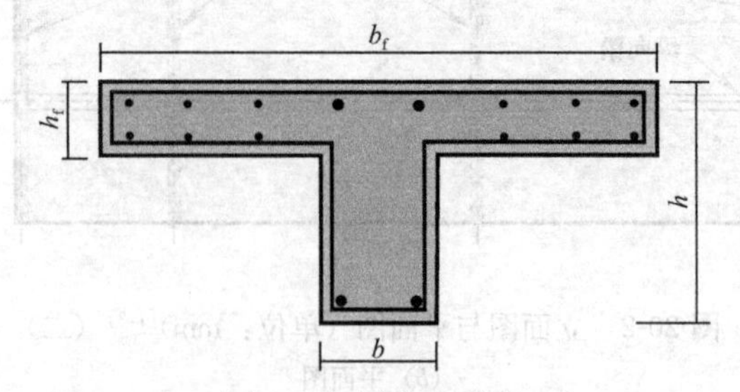

图 20-4　梁截面形式

梁截面尺寸及配筋（mm）　　表 20-2

	轴号	①～②	②～③	③～④
截面尺寸（$b\times h\times b_f\times h_f$）	左端	250×500×1050×150	250×500×1050×150	250×500×650×150
	跨中	250×500×1050×150	250×500×1050×150	250×500×650×150
	右端	250×500×1050×150	250×500×1050×150	250×500×650×150
配筋面积（梁板顶筋/板底筋/梁底筋）	左端	1030/402/226	1432/402/226	829/201/226
	跨中	854/402/804	628/402/628	427/201/339
	右端	1432/402/226	1030/402/226	540/201/226

（3）材料信息

混凝土：$E_c=18975\text{MPa}$，$f_c=16.3\text{MPa}$，$\varepsilon_c=0.002$；

纵筋（直径为 12mm 及 16mm）：$E_s=200000\text{MPa}$，$f_y=343\text{MPa}$，$f_u=459\text{MPa}$，强化系数 $b=0.006$；

箍筋（直径为 6mm）：$E_s=200000\text{MPa}$，$f_y=357\text{MPa}$，$f_u=443\text{MPa}$。

（4）荷载信息

结构第一～三层梁上线荷载为 15.1kN/m，顶层梁上线荷载为 12.7kN/m。

（5）地震加速度时程

试验依次沿框架纵向单向施加了重现期分别为 475 年（Acc475，PGA=0.218g）和 975 年（Acc975，PGA=0.2997g）的两条地震加速度时程，如图 20-5 所示，两加速度时程之间间隔 35s。

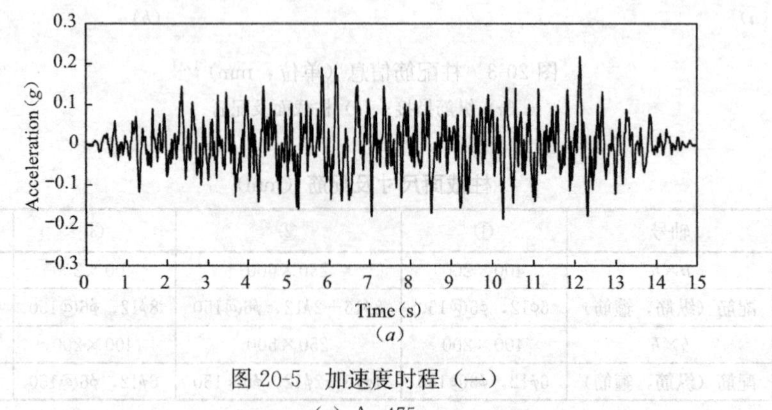

(*a*)

图 20-5　加速度时程（一）

(*a*) Acc475

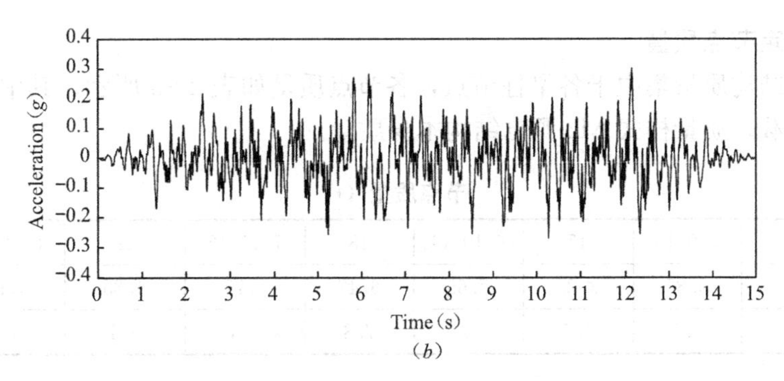

图 20-5 加速度时程（二）
(b) Acc975

试验的详细信息可参考文献 [1，2]。本章采用 PERFORM-3D[3,4] 对该足尺桥墩振动台试验进行模拟，并对模拟结果进行分析。

20.2 建模阶段

模型简图如图 20-6 所示，其中各梁柱构件采用一个非线性纤维梁柱单元模拟，质量集中于节点。

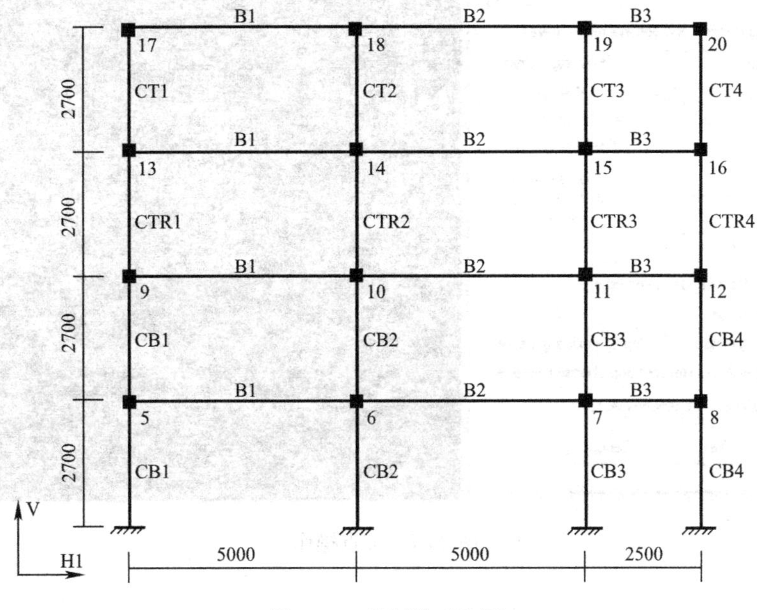

图 20-6 算例模型简图

20.2.1 节点操作

20.2.1.1 添加节点及指定节点约束

参考图 20-6，在前处理阶段的【Nodes】-【Nodes】模块建立几何模型。其中在【Nodes】选项下添加节点；在【Supports】选项下指定节点约束，指定柱底节点为固支，约束梁柱节点的 H2 平动、H1 转动、V 转动自由度，实现 H1-V 平面内分析的目的。

20.2.1.2 指定节点质量

模型中将结构质量集中于各梁柱节点，各节点质量如表 20-3 所示，其中质量样式 M1 源自梁上线荷载，质量样式 M2 源自结构本身质量。

节点质量（t） 表 20-3

节点号	5/9/13	17	6/10/14	18	7/11/15	19	8/12/16	20
质量样式 M1	3.85	3.24	7.69	6.47	5.77	4.85	1.92	1.62
质量样式 M2	5.7	4.5	9	7.8	7.4	6.1	4.1	2.9

在前处理阶段的【Nodes】-【Masses】下新建节点质量样式 M1 和 M2，根据表 20-3 指定节点质量。

节点操作完成后模型效果如图 20-7 所示。

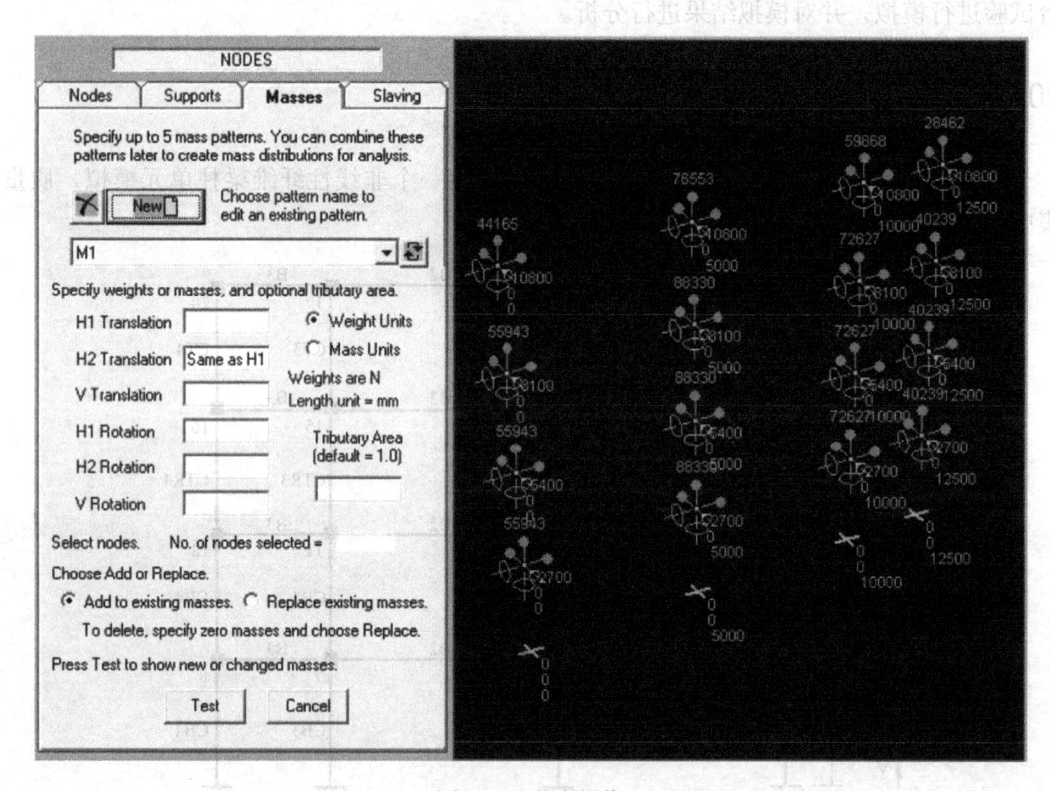

图 20-7 节点操作

20.2.2 定义组件

20.2.2.1 定义材料

在【Component properties】-【Materials】下添加【Inelastic 1D Concrete Material】类型的单轴非线性混凝土材料 ICM_UC1（非约束）和 ICM_CC1（约束），骨架曲线取三折线（Trilinear），考虑强度损失（Strength Loss），不考虑混凝土的受拉作用。图 20-8 所示为 ICM_CC1 的定义界面。

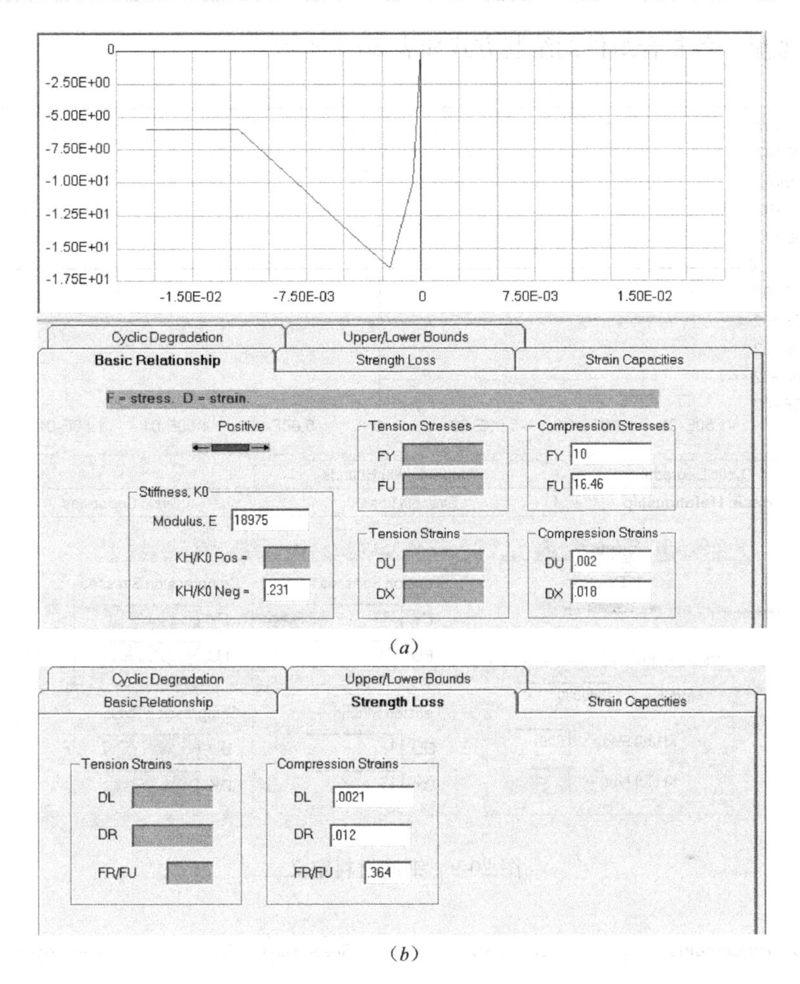

(*a*)

(*b*)

图 20-8　约束混凝土 ICM _ CC1 定义

(*a*) 基本骨架关系；(*b*) 强度损伤参数

在【Component properties】-【Materials】下添加【Inelastic Steel Material，Non-Buckling】类型的钢筋材料 ISMNB1，采用三折线形骨架曲线，应变强化刚度系数为 0.006，如图 20-9 所示。

20.2.2.2　定义截面属性

根据表 20-1，在【Component properties】-【Cross Sects】下新建【Column，Inelastic Fiber Section】类型的纤维柱截面 CIFS _ B1～CIFS _ B4、CIFS _ TR1～CIFS _ TR4、CIFS _ T1～CIFS _ T4，共 12 个纤维截面。

根据表 20-2，在【Component properties】-【Cross Sects】下新建【Beam，Inelastic Fiber Section】类型的纤维梁截面 F _ BIFS1～F _ BIFS8。以 F _ BIFS1 为例，截面定义如图 20-10 所示。

20.2.2.3　定义复合组件

在【Component properties】-【Compound】下新建【Frame Member Compound Component】类型的复合组件 FMCC _ CB1～FMCC _ CB4、FMCC _ CTR1～FMCC _ CTR4、FMCC _ CT1～FMCC _ CT4，用以模拟框架柱，新建复合组件 FMCC _ B1～FMCC _ B3，

用以模拟框架梁。各复合组件的组装方式如表 20-4 所示。

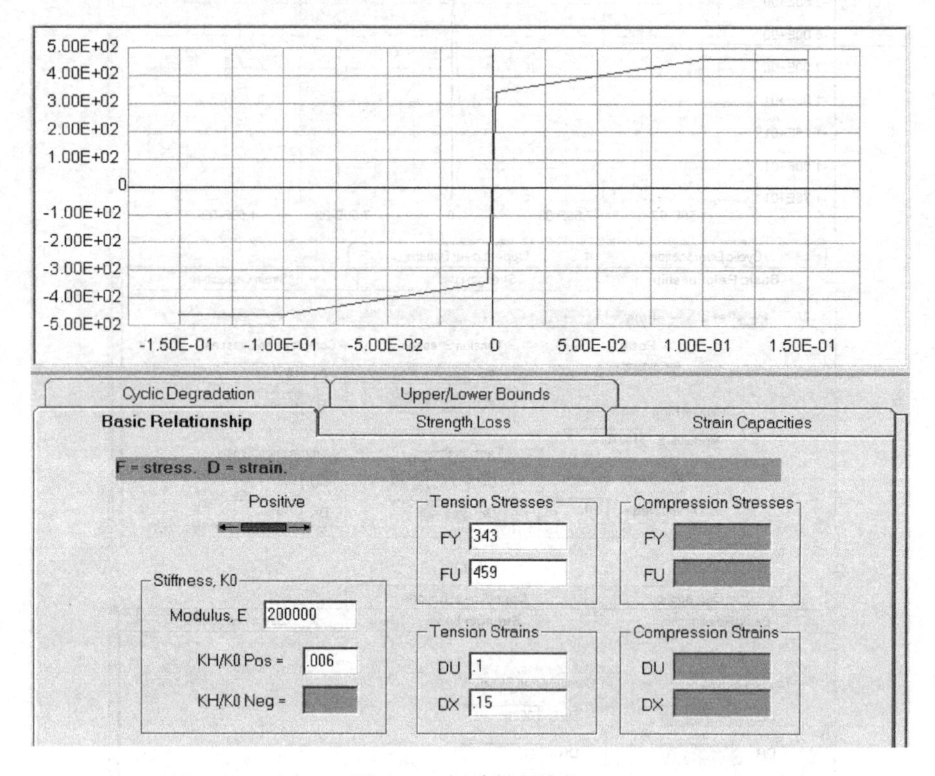

图 20-9 钢筋材料定义

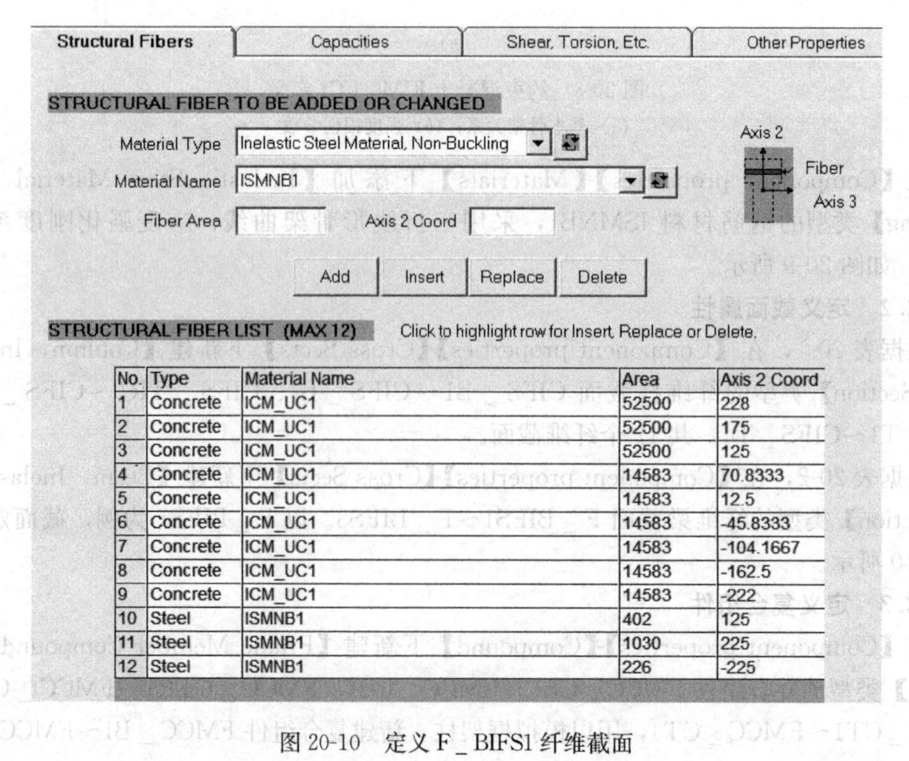

No.	Type	Material Name	Area	Axis 2 Coord
1	Concrete	ICM_UC1	52500	228
2	Concrete	ICM_UC1	52500	175
3	Concrete	ICM_UC1	52500	125
4	Concrete	ICM_UC1	14583	70.8333
5	Concrete	ICM_UC1	14583	12.5
6	Concrete	ICM_UC1	14583	-45.8333
7	Concrete	ICM_UC1	14583	-104.1667
8	Concrete	ICM_UC1	14583	-162.5
9	Concrete	ICM_UC1	14583	-222
10	Steel	ISMNB1	402	125
11	Steel	ISMNB1	1030	225
12	Steel	ISMNB1	226	-225

图 20-10 定义 F _ BIFS1 纤维截面

复合组件组成 表 20-4

复合组件	组件 1（i 端）	组件 2	组件 3	组件 4（j 端）
FMCC _ CB1	CIFS _ B1	CIFS _ B1	CIFS _ B1	CIFS _ B1
FMCC _ CB2	CIFS _ B2	CIFS _ B2	CIFS _ B2	CIFS _ B2
FMCC _ CB3	CIFS _ B3	CIFS _ B3	CIFS _ B3	CIFS _ B3
FMCC _ CB4	CIFS _ B4	CIFS _ B4	CIFS _ B4	CIFS _ B4
FMCC _ CTR1	CIFS _ TR1	CIFS _ T1	CIFS _ T1	CIFS _ T1
FMCC _ CTR2	CIFS _ TR2	CIFS _ T2	CIFS _ T2	CIFS _ T2
FMCC _ CTR3	CIFS _ TR3	CIFS _ T3	CIFS _ T3	CIFS _ T3
FMCC _ CTR4	CIFS _ TR4	CIFS _ T4	CIFS _ T4	CIFS _ T4
FMCC _ CT1	CIFS _ T1	CIFS _ T1	CIFS _ T1	CIFS _ T1
FMCC _ CT2	CIFS _ T2	CIFS _ T2	CIFS _ T2	CIFS _ T2
FMCC _ CT3	CIFS _ T3	CIFS _ T3	CIFS _ T3	CIFS _ T3
FMCC _ CT4	CIFS _ T4	CIFS _ T4	CIFS _ T4	CIFS _ T4
FMCC _ B1	F _ BIFS1	F _ BIFS2	F _ BIFS2	F _ BIFS3
FMCC _ B2	F _ BIFS3	F _ BIFS4	F _ BIFS4	F _ BIFS5
FMCC _ B3	F _ BIFS6	F _ BIFS7	F _ BIFS7	F _ BIFS8

以梁复合组件 FMCC _ B1 为例，复合组件定义如图 20-11 所示。

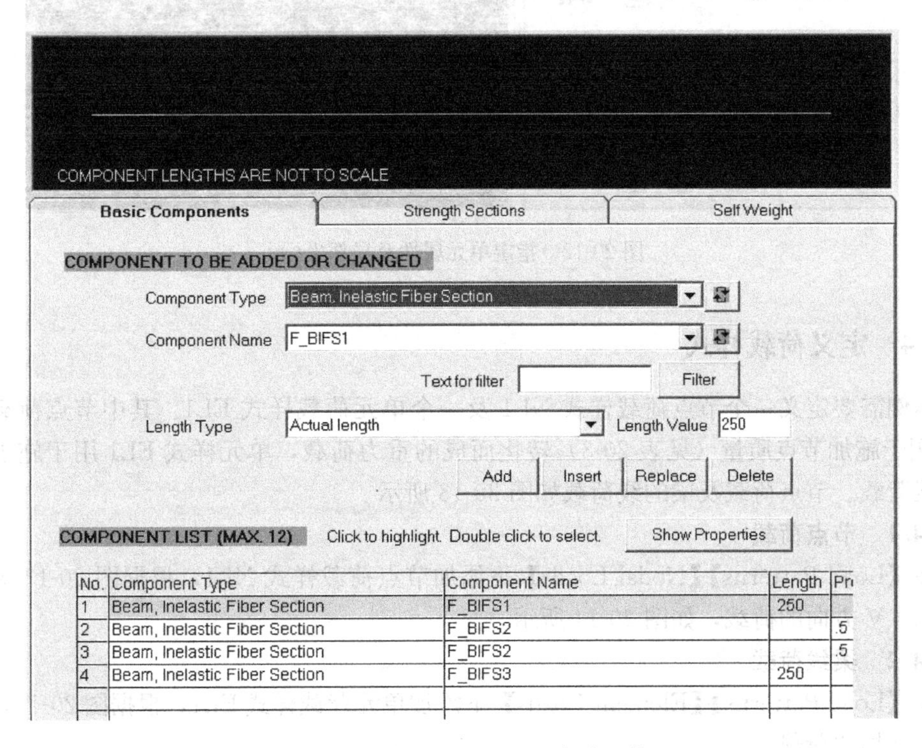

图 20-11 定义 FMCC _ B1 复合组件

20.2.3 定义单元

在【Elements】模块新建【Beam】类型的单元组 B1～B3，分别包含第 1～3 跨的梁，新建【Column】类型的单元组 C1～C4，分别包含轴①～轴④的柱，并为各单元组添加单元。结合图 20-6 和表 20-4，分别为各单元组中的单元指定框架复合组件属性和局部坐标轴方向。指定单元属性后的模型如图 20-12 所示，其中图中高亮显示的是单元组 C1 的柱单元及其局部坐标轴的方向。单元的局部坐标轴方向与截面的局部坐标方向及单元的端点相关，对于本例，指定柱的局部 2 轴方向为沿全局坐标轴 H1 的负方向。

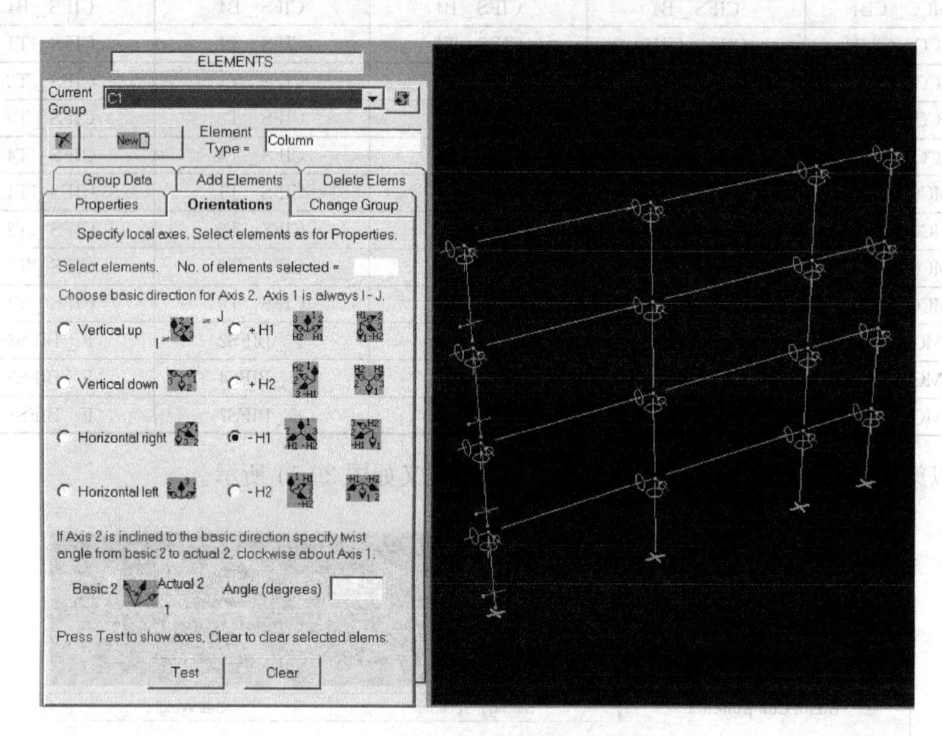

图 20-12　指定单元属性及局部坐标

20.2.4　定义荷载样式

本例需要定义一个节点荷载样式 NL1 及一个单元荷载样式 EL1。其中节点荷载样式 NL1 用于施加节点质量（见表 20-3）转化而成的重力荷载，单元样式 EL1 用于施加梁单元的线荷载。节点荷载及梁的线荷载如图 20-13 所示。

20.2.4.1　节点荷载

在【Load Patterns】-【Nodal Loads】下添加节点荷载样式 NL1，根据图 20-13 为各节点施加－V 方向的荷载，如图 20-14 所示。

20.2.4.2　梁线荷载

在【Load Patterns】-【Element Loads】下添加单元荷载样式 EL1，根据图 20-13，为各梁单元施加线荷载。

PERFORM-3D 中单元荷载的施加遵循“单元荷载样式（Elemenet Load Pattern）→单元组（Element Group）→单元子组（Element SubGroup）→给单元子组施加荷载”的思路，其中每个单元子组施加的荷载必须相同，如果单元组中的单元荷载不同，则需要将该单元组分成若干个单元子组，并对每个单元子组施加指定的荷载。

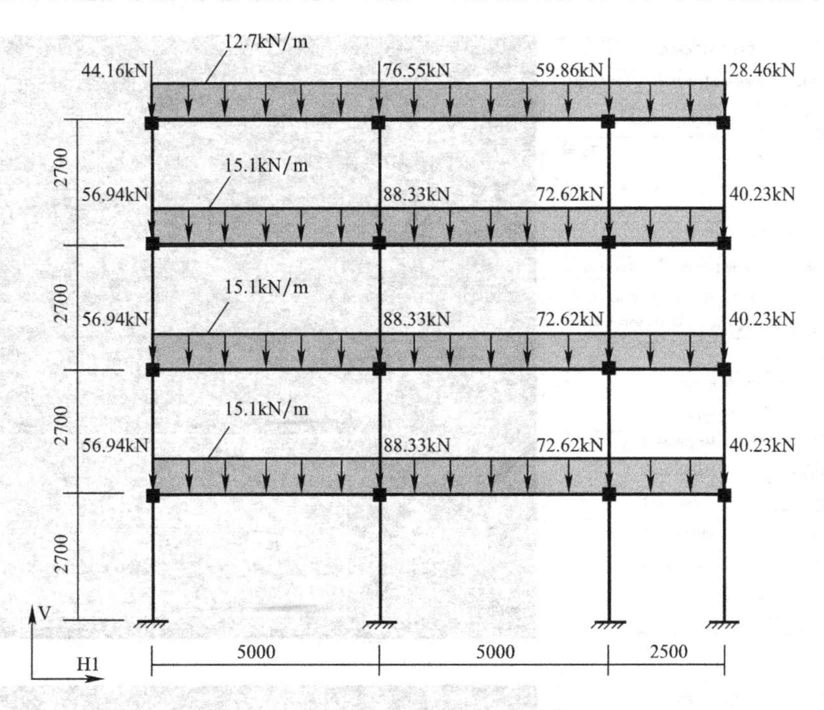

图 20-13 竖向荷载示意图（长度单位：mm）

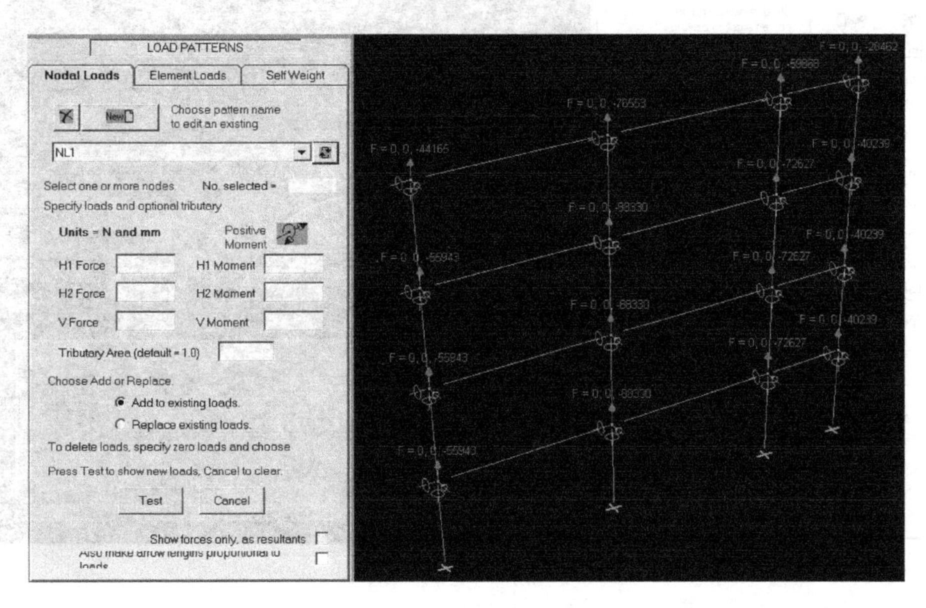

图 20-14 节点荷载施加

以 B1 组梁单元的线荷载施加为例，具体步骤如下：(1) 选择需要施加单元荷载的单元组（element group）B1；(2) 由图 20-13 可见，B1 组梁单元存在两种线荷载，1～3 层梁的线荷载为 15.1kN/m，顶层梁的线荷载为 12.7kN/m，因此需要定义两个单元子组。在【Loaded Elems】选项卡下选择【Define a new subgroup】，将 1～3 层梁定义为子组 1，将顶层梁定义为子组 2；(3) 在【Add Loads】下，以子组为对象，施加相应的线荷载。图 20-15 为 B1 组梁单元两个子组的荷载示意图。

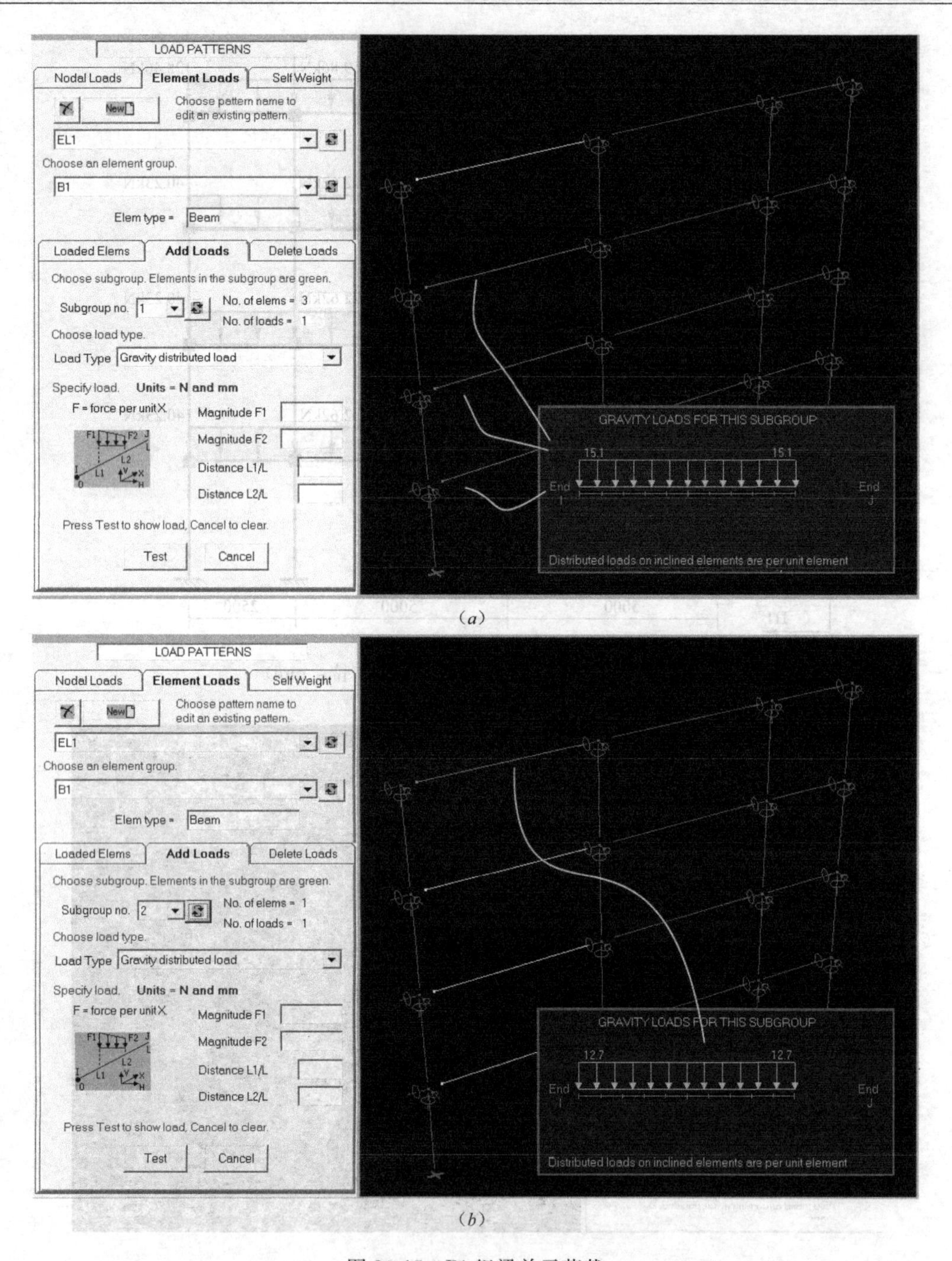

图 20-15 B1 组梁单元荷载

(*a*) 单元子组 1 荷载；(*b*) 单元子组 2 荷载

20.2.5 定义位移角

在【Drifts and deflections】-【Drifts】下添加 H1 方向的位移角 DD，以节点 2 为底节点，节点 18 为顶节点，作为动力分析的参考位移角，如图 20-16 所示。

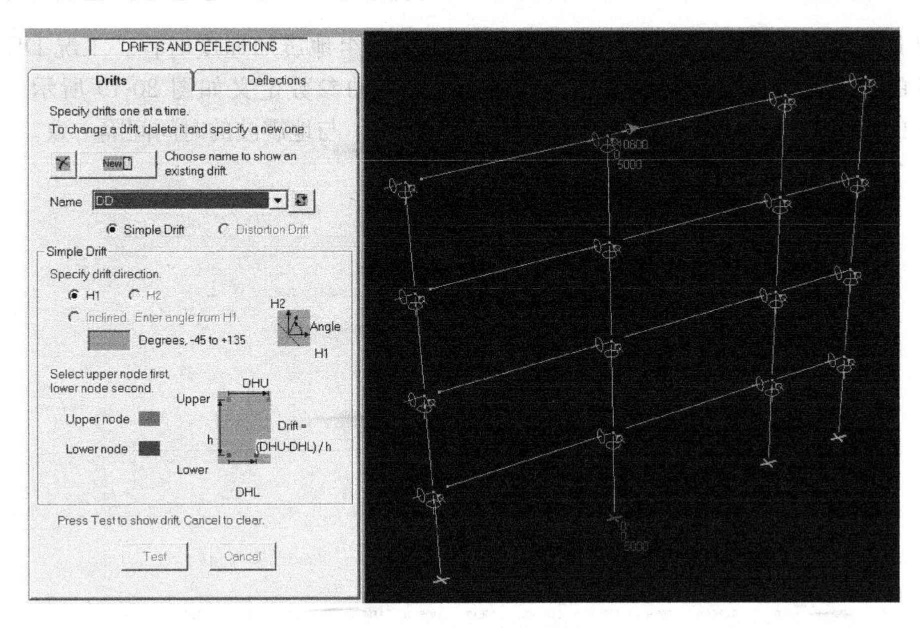

图 20-16 位移角 DD 定义

20.3 分析阶段

20.3.1 定义荷载工况

(1) 重力荷载工况

在分析阶段的【Set up load cases】下新建【Gravity】类型的重力荷载工况 G，为之添加节点荷载样式 NL1 和单元荷载样式 EL1，如图 20-17 所示。

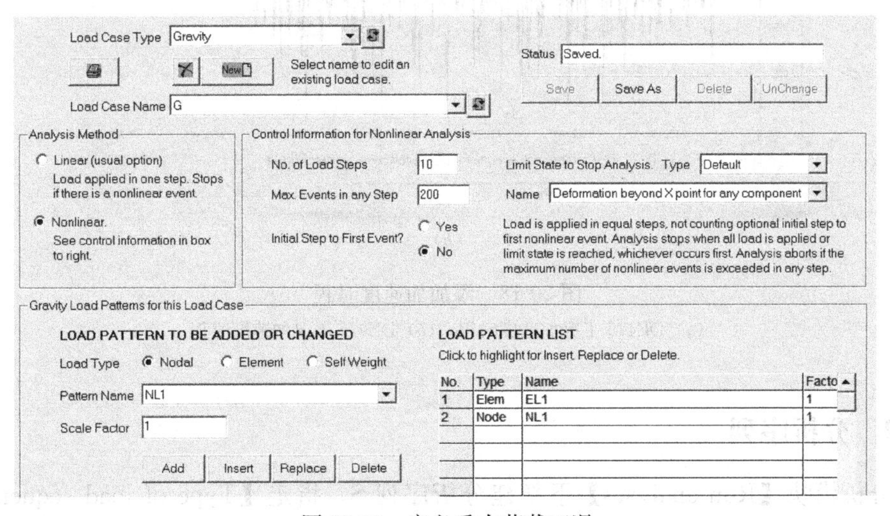

图 20-17 定义重力荷载工况

(2) 地震工况

在分析阶段的【Set up load cases】下新建 2 个【Dynamic Earthquake】类型的地震作

用工况 DE475 和 DE975，分别对应图 20-5 所示的两组地震加速度时程。工况 DE475 和 DE975 的加速度时程如图 20-18 所示，两分析工况的参数定义如图 20-19 所示。其中，DE475 的时间步为 0.005s，DE975 的时间步为 0.01s，与地震波的时间间隔一致。

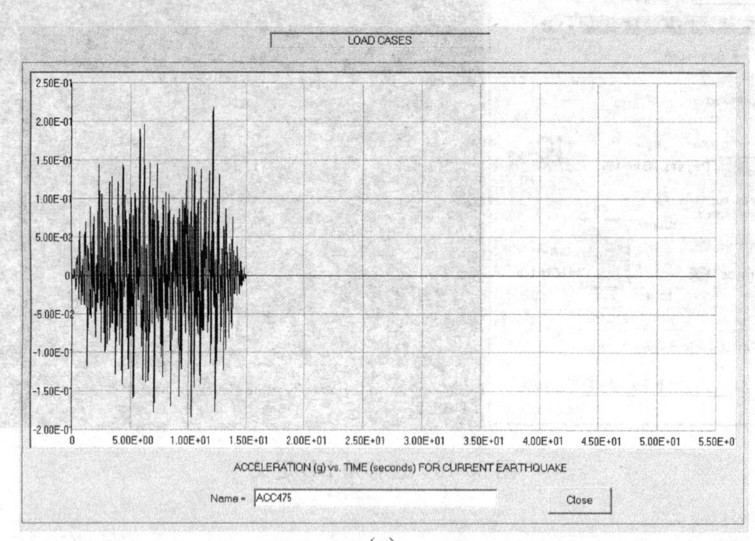

(*a*)

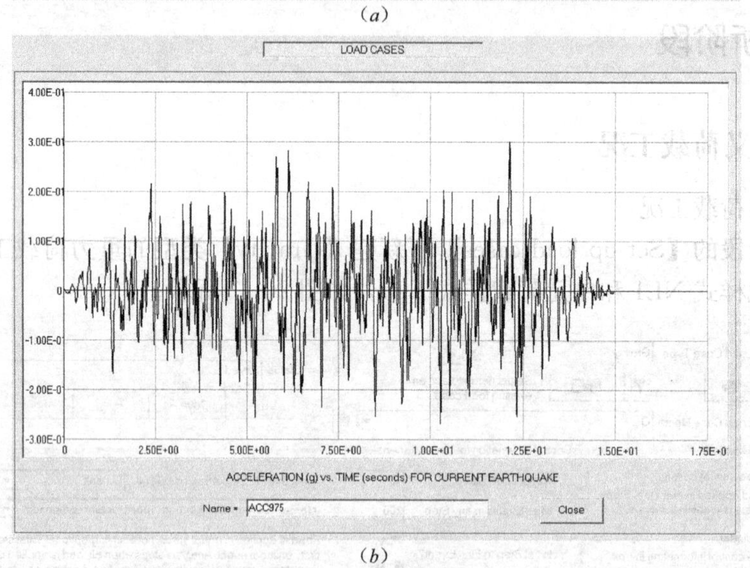

(*b*)

图 20-18 添加加速度时程

(*a*) DE475 工况加速度时程；(*b*) DE975 工况加速度时程

20.3.2 分析序列

在分析模块【Run analyses】下新建分析序列 S，指定【Type of load sequence】为“General”，考虑 P-Delta 效应，添加质量样式 M1 和 M2，质量缩放系数取 1.0，计算振型数为 8 个，不考虑阻尼作用。将重力荷载工况、动力地震工况依次添加到分析序列的分析列表中，如图 20-20 所示。

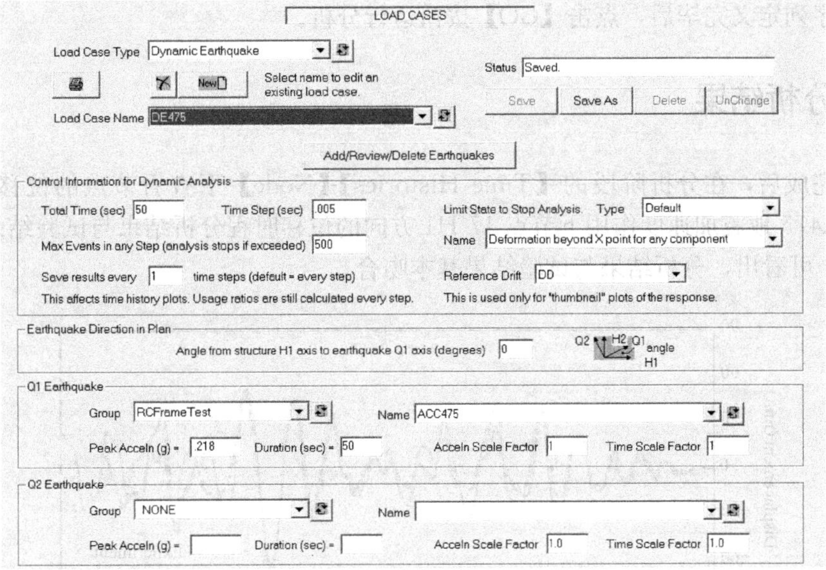

LOAD CASES

Load Case Type: Dynamic Earthquake

Select name to edit an existing load case.

Status: Saved.

Save | Save As | Delete | UnChange

Load Case Name: DE475

Add/Review/Delete Earthquakes

Control Information for Dynamic Analysis

Total Time (sec) 50　Time Step (sec) .005　Limit State to Stop Analysis. Type: Default

Max Events in any Step (analysis stops if exceeded) 500　Name: Deformation beyond X point for any component

Save results every 1 time steps (default = every step)　Reference Drift: DD

This affects time history plots. Usage ratios are still calculated every step.　This is used only for "thumbnail" plots of the response.

Earthquake Direction in Plan

Angle from structure H1 axis to earthquake Q1 axis (degrees) 0　Q2 H2 Q1 angle H1

Q1 Earthquake

Group: RCFrameTest　Name: ACC475

Peak Acceln (g) = 218　Duration (sec) = 50　Acceln Scale Factor 1　Time Scale Factor 1

Q2 Earthquake

Group: NONE　Name:

Peak Acceln (g) =　Duration (sec) =　Acceln Scale Factor 1.0　Time Scale Factor 1.0

(*a*)

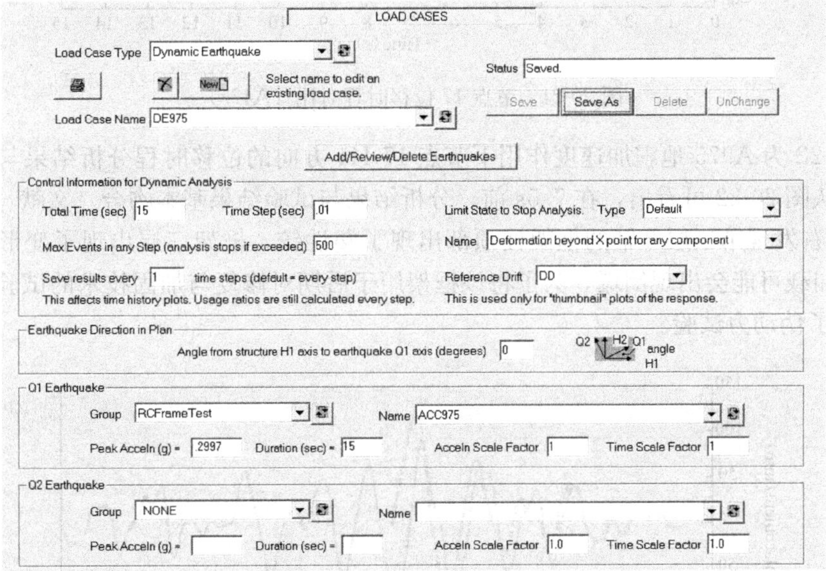

LOAD CASES

Load Case Type: Dynamic Earthquake

Select name to edit an existing load case.

Status: Saved.

Save | Save As | Delete | UnChange

Load Case Name: DE975

Add/Review/Delete Earthquakes

Control Information for Dynamic Analysis

Total Time (sec) 15　Time Step (sec) .01　Limit State to Stop Analysis. Type: Default

Max Events in any Step (analysis stops if exceeded) 500　Name: Deformation beyond X point for any component

Save results every 1 time steps (default = every step)　Reference Drift: DD

This affects time history plots. Usage ratios are still calculated every step.　This is used only for "thumbnail" plots of the response.

Earthquake Direction in Plan

Angle from structure H1 axis to earthquake Q1 axis (degrees) 0　Q2 H2 Q1 angle H1

Q1 Earthquake

Group: RCFrameTest　Name: ACC975

Peak Acceln (g) = 2997　Duration (sec) = 15　Acceln Scale Factor 1　Time Scale Factor 1

Q2 Earthquake

Group: NONE　Name:

Peak Acceln (g) =　Duration (sec) =　Acceln Scale Factor 1.0　Time Scale Factor 1.0

(*b*)

图 20-19　定义时程分析参数

(*a*) 工况 DE475 分析参数；(*b*) 工况 DE975 分析参数

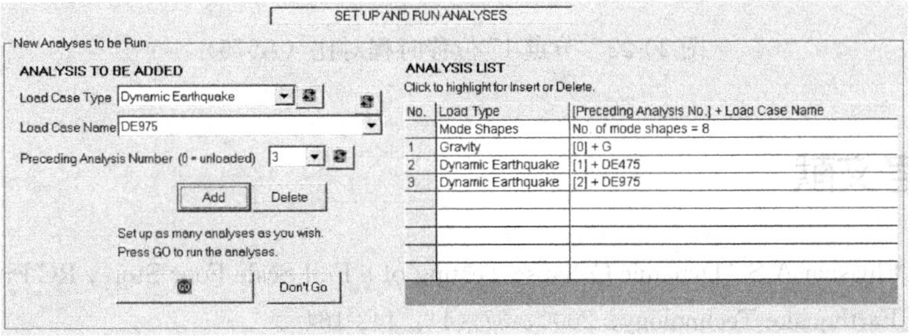

SET UP AND RUN ANALYSES

New Analyses to be Run

ANALYSIS TO BE ADDED

Load Case Type: Dynamic Earthquake

Load Case Name: DE975

Preceding Analysis Number (0 = unloaded): 3

Add | Delete

Set up as many analyses as you wish.
Press GO to run the analyses.

GO | Don't Go

ANALYSIS LIST

Click to highlight for Insert or Delete.

No.	Load Type	[Preceding Analysis No.] + Load Case Name
	Mode Shapes	No. of mode shapes = 8
1	Gravity	[0] + G
2	Dynamic Earthquake	[1] + DE475
3	Dynamic Earthquake	[2] + DE975

图 20-20　定义分析列表

分析序列定义完毕后，点击【GO】按钮运行分析。

20.4 分析结果

分析完成后，在分析阶段的【Time Histories】-【Node】下查看节点的位移时程。图20-21为A475地震加速度作用下节点17 H1方向的位移时程分析结果与试验结果的对比。从图20-21可看出，分析结果与试验结果基本吻合。

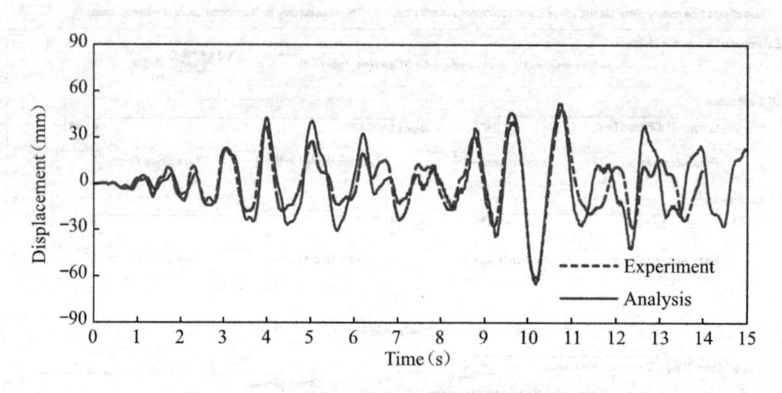

图20-21 节点17位移时程对比（A475）

图20-22为A975地震加速度作用下节点17 H1方向的位移时程分析结果与试验结果的对比。从图20-22可看出，在7.5s前，分析结果与试验结果基本吻合。文献［2］指出，在7.5s左右发现第三层2轴的框架柱顶部出现了塑性铰，框架三层出现了变形集中的趋势，继续加载可能会出现倒塌，为了将该框架用于后期对修复与加固技术的试验研究，在7.5s停止了伪动力试验。

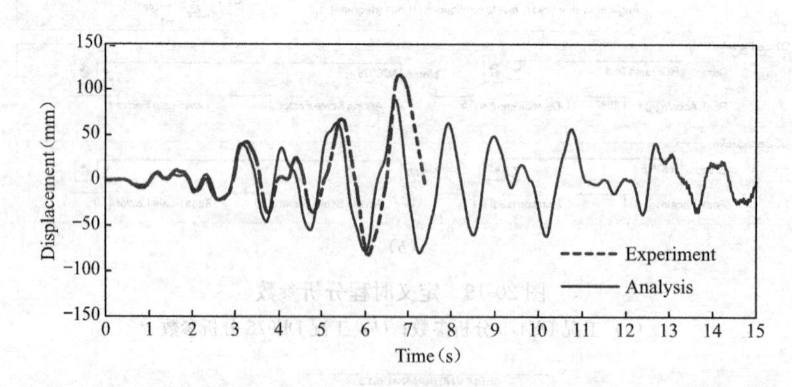

图20-22 节点17位移时程对比（A975）

20.5 参考文献

［1］ Pinho R，Elnashai A S. Dynamic Collapse Testing of a Full-Scale Four Storey RC Frame［J］. ISET Journal of Earthquake Technology，2000，37（4）：143-164.

［2］ Pinto A，Verzeletti G，Molina J，et al. Pseudo-Dynamic Tests on Non-Seismic Resisting RC Frames

(Bare and selective Retrofit Frames) [R]. Ispra (VA), Italia: Joint Research Centre, European Laboratory for Structural Assessment, Institute for Protection and Security of the Citizen, European Commission, 2002.

[3] Computers and Structures, Inc. Nonlinear Analysis and Performance Assessment for 3D Structures User Guide [M]. Berkeley, California, USA: Computers and Structures, Inc, 2006.

[4] Computers and Structures, Inc. Components and Elements for PERFORM-3D and PERFORM-Collapse [M]. Berkeley, California, USA: Computers and Structures, Inc., 2006.

第五部分　常见错误与警告

本部分包括以下章节：

21　建模阶段常见错误与警告

21.1 【Nodes】模块

- 指定节点束缚时的软件警告

在【Nodes】-【Slaving】下为束缚集合添加节点时，如果一个节点的自由度已经被约束，或者已经属于其他束缚集合，则该节点不能被添加到新的束缚集合中去，也就是说一个节点的一个自由度只能属于一个节点束缚集合。警告如图 21-1 所示。

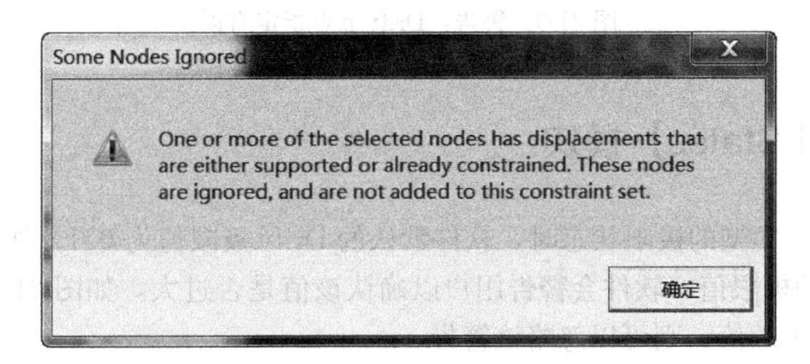

图 21-1　警告：节点自由度束缚重复指定

21.2 【Component properties】模块

- 定义复合组件时的警告

定义复合组件时，各基本组件占复合组件长度的比例之和需等于 1.0，否则软件会提示警告，如图 21-2 所示。

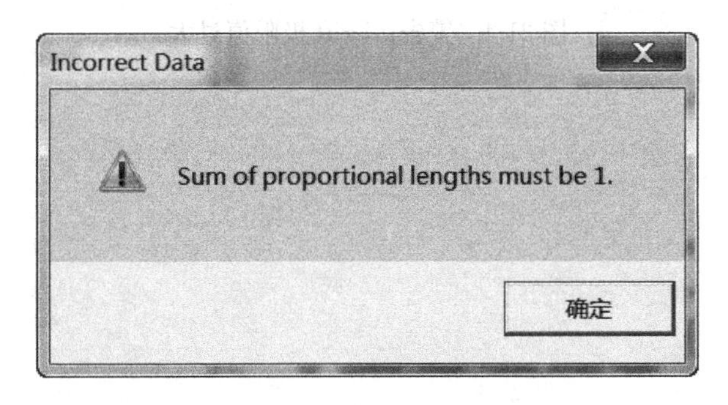

图 21-2　警告：组件比例长度之和大于 1

21.3 【Drift and deflections】模块

• 定义 Drift 时的警告

为 Drift 添加节点时，需要先指定上端节点，再指定下端节点，因为软件规定，Drift 的上端节点的竖向坐标需大于其下端节点的竖向坐标，否则会出现如图 21-3 所示的警告。

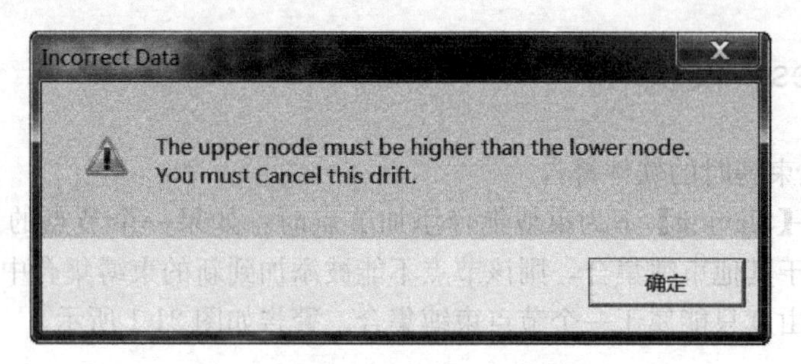

图 21-3 警告：Drift 节点指定有误

21.4 【Limit States】模块

• 定义 Drift 类型的极限状态时，软件默认的 Drift 极限值为 0.1，如果指定大于 0.1 的值作为 Drift 的极限值，软件会警告用户以确认该值是否过大，如图 21-4 所示。若确认输入值是想要指定的值，则可以忽略该警告。

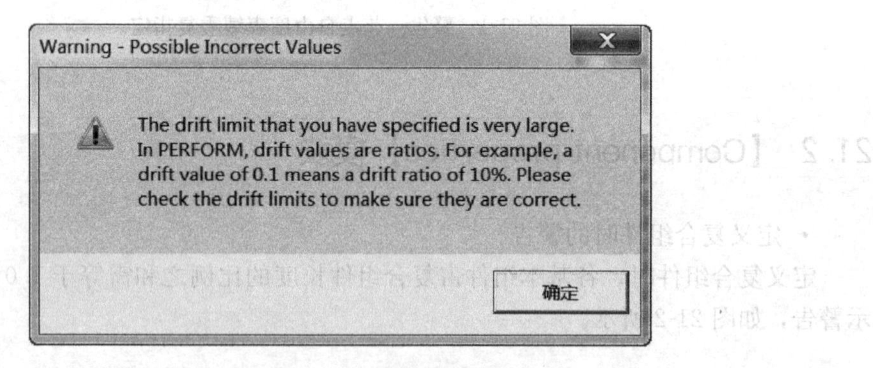

图 21-4 警告：Drift 极限值过大

22 分析阶段常见错误与警告

22.1 【Set up load cases】模块

- 添加重力荷载工况时的警告

在 PERFORM-3D 中进行普通的静力分析时，需将荷载指定为 Gravity 工况类型，软件默认 Gravity 工况需包含－V 方向的荷载，如果结构所施加的静力荷载中没有－V 方向的荷载，软件就会给出警告，如图 22-1 所示，软件默认结构分析中一定会有重力作用。

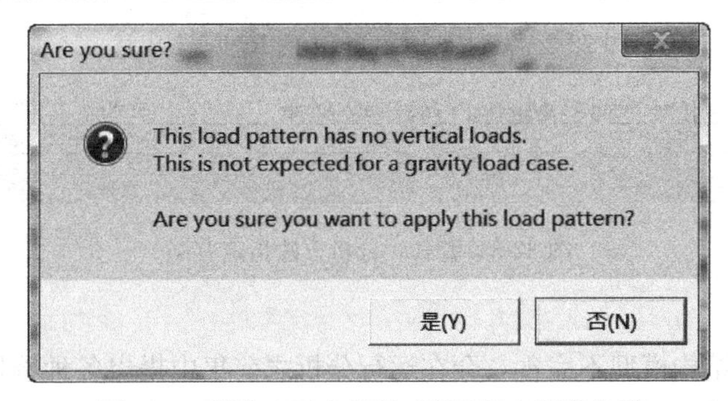

图 22-1 警告：重力荷载工况无竖向荷载作用

这一点不是错误，如果只进行一般的受力分析，确实无重力作用或可以忽略，则荷载施加并无错误，因此可以忽略此警告。

- 时程函数参数与文件格式有冲突的警告

为 Dynamic Earthquake、Dynamic Force、Response Spectrum 类型的荷载工况添加时程函数时，需要指定一些参数，比如文件内容、时间间隔、持时、跳过行数等，如果参数值与文件格式不对应，就会有警告。比如，加速度时程文件中前几行是文件说明而非加速度值，如果指定的跳过行数小于文件说明的行数，那么软件会读取到格式错误的加速度值，就会提出警告。

22.2 【Run analysis】模块

- 阻尼指定警告

进行动力时程分析时，如果采用的是模态阻尼，PERFORM-3D 建议指定附加较小的 Rayleigh 阻尼，否则软件给出如图 22-2 所示的警告。此时可根据要求指定一个较小的 Rayleigh 阻尼或忽略该警告。

- 分析类型有误警告

在【Set up load cases】中定义 Gravity 类型的荷载工况时，有两种分析方法可选，即

Linear 和 Nonlinear。软件建议选 Linear，因为重力荷载作用下机构一般尚不至于发生非线性。但是如果结构发生了非线性且分析工况的分析方法为 Linear 时，软件就会提出警告，如图 22-3 所示。

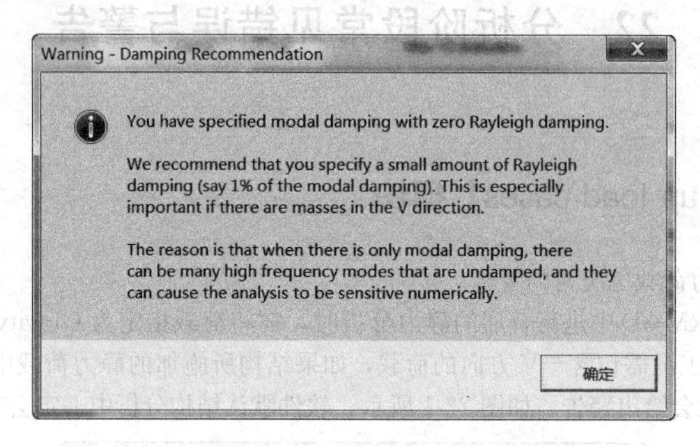

图 22-2 警告：未指定较小的 Rayleigh 阻尼

No.	Load Type	[Preceding Analysis No.] + Load Case Name	Status
1	Gravity	[0] + G1	Nonlinear behavior in a linear analysis

图 22-3 警告：分析方法指定有误

- 其他警告

如果前处理时结构模型不完善，会在运行分析之前集中提出各种警告。

比如结构约束不足、构件未指定属性、构件未指定局部坐标、孤立节点等，这些失误是在进行相应操作时留下的，软件在进行分析之前对模型进行检查，从而提出相应的警告和提示。如图 22-4 所示，即是由于结构约束不足而提出的警告。

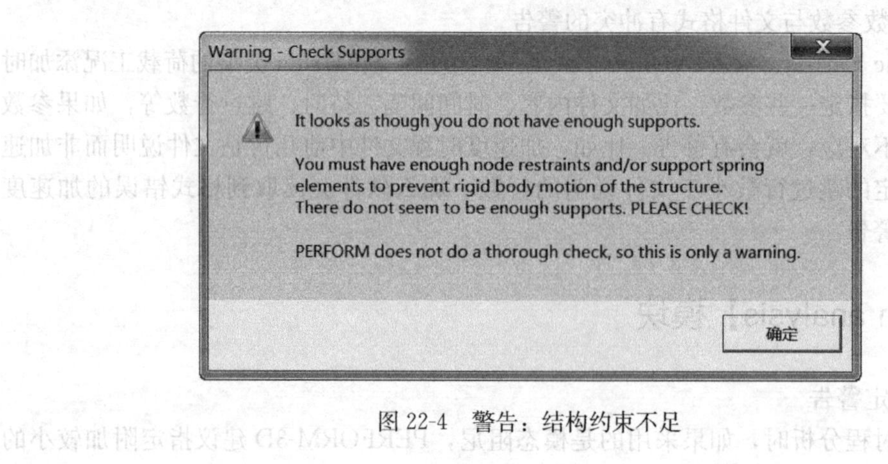

图 22-4 警告：结构约束不足

22.3 【Hysteresis loops】模块

该模块下可以绘制组件的滞回曲线，但仅限于非弹性组件，弹性组件不产生滞回效应，不耗散能量。绘制弹性组件滞回曲线时会弹出如图 22-5 所示的警告。

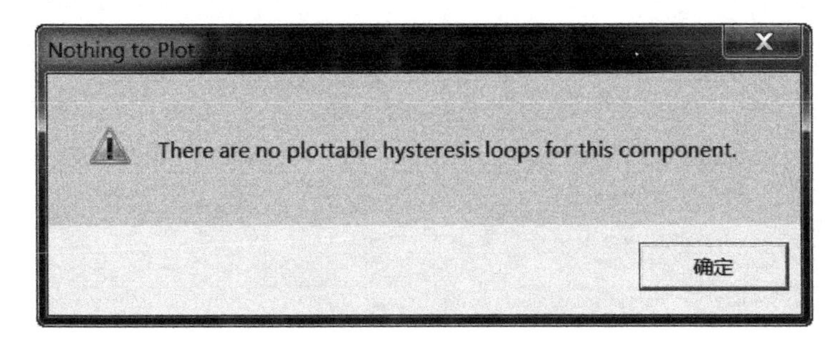

图 22-5　警告：组件没有滞回曲线